自旋电子学材料与器件

宋 成 著

科学出版社

北 京

内 容 简 介

在 21 世纪,大数据、人工智能等高新信息科技飞速发展之际,自旋电子学凭借其在低功耗非易失存储和存算一体化方面的独特优势,已成为推动后摩尔时代集成电路革命性创新的关键技术。全书共 10 章。第 1 章概述自旋电子学的发展历程;第 2 章详细介绍自旋轨道力矩效应的物理原理、检测技术、材料选择及其调控与应用;第 3 章讨论电控磁效应的材料体系、物理机制和器件实用性;第 4 章专注于反铁磁自旋电子学,探讨反铁磁磁矩的调控与检测方法;第 5 章从横向输运、纵向输运和相干输运三个角度全面介绍磁子学;第 6 章解析磁斯格明子的生成、探测及其动力学特性,并探讨其在器件中的应用前景;第 7 章和第 8 章简要介绍拓扑磁性和二维磁性;第 9 章和第 10 章则阐述自旋电子学与光学、声学的交叉研究领域。

本书汇集了自 21 世纪以来自旋电子学领域的重要研究成果,旨在兼顾前沿性、系统性和实用性,为材料科学、物理学、微电子学等领域的研究人员、技术专家及广大学生提供宝贵的参考资源。

图书在版编目(CIP)数据

自旋电子学材料与器件 / 宋成著. -- 北京:科学出版社,2024.11.
ISBN 978-7-03-079707-0

I.O469;TM271

中国国家版本馆 CIP 数据核字第 2024M36A20 号

责任编辑:刘凤娟　田轶静 / 责任校对:高辰雷
责任印制:赵　博 / 封面设计:无极书装

科学出版社 出版
北京东黄城根北街 16 号
邮政编码:100717
http://www.sciencep.com

北京建宏印刷有限公司印刷
科学出版社发行　各地新华书店经销

*

2024 年 11 月第　一　版　　开本:720×1000　1/16
2024 年 11 月第一次印刷　　印张:25 1/2
字数:500 000

定价:199.00 元
(如有印装质量问题,我社负责调换)

作 者 简 介

宋成，清华大学长聘教授，国家杰出青年科学基金获得者与"长江学者奖励计划"青年学者。2004年和2009年分别在中南大学和清华大学获得学士和博士学位，2009~2011年在德国雷根斯堡大学做"洪堡学者"，2011年10月回到清华大学工作，历任讲师、副教授和教授。讲授本科生课程"材料科学与工程基础"和研究生课程"自旋电子学材料与器件"。长期从事信息功能材料研究，主要包括自旋电子学材料、声表面波滤波器和磁声耦合器件。发表学术论文近 300 篇（包括 *Nature*/*Science* 子刊 20 余篇），被引用 15000 次以上。作为主要完成人，曾获两项国家科技奖励和四项省部级科技奖励，以及首届"卓越青年研究生导师奖励基金"。兼任中国材料研究学会常务理事/青委会主任与中国真空学会理事/薄膜专委会主任。

前　言

电子有电荷和自旋两个属性。20 世纪，人们利用电子的电荷属性发展出以晶体管为代表的电子元器件，推动了信息科技的高速发展；而电子的自旋属性只在硬盘和磁敏传感器等领域得到应用。由于电子的自旋属性既可以作为信息存储的载体，又可以作为信息传输的媒介和信息操控的工具，所以其兼具信息存储和逻辑计算的功能，因此基于自旋的电子元器件有望在新一代非易失性存储器和存算一体器件领域大显身手，成为后摩尔时代电子元器件的有力竞争者。

在大数据与人工智能对信息存储与计算技术提出日益激增的革新需求的时代背景下，自旋电子学这一学科方向应运而生并蓬勃发展，旨在基于电子自旋属性实现信息存储状态的电学探测与电学操控，并通过自旋与声、光等特性的多种耦合机制构筑多功能电子器件，属于材料学、物理学和微电子学科交叉。我从 2004 年开始从事自旋电子学研究。为了使学生能快速掌握自旋电子学的重要知识点并了解学科前沿发展趋势，2014 年在清华大学开设"自旋电子学材料与器件"研究生课程，深受从事相关研究的学生和电子元器件爱好者的欢迎。从事自旋电子学科研工作二十年和教学工作十年的相关经历，使我萌生了编撰此书的想法。考虑到之前国内同行已经出版了几本优秀的自旋电子学专著，本书章节内容的布局主要综合考虑自旋电子学的核心、最近几年的热点研究主题与今后若干年的发展重点三个方面。

本书在撰写过程中得到了课题组研究生的大力帮助，他们参与了大量的写作工作和图表绘制。按章节顺序致谢：梁诗萱、韩磊、王乾、白桦、张一弛、陈如意、苏一辰、周永健、周致远、朱文轩、黄琳、陈崇和马铭远。乔磊磊、韩磊和李凡做了部分统稿工作。同时在此诚挚感谢我的导师，清华大学潘峰教授和德国雷根斯堡大学 Dieter Weiss 教授，是他们把我领入自旋电子学领域，也借此机会感谢自旋电子学领域同行对我的长期支持，在与他们的交流中，书中的很多内容得以完善和提升。

最后，感谢国家自然科学基金 (国家杰出青年科学基金项目 52225106、专项项目 12241404 和重大项目 T2394471)、国家重点研发计划 (2022YFA1402603 和 2021YFB3601300) 和北京市杰出青年科学基金 (JQ20010) 的资助。

宋　成
2024 年 5 月于清华园

目 录

前言
第 1 章 自旋电子学概述···1
  1.1 自旋电子学发展历史简介··1
  1.2 本书章节简介··3
    参考文献··8
第 2 章 自旋轨道力矩效应···13
  2.1 自旋轨道力矩效应简介··14
    2.1.1 自旋轨道力矩效应的物理起源·······························14
    2.1.2 自旋轨道力矩效应与自旋转移力矩效应对比···················18
  2.2 自旋轨道力矩效应的检测技术····································19
    2.2.1 反常霍尔回线偏移···19
    2.2.2 谐波电压测试··20
    2.2.3 自旋力矩-铁磁共振··22
  2.3 各种材料体系中的自旋轨道力矩效应······························24
    2.3.1 重金属/铁磁···24
    2.3.2 重金属/人工反铁磁·······································29
    2.3.3 重金属/亚铁磁···31
    2.3.4 拓扑绝缘体/铁磁···33
    2.3.5 铁磁单层膜···35
    2.3.6 其他体系···39
  2.4 自旋轨道力矩效应的调控与应用··································40
    2.4.1 翻转效率···40
    2.4.2 无辅助场翻转···43
    2.4.3 自旋轨道力矩动力学·····································46
    2.4.4 自旋轨道力矩器件·······································48
  参考文献··53
第 3 章 电控磁效应··70
  3.1 电控磁效应的器件构型与材料体系································70
    3.1.1 磁性金属···73

3.1.2 磁性半导体···74
3.1.3 磁性氧化物···75
3.1.4 介电栅极材料···76
3.2 电控磁效应的物理机制···79
3.2.1 载流子调控···80
3.2.2 应变效应···83
3.2.3 交换耦合···87
3.2.4 轨道重构···90
3.2.5 电化学效应···92
3.2.6 电控磁五种机制的比较···96
3.3 电控磁效应的器件应用···98
3.3.1 电场辅助的磁隧道结翻转···98
3.3.2 电场驱动的磁化翻转··102
3.3.3 电场调控与自旋流的结合··104
3.3.4 MESO 器件···106
3.3.5 电控磁展望···112
参考文献···113

第 4 章 反铁磁自旋电子学···131
4.1 反铁磁自旋电子学简介···131
4.1.1 反铁磁的磁学基础···131
4.1.2 反铁磁自旋电子学的物理基础····································133
4.2 典型反铁磁材料··136
4.2.1 共线性··136
4.2.2 导电性··137
4.2.3 交错磁体··137
4.2.4 人工反铁磁··139
4.2.5 补偿型亚铁磁··140
4.3 反铁磁磁矩的操控机制···142
4.3.1 磁场操控··143
4.3.2 电流操控··144
4.3.3 电场操控··151
4.3.4 光学操控··154
4.4 反铁磁磁矩的探测方法···155
4.4.1 磁序探测··157
4.4.2 磁畴成像··161

目录

- 4.5 反铁磁磁矩调制自旋流产生·················162
  - 4.5.1 反铁磁中的电荷自旋转化·················163
  - 4.5.2 可控的自旋流和自旋轨道力矩·················167
  - 4.5.3 自旋泵浦效应和自旋泽贝克·················172
- 4.6 反铁磁自旋电子学器件·················174
  - 4.6.1 反铁磁随机存储器·················174
  - 4.6.2 反铁磁纳米振荡器·················175
- 参考文献·················177

第 5 章 磁子学·················193
- 5.1 磁子学的物理基础·················193
- 5.2 磁子的横向输运·················195
  - 5.2.1 (亚)铁磁器件·················195
  - 5.2.2 反铁磁器件·················197
- 5.3 磁子的纵向输运·················199
  - 5.3.1 磁子阀·················200
  - 5.3.2 自旋拖曳器件·················201
  - 5.3.3 反铁磁层调制器件·················203
- 5.4 磁子的相干输运·················205
  - 5.4.1 相干磁子的产生与探测·················205
  - 5.4.2 磁子相干输运现象·················208
  - 5.4.3 磁子相干输运的应用·················211
- 5.5 磁子转移力矩效应·················213
- 参考文献·················215

第 6 章 磁斯格明子·················220
- 6.1 磁斯格明子概述·················220
  - 6.1.1 磁斯格明子的拓扑物理·················220
  - 6.1.2 磁斯格明子的发展历程·················222
- 6.2 磁斯格明子的产生·················224
  - 6.2.1 磁场·················225
  - 6.2.2 极化电流·················227
  - 6.2.3 电场·················228
  - 6.2.4 其他途径·················230
- 6.3 磁斯格明子的探测·················232
  - 6.3.1 显微学探测·················232
  - 6.3.2 电学探测·················233

6.4 磁斯格明子的动力学 234
    6.4.1 磁斯格明子与电流的相互作用 235
    6.4.2 斯格明子霍尔效应 236
6.5 磁斯格明子的器件应用 237
    6.5.1 赛道存储器 237
    6.5.2 磁逻辑 239
    6.5.3 基于磁斯格明子的神经形态模拟 240
参考文献 242

第 7 章 磁性拓扑材料 249
7.1 磁性拓扑绝缘体 249
    7.1.1 理论基础 249
    7.1.2 实验实现 250
7.2 磁性外尔半金属 254
7.3 反铁磁狄拉克半金属 260
参考文献 262

第 8 章 二维磁性 264
8.1 二维磁性的起源与发展历程 264
    8.1.1 二维磁性的起源 264
    8.1.2 二维磁性的发展历程 266
8.2 典型二维磁性材料的类型与特点 266
    8.2.1 铁磁金属 267
    8.2.2 铁磁半导体 269
    8.2.3 反铁磁半导体 270
8.3 二维磁性的表征技术 275
    8.3.1 电学技术 275
    8.3.2 光谱技术 278
8.4 二维磁性的多场调控 282
    8.4.1 电压调控 282
    8.4.2 应变调控 285
    8.4.3 成分调控 286
    8.4.4 嵌入调控 288
8.5 基于二维磁性材料的自旋电子学现象 288
    8.5.1 堆垛效应 288
    8.5.2 界面效应 290
    8.5.3 磁能带效应 294

8.6 基于二维磁性材料的自旋电子学器件 296
    8.6.1 二维磁性霍尔器件 296
    8.6.2 全二维自旋阀与隧道结 298
    8.6.3 二维磁子输运器件 299
参考文献 300

第 9 章 太赫兹自旋电子学 311
9.1 太赫兹自旋电子学概述 311
9.2 基于电子自旋的太赫兹波辐射 312
    9.2.1 超快退磁辐射太赫兹波 312
    9.2.2 逆自旋霍尔效应辐射太赫兹波 314
    9.2.3 界面 Rashba 效应辐射太赫兹波 318
    9.2.4 反铁磁共振辐射太赫兹波 322
9.3 太赫兹脉冲的性能、偏振及其频谱的调控 323
    9.3.1 自旋太赫兹脉冲性能的提升 323
    9.3.2 自旋太赫兹脉冲偏振的调控 326
    9.3.3 自旋太赫兹脉冲频谱的调控 330
9.4 自旋相关的太赫兹光谱探测 332
9.5 太赫兹自旋波的激发及其探测 334
参考文献 337

第 10 章 自旋声电子学 343
10.1 自旋声电子学的物理基础 343
    10.1.1 磁弹耦合 343
    10.1.2 磁–旋转耦合 345
    10.1.3 自旋–旋转耦合 345
    10.1.4 旋磁耦合 347
    10.1.5 磁子–声子耦合 347
10.2 声控磁性和自旋 348
    10.2.1 声波驱动的磁化动力学 348
    10.2.2 声波辅助的磁化翻转 354
    10.2.3 声波辅助的磁织构产生及运动 357
    10.2.4 声波产生自旋流 361
    10.2.5 声学太赫兹发射 363
10.3 磁控声波 364
    10.3.1 声波参数的磁调控 365
    10.3.2 声波的非互易传播 365

10.4 新型磁声器件 ·· 367
    10.4.1 基于直接磁电耦合的磁电器件 ································ 368
    10.4.2 基于逆磁电耦合的磁电器件 ···································· 373
    10.4.3 基于直接和逆磁电耦合的磁电器件——磁电天线 ················ 377
参考文献 ··· 383

第 1 章 自旋电子学概述

人类对于磁石磁性的宏观实践认知可追溯至我国两千多年前就已使用的司南，司南作为我国古代四大发明之一，对人类的科学技术和文明的发展起了无可估量的作用。然而，对于磁性源于自旋磁矩与轨道磁性的微观认识，则是近百年才得以揭开。1922 年，施特恩–格拉赫实验 (Stern-Gerlach experiment) 证明了电子的内禀属性除了电荷 (charge)，还存在自旋 (spin)，从此拉开了人们探究电子自旋的序幕。在这一百多年间，电子的自旋属性逐步被认识和利用。电子自旋的早期应用主要是磁芯存储器和基于各向异性磁电阻的存储器。磁芯存储器于 1948 年发明，它的存储单元是具有磁滞效应的铁氧体环形铁芯，其顺时针和逆时针两个磁化方向分别代表 "0" 和 "1"。各向异性磁电阻于 1857 年发现，并在 20 世纪 70 年代逐步应用于磁记录、磁敏传感器和磁随机存储器 (magnetic random access memory, MRAM)，至今还是磁敏传感器中应用最多的种类，孕育了霍尼韦尔公司等具有全球影响力的传感器企业。随着信息存储器件的小型化，如何在更小尺度操纵与探测自旋，成为信息技术发展的核心方向。在此背景下，自旋电子学应运而生。

1.1 自旋电子学发展历史简介

1988 年，法国的 Fert 教授和德国的 Grünberg 教授分别独立观测到了铁磁金属/非磁性金属多层膜结构中的巨磁电阻 (giant magnetoresistance, GMR) 效应，被认为是自旋电子学诞生的里程碑 [1,2]。不同于传统的微电子学，自旋电子学有望实现对电荷和自旋两个自由度的同时操控，使电子的运动更加有序，进而开发出基于电子自旋属性的新型电子器件。在 GMR 效应下，外磁场变化会导致体系电阻的巨大变化，为磁性的电学探测提供了极大便利。随着 GMR 效应的应用，硬盘技术革新，1997~2007 年硬盘的存储容量提升了 1000 倍，催生了西部数据公司和希捷公司等高科技企业。GMR 效应的发现者 Fert 教授和 Grünberg 教授也因此被授予 2007 年度诺贝尔物理学奖。1995 年，Miyazaki 教授和 Moodera 教授将非磁性金属中间层变为绝缘层 AlO_x [3,4]，构造出由两层铁磁金属电极和中间绝缘体势垒层组成的磁隧道结，展示出隧穿磁电阻 (tunneling magnetoresistance, TMR) 效应，其物理本质是电子以量子隧穿的方式通过超薄势垒层。在 TMR 效应下，带有自旋特性的电子形成的隧穿电流会随两层铁磁层磁矩方向的变化而发生变化，进而导致其中一层铁磁层磁矩翻转时电阻的高低变化，为磁性存储提供了新型自旋电子学器件。2004 年，在理论预测的基础上，在以 MgO 为隧穿层的磁隧道结 (MTJ) 中发现了超过 200% 的室温磁电阻值[5,6]。已报道的最高室温 TMR 值达到了 604%[7]，显著提高了相关电子学器件的电学读出窗口。2010 年，日本东北大学研究组制备了基于垂直各向异性的 Ta/CoFeB/MgO/CoFeB 磁隧道结[8]，可以有效改善面内磁隧道结存储密度和翻转功耗受限的问题。基于磁隧道结的 MRAM 凭借其非易失性、读写速度快、抗辐照等优良性能，成为下一代新型非易失性存储技术的重要备选技术。2006 年，Everspin 公司推出了第一款存储容量为 4Mbit 的 MRAM，应用于航空航天领域的嵌入式存储。这种通过磁场写入的切换型 (toggle) 存储器被认为是第一代 MRAM。如今，MgO 基磁隧道结已经在工业上大规模制备，并且广泛应用于硬盘读头、MRAM、自旋纳米振荡器和磁敏传感器等自旋电子学器件，奠定了现代信息技术的基石，并推动了对电子自旋深度利用的广泛研究。

在利用电子自旋实现磁性读出的同时，如何实现利用电子自旋操控磁性同样是自旋电子学关注的重要命题。1996 年，Slonczewski 和 Berger 各自独立地提出，当电流穿过铁磁/非磁/铁磁三层膜时会产生自旋转移力矩 (spin transfer torque, STT) 效应[9,10]，其基本的物理图像是电子自旋与局域磁矩之间的交换作用。这一物理现象由康奈尔大学团队在 Co/Cu/Co 三层膜中实验观测到，进而得以验证[11]。STT 效应的发现是自旋电子学领域的一个重大突破，自旋转移力矩对铁磁层磁矩的操控，为电流驱动磁矩翻转提供了基础。随后，基于 MgO 基隧道结大的 TMR 效应，STT 的翻转效率进一步提升，达到了"以纯电学方式实现磁隧道结的磁化翻转"的愿景。为了降低对翻转效率不利的退磁能，行之有效的方式是通过垂直磁各向异性场部分抵消面内磁化自由层的退磁能，因此，具有 STT 效应的垂直磁隧道结逐步成为 MRAM 的主流，国际上著名的微电子公司都普遍投入到 STT-MRAM 的研发当中，推动着第二代 MRAM 的快速发展。此外，基于 STT 效应的自旋纳米振荡器也被应用到微波辅助的超高密度磁记录中。

自旋流是自旋电子学器件的"主动脉"，是信息传递的载体。自旋电子学研究的核心就是自旋流的产生、输运、调控与探测。自旋流的产生主要包括通过磁性材料进行自旋注入或者实现电荷-自旋转化的自旋霍尔效应。实现从磁性材料到导电通道中自旋注入的实验可以追溯到 1985 年[12]，二者之间高质量的界面和合理的界面电阻设计是获得高效率自旋注入的关键。为了实现高效率自旋注入，与半导体材料兼容的稀磁半导体，在 2000 年前后十余年是自旋电子学领域研究的热点，然而室温稀磁半导体的制备非常具有挑战性[13]，"是否可能制造出室温下的磁性半导体？" 成为《科学》期刊在创刊 125 周年公布的 125 个最具挑战性的科学问题之一。相较于磁性材料自旋注入的方式，自旋霍尔效应下自旋流的产生源于材料自身自旋的偏转，其物理根源是自旋轨道耦合，不涉及材料界面处的散射和反射问题，同时也伴随着更低的功耗，是产生纯自旋流的重要途径。基于自旋流与磁性材料相互作用产生的自旋力矩，可实现磁存储器的信息存取与磁敏传感器的感知驱动，以此发展起来的基于自旋轨道力矩效应的第三代 MRAM，已成为当前自旋电子学研究的核心主题之一。鉴于自旋轨道耦合是诸多自旋现象的"灵魂"，基于自旋流的相关自旋电子学器件也为开展包括拓扑物理在内的众多凝聚态物理研究提供了舞台。此外，如何实现对自旋流的电学调控与探测，同样成为开发基于自旋流的相关器件的重要方向。利用门电压对自旋进动的调控，有望构筑自旋场效应晶体管，实现对自旋流的电学操控[14]。基于逆自旋霍尔效应，构建非局域横向器件和自旋泽贝克 (Seebeck) 构型等器件，则有望实现对自旋流的电学探测。

1.2 本书章节简介

本书选取了当前自旋电子学研究领域的重点方向来进行比较系统的阐述。自旋轨道力矩效应作为一种典型的电流翻转磁性的技术手段，催生了第三代 MRAM，是自旋电子学持续发展的根基[15]。电控磁效应为超低功耗磁性操控提供了技术基础，是构建低功耗信息存储和逻辑器件的潜在途径[16]。反铁磁自旋电子学自 2011 年提出以来[17]，已成为自旋电子学领域冉冉升起的新星，入选中国科学院和科睿唯安联合发布的《2021 研究前沿》物理领域十大研究热点之一。磁子学旨在开发基于磁子输运的超低功耗信息传输载体，是近年来自旋电子学领域另一个不断发展的新主题[18]。磁斯格明子 (Skyrmion) 是正空间的拓扑态，为新型赛道存储器提供了重要载体，其高效产生和可控操纵是近十多年来持续关注的话题[19]。磁性拓扑绝缘体和拓扑半金属是倒空间的拓扑态，为发展量子信息提供了材料基础[20]。二维磁性自 2017 年发现以来[21,22]，成为自旋电子学、磁学、低维材料和强关联物理的交叉学科，以及前沿研究热点。太赫兹自旋电子学属于太赫兹波与自旋电子学的交叉，构筑高辐射效率的磁性太赫兹源是太赫兹向微型化发展的重要方向[23,24]。自旋声电子学为研究自旋与声子耦合提供了独特的平台，也为构筑传感、存储和通信用新型磁声耦合器件创造了新的机会。

自旋轨道力矩效应是新一代高性能 MRAM 中信息写入的基本原理，该效应自 2012 年前后在 $Pt/Co/AlO_x$[25] 和 $Ta/CoFeB/MgO$[26] 体系中被观测到以来，受到研究者和企业界广泛关注。自旋轨道力矩的经典物理起源是自旋霍尔效应[26]和 Rashba 效应[25]，即纵向电流产生横向自旋极化并垂直注入相邻铁磁层中，对磁矩产生力矩作用。自旋轨道力矩由类阻尼力矩和类场力矩组成，它们的大小和方向可以通过反常霍尔回线偏移[27]、谐波电压测量[28]、自旋力矩-铁磁共振[29]和锁相磁光克尔效应[30]表征。目前，已经在多种材料体系中观测到了自旋轨道力矩效应,包括重金属/铁磁、重金属/反铁磁、重金属/人工反铁磁、重金属/亚铁磁、拓扑绝缘体/铁磁、铁磁单层膜、全氧化物异质结、交换偏置体系、二维材料等,为未来的广泛应用提供了大量的材料储备。自旋轨道力矩器件根据磁性层的磁易轴方向可以分为 x 型、y 型和 z 型,其中 z 型器件由于利于高密度集成的天然优势而备受关注。通常来说,传统自旋霍尔效应和 Rashba 效应产生的自旋极化方向是沿 y 方向的,利用该种自旋极化产生的自旋轨道力矩翻转相邻垂直易磁化的铁磁层时,需要沿电流方向施加一个辅助磁场以打破对称性,这为器件小型化与集成化带来了很大挑战。人们通过楔型结构设计[31]、引入交换偏置层间耦合[32]、倾斜磁易轴设计[33]、晶体对称性和磁对称性破缺[34,35]等手段实现了无场翻转,成为自旋轨道力矩的一个重要研究方向。此外,自旋轨道力矩可以调制磁矩本身的动力学进动,当自旋轨道力矩平衡材料固有阻尼时,可以实现自旋力矩纳米振荡器[36],为各种微波器件的小型化问题带来解决方案。基于自旋轨道力矩,多种自旋电子学原型器件蓬勃发展,自旋逻辑器件、人工突触器件、不可克隆函数器件等应运而生,为高密度、高速度、低功耗的高性能信息科学技术注入了新的活力。

相比于磁场,电场的产生无需电流和线圈,可以节省大量的空间和能量,因此基于电控磁效应 (voltage control of magnetism, VCM) 实现磁性的电场操控,有望显著提高自旋电子学器件的集成度和能量效率,为发展高密度、低功耗、非易失的计算/存储器件提供了全新的可能性。然而,在经典物理学范式中,静电场和磁学性能之间并不存在耦合效应,电控磁效应的实现对于基础凝聚态物理的创新也具有巨大的推动作用。经过研究者的不懈努力,在电控磁效应领域已取得了显著进展,在多种材料体系 (磁性金属、氧化物、半导体、多铁材料、强自旋-轨道耦合材料等) 中实现了对各类磁学性能 (如磁各向异性、矫顽力、磁化强度、交换偏置、居里温度、磁电阻等) 的电场控制[15]。在器件构型方面,设计出以场效应晶体管 (FET) 型、背栅 (BG) 型、磁隧道结型和纳米复合结构等为代表的原型器件。随着对相关操控机制研究的开展,电控磁效应的经典机制涵盖载流子密度调制、应变效应、交换耦合、轨道调控,分别对应材料的电荷、晶格、自旋、轨道四个自由度;此外,电化学反应作为一种新的调控机制,也催生出磁离子学 (magneto-ionics) 这一新兴方向[37]。电控磁效应被广泛应用于电场辅助的隧道结翻转、磁化翻转、与电流结合的电场调制等场景,但仍存在许多挑战,包括对机制的深入理解和实际器件的优化 (提高工作温度、降低开关电压、器件集成等)。随着如磁电自旋-轨道逻辑器件 (MESO)[38] 等新型概念的提出,电控磁效应的研究仍会是自旋电子学研究的热点问题,并将与半导体工艺形成更好的兼容。

高密度、超高速与低功耗是当前自旋电子学器件开发的重点方向。受限于铁磁材料的杂散磁场,当自旋电子学器件尺度微缩到纳米极限时,单元间的相互串扰会使整个器件失效。相比于铁磁，反铁磁材料的净磁矩为零且有极高的内禀频率，因而有望突破高密度、超高速与低功耗的瓶颈。自 2011 年首个反铁磁隧道结成功制备以来 [17]，反铁磁自旋电子学得到了广泛关注和长足发展，其中最为重要的应用前景是高密度反铁磁随机存储器。在这里反铁磁各向异性是实现信息"存储"的物理基础，而如何实现高效的操控和探测反铁磁磁矩则成为该类存储器信息"写入"和"读出"的关键课题。围绕这两个主题，新现象与新机制的报道层出不穷，并逐渐将反铁磁材料推向应用。对于操控反铁磁磁矩的相关研究，早期主要以磁场方式为主，但反铁磁磁矩补偿的特性使所需的操控外磁场极大，而自旋轨道力矩效应和电控磁效应的发现无疑为反铁磁操控提供了更为高效和便捷的方法 [39,40]。另一方面，基于隧道结构型的隧穿各向异性磁电阻效应 [1] 和隧穿磁电阻效应 [41,42] 为反铁磁探测提供了大的磁电阻值，因而成为反铁磁随机存储器的重要信息读出方式。此外，反铁磁有序性可调制电荷–自旋转化过程，以实现高效可控的自旋流产生行为 [43]。上述研究内容为构筑高密度、超高速、低功耗的反铁磁基隧道结奠定了基础。除了在信息存储方面的应用，反铁磁太赫兹级别的本征动力学频率使其有望制备太赫兹纳米振荡器，以实现电流驱动的太赫兹波辐射 [44,45]。该器件构型为太赫兹源的轻量化和小型化打开了新思路，并有望在解决"电子对抗"和"黑障通信"等难题中扮演重要角色。

磁性材料内部磁矩的相互作用会导致自旋扰动发生传播，即自旋波，自旋波的能量量子称为磁子。由于利用磁子携带的角动量，可以在完全隔绝电子运动的情况下实现信息的处理、传输与存储，在理论上有望完全消除焦耳热损耗，实现极低器件功耗，因此，磁子学已经成为自旋电子学的一个重要分支。磁子可以分为非相干磁子和相干磁子两类。对于非相干磁子，对其输运的研究已经取得很大进展，并成功制备了相关器件，包括磁子的横向输运器件和纵向输运器件，它们各自又包括了 (亚) 铁磁磁子和反铁磁磁子。磁子横向输运最早在亚铁磁 $Y_3Fe_5O_{12}$(钇铁石榴石,YIG) 晶体中实现 [46]，随后，又扩展到了薄膜材料和反铁磁材料体系[47]；纵向输运器件可以根据自旋源和传输层的材料特性分为磁子阀 [48]、磁子拖曳器件 [49] 和反铁磁层调制器件 [50] 几类，并在多种材料体系中实现。在此基础上，对磁子输运的多场调控相关研究也得以开展。对于相干磁子，人们也进行了广泛研究。基于波的操作为相干磁子的控制带来了更多的选择，并产生了一些独有的器件应用，例如定向耦合器 [51] 和磁子晶体 [52]，可分别用于逻辑运算和微波滤波领域。最近发现的自旋波与磁畴壁的相互作用 [53] 也为相干磁子的应用打开了新的思路。近些年来，磁子学已经取得了大量的进展，并初步体现了其优势。低阻尼和长自旋扩散长度、磁子多场调控，以及磁子和其他体系的相互作用都是重要的发展方向。对相干磁子而言，利用波的优势实现并行数据处理、神经网络计算或是一些新型计算方法，也是未来的发展方向之一。此外，探究短波太赫兹磁子和反铁磁磁子偏振自由度的应用也具有极大的研究与应用价值。

磁斯格明子是近年来被广泛研究的一类实空间中具有拓扑保护的磁性自旋结构，被认为是低功耗自旋电子器件中最有希望的信息载体之一。通常磁斯格明子可分为布洛赫 (Bloch) 型和奈尔 (Néel) 型，区别主要在于其自旋构型的空间轮廓。在这两种斯格明子类型中，都存在方向相反的磁化畴，斯格明子的中心和边缘分别具有自旋向下和自旋向上的磁化方向。平面内畴壁的自旋可以具有顺时针或逆时针 (即圆形) 手性 (布洛赫斯格明子) 或径向手性 (奈尔斯格明子)。从 2009 年用中子散射在低温下表征出磁斯格明子[54] 和 2010 年用洛伦兹透射电子显微镜直接观察到斯格明子晶体[55] 开始，磁斯格明子的可控产生、操控和探测就成为该研究方向持续的话题，通常可以通过磁场、电场、极化电流和热等作用驱动斯格明子形成，并通过显微学和电学探测方法实现探测。研究者致力于提升磁斯格明子温度和运动速度，并减少其尺寸，消除斯格明子霍尔效应，并在此基础上构筑赛道存储器、磁逻辑和神经形态模拟等功能性器件[19]。

磁性拓扑材料是一类电子波函数的拓扑特征与磁性有着强烈的耦合和相互作用的材料。广义上讲，磁性拓扑材料包括具有内禀磁性的拓扑化合物、磁性掺杂的拓扑物质，以及由非磁拓扑材料和磁性材料近邻得到的磁性拓扑异质结。具有内禀磁性的拓扑化合物可以分为磁性拓扑绝缘体和磁性拓扑 (半) 金属；磁性掺杂的拓扑物质的典型例子就是磁性掺杂的拓扑绝缘体，在这类体系中观测到量子反常霍尔效应[56]；磁性拓扑异质结则由 WTe_2 等层状非磁性拓扑材料与 CrI_3 等二维磁性材料堆垛构成。因为具有内禀磁性的拓扑化合物往往具有更加丰富的拓扑物态，尤其是反铁磁拓扑化合物，通过磁场调控反铁磁磁矩的倾转、自旋转向 (spin-flop) 和自旋翻转 (spin-flip) 状态，能够在单一的材料体系中实现多种拓扑物态之间的自由切换。磁性和拓扑物态的深度纠缠，对于拓扑物理的基础研究有着巨大的科学意义，能够引起许多新奇的拓扑磁电输运现象，包括但不限于存在于较高温度下的更加稳定的量子反常霍尔效应、陈数可以灵活调控的量子反常霍尔效应、异常巨大的反常霍尔效应和反常能斯特效应，以及手征性反常引起的负磁电阻等，同时也有望基于这些磁电输运现象设计出更加灵敏的传感器和新式原型器件，拥有广阔的研究价值与应用前景。

在二维材料的研究过程中希望在二维体系中引入磁性以获得具有高结晶性的超薄磁性材料，这种超薄磁性材料有望应用在具有高集成度、高性能特征的自旋电子学与磁电子器件中。当磁各向异性存在时，可以在二维体系中引入本征磁性，而交换相互作用与材料维度决定了二维磁性材料的居里温度。自 2017 年首次获得本征的二维磁体 $Cr_2Ge_2Te_6$ 与 CrI_3 起[21,22]，二维磁性材料的研究出现了快速增长。二维磁性材料的研究主要沿着以下几个方向发展：二维自旋电子学器件的搭建，二维磁性材料的调控，新型二维磁性材料的合成，以及新奇自旋电子学现象的发现。在器件方面，2018 年，以 CrI_3 为隧穿层的全二维隧道结被首次制备并展现出巨大的磁电阻效应[57,58]。之后包括以二维磁性金属为电极的全二维隧道结和自旋阀器件也不断被搭建。由于二维磁性材料具有高的自旋极化率以及磁能带效应，基于其的自旋电子学器件普遍展示出优异的性能。在基础物理方面，二维磁性材料的可搭建性赋予了其堆垛这一区别于薄膜磁性材料的调控维度，并衍生出二维磁性扭转体系[59]，展现出丰富的磁学现象。目前，二维磁性材料的研究将进入器件化、实用化、独特化阶段：基于具有室温磁性与高稳定性的新型二维磁性材料构筑功能化、集成化的自旋电子学器件，基于二维磁性材料特有的结构，构筑具有特殊性能的、不可替代的自旋电子学器件已成为未来的重要研究方向。

20 世纪 80 年代，基于超快光子学方法的太赫兹 (THz) 技术的诞生引起了科学家们的广泛兴趣。尤其是在太赫兹光谱和成像等技术被开发出来以后，太赫兹科学和技术表现出极大的应用前景。传统的固态宽带太赫兹主要依赖于非线性光学晶体和光电导天线，而下一代太赫兹技术的一个主要挑战是开发微型化、芯片级的高效、低成本太赫兹源。近年来，太赫兹和自旋电子学的结合促成了太赫兹自旋电子学 (THz spintronics) 的发展。这一基于物质磁学 (自旋) 性质的太赫兹波产生技术明显不同于已有的基于电学、光学或光电特性的产生技术，因此具有传统相干太赫兹脉冲产生方法所不具备的优点。这种太赫兹源很大范围内不受驱动波长的限制，并且实现了超宽带的特性。1996 年，人们首次发现飞秒激光在 Ni 薄膜上诱导了亚皮秒的超快退磁效应[60]。超快退磁效应的时间尺度远小于自旋进动时间，该开创性实验引发了人们对超快磁化动力学的关注，随后开展了磁性薄膜发射太赫兹波的相关理论与实验研究[61]。然而基于亚皮秒超快退磁的太赫兹波辐射效率很低，制约着相关研究与应用。2013 年，德国科学家在铁磁/非磁性金属薄膜异质结构中实现了太赫兹波的发射，通过引入自旋–电荷流转换 (spin-charge conversion) 机制，提出由于逆自旋霍尔效应将自旋流转化为电荷流从而发射太赫兹波的产生机制，并且极大地提高了太赫兹波的发射性能[23]。这种方法发射的太赫兹波具有超宽频谱、固态稳定、偏振可调、超薄结构、成本低廉等独特优点，近年来引起了人们很大的关注[24]。此外，太赫兹波为研究磁电阻、自旋输运过程等提供了一种有效的非接触探针的方法。研究太赫兹自旋电子学效应，不仅有望提升自旋电子学中的超快磁记录和读写的速度，而且能为设计出更多高效的太赫兹光子学器件提供参考。

声表面波 (surface acoustic wave，SAW) 是一种在固体表面产生和传播的弹性波。基于 SAW 的射频滤波器因其体积小、成本低、性能稳定等优点，已成为手机射频前端模块中用于滤除带外干扰和噪声的关键器件，被广泛地应用于无线移动通信等领域。SAW 的产生与探测非常简便，通过在压电材料的叉指换能器上施加交变的电压信号,即可通过压电效应激发 SAW,传播一段距离后再通过逆压电效应对其进行探测。由于 SAW 器件成熟的制造工艺,以及较高的共振频率 (GHz 频段),在研究者的不懈努力下,近年来 SAW 已在声控磁性、声控自旋、磁控声波和新型磁声耦合器件开发等方面取得了显著进展[62,63]。通过在 SAW 的传播路径上沉积磁性薄膜或进一步加工成特定形状的器件,SAW 携带的各种特性 (应变、旋转角动量等) 可以传递给内嵌的磁性材料。多种磁声耦合机制下 (磁弹耦合、磁–旋转耦合、自旋–旋转耦合和旋磁耦合),SAW 可与其中的磁矩、磁子、自旋等多种维度发生相互作用,使得 SAW 成为操控自旋电子学现象的一种极有吸引力的途径[64],为追求新颖、超快、小型化和节能的自旋电子学器件应用开辟了新途径。反过来,磁性材料的集成对于 SAW 射频器件的参数也有显著影响,可通过易于操控的磁性来调控 SAW 的传播特性,包括实现声波的非互易传播、磁调控声波的幅值、相速度等,这为射频器件的调控手段和性能提升提供了一个全新的思路。基于磁声耦合,目前已开发出多种新型磁声器件[65],包括磁传感器、能量收集器、可调谐电感器、滤波器、移相器和磁电天线等,其中尤以磁电天线为代表。磁电天线可以克服传统天线的限制,利用机械应变使磁电天线能够在声波共振频率下工作,尺寸可比同频率下的电学天线小 1~2 个数量级,且具有更高的辐射效率。磁声耦合的研究不仅会为阐明微观的声子–自旋相互作用提供崭新的研究平台,还有望推进信息处理、存储技术和 5G 通信技术的颠覆性突破,具有重要的基础理论和实际应用价值。

参 考 文 献

[1] Baibich M N, Broto J M, Fert A, et al. Giant magnetoresistance of (001)Fe/(001)Cr magnetic superlattices[J]. Phys. Rev. Lett., 1988, 61(21): 2472-2475.

[2] Binasch G, Grünberg P, Saurenbach F, et al. Enhanced magnetoresistance in layered magnetic structures with antiferromagnetic interlayer exchange[J]. Phys. Rev. B, 1989, 39(7): 4828-4830.

[3] Miyazaki T, Tezuka N. Giant magnetic tunneling effect in Fe/Al$_2$O$_3$/Fe junction[J]. J. Magn. Magn. Mater., 1995, 139(3): L231-L234.

[4] Moodera J S, Kinder L R, Wong T M, et al. Large magnetoresistance at room temperature in ferromagnetic thin film tunnel junctions[J]. Phys. Rev. Lett., 1995, 74(16): 3273-3276.

[5] Parkin S S P, Kaiser C, Panchula A, et al. Giant tunnelling magnetoresistance at room temperature with MgO (100) tunnel barriers[J]. Nat. Mater., 2004, 3(12): 862-867.

[6] Yuasa, S, Nagahama T, Fukushima A, et al. Giant room-temperature magnetoresistance in single-crystal Fe/MgO/Fe magnetic tunnel junctions[J]. Nat. Mater., 2004, 3(12): 868-871.

[7] Ikeda S, Hayakawa J, Ashizawa Y, et al. Tunnel magnetoresistance of 604% at by suppression of Ta diffusion in pseudo-spinvalves annealed at high temperature[J]. Appl. Phys. Lett., 2008, 93: 082508.

[8] Ikeda S, Miura K, Yamamoto H, et al. A perpendicular-anisotropy CoFeB-MgO magnetic tunnel junction[J]. Nat. Mater., 2010, 9(9):721-724.

[9] Slonczewski J C. Current-driven excitation of magnetic multilayers[J]. J. Magn. Magn. Mater., 1996, 159(1-2): L1-L7.

[10] Berger L. Emission of spin waves by a magnetic multilayer traversed by a current[J]. Phys. Rev. B, 1996, 54(13): 9353.

[11] Myers E B, Ralph D C, Katine J A, et al. Current-induced switching of domains in magnetic multilayer devices[J]. Science, 1999, 285(5429): 867-870.

[12] Johnson M, Silsbee R H. Interfacial charge-spin coupling: injection and detection of spin magnetization in metals[J]. Phys. Rev. Lett., 1985, 55(17):1790-1793.

[13] Macdonald A H, Schiffer P, Samarth N. Ferromagnetic semiconductors: moving beyond (Ga,Mn)As[J]. Nat. Mater., 2005, 4: 195-202.

[14] Koo H C, Kwon J H, Eom J, et al. Control of spin precession in a spin-injected field effect transistor[J]. Science, 2009, 325: 1515-1518.

[15] Song C, Cui B, Li F, et al. Recent progress in voltage control of magnetism: materials, mechanisms, and performance[J]. Prog. Mater. Sci., 2017, 87:33-82.

[16] Song C, Zhang R, Liao L, et al. Spin-orbit torques: materials, mechanisms, performances, and potential applications [J]. Prog. Mater. Sci., 2021, 118: 100761.

[17] Park B G, Wunderlich J, Martí X, et al. A spin-valve-like magnetoresistance of an antiferromagnet-based tunnel junction[J]. Nat. Mater., 2011, 10(5): 347-351.

[18] Chumak A V, Vasyuchka V I, Serga A A, et al. Magnon spintronics[J]. Nat. Phys., 2015, 11(6):453-461.

[19] Jiang W, Chen G, Liu K, et al. Skyrmions in magnetic multilayers[J]. Phys. Rep., 2017, 704: 1-49.

[20] Otrokov M M, Klimovskikh, I I, Bentmann H, et al. Prediction and observation of an antiferromagnetic topological insulator[J]. Nature, 2019, 576(7787):416-422.

[21] Gong C, Li L, Li Z, et al. Discovery of intrinsic ferromagnetism in two-dimensional van der Waals crystals[J]. Nature, 2017, 546(7657): 265-269.

[22] Huang B, Clark G, Navarro-Moratalla E, et al. Layer-dependent ferromagnetism in a van der Waals crystal down to the monolayer limit[J]. Nature, 2017, 546(7657): 270-273.

[23] Kampfrath T, Battiato M, Maldonado P, et al. Terahertz spin current pulses controlled by magnetic heterostructures[J]. Nat. Nanotechnol., 2013, 8(4): 256-260.

[24] Seifert T, Jaiswal S, Martens U, et al. Efficient metallic spintronic emitters of ultrabroadband terahertz radiation[J]. Nat. Photonics, 2016, 10(7): 483-488.

[25] Miron I M, Garello K, Gaudin G, et al. Perpendicular switching of a single ferromagnetic layer induced by in-plane current injection[J]. Nature, 2011, 476(7359):189-193.

[26] Liu L, Pai C F, Li Y, et al. Spin-torque switching with the giant spin Hall effect of tantalum[J]. Science, 2012, 336(6081):555-558.

[27] Pai C F, Mann M, Tan A J, et al. Determination of spin torque efficiencies in heterostructures with perpendicular magnetic anisotropy[J]. Phys. Rev. B, 2016, 93(14): 144409.

[28] Hayashi M, Kim J, Yamanouchi M, et al. Quantitative characterization of the spin-orbit torque using harmonic Hall voltage measurements[J]. Phys. Rev. B, 2014, 89(14):144425.

[29] Liu L, Moriyama T, Ralph D C, et al. Spin-torque ferromagnetic resonance induced by the spin Hall effect[J]. Phys. Rev. Lett., 2011, 106(3):036601.

[30] Montazeri M, Upadhyaya P, Onbasli M C, et al. Magneto-optical investigation of spin-orbit torques in metallic and insulating magnetic heterostructures[J]. Nat. Commun., 2015, 6(1):8958.

[31] Yu G, Upadhyaya P, Fan Y, et al. Switching of perpendicular magnetization by spin-orbit torques in the absence of external magnetic fields[J]. Nat. Nanotechnol., 2014, 9(7):548-554.

[32] Fukami S, Zhang C, Duttagupta S, et al. Magnetization switching by spin-orbit torque in an antiferromagnet-ferromagnet bilayer system[J]. Nat. Mater., 2016, 15(5):535-541.

[33] Kong W J, Wan C H, Wang X, et al. Spin-orbit torque switching in a T-type magnetic configuration with current orthogonal to easy axes[J]. Nat. Commun., 2019, 10(1):233.

[34] Macneill D, Stiehl G M, Guimaraes M H D, et al. Control of spin-orbit torques through crystal symmetry in WTe_2/ferromagnet bilayers[J]. Nat. Phys., 2017, 13(3):300-305.

[35] Liu L, Zhou C, Shu X, et al. Symmetry-dependent field-free switching of perpendicular magnetization[J]. Nat. Nanotechnol., 2021, 16(3):277-282.

[36] Demidov V E, Urazhdin S, Ulrichs H, et al. Magnetic nano-oscillator driven by pure spin current[J]. Nat. Mater., 2012, 11(12):1028-1031.

[37] Tan A J, Huang M, Avci C O, et al. Magneto-ionic control of magnetism using a solid-state proton pump[J]. Nat. Mater., 2019, 18: 35-41.

[38] Manipatruni S, Nikonov D E, Lin C C, et al. Scalable energy-efficient magnetoelectric spin-orbit logic[J]. Nature, 2019, 565: 35-42.

[39] Wadley P, Howells B, Železný J, et al. Electrical switching of an antiferromagnet[J]. Science, 2016, 351(6273): 587-590.

[40] Chen X, Zhou X, Cheng R, et al. Electric field control of Néel spin-orbit torque in an antiferromagnet[J]. Nat. Mater., 2019, 18(9): 931-935.

[41] Chen X, Higo T, Tanaka K, et al. Octupole-driven magnetoresistance in an antiferromagnetic tunnel junction[J]. Nature, 2023, 613(7944): 490-495.

[42] Qin P, Yan H, Wang X, et al. Room-temperature magnetoresistance in an all-antiferromagnetic tunnel junction[J]. Nature, 2023, 613(7944): 485-489.

[43] Bai H, Zhang Y C, Han L, et al. Antiferromagnetism: an efficient and controllable spin source[J]. Appl. Phys. Rev., 2022, 9(4): 041316.

[44] Li J, Wilson C B, Cheng R, et al. Spin current from sub-terahertz-generated antiferromagnetic magnons[J]. Nature, 2020, 578(7793): 70-74.

[45] Vaidya P, Morley S A, van Tol J, et al. Subterahertz spin pumping from an insulating antiferromagnet[J]. Science, 2020, 368(6487): 160-165.

[46] Cornelissen L J, Liu J, Duine R A, et al. Long-distance transport of magnon spin information in a magnetic insulator at room temperature[J]. Nat. Phys., 2015, 11(12):1022-1026.

[47] Lebrun R, Ross A, Bender S A, et al. Tunable long-distance spin transport in a crystalline antiferromagnetic iron oxide[J]. Nature, 2018, 561(7722):222-225.

[48] Wu H, Huang L, Fang C, et al. Magnon valve effect between two magnetic insulators[J]. Phys. Rev. Lett., 2018, 120(9):097205.

[49] Wu H, Wan C H, Zhang X, et al. Observation of magnon-mediated electric current drag at room temperature[J]. Phys. Rev. B, 2016, 93(6):060403.

[50] Wang H, Du C, Hammel P C, et al. Antiferromagnonic spin transport from $Y_3Fe_5O_{12}$ into NiO[J]. Phys. Rev. Lett., 2014, 113(9):097202.

[51] Wang Q, Pirro P, Verba R, et al. Reconfigurable nanoscale spin-wave directional coupler[J]. Sci. Adv., 2018, 4(1):e1701517.

[52] Chumak A V, Serga A A, Hillebrands B. Magnonic crystals for data processing[J]. J. Phys. D: Appl. Phys., 2017, 50:244001.

[53] Han J, Zhang P, Hou J T, et al. Mutual control of coherent spin waves and magnetic domain walls in a magnonic device[J]. Science, 2019, 366(6469):1121-1125.

[54] Mühlbauer S, Binz B, Jonietz F, et al. Skyrmion lattice in a chiral magnet[J]. Science, 2009, 323(5916): 915-919.

[55] Yu X Z, Onose Y, Kanazawa N, et al. Real-space observation of a two-dimensional skyrmion crystal[J]. Nature, 2010, 465(7300): 901-904.

[56] Chang C Z, Zhang J, Feng X, et al. Experimental observation of the quantum anomalous Hall effect in a magnetic topological insulator[J]. Science, 2013, 340(6129):167-170.

[57] Song T, Cai X, Tu M W Y, et al. Giant tunneling magnetoresistance in spin-filter van der Waals heterostructures[J]. Science, 2018, 360(6394): 1214-1218.

[58] Klein D R, MacNeill D, Lado J L, et al. Probing magnetism in 2D van der Waals crystalline insulators *via* electron tunneling[J]. Science, 2018, 360(6394): 1218-1222.

[59] Song T, Sun Q C, Anderson E, et al. Direct visualization of magnetic domains and moiré magnetism in twisted 2D magnets[J]. Science, 2021, 374(6571): 1140-1144.

[60] Beaurepaire E, Merle J C, Daunois A, et al. Ultrafast spin dynamics in ferromagnetic nickel[J]. Phys. Rev. Lett., 1996, 76(22): 4250-4253.

[61] Beaurepaire E, Turner G M, Harrel S M, et al. Coherent terahertz emission from ferromagnetic films excited by femtosecond laser pulses[J]. Appl. Phys. Lett., 2004, 84(18): 3465-3467.

[62] Weiler M, Dreher L, Heeg C, et al. Elastically driven ferromagnetic resonance in nickel thin films[J]. Phys. Rev. Lett., 2011, 106(11): 117601.

[63] Puebla J, Hwang Y, Maekawa S, et al. Perspectives on spintronics with surface acoustic waves[J]. Appl. Phys. Lett., 2022, 120(22): 220502.

[64] Yang W G, Schmidt H. Acoustic control of magnetism toward energy-efficient applications[J]. Appl. Phys. Rev., 2021, 8(2): 021304.

[65] Palneedi H, Annapureddy V, Priya S, et al. Status and perspectives of multiferroic magnetoelectric composite materials and applications[J]. Actuators, 2016, 5(1): 9.

第 2 章 自旋轨道力矩效应

自旋轨道力矩效应是继巨磁阻、隧穿磁阻和自旋转移力矩效应发现以来,自旋电子学中最重要的发现之一。早在 2008 年,研究者便利用自旋轨道力矩 (spin-orbit torque, SOT) 实现了对 $Ni_{81}Fe_{19}/Pt$ 双层膜中磁化动力学的调控[1]。2009 年,稀磁半导体 (Ga, Mn)As 中的面内磁矩 90° 翻转被证实可受到 SOT 调控[2],这也是首个利用 SOT 实现磁性材料磁矩翻转的工作。SOT 效应的突破性进展来自 2012 年前后在 $Pt/Co/AlO_x$[3] 和 $Ta/CoFeB/MgO$[4] 异质结中对于垂直易磁化的 Co 和 CoFeB 的磁矩翻转的实现。由于垂直易磁化材料体系可以大大提升存储密度,这些研究工作使得将 SOT 实际应用于磁存储中成为可能,因此大大激发了研究者的研究热情[5]。近年来,关于 SOT 的理论和实验研究工作数量在不断增加,我们在 Web of Science 网站检索关键词 "spin-orbit torque" 可以发现,尤其是在 2012 年之后,相关论文的数量快速上升,如图 2.1 所示。

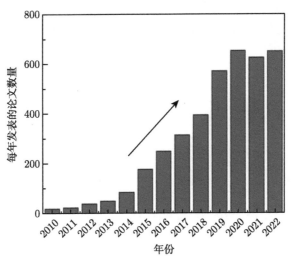

图 2.1　2010 年以来每年发表的主题为 "spin-orbit torque" 的论文数量

数据来源:Web of Science 数据库

2.1 自旋轨道力矩效应简介

2.1.1 自旋轨道力矩效应的物理起源

在本节中，我们将重点介绍 SOT 效应中自旋流产生的机制，包括经典的自旋霍尔效应和拉什巴效应 (Rashba effect)，以及最近发现的一些铁磁材料产生自旋流的新机制。对自旋流产生机制的深入理解有助于我们在未来寻找更好的自旋源材料，并为 SOT 实用化奠定基础。

在经典的非磁重金属/磁性层双层膜异质结中，非磁重金属的自旋霍尔效应可以产生自旋流，扩散到邻近的磁性层中，产生 SOT。如图 2.2 所示，当电子沿 $+x$ 方向流过非磁重金属 Pt(Ta) 时，沿 $+y(-y)$ 方向极化的自旋流会沿 $+z$ 方向流动。自旋由此被注入邻近的铁磁层中，产生 SOT，作用于铁磁层的磁矩，从而对其动力学行为产生影响

$$\frac{\mathrm{d}\boldsymbol{m}}{\mathrm{d}t} = -|\gamma|\boldsymbol{m}\times\boldsymbol{H}_{\text{eff}} + \alpha\boldsymbol{m}\times\frac{\mathrm{d}\boldsymbol{m}}{\mathrm{d}t} + \xi_{\text{DL}}\boldsymbol{m}\times(\boldsymbol{p}\times\boldsymbol{m}) + \xi_{\text{FL}}\boldsymbol{m}\times\boldsymbol{p} \quad (2.1)$$

其中，$\boldsymbol{m}$ 是磁矩方向的单位矢量；$\boldsymbol{p}$ 是自旋极化方向的单位矢量；γ 为旋磁比；α 为阻尼因子；$\boldsymbol{H}_{\text{eff}}$ 为作用在磁矩上的内禀有效场，包括交换相互作用、磁各向异性能等。公式 (2.1) 的第一项和第二项分别代表磁矩的进动项和阻尼项，是由材料的本征属性决定的；第三项和第四项分别代表 SOT 的类阻尼力矩项和类场力矩项。

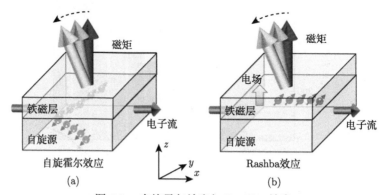

图 2.2 自旋霍尔效应与 Rashba 效应

类阻尼力矩项的强度 ξ_{DL} 与电荷流之间的关系可以写为

$$\xi_{\text{DL}} = \frac{|\gamma|}{m_s t}J_s = \theta_{\text{sH}}\frac{\hbar|\gamma|}{2em_s t}J_c\times\sigma \quad (2.2)$$

其中，m_s 为磁性原子的饱和磁化强度；t 为薄膜的厚度；e 为电子电荷；$\hbar$ 为约化普朗克常量；J_s 和 J_c 分别为自旋流密度和电荷流密度；θ_{sH} 为自旋霍尔角，定义为自旋流密度与电荷流密度的比值。不同的材料具有不同大小和极性的自旋霍尔角，例如经典的 Pt 和 Ta 的自旋霍尔角分别定义为正和负。这代表着沿 $+x$ 方向通入电流时，Pt 和 Ta 通过自旋霍尔效应产生的自旋流的极化方向分别沿 $+y$ 和 $-y$。

早期研究中，人们尚不清楚如何区分自旋霍尔效应和后续介绍的 Rashba 效应对 SOT 的贡献，后来研究者们陆续通过一些实验验证了自旋霍尔效应的重要作用。鉴于异质结界面 Rashba 效应源于界面的对称性破缺，在两层 Pt 厚度不相同的 Pt/Co/Pt 三层结构中，Co 的上下界面是对称的，意味着 Rashba 效应基本被抵消，此时仍然可以测量到 SOT，并且其极性是由较厚的 Pt 层决定的，这证明了 Pt 的自旋霍尔效应起到了重要作用[6]。在 Ta/CoFeB/MgO 中，SOT 的大小和符号可以被 Ta 的厚度调控，这与自旋霍尔效应随 Ta 厚度的变化相一致，而不能被解释为理论上不与厚度相关的界面 Rashba 效应[7]。因此，对于最常规的非磁重金属/铁磁材料双层膜体系，普遍认为自旋流的产生是由自旋霍尔效应主导的。

Rashba 效应是指在电流作用下，k 空间 (动量空间) 的电子分布变得不对称，产生一个有效场并在垂直电流方向导致非平衡的自旋密度[8]，如图 2.2(b) 所示。Rashba 效应在缺乏反演对称性的体系中是广泛存在的，其大小由电荷转移强度 (或轨道杂化强度) 和自旋轨道耦合强度共同决定[9]。反演对称性的破缺既可以由异质结界面创造，也可由非中心对称的晶体产生。以异质结界面的 Rashba 效应产生的电荷到自旋的转化过程为例，如图 2.3 所示，界面 Rashba 自旋轨道耦合作用会使得能带劈裂成旋性相反的自旋–动量锁定的自旋多子和自旋少子能带。当沿 $-x$ 方向通入电荷流时，将推动费米面向 $+x$ 方向移动，得到净剩的沿 $+y$ 方向的自旋极化积累。界面处积累的自旋极化会扩散到相邻的磁性层中，对磁矩产生 SOT 的作用。在自旋霍尔效应中，自旋流可以被看作自旋产生和注入两步过程，而 Rashba 效应则应被理解为自旋极化积累和扩散过程。在下文中，我们把由界面反演不对称和体非中心对称引起的电荷到自旋的转换分别称为界面 Rashba 效应和体 Rashba 效应。

在体 Rashba 效应的情况下，自旋轨道耦合的对称性可以是 Rashba 型的，也可以是德雷赛尔豪斯 (Dresselhaus) 型的，这取决于晶体结构的对称性[10]。应力可能改变薄膜晶体的对称性，因此可以起到重要作用。早期，人们认为 Rashba 效应只可以产生类场力矩，并在闪锌矿结构的 (Ga,Mn)As 中成功观测到由类场力矩引起的磁矩翻转[2]。后来，在 (Ga,Mn)As 中也观察到了类阻尼力矩，并被认为是由带间转换导致的内禀效应[11]。利用自旋轨道–铁磁共振技术，可以测量

GaAs[12] 和 NiMnSb[10] 中的体 Rashba 有效场和体 Dresselhaus 有效场, 并实现了电压对 Rashba 有效场的调控 [13]。

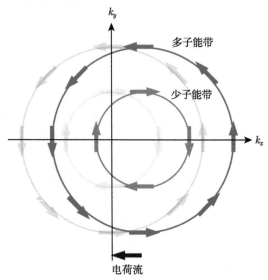

图 2.3　界面 Rashba 效应产生自旋极化积累的示意图

界面 Rashba 效应广泛存在于 SOT 研究常用的异质结构型中。界面 Rashba 效应同样既可以产生类场力矩, 也可以产生类阻尼力矩。如前所述, 早期在自旋霍尔效应和 Rashba 效应的区分上存在一些困难, 但是研究者们仍在一些重金属/铁磁/氧化物体系中证明了 Rashba 效应的重要性。在 Pt/CoFeB/MgO 中, 通过氧化 CoFeB 层可以改变 SOT 有效场的符号, 其被归结于 Pt/氧化的 CoFeB 界面 Rashba 效应的贡献。在 Hf/CoFeB/MgO 和 Ta/CoFeB/MgO 中, Hf 和 Ta 厚度较薄时 SOT 有效场符号是相反的, 而两种材料的自旋霍尔角同号, 证明了此时是界面 Rashba 效应而非自旋霍尔效应主导了自旋流的产生 [7,14]。

早期对界面 Rashba 效应的研究主要关注重金属和铁磁的界面。后来, 研究者们把目光更多地聚集到了不包含重金属的体系, 在这些体系中由于不存在显著的自旋霍尔效应, 可以更清晰地表征界面 Rashba 效应的强度。金属/氧化物界面是其中重要的一类, 在 Cu/Bi_2O_3 和 Ag/Bi_2O_3 等体系中均被证实具有可观的自旋霍尔角 [15]。此外, 在一些新奇的界面上, 例如 $SrTiO_3/LaAlO_3$、Fe/GaAs、Ag/Bi、石墨烯/Co, 均观察到了显著的界面 Rashba 效应 [9,12,16-18]。而通过向 Si 金属–氧化物–半导体 (MOS) 中施加门电压, 可以测到 0.6 μeV 的自旋劈裂, 无需任何重金属的参与 [19]。此外, 轨道 Rashba 效应是一种新奇的 Rashba 效应, 也不需要重金属的参与 [20]。例如, 在 $Pt/Co/SiO_2$ 异质结中, 由于 Pt 5d-Co 3d 和 Co 3d-O 2p 轨道杂化, 形成了界面晶体场, 将 Co 的 3d 轨道劈裂, 从而在通入电

2.1 自旋轨道力矩效应简介

流时，可以得到横向的轨道极化[21]。这些在各种各样的界面处观察到的 Rashba 效应极大地拓宽了 SOT 中自旋源材料的选择范围。

一部分铁磁材料具有比较强的自旋轨道耦合，因此具备作为自旋源材料的可能性。在铁磁/非磁/铁磁自旋阀结构中，一层磁化固定的铁磁层可以通过其反常霍尔效应和各向异性磁电阻产生自旋流，注入另一层铁磁中对其产生自旋轨道力矩[22]。在这种机制下，自旋极化方向沿着铁磁磁矩方向 m，自旋流方向为 $m \times E$，其中 m 和 E 分别为固定铁磁层的单位磁化矢量和电场。此时，自旋极化的方向是可以通过调控磁矩方向进行调控的。该机制引起的 SOT 效应已经在 FeGd/Hf/CoFeB[23] 和 CoFeB/Cu/NiFe[24] 三层膜结构中得到证实。此外，铁磁材料还可以内禀地产生自旋流，而不依赖于其反常霍尔效应。内禀自旋流并不存在自旋退相的问题，因此极化方向不依赖于磁化方向。该机制在数纳米厚的 CoFeB 和 NiFe 薄膜中均已经被证实[25,26]。

此外，在铁磁/非磁界面处，铁磁材料产生的内禀自旋流会经历自旋轨道过滤和自旋轨道进动过程[27]，如图 2.4 所示。经历界面处的散射之后，前者导致与自旋霍尔自旋流相同方向的自旋极化，后者则使得自旋极化进动到 $m \times y$ 方向，其中 m 沿着 x 方向，y 是垂直于电场方向的面内方向。在自旋轨道进动机制下，一个面内磁化的铁磁材料可以产生垂直方向极化的自旋，且自旋流的方向同样是垂直方向，这种对称性在传统的自旋霍尔效应下是不被允许的。利用这种垂直方向极化的自旋，研究者成功在面内磁化 CoFeB 或 NiFe/Ti/垂直磁化 CoFeB 三层膜结构中实现了 SOT 对于磁性层的无场翻转[25]。因此，自旋轨道进动不仅揭示了新的物理机制，还具备很高的实用价值。

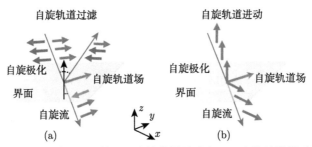

图 2.4 铁磁/非磁界面处的 (a) 自旋轨道过滤和 (b) 自旋轨道进动示意图

在自旋轨道过滤中，界面自旋轨道场 (绿色箭头) 根据自旋极化的方向对自旋进行反射或透过；在自旋轨道进动中，自旋围绕界面自旋轨道场发生进动

上述基于铁磁材料自旋源的 SOT 新机制均发生在包含两层铁磁的三层膜结构中。在铁磁单层膜中，除了前文所述的具有非中心对称结构的体 Rashba 效应之外，近来又陆续在一些不具有明显对称性破缺的体系中发现了 SOT。这些机

制的共同特点是均需要利用铁磁材料本身产生内禀自旋不退相的能力，包括反常 SOT[28] 和成分梯度引起的 SOT[29]。关于铁磁单层膜的 SOT 的研究是非常有趣的，这不仅加深了人们对于对称性的理解，还能够在比较厚的薄膜材料中实现高效的 SOT 翻转，在工业生产中展示出独特的优势。

2.1.2 自旋轨道力矩效应与自旋转移力矩效应对比

传统磁盘通过隧穿磁电阻 (TMR) 效应读取信息，通过磁场对磁存储介质进行写入。但是磁场对器件的小型化非常不利，因此人们期望用电学方法进行写入，于是发展出了基于自旋转移力矩 (STT) 的写入方式，如图 2.5(a) 所示，灰色箭头表示电流，自上而下流经参考层后获得自旋极化，与参考层磁矩方向一致。该自旋流之后穿过隧穿层，到达自由层之后，由于电子自旋角动量受到自由层磁矩 (图中红色箭头) 的交换相互作用，瞬时偏转到紫色箭头所示方向。反过来，磁矩也会受到电子自旋角动量的转矩作用 (图中的白色箭头)，从初始位置向自旋极化的方向转动，通过电子与磁矩的角动量之间的转移实现翻转。基于 STT 的随机存储器虽然已经在工业上实现部分量产，但 STT 仍然面临着一些固有问题，它依赖于自旋极化的电流，因此翻转效率受限于每个电子只能携带 $\frac{1}{2}\hbar$ 的角动量；STT 存在读写干扰问题，由于读写同路，读出电流过大可能会造成误写，如果增加翻转的势垒，又会增加器件写入的功耗；STT 写入的大电流会经过隧穿层，对隧穿层造成一定破坏，影响器件的耐久性。

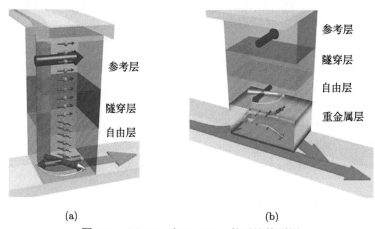

图 2.5 (a)STT 和 (b)SOT 的对比构型图

相较而言，SOT 写入时，大电流沿面内流动，不经过隧穿层，器件的耐久性更好 (图 2.5(b))。SOT 中自旋流与电荷流流动分离，翻转的效率更多依赖于自旋源的自旋霍尔角，而非直接受到电流大小的限制。因此 SOT 的翻转效率比 STT

具有更高的上限，临界翻转电流密度有望更低，理论上基于 SOT 的器件具备更低的功耗。另外，SOT 中的翻转动力学也更快。但是，SOT 翻转需要施加面内辅助磁场或者构建其他面内的对称破缺来实现确定性翻转。面内辅助场的施加不利于器件的实际应用以及小型化，其他面内对称破缺的构建增加了工艺的复杂度。此外，基于 STT 的磁隧道结是两端器件，基于 SOT 的磁隧道结往往是三端器件。三端器件需要更复杂的版图设计，读线和写线都需要贯穿多层金属层，工艺上也更为复杂，最关键的是，三端器件意味着单个器件需要占据更大的面积，这不利于器件小型化以及提升存储容量。

2.2 自旋轨道力矩效应的检测技术

SOT 有两个分量：类阻尼 (damping like, DL) 力矩和类场 (field like, FL) 力矩，作用方向分别为 $m \times (p \times m)$ 和 $m \times p$，其中 m 是磁矩方向的单位矢量，p 是自旋极化方向的单位矢量。为了定量地表征 SOT 效率以及翻转动力学，人们开发出了一系列电学输运和磁光技术来探测和表征电流作用下的磁化动力学过程，包括电流引起的反常霍尔回线偏移[30]、谐波电压测试[31]、自旋力矩-铁磁共振[32]和锁相磁光克尔效应 (magneto optic Kerr effect, MOKE) 等[33]。

2.2.1 反常霍尔回线偏移

电流引起的反常霍尔回线偏移利用了由 SOT 有效场引起的回线偏置来表征 SOT 效率。具体是在面内磁场的辅助下，施加平行于面内磁场的直流电流，通过反常霍尔效应测量面外磁滞回线。在电流的类阻尼力矩作用下，直流电流诱导产生面外有效场，当电流方向反向时，该有效场反号。当扫描面外磁场时，在磁场和电流诱导的面外有效场的共同作用下，磁化发生翻转。因此，电流方向相反的两条反常霍尔回线会沿着 H_z 轴偏移，有效场可以表示为 $H_{\text{eff},z} = -(H_1 + H_2)/2$，这里 H_1 和 H_2 分别是磁矩从向下翻转到向上和从向上翻转到向下的磁场。SOT 效率 $\chi = H_{\text{eff},z}/J_c$，其中 J_c 是施加的电流密度。在本节讨论的所有方法中，此方法最接近电流驱动磁化翻转的构型，并且它可以提供关于铁磁体的额外信息，如界面 DzyaloShinskii-Moriya 相互作用 (DMI) 有效场[30,34]。同时施加的面内和面外磁场也可以用可以在 xz 平面内旋转的磁场代替[35]。该方法不仅在铁磁体系广泛应用，也在亚铁磁[36]和人工反铁磁体系[35]得到了交叉验证。不足之处是该方法需要磁性材料具有垂直各向异性。

2.2.2 谐波电压测试

谐波电压测试[14,37,38] 基于交变电流的有效场诱导的近平衡的磁化振荡，是测量 SOT 的另外一种方法。假设交变电流 $I = I_0 \sin \omega t$ 诱导的有效场为 $H_I \sin \omega t$，外磁场为 H，霍尔电阻或径向电阻可以表示为

$$R_H = R(H + H_I \sin \omega t) \approx R(H) + \frac{\partial R(H)}{\partial H} H_I \sin \omega t \qquad (2.3)$$

R 的磁场依赖性源于反常霍尔效应、平面霍尔效应、各向异性磁电阻或自旋霍尔磁电阻。因此电压 $V = R(H) I_0 \sin \omega t$ 为

$$V = I_0 R(H) \sin \omega t - \frac{1}{2} \frac{\partial R(H)}{\partial H} H_I I_0 \cos 2\omega t + \frac{1}{2} \frac{\partial R(H)}{\partial H} H_I I_0 \qquad (2.4)$$

第二项是外加电流的二次谐波电压响应，包括了特定电流下有效场的幅值信息，谐波测试的实验构型和典型数据如图 2.6 所示。

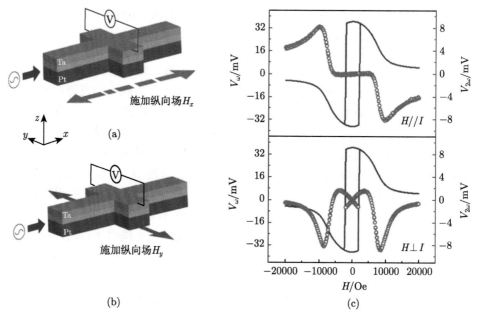

图 2.6 用于 (a) 类阻尼力矩和 (b) 类场力矩的谐波测试的实验构型，磁场分别与施加的交变电流平行和垂直[39]；(c)Hf(2 nm)/CoFeB(1 nm)/MgO(2 nm) 纵向构型 ($H\perp I$) 和横向构型 ($H//I$) 中的一次 (蓝色) 和二次 (红色) 谐波霍尔电压[14]

在垂直磁化的样品中，如果认为磁化偏离 z 轴的程度很小，那么有效场可以

2.2 自旋轨道力矩效应的检测技术

被表示为

$$H_{\rm DL} = -\frac{2(b_x + 2rb_y)}{1 - 4r^2} \tag{2.5}$$

$$H_{\rm FL} = -\frac{2(b_y + 2rb_x)}{1 - 4r^2} \tag{2.6}$$

其中，r 为平面霍尔电阻与反常霍尔电阻之间的比值；$b_i(i = x, y)$ 为

$$b_i = \frac{\partial V_{2\omega}/\partial H_i}{\partial^2 V_\omega/\partial H^2} \tag{2.7}$$

这里，V_ω 和 $V_{2\omega}$ 分别是一次和二次谐波霍尔电压。典型的 V_ω 和 $V_{2\omega}$ 如图 2.6(c) 所示。对于面内磁化的样品，基于各向异性磁电阻 (anisotropic magnetoresistance) 的纵向谐波电压的扫场测试[38] 和霍尔电压的面内转角测试[40] 可用于 SOT 有效场的表征。对于反铁磁样品，也可以用二次谐波和三次谐波电压标定 SOT 作用于反铁磁磁矩的效率[41]。测量 SOT 效率时，应格外注意排除自旋泽贝克电压和反常能斯特电压的贡献，否则将造成对于 SOT 效率的过大估计。

谐波电压测量除了可以分析 SOT 力矩效率，也可以用来研究一些新奇的物理现象，例如在导电磁性材料/自旋源中的单向磁电阻 (unidirectional magnetoresistance, UMR)[42,43] 和在绝缘磁性材料/自旋源中的单向自旋霍尔磁电阻 (unidirectional spin Hall magnetoresistance, USMR)[44]。对于一般的线性磁电阻，例如各向异性磁电阻、Rashba-Edelstein 磁电阻和自旋霍尔磁电阻，磁矩 180° 翻转前后所得到的磁电阻大小一致，且不随探测电流大小的变化而变化。而对于 UMR 和 USMR，磁矩 180° 翻转前后将贡献极性相反的磁电阻，且随探测电流增大而线性增加。它的机理可以简单类比为面内巨磁电阻：当自旋源中通入电流时，会产生横向的自旋极化。铁磁材料的磁矩方向与该自旋极化方向的平行态与反平行态可以类比于面内巨磁电阻的两层铁磁层磁矩的平行与反平行态，从而在原有的径向电阻上贡献高电阻和低电阻。当探测电流增大后，自旋源中的电流随即增大，产生了更多的自旋极化，从而可以得到更大的平行态/反平行态贡献的电阻差。根据具体的机理，它们可以分为来自界面和体相的自旋相关 UMR 和自旋跳变 UMR，且具有不同的磁场依赖性和温度依赖性[45]。UMR 和 USMR 不仅限于铁磁体系，在反铁磁 FeRh[46] 和 Fe_2O_3[47] 中也有所观测。

锁相磁光克尔方法与谐波电压分析类似，式 (2.3) 可推广到克尔旋转角

$$\theta_{\rm K}(H) = \theta_{\rm K}(H_{\rm ext} + H_{\rm I}\sin\omega t) \approx \theta_{\rm K}(H_{\rm ext}) + \frac{\partial \theta_{\rm K}(H)}{\partial H}H_{\rm I}\sin\omega t \tag{2.8}$$

克尔旋转角主要由面外磁矩贡献，假设 $\theta_{\rm K} = f_\perp m_z$，这里 $f_\perp$ 为一次磁光系数，反映了光和面外磁化的耦合强度，m_z 为面外磁化。那么由类阻尼力矩引起的克尔

旋转角的偏离为

$$\Delta\theta_K = \frac{H_{DL}f_\perp}{H - H_A} \quad (2.9)$$

其中，H_A 是各向异性场；H_{DL} 是类阻尼力矩的有效场。在交变电流引起的 SOT 作用下，θ_K 以 $\Delta\theta_K$ 为振幅振荡。为了探测 $\Delta\theta_K$，斩波器被放置于激光的产生系统中，用锁相放大器锁住与电流源同频的信号，读出输出的电压信号。这种方法可以避免对输运信号造成干扰的热学贡献，这对于重金属/铁磁绝缘体的体系是非常重要的。因此，二次的磁光克尔效应也可以用来分析 SOT 效率[33,48]。

2.2.3 自旋力矩-铁磁共振

自旋力矩-铁磁共振 (spin-torque ferromagnetic resonance, ST-FMR) 利用射频的电荷流产生高频的自旋流，激发铁磁体的共振，从而从共振线型中反向推导出自旋流的大小和极化方向[32]。通过偏置器分离射频信号和直流信号，将直流信号输入到纳伏计，测量信号线与地线之间的直流电压。也有研究者利用锁相放大器读出 ST-FMR 信号，该方法需要对输入的射频电流进行振幅调制或者相位调制，具有更高的信噪比，但同时可能会带来信号的失真。测试构型和电路的示意图如图 2.7 所示。

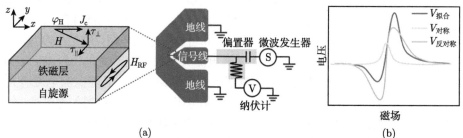

图 2.7 (a)ST-FMR 测量示意图，其中两个力矩 ($\tau_\parallel$ 和 $\tau_\perp$) 作用于面内磁化；(b) 室温下典型的 ST-FMR 谱线

测得的直流电压 V 源自射频电流和铁磁共振诱导的交变 AMR 的整流效应，它可以用洛伦兹函数拟合

$$V = V_a \frac{\Delta H (H - H_0)}{\Delta H^2 + (H - H_0)^2} + V_s \frac{\Delta H^2}{\Delta H^2 + (H - H_0)^2} \quad (2.10)$$

其中，V_a 和 V_s 分别为反对称和对称线型；ΔH 是线宽；H_0 是共振场；H 是外磁场的大小，共振场随频率服从 Kittel 公式描述的色散关系：

$$f = \frac{\gamma}{2\pi}\sqrt{H_0(4\pi M_{eff} + H_0)} \quad (2.11)$$

2.2 自旋轨道力矩效应的检测技术

式中，γ 是旋磁比；M_{eff} 是有效磁化强度。反对称线型 V_a 和对称线型 V_s 分别与面外力矩 $\tau_\perp$ 和面内力矩 $\tau_\parallel$ 有关

$$V_a = -\frac{\gamma I_{\text{RF}} \cos\varphi_H}{4\Delta H} \frac{\mathrm{d}R}{\mathrm{d}\varphi_H} \sqrt{1 + \frac{4\pi M_{\text{eff}}}{H}} \tau_\perp \tag{2.12}$$

$$V_s = -\frac{\gamma I_{\text{RF}} \cos\varphi_H}{4\Delta H} \frac{\mathrm{d}R}{\mathrm{d}\varphi_H} \tau_\parallel \tag{2.13}$$

根据 LLG(Landau-Lifshitz-Gilbert) 方程，不同的自旋极化方向作用到铁磁层上的力矩的实际效果不同，它们产生的 V_a 和 V_s 随面内外磁场与微波电流之间的夹角 φ_H 的变化关系也不同。假定微波电流沿 x 方向，通过测量角度相关的自旋力矩–铁磁共振信号，分离 V_a 和 V_s，并按下式进行 φ_H 的拟合，就可以得到不同方向自旋极化贡献的对应力矩的相对大小

$$V_s = \tau_{\text{AD},x} \sin\varphi_H \sin 2\varphi_H + \tau_{\text{AD},y} \cos\varphi_H \sin 2\varphi_H + \tau_{\text{FL},z} \sin 2\varphi_H \tag{2.14}$$

$$V_a = \tau_{\text{FL},x} \sin\varphi_H \sin 2\varphi_H + \tau_{\text{FL},y} \cos\varphi_H \sin 2\varphi_H + \tau_{\text{AD},z} \sin 2\varphi_H \tag{2.15}$$

其中，$\tau_{\text{AD},x}$、$\tau_{\text{AD},y}$ 和 $\tau_{\text{AD},z}$ 分别为 x 方向自旋极化、y 方向自旋极化和 z 方向自旋极化贡献的类阻尼力矩；$\tau_{\text{FL},x}$、$\tau_{\text{FL},y}$ 和 $\tau_{\text{FL},z}$ 分别为 x 方向自旋极化、y 方向自旋极化和 z 方向自旋极化贡献的类场力矩。当铁磁层不是太薄时，一般可以忽略 y 方向自旋极化贡献的类场力矩，而微波电流引起的交变的奥斯特场对磁矩的作用与 y 方向自旋极化产生的类场力矩类似，因此随 φ_H 也按 $\cos\varphi_H \sin 2\varphi_H$ 变化。奥斯特场可以根据安培定律计算，是样品中微波电流大小的反映，因此可以用拟合得到的 $\tau_{\text{FL},y}$ 来作为其他几项力矩的归一化因子，反映电荷流到自旋流的转化效率。

$$\theta_{\text{AD(FL)},i} = \frac{\tau_{\text{AD(FL)},i}}{\tau_{\text{FL},y}} \frac{M_s e t_{\text{FM}} d_{\text{NM}}}{\hbar} \sqrt{1 + \frac{4\pi M_{\text{eff}}}{H_0}} \tag{2.16}$$

其中，$i = x, y, z$；$\theta_{\text{AD(FL)},i}$ 为对应自旋极化方向和对应力矩的自旋霍尔角，但不包括 $\theta_{\text{FL},y}$ 的情况；t_{FM} 为磁性层的厚度；d_{NM} 为非磁层的厚度；M_s 为磁性层的饱和磁化强度。在最简单的情况下，$\tau_\parallel$ 只由经典的自旋霍尔效应产生的类阻尼力矩贡献，$\tau_\perp$ 只由奥斯特场贡献，这时自旋霍尔角 θ_{sH} 可简单地由 φ_H 为 45° 下的 V_s/V_a 得到

$$\theta_{\text{sH}} = \frac{V_s}{V_a} \frac{M_s e t_{\text{FM}} d_{\text{NM}}}{\hbar} \sqrt{1 + \frac{4\pi M_{\text{eff}}}{H_0}} \tag{2.17}$$

如果考虑 y 方向自旋极化产生的类场力矩对反对称线型的贡献，那么测得的自旋霍尔角就具有铁磁层的厚度相关性。在这种情况下，射频电流的精确校

准是必要的,可以通过矢量网络分析仪标定透射参数[49]或者热等效方式[50]来进行。另一个误差来源是交变的奥斯特场可以驱动自旋泵浦,并通过逆自旋霍尔效应引入对称的直流电压信号[51]。当铁磁层的各向异性磁电阻较小时,这种现象会给测得的结果带来很大的误差。电场和磁场之间的相位差也是一个常见的误差源[52],这可能是测量的 SOT 效率的一些非物理的射频电流频率依赖性的来源。此外,自旋泽贝克和反常能斯特效应也会贡献电压信号,它们反映为在整流电压中出现一个滞回曲线[52]。在铁磁共振时可能会吸收能量造成额外的热量积累,产生额外的对称线型,但这个效应被证明并不显著[52]。除了电压幅值分析,ST-FMR 中的线宽和共振场也可以提供 SOT 的有关信息,共振场的频率依赖性可以用 Kittel 公式来拟合有效饱和磁化强度,线宽的频率依赖可以拟合铁磁层阻尼因子的大小。当通过偏置器同时注入直流和交变电流时,直流电流对线宽的调制可以作为一种独立的方法来表征类阻尼力矩[32],并且共振场的偏移可用于反映类场力矩[53]。

值得一提的是,最近有越来越多的工作指出,ST-FMR 测量得到的实际上是有效自旋霍尔角,即描述自旋源在电荷流的作用下,能在铁磁层中产生多大的自旋流。有效自旋霍尔角在数值上应该小于材料的本征自旋霍尔角,因为在界面处会存在自旋流的损耗。可以用界面自旋通透性 T 来描述,T 与界面的自旋混合电导成正比。自旋混合电导通常可以通过自旋泵浦实验测量,但由于双磁子散射和自旋记忆损失也可以贡献自旋混合电导,所以对于自旋混合电导有很多过高的估计[54]。对于估计双磁子散射和自旋记忆损失,需要测量相关铁磁层和自旋源层的厚度[55],这在研究材料的本征自旋霍尔角中尤其需要注意。

2.3 各种材料体系中的自旋轨道力矩效应

2.3.1 重金属/铁磁

在本节中,我们将介绍 SOT 在重金属/铁磁体系中的进展,包括具有垂直磁各向异性和面内各向异性的体系。由于这是理解 SOT 机制的基本体系,我们将讨论厚度和温度相关实验,以及具有不同电流和磁化构型的 SOT 翻转。

具有垂直磁各向异性的铁磁体对于高密度信息存储是必不可少的,但铁磁层垂直磁化的实现以及高效的 SOT 翻转并非能轻易实现。由于形状相关的退磁能,铁磁薄膜往往具有面内易轴。迄今为止,铁磁单层膜的垂直磁各向异性仅在超薄的 Co 和 CoFeB 薄膜中实现。Co 薄膜的垂直磁各向异性通常建立在高质量的 Pt 缓冲层上[3]。CoFeB 薄膜的垂直各向异性来自于与氧化物的界面上 Fe 的 3p 轨道与 O 的 2p 轨道之间的杂化[56],同时也依赖于缓冲层对 CoFeB(001) 织构的诱导。垂直磁化的铁磁体的翻转需要克服两个基态 (分别指向上和向下的磁矩) 之间更大的能垒,这

2.3 各种材料体系中的自旋轨道力矩效应

对自旋源提出了很高的要求。此外，这两个基态在能量上是相等的，因此需要外部手段来打破对称性以实现确定性翻转，通常使用平行于电流的外加磁场 [3]。

SOT 翻转垂直磁化首先在 Pt/Co/AlO$_x$ 中被发现，机制是 Rashba 效应 [3]。之后研究者在同一体系中发现了 SOT 翻转垂直磁化的现象，并指出自旋力矩来自 Pt 的自旋霍尔效应 [4]。从那时起，重金属的自旋霍尔效应成为重金属/铁磁双层膜中 SOT 的主要关注点。虽然不能排除 Rashba 效应，甚至在某些情况下 Rashba 效应起主导作用 [7,14]，但自旋霍尔效应仍然被认为是 SOT 的主要来源，主要是因为 SOT 的翻转极性可与自旋源的自旋霍尔角的符号对应。当自旋源层在铁磁层下方时，对于具有正自旋霍尔角的重金属，如 Pt(图 2.8(a))，在正辅助场下，SOT 的翻转回线将是逆时针方向 (基于标准霍尔构型)；若重金属具有负自旋霍尔角，如 Ta，则 SOT 的翻转回线为顺时针方向 (图 2.8(b))。

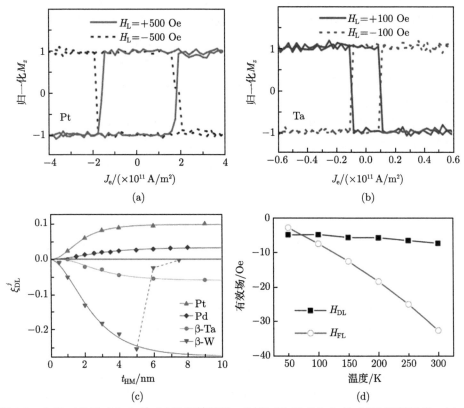

图 2.8 (a)Pt/CoFe/MgO 的 SOT 翻转回线；(b)Ta/CoFe/MgO 的 SOT 翻转回线；(c) 类阻尼力矩的大小随重金属层厚度的变化；(d)Ta/CoFeB/MgO 中类阻尼力矩和类场力矩随温度的变化

重金属/铁磁双层中类阻尼力矩和类场力矩的强度和变化趋势是了解其具体产生机制的关键因素,即自旋霍尔效应和 Rashba 效应各自的贡献。在基于 Pt 的体系中,类阻尼力矩明显大于类场力矩[57]。而在基于 Ta 的体系中,类场力矩与类阻尼力矩相当,甚至更大[58,59]。从作用于铁磁层的角度来看,两个力矩都具有界面特征,应该与铁磁层厚度成反比,而在实际中情况要复杂得多[7,60,61]。有理论工作指出,当 Rashba 效应显著时,类场力矩效率和类阻尼力矩效率都应该随着铁磁层厚度的增加而逐渐增大至饱和;而对于单一的自旋霍尔效应,类场力矩效率和类阻尼力矩效率不随铁磁层厚度的变化而变化[62]。关于 SOT 的产生机制,SOT 对重金属层厚度 (t_{HM}) 的依赖性是一个有利工具,因为来自自旋霍尔效应的 SOT 应该按 $1-\text{sech}(t_{HM}/\lambda_{sd})$ 变化,这里 λ_{sd} 是重金属的自旋扩散长度[32],而界面 Rashba 的贡献与 t_{HM} 无关。图 2.8(c) 显示,沉积在 β-Ta、β-W、Pd 和 Pt 上的 Co/AlO$_x$ 层的类阻尼力矩效率随 t_{HM} 单调增加直至饱和,这与自旋霍尔效应模型非常吻合[63]。这种趋势在多种体系中都很常见,例如 Ta/CoFeB/MgO[64]、W/CoFeB/MgO[59] 和 Pt/Co/MgO[65],表明自旋霍尔效应对类阻尼力矩的贡献占主导。SOT 的温度依赖性也有助于阐明两个力矩的来源,在 Ta/CoFeB/MgO (图 2.8(d))[59] 和 Pt/Co/MgO[60] 中,类阻尼力矩几乎不随温度变化,这与 Ta 和 Pt 的固有自旋霍尔效应有关。类似于 SOT 的 t_{HM} 依赖性,不同体系中类场力矩的温度依赖性表现不同。从目前的研究来看,大多数体系中的类阻尼力矩主要来自于自旋霍尔效应,但 Rashba 效应是否有一定贡献,以及 Rashba 效应如何影响类阻尼和类场力矩,还不清楚。一个可能的原因是界面状态对界面 Rashba 效应有很大的影响,即使在不同课题组制备的相同体系中,界面状态也可能差异很大。

有关重金属的自旋霍尔角和自旋扩散长度一直存在争议。以重金属 Pt 为例,早期的研究工作结果揭示了 Pt 的自旋霍尔角在 0.05~0.1,而自旋扩散长度在 1~10 nm。这可能是由于探测自旋霍尔角和自旋扩散长度的方法不同 (ST-FMR、自旋泵浦、非局域自旋注入等),本身存在一定的系统误差。但有趣的是,自旋霍尔角和自旋扩散长度的乘积基本保持不变[55]。最近,越来越多的研究者指出,Pt 的本征自旋霍尔角超过了 0.1(大于 0.2[60,66,67] 甚至是 0.64[54,68])。这说明对于基本自旋源的自旋产生能力的表征和理解还需要进一步研究。

一般来说,重金属的自旋霍尔角越大,临界翻转电流密度越小。然而,自旋霍尔角并不等于 SOT 效率,更不用说自旋霍尔角本身因各种表征方法而存在很大差异。例如,Ir 的自旋霍尔角比 Pt 小一个数量级,但 Ir/Co 的临界翻转电流密度 (约 $5 \times 10^7 \text{A/cm}^2$) 并没有显著增加[65]。4d 过渡金属 Mo 具有更弱的自旋轨道耦合和更小的自旋霍尔角,但也能够以相当的临界电流密度翻转垂直磁化 CoFeB[69,70]。此外,3d 金属 Cr 同样能够利用 SOT 翻转相邻垂直易磁化层 Cr。

2.3 各种材料体系中的自旋轨道力矩效应

使用这些具有弱自旋霍尔效应的过渡金属意味着更广泛的材料选择。除了自旋霍尔效应的强度外,重金属的电阻率也是一个值得注意的参数。例如,W 在所有重金属中具有最大的自旋霍尔角和类阻尼力矩效率。然而,超大的电阻率阻碍了它的应用。经典的自旋霍尔效应要求类阻尼力矩效率和电阻率之间存在正相关的关系[65]。通过使用 PdPt 合金,同时实现了大的自旋霍尔效应和小的电阻率,从而显著降低了功耗[71]。事实上,合金化是提高 SOT 效率 (如 AuPt[72]) 或调节自旋霍尔角符号 (如 TaPt[73]) 的有力工具。合金化的可调性使我们能够以灵活简便的方式设计具有所需特性的自旋霍尔材料。

上述的 SOT 翻转垂直磁化的铁磁体称为 z 型 (图 2.9(c)),而对于面内磁化铁磁体来说,SOT 翻转有两种方案:y 型和 x 型 (图 2.9(a) 和 (b))[74]。在 y 型中,电流 (沿 x 方向) 与面内易轴 (y 轴) 正交。自旋极化沿 y 方向,与易磁化轴平行。因此,翻转是通过自旋角动量的直接传递来完成的,类似自旋转移力矩翻转的过程[4],这种机制决定了 y 型翻转需要更多的时间[74]。另一个问题是面内磁化翻转的探测比面外更难,垂直磁化的极性状态很容易被反常霍尔效应、极化磁光克尔显微镜等手段反映出来。而对于面内磁化的样品,读取磁化方向并不直观。在 Ta/面内磁化 CoFeB 中,需通过隧穿磁电阻效应读取磁化状态。纵向的磁光克尔显微镜也可以探测面内磁化的状态[75]。此外,有人通过微分平面霍尔电阻测量了面内磁化椭圆纳米点阵列的 SOT 翻转[76]。尽管 y 型的 SOT 翻转存在一些问题,但由于其类似于自旋转移力矩的机制,y 型的 SOT 翻转不需要外场,这对于磁随机存储器实际应用来说是一个很大的优势。

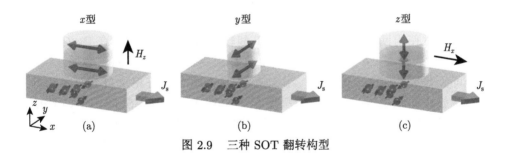

图 2.9　三种 SOT 翻转构型

x 型翻转具有电流平行于磁易轴的构型,翻转机制类似于 z 型,x 型翻转需要垂直磁场来打破对称性。x 型 SOT 翻转首先在 Ta/CoFeB 中实现,通过构造隧道结,用隧穿磁电阻效应读出磁化状态[74]。这种新构型丰富了 SOT 翻转构型并拓宽了应用途径,同时发现类场力矩可以极大地影响翻转动力学并降低临界翻转电流密度。翻转电流的脉冲宽度依赖性方面,x 型和 y 型相比显著不同,在 y

型翻转中，临界翻转电流与脉冲宽度成反比，而对于 x 型翻转，临界翻转电流对脉冲宽度的敏感度要低得多，这与 z 型翻转相似。这意味着在减小脉冲宽度以避免热效应时，翻转电流不会明显增加[76]，这规避了 x 型翻转需要更大电流的缺点，并且可以实现与 y 型相当的临界翻转电流。

由于面内磁化对高密度信息存储的限制，重金属/面内磁化铁磁体的磁化翻转不是研究焦点。然而，通过谐波电压和自旋力矩-铁磁共振测量可以更好地理解面内磁化的体系中自旋流的产生与输运，例如，表征自旋源的自旋霍尔角和自旋扩散长度，以及自旋源产生的不同方向的自旋极化及比例。

包含两个重金属层或两个铁磁层的重金属/铁磁多层膜中也存在很多新现象。一类典型代表是三层膜体系，其中两个铁磁层通过重金属层耦合。重金属层可以通过自旋霍尔效应产生自旋流，自旋流向上和向下流动并对相邻的铁磁层磁矩施加力矩。当两个铁磁层都具有垂直各向异性时，SOT 翻转可能会显著不同，具体取决于两层铁磁层之间的耦合是铁磁还是反铁磁。在反铁磁耦合的 CoFeB/Ta/CoFeB 中，只能在两个磁矩反平行状态之间翻转 (图 2.10(a))[15]。而在铁磁耦合的 CoFeB/Mo/CoFeB 中，观察到角度敏感的 SOT 诱导的自旋阀效应，可以实现四态存储 (图 2.10(b))[70]。T 型结构中的 SOT 翻转也被广泛研究，其中一个铁磁层具有面内磁化，另一个为垂直磁化。在适当的重金属层厚度下，面内磁化层可以提供一个面内有效场作用于垂直磁化层，从而在 CoFeB(NiFe)/Ta/CoFeB[77]、Pt/Co/Pt[78] 和 Co/Ir/Co[79] 等结构中实现无场翻转。此外，在具有层间反铁磁耦合的 CoFeB/Ta/CoFeB T 型结构中，其垂直层具有倾斜易轴，当电流垂直于两个易轴[80]时，两层 CoFeB 可以同时翻转。面内 CoFeB/Ti/NiFe 界面可由自旋轨道进动产生面外自旋极化，无场翻转垂直磁化的 CoFeB[25]。

当同时使用两个重金属层时，SOT 翻转可被大幅度调制。在 Pt/Co/Ta 三层结构中，通过在 Co 的两侧使用两个具有相反自旋霍尔角的重金属层，SOT 效率可显著提高 (图 2.10(c))[39]。相比之下，当将两个具有相反自旋霍尔角的重金属层放在铁磁层同一侧时，情况变得更加复杂和有趣。在 Pt/Ta/CoFeB(图 2.10(d))[81] 和 Ta/Ir/CoFeB[82] 中，可以通过改变 Ta 和 Pt(Ir) 层的相对厚度来连续调制 SOT 的大小和方向。此外，利用 Ta/CoFeB 和 Pt/CoFeB 中相反的界面 DMI 常数，可以有效地调制总的界面 DMI，从而调制确定性翻转所需的辅助场[83]。总而言之，利用多个铁磁层或重金属层为 SOT 的调制提供了很大空间。

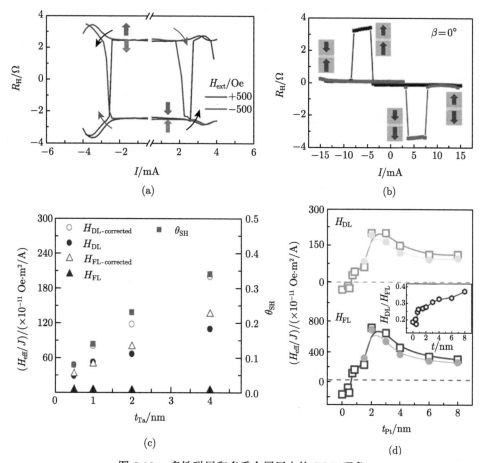

图 2.10 多铁磁层和多重金属层中的 SOT 现象

(a) 反铁磁耦合的 CoFeB/Ta/CoFeB 在两个反平行态之间的 SOT 翻转；(b) 铁磁耦合的 CoFeB/Mo/CoFeB 的四阻态 SOT 翻转；(c) Pt/Co/Ta 中 Ta 厚度依赖的类阻尼和类场 SOT 有效场；(d) Pt/Ta/CoFeB 中 Pt 厚度依赖的类阻尼和类场 SOT 有效场

2.3.2 重金属/人工反铁磁

人们普遍认为,在铁磁/非磁性/铁磁夹层结构中,随着非磁性嵌入层 (如 Mo、Ru 和 Cr) 厚度的增加,铁磁性和反铁磁性之间的耦合按约 1 nm 的长振荡周期振荡,这归因于 Ruderman-Kittel-Kasuya-Yosida(RKKY) 交换相互作用[84,85]。人工反铁磁体 (synthetic antiferromagnets, SAF) 包含 RKKY 耦合的两个铁磁亚层,层间为反铁磁交换相互作用。它具有与反铁磁体类似的零杂散场和高稳定性的优点。同时,SAF 的亚层作为铁磁体,可以很容易地被调制和探测,使其成为新一代磁存储器件中磁性功能层的有力竞争者。基于这些优势,研究人员努力探索 SAF 中电流 SOT 诱导的磁化翻转的机制。

在较大的面内辅助场作用下，通过耦合层 Ta 中自旋霍尔效应产生的自旋流，可以同时翻转反铁磁耦合的两层垂直磁化的 CoFeB，即在两个反平行态之间翻转[86]。通过求解 Stoner-Wohlfarth 模型和 LLG 方程，也可以验证这一观察结果。SAF 中存在不对称的畴壁运动，可能会导致反常的 SOT 诱导的翻转行为。有趣的是，尽管 Pt 的自旋霍尔角为正，但在 Pt/SAF 结构中两种极性的翻转都可以被观察到，这取决于施加的面内场的强度 (图 2.11(a)、(b))。与基于宏自旋的翻转模型相反，SOT 翻转极性由自旋霍尔角的符号决定，这种翻转机制表明，SOT 翻转方向由磁场调制的畴壁运动主导，即使自旋霍尔角一定，翻转极性也可以反转。

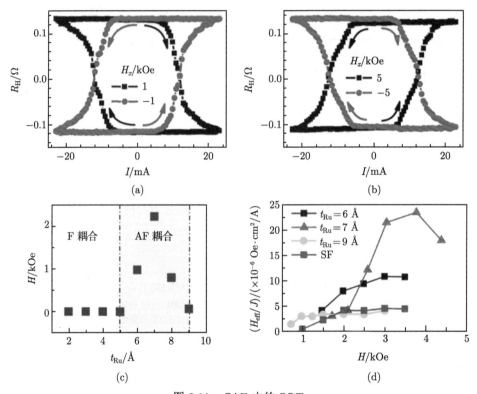

图 2.11 SAF 中的 SOT

Pt/SAF 结构中 (a) ±1 kOe；(b)±5 kOe 的辅助场下相反的 SOT 翻转极性；(c) 基于 Co/Pd 的 SAF 结构中交换耦合场对 Ru 厚度的依赖性；(d) SOT 效率随辅助场的变化

另一方面，在 SAF 结构中也讨论了 SOT 的翻转效率。在具有零净磁矩的完全补偿的 SAF 中，通过界面设计实现在不同界面上具有不同的自旋-轨道耦合，利用输运测试读出磁化的翻转[35]。在人工铁磁体 (synthetic ferromagnets, SF) 情况下，饱和 SOT 效率与 $1/M_z$ 成正比，其中 M_z 是外加辅助场时沿 z 方向的磁化强度[36]。但是，在 SAF 情况下，SOT 效率与 $1/(M_z^\top + M_z^\bot)$ 成正比，如

果与 SF 情况下的系数相一致,可以写作与 $1/(|M_z^\top|-|M_z^\perp|)$ 成正比。图 2.11(c) 展示了耦合场随耦合层 Ru 厚度的变化,黄色部分展示了反铁磁 (AF) 耦合的区域。图 2.11(d) 显示了 SAF 和 SF 样品的 SOT 效率与外场的函数关系,表明反铁磁耦合的效率明显高于铁磁 (F) 耦合的体系,这使得 SAF 的临界翻转电流可与传统的单层铁磁体相媲美。此外,在基于 Pt/Co/Ir 的 SAF 中,SOT 效率随着电流密度的增加而增加,而通常效率应该不随施加的电流大小变化[87]。然而,SAF 中 SOT 翻转都需要施加较大的面内辅助场,因为存在强交换耦合。如果能实现小辅助场或无场翻转,SAF 就可以兼容于基于自旋阀和磁隧道结的自旋电子器件。通过楔型结构可以有效调控畴壁构型,从而降低了界面 DM 相互作用,实现了对于 SAF 的无场翻转[88]。

2.3.3 重金属/亚铁磁

亚铁磁体由一对反平行磁矩组成,类似于反铁磁系统。但两个磁矩不相等,导致净磁矩不为零,这又类似于铁磁情况。这一特性赋予了亚铁磁体一些特殊性质,例如在磁化补偿点,两个磁矩反平行且大小相等,导致零净磁矩[36];在角动量补偿点,两个亚晶格的总角动量为零,这可能产生快速的自旋轨道力矩翻转和畴壁运动[89]。与传统铁磁系统相比,亚铁磁系统的速度更快,抵抗外磁场干扰的能力更强,集成密度更高。

自旋-轨道力矩诱导的亚铁磁磁矩翻转已在重金属/亚铁磁性金属 (FiM) 系统中得到广泛研究,其中 FiM 层通常是非晶态的稀土-过渡金属合金。这些研究包括 Ta/TbFeCo[90]、Ta/GdFeCo[91]、Ta/CoTb[36]、Pt/CoGd[92] 等。由于结构的各向异性,更多的稀土-过渡金属键位于面外方向而不是面内方向,稀土-过渡金属合金易于保持体垂直磁各向异性[29,93]。稀土-过渡金属多层膜具有更大的各向异性,因此具有更稳定的垂直磁各向异性和更大的矫顽力。由于 FiM TbFeCo 的体垂直磁各向异性的特性[90],FiM 体系往往具备较大的类阻尼力矩,类场力矩可以忽略不计。Roschewsky 等研究了富含过渡金属和富稀土成分的 Ta/GdFeCo 中的 SOT 翻转,发现 SOT 翻转的符号遵循总磁化方向,尽管反常霍尔效应等输运测试仅对过渡金属的磁化敏感[91]。在判断 SOT 翻转极性时,这一点需要特别注意。同样,研究表明,在富含过渡金属或富含稀土的 Ta/CoTb 中,SOT 有效场的符号保持不变[94]。此外,实验温度和薄膜组成会影响磁性能,例如饱和磁化强度和矫顽力,它们分别在补偿点附近减少和增加 (图 2.12(a)、(b)),从而影响翻转现象[36,92]。补偿点附近的 SOT 测量表明,有效场和翻转效率大幅度提高[36,92,95,96],比非补偿状态大几倍 (图 2.12(c))。

由于 SOT 的表面特性,其很难翻转厚的铁磁体。但在亚铁磁体的情况下,翻转行为可以在高达数十纳米的薄膜中实现,这得益于亚晶格反铁磁耦合诱导的长相干长度,这消除了自旋退相干[97,98]。此外,翻转效率随着 FiM 厚度的增加而增加,最高翻转效率时 FiM 厚度可达几纳米 (图 2.12(d)),这表明了体 SOT 特性[98]。反铁磁交换耦合还赋予了亚铁磁体超快的自旋动力学,在邻近补偿点的 CoGd/Pt 中,已用时间分辨频闪泵浦探针技术探测到这种超快动力学[99]。翻转时间可以低至亚纳秒,功耗比铁磁系统低一到两个数量级。

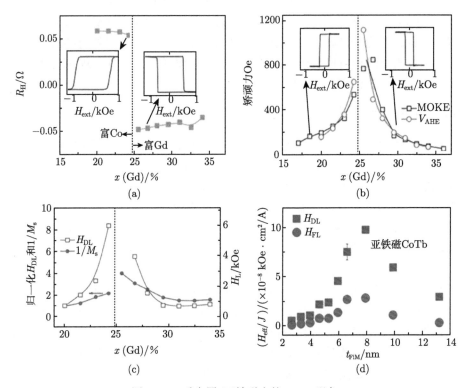

图 2.12 重金属/亚铁磁中的 SOT 现象

(a) CoGd 中反常霍尔电阻随 Gd 成分的变化,内插图展示了富 Co 和富 Gd 的样品具有相反的反常霍尔回线极性;(b) 不同 Gd 成分下 CoGd 薄膜的矫顽力;(c) 不同 Gd 成分下归一化的类阻尼有效场;(d) 类阻尼和类场 SOT 有效场随亚铁磁 Co/Tb 薄膜厚度的变化

与重金属/FiM 系统相比,重金属/亚铁磁性绝缘体 (FiMI) 体系具有绝缘性能等优点,可以避免电荷流引起的欧姆热损耗[100]。SOT 效应首先在 $Pt/BaFe_{12}O_{19}$ (BaM) 双层膜中观察到[101],其中 SOT 可以在面内辅助场作用下翻转磁化的垂直分量,并改变面外翻转场的值。Pt/BaM 中,SOT 辅助的翻转说明其具备电流驱动翻转的潜力。之后在 Pt/垂直磁化的铊铁石榴石 (TmIG) 薄膜中发现了磁绝缘体中电流诱导磁化的确定性翻转,向低功耗的亚铁磁自旋电子学迈出了第一步[102,103]。此外,维度对 W/TmIG 中 SOT 翻转起关键作用[104]。随着 FiMI 厚

度的增加，SOT 效率显著提高，这来自磁矩密度的增加和热扰动的抑制。此外，SOT 还被用于实现重金属/FiMI 双层膜中的畴壁运动，例如在 Pt/TmIG[103,105] 体系观测到的高速畴壁运动，可以促进赛道存储器的发展。

同时，垂直磁化 FiMI 也已在其他体系中实现，如 YIG[106]。在重金属/FiMI 体系中，垂直磁化 FiMI 的信号读出通常是利用重金属的霍尔电阻，这可能是由于磁邻近效应和自旋霍尔磁阻效应 [102,105,106]。最近，具有面内双轴磁各向异性的 YIG/Pt 中的 SOT 翻转也被发现 [107]，翻转极性与反铁磁系统中的奈尔矢量翻转极性一致，但与铁磁的情况相反。这种现象表明，FiMI 应该被认为是具有反平行磁矩的两个亚晶格，而不能从面内 SOT 翻转的角度简化为单个净磁矩。

2.3.4 拓扑绝缘体/铁磁

拓扑绝缘体 (TI) 具有一个能带反转的体带隙和零带隙的表面态 [108,109]。具有自旋动量锁定特性的表面态对于需要电荷–自旋相互转换的应用场景非常有吸引力。当在 TI 中施加电荷流时，费米面将在 k 空间中平移，并且由于自旋动量锁定，将产生净自旋积累 (图 2.13(a))[110]。这种自旋积累可以与磁矩相互作用，并对磁化施加力矩。这种与 Rashba 效应非常相似的机制是基于 TI 的 SOT 研究的初始动机 [110]，有时被称为来自 TI 的外禀或带内 SOT[63,111,112]。

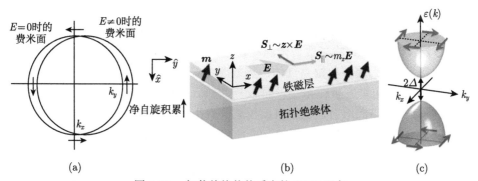

图 2.13 拓扑绝缘体体系中的 SOT 现象

(a) 拓扑绝缘体表面态中的面内电流产生了非平衡的表面自旋积累示意图；(b) 拓扑绝缘体/铁磁双层膜，黑色箭头表示局域磁矩，电场沿 x 方向施加，产生了两个自旋密度分量 $S_\parallel$ 与 $S_\perp$；(c) 当 $m = z$ 时拓扑绝缘体的表面态能带结构，红色和蓝色箭头分别表示导带和价带中的自旋方向

在逐渐发展的更复杂的绘景中 [63,111,112]，考虑了磁体和 TI 表面态之间的杂化，并讨论了平行于电流方向的自旋积累 (图 2.13(b)、(c))。这种形式称为 TI 的内禀或带间 SOT。外禀 SOT 的自旋电导率对缺陷敏感，与弛豫时间成正比，而内禀 SOT 对缺陷不敏感，与弛豫时间无关。

SOT 实验中使用的拓扑绝缘体包括通过分子束外延生长的 Bi_2Se_3、$(Bi,Sb)_2Te_3$、

$Bi_{1-x}Sb_x$ 以及通过磁控溅射生长的 Bi_xSe_{1-x} 和 BiSb。TI 体系中的 SOT 的早期工作是基于使用面内各向异性磁性金属 (包括 NiFe 和 CoFeB) 进行 ST-FMR 测量[110,113-116]。重金属 Pt 和 Ta 可以帮助相邻磁性层产生垂直磁各向异性,但目前还没有报道过 TI 表面可以帮助 TI/铁磁金属异质结中的铁磁层产生垂直磁各向异性。因此,为了证实对垂直磁化的翻转,需要使用具有体垂直磁各向异性的亚铁磁和半金属磁体[34,117,118]以及带有缓冲层的磁性多层膜[119,120]作为磁性层。在这些体系中成功观察到高效的 SOT 翻转,临界翻转电流密度为 $10^5 \sim 10^6$ A/cm^2,显示了与重金属/铁磁金属双层膜相比,TI 临界翻转电流密度降低一个量级的能力。有人提出,量子限域效应[120]以及金属带和 TI 杂化产生的 Rashba 带[116]可用于提高 SOT 效率。然而,在这些实验中,类阻尼力矩的自旋霍尔角从 0.01~52 不等 (这里的值可以大于 1,因为自旋产生机制与 Rashba 效应有关,而不是自旋霍尔效应),这表明有必要更彻底地了解 TI/磁性金属中的 SOT 效应。

基于 TI 的 SOT 的一个显著特征在于其温度依赖性,这与重金属基于自旋霍尔效应的 SOT 有很大不同,基于自旋霍尔效应的类阻尼力矩几乎与温度无关[121,122]。然而,基于 TI 的 SOT 中的类阻尼力矩随着温度的降低而急剧增加 (图 2.14)[113],显示出基于 TI 的 SOT 的不同性质。值得注意的是,图 2.14 中呈现的数据是基于金属 Bi_2Se_3,这意味着体状态下热激发电子的分流效应不太可能是温度依赖性的原因。如果低温增强是拓扑表面态所固有的,则可能与以下事实有关:首先,由于 TI 的体带隙在约 0.1 eV 量级,拓扑表面态的费米能应在 0.01~0.1 eV 量级。这将导致费米温度在 $10^2 \sim 10^3$ K 量级,与实验相当。因此,表面态不能被视为简并狄拉克气体,热效应对于电荷-自旋转换过程可能很重要。此外,声子散射可能发生在拓扑表面态[123-125],包括从表面到表面的带内散射和从表面到体积的带间散射,这对自旋积累的产生具有破坏性。由于声子数与温度密切相关,因此声子数也是基于 TI 的 SOT 温度依赖性的可能来源。

另一个有趣的特性是基于 TI 的 SOT 的费米能级依赖性。当费米面接近狄拉克点时 (x_{Sb} ~0.8),电荷到自旋的转化效率出现一个局部的降低。然而,在倒易过程中,即将自旋流注入 TI 产生的自旋到电荷的转换,显示出非常不同的结果。据报道,拓扑表面状态增强了自旋泽贝克效应[126]。在 $YIG/(Bi,Sb)_2Te_3$ 异质结中,通过自旋泽贝克效应从 YIG 向 TI 注入热诱导的自旋流,探测逆自旋霍尔效应产生的自旋泽贝克电压。自旋泽贝克电压与径向电阻之间的比值反映了 TI 的自旋-电荷转换效率。与 TI 的电荷到自旋的转换效率形成鲜明对比的是,当费米面接近狄拉克点时,效率出现一个峰值。另一项实验使用铁磁共振揭示了类似的结果[127],在 $YIG/(Bi,Sb)_2Te_3$ 中,YIG 的阻尼因子通过从 YIG 到 TI 的自旋泵浦得到增强。阻尼因子还显示了狄拉克点附近的峰值,表明自旋泵浦效应在狄拉克点附近最强。通过压电基片诱导的双极性应变，可以在 Bi_2Se_3 中引入电荷掺杂来调节费米能级，从而实现了自旋霍尔角的 6 倍增强[128]。电荷-自旋和自旋-电荷转换之间的费米能级依赖性的显著差异表明，为了全面了解 TI 中的电荷-自旋相互转换，需要更多的理论研究。值得一提的是，最近有学者指出，在 Bi_xSe_{1-x} 纳米器件中，不同金属层的相互接触带来的互扩散，有可能会导致对于自旋-电荷转化效率的几十倍高估[129]。

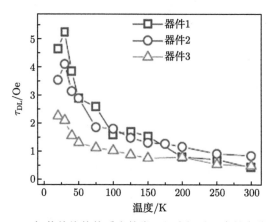

图 2.14　拓扑绝缘体体系中的类阻尼力矩随温度的变化规律

基于 TI 的 SOT 也已在磁性拓扑绝缘体 (MTI) 的体系中进行了广泛研究。在 TI/MTI 异质结中[127]，测到了非常大的自旋霍尔角 (约 400) 和超小的临界翻转电流密度 (约 9×10^4 A/cm^2)。然而，后来有人指出，MTI 中不对称的磁子散射引起的电流的非线性霍尔效应会导致 MTI 体系中自旋霍尔角的大幅度高估[130]。有人报道，MTI 体系中的临界翻转电流密度与重金属/铁磁体系相当，为 2.5×10^6 A/cm^2。也有人报道，临界翻转电流密度为 6.25×10^5 A/cm^2[131]。临界翻转电流的这种变化表明，磁性层的各向异性、结构不对称的界面 DMI 和施加的辅助磁场对于确定基于 TI 的结构中的临界翻转电流密度是很重要的。

由于 MTI 还保留了体的能带反演特征，因此 MTI 的表面也应存在拓扑表面态，这为使用顶栅调控 MTI 一侧的拓扑表面态并研究 SOT 演变提供了机会[131,132]。从 $GaAs/MTI/AlO_x$ 顶栅器件获得的结果显示出表面电子密度与 SOT 效率之间的明确关系，揭示了拓扑表面状态在 TI 基结构中产生 SOT 的关键作用。

2.3.5　铁磁单层膜

除了具有特殊晶体结构的反铁磁体外，还可以在反演对称性破缺的铁磁单层膜中实现 SOT 翻转，这是 SOT 整个历史中最早的实验证据[2]。在本节中，我们将回顾具有反演对称性破缺的磁性单层膜中的 SOT 机制和行为。此外，还将讨论普遍认可的对称磁性单层系统中的 SOT，强调重新理解磁性薄膜中固有对称性破缺的重要性。

非中心对称晶体薄膜中的 SOT 由于没有外部自旋源，是研究 Rashba 效应的模型系统。研究最充分的 (Ga,Mn)As 是具有闪锌矿晶体结构的 p 型铁磁半导体[133]，其铁磁性来自载流子 (空穴) 自旋和 Mn 磁矩之间的交换耦合[134]。在该材料中，应变诱导的空穴能量色散的自旋各向异性是磁各向异性的主要原因。在压应变下，磁化将位于薄膜平面上，沿 [100] 和 [010] 方向有两个易轴[135]。早期在考虑应变时，预言会出现类场力矩，这种类场力矩应该与电流密度呈线性关系，磁化可以在两个易轴之间翻转 90°[2]。后来，在具有面内单轴各向异性的 (Ga,Mn)As 中实现了 180° 翻转[136]。

类场力矩是外禀的，因为它与带内散射有很强的关联。相反，(Ga,Mn)As 中的类阻尼力矩本质上来自贝里曲率[11]。假设总哈密顿量中与自旋无关的部分为二维抛物线形式，可以从下面的分析中说明类阻尼力矩的物理起源。在平衡状态下，载流子自旋近似与交换场平行，交换场与磁化方向相反。在施加电场后，载流子的非平衡自旋获得了一个与时间和动量无关的 z 分量。非平衡的自旋极化产生了一个面外场，它将对面内磁化施加类阻尼力矩 (图 2.15(a))。

在 (Ga,Mn)As 中，晶格和应变反演对称性破缺的组合可以在哈密顿量中产生自旋-轨道耦合项，这些项在动量上是线性的，并且具有 Rashba 对称性或 Dresselhaus 对称性 (图 2.15(b))[11]。类阻尼力矩的对称性取决于自旋-轨道耦合场是类似 Rashba 形式的还是类似 Dresselhaus 形式的，这是分辨垂直磁化的 (Ga,Mn)As 单层中 SOT 的关键因素[137]。在这种情况下，贝里曲率非平衡自旋极化分量将具有面内方向。(Ga,Mn)As 的垂直各向异性可以通过引入 $In_{0.3}Ga_{0.7}As$ 的缓冲层，诱导拉伸应变来产生，并在 3.4×10^5 A/cm^2 的小临界电流密度下实现了 SOT 对磁化的完全翻转。有趣的是，通过将电流和辅助磁场的方向从 [1̄10] 更改为 [110]，总有效磁场的方向变得相反，但翻转幅度几乎保持不变 (图 2.15(c)、(d))。这种符号变化意味着 Dresselhaus 类阻尼场在电流诱导的翻转中占主导地位，因为 Rashba 项与施加的电流始终具有固定的相对方向。实际上，面内双轴 (Ga,Mn)As 中的不完全磁化翻转可以归因于应变相关的类场 SOT，也具有 Dresselhaus 对称性。

(Ga,Mn)As 在面对应用时的主要障碍是居里温度低。几种具有反演对称性破缺的块体材料的理论分析指出，NiMnSb 是有希望在室温下实现可观 SOT 的候选者[10]。NiMnSb 是磁性霍伊斯勒 (Heusler) 合金的一种，其块体为半金属铁磁体，居里温度为 730 K[138]。通过 ST-FMR 的测试，室温 SOT 在 NiMnSb 薄膜中得到了清晰的证明[10]。与 (Ga,Mn)As 类似，Dresselhaus 自旋轨道场占主导地位，这归因于与基片晶格匹配生长时的应变。结合 NiMnSb 丰富的各向异性和非常低的阻

2.3 各种材料体系中的自旋轨道力矩效应

尼[139]，我们相信 NiMnSb 在信息技术中具有潜在的应用价值。

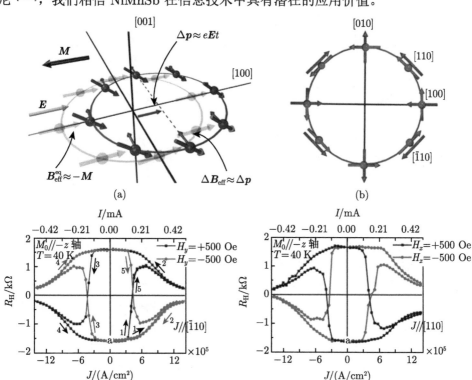

图 2.15 (Ga,Mn)As 中的 SOT 现象

(a) 来自于贝里曲率的类阻尼 SOT, 半透明的区域表示平衡构型, 平衡有效场作用沿磁化反平行排列, 在电场作用下, 费米面中心偏移, 受到了额外的垂直于磁化的有效场作用, 使自旋向相同的面外方向偏移; (b) 动量空间中沿着不同晶向的 Rashba 和 Dresselhaus 场。在垂直磁化的 (Ga,Mn)As 中电流沿 (c) [1̄10] 和 (d) [110] 时相反的 SOT 翻转

在没有全局反演对称性的单层磁体中，由于没有体 Rashba 效应，过去认为 SOT 会消失。然而，最近的研究表明，在具有体或界面起源的磁性单层膜中产生了几种新型 SOT，其中一些甚至足以产生体的磁化翻转。据报道，反常 SOT 效应 (ASOT) 存在于干净的铁磁单层中 (图 2.16(a))[28]。当在平行于磁化方向的平面上施加电流时，会产生横向的自旋流，尽管自旋极化和磁化的方向不共线，但不会受到自旋退相干的影响。这就是铁磁体所谓的横向自旋霍尔效应。然后横向自旋将 SOT 施加到磁矩上，这与经典 SOT 相同。这种反常 SOT 效应会导致面外磁化倾斜，在上下表面具有相反的倾斜角度。考虑到反常 SOT 效应在磁性薄膜内部会相互抵消，磁化倾斜效应在表面附近最强，反常 SOT 效应实际上只会作用于界面。这种反常 SOT 具有类场力矩的形式，且通常需要较厚的铁磁层才便于观测。

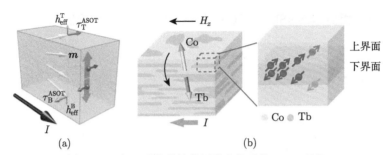

图 2.16 中心对称磁性单层膜中的反常 SOT 现象

(a) 体的铁磁体中 ASOT 产生的示意图；(b) CoTb 单层膜中的自旋流产生与输运，左侧展示了 CoTb 合金中准有序的态中存在很多内界面，自旋霍尔效应会产生具有相反极化方向的平衡自旋，然而上层和下层界面的通透性不同，用右侧两个不同界面的不同颜色表示

由于具有对称表面的孤立磁性层中的总反常 SOT 效应等于零，因此传统的 SOT 表征技术不适合测量反常 SOT 效应，但深度敏感的磁光方法是可以的[28]。相反，通过使用基于惠斯通电桥和二阶平面霍尔效应测量的更通用的非线性磁阻测量技术，在具有大反常霍尔效应的铁磁 FeMn 单层中观测到较大的净 SOT[140]。这种 SOT 具有与基于 Pt 的体系相当的效率，并且与厚度的反比关系意味着这种 SOT 来自界面或者表面。另外，力矩也可能是由表面附近的自旋旋转引起的，在杂质散射和强自旋轨道耦合的情况下，反常霍尔效应产生的自旋与磁化方向错位，来自顶部和底部表面的力矩不是相互抵消，而是简单地相加，从而产生净力矩。这种 SOT 有望存在于单个薄的铁磁层中，只要它表现出相当大的反常霍尔效应。

此外，有研究者在很薄的具有不对称界面的坡莫合金中观测到了类阻尼力矩[141]。除了通常的力矩形式，通过不对称的结构设计[142]或是利用非平衡的自旋交换效应[143]也可以在坡莫合金的单层膜中实现面外力矩。

磁性单层中的 SOT 无论源于横向自旋霍尔效应还是表面自旋旋转，都处于完全对称的范围内。对于薄膜法线方向上有反演对称性破缺的磁性单层膜来说，有机会实现单层薄膜的自翻转。在具有垂直磁化的外延 $L1_0$-FePt 薄膜中，使用能量色散 X 射线元素扫描仪观察到在薄膜沉积方向上存在清晰的成分梯度[144]。SOT 有效场与成分梯度成正比，导致电流诱导的磁化翻转具有体特性，即随薄膜厚度增加，SOT 也随之增加，这与重金属/铁磁界面反演对称性破缺导致的 SOT 显著不同[145]。更细致的研究表明，这种自翻转的力矩与铁磁层中的缺陷有关，铁磁层的无序度增加，翻转的幅度增加[146]。通过在具有垂直方向成分梯度的 $L1_0$-FePt 中掺杂 Cr 诱导出面内的交换耦合，产生了面内的对称破缺，从而在该体系中实现无辅助场的自翻转[147]。除了垂直方向的成分梯度，也有人将非晶 CoPt 单层膜中的类阻尼力矩归因于其强的自旋轨道耦合，无需长程的对称性破缺，短程有序或局域的自旋轨道耦合引起的局域的对称破缺就能产生这种力矩，其强度也随

2.3 各种材料体系中的自旋轨道力矩效应

CoPt 的厚度增加而单调增加[148]。

在具有垂直磁各向异性的非晶态 CoTb 合金单层中,还实现了高效的体 SOT 翻转[149]。SOT 有效场的符号和大小的较大可调性表明,CoTb 的翻转机制将自旋霍尔效应和内部界面引起的不对称性相结合 (图 2.16(b)),界面的不对称性来源于在面外方向上的 Co—Tb 键的主导地位[29]。同期也有人在非晶 CoTb 合金中观察到了单层膜的 SOT,邻近补偿点时 SOT 最大,但归因于 CoTb 中体的自旋轨道相互作用和自旋相关散射产生的横向自旋流[150]。之后通过在 CoTb 的镀膜过程中构造垂直方向的成分梯度,在实现单层膜自翻转的同时,借助成分梯度诱导的 DM 相互作用打破了面内水平方向的对称性,实现了该体系的无场翻转[151]。类似地,通过在 CoPt 多层膜中构建薄膜法线方向的成分梯度,产生反演对称性破缺,实现自翻转[152]。在亚铁磁 $GdFeCo$[153]、FeTb[154] 和霍伊斯勒合金 $MnPtGe$[155] 中也观察到了类似的自身产生的力矩。单晶中的不均匀性 (组成梯度) 和非晶材料的有序性打破了薄膜体系中对 SOT 的一般理解,为中心对称的多元素化合物单层 SOT 翻转的研究提供了新的思路。

2.3.6 其他体系

除了上述体系外,SOT 还在全氧化物异质结、交换偏置异质结、二维材料等体系中得到了广泛的研究。下面简述全氧化物异质结中的 SOT 和 SOT 对于交换偏置的翻转,关于二维材料中的 SOT,请见第 8 章。

氧化物是自旋电子学重要的组成部分,因在多维度调控方面的优势,一直以来备受关注。复杂氧化物展示出了电学和磁性交叉的丰富的自由度,在 SOT 相关的研究中展示出重大潜质[156,157]。$LaAlO_3/SrTiO_3$ 界面形成的二维电子气已经被证明是有效的自旋源[16,158]。最近,SOT 调控的磁性翻转在 $SrTiO_3$(STO) 基片上生长的具有不同取向的 $SrIrO_3/SrRuO_3$ 双层膜中得以实现,STO 作为自旋源,$SrRuO_3$ 则作为垂直磁各向异性的铁磁层[159]。晶体取向显著地影响了磁各向异性和对应的 SOT 翻转行为。在 STO(110) 基片上生长的双层膜,为探究氧化物体系 SOT 诱导的磁化翻转提供了完美的垂直磁各向异性。与此同时,在 STO(001) 基片上生长的 $SrRuO_3$ 薄膜具有略微倾斜于薄膜法线的磁易轴,实现了对称性破缺,以此为基础在实验上实现了无场翻转。全氧化物的 $SrIrO_3/SrRuO_3$ 双层膜相比较于传统的重金属/铁磁体系,为调控磁各向异性能提供了更多机会。然而,$SrRuO_3$ 的居里温度显著低于室温,SOT 翻转只在 70 K 实现。因此,未来对于全氧化物体系的 SOT 翻转的研究需要寻找具有更高居里温度的氧化物材料。更进一步,新奇的氧化物自旋源和反铁磁复杂氧化物的 SOT 翻转值得被研究。

交换偏置是一个在铁磁/反铁磁系统中广泛观测到的物理现象,已经被研究了很多年。通常情况下,交换偏置的方向可以通过磁场冷却进行调控[160]。SOT 已经被证明可以翻转和调控 Pt/Co/IrMn[161-163]、IrMn/CoFeB[164,165]、Pt/Co/NiO[166]、Pt/IrMn/Co/Ru/CoPt[167]、IrMn/NiFe[168]、IrMn/(Co/Pt)$_2$[169] 等体系中的交换偏置。在不同的翻转电流密度作用下，交换偏置可以被部分翻转，从而产生多种交换偏置状态，在模拟突触行为上具有独特作用[162]。在 Pt/IrMn/Co/Ru/CoPt 异质结中，通过施加沿着两个正交方向的电流，IrMn 和 Co 之间的交换偏置以及垂直易磁化 CoPt 层的 SOT 翻转极性可以被很好地调控，从而在单一的非易失性存储单元中实现了完整的自旋逻辑[167]。通过在 IrMn/(Co/Pt)$_2$ 交换偏置异质结上进一步搭建 MgO 铁磁隧道结，观测到交换偏置翻转导致的隧穿磁电阻变化[169]。利用时间分辨的磁光克尔显微镜，研究者们在 Pt/Co/IrMn 体系中观测到动力学速度在亚纳秒级别的交换偏置 SOT 翻转[163]。当前关于交换偏置翻转的机制，还存在一些争议。部分研究者在 IrMn/CoFeB 体系中发现 SOT 翻转和交换偏置翻转具有不同的临界电流密度，这被归因于 IrMn 界面处具有一些被钉扎和不被钉扎的净磁矩，翻转被钉扎的净磁矩需要比翻转 CoFeB 使用更大的电流密度[164]。值得一提的是，这里的自旋源是 IrMn，而在 Pt/Co/IrMn 体系的交换偏置翻转被认为是来自于 Pt 的自旋流的 SOT 作用，IrMn 的自旋霍尔效应不起到显著作用[161]。

2.4 自旋轨道力矩效应的调控与应用

2.4.1 翻转效率

自旋轨道力矩包含两个分量，分别为类阻尼力矩和类场力矩，形式分别为 $m \times \sigma \times m$ 和 $m \times \sigma$，其中 m 和 σ 分别代表磁化和自旋极化。图 2.17 阐释了两个力矩和相应有效场的几何关系。通过谐波电压测试和自旋力矩铁磁共振测试的方法可以得到类阻尼力矩和类场力矩的有效场，然后除以电流密度即可得到类阻尼力矩效率 χ_{DL} 和类场力矩效率 χ_{FL}。此外，也可通过反常霍尔回线偏移的方式进行测量，不过该方法只可以得到类阻尼力矩效率。

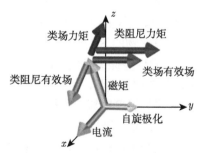

图 2.17　类场力矩和类阻尼力矩示意图

2.4 自旋轨道力矩效应的调控与应用

对于一般的铁磁体系而言,对翻转起到决定性作用的是类阻尼力矩。因此,设法提升类阻尼力矩的效率对于降低临界翻转电流密度是至关重要的。我们在表 2.1 中总结了前述经典体系的自旋霍尔角和类阻尼力矩效率 ($\chi_{\rm DL}$ 的单位是 $10^{10}{\rm m}^2/{\rm A}$)。对于同一个材料体系,由于样品的制备过程不可能是完全相同的,电阻率、界面质量会有种种差异,所以不同的研究组报道的结果不尽相同。

对于常见的多畴翻转,类阻尼力矩效率可以写作

$$\chi_{\rm DL} = \frac{\pi}{2} \frac{\hbar \theta_{\rm sH}}{2e\mu_0 M_s t_{\rm FM}} \cos\phi \tag{2.18}$$

其中,M_s 是饱和磁化强度;$t_{\rm FM}$ 是铁磁层厚度;$\theta_{\rm sH}$ 是自旋霍尔角;ϕ 是磁畴壁中心磁矩与电流的夹角;$\hbar$、e 和 μ_0 分别是约化普朗克常量、电子电荷和真空磁导率。从表达式来看,提升类阻尼力矩效率的主要手段是降低饱和磁化强度和提高自旋霍尔角。为了降低饱和磁化强度,可通过引入亚铁磁材料或构建人工反铁磁。为了提高自旋霍尔角,除了采用拓扑绝缘体以外,也可以从自旋霍尔效应机理的角度进行思考。自旋霍尔效应机制包括内禀机制[179]、边跳散射机制[180] 和斜散射机制[181],在内禀机制主导的情况下,可以通过提升电阻率、改变晶体取向和引入额外的自旋轨道耦合的方式来增大自旋霍尔角,例如高电阻的 β-Ta(−0.12)[4] 和 β-W(−0.33)[172] 的自旋霍尔角远大于低电阻的 α-Ta(−0.003)[182] 和 α-W(−0.07)[172],利用 Si_3N_4 掺杂 Pt 可以提高 $Pt_x(Si_3N_4)_{1-x}/Co_{0.65}Tb_{0.35}$ 双层膜的类阻尼力矩效率[183],(001) 取向的 $IrMn_3$ 自旋霍尔角是 (111) 取向的两倍[184],Pt/FePt 通过引入界面自旋轨道耦合实现了自旋霍尔角的显著提升[185]。

除此之外,还可以通过结构的设计来提高自旋轨道力矩效率。最经典的思想即在磁性层两侧放置自旋霍尔角反号的重金属材料,例如 Pt/Co/Ta[39] 和 W/CoTb/Pt[186]。而通过 β-W 的插层,也可实现 α-W/β-W/Co/Pt 体系 SOT 效率的近二倍提升[187]。由于界面处的自旋流反射对 SOT 效率是非常不利的,本质上讲,考虑到界面 Rashba 效应在产生 SOT 的同时,也带来了双磁子散射[188] 和自旋记忆损失[189],增加了自旋流通过界面时的损耗,因此可以通过界面合金化[190] 或者 Hf[191]、Cu[192,193] 和绝缘体 NiO[194] 插层的方式抑制界面损耗,进而提高 SOT 效率,这在本质上是降低了界面自旋轨道耦合[195]。相似地,通过利用铁磁 FeRh 和反铁磁 FeRh 构建自旋同质结,消除界面电场,研究者可从实验上大大降低界面自旋轨道耦合,实现界面自旋通透性的提升,从而得到高 SOT 效率[177]。结构设计的另一个思路是利用多周期的重金属或磁性层薄膜。例如,通过增强 $(Pt/Hf)_n$ 周期性结构的内界面散射[196] 和抑制 $(Pt/Ti)_n$ 中的载流子寿命[197],可以有效提高自旋霍尔电导率。又如,当磁性层为 Co/Pt[198,199]、Co/Pd[200] 和 Co/Tb[98,201] 多层膜时,SOT 效率随着周期数的增加而增加,SOT 效应呈现出明显的体而非

界面特点。这一点背后的机制目前尚不明确,但仍然可以作为提高 SOT 效率的有效手段。

表 2.1 常见体系的自旋霍尔角和类阻尼力矩效率

体系	Θ_{sH}	χ_{DL}	MA	方法	文献
Ta/CoFeB/MgO	−0.06	3.2	OP	HHV	[58]
Ta/CoFeB/MgO	−0.11	4.4	OP	HHV	[59]
Ta/CoFeB/MgO	−0.05	2.0	OP	HHV	[33]
Pt/Co/AlO$_x$	0.13	−6.9	OP	HHV	[170]
Pt/CoFe/MgO	0.064	−5	OP	HHV	[171]
Pt/Co/MgO	0.11	−4.5	OP	HHV	[65]
W/CoFeB/Ti	−0.33	—	IP	ST-FMR	[172]
Hf/CoFeB/MgO	0.007	−0.24	OP	HHV	[14]
Pd/Co/AlO$_x$	0.03	−1.3	OP	HHV	[173]
Cr/CoFeB/MgO	0.011	—	OP	AHE	[174]
Au$_{25}$Pt$_{75}$/Co/MgO	0.28	−8	OP	HHV	[72]
Pd$_{25}$Pt$_{75}$/Co/MgO	0.26	—	IP	ST-FMR	[71]
Ta/CoTb	−0.11	5	OP	AHE	[94]
Ta/CoTb	−0.1	5∼22	OP	HHV	[96]
Ta/GdFeCo	—	5.5	OP	HHV	[91]
Pt/GdFeCo	0.014	−1 ∼ −4	OP	HHV	[95]
Pt/(Co/Tb)	约 1.6*	约 −100	OP	HHV	[98]
Pt/TmIG	0.015 ∼ 0.02	−0.6	OP	HHV	[102]
Pt/TmIG	0.03	−0.84	OP	HHV	[175]
Pt/YIG	0.026	−1	OP	HHV	[106]
(BiSb)$_2$Te$_3$/Mo/CoFeB	2.66*	60	OP	HHV	[119]
Bi$_2$Se$_3$/Ag/CoFeB	0.1∼0.5	5	IP	ST-FMR	[116]
(BiSb)$_2$Te$_3$/Cu/NiFe	0.8∼4.5*	—	IP	ST-FMR	[114]
Bi$_2$Se$_3$/NiFe	1∼1.75*	—	IP	ST-FMR	[110]
Bi$_2$Se$_3$/CoFeB	0.047∼0.42	—	IP	ST-FMR	[113]
BiSb/MnGa	52*	2300	OP	AHE	[117]
(BiSb)$_2$Te$_3$/GdFeCo	3.01*	201	OP	AHE	[118]
Bi$_2$Se$_3$/GdFeCo	0.13	7.16	OP	AHE	[118]
Bi$_2$Se$_3$/CoTb	0.16	6.1	OP	AHE	[34]
(BiSb)$_2$Te$_3$/CoTb	0.4	15.2	OP	AHE	[34]
BiSe/Ta/CoFeB/Gd/CoFeB	6*	229	OP	HHV	[120]
BiSe/CoFeB	18.62*	98.8	IP	HHV	[120]
(BiSb)$_2$Te$_3$/Ti/CoFeB	2.5*	67.6	OP	HHV	[126]
Bi$_2$Te$_3$/Ti/CoFeB	0.08	2.2	OP	HHV	[126]
SnTe/CoFeB	1.41*	38.1	OP	HHV	[126]
SrIrO$_3$/CoFeB	1.4*	—	OP	ST-FMR	[176]
FeRh(AFM)/FeRh(FM)	0.34	—	IP	ST-FMR	[177]
RuO$_2$/NiFe	0.08	—	IP	ST-FMR	[178]

* 这里自旋霍尔角大于 1,被归因于是体相 SOT。

2.4.2 无辅助场翻转

对于垂直易磁化铁磁体系而言，SOT 翻转磁矩必须在面内沿电流方向施加辅助场的条件下才可以实现，因此在实际器件中需要额外线圈来提供电磁场，这对于生产和器件小型化是非常不利的。因此，设法实现 SOT 的无场翻转，对应用来说是至关重要的。本节主要介绍 SOT 无场翻转的基本原则，并阐释几种具体的实现方式。

我们考虑重金属/垂直易磁化磁性层的双层膜结构。如图 2.18(a)，给定沿 $-x$ 方向的电流和 $+z$ 方向的磁矩，xz 平面的镜面将会把磁矩反演到 $-z$ 方向，同时保持电流方向不变。在这种情况下，磁矩沿 $+z$ 和 $-z$ 相对于电流是完全对称的，这意味着这两种状态不能被电流方向单一选择，也就是无法实现确定性翻转。然而，如果施加一个 $-x$ 方向的磁场 (图 2.18(b))，则磁场方向会选择一种磁矩朝向。在这种情况下，磁矩翻转便在对称性上得到允许。与之类似，z 方向的有效场也可以打破该镜面对称性，这可以通过能够产生面外自旋极化的自旋源来实现 (图 2.18(c))。此

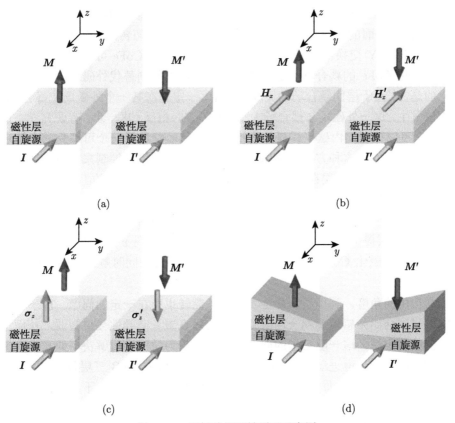

图 2.18 无辅助场翻转原理示意图

外，如果样品具有 $+y$ 方向梯度的楔形结构，反演后会变为 $-y$ 方向 (图 2.18(d))，这意味着一种梯度只能对应一种磁矩状态，因此也可以实现无场翻转。总而言之，垂直易磁化铁磁的 SOT 翻转要求打破体系的对称性。由于薄膜沿 z 方向生长天然破缺了 xy 平面对称性，沿 x 方向的电流破缺了 yz 平面对称性，只有 xz 平面对称性需要额外打破。这既可以通过在 x 方向 (电流方向) 或 z 方向引入一个轴矢量，也可以通过在 y 方向 (垂直于电流的面内方向) 引入一个极矢量实现。接下来我们分别讨论实现无场翻转的具体方式，其背后的机理是基于上述的图 2.18(b)~(d) 所示三种思路的。

首先，可以利用体系本征的层间耦合场，它是一种典型的轴矢量。当铁磁材料与反铁磁近邻时，二者之间的耦合可以产生交换偏置场，当交换偏置场的方向沿电流方向时，即可满足确定性翻转的对称性要求。而又如前所述，反铁磁本身也往往具有较强的自旋霍尔效应，因此在具有 x 方向交换偏置的反铁磁/铁磁双层膜结构中可以实现无场翻转[202-204]。同时，通过施加门电压，利用压控磁各向异性降低矫顽场，可以使临界翻转电流密度降低 73%[205]。除了反铁磁提供的交换偏置场以外，一个具有 x 方向磁化的额外铁磁层可以提供沿 x 方向的耦合场，起到打破 xz 平面的镜面对称的作用，从而允许确定性翻转。如图 2.19 所示，借助于 Ru 的 RKKY 交换耦合[206]，下层的垂直易磁化的 CoFe 可以感受到来自上层面内易磁化 CoFe 的耦合场，这一耦合场同样可以起到替代外磁场的作用。需要指出的是，在基于层间耦合场的无场翻转中，一定存在某一个外磁场使得 SOT 翻转无法发生，这一外磁场与耦合场大小相同，方向相反。进一步，有研究者指出通过 SOT 可以控制面内磁化材料的磁矩方向，从而制备了一个可编程的自旋逻辑器件[207]。然而，这种方法需要通过对耦合层厚度的精细控制来提供合适的偏置场。另外，由于自旋源层在铁磁层的下方，而偏置层在铁磁层的上方，没有位置进一步设计 TMR 读出构型。一个更加具有应用前景的方案是在 Ta/CoFeB/MgO/CoFeB 结构中实现，其特点是上层 CoFeB 层具有面内各向异性，为下面的垂直磁化 CoFeB 层提供了一个杂散场。杂散场同样可以起到 x 方向外磁场的作用，同时不用与垂直磁化 CoFeB 层接触，在实现无场翻转的同时解决了 TMR 读出的问题[208]。

从应用的角度，利用层间耦合实现无场翻转也存在一定的问题。由于垂直磁化的铁磁层会始终感受到耦合场的存在，其垂直磁各向异性会被削弱，从而不利于存储的稳定性。这一静力学的问题可由一种动力学的手段解决，即我们前文中提到的界面自旋轨道进动机制。在 NiFe(CoFeB)/Ti/CoFeB 三层膜中，下层较厚的 NiFe(CoFeB) 具有面内磁性，上层 CoFeB 具有垂直磁性。下层铁磁层的自旋霍尔效应所产生的自旋在到达与 Ti 的界面时发生自旋轨道进动，产生 z 方向的自旋极化从而实现无场翻转[25]。由于下层铁磁对上层垂直 CoFeB 不存在耦合，

2.4 自旋轨道力矩效应的调控与应用

CoFeB 的垂直磁各向异性并不会受到影响。这再次体现了界面自旋轨道进动这种机制的优势。

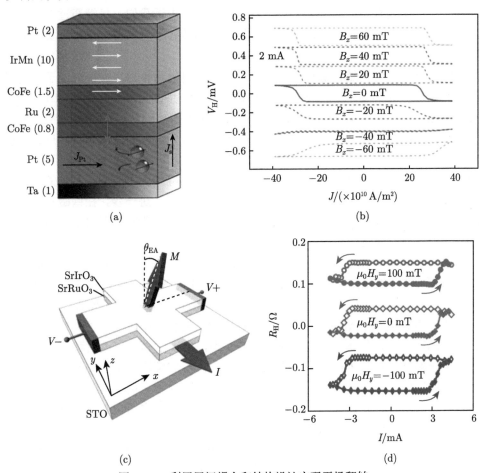

图 2.19 利用层间耦合和结构设计实现无场翻转

(a) 利用层间耦合实现垂直易磁 CoFe 无场翻转的多层膜结构；(b)CoFe 体系不同外磁场下的 SOT 翻转回线；(c) 具有倾斜磁矩的 $SrIrO_3/SrRuO_3$ 全氧化物异质结及 SOT 翻转测试构型；(d)$SrRuO_3$ 体系不同外磁场下的 SOT 翻转回线

通过结构设计可以引入极矢量，进而打破对称性实现确定性翻转。如上文提到的，楔形结构是用于实现 SOT 无场翻转的一种经典结构。楔形膜既可以是非磁层[209]，也可以是磁性层[210]。在 Ta/CoFeB/楔形 TaO_x 中，楔形的非磁 TaO_x 层的氧化是不均匀的，导致 CoFeB 垂直易磁化的梯度变化，而电流引起的面外 SOT 有效场也具有同样的梯度变化[209]。在 Hf/楔形 CoFeB/MgO 和 Hf/楔形 CoFeB/TaO_x 中，尽管 CoFeB 的垂直磁各向异性都会随着 CoFeB 厚度而变化，研究者却只在 MgO 覆盖层的样品中观察到了面外有效场和无场翻转[210]。最近，在 Pt/W/CoFeB 多层膜中,利用楔形的 W 实现了电流诱导的面外有效场和无场翻转。出乎意料的是,当类阻尼力矩由于 Pt 和 W 的相反自旋霍尔角而中和消失时,会出现最有效的面外有效场。这些研究结果告诉我们,尽管通过对称性分析可以判断出无场翻转的可能性,但允许无场翻转并不意味着一定可以实现无场翻转。

除了可以对几何结构进行设计以外,还可以对磁易轴进行设计。对于面内磁化的铁磁层,若其易轴方向平行于自旋霍尔效应产生的自旋极化的方向 (也即垂直于电流方向),则可以通过类似 STT 的机制实现磁矩翻转,是一种天然的 SOT 无场翻转。因此,设法使垂直磁化层的易轴向垂直于电流的方向倾斜,理论上可以实现无场翻转[80,211-213]。研究者通过边缘结构设计[212]或对薄膜沉积过程的控制[211]而成功实现了倾斜易轴,进而实现了无场翻转。这一倾斜易轴的机制最近也在全氧化物结构中得以验证[159],如图 2.19 所示。进一步,在铁磁/非磁/铁磁三层膜中,通过倾斜磁易轴,不仅实现了无场翻转,还同时利用了自旋极化的 xyz 三个方向的分量,实现了效率的大幅度提升[214]。

最后,还可以由自旋源的晶体结构本身来提供 xz 平面对称性的破缺,从而产生面外自旋极化,实现无场翻转。在 1T′ 相的 WTe_2 中,镜面对称性在某些方向上破缺,当电流存在垂直于镜面的分量时,可以产生面外方向的自旋极化[215]。$NbSe_2$[216]、$MoTe_2$[217] 等低对称性的二维材料中也报道了类似的面外自旋极化的产生。在外延生长的 CuPt/CoPt 中,出现了具有三重对称角度依赖关系的无场翻转,这与 CuPt 中垂直于薄膜表面的三重镜面对称性相对应[218]。后来,通过氧化 CuPt 表面,提高了面外有效场,实现了无场翻转性能的大幅度增强[219]。面内的成分梯度[220]、非均匀的电流密度[221]也可以打破对称性,实现无场翻转。在 Ru/Pt/HoCo/Ru 异质结[222]和 CoPt 单层膜[223]中,利用垂直成分梯度引起的对称性破缺也实现了无场翻转。利用横向电压调控的 Rashba 效应,在 $Pt/Co/AlO_x$ 体系中产生了极性可调的面外自旋极化,并且实现了翻转极性可调的无场翻转[224]。如果磁性层内或层间存在 DM 相互作用,通过 D 矢量的引入,在电流平行于 D 矢量的情况下也可以实现无场翻转[151,225,226]。

2.4.3 自旋轨道力矩动力学

SOT 相对于 STT 的一大优势就体现在翻转速度更快,STT 的翻转速度在纳秒量级,而通过皮秒级别的脉冲就可以利用 SOT 翻转垂直磁化的 Pt/Co[227]。在 Pt/Co/IrMn 中,也利用 SOT 实现了皮秒脉冲对交换偏置的翻转,用时间分辨的磁光克尔显微镜探测到翻转的动力学过程[163]。亚铁磁 CoGd 中的 SOT 翻转也用频闪泵浦探测进行时间分辨的测量,并观测到了超快的磁畴壁运动[228]。结合时间、空间和元素分辨的测量技术,研究者在 GdFeCo 和 TbCo 中观测到了亚铁磁晶格

2.4 自旋轨道力矩效应的调控与应用

不同步的翻转动力学行为，并把它归因于亚晶格之间弱的反铁磁相互作用[229]。

SOT 磁化动力学的可调制属性使 SOT 成为高频微电子领域的一个有希望的候选者，纳米振荡器是其中的典型代表[230]。根据 LLG 方程，在有效场作用下，磁化强度会经历进动和阻尼过程。简而言之，进动可以使磁化强度绕其内禀有效场以一定幅度旋转，而阻尼则倾向于迫使磁化强度恢复到内禀有效场方向。在存在自旋力矩的情况下，阻尼可以在很大程度上被调制。当阻尼减小并最终达到完全补偿状态时，就可以实现磁化的自振荡。因此，输入直流电流可以产生具有微波频率的射频信号 (因为铁磁体的特征频率在这个频段)，这就是自旋力矩纳米振荡器的原理。

早期，基于 GMR 或 TMR 的 STT 纳米振荡器是主要的研究方向[231]。然而，STT 纳米振荡器的缺点也很明显。在 STT 纳米振荡器中，激发磁化振荡的是自旋极化电流而不是纯自旋流，从而引起显著的焦耳热。同时，局域电流诱导的非均匀奥斯特场会使 STT 诱导的进动状态复杂化[232]。此外，由于需要顶部电极和底部电极来确保电流流动，因此器件的几何形状受到限制，这也限制了空间分辨光学成像技术[233]。相比之下，SOT 纳米振荡器可以克服上述缺点。通过自旋霍尔效应注入纯自旋流，可以大大降低欧姆损耗。此外，这使得磁性绝缘体的使用成为可能，例如 YIG。到目前为止，YIG 的阻尼常数最低。由于电流诱导自振荡所需的驱动电流的密度与阻尼成正比，因此与传统的铁磁金属 CoFeB 和 Py 相比，YIG 基振荡器的功耗要低得多[230]。

尽管 SOT 纳米振荡器最吸引人的优势是基于磁性绝缘体系统，但第一个突破出现在基于金属铁磁体的结构中[234,235]。Demidov 等报道了 Pt/Py 纳米盘的稳态自振荡磁化 (图 2.20)[234]。通过在 Pt/Py 双分子层上放置两个尖点的 Au 电极，可以将主要由 Pt 的自旋霍尔效应 (SHE) 产生的自旋流局部注入延伸的磁性膜中。得益于这种器件的几何结构，有源区域不被阻塞，并且可以通过布里渊光散射方法直接检测磁化动态。实现阻尼完全补偿从而实现磁化振荡的主要困难在

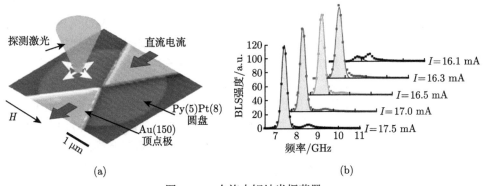

图 2.20 自旋力矩纳米振荡器

(a) Pt/Py 纳米振荡器件的扫描电子显微镜图像；(b) 自旋流诱导的磁化振荡谱

于，当接近阻尼补偿点时，自旋流同时增强了不同动力模式之间的非线性相互作用，从而产生了非线性阻尼[236]。这种器件设计可以利用增强的自旋波辐射损耗，选择性地抑制动态模式，最终产生单模自振荡。在垂直易磁化的 Pt/(Co/Ni) 多层膜中采用类似的构型，实现了自旋霍尔纳米振荡器[237]。在基于自旋霍尔效应的同步纳米振荡器 W/CoFeB/MgO/AlO$_x$ 中，通过施加忆阻电压实现了对共振模式和频率的调控，在神经网络计算中展示出应用潜力[238]。利用电压调控磁各向异性，自旋霍尔纳米振荡器的频率可以被非易失性调控，调控频率达 2.1 GHz[239]。最近，通过铁磁金属/亚铁磁绝缘体的异质结杂化构型，实现了更大的自旋进动角和更高的自旋波边缘态强度[240]。

2.4.4 自旋轨道力矩器件

在 2.3.1 节提到，基于 SOT 有三种翻转的构型，x 型、y 型和 z 型。y 型结构天然具备能够无场翻转的优势，但由于自旋极化方向与易轴方向平行，需要较长的时间才能启动翻转，动力学慢。中国台湾工业技术研究院在 8 英寸 (1 in=2.54 cm) 的晶圆上做出了与互补金属氧化物半导体 (CMOS) 工艺兼容的 y 型自旋轨道力矩器件，TMR 在 112% 左右，同时结合热稳定性的实验预估其寿命在 10 年以上[241]，随后基于此完成了 8 kbit 的 SOT-MRAM 芯片[242]。x 型由于自旋极化方向与磁矩垂直，其翻转动力学比 y 型更快，但同样需要施加辅助场，日本东北大学的研究组通过采用磁易轴略微偏离电流方向的方式构建了既可以无场翻转，又具备超快翻转动力学的 SOT 器件，0.5 ns 即可翻转[243]，并在 55 nm 的 CMOS 工艺下实现了 SOT-MRAM 器件[244]。

z 型结构具有较快的翻转动力学，且使用垂直磁化的铁磁层，可以做成规则的圆形或者正方形，有利于器件面积的进一步减小。对于需要外磁场辅助翻转的问题，不同的团队采取了不同的解决方案，比利时微电子中心采用磁性硬掩模方案 (图 2.21)，即在隧道结的上方做具备面内各向异性的 Co 层，它的杂散场提供 SOT 翻转的辅助场；2019 年在 300 mm 的晶圆上实现了与 CMOS 工艺兼容的 SOT 器件，同时具有较低的写入功耗，可实现亚纳秒级别的翻转[245]；随后设计了 SOT-MARM 阵列，集成密度已经可以与静态随机存储器 (SRAM) 相当[246]。STT 与 SOT 协同翻转可以实现无场翻转[247]，翻转的极性由 STT 电流方向决定，实现亚纳秒级别的翻转速度也被证实[248]。另外，通过控制具有一定重叠时间的 SOT 脉冲与 STT 脉冲的施加顺序，可以提升协同效应的写入效率，即先施加 SOT 脉冲，扰动磁化方向，后施加 STT 脉冲，实现翻转[249]。

此外，通过 SOT 的存储器与电压控制磁各向异性 (VCMA) 相结合[250]，可以进一步降低能量耗散[251]。如图 2.22(a) 所示，在写入模式下，对存储比特施加电压可以控制翻转能垒。负电压称为激活电压 (V_a)，通过 VCMA 降低势垒；正

2.4 自旋轨道力矩效应的调控与应用

电压称为失活电压 (V_{da}),使势垒升高,数据无法写入。写入过程分为两个步骤,如图 2.22(b) 所示。首先,将 V_a 应用于所有存储位,并用写入电流写入 "1",初始化所有字节。然后,将 V_{da} 作用于最终为 "1" 的位置;相反地,写入电流将其他位置写入 "0"。这样,只用两个写脉冲就可以写 8 位的数据,这在低功耗存储器方面取得了很大的进步。

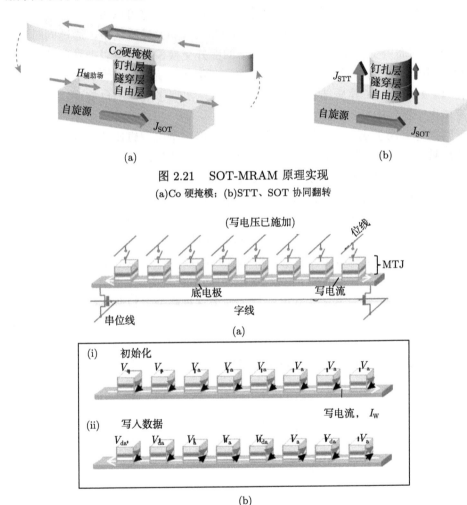

图 2.21 SOT-MRAM 原理实现
(a)Co 硬掩模;(b)STT、SOT 协同翻转

图 2.22 VCMA 在 SOT-MRAM 中的应用原理

计算机科学中由于处理器和存储器之间的速度不匹配而存在瓶颈,这称为内存墙问题。内存逻辑被认为是解决这一问题的有效方法。实现内存逻辑的一种可能方法是在非易失性存储器 (如 SOT-MRAM) 中实现逻辑功能。一般来说,实现基于 SOT 翻转的逻辑运算有两个关键因素。首先,临界翻转电流决定了如何将

输入电流的值设置为"0"和"1"。其次,应该有一个额外的控制参数,可以决定 SOT 翻转极性。该控制参数可以是外部磁场[252]、面内磁化层[207]或施加在铁电 PMN-PT 基片上的电压[253]。在后两种情况下均可实现无场可编程自旋逻辑。此外,通过结合 SOT 翻转和 VCMA 效应,实现了互补的自旋逻辑器件[254]。与上述采用两个电流脉冲作为输入的情况不同,这种情况下的逻辑输入可以是一个电流脉冲加一个电压脉冲,甚至是两个电压脉冲。这可以极大地提高自旋逻辑器件的效率。类似地,在 IrMn/Co/Ru/CoPt/CoO 异质结中,通过同时调控 IrMn/Co 的面内交换偏置和 CoPt/CoO 的面外交换偏置,可以把异质结编程至四种不同的磁构型,从而实现了多态存储和可编程自旋逻辑[255]。最近,有研究者把 Ta/Pt/Co/Pt 异质结制备在聚酰亚胺上,实现了柔性的自旋逻辑器件,在可穿戴电子器件中展示出潜力[256]。

畴壁也可用于实现自旋逻辑器件[257]。最近,全电逻辑运算和使用畴壁赛道的级联被成功证实[258]。除了 SOT 驱动的畴壁运动外,另一个需要关注的重要物理基础是具有竞争磁各向异性的相邻磁体与界面 DM 相互作用之间的手性耦合。利用垂直磁化纳米线的选择性氧化过程,研究者实现了具有 V 形面内磁化区域的畴壁逆变器。畴壁逆变器可以导致经过它的畴壁的磁矩反转,相当于一个非门的作用。在此基础上,可以使用图 2.23 所示的配置实现与非 (NAND) 门和或非 (NOR) 门。这意味着电流驱动磁畴壁逻辑的概念在功能上是完整的,因为任何布尔函数都可以使用 NAND 门或 NOR 门的组合来实现。快速的 SOT 驱动畴壁运动和保持手性耦合到磁矩尺度的特征使得这种畴壁逻辑非常高效,为可扩展的全电磁逻辑提供了一个可行的平台,并为存储在逻辑中的应用铺平了道路。在 Pt/IrMn/Co/Ru/CoPt/CoO/MgO 异质结中,通过可控的无场 SOT 翻转和对于交换偏置的调控,可以演示多种自旋逻辑操作和半加器的原理[259]。

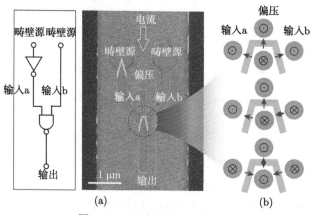

图 2.23　磁畴壁用于自旋逻辑

2.4 自旋轨道力矩效应的调控与应用

人工智能 (artificial intelligence, AI) 是近年来研究的热点，其运行依托于现有的计算技术。然而，现有计算的能耗较高，阻碍了人工智能的发展。受人脑中通过神经元和突触完成的信息处理比现代计算机更高效的启发，研究者们将注意力转向了神经形态计算[260]。与传统计算相比，神经形态计算利用电子器件建立人工神经网络，有望为处理复杂问题提供一种有效的方法。自旋电子突触和神经元，特别是基于 SOT 的相关电子器件，具有类似模拟和非易失性的记忆功能，为高能量效率和高积分密度的神经形态计算开辟了新的途径[260]。在 $L1_2$-CuPt/CoPt 双层膜中，SOT 无场翻转展示出了特殊的磁畴形核机制，而这种特殊的磁畴形核过程可以有效模拟神经元行为[261]。利用完全补偿的亚铁磁垂直易磁化材料 $Co_{0.8}Gd_{0.2}$ 代替传统铁磁材料，研究者证明了将 SOT 翻转机制引入对于神经网络计算的超快模拟，可将响应速度提升到 10 ns 量级[262]。通过设计 β-W 的自旋轨道耦合，实现了超低的磁畴壁钉扎场，把磁畴壁运动用于神经网络计算的能量降低到 27 aJ/bit[255]。

基于反铁磁/铁磁的双层霍尔器件可以在零磁场下实现 SOT 翻转，并表现为人工突触。根据最大施加电流的不同，PtMn/(Co/Ni) 体系可以实现不同级别的中间电阻状态，如图 2.24(a) 和 (b) 所示[263]。在关闭电流后，中间电阻状态仍然稳定，这表明反铁磁/铁磁双层结构是人工神经网络中颇具发展潜力的人工突触构建模块。类似地，在重金属/铁磁体体系中也报道了忆阻行为[264]。之后，基于 SOT 相关的磁化动力学和 SOT 在反铁磁/铁磁双层中的独特能力，突触 (图 2.24(c) 和 (d)) 和神经元的关键功能也得以实现[265]。后续，反铁磁/铁磁双层中基于 SOT 的联想记忆操作通过采用 Hopfield 模型得以验证[266]。信息存储在矩阵中，其中单个矩阵元素采用任意模拟数，每个矩阵元素的结构共同表示存储的信息。与传统的计算模式相比，基于 SOT 的自旋电子器件显示出潜在的优势，例如在相同或更小的芯片面积下，与传统的基于半导体的集成电路相比，功耗显著降低了 1/100[267]。与畴壁运动以及畴扩张引起的翻转相比，畴形核决定的翻转具有缓变特征，由于 $L1_2$-CuPt/CoPt 中的 SOT 表现为畴形核的磁化翻转，可以将这种缓变的磁化过程用于神经网络计算，$L1_2$-CuPt/CoPt 作为一个 S 型神经元，用于深度学习网络识别手写数字的训练，具有与模拟 (87.8%) 相当的高识别率 (87.5%)[268]。通常自旋源的类场力矩越大，磁化翻转过程中越以形核为主，即霍尔电阻随翻转的电流密度缓慢变化，基于 $L1_0$-FePt/MgO/NiFe 有研究者已构建出多层感知器神经网络，来执行手写数字的识别任务[269]。基于 IrMn/Co/Pt 的自旋电子神经元具有自重置的过程，施加电流脉冲后，SOT 和反铁磁的钉扎相互竞争，可实现随机的重置[270]。

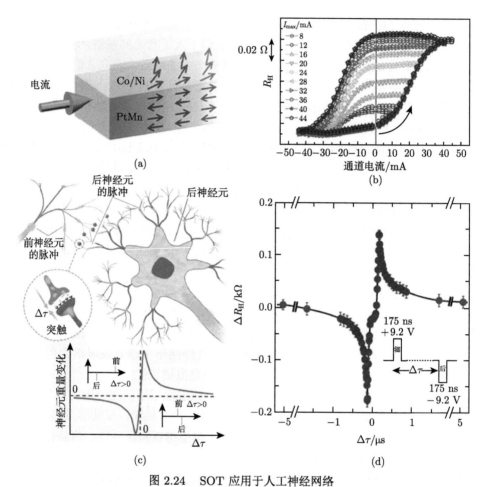

图 2.24　SOT 应用于人工神经网络

(a) AFM/FM 双层膜结构示意图，垂直易磁化的 Co/Ni 铁磁多层膜长在反铁磁 PtMn 薄膜上，近邻 PtMn 界面的磁矩由于交换偏置的作用发生倾斜；(b) 无外磁场下不同大小的电流脉冲诱导的翻转回线；(c) 脉冲通过突触在生物神经网络的神经元之间传输，它们的幅值通过突触的权重进行调控，权重在脉冲延迟时间内更新；(d) 基于 AFM/FM 双层膜的人工神经元的权重更新函数

SOT 也可以用于制备物理的不可克隆函数器件，对硬件安全起着非常关键的作用。与传统硅基和忆阻器式的不可克隆函数器件相比，SOT 基不可克隆函数器件具有更高的可靠性和可扩展性。例如，在 IrMn/CoFeB/Ta/CoFeB 结构中，IrMn/CoFeB 界面的交换偏置作为熵源，加热到 IrMn 的阻塞温度之上后进行退磁，IrMn/CoFeB 的交换偏置就会随机分布，交换偏置决定了零场下面内易磁化 CoFeB 的磁化方向，由此决定了上层垂直磁化 CoFeB 的翻转极性，两种极性分别定义为 "0" 和 "1"[271]。此外，利用 Ta/CoFeB/MgO 异质结中的反常霍尔电阻的变化，可以探测三维空间磁场，具有很高的灵敏度和线性度 [272]。

参 考 文 献

[1] Ando K, Takahashi S, Harii K, et al. Electric manipulation of spin relaxation using the spin Hall effect[J]. Phys. Rev. Lett., 2008, 101(3): 036601.

[2] Chernyshov A, Overby M, Liu X, et al. Evidence for reversible control of magnetization in a ferromagnetic material by means of spin-orbit magnetic field[J]. Nat. Phys., 2009, 5(9): 656-659.

[3] Miron I M, Garello K, Gaudin G, et al. Perpendicular switching of a single ferromagnetic layer induced by in-plane current injection[J]. Nature, 2011, 476(7359): 189-193.

[4] Liu L, Pai C F, Li Y, et al. Spin-torque switching with the giant spin Hall effect of tantalum[J]. Science, 2012, 336(6081): 555-558.

[5] Song C, Zhang R Q, Liao L Y, et al. Spin-orbit torques: materials, mechanisms, performances, and potential applications[J]. Prog. Mater. Sci., 2021, 118: 100761.

[6] Sim C H, Huang J C, Tran M, et al. Asymmetry in effective fields of spin-orbit torques in Pt/Co/Pt stacks[J]. Appl. Phys. Lett., 2014, 104(1): 012408.

[7] Kim J, Sinha J, Hayashi M, et al. Layer thickness dependence of the current-induced effective field vector in Ta/CoFeB/MgO[J]. Nat. Mater., 2013, 12(3): 240-245.

[8] Mihai Miron I, Gaudin G, Auffret S, et al. Current-driven spin torque induced by the Rashba effect in a ferromagnetic metal layer[J]. Nat. Mater., 2010, 9(3): 230-234.

[9] Yang H, Chen G, Cotta A A C, et al. Significant Dzyaloshinskii-Moriya interaction at graphene-ferromagnet interfaces due to the Rashba effect[J]. Nat. Mater., 2018, 17(7): 605-609.

[10] Ciccarelli C, Anderson L, Tshitoyan V, et al. Room-temperature spin-orbit torque in NiMnSb[J]. Nat. Phys., 2016, 12(9): 855-860.

[11] Kurebayashi H, Sinova J, Fang D, et al. An antidamping spin-orbit torque originating from the Berry curvature[J]. Nat. Nanotechnol., 2014, 9(3): 211-217.

[12] Chen L, Decker M, Kronseder M, et al. Robust spin-orbit torque and spin-galvanic effect at the Fe/GaAs (001) interface at room temperature[J]. Nat. Commun., 2016, 7(1): 13802.

[13] Chen L, Gmitra M, Vogel M, et al. Electric-field control of interfacial spin-orbit fields[J]. Nat. Electron., 2018, 1(6): 350-355.

[14] Ramaswamy R, Qiu X, Dutta T, et al. Hf thickness dependence of spin-orbit torques in Hf/CoFeB/MgO heterostructures[J]. Appl. Phys. Lett., 2016, 108(20): 202406.

[15] Puebla J, Auvray F, Xu M, et al. Direct optical observation of spin accumulation at nonmagnetic metal/oxide interface[J]. Appl. Phys. Lett., 2017, 111(9): 092402.

[16] Wang Y, Ramaswamy R, Motapothula M, et al. Room-temperature giant charge-to-spin conversion at the $SrTiO_3$-$LaAlO_3$ oxide interface[J]. Nano. Lett., 2017, 17(12): 7659-7664.

[17] Karube S, Tezuka N, Kohda M, et al. Anomalous spin-orbit field *via* the Rashba-Edelstein effect at the W/Pt interface[J]. Phys. Rev. Appl., 2020, 13(2): 024009.

[18] Sánchez J C R, Vila L, Desfonds G, et al. Spin-to-charge conversion using Rashba coupling at the interface between non-magnetic materials[J]. Nat. Commun., 2013, 4(1): 2944.

[19] Lee S, Koike H, Goto M, et al. Synthetic Rashba spin-orbit system using a silicon metal-oxide semiconductor[J]. Nat. Mater., 2021, 20(9): 1228-1232.

[20] Park J H, Kim C H, Rhim J W, et al. Orbital Rashba effect and its detection by circular dichroism angle-resolved photoemission spectroscopy[J]. Phys. Rev. B, 2012, 85(19): 195401.

[21] Chen X, Liu Y, Yang G, et al. Giant antidamping orbital torque originating from the orbital Rashba-Edelstein effect in ferromagnetic heterostructures[J]. Nat. Commun., 2018, 9(1): 2569.

[22] Taniguchi T, Grollier J, Stiles M D. Spin-transfer torques generated by the anomalous Hall effect and anisotropic magnetoresistance[J]. Phys. Rev. Appl., 2015, 3(4): 044001.

[23] Gibbons J D, Macneill D, Buhrman R A, et al. Reorientable spin direction for spin current produced by the anomalous Hall effect[J]. Phys. Rev. Appl., 2018, 9(6): 064033.

[24] Iihama S, Taniguchi T, Yakushiji K, et al. Spin-transfer torque induced by the spin anomalous Hall effect[J]. Nat. Electron, 2018, 1(2): 120-123.

[25] Baek S H C, Amin V P, Oh Y W, et al. Spin currents and spin-orbit torques in ferromagnetic trilayers[J]. Nat. Mater., 2018, 17(6): 509-513.

[26] Wu H, Razavi S A, Shao Q, et al. Spin-orbit torque from a ferromagnetic metal[J]. Phys. Rev. B, 2019, 99(18): 184403.

[27] Amin V P, Zemen J, Stiles M D. Interface-generated spin currents[J]. Phys. Rev. Lett., 2018, 121(13): 136805.

[28] Wang W, Wang T, Amin V P, et al. Anomalous spin-orbit torques in magnetic single-layer films[J]. Nat. Nanotechnol., 2019, 14(9): 819-824.

[29] Harris V G, Aylesworth K D, Das B N, et al. Structural origins of magnetic anisotropy in sputtered amorphous Tb-Fe films[J]. Phys. Rev. Lett., 1992, 69(13): 1939-1942.

[30] Pai C F, Mann M, Tan A J, et al. Determination of spin torque efficiencies in heterostructures with perpendicular magnetic anisotropy[J]. Phys. Rev. B, 2016, 93(14): 144409.

[31] Hayashi M, Kim J, Yamanouchi M, et al. Quantitative characterization of the spin-orbit torque using harmonic Hall voltage measurements[J]. Phys. Rev. B, 2014, 89(14): 144425.

[32] Liu L, Moriyama T, Ralph D C, et al. Spin-torque ferromagnetic resonance induced by the spin Hall effect[J]. Phys. Rev. Lett., 2011, 106(3): 036601.

[33] Montazeri M, Upadhyaya P, Onbasli M C, et al. Magneto-optical investigation of spin-orbit torques in metallic and insulating magnetic heterostructures[J]. Nat. Commun., 2015, 6(1): 8958.

[34] Han J, Richardella A, Siddiqui S A, et al. Room-temperature spin-orbit torque switching induced by a topological insulator[J]. Phys. Rev. Lett., 2017, 119(7): 077702.

[35] Zhang P X, Liao L Y, Shi G Y, et al. Spin-orbit torque in a completely compensated synthetic antiferromagnet[J]. Phys. Rev. B, 2018, 97(21): 214403.

[36] Finley J, Liu L. Spin-orbit-torque efficiency in compensated ferrimagnetic cobalt-terbium alloys[J]. Phys. Rev. Appl., 2016, 6(5): 054001.

[37] Pi U H, Won Kim K, Bae J Y, et al. Tilting of the spin orientation induced by Rashba effect in ferromagnetic metal layer[J]. Appl. Phys. Lett., 2010, 97(16): 162507.

[38] Kim J, Sinha J, Mitani S, et al. Anomalous temperature dependence of current-induced torques in CoFeB/MgO heterostructures with Ta-based underlayers[J]. Phys. Rev. B, 2014, 89(17): 174424.

[39] Woo S, Mann M, Tan A J, et al. Enhanced spin-orbit torques in Pt/Co/Ta heterostructures[J]. Appl. Phys. Lett., 2014, 105(21): 212404.

[40] Shao Q, Yu G, Lan Y W, et al. Strong Rashba-Edelstein effect-induced spin-orbit torques in monolayer transition metal dichalcogenide/ferromagnet bilayers[J]. Nano. Lett., 2016, 16(12): 7514-7520.

[41] Cheng Y, Cogulu E, Resnick R D, et al. Third harmonic characterization of antiferromagnetic heterostructures[J]. Nat. Commun., 2022, 13(1): 3659.

[42] Avci C O, Garello K, Ghosh A, et al. Unidirectional spin Hall magnetoresistance in ferromagnet/normal metal bilayers[J]. Nat. Phys., 2015, 11(7): 570-575.

[43] Olejník K, Novák V, Wunderlich J, et al. Electrical detection of magnetization reversal without auxiliary magnets[J]. Phys. Rev. B, 2015, 91(18): 180402.

[44] Zhang S S L, Vignale G. Theory of unidirectional spin Hall magnetoresistance in heavy-metal/ferromagnetic-metal bilayers[J]. Phys. Rev. B, 2016, 94(14): 140411.

[45] Avci C O, Mendil J, Beach G S D, et al. Origins of the unidirectional spin hall magnetoresistance in metallic bilayers[J]. Phys. Rev. Lett., 2018, 121(8): 087207.

[46] Shim S, Mehraeen M, Sklenar J, et al. Unidirectional magnetoresistance in antiferromagnet/heavy-metal bilayers[J]. Phys. Rev. X, 2022, 12(2): 021069.

[47] Cheng Y, Tang J, Michel J J, et al. Unidirectional spin Hall magnetoresistance in antiferromagnetic heterostructures[J]. Phys. Rev. Lett., 2023, 130(8): 086703.

[48] Fan X, Mellnik A R, Wang W, et al. All-optical vector measurement of spin-orbit-induced torques using both polar and quadratic magneto-optic Kerr effects[J]. Appl. Phys. Lett., 2016, 109(12): 122406.

[49] Bose A, Schreiber N J, Jain R, et al. Tilted spin current generated by the collinear antiferromagnet ruthenium dioxide[J]. Nat. Electron., 2022, 5(5): 267-274.

[50] Cheng J, He K, Yang M, et al. Quantitative estimation of thermoelectric contributions in spin pumping signals through microwave photoresistance measurements[J]. Phys. Rev. B, 2021, 103(1): 014415.

[51] Kondou K, Sukegawa H, Kasai S, et al. Influence of inverse spin Hall effect in spin-torque ferromagnetic resonance measurements[J]. Appl. Phys. Express, 2016, 9(2): 023002.

[52] Harder M, Cao Z X, Gui Y S, et al. Analysis of the line shape of electrically detected

ferromagnetic resonance[J]. Phys. Rev. B, 2011, 84(5): 054423.

[53] Emori S, Nan T, Belkessam A M, et al. Interfacial spin-orbit torque without bulk spin-orbit coupling[J]. Phys. Rev. B, 2016, 93(18): 180402.

[54] Zhu L, Ralph D C, Buhrman R A. Effective spin-mixing conductance of heavy-metal-ferromagnet interfaces[J]. Phys. Rev. Lett., 2019, 123(5): 057203.

[55] Rojas-Sánchez J C, Reyren N, Laczkowski P, et al. Spin pumping and inverse spin Hall effect in platinum: the essential role of spin-memory loss at metallic interfaces[J]. Phys. Rev. Lett., 2014, 112(10): 106602.

[56] Ikeda S, Miura K, Yamamoto H, et al. A perpendicular-anisotropy CoFeB-MgO magnetic tunnel junction[J]. Nat. Mater., 2010, 9(9): 721-724.

[57] Garello K, Miron I M, Avci C O, et al. Symmetry and magnitude of spin-orbit torques in ferromagnetic heterostructures[J]. Nat. Nanotechnol., 2013, 8(8): 587-593.

[58] Avci C O, Garello K, Nistor C, et al. Fieldlike and antidamping spin-orbit torques in as-grown and annealed Ta/CoFeB/MgO layers[J]. Phys. Rev. B, 2014, 89(21): 214419.

[59] Qiu X, Deorani P, Narayanapillai K, et al. Angular and temperature dependence of current induced spin-orbit effective fields in Ta/CoFeB/MgO nanowires[J]. Sci. Rep., 2014, 4(1): 4491.

[60] Pai C F, Ou Y, Vilela-Leão L H, et al. Dependence of the efficiency of spin Hall torque on the transparency of Pt/ferromagnetic layer interfaces[J]. Phys. Rev. B, 2015, 92(6): 064426.

[61] Fan X, Celik H, Wu J, et al. Quantifying interface and bulk contributions to spin-orbit torque in magnetic bilayers[J]. Nat. Commun., 2014, 5(1): 3042.

[62] Haney P M, Lee H W, Lee K J, et al. Current induced torques and interfacial spin-orbit coupling: semiclassical modeling[J]. Phys. Rev. B, 2013, 87(17): 174411.

[63] Manchon A, Železný J, Miron I M, et al. Current-induced spin-orbit torques in ferromagnetic and antiferromagnetic systems[J]. Rev. Mod. Phys., 2019, 91(3): 035004.

[64] Torrejon J, Kim J, Sinha J, et al. Interface control of the magnetic chirality in CoFeB/MgO heterostructures with heavy-metal underlayers[J]. Nat. Commun., 2014, 5(1): 4655.

[65] Nguyen M-H, Ralph D C, Buhrman R A. Spin torque study of the spin Hall conductivity and spin diffusion length in platinum thin films with varying resistivity[J]. Phys. Rev. Lett., 2016, 116(12): 126601.

[66] Nguyen M H, Pai C F, Nguyen K X, et al. Enhancement of the anti-damping spin torque efficacy of platinum by interface modification[J]. Appl. Phys. Lett., 2015, 106(22): 222402.

[67] Zhang W, Han W, Jiang X, et al. Role of transparency of platinum-ferromagnet interfaces in determining the intrinsic magnitude of the spin Hall effect[J]. Nat. Phys., 2015, 11(6): 496-502.

[68] Zhu L, Ralph D C, Buhrman R A. Spin-orbit torques in heavy-metal-ferromagnet bilayers with varying strengths of interfacial spin-orbit coupling[J]. Phys. Rev. Lett., 2019,

122(7): 077201.

[69] Chen T Y, Chan H I, Liao W B, et al. Current-induced spin-orbit torque and field-free switching in Mo-based magnetic heterostructures[J]. Phys. Rev. Appl., 2018, 10(4): 044038.

[70] Zhang R Q, Su J, Cai J W, et al. Spin valve effect induced by spin-orbit torque switching[J]. Appl. Phys. Lett., 2019, 114(9): 092404.

[71] Zhu L, Sobotkiewich K, Ma X, et al. Strong damping-like spin-orbit torque and tunable Dzyaloshinskii-Moriya interaction generated by low-resistivity $Pd_{1-x}Pt_x$ alloys[J]. Adv. Func. Mater., 2019, 29(16): 1805822.

[72] Zhu L, Ralph D C, Buhrman R A. Highly efficient spin-current generation by the spin Hall effect in $Au_{1-x}Pt_x$[J]. Phys. Rev. Appl., 2018, 10(3): 031001.

[73] Miao B F, Sun L, Wu D, et al. Magnetic scattering and spin-orbit coupling induced magnetoresistance in nonmagnetic heavy metal and magnetic insulator bilayer systems[J]. Phys. Rev. B, 2016, 94(17): 174430.

[74] Fukami S, Anekawa T, Zhang C, et al. A spin-orbit torque switching scheme with collinear magnetic easy axis and current configuration[J]. Nat. Nanotechnol., 2016, 11(7): 621-625.

[75] Shi S, Liang S, Zhu Z, et al. All-electric magnetization switching and Dzyaloshinskii-Moriya interaction in WTe_2/ferromagnet heterostructures[J]. Nat. Nanotechnol., 2019, 14(10): 945-949.

[76] Takahashi Y, Takeuchi Y, Zhang C, et al. Spin-orbit torque-induced switching of in-plane magnetized elliptic nanodot arrays with various easy-axis directions measured by differential planar Hall resistance[J]. Appl. Phys. Lett., 2019, 114: 012410.

[77] Oh Y W, Ryu J, Kang J, et al. Material and thickness investigation in ferromagnet/Ta/CoFeB trilayers for enhancement of spin-orbit torque and field-free switching[J]. Adv. Electron. Mater., 2019, 5(12): 1900598.

[78] Lazarski S, Skowronski W, Kanak J, et al. Field-free spin-orbit-torque switching in Co/Pt/Co multilayer with mixed magnetic anisotropies[J]. Phys. Rev. Appl., 2019, 12(1): 014006.

[79] Liu Y, Zhou B, Zhu J G. Field-free magnetization switching by utilizing the spin Hall effect and interlayer exchange coupling of iridium[J]. Sci. Rep., 2019, 9(1): 325.

[80] Kong W J, Wan C H, Wang X, et al. Spin-orbit torque switching in a T-type magnetic configuration with current orthogonal to easy axes[J]. Nat. Commun., 2019, 10(1): 233.

[81] He P, Qiu X, Zhang V L, et al. Continuous tuning of the magnitude and direction of spin-orbit torque using bilayer heavy metals[J]. Adv. Electron. Mater., 2016, 2(9): 1600210.

[82] Zhang R Q, Liao L Y, Chen X Z, et al. Strong magnetoresistance modulation by Ir insertion in a Ta/Ir/CoFeB trilayer[J]. Phys. Rev. B, 2019, 100(14): 144425.

[83] Chen Y, Zhang Q, Jia J, et al. Tuning Slonczewski-like torque and Dzyaloshinskii-Moriya interaction by inserting a Pt spacer layer in Ta/CoFeB/MgO structures[J]. Appl.

Phys. Lett., 2018, 112(23): 232402.

[84] Grünberg P, Schreiber R, Pang Y, et al. Layered magnetic structures: evidence for antiferromagnetic coupling of Fe layers across Cr interlayers[J]. Phys. Rev. Lett., 1986, 57(19): 2442-2445.

[85] Parkin S S P. Systematic variation of the strength and oscillation period of indirect magnetic exchange coupling through the 3d, 4d, and 5d transition metals[J]. Phys. Rev. Lett., 1991, 67(25): 3598-3601.

[86] Shi G Y, Wan C H, Chang Y S, et al. Spin-orbit torque in MgO/CoFeB/Ta/CoFeB/MgO symmetric structure with interlayer antiferromagnetic coupling[J]. Phys. Rev. B, 2017, 95(10): 104435.

[87] Ishikuro Y, Kawaguchi M, Taniguchi T, et al. Highly efficient spin-orbit torque in Pt/Co/Ir multilayers with antiferromagnetic interlayer exchange coupling[J]. Phys. Rev. B, 2020, 101(1): 014404.

[88] Chen R, Cui Q, Liao L, et al. Reducing Dzyaloshinskii-Moriya interaction and field-free spin-orbit torque switching in synthetic antiferromagnets[J]. Nat. Commun., 2021, 12(1): 3113.

[89] Siddiqui S A, Han J, Finley J T, et al. Current-induced domain wall motion in a compensated ferrimagnet[J]. Phys. Rev. Lett., 2018, 121(5): 057701.

[90] Zhao Z, Jamali M, Smith A K, et al. Spin Hall switching of the magnetization in Ta/TbFeCo structures with bulk perpendicular anisotropy[J]. Appl. Phys. Lett., 2015, 106(13): 132404.

[91] Roschewsky N, Matsumura T, Cheema S, et al. Spin-orbit torques in ferrimagnetic GdFeCo alloys[J]. Appl. Phys. Lett., 2016, 109(11): 112403.

[92] Mishra R, Yu J, Qiu X, et al. Anomalous current-induced spin torques in ferrimagnets near compensation[J]. Phys. Rev. Lett., 2017, 118(16): 167201.

[93] Hufnagel T C, Brennan S, Zschack P, et al. Structural anisotropy in amorphous Fe-Tb thin films[J]. Phys. Rev. B, 1996, 53(18): 12024-12030.

[94] Ueda K, Mann M, Pai C F, et al. Spin-orbit torques in Ta/Tb$_x$Co$_{100-x}$ ferrimagnetic alloy films with bulk perpendicular magnetic anisotropy[J]. Appl. Phys. Lett., 2016, 109(23): 232403.

[95] Ham W S, Kim S, Kim D H, et al. Temperature dependence of spin-orbit effective fields in Pt/GdFeCo bilayers[J]. Appl. Phys. Lett., 2017, 110(24): 242405.

[96] Ueda K, Mann M, De Brouwer P W P, et al. Temperature dependence of spin-orbit torques across the magnetic compensation point in a ferrimagnetic TbCo alloy film[J]. Phys. Rev. B, 2017, 96(6): 064410.

[97] Roschewsky N, Lambert C H, Salahuddin S. Spin-orbit torque switching of ultralarge-thickness ferrimagnetic GdFeCo[J]. Phys. Rev. B, 2017, 96(6): 064406.

[98] Yu J, Bang D, Mishra R, et al. Long spin coherence length and bulk-like spin-orbit torque in ferrimagnetic multilayers[J]. Nat. Mater., 2019, 18(1): 29-34.

[99] Cai K, Zhu Z, Lee J M, et al. Ultrafast and energy-efficient spin-orbit torque switching

in compensated ferrimagnets[J]. Nat. Electron., 2020, 3(1): 37-42.

[100] Chumak A V, Vasyuchka V I, Serga A A, et al. Magnon spintronics[J]. Nat. Phys., 2015, 11(6): 453-461.

[101] Li P, Liu T, Chang H, et al. Spin-orbit torque-assisted switching in magnetic insulator thin films with perpendicular magnetic anisotropy[J]. Nat. Commun., 2016, 7: 12688.

[102] Avci C O, Quindeau A, Pai C F, et al. Current-induced switching in a magnetic insulator[J]. Nat. Mater., 2017, 16(3): 309-314.

[103] Avci C O, Rosenberg E, Caretta L, et al. Interface-driven chiral magnetism and current-driven domain walls in insulating magnetic garnets[J]. Nat. Nanotechnol., 2019, 14(6): 561-566.

[104] Shao Q, Tang C, Yu G, et al. Role of dimensional crossover on spin-orbit torque efficiency in magnetic insulator thin films[J]. Nat. Commun., 2018, 9: 3612.

[105] Velez S, Schaab J, Woernle M S, et al. High-speed domain wall racetracks in a magnetic insulator[J]. Nat. Commun., 2019, 10: 4750.

[106] Guo C Y, Wan C H, Zhao M K, et al. Spin-orbit torque switching in perpendicular $Y_3Fe_5O_{12}$/Pt bilayer[J]. Appl. Phys. Lett., 2019, 114(19): 192409.

[107] Zhou Y, Guo C, Wan C, et al. Current-induced in-plane magnetization switching in a biaxial ferrimagnetic insulator[J]. Phys. Rev. Appl., 2020, 13(6): 064051.

[108] Hasan M Z, Kane C L. Colloquium: topological insulators[J]. Rev. Mod. Phys., 2010, 82(4): 3045-3067.

[109] Qi X L, Zhang S C. Topological insulators and superconductors[J]. Rev. Mod. Phys., 2011, 83(4): 1057.

[110] Mellnik A R, Lee J S, Richardella A, et al. Spin-transfer torque generated by a topological insulator[J]. Nature, 2014, 511: 449-451.

[111] Ndiaye P B, Akosa C A, Fischer M H, et al. Dirac spin-orbit torques and charge pumping at the surface of topological insulators[J]. Phys. Rev. B, 2017, 96(1): 014408.

[112] Ghosh S, Manchon A. Spin-orbit torque in a three-dimensional topological insulator-ferromagnet heterostructure: crossover between bulk and surface transport[J]. Phys. Rev. B, 2018, 97(13): 134402.

[113] Wang Y, Deorani P, Banerjee K, et al. Topological surface states originated spin-orbit torques in Bi_2Se_3[J]. Phys. Rev. Lett., 2015, 114(25): 257202.

[114] Kondou K, Yoshimi R, Tsukazaki A, et al. Fermi-level-dependent charge-to-spin current conversion by Dirac surface states of topological insulators[J]. Nat. Phys., 2016, 12(11): 1027.

[115] Wang Y, Zhu D, Wu Y, et al. Room temperature magnetization switching in topological insulator-ferromagnet heterostructures by spin-orbit torques[J]. Nat. Commun., 2017, 8: 1364.

[116] Shi S, Wang A, Wang Y, et al. Efficient charge-spin conversion and magnetization switching through the Rashba effect at topological-insulator/Ag interfaces[J]. Phys. Rev. B, 2018, 97(4): 041115.

[117] Khang N H D, Ueda Y, Hai P N. A conductive topological insulator with large spin Hall effect for ultralow power spin-orbit torque switching[J]. Nat. Mater., 2018, 17(9): 808-813.

[118] Wu H, Xu Y, Deng P, et al. Spin-orbit torque switching of a nearly compensated ferrimagnet by topological surface states[J]. Adv. Mater., 2019, 31(35): 1901681.

[119] Shao Q, Wu H, Pan Q, et al. Room temperature highly efficient topological insulator/Mo/CoFeB spin-orbit torque memory with perpendicular magnetic anisotropy[C]// 2018 IEEE International Electron Devices Meeting (IEDM), 2018: 36.3.1-36.3.4.

[120] Dc M, Grassi R, Chen J Y, et al. Room-temperature high spin-orbit torque due to quantum confinement in sputtered $Bi_xSe_{(1-x)}$ films[J]. Nat. Mater., 2018, 17(9): 800-807.

[121] Ou Y, Pai C F, Shi S, et al. Origin of fieldlike spin-orbit torques in heavy metal/ferromagnet/oxide thin film heterostructures[J]. Phys. Rev. B, 2016, 94(14): 140414.

[122] Wang Y, Deorani P, Qiu X, et al. Determination of intrinsic spin Hall angle in Pt[J]. Appl. Phys. Lett., 2014, 105(15): 152412.

[123] Hatch R C, Bianchi M, Guan D, et al. Stability of the Bi_2Se_3(111) topological state: electron-phonon and electron-defect scattering[J]. Phys. Rev. B, 2011, 83(24): 241303.

[124] Park S R, Jung W S, Kim C, et al. Quasiparticle scattering and the protected nature of the topological states in a parent topological insulator Bi_2Se_3[J]. Phys. Rev. B, 2010, 81(4): 041405.

[125] Wang J, Li W, Cheng P, et al. Power-law decay of standing waves on the surface of topological insulators[J]. Phys. Rev. B, 2011, 84(23): 235447.

[126] Wu H, Zhang P, Deng P, et al. Room-temperature spin-orbit torque from topological surface states[J]. Phys. Rev. Lett., 2019, 123(20): 207205.

[127] Fan Y, Upadhyaya P, Kou X, et al. Magnetization switching through giant spin-orbit torque in a magnetically doped topological insulator heterostructure[J]. Nat. Mater., 2014, 13(7): 699-704.

[128] Lu Q, Li P, Guo Z, et al. Giant tunable spin Hall angle in sputtered Bi_2Se_3 controlled by an electric field[J]. Nat. Commun., 2022, 13(1): 1650.

[129] Choi W Y, Arango I C, Pham V T, et al. All-electrical spin-to-charge conversion in sputtered Bi_xSe_{1-x}[J]. Nano. Lett., 2022, 22(19): 7992-7999.

[130] Yasuda K, Tsukazaki A, Yoshimi R, et al. Current-nonlinear Hall effect and spin-orbit torque magnetization switching in a magnetic topological insulator[J]. Phys. Rev. Lett., 2017, 119(13): 137204.

[131] Che X, Pan Q, Vareskic B, et al. Strongly surface state carrier-dependent spin-orbit torque in magnetic topological insulators[J]. Adv. Mater., 2020, 32(16): 1907661.

[132] Fan Y, Kou X, Upadhyaya P, et al. Electric-field control of spin-orbit torque in a magnetically doped topological insulator[J]. Nat. Nanotechnol., 2016, 11(4): 352-359.

[133] Ohno H, Shen A, Matsukura F, et al. (Ga,Mn)As: a new diluted magnetic semiconductor based on GaAs[J]. Appl. Phys. Lett., 1996, 69(3): 363-365.

[134] Dietl T, Ohno H, Matsukura F, et al. Zener model description of ferromagnetism in zinc-blende magnetic semiconductors[J]. Science, 2000, 287(5455): 1019-1022.

[135] Welp U, Vlasko-Vlasov V K, Liu X, et al. Magnetic domain structure and magnetic anisotropy in $Ga_{1-x}Mn_xAs$[J]. Phys. Rev. Lett., 2003, 90(16): 167206.

[136] Endo M, Matsukura F, Ohno H. Current induced effective magnetic field and magnetization reversal in uniaxial anisotropy (Ga,Mn)As[J]. Appl. Phys. Lett., 2010, 97(22): 222501.

[137] Jiang M, Asahara H, Sato S, et al. Efficient full spin-orbit torque switching in a single layer of a perpendicularly magnetized single-crystalline ferromagnet[J]. Nat. Commun., 2019, 10(1): 2590.

[138] Otto M J, van Woerden R A M, Vandervalk P J, et al. Half-metallic ferromagnets[J]. J. Phys. Condens. Matter., 1989, 1(13): 2341-2350.

[139] Gerhard F, Schumacher C, Gould C, et al. Control of the magnetic in-plane anisotropy in off-stoichiometric NiMnSb[J]. J. Appl. Phys., 2014, 115(9): 094505.

[140] Luo Z, Zhang Q, Xu Y, et al. Spin-orbit torque in a single ferromagnetic layer induced by surface spin rotation[J]. Phys. Rev. Appl., 2019, 11(6): 064021.

[141] Seki T, Lau Y C, Iihama S, et al. Spin-orbit torque in a Ni-Fe single layer[J]. Phys. Rev. B, 2021, 104(9): 094430.

[142] Aoki M, Shigematsu E, Ohshima R, et al. Current-induced out-of-plane torques in a single permalloy layer with lateral structural asymmetry[J]. Phys. Rev. B, 2022, 105(14): 144407.

[143] Fu Q, Liang L, Wang W, et al. Observation of nontrivial spin-orbit torque in single-layer ferromagnetic metals[J]. Phys. Rev. B, 2022, 105(22): 224417.

[144] Liu L, Yu J, Gonzalez-Hernandez R, et al. Electrical switching of perpendicular magnetization in a single ferromagnetic layer[J]. Phys. Rev. B, 2020, 101(22): 220402.

[145] Tang M, Shen K, Xu S, et al. Bulk spin torque-driven perpendicular magnetization switching in $L1_0$ FePt single layer[J]. Adv. Mater., 2020, 32(31): 2002607.

[146] Zheng S, Meng K, Liu Q, et al. Disorder dependent spin-orbit torques in $L1_0$ FePt single layer[J]. Appl. Phys. Lett., 2020, 117(24): 242403.

[147] Lyu H, Zhao Y, Qi J, et al. Field-free magnetization switching driven by spin-orbit torque in $L1_0$-FeCrPt single layer[J]. Adv. Func. Mater., 2022, 32(30): 2200660.

[148] Zhu L, Zhang X S, Muller D A, et al. Observation of strong bulk damping-like spin-orbit torque in chemically disordered ferromagnetic single layers[J]. Adv. Func. Mater., 2020, 30(48): 2005201.

[149] Zhang R Q, Liao L Y, Chen X Z, et al. Current-induced magnetization switching in a CoTb amorphous single layer[J]. Phys. Rev. B, 2020, 101(21): 214418.

[150] Lee J W, Park J Y, Yuk J M, et al. Spin-orbit torque in a perpendicularly magnetized ferrimagnetic Tb-Co single layer[J]. Phys. Rev. Appl., 2020, 13(4): 044030.

[151] Zheng Z, Zhang Y, Lopez-Dominguez V, et al. Field-free spin-orbit torque-induced switching of perpendicular magnetization in a ferrimagnetic layer with a vertical com-

position gradient[J]. Nat. Commun., 2021, 12(1): 4555.

[152] Huang Q, Guan C, Fan Y, et al. Field-free magnetization switching in a ferromagnetic single layer through multiple inversion asymmetry engineering[J]. ACS nano, 2022, 16(8): 12462-12470.

[153] Céspedes-Berrocal D, Damas H, Petit-Watelot S, et al. Current-induced spin torques on single GdFeCo magnetic layers[J]. Adv. Mater., 2021, 33(12): 2007047.

[154] Liu Q, Zhu L, Zhang X S, et al. Giant bulk spin-orbit torque and efficient electrical switching in single ferrimagnetic FeTb layers with strong perpendicular magnetic anisotropy[J]. Appl. Phys. Rev., 2022, 9(2): 021402.

[155] Ren L, Zhou C, Song X, et al. Efficient spin-orbit torque switching in a perpendicularly magnetized Heusler alloy MnPtGe single layer[J]. ACS nano, 2023, 17(7): 6400-6409.

[156] Bibes M, Barthelemy A. Oxide spintronics[J]. IEEE Trans. Electron Dev., 2007, 54(5): 1003-1023.

[157] Pan F, Song C, Liu X J, et al. Ferromagnetism and possible application in spintronics of transition-metal-doped ZnO films[J]. Mater. Sci. Eng. R, 2008, 62(1): 1-35.

[158] Song Q, Zhang H, Su T, et al. Observation of inverse Edelstein effect in Rashba-split 2DEG between $SrTiO_3$ and $LaAlO_3$ at room temperature[J]. Sci. Adv., 2017, 3(3): e1602312.

[159] Liu L, Qin Q, Lin W, et al. Current-induced magnetization switching in all-oxide heterostructures[J]. Nat. Nanotechnol., 2019, 14(10): 939-944.

[160] Nordblad P. Tuning exchange bias[J]. Nat. Mater., 2015, 14(7): 655-656.

[161] Lin P H, Yang B Y, Tsai M H, et al. Manipulating exchange bias by spin-orbit torque[J]. Nat. Mater., 2019, 18(4): 335-341.

[162] Yun J, Bai Q, Yan Z, et al. Tailoring multilevel-stable remanence states in exchange-biased system through spin-orbit torque[J]. Adv. Func. Mater., 2020, 30(15): 1909092.

[163] Wang Y, Taniguchi T, Lin P H, et al. Time-resolved detection of spin-orbit torque switching of magnetization and exchange bias[J]. Nat. Electron., 2022, 5(12): 840-848.

[164] Peng S, Zhu D, Li W, et al. Exchange bias switching in an antiferromagnet/ferromagnet bilayer driven by spin-orbit torque[J]. Nat. Electron., 2020, 3(12): 757-764.

[165] Huang Y H, Yang C Y, Cheng C W, et al. A spin-orbit torque ratchet at ferromagnet/antiferromagnet interface *via* exchange spring[J]. Adv. Funct. Mater., 2022, 32(16): 2111653.

[166] Stebliy M E, Kolesnikov A G, Bazrov M A, et al. Current-induced manipulation of the exchange bias in a Pt/Co/NiO structure[J]. ACS Appl. Mater. Interfaces, 2021, 13(35): 42258-42265.

[167] Zhao X, Dong Y, Chen W, et al. Purely electrical controllable complete spin logic in a single magnetic heterojunction[J]. Adv. Func. Mater., 2021, 31(42): 2105359.

[168] Kang J, Ryu J, Choi J G, et al. Current-induced manipulation of exchange bias in IrMn/NiFe bilayer structures[J]. Nat. Commun., 2021, 12(1): 6420.

[169] Fang B, Sánchez-Tejerina San José L, Chen A, et al. Electrical manipulation of ex-

change bias in an antiferromagnet/ferromagnet-based device *via* spin-orbit torque[J]. Adv. Func. Mater., 2022, 32(26): 2112406.

[170] Garello K, Miron I M, Avci C O, et al. Symmetry and magnitude of spin-orbit torques in ferromagnetic heterostructures[J]. Nat. Nanotechnol., 2013, 8(8): 587-593.

[171] Emori S, Bauer U, Ahn S M, et al. Current-driven dynamics of chiral ferromagnetic domain walls[J]. Nat. Mater., 2013, 12(7): 611-616.

[172] Pai C F, Liu L, Li Y, et al. Spin transfer torque devices utilizing the giant spin Hall effect of tungsten[J]. Appl. Phys. Lett., 2012, 101(12): 122404.

[173] Ghosh A, Garello K, Avci C O, et al. Interface-enhanced spin-orbit torques and current-induced magnetization switching of Pd/Co/AlO$_x$ layers[J]. Phys. Rev. Appl., 2017, 7(1): 014004.

[174] Chuang T C, Pai C F, Huang S Y. Cr-induced perpendicular magnetic anisotropy and field-free spin-orbit-torque switching[J]. Phys. Rev. Appl., 2019, 11(6): 061005.

[175] Avci C O, Rosenberg E, Baumgartner M, et al. Fast switching and signature of efficient domain wall motion driven by spin-orbit torques in a perpendicular anisotropy magnetic insulator/Pt bilayer[J]. Appl. Phys. Lett., 2017, 111(7): 072406.

[176] Li P, Channa S, Li X, et al. Large spin-orbit-torque efficiency and room-temperature magnetization switching in SrIrO$_3$/CoFeB heterostructures[J]. Phys. Rev. Appl., 2023, 19(2): 024076.

[177] Han L, Wang Y, Zhu W, et al. Spin homojunction with high interfacial transparency for efficient spin-charge conversion[J]. Sci. Adv., 2022, 8(38): eabq2742.

[178] Bai H, Han L, Feng X Y, et al. Observation of spin splitting torque in a collinear antiferromagnet RuO$_2$[J]. Phys. Rev. Lett., 2022, 128(19): 197202.

[179] Karplus R, Luttinger J M. Hall effect in ferromagnetics[J]. Phys. Rev., 1954, 95(5): 1154-1160.

[180] Berger L. Side-jump mechanism for the Hall effect of ferromagnets[J]. Phys. Rev. B, 1970, 2(11): 4559-4566.

[181] Smit J. The spontaneous hall effect in ferromagnetics II[J]. Physica, 1958, 24(1): 39-51.

[182] Morota M, Niimi Y, Ohnishi K, et al. Indication of intrinsic spin Hall effect in 4d and 5d transition metals[J]. Phys. Rev. B, 2011, 83(17): 174405.

[183] Lin X, Li J, Zhu L, et al. Strong enhancement of spin-orbit torques in ferrimagnetic Pt$_x$(Si$_3$N$_4$)$_{1-x}$/CoTb bilayers by Si$_3$N$_4$ doping[J]. Phys. Rev. B, 2022, 106(14): L140407.

[184] Zhang W, Han W, Yang S H, et al. Giant facet-dependent spin-orbit torque and spin Hall conductivity in the triangular antiferromagnet IrMn$_3$[J]. Sci. Adv., 2016, 2(9): e1600759.

[185] Li R, Yuan X, Tu H, et al. High spin Hall conductivity induced by ferromagnet and interface[J]. Adv. Func. Mater., 2022, 32(35): 2112754.

[186] Zheng Z, Zhang Y, Feng X, et al. Enhanced spin-orbit torque and multilevel current-induced switching in W/Co-Tb/Pt heterostructure[J]. Phys. Rev. Appl., 2019, 12(4):

044032.

[187] Li Y, Zha X, Zhao Y, et al. Enhancing the spin-orbit torque efficiency by the insertion of a sub-nanometer β-W layer[J]. ACS Nano, 2022, 16(8): 11852-11861.

[188] Zhu L, Zhu L, Ralph D C, et al. Origin of strong two-magnon scattering in heavy-metal/ferromagnet/oxide heterostructures[J]. Phys. Rev. Appl., 2020, 13(3): 034038.

[189] Tao X, Liu Q, Miao B, et al. Self-consistent determination of spin Hall angle and spin diffusion length in Pt and Pd: The role of the interface spin loss[J]. Sci. Adv., 2018, 4(6): eaat1670.

[190] Zhu L, Ralph D C, Buhrman R A. Enhancement of spin transparency by interfacial alloying[J]. Phys. Rev. B, 2019, 99(18): 180404.

[191] Ou Y, Shi S, Ralph D C, et al. Strong spin Hall effect in the antiferromagnet PtMn[J]. Phys. Rev. B, 2016, 93(22): 220405.

[192] Du C, Wang H, Yang F, et al. Enhancement of pure spin currents in spin pumping $Y_3Fe_5O_{12}$/Cu/metal trilayers through spin conductance matching[J]. Phys. Rev. Appl., 2014, 1(4): 044004.

[193] Anadón A, Guerrero R, Jover-Galtier J A, et al. Spin-orbit torque from the introduction of Cu interlayers in Pt/Cu/Co/Pt nanolayered structures for spintronic devices[J]. ACS Appl. Nano Mater., 2021, 4(1): 487-492.

[194] Zhu L, Zhu L, Buhrman R A. Fully spin-transparent magnetic interfaces enabled by the Insertion of a thin paramagnetic NiO layer[J]. Phys. Rev. Lett., 2021, 126(10): 107204.

[195] Belashchenko K D, Kovalev A A, van Schilfgaarde M. Theory of spin loss at metallic interfaces[J]. Phys. Rev. Lett., 2016, 117(20): 207204.

[196] Zhu L, Zhu L, Shi S, et al. Enhancing spin-orbit torque by strong interfacial scattering from ultrathin insertion layers[J]. Phys. Rev. Appl., 2019, 11(6): 061004.

[197] Zhu L, Buhrman R A. Maximizing spin-orbit-torque efficiency of Pt/Ti multilayers: trade-off between intrinsic spin Hall conductivity and carrier lifetime[J]. Phys. Rev. Appl., 2019, 12(5): 051002.

[198] Huang K F, Wang D S, Lin H H, et al. Engineering spin-orbit torque in Co/Pt multilayers with perpendicular magnetic anisotropy[J]. Appl. Phys. Lett., 2015, 107(23): 232407.

[199] Jinnai B, Zhang C, Kurenkov A, et al. Spin-orbit torque induced magnetization switching in Co/Pt multilayers[J]. Appl. Phys. Lett., 2017, 111(10): 102402.

[200] Jamali M, Narayanapillai K, Qiu X, et al. Spin-orbit torques in Co/Pd multilayer nanowires[J]. Phys. Rev. Lett., 2013, 111(24): 246602.

[201] Bang D, Yu J, Qiu X, et al. Enhancement of spin Hall effect induced torques for current-driven magnetic domain wall motion: inner interface effect[J]. Phys. Rev. B, 2016, 93(17): 174424.

[202] Fukami S, Zhang C, Duttagupta S, et al. Magnetization switching by spin-orbit torque in an antiferromagnet-ferromagnet bilayer system[J]. Nat. Mater., 2016, 15(5): 535-541.

[203] Van Den Brink A, Vermijs G, Solignac A, et al. Field-free magnetization reversal by

spin-Hall effect and exchange bias[J]. Nat. Commun., 2016, 7: 10854.

[204] Oh Y W, Baek S H C, Kim Y M, et al. Field-free switching of perpendicular magnetization through spin-orbit torque in antiferromagnet/ferromagnet/oxide structures[J]. Nat. Nanotechnol., 2016, 11(10): 878-884.

[205] Lu J, Li W, Liu J, et al. Voltage-gated spin-orbit torque switching in IrMn-based perpendicular magnetic tunnel junctions[J]. Appl. Phys. Lett., 2023, 122(1): 012402.

[206] Lau Y C, Betto D, Rode K, et al. Spin-orbit torque switching without an external field using interlayer exchange coupling[J]. Nat. Nanotechnol., 2016, 11(9): 758-762.

[207] Wang X, Wan C, Kong W, et al. Field-free programmable spin logics *via* chirality-reversible spin-orbit torque switching[J]. Adv. Mater., 2018, 30(31): 1801318.

[208] Zhao Z, Smith A K, Jamali M, et al. External-field-free spin Hall switching of perpendicular magnetic nanopillar with a dipole-coupled composite structure[J]. Adv. Electron. Mater., 2020, 6(5): 1901368.

[209] Yu G, Upadhyaya P, Fan Y, et al. Switching of perpendicular magnetization by spin-orbit torques in the absence of external magnetic fields[J]. Nat. Nanotechnol., 2014, 9(7): 548-554.

[210] Akyol M, Yu G, Alzate J G, et al. Current-induced spin-orbit torque switching of perpendicularly magnetized Hf|CoFeB|MgO and Hf|CoFeB|TaO$_x$ structures[J]. Appl. Phys. Lett., 2015, 106(16): 162409.

[211] Torrejon J, Garcia-Sanchez F, Taniguchi T, et al. Current-driven asymmetric magnetization switching in perpendicularly magnetized CoFeB/MgO heterostructures[J]. Phys. Rev. B, 2015, 91(21): 214434.

[212] You L, Lee O, Bhowmik D, et al. Switching of perpendicularly polarized nanomagnets with spin orbit torque without an external magnetic field by engineering a tilted anisotropy[J]. Proc. Natl. Acad. Sci. USA, 2015, 112(33): 10310-10315.

[213] Kim H J, Moon K W, Tran B X, et al. Field-free switching of magnetization by tilting the perpendicular magnetic anisotropy of Gd/Co multilayers[J]. Adv. Func. Mater., 2022, 32(26): 2112561.

[214] Ryu J, Thompson R, Park J Y, et al. Efficient spin-orbit torque in magnetic trilayers using all three polarizations of a spin current[J]. Nat. Electron., 2022, 5(4): 217-223.

[215] Macneill D, Stiehl G M, Guimaraes M H D, et al. Control of spin-orbit torques through crystal symmetry in WTe$_2$/ferromagnet bilayers[J]. Nat. Phys., 2017, 13(3): 300-305.

[216] Guimaraes M H, Stiehl G M, Macneill D, et al. Spin-orbit torques in NbSe$_2$/permalloy bilayers[J]. Nano Lett., 2018, 18(2): 1311-1316.

[217] Song P, Hsu C H, Vignale G, et al. Coexistence of large conventional and planar spin Hall effect with long spin diffusion length in a low-symmetry semimetal at room temperature[J]. Nat. Mater., 2020, 19(3): 292-298.

[218] Liu L, Zhou C, Shu X, et al. Symmetry-dependent field-free switching of perpendicular magnetization[J]. Nat. Nanotechnol., 2021, 16(3): 277-282.

[219] Zhao T, Liu L, Zhou C, et al. Enhancement of out-of-plane spin-orbit torque by interfacial modification[J]. Adv. Mater., 2023, 35(12): 2208954.

[220] Cao Y, Sheng Y, Edmonds K W, et al. Deterministic magnetization switching using lateral spin-orbit torque[J]. Adv. Mater., 2020, 32(16): 1907929.

[221] Kateel V, Krizakova V, Rao S, et al. Field-free spin-orbit torque driven switching of perpendicular magnetic tunnel junction through bending current[J]. Nano Lett., 2023, 23(12): 5482-5489.

[222] Liu L, Song Y, Zhao X, et al. Full-scale field-free spin-orbit torque switching in HoCo structure with a vertical composition gradient[J]. Adv. Func. Mater., 2022, 32(39): 2200328.

[223] Liu L, Zhou C, Zhao T, et al. Current-induced self-switching of perpendicular magnetization in CoPt single layer[J]. Nat. Commun., 2022, 13(1): 3539.

[224] Kang M G, Choi J G, Jeong J, et al. Electric-field control of field-free spin-orbit torque switching via laterally modulated Rashba effect in Pt/Co/AlO$_x$ structures[J]. Nat. Commun., 2021, 12(1): 7111.

[225] He W, Wan C, Zheng C, et al. Field-free spin-orbit torque switching enabled by the interlayer Dzyaloshinskii-Moriya interaction[J]. Nano Lett., 2022, 22(17): 6857-6865.

[226] Wu H, Nance J, Razavi S A, et al. Chiral symmetry breaking for deterministic switching of perpendicular magnetization by spin-orbit torque[J]. Nano Lett., 2020, 21(1): 515-521.

[227] Jhuria K, Hohlfeld J, Pattabi A, et al. Spin-orbit torque switching of a ferromagnet with picosecond electrical pulses[J]. Nat. Electron., 2020, 3(11): 680-686.

[228] Cai K, Zhu Z, Lee J M, et al. Ultrafast and energy-efficient spin-orbit torque switching in compensated ferrimagnets[J]. Nat. Electron., 2020, 3(1): 37-42.

[229] Sala G, Lambert C H, Finizio S, et al. Asynchronous current-induced switching of rare-earth and transition-metal sublattices in ferrimagnetic alloys[J]. Nat. Mater., 2022, 21(6): 640-646.

[230] Demidov V E, Urazhdin S, De Loubens G, et al. Magnetization oscillations and waves driven by pure spin currents[J]. Phys. Rep., 2017, 673: 1-31.

[231] Kaka S, Pufall M R, Rippard W H, et al. Mutual phase-locking of microwave spin torque nano-oscillators[J]. Nature, 2005, 437(7057): 389-392.

[232] Dumas R K, Iacocca E, Bonetti S, et al. Spin-wave-mode coexistence on the nanoscale: a consequence of the oersted-field-induced asymmetric energy landscape[J]. Phys. Rev. Lett., 2013, 110(25): 257202.

[233] Bonetti S, Kukreja R, Chen Z, et al. Direct observation and imaging of a spin-wave soliton with p-like symmetry[J]. Nat. Commun., 2015, 6: 8889.

[234] Demidov V E, Urazhdin S, Ulrichs H, et al. Magnetic nano-oscillator driven by pure spin current[J]. Nat. Mater., 2012, 11(12): 1028-1031.

[235] Liu L, Pai C F, Ralph D C, et al. Magnetic oscillations driven by the spin Hall effect in 3-terminal magnetic tunnel junction devices[J]. Phys. Rev. Lett., 2012, 109(18):

186602.

[236] Demidov V E, Urazhdin S, Edwards E R J, et al. Control of magnetic fluctuations by spin current[J]. Phys. Rev. Lett., 2011, 107(10): 107204.

[237] Liu R H, Lim W L, Urazhdin S. Dynamical skyrmion state in a spin current nano-oscillator with perpendicular magnetic anisotropy[J]. Phys. Rev. Lett., 2015, 114(13): 137201.

[238] Zahedinejad M, Fulara H, Khymyn R, et al. Memristive control of mutual spin Hall nano-oscillator synchronization for neuromorphic computing[J]. Nat. Mater., 2022, 21(1): 81-87.

[239] Choi J G, Park J, Kang M G, et al. Voltage-driven gigahertz frequency tuning of spin Hall nano-oscillators[J]. Nat. Commun., 2022, 13(1): 3783.

[240] Ren H, Zheng X Y, Channa S, et al. Hybrid spin Hall nano-oscillators based on ferromagnetic metal/ferrimagnetic insulator heterostructures[J]. Nat. Commun., 2023, 14(1): 1406.

[241] Rahaman S Z, Wang I J, Wang D Y, et al. Size-dependent switching properties of spin-orbit torque MRAM with manufacturing-friendly 8-inch wafer-level uniformity[J]. IEEE Journal of the Electron Devices Society, 2020, 8: 163-169.

[242] Chen G L, Wang I J, Yeh P S, et al. An 8kb spin-orbit-torque magnetic rando-maccess memory[C]//2021 International Symposium on VLSI Technology, Systems and Applications (VLSI-TSA), 2021: 1-2.

[243] Fukami S, Anekawa T, Ohkawara A, et al. A sub-ns three-terminal spin-orbit torque induced switching device[C]// 2016 IEEE Symposium on VLSI Technology, 2016: 1-2.

[244] Natsui M, Tamakoshi A, Honjo H, et al. Dual-port SOT-MRAM achieving 90-MHz read and 60-MHz write operations under field-assistance-free condition[J]. IEEE Journal of Solid-State Circuits, 2020, 56(4): 1116-1128.

[245] Garello K, Yasin F, Hody H, et al. Manufacturable 300mm platform solution for field-free switching SOT-MRAM[C]// 2019 Symposium on VLSI Circuits, 2019: T194-T195.

[246] Gupta M, Perumkunnil M, Garello K, et al. High-density SOT-MRAM technology and design specifications for the embedded domain at 5nm node[C]// 2020 IEEE International Electron Devices Meeting (IEDM), 2020: 24.5.1-24.5.4.

[247] Wang M, Cai W, Zhu D, et al. Field-free switching of a perpendicular magnetic tunnel junction through the interplay of spin-orbit and spin-transfer torques[J]. Nat. Electron., 2018, 1(11): 582-588.

[248] Grimaldi E, Krizakova V, Sala G, et al. Single-shot dynamics of spin-orbit torque and spin transfer torque switching in three-terminal magnetic tunnel junctions[J]. Nat. Nanotechnol., 2020, 15(2): 111-117.

[249] Wang Z, Zhou H, Wang M, et al. Proposal of toggle spin torques magnetic RAM for ultrafast computing[J]. IEEE Electron Device Letters, 2019, 40(5): 726-729.

[250] Song C, Cui B, Li F, et al. Recent progress in voltage control of magnetism: materials, mechanisms, and performance[J]. Prog. Mater. Sci., 2017, 87: 33-82.

[251] Yoda H, Shimomura N, Ohsawa Y, et al. Voltage-control spintronics memory (VoCSM) having potentials of ultra-low energy-consumption and high-density[C]// IEDM, 2016.

[252] Wan C, Zhang X, Yuan Z, et al. Programmable spin logic based on spin Hall effect in a single device[J]. Adv. Electron. Mater., 2017, 3(3): 1600282.

[253] Yang M, Deng Y, Wu Z, et al. Spin logic devices *via* electric field controlled magnetization reversal by spin-orbit torque[J]. IEEE Electron Device Lett., 2019, 40(9): 1554-1557.

[254] Baek S H C, Park K W, Kil D S, et al. Complementary logic operation based on electric-field controlled spin-orbit torques[J]. Nat. Electron., 2018, 1(7): 398-403.

[255] Kumar D, Chung H J, Chan J, et al. Ultralow energy domain wall device for spin-based neuromorphic computing[J]. ACS Nano, 2023, 17(7): 6261-6274.

[256] Li M, Li C, Xu X, et al. An ultrathin flexible programmable spin logic device based on spin-orbit torque[J]. Nano Lett., 2023, 23(9): 3818-3825.

[257] Parkin S S P, Hayashi M, Thomas L. Magnetic domain-wall racetrack memory[J]. Science, 2008, 320(5873): 190-194.

[258] Luo Z, Hrabec A, Dao T P, et al. Current-driven magnetic domain-wall logic[J]. Nature, 2020, 579(7798): 214-218.

[259] Han X, Fan Y, Wang D, et al. Fully electrical controllable spin-orbit torque based half-adder[J]. Appl. Phys. Lett., 2023, 122(5): 052404.

[260] Grollier J, Querlioz D, Camsari K Y, et al. Neuromorphic spintronics[J]. Nat. Electron., 2020, 3(7): 360-370.

[261] Zhou J, Zhao T, Shu X, et al. Spin-orbit torque-induced domain nucleation for neuromorphic computing[J]. Adv. Mater., 2021, 33(36): 2103672.

[262] Liu J, Xu T, Feng H, et al. Compensated ferrimagnet based artificial synapse and neuron for ultrafast neuromorphic computing[J]. Adv. Func. Mater., 2022, 32(1): 2107870.

[263] Fukami S, Zhang C, Duttagupta S, et al. Magnetization switching by spin-orbit torque in an antiferromagnet-ferromagnet bilayer system[J]. Nat. Mater., 2016, 15(5): 535-541.

[264] Zhang S, Luo S, Xu N, et al. A spin-orbit-torque memristive device[J]. Adv. Electron. Mater., 2019, 5(4): 1800782.

[265] Kurenkov A, Duttagupta S, Zhang C, et al. Artificial neuron and synapse realized in an antiferromagnet/ferromagnet heterostructure using dynamics of spin-orbit torque switching[J]. Adv. Mater., 2019, 31(23): 1900636.

[266] Borders W A, Akima H, Fukami S, et al. Analogue spin-orbit torque device for artificial-neural-network-based associative memory operation[J]. Appl. Phys. Express, 2017, 10(1): 013007.

[267] Fukami S, Ohno H. Perspective: spintronic synapse for artificial neural network[J]. J. Appl. Phys., 2018, 124(15): 151904.

[268] Zhou J, Zhao T, Shu X, et al. Spin-orbit torque-induced domain nucleation for neuromorphic computing[J]. Adv. Mater., 2021, 33(36): 2103672.

[269] Tao Y, Sun C, Li W, et al. Spin-orbit torque-driven memristor in $L1_0$-FePt systems

with nanoscale-thick layers for neuromorphic computing[J]. ACS Appl. Nano. Mater., 2023, 6(2): 875-884.

[270] Yang Q, Mishra R, Cen Y, et al. Spintronic integrate-fire-reset neuron with stochasticity for neuromorphic computing[J]. Nano Lett., 2022, 22(21): 8437-8444.

[271] Lee S, Kang J, Kim J M, et al. Spintronic physical unclonable functions based on field-free spin-orbit-torque switching[J]. Adv. Mater., 2022, 34(45): 2203558.

[272] Li R, Zhang S, Luo S, et al. A spin-orbit torque device for sensing three-dimensional magnetic fields[J]. Nat. Electron., 2021, 4(3): 179-184.

第 3 章 电控磁效应

磁场与电场的相互耦合关系,最早可以追溯到麦克斯韦方程,自旋电子学诞生以后,对电荷–自旋相互作用的研究逐渐集中到电控磁效应。这一研究方向在磁存储、自旋电子学和高频磁性器件等应用中显示出巨大潜力,对于最近蓬勃发展的物联网、大数据、人工智能和云计算等新领域有潜在的推动作用。电控磁效应主要是指电压控制磁性 (voltage control of magnetism, VCM),由于其深刻的物理机制和巨大的应用潜力,引起了人们越来越多的兴趣,近年来取得了许多重大的研究进展 [1-5]。相比于产生磁场所用到的设备往往都具有大体积和高能耗等问题,产生电场所需的空间和能耗则要小得多,这对于高密度、低功耗的自旋电子器件来说具有显著的意义。例如,Everspin 公司已经生产 1 GB 的 STT-MRAM,预计这种有前途的内存设计在存储设备和服务器应用中将有数十亿美元的市场。然而,为了实现自旋转移力矩 (STT) 翻转铁磁磁矩,需要高电流密度 (10^6 A/cm^2) 通过每个磁隧道结。普遍认为半导体的阈值电流为 10^5 A/cm^2,因此在 MRAM 中进行低密度电流驱动的磁化翻转操作尤为迫切。如果外部电压能够辅助或实现磁化翻转,这将会对这一技术产生根本性的推动。此外,具有铁磁和铁电性的多铁性隧道结在电场和磁场的结合下呈现出四种不同的电阻状态,也为实现高密度存储器提供了一条有希望的途径。

本章综述了近年来电控磁效应在不同磁性薄膜材料中的研究进展。首先简要介绍电场调控磁性的研究概况,包括其发现、发展、分类、机理和潜在应用。3.1 节从材料的角度对电控磁效应进行分类,系统地介绍磁介质和电介质对电控磁效应调制效率的影响。3.2 节详细讨论 VCM 的性质,包括异质结构界面上电荷、应变和交换耦合的常规机制,以及轨道重构和电化学效应模型。3.3 节主要阐述 VCM 的典型性能特征,重点讨论 VCM 在多种器件构型下降低功耗和实现高密度存储器方面的应用前景。最后,对电控磁效应面临的挑战和未来的发展前景进行了讨论,以期待对该领域的进一步深入研究和实际应用起到启发作用。

3.1 电控磁效应的器件构型与材料体系

用于电控磁的材料,可分类为磁性材料 (功能层) 和介电材料 (调控层)。在外加电压下通过介电材料形成电场,进而使磁性材料的性能被电场调制。为了将两类材料结合在一起形成电控磁效应,通常采用四种器件构型,如图 3.1 所示。

3.1 电控磁效应的器件构型与材料体系

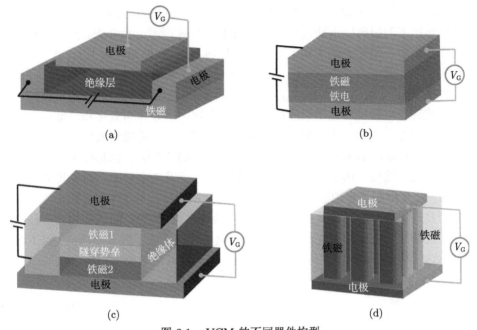

图 3.1 VCM 的不同器件构型

(a) 场效应晶体管构型；(b) 背栅构型；(c) 磁隧道结构型；(d) 纳米构型

(1) 场效应晶体管 (field effect transistor, FET) 构型，其中介电层位于磁性层上方；

(2) 背栅 (back gating, BG) 构型，其中介电层位于磁性层下方作为背栅；

(3) 磁隧道结 (magnetic tunnel junction, MTJ) 构型，其中介电材料被夹在两层铁磁材料之间作为隧穿势垒；

(4) 纳米构型，其中电介质和磁性材料以纳米复合结构的形式组合在一起。

场效应晶体管型电控磁器件由半导体工业中传统的场效应晶体管发展而来，通常利用电场诱导的载流子密度变化来操纵半导体、氧化物和超薄铁磁金属的磁性。在背栅型器件中，通常使用压电材料或多铁性材料 (如 PMN-PT、Pb(Mg$_{1/3}$Nb$_{2/3}$)O$_3$-PbTiO$_3$ 或 BFO (BiFeO$_3$)) 作为底栅，通过应变的传递或交换耦合来控制磁性金属和氧化物。在磁隧道结型器件中，通过外加电压可以方便地操纵隧穿磁阻的幅度甚至是磁阻的符号。相比之下，纳米型器件基于铁磁-铁电氧化物体系，可以形成自组装或人工纳米结构，由于增强的磁电耦合，表现出显著的电控磁效应[6]。

几乎所有的磁性材料都有被电场控制的潜力，调控范围涵盖各种宏观磁性能 (图 3.2)，主要包括磁各向异性 (magnetic anisotropy, MA)[7,8]、矫顽场 (H_C)[9-11]、饱和磁化强度 (M_s)[12-14]、交换偏置场 (H_{EB})[15-17]、磁特征温度 (居里温度 T_C[18,19]、磁补偿温度[20,21])和磁阻 (MR)[22-24]。以上性能均能被电场有效地控制。此外，外磁场作用下的磁畴壁运动也可以通过电压来控制[25,26]。近年来，在更加多样化的磁性体系中，研究者还实现了电场对磁旋转[27]、磁性相转变[28]、磁有序 (拓扑) 结构[29]、离子自旋态[30,31]、斯格明子[32-36]、磁子 (magnon) 自旋流[37]、自旋波传播[26]、自旋霍尔效率[38]、RKKY 耦合[39]等诸多性质和现象的调控。磁性材料按其导电特性和化学组成可分为磁性金属、半导体和氧化物。磁性金属具有强磁化强度、高 T_C、制作简单、成本低等优点，部分铁磁金属还具有垂直磁各向异性 (perpendicular magnetic anisotropy, PMA)[40,41]，在信息技术产业中有着广泛的应用。然而，由于金属具有大量的自由电子及高电导率，对电场的屏蔽长度较短，严重限制了电控磁的效率[42,43]。与金属相比，半导体在屏蔽长度方面表现出明显的优势，但同时具有磁矩小、T_C 低等劣势[44,45]，而氧化物具有较高的热稳定性和较为稳定的磁性能[46-48]，这为电压控制提供了更多的机会。以下将详细介绍这三类磁性材料及相应的器件构型，并介绍常用的介电材料。

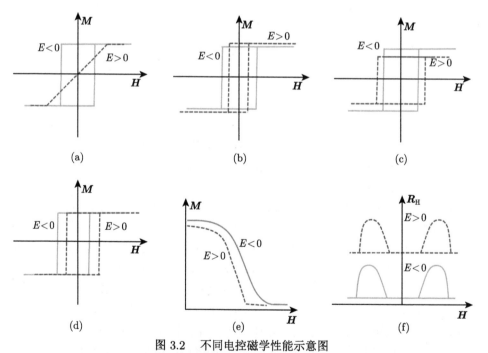

图 3.2　不同电控磁学性能示意图

(a) 磁各向异性；(b) 矫顽力；(c) 饱和磁化强度；(d) 交换偏置场；(e) 居里温度；(f) 磁阻

3.1 电控磁效应的器件构型与材料体系

3.1.1 磁性金属

目前，人们已尝试了包括磁性金属或合金的各种铁磁材料，如 Fe、Co、Ni、Co/Ni、Co/Pd、Fe-Ga、FePt、FePd、CoFe、CoPd、NiFe 和 CoFeB。强磁化强度和高居里温度保证了部分材料室温下的 PMA 性能，其性能在信息产业中显示出巨大的应用潜力 (如 STT-MRAM)。虽然由于金属的高导电性导致屏蔽长度短而限制了电场效应作用于金属内部，但通过引入铁电材料和电解质 (如离子液体) 作为介电层来增强电场，可以突破这一限制。同时，在一些反铁磁金属 (如 IrMn 和 FeMn) 和具有铁磁-反铁磁转变的金属 (如 FeRh) 中观察到外部电压对磁性的有效控制，丰富了 VCM 在金属系统中的应用场景[49,50]。电场对金属磁性的有效控制，主要通过三种器件实现：场效应晶体管型、背栅型和磁隧道结型器件；在设计上，通常采用介电层置于磁性层之上的场效应晶体管型和介电层嵌入磁性层之下的背栅型，分别通过电解质层和铁电层产生强电场。

在场效应晶体管型器件中，借助电解质 (特别是离子液体 (IL)) 的帮助，可以很容易地在磁性层上施加较大的电场。经过多次尝试，已成功地实现电场调制磁性金属的各种磁性能，突破了屏蔽长度短的限制。例如，将器件浸泡在电解液中，可以通过电场调控超薄 FePt 和 2 nm FePd 的磁各向异性和矫顽力[43]。又比如，通过离子液体施加栅极电压，在 $HfO_2/[Co/Ni]_n/Pt$[9]、$HfO_2/Ni/Co/Pt$[18]、$HfO_2/FeMn/Co/Pt/[Co/Pt]_4$[49]、$HfO_2/IrMn/Co/Pt/[Co/Pt]_4$[50] 和 $MgO/Co/Pt$[51] 等类似的异质结构中观察到铁磁金属的电压控制，对磁矩、T_C、矫顽力、磁各向异性和交换偏置等磁性能进行了调控。此外，电场也可以直接施加在氧化物覆盖层上，以获得有效的磁性操纵。例如，MgO/Fe 体系中的磁各向异性是通过自旋轨道相互作用来控制的，其中 Fe 3d 轨道和 O 2p 轨道或费米面的杂化可以被所加电场调制[52,53]，而在 MgO/FeCo 和 GdO_x/Co 中，由于界面磁性金属氧化态的变化，磁化强度、矫顽力、磁各向异性和磁畴表现为电场可调[54-57]。

与 FET 结构相反，在背栅型器件中，介电层嵌入在磁性层之下，其中铁电 (如 $BaTiO_3(BTO)$、$Pb(Zr_{1-x}Ti_x)O_3(PZT)$) 或压电材料 (如 $Pb(Mg_{1/3}Nb_{2/3})O_3$-$PbTiO_3(PMN$-$PT)$) 通常作为介质层提供电场，磁性金属作为顶电极。背栅型器件中电控磁效应首先在 CoPd/PZT 中实现，证明了极性克尔旋转与外电场的依赖关系[58]。此后，基于铁磁/铁电异质结构，如 Fe/BTO、Co/PMN-PT、Ni/BTO 和 CoFeB/PMN-PT 等，相继实现了对磁各向异性和磁矩的电压控制[59-62]。随着表征方法的进步，通过原位洛伦兹 (Lorentz) 显微镜可以直接观察到 FeGa/BTO 磁畴在静电场下的可逆切换[63]。近年来，外电压操控的磁化翻转成为研究热点，并在 Co/PMN-PT 磁异质结和 $CoFeB/AlO_x/CoFeB/PMN$-PT 磁隧道结中成功实现[60,64]。此外，在 CoFe/BFO/SRO/PMN-PT、CoFe/BFO、$[Co/Pt]/Cr_2O_3$、

[Co/Pd]/Cr$_2$O$_3$ 和 NiFe/ YMnO$_3$[65-70] 等异质结构中, 也可以通过引入反铁磁层实现电压调节的交换偏置。除了铁磁金属外, 具有铁磁-反铁磁转变的 FeRh 合金在室温附近也可以实现 VCM, 并表现出 T_C 的变化 [71]。

上述两种器件类型通常为面内电流构型, 而在高密度存储应用中, 研究者更加关注在电流垂直于平面的磁隧道结型器件中实现的电控磁。在磁隧道结型器件中, 磁隧道结部分作为赝电容器, 大多数尝试都集中在电场对磁化强度的翻转上, 可分为两种方案, 分别是改变矫顽力或磁各向异性。基于 CoFeB 在电场调控下矫顽力的降低, 小辅助磁场下 CoFeB/MgO/CoFeB 磁隧道结的结电阻变化揭示了电场诱导的磁化翻转 [72]。另一方面, 利用电场对磁各向异性的影响, 在 Fe/MgO/FeCo 磁隧道结中施加的电压脉冲可以引起磁化翻转, 其中 FeCo 层的磁各向异性和相应的翻转可由外部电压调制, 而 Fe 层的磁化在电场刺激下则相对稳定 [73,74]。由于电场脉冲暂时将隧道结自由层的磁易轴排列到平面内, 因此在外部固定垂直磁场的作用下, 自由层的磁化强度发生了翻转。值得注意的是, 随着磁隧道结器件中 MgO 势垒厚度的增加, 电压翻转所需的能量显著降低 [75,76], 它与电流通过 STT 诱导的磁化翻转相结合, 有望降低能耗, 这在低能耗的高密度存储器和集成电路中显示出巨大的潜力。

3.1.2 磁性半导体

磁性半导体是通过将过渡金属元素 (如 Mn、Co) 掺杂到非磁性半导体 (如 GaAs、InAs、TiO$_2$ 和 ZnO) 中制备而成 [45,77], 同时具有常见的半导体特性和磁性。与磁性金属相比, 铁磁半导体具有更大的屏蔽长度, 保证了电压可以高效地控制磁性层。众所周知, 正如 p-d Zener 模型 [78] 所描述的那样, 调频半导体对空穴浓度具有很强的磁性依赖性。因此, 在正栅极和负栅极电压下, 通过在场效应晶体管通道中提取和注入空穴载流子, 可以实现对磁性的有效操纵, 分别抑制和增强 T_C 或磁矩。(In,Mn)As 和 (Ga,Mn)As 是最著名的铁磁半导体, 电压控制的铁磁半导体中的磁相变首先在 (In,Mn)As 中被观察到, 体现为反常霍尔效应 (AHE)[79] 的调制。随后, 在一系列的工作中, 电场调控 (Ga,Mn)As 的 T_C、磁矩、反常霍尔效应系数的大小和符号被陆续实现 [61,80-86]。然而, 磁性半导体较低的本征 T_C 在一定程度上限制了 (In,Mn)As 和 (Ga,Mn)As 的应用, 这也激发了许多意图通过近邻效应 (proximity effect) 等各种手段提升这些系统 T_C 的研究 [87]。

由于低的本征 T_C 的限制, 对电场影响磁性能的研究涉及了大量磁性半导体, 例如 IV 族、II-VI 族、III-V 族、拓扑绝缘体等 [88-97]。2000 年以后, 许多实验和理论研究表明一些 p 型铁磁宽禁带半导体 (如 ZnO、TiO$_2$ 和 GaN) 的 T_C 可以提高到室温以上 [77,78], 这进一步激发了新的研究浪潮。由于 Co:ZnO 等稀磁氧化物中的铁磁性源于体系中的氧空位 (V_O) 等缺陷 [98], 因此 Co:ZnO 和 Co:TiO$_2$

的反常霍尔效应和磁相变可以分别通过 SiO_x 和离子液体施加的栅极电压来控制[91,93]。此外，$Pt/Zn_{0.95}Co_{0.05}O/Pt$ 结构中，$Zn_{0.95}Co_{0.05}O$ 的饱和磁化强度和矫顽场能够被电场作用下的电阻开关可逆控制[92]。值得注意的是，尽管稀磁氧化物在化学成分上是氧化物，但鉴于其半导体导电特征，这里将其归类为磁性半导体。为了在半导体器件中实现 VCM，通常需要具有高结晶质量的超薄薄膜。一般来说，窄带隙半导体，如 (In,Mn)As、(Ga,Mn)As 和拓扑绝缘体，主要是通过分子束外延制备的，这是众所周知的超薄膜外延生长方式。另一方面，具有宽带隙的稀磁氧化物，如 Co:ZnO，通常是采用磁控溅射或脉冲激光沉积制备的。

3.1.3 磁性氧化物

自开始半金属态氧化物的研究以来，磁性氧化物所展示出的许多新的物理特性和潜在的应用，引起了人们的极大兴趣，有望实现高稳定性、多功能(如多铁性)的大隧穿磁电阻效应。磁性氧化物，尤其是钙钛矿氧化物在晶体结构上与 BTO、PZT、PMN-PT 等铁电 (FE) 氧化物在晶体结构上具有良好的共格性，有利于制备高质量的外延铁磁/铁电异质结构，磁性氧化物中的电控磁效应主要以场效应晶体管、磁隧道结和背栅类型的器件实现，铁电氧化物作为介电层[99,100]。此外，尖晶石结构的磁性铁氧体(如 Fe_3O_4、$CoFe_2O_4$(CFO)、$NiFe_2O_4$(NFO))也可用作磁性层。值得一提的是，多铁氧化物，如 $BiFeO_3$，同时表现出反铁磁性和铁电性，这使得多铁氧化物可以同时作为反铁磁层和介电层[101]。

作为磁性氧化物的典型代表，锰氧化物是研究的核心，主要得益于其接近室温的 T_C，例如 LSMO($La_{1-x}Sr_xMnO_3$, $x = 0.33$) 为 370 K。同时，锰氧化物具有高达 95% 的高自旋极化和丰富的磁阻特性，如庞磁阻、各向异性磁阻和平面霍尔磁电阻[48,102,103]。在各种锰氧化物中，对实现 VCM 的研究多集中在 LSMO、LCMO($La_{1-x}Ca_xMnO_3$) 和 PCMO($Pr_{1-x}Ca_xMnO_3$) 上。由于其磁性的来源是 Mn^{3+}-O-Mn^{4+} 链中的双交换作用[99]，因此可以通过掺杂水平的变化和相应的 Mn^{3+}/Mn^{4+} 比例来调节双交换作用，从而通过电荷机制可以有效地实现电场操纵磁性。以 LSMO 为例，随着掺杂水平的变化，出现了一系列不同的磁性相[104,105]，即随着 Sr 掺杂水平从 $x < 0.16$ 到 $x = 0.16 \sim 0.5$ 再到 $x > 0.5$[106]，LSMO 从磁性被严重抑制的绝缘相转变为良好的半金属态铁磁体，再转变为反铁磁体。例如，在场效应晶体管型 PZT/LSMO 和 BTO/LSMO 异质结器件中，T_C、磁化强度和磁各向异性可通过电场诱导界面附近载流子的积累和耗尽来调节，在此过程中铁电极化翻转起到了关键的控制作用[104,107,108]。同样，在 Co/PZT/LSMO 和 LSMO/BTO/LCMO/LSMO 等多铁性隧道结中，电场作用下载流子密度的变化可以控制隧道势垒高度和不同磁性相之间的转变，以此为基础开发出磁场和电场联合作用下的四阻态存储器[109,110]。此外，锰氧化物的电子相依赖于应变，为电控磁的实现提供了另一种选择,即以应变机制作为主导作用[111]。对于 LSMO 等铁磁锰氧化物,面内拉应变有利于面内轨道占据,导致了面内磁易轴的 A 型反铁磁体;而压应变稳定了面外轨道占据,导致了垂直磁易轴的 C 型反铁磁体[112,113]。通过这一机制,在背栅型器件中,由逆压电效应引起的电致应变结合磁致伸缩效应来调控应变相关磁性[114]。例如,在 LSMO/PMN-PT 异质结中,磁矩可以被铁电晶体在外电场下的应变响应所调制[115,116]。

相比于钙钛矿锰氧化物,尖晶石磁性氧化物铁氧体,如 CFO、NFO 和 Fe_3O_4(或 $Zn_{0.1}Fe_{2.9}O_4$),通常显示出远高于室温的 T_C 和高电阻率,使其可适用于各种应用,如信息存储、自旋电子学和高频芯片[117,118]。与钙钛矿异质结构类似,在电场作用下,各种铁磁性尖晶石/铁电钙钛矿氧化物异质结 (CFO/PMN-PT、NFO/PZT、Fe_3O_4/CFO/PZT、Fe_3O_4/PMN-PT、$Zn_{0.1}Fe_{2.9}O_4$/PMN-PT) 的磁化强度和磁各向异性都得到了有效电场控制[119-125]。除了异质结构型外,具有自组装或人工纳米结构 (即纳米型) 的铁磁性尖晶石/铁电钙钛矿氧化物复合材料,作为一种独特的电控磁系统也引起了人们的广泛关注,其磁电耦合被认为比异质结构器件中的耦合更大[122,126]。按照纳米材料的维度,复合纳米结构可以分为两类:① 0-3 结构,通常是在压电基体中植入磁性纳米结构;② 1-3 结构,如单层自组装结构和一些人工构建的嵌入压电基体的纳米棒[127]。许多研究报道了铁电钙钛矿 (BTO、BFO、PTO 和 PZT) 基体与铁磁尖晶石 (CFO 和 NFO) 纳米结构之间的不同组合[117,128-131]。

多铁氧化物作为一种特殊的磁性材料,通常表现为反铁磁和铁电性能之间的相互作用,有望在单层材料中实现电场控制磁性,取代常用的铁电/铁磁氧化物多层膜。作为最著名的多铁材料之一,人们对 $BiFeO_3$ 进行了大量的研究,通过电场诱导的铁电极化翻转实现了对反铁磁畴和自旋波的有效控制[132-135]。同样,在多铁性 $HoMnO_3$ 中也证明了磁结构可以被电压控制[136]。磁电复合材料一般可以通过脉冲激光沉积 (PLD) 或溶胶-凝胶法制备。反射式高能电子衍射辅助的脉冲激光沉积保证了高质量铁电/铁磁氧化物异质结构的外延生长,并在原子层尺度上精确控制界面和厚度,为铁电/铁磁异质结构的电压控制奠定了基础[99]。与精细的脉冲激光沉积方法相比,溶胶-凝胶法更适合于制备更厚的膜,效率更高,成本更低[127]。

3.1.4 介电栅极材料

电控磁器件中的介电材料主要作为施加外部电压或电场的介质,要求具有高绝缘特性。根据工作原理和状态,介电材料可分为三类,即普通介电材料 (包括高 κ 材料)、铁电材料和电解质。普通介电材料 (包括高 κ 材料) 在外加电压作用下,通过正负电荷中心的分离,在磁性材料上产生静电场,具有制作简单的优点,但在撤去外加电压的情况下,这种静电场是易失的。相比之下,铁电材料在高绝缘性能和剩余极化方面脱颖而出,保证了调控效果具有非易失性。此外,电解质(如离子液体)作为一种新型的介电材料,可以通过带电离子的运动产生较大的电场,在电解质/磁性层界面处形成双电层。同样值得注意的是,一些基于电阻开关的电控磁器件可以在没有介质材料的情况下工作,如稀磁半导体 Co:ZnO[92]。以下分别对三类介电材料进行介绍。

(1) 普通介电材料。为了实现电控磁效应,考虑到载流子密度与磁性能的调控关系,通常需要一个强电场。由于电容结构在栅压下载流子密度的变化与 CV_G/e 的值有关 (其中 C 为单位面积的电容,V_G 为栅极电压,e 为电子电荷),因此在相同电压的情况下,增加电容可以实现对铁磁性能的明显控制。普通介电材料的电容为 $C = \kappa\varepsilon_0/d$,其中 κ 和 ε_0 分别为相对介电常数和真空介电常数,d 为介电层厚度 [137]。因此,需要增大电介质的 κ,减小其厚度,从而获得较大的电容和显著的 VCM。作为现代半导体中最常见的介电材料,SiO_2 很早就被用于 VCM。然而,SiO_2 的 κ 值仅为 3.9[138],严重限制了电控磁效果。因此,在场效应晶体管型器件中使用 MgO、Al_2O_3、HfO_2 和 ZrO_2 等高 κ 材料作为电极和铁磁材料之间的介电层来扩大电场 [138]。另一方面,MgO 和 Al_2O_3 也可以作为磁隧道结型器件的隧穿势垒,从而为隧穿磁阻的电学操控提供了良好的机会 [139,140]。

(2) 铁电材料。铁电材料具有自发电极化和逆压电效应,结合磁性层的磁致伸缩效应,以及多铁材料具有反铁磁磁矩,可以分别通过载流子密度调制、应变效应和交换耦合实现有效的电控磁。铁电层相反的极化状态会使靠近界面的铁磁层中的载流子积累或耗尽,在异质结构中,由外部电压控制的极化反转可以用来调控与载流子密度有关的磁性能。与普通介电材料相比,铁电材料 (如 BTO、PZT 和 PMN-PT) 可以将介电常数显著提高 2 个数量级,导致载流子密度的变化更为明显。值得注意的是,当在铁电居里温度以下进行扫场时,铁电极化呈现出与磁滞回线相似的电滞回线。因此,在撤去电压后,铁电材料中的剩余极化有望在铁电/铁磁异质结构中实现非易失性电操控 [141]。同时,结合铁电材料的逆压电效应和磁性层的磁致伸缩效应,通过电场诱导的晶格变化,可以实现电场操控铁磁材料中与应变相关的磁性能,例如磁矩、各向异性甚至磁化翻转 [60,61,115]。在现有的大量铁电材料中,PMN-PT 弛豫铁电体由于其超高应变和优异的压电性能而被广泛应用于应变介导的 VCM。由于 PMN-PT(001) 晶体沿 [100] 晶向的面内压电应变表现出易失性的蝴蝶曲线行为,即在撤掉电压后应变状态消失,故磁化的电压控制是易失性的,在零场处只有一个磁化状态 [115]。然而,在磁各向异性缺失的 CoFeB 和 PMN-PT 中 109° 铁电畴反转的共同作用下,观察到电场控制的环状磁化,显示出具有代表性的非易失性特征 [62]。此外,通过将 PMN-PT 的法向从 (001) 变为 (011),面内压电应变也可以表现出类似滞回的行为,这保证了磁性

的非易失性电操纵 [142]。在 PZT 中也观察到类似的环状行为 [143,144]。一些铁电体系具有两个或多个铁性序参量,表现出多铁性。典型的多铁材料如 $BiFeO_3$ 和 $YMnO_3$ 同时是铁电和反铁磁体 [132,145],而 Cr_2O_3 具有单轴反铁磁自旋结构和线性磁电效应 ($\alpha(263\ K) = 4.13\ ps/m$)[146]。由于多铁耦合下,电场可以改变反铁磁畴,进而引起交换偏置场的大小和方向的变化 [65-67,147],因此可以在这类多铁/铁磁异质结中基于铁磁和反铁磁序之间的界面交换作用来实现电控磁。考虑到铁电氧化物的敏感特性,通常需要高的结晶质量来保证良好的绝缘性和铁电极化,特别是当铁电层厚度变得很小时。此外,铁磁层和铁电层之间良好的界面可以增强 VCM 的效果。因此,为了保证良好的晶体质量和性能,通常采用脉冲激光沉积法制备铁电氧化物薄膜,或者采用铁电单晶衬底 (如 PMN-PT)。

(3) 电解质。电解质的典型特征是在电压下其阴阳离子分离到相反的电极上,包括具有独特双电层 (electric double layer, EDL) 的离子液体和具有较高的氧迁移率的固态电解质。双电层极大地增强了界面处的电场强度,成功地突破了许多系统中屏蔽长度短的限制,而较高的氧迁移率与可迁移氧离子相结合,有利于利用电化学过程有效地实现电控磁。离子液体是一种典型的电解质材料,在电容器和电池等电化学相关器件中显示出各种潜在的应用 [148-150]。传统的电解质溶液,如有机溶液和水溶液,由于在空气中的挥发性,其浓度不能保持恒定,相比之下,离子液体难以挥发,同时低分子量使其比传统电解质具有更高的导电性;而高极化又保证了 VCM 的大电场,使其在场效应晶体管型器件中展示出独特的优势 (图 3.3(a))。此外,已经证明了离子液体系统中的高频特性,观察到高达 MHz 量级的快速运行速度 [151,152]。对于 VCM 的应用,离子液体中的常见阳离子包括 DEME、EMIM、MPPR、AAIM、AEIM、ABIM、TMPA、K^+ 和 Cs^+,而常见阴离子包括 TFSI、PEO 和 BF_4^- [153]。在 VCM 过程中,离子液体的阳离子和阴离子被栅极电压分别驱动到栅极和沟道上,如图 3.3(b) 所示。因此,在电极表面形成双电层,相反的电荷来自离子液体中的离子和磁性层中的电子或空穴,负电荷层和正电荷层相互耦合。与普通介电材料相比,双电层具有非常大的单位面积电容 ($C \sim 10\ \mu F/cm^2$)。因此,可以实现载流子密度的显著变化 Δn_s ($\Delta n_s = CV_G/e$),可达到 $10^{15}\ cm^{-2}$ 的量级 [151,154,155]。在双电层的驱动下,高密度载流子的注入量明显大于 SiO_2 介电层 [156]。相比之下,常用的无机电介质的场效应晶体管,其厚度为 300 nm 的 SiO_2 栅极仅表现为约 10 nF/cm^2 的电容,典型的电荷调制仅为 $10^{13}\ cm^{-2}$ [153];而使用铁电栅极电介质的场效应晶体管可以支持 $10^{14}\ cm^{-2}$ 量级的载流子密度变化 [157]。最近,在电解质设计上,研究者采用无机盐 (Na^+ 溶剂化物质 [158]、KI、KCl、$Ca(BF_4)_2$ [159]) 与极性有机溶剂 (碳酸丙烯酯) 的结合,获得了更加显著的电控磁效应。

值得注意的是,除了通过双电层实现二维电子气体、超导性能和金属-绝缘体转变的电压控制外[160-164],在许多铁磁金属和氧化物中也已经实现了基于双电层对磁性能的电压控制,如矫顽力、磁各向异性和磁相变[43,50,51,91,105,154,165]。尽管正负栅极电压从系统中注入和提取电子已为人熟知,但是对于 VCM 中双电层充放电的基本物理理解仍然存在激烈的争论,因为通过双电层在 VCM 中发现了静电掺杂和氧化还原(即氧离子或空位迁移)。一些初步研究表明,双电层电场操控的机制对操作温度、频率、氧气浓度、V_G 大小和湿度等因素很敏感[9,165,166],这使得深入的理解变得复杂。除了离子液体,氧化钆 (GdO_x) 也是一种常用于 VCM 的电解质。GdO_x 是一种具有高氧迁移率的固态电解质,在电场作用下可作为氧离子的储存库。因此,在场效应器件的正负电场作用下,可以驱动 GdO_x 中的氧离子靠近或远离 GdO_x 与磁性材料的界面,从而控制磁性材料的界面氧化程度,进而调控与氧化态相关的磁性,如磁化强度、磁各向异性、矫顽力[54,55,57,167]。由于离子在固体中的迁移速度较慢,通常需要外部加热来缩短施加电场的时间[54,55]。在以前的研究中,用于 VCM 的 GdO_x 固态电解质的沉积通常是通过反应溅射实现的,其中金属 Gd 靶在氩气/氧气混合气氛下使用[167]。

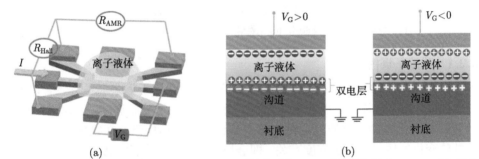

图 3.3 (a) 以离子液体为绝缘材料的 VCM 器件原理图;(b) 正栅极电压 ($V_G>0$,左)和负栅极电压 ($V_G<0$,右)下的离子双电层工作原理示意图

3.2 电控磁效应的物理机制

电控磁机制取决于磁性材料与介电材料的选择、薄膜厚度、晶体取向和电场的工作模式等因素。基于这些因素的多样性,电控磁也呈现出多种可能的机制。常见的机制分为五种类型,即电荷机制、应变机制、交换耦合机制、轨道机制和电化学机制。其中,前三种机制是教科书式的机制,分别涉及电荷、晶格和自旋自由度,被广泛用于解释经典的 VCM 现象。对电子结构和介电材料的进一步表征发现,轨道重构和电化学效应两种关键机制是导致某些系统中 VCM 的根源。各种磁性特征,如磁各向异性、磁化强度、交换偏置、磁电阻和居里温度,可以通

过这些机制进行操控,如图 3.4 所示。本节将详细介绍基于各种机制的电控磁效应,并讨论这些不同机制的相互作用和表征。

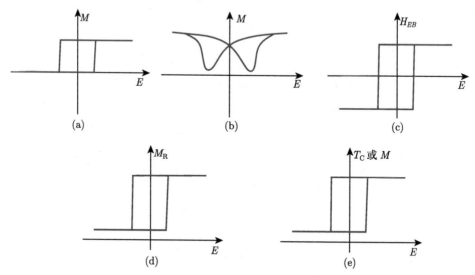

图 3.4　不同机制下异质结构对电场的不同磁响应示意图
(a) 电荷机制；(b) 应变机制；(c) 交换耦合机制；(d) 轨道机制；(e) 电化学机制

3.2.1　载流子调控

当异质结的磁性能与载流子密度密切相关时,载流子掺杂水平将显著调节其磁学性能。由于载流子密度在电场作用下会不可避免地受到调制,因此磁性金属、半导体和氧化物都可以通过这种电荷介导机制被电场操纵。在铁磁金属体系中,磁性的变化往往与载流子密度有关,即金属中的巡游电子的密度[43,51,137,168]。由于金属中存在很强的屏蔽效应,电场的影响难以深入渗透到金属表面以下。然而,在具有高比表面积的超薄金属体系中,可以使用大电场来调节载流子密度和电子占据,从而控制磁性。与此同时,在液体电解质的辅助下,双电层诱导的大电场在超薄 FePt 和 FePd 中改变了表面电荷,并显著改变了薄膜整体的磁性。在 3d 金属中,接近费米能级的未配对电子作为自由载流子构成表面电荷,也决定了材料基本的磁性。载流子密度的变化通过 3d 电子数的变化直接影响磁各向异性和相应的各向异性能 (MAE)[52,169]。考虑到 FePt 和 FePd 中磁各向异性能对能带填充的依赖性不同,施加相同的电压会导致两种体系中磁各向异性能的相反变化,因此矫顽力也会发生相反变化[170,171]。

此外,对于 Fe、Co、Ni 等 3d 金属,载流子密度的变化对磁各向异性也有显著的调制作用[172,173]。在只有几个 Fe 原子层厚度的 bcc Fe/MgO(001) 结中,小于 1 MV/cm 的电场即可以通过改变靠近 MgO 层的 Fe 3d 的轨道占据率来诱导

3.2 电控磁效应的物理机制

磁各向异性的较大变化[52]。施加的电压引起费米能级的移动,改变了不同轨道上的电子相对占据和由此产生的磁各向异性。同时,金属性铁磁多层膜的居里温度(T_C)与载流子密度密切相关。电压控制载流子密度和电子占据导致的磁各向异性能变化可以驱动超薄 Fe 和 Co 薄膜中的 T_C 发生改变,如图 3.5 所示[51,137,168]。第一性原理计算预测,由于金属中自旋相关的屏蔽效应和 p-d 轨道杂化,外加电场可以改变自旋螺旋形成能和海森伯(Heisenberg)交换参数[174,175]。综合交换相互作用能表明,在不同的体系中,正电场可导致 Co/Pt 和 Co/Ni 的 T_C 增加或 Fe 的 T_C 降低。然而,应该注意的是,金属体系中电荷介导的 VCM 受到屏蔽厚度的强烈限制,使得电荷机制在铁磁金属的电压控制中效果有限。

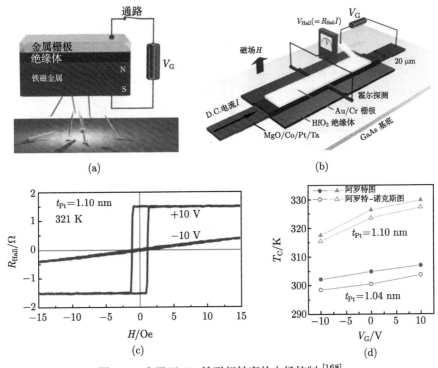

图 3.5 室温下 Co 铁磁相转变的电场控制[168]

(a) 施加电压诱导 Co 铁磁相转变的器件结构;(b)Hall 条形器件的测试模型;(c)Pt(1.10 nm) 样品的反常霍尔电阻(代表磁化强度)的电压调控;(d) 居里温度(T_C)作为栅压(V_G)的函数

相比之下,释磁半导体的载流子调制受屏蔽长度的影响小得多。如 p-d Zener 模型所描述,释磁半导体最显著的特征是其铁磁性与空穴相关。这一固有特征使得释磁半导体可以作为基于场效应晶体管构型的 VCM 的典型体系。研究者在 (In,Mn)As 中实现了 VCM 的开创性工作[79],如图 3.6 所示,负栅压增强了空穴密度,导致 Mn 离子之间的铁磁相互作用增加,并伴随着磁矩和居里温度的增强,而正栅压效果则相反,类似的行为也在 (Ga,Mn)As 中观察到[85]。更重要的是,广泛应用于信息存储的磁各向异性已被证明与 (Ga,Mn)As 薄膜中的空穴浓度有关。因此,当栅极电压从正值降低到负值时,空穴浓度大大降低,对应地磁易轴从 [$\bar{1}$10] 翻转至 [110] 方向[82]。为了直接监测电场对磁矩和磁有序温度的影响,还采用了超导量子干涉器件 (SQUID) 定量地确定 (Ga,Mn)As 磁化强度随电压的变化。在此实验中,特别选择了厚度为 3.5 nm、居里温度低于 25 K 的超薄 (Ga,Mn)As 薄膜,因为局域空穴密度的量子临界涨落会扩大电调控能力[176]。此外,为了实现非易失性电调制,研究者开发了一种铁电栅极的场效应晶体管结构,其中 (Ga,Mn)As 的厚度设置为 7 nm,并在低温下制备 (PVDF-TrFE) 铁电栅极,由于载流子密度的调制,从而对 (Ga,Mn)As 的磁滞回线和居里温度进行了调控。

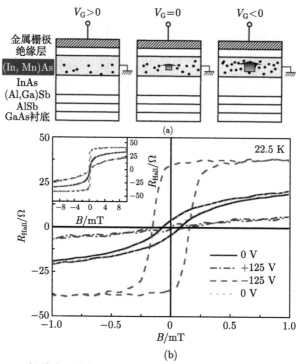

图 3.6 (a)(In,Mn)As 场效应晶体管 VCM 原理图;(b) 不同栅极电压下霍尔电阻 R_{Hall} 对磁场的依赖关系[79]

近年来,集成电路领域的新秀——铪基铁电体,其优异的铁电性能也被用于电控磁的实现,从广义上来讲,也是基于电荷 (载流子) 机制的调控。2019 年,Vermeulen 等通过原子层沉积 (atomic layer deposition, ALD) 制备了 HfO_2 超薄膜 (6.5 nm),在 HfO_2/Co/Pt 多层结构中,实现了磁性的铁电控制[10],铁

3.2 电控磁效应的物理机制

电层的极化显著影响了磁滞回线的形状和临界翻转能量，剩磁被调制的比例可达41%，其调控机制主要源于铁电极化在界面处积累的空间电荷（图 3.7(a)）。Yang 等进一步探讨了 HfO_2 铁电体与铁磁界面（HfO_2/Ni）的磁电耦合机制，在相反的极化方向下，界面 Ni—O 键长会有明显的差异，导致了界面附近电子密度不同的耗尽程度，进而影响了界面处自旋极化能带的交换劈裂[177]。在后续的工作中，Yang 等指出，HfO_2/Ni 体系的磁电耦合效应界面 O 元素的化学计量比非常敏感，并且随着界面 Ni 单层的氧化而发生反转[178]。Dmitriyeva 等则研究了 Ni/$Hf_{0.5}Zr_{0.5}O_2$ 界面的磁电耦合效应，结合原位 X 射线吸收光谱（XAS）/X 射线磁圆二色谱（XMCD）和硬 X 射线光电子能谱（HAXPES）/磁圆二色光电子角分布（MCDAD）技术，探测到纳米厚度的 Ni 层对铁电极化的磁性响应，主要源于不同极化方向下费米能级附近自旋极化态密度（density of states, DOS）的变化[179]，如图 3.7(b) 所示；并指出超薄 NiO 界面层对于控制磁电效应符号的关键作用。此外，Chen 等在 HfZrO/CoFeB 异质结观察到了饱和磁化强度出现了一个恒定的增加（超过 60%），与施加电压的方向无关，而不影响其他磁性参数[11]。

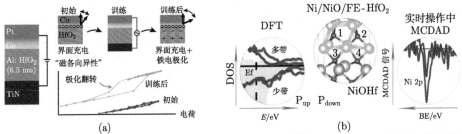

图 3.7 (a) 超薄 HfO_2/Co/Pt 结构中铁电极化控制磁性[10]；(b) HfO_2/Ni 体系中磁电耦合效应的微观起源[179]

3.2.2 应变效应

应变工程是控制磁性的理想方式[103,180,181]。人们普遍认为，通过应变从铁电层传递到铁磁层的磁电耦合效应会引起磁性能的显著变化。这种电场操控磁性的方式在铁电薄膜或基片（如 PMN-PT、PZT 和 BTO）上制备的铁磁金属和氧化物（如 Co、CoFeB、LSMO 和 CFO）中已被广泛应用。当外加电压作用于铁电材料时，通过逆压电效应使铁电层的晶格或形状被调制，从而产生应变，该应变被传递给邻近的磁性材料；再通过逆磁致伸缩效应，实现对 H_C、磁各向异性，甚至磁化翻转的调控。在本节中，我们将重点关注铁磁或反铁磁金属和磁性氧化物中应变介导的 VCM。

铁磁金属系统以其高 T_C、高延展性和易于制备等优点而受到广泛关注。与电荷调制不同，金属材料中基于应变的电控磁更加有效，不受屏蔽长度的限制。在大量体系中，如 Fe/BTO[59]、Fe-Ga/BTO[63]、CoFe/PMN-PT[182]、CoFeB/PMN-PT[57,64]、Co/PMN-PT[60,183]、CoPd/PZT[58] 和 Ni/BTO[61] 等，已经实现了对铁磁金属的电压控制。Pertsev[184] 和 Nan[185] 利用唯象处理，报道了铁磁薄膜的磁性能通过应变介导的磁电耦合与铁电层产生弹性耦合，表明在电场的辅助下，可以实现薄膜面内与面外方向之间的自旋重新取向。通过这种方法，可以用栅极电压控制磁性，包括磁各向异性、矫顽力、磁矩和磁化强度翻转。

我们首先来看外加电压对磁矩的调制。对于铁磁金属的电压调控，在应变效应的引入上，PMN-PT 弛豫铁电体被广泛用作铁电层[186]。通常，(001) 取向的 PMN-PT 的面内压电应变表现出对称和易失性蝴蝶形压电行为 (没有剩余应变)，并且基于应变效应的磁化改变对电压也呈现出蝴蝶形的响应[187]。因此，撤去电场后，应变状态和磁性调制不能保留，这对于信息存储是不可接受的。2012 年，Zhang 等[62] 证明了 CoFeB/PMN-PT(001) 中磁性的非易失电操控 (图 3.8(a))，这与之前的工作不同。在 +8 ~ −8 kV/cm 的电场翻转下，可以清楚地看到，磁化强度对电场的依赖性呈滞回形状，磁化强度的相对变化约为 25%。PMN-PT 的 109° 畴净翻转的百分比为 26%，与磁化强度的 25% 相对变化相当 (图 3.8(b)、(c))，表明磁性的非易失电操控在很大程度上取决于 PMN-PT 的 109° 畴切换。上述分析表明，铁电畴结构在非易失性 VCM 中起着至关重要的作用。然而，PMN-PT(001) 中 109° 畴净翻转的起源，可能与晶体生长过程中引入的一些缺陷密切相关[188]，但尚未被完全理解，仍需要更深入的研究。

$BaTiO_3$ 是 VCM 中另一种常用的铁电衬底，被广泛用于铁磁和反铁磁材料的电场调控，主要机制也是基于界面的应变转移[189]。Sahoo 等[59] 研究了 BTO 上生长的 Fe 的磁矩的温度依赖性。BTO 的结构变化产生不同的应变状态，从而导致 Fe 层中磁矩和矫顽力的显著调制。在类似的系统中，用磁力显微镜 (MFM) 对 Fe 自旋结构变化进行成像，在不同的温度和 BTO 极化状态下，显示出不同的磁畴结构[190,191]。在这些研究中，证明了在电场或温度变化下，基于应变调制的磁化改变。对于应变调制，不同外加电场和温度下的畴结构起着至关重要的作用，BTO/Fe 薄膜中铁电畴和铁磁畴结构之间存在耦合。铁磁畴的形式随着电场作用下的铁电条纹畴的切换相应发生变化，不仅清晰地展示了应变在铁电耦合中的作用，而且为实现电写入磁畴结构提供了一种很有前景的途径[192]。不仅是对磁矩的控制，还有许多研究集中通过磁电效应在铁磁/铁电异质结构中实现电场下调控的磁各向异性。研究者首先发现，在不同温度下，不同结构的 BTO 上 Fe 的磁各向异性也是不同的：四方相 BTO 有利于 Fe 四次对称性的磁各向异性，而正交相 BTO 则会稳定两次对称性[193]。在此后的研究中，FeGaB 薄膜的磁各向异性可由电场作用下 PZN-PT(011) 衬底传递的应变直接控制 (图 3.8(d))，相关测试中沿面内 [100] 测量磁化强度，沿面外 [011] 施加电场[194]。当电场从 0 增加到

3.2 电控磁效应的物理机制

6 kV/cm 时，磁滞回线上的饱和场从 1 mT 急剧增加到 70 mT，如图 3.8(e) 所示。磁化翻转的难度增大的根源在于应变，因为外电场会在 FeGaB(正磁致伸缩)中产生面内压应变，导致 [100] 方向变成磁难轴。

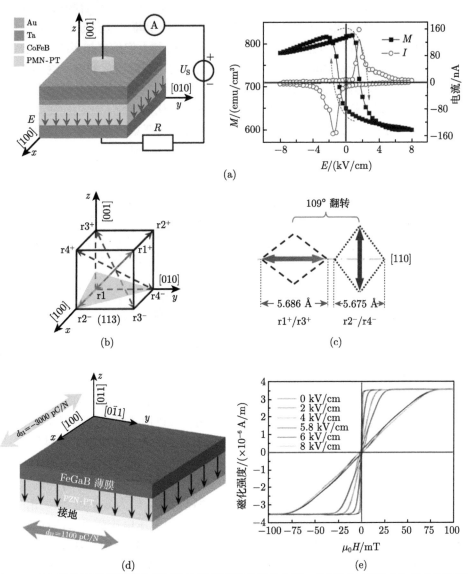

图 3.8 (a) 磁化强度的环状电学调控和同步记录的极化电流；(b)PMN-PT(001) 极化取向的示意图；(c) 畴翻转和扭曲之间的关系；(d)FeGaB/PZN-PT 异质结示意图；(e)FeGaB/PZN-PT 在不同电场下的磁化强度[194]

前文所述的铪基铁电材料，也可基于应变机制实现电控磁性。Patel 等制备

了 $CoFe_2O_4$ 和 $Hf_{0.5}Zr_{0.5}O_2$ 的多孔纳米复合结构,在施加电场的作用下,观察到了磁化强度的显著改变,而撤掉电场后这一改变则部分弛豫 (图 3.9(a)),结合高分辨 X 射线衍射测量,验证了从 $Hf_{0.5}Zr_{0.5}O_2$ 到 $CoFe_2O_4$ 的各向异性应变转移机制[195]。最近,Chen 等在铁电衬底和 Ni 薄膜之间引入纳米沟槽聚合物层 (PMMA),获得了有序的磁性带状畴,在电场的驱动下,有序带状畴可以在 y 和 x 轴之间翻转 (图 3.9(b))[196]。铁磁金属中应变介导的 VCM 引起人们越来越多的关注,主要是因为它有可能在无磁场的情况下完全通过电压实现室温磁化翻转,这将在后文详细讨论。此外,与基于电荷的机制相比,应变机制对厚金属样品更为有效。在外加电压作用下,铁电衬底的压电应变随电场的变化而变化。比较应变介导和电荷介导的 VCM,我们发现应变机制下调控的研究主要集中在矫顽力、磁各向异性和磁化翻转上,而电荷机制的研究主要调控 T_C 和磁矩。

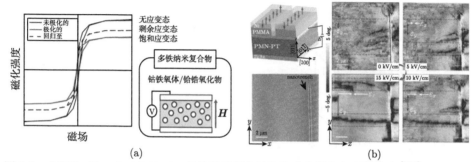

图 3.9 (a)$Hf_{0.5}Zr_{0.5}O_2/CoFe_2O_4$ 多铁纳米复合结构的磁电耦合和应变转移[195];(b) 基于应变机制的电场翻转磁性带状畴[196]

随着薄膜沉积技术的飞速发展,以配有反射式高能电子衍射的氧化物分子束外延和脉冲激光沉积为代表,外延的铁磁氧化物可以原子级精度沉积在铁电衬底上,这为铁磁/铁电氧化物异质结系统中的基于应变的 VCM 奠定了材料基础[99]。在 PMN-PT(001) 晶体上生长的 20~50 nm 厚的 $La_{1-x}Sr_xMnO_3(x=0.3)$,其磁化强度在随电场变化时呈蝴蝶状,正好对应 PMN-PT 中沿 [100] 方向的压电应变对电场的响应[115]。计算得到近室温下磁电耦合系数约为 6×10^{-8} S/m,极化状态下磁化强度的增强可归因于铁电极化翻转过程中压电应变引起的铁磁-顺磁相变。在 BTO 衬底上生长的 40 nm LSMO$(x=0.33)$ 薄膜中,基于温度依赖的相变和 BTO 的晶格变化,观察到磁化强度的显著调制[114],其中铁电畴和铁磁畴之间的耦合引起了磁化强度的变化。具有尖晶石结构的磁性氧化物 (如 Fe_3O_4、CFO 和 NFO) 也可通过应变被电场操纵。对于在 PMN-PT(011) 衬底上沉积的多晶 Fe_3O_4 薄膜,由于磁弹性能和静磁能的贡献,磁各向异性发生显著变化,如图 3.10 所示。电场诱导的磁各向异性调制在铁磁共振频率和磁化曲线的形状中反映了出来[120]。由应变传递的电控磁效应在各种氧化物体系中被发现,反映在电场作用下磁化强度显著而可逆的变化。然而,应变工程引起磁性变化的微观机制仍在积极研究中,并提出了两种不同的来源:① 由电学手段引起的电子相变;② 由电学手段调控的磁各向异性。在电场作用下应变诱导的电子相变在铁磁氧化物如 LSMO[114,115]、LCMO[116]、PCMO[197] 中被证实,并且具有很强的相分离倾向。相比之下,在 CFO[124,125] 和 $Fe_3O_4^{[120-122]}$ 中,一般认为是外部电压调控了磁各向异性。除了铁磁/铁电异质结构外,在 $ErMnO_3$、$SrMnO_3$ 和 $EuTiO_3$ 等许多多铁性薄膜中也观察到了电场下的磁调制,其中磁电耦合的起源也被归因于应变机制[198-201]。除了典型的铁磁体系适用于应变机制外,利用铁弹应变,Chen 等也实现了反铁磁 Mn_2Au 薄膜单轴各向异性的翻转,在室温下仅需要 kV/cm 量级的电场,这一发现为电控反铁磁器件的实现奠定了基础[202]。

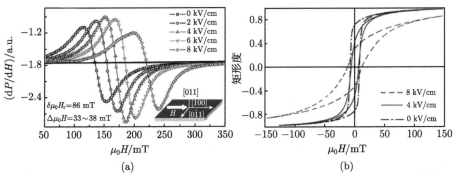

图 3.10 不同电场下 Fe_3O_4/PZN-PT 的 (a) 铁磁共振吸收和 (b) 磁化强度[120]

3.2.3 交换耦合

交换耦合是 VCM 的另一种机制。交换耦合或交换偏置 (exchange bias, EB) 效应在各种铁磁和反铁磁体之间的界面上被观察到,反映为磁化曲线偏离原点的移动。如果可以通过外部电压控制铁磁层和反铁磁 (AFM) 层之间的耦合,则异质结构的磁性可以随之调制。如果使用 Cr_2O_3[67-69,203]、$YMnO_3$[70,204]、$LuMnO_3$[205] 和 BFO[65,143,147,206,207] 等单相多铁 (反铁磁性和铁电性) 材料通过电学手段控制磁性,则界面处反铁磁和铁磁序之间的交换耦合将构建起外部电压和磁性之间的桥梁。而反铁磁材料中的交换弹簧可以将外部电压的影响传递到反铁磁/铁磁界面,从而产生磁性调制。电场控制的交换偏置最初是在垂直磁化的 [Co/(Pt 或 Pd)]/Cr_2O_3 异质结构中发现的[67-69,203]。在 303 K 下,可对 [Co/Pd]/Cr_2O_3(0001) 异质结中的交换偏置进行可逆操控。磁场和电场的联合作用使 Cr_2O_3 中的反铁磁单畴态发生逆转。随后,在钉扎 [Co/Pd] 磁滞回线的 Cr_2O_3(0001) 界面上,未补偿自旋的取向相应发生翻转[67]。图 3.11(a) 显示了 H_{EB} 被电压显著控制[203]。此外，在 NiFe/YMnO$_3$ 中也报道了 H_{EB} 的电压控制[70]，其中通过在 YMnO$_3$ 的底部施加电压，H_{EB} 可被抑制至零。如图 3.11(b) 中的箭头所示，当偏压由 0 增加至 1.2 V 时，磁化强度会降低甚至反号。

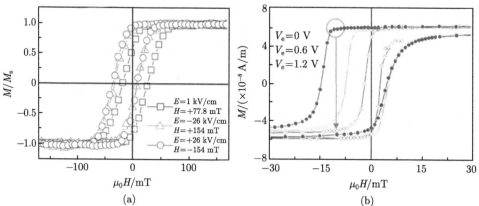

图 3.11　(a)$T = 303$ K 时 [Co (0.6 nm)/Pd (1.0 nm)]$_3$/Pd (0.5 nm)/Cr$_2$O$_3$(0001) 的磁化强度[203]；(b) 不同外加电压下 NiFe/YMO/Pt 在 2 K 时的磁滞回线[70]

BFO 是一种经典的多铁性材料，其铁电 T_C 约为 1100 K，反铁磁奈尔温度约为 640 K[132,208,209]。考虑到多铁 BFO 在 VCM 中的重要性，这里需要首先介绍这一材料的基本知识。虽然 BFO(G 型反铁磁) 的自旋构型在界面处得到了充分补偿，但铁磁和反铁磁层之间的交换偏置耦合仍然可以通过 Dzyaloshinskii-Moriya 耦合和铁电极化产生[210,211]。BFO 具有丰富的铁电畴结构，沿着 8 个简并 ⟨111⟩ 方向中的任何一个方向的极化都可能形成三种类型的铁电畴壁[132,143]。通过改变薄膜生长方向、膜内应变状态和衬底，可以有效控制 71°、109° 和 180° 畴壁[212,213]。Zhao 等利用铁电极化翻转引起了反铁磁畴翻转，证明了室温下 BFO 中反铁磁畴的电压控制[143]，该结果为基于 BFO 的电控磁效应奠定了基础。在 BFO/LSMO 异质结构中，通过控制铁电极化，交换偏置场和矫顽力可在两种不同状态之间可逆变化，并通过图 3.12 中的磁阻来反映[147]。虽然应变和电荷机制都可能导致电场下磁性调制的变化，但这里交换偏置的电压控制主要归因于电场扫描下 BFO 中界面倾斜磁性 (自旋自由度) 的调制[214]。随后，在没有任何磁场的辅助下，基于 BFO/LSMO 中 BFO 的铁电翻转，可以实现 H_{EB} 在两种不同的符号之间的可逆变化[206]。

3.2 电控磁效应的物理机制

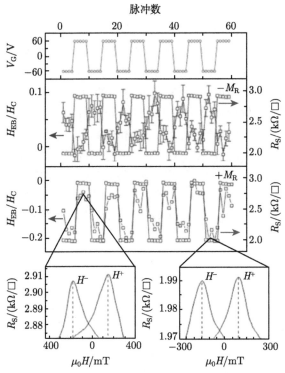

图 3.12 BFO/LSMO($x = 0.3$) 异质结交换偏置的电压控制 [147]

虽然具有铁电序和反铁磁序的多铁性材料，例如 BFO，是典型的基于交换偏置的 VCM，但将这些系统中所有电控磁效应归因于交换偏置则是一种过度概括。例如，在 BFO/LCMO($x = 0.5$) 体系中，当 LCMO($x = 0.5$) 靠近铁磁/反铁磁相边界时，铁电极化翻转引起的载流子浓度变化将驱动 LCMO($x = 0.5$) 发生铁磁/反铁磁相变，并在电场作用下对磁性能的改变起到关键作用 [215]。此外，在 CoFe/BFO 体系中，电场作用下铁弹性产生的机械应变也可以调节磁畴结构的优先取向和磁化强度 [65]。除了交换耦合效应外，铁弹应变也被认为有助于 BFO 基的器件或异质结构中发生的电压诱导磁化翻转。为了排除铁弹应变的影响，采用 LuMnO$_3$ 单晶作为衬底生长铁磁 Ni$_{81}$Fe$_{19}$ 薄膜。兼具铁电和反铁磁序的 LuMnO$_3$ 呈现 180° 铁电畴，是非铁弹性的。因此，在该系统中报道的电压诱导磁化开关只能由交换耦合机制贡献 [205]。在基于交换偏置的 VCM 中，多铁性材料起着非常重要的作用。矫顽力、交换偏置场，甚至磁化翻转的电场控制都是基于铁电畴和反铁磁畴的相互关联。多铁/铁磁异质结构中的这种磁电效应也产生了一种新的磁电随机存取存储器 (MeRAM) 器件 [216]。在 MeRAM 中，可以通过施加外部电压来控制界面交换耦合并切换 FM 层的磁化强度，从而大大降低了能量消耗。尽管相应的机制仍然存在争议[210,217,218]，但这些现象为将多铁性集成到具有潜在高性能低功耗的现代存储器件中开辟了道路。

在没有多铁性的材料系统中，交换偏置和磁矩也可以被控制。Ta(4)/Pt(8)/[Co(0.5)/Pt(1)]$_4$/Co(0.5)/Pt(0.6)/IrMn(3)/HfO$_2$(2)(单位为 nm) 的多层膜体系[50]通过离子液体施加电场，在多层材料表面建立的双电层可用于控制多层材料中的电子载流子。在这种结构中，类似于力传递的机械弹簧 (图 3.13(a))，反铁磁 IrMn 交换弹簧将电场的影响传递给铁磁 Co/Pt 和反铁磁 IrMn 的界面，从而实现电场对磁性的调控。图 3.13(b) 中 [Co/Pt]/IrMn 的 H_{EB} 和 H_C 表明，正 V_G 和负 V_G 会分别增加和抑制界面交换相互作用。电场对交换耦合的影响在交换弹簧的长度范围内 (IrMn 为 6 nm) 是显著的[139]。因此，随着 IrMn 反铁磁层厚度的增加，交换偏置的电压控制会变弱。在反铁磁 FeMn 中观察到类似的效果，但深度较长，约为 15 nm[49]。

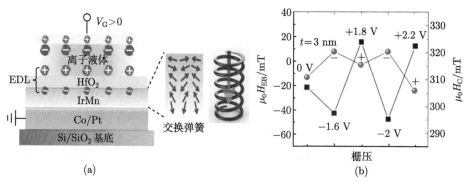

图 3.13　(a)IrMn 交换弹簧的电压控制示意图；(b)H_{EB} 和 H_C 随栅压 V_G 的变化[50]

3.2.4　轨道重构

载流子密度的改变、应变传递效应和交换耦合是三种典型的 VCM 响应机制，分别对应电荷、晶格和自旋的电场调制。晶格、电荷、自旋与轨道一起组成了众所周知的强关联电子系统中的四个自由度。然而，从物理学的对称之美来看，轨道作为余下的一个重要自由度，在以往的电场操纵研究中很少受到重视。由于原子间电子转移的程度和各向异性与轨道占据密切相关，因此轨道占据在决定电子结构和磁性方面起着至关重要的作用[219]。在两种不同氧化物或金属与氧化物的界面上，两个相近金属原子或离子通过 O^{2-} 形成界面共价键，导致一系列奇特的电子结构和现象[220,221]。对于铁电场效应晶体管，与带电离子位移相关的极化翻转是铁电材料的基本特性，可以用来操纵界面上的轨道重建，从而为轨道介导的 VCM 提供了一种有前途的方法。

3.2 电控磁效应的物理机制

铁磁金属与介电/铁电氧化物界面上的化学键或轨道杂化，对于铁磁金属的磁性有很大的影响，因此可以通过在氧化物上施加电场来控制铁磁金属的性能。MgO(10 nm)/Fe(0.48 nm) 的异质结中，在 ±200 V 偏置电压作用下 Fe 的垂直磁各向异性发生了显著变化，并可通过磁光克尔效应显示的磁滞回线观察到（图 3.14(a)）[52]。随着电压从 +200 V 到 −200V 的降低，Fe 层中电子占据发生了变化，垂直各向异性得以显著增强。200 V 的电压可使表面每个 Fe 原子发生 2×10^{-3} 电子填充变化，这足以引起表面 Fe 原子各向异性能的显著变化 (4 meV)，从而导致 $3z^2$-r^2($m_z=0$) 轨道能量的增强（图 3.14(b)）[52]。

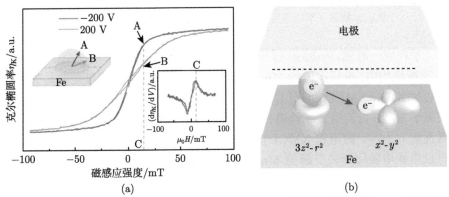

图 3.14 (a) 不同栅压下 MgO/Fe 的磁光克尔椭圆率 η_K 代表的磁滞回线；(b) 外部电压对 Fe 轨道占据影响的示意图 [52]

高质量的铁电/铁磁氧化物异质结构为研究电场作用下轨道和磁性之间的关系提供了一个理想的体系 [222]。在 BTO/LSMO 异质结构中，Ti 离子在极化向上和向下 (P_{up} 和 P_{down}) 状态下，分别向上和向下移动，对应于 Ti 离子分别远离和接近邻近 LSMO [223]。当 BTO 处于 P_{up} 和 P_{down} 状态时，由于 Ti 的位移，界面处的轨道杂化分别被抑制和增强，这导致 Mn x^2-y^2 轨道占据的增强和减少（图 3.15(a)) [224]。由于 BTO 向上极化时 LSMO 面内轨道占据增加，其面内磁电阻 (pMR) 比 BTO 向下极化的面内磁电阻显著增大（图 3.15(b)）。图 3.15(c) 中的 X 射线线二色性 (XLD) 与 pMR 值的变化一致，反映了铁电从 P_{up} 切换到 P_{down} 时将择优轨道由 x^2-y^2 改变为 $3z^2$-r^2，进一步证实了基于轨道重构的磁电耦合机制 [225]。此外，由于界面上的 Ti—O—Mn 键可以通过铁电极化打开和关闭，因此可以将其作为轨道开关来操纵体性能 [223]。

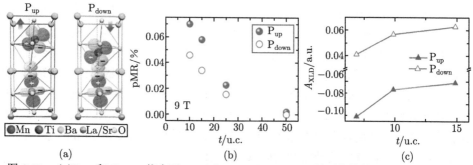

图 3.15 (a)P_{up} 和 P_{down} 状态下 BTO/LSMO ($x = 0.33$) 界面共价键和轨道重构示意图；(b)P_{up} 和 P_{down} 的状态下 LSMO ($x = 0.33$) 厚度依赖的面内磁电阻 (磁场 9 T)；(c)P_{up} 和 P_{down} 状态下不同厚度 LSMO($x = 0.33$) 样品 Mn 的 XLD[224]

几乎在同一时间，Preziosi 等[226] 通过 XLD 和 XMCD 结果证明了在 LSMO/PZT 异质结构中，电场操控的 Mn 原子轨道各向异性和磁化强度是非易失的。Mn $L_{2,3}$ 边的 XAS、XMCD 和 XLD 结果表明，铁电极化的翻转可以调制 Mn e_g 轨道的载流子密度、自旋磁矩和轨道占据。这两项工作中使用的异质结构层顺序相反，但磁性能 (如 T_C、磁阻和 XMCD) 的电调制都与轨道占据密切相关[224,226]，其结果可以用铁电极化开关引起的 MnO_6 八面体的极性畸变来解释。此外，在 STO 衬底上的 $BTO/(NFO/BTO)_n$ 异质结构中[227]，通过 XMCD 对 Ni 和 Fe 离子的表征发现，随着 NFO 厚度的变化，Ni 磁矩发生显著变化，而 Fe 的磁矩保持不变，同时，Ni 和 Fe 的磁矩均随层数的减少而减小。追其本质，界面 Ni 离子磁电耦合的增加，导致了铁磁磁矩的降低，进而通过轨道杂化导致铁磁性能的降低。

不同氧化物界面上的轨道重构或杂化为通过轨道自由度实现 VCM 提供了一个良好的平台。以铁电位移为中介，界面共价键的强度和相关的轨道占据可以被电学调制。XLD 技术则为实验表征外延氧化物中的轨道信息提供了便利。目前已成功地实现了磁性在四个自由度 (电荷、晶格、自旋、轨道) 上的电压控制。相比于前面提到的其他三种机制，轨道机制是比较罕见的。然而，由于界面轨道重构和杂化在各种系统中已被广泛证明，预计这一机制将在越来越多的系统中被观察到。

3.2.5 电化学效应

电化学效应或氧化还原反应在离子液体或其他高氧迁移率材料 (如 GdO_x) 作为栅极的体系中被广泛观察到，并成为 VCM 家族中的重要机制[228-231]。在电场的作用下，离子液体中的阴离子和阳离子分离，向相反的电极移动，在离子液体与材料接触的离子液体/样品界面处形成双电层。由于双电层离子间距离非常小，可以提供非常大的电场，这可能会诱导氧离子 (空位) 的迁移并导致包括磁性在内的各种性质的调控。此外，GdO_x 是一种高氧迁移率的固态电解质，在电场作用下可以作为氧离子的储存库, 这也促进了在铁磁金属体系对基于电化学反应机制的 VCM 的研究开展。

在场效应晶体管型 VCM 器件中, 介电层将铁磁层与顶电极分开。在金属/多层结构中, 绝缘氧化层 (通常为 MgO 或 AlO_x) 作为介质栅, 在外加电压作用下形成静电场。电场对金属磁性的调制通常被认为是由载流子密度和电子占据的改变引起的。然而, 在金属/氧化物界面, 金属和氧离子之间的界面氧化或轨道杂化在薄膜沉积和制造过程中是不可避免的[232]。Bonell 等[56] 的实验表明, 电场可以可逆地操控 MgO/FeCo 结构中 Fe 原子的部分氧化, 从而诱导界面磁性的有效调制。与传统的静电机制不同, 通过界面氧化观察到的 VCM 被定义为电化学效应。当氧化物的氧迁移率足够高时, 可以产生更可控和更广泛的场效应。在 GdO_x/Co 结构中, GdO_x 可被视为离子导体, 在一个相对较小的栅极电压下, 可以将 O^{2-} 驱动靠近或远离 Co 层, 从而改变界面的氧化态。利用 XAS 和 XMCD 光谱可对 O^{2-} 迁移进行深度分析, 并对相关的磁性变化进行相关检测; Co 层的铁磁性能, 如磁各向异性、矫顽力、居里温度和磁畴壁传播均会随 O^{2-} 迁移而相应发生改变[55,167]。特别地, 在几伏特的电压下, 磁各向异性能可以被调控约 0.7 erg①/cm^2, 并且证实磁离子运动可以超过界面极限[233]。在场效应晶体管型器件中, 电解质可提供较大的电场, 在与 PMA 类似的结构 (如 HfO_2/Ni/Co 异质结构) 中, 以较小的栅极电压即可在界面处诱导适度的氧化还原反应[9,18]。金属/氧化物系统中的电化学效应为磁性的非易失性调控提供了基础, 并有望显著降低能耗。

双电层产生的电场在过去被应用于二维电导率、金属-绝缘体转变, 以及超导性等多种材料特性的电压控制[160-164]。直到最近, 对铁磁金属和氧化物系统磁性的双电层栅压调控才得以实现。尽管如此, 离子液体栅压控制的起源仍存在激烈的争论, 目前提出了两种机制: 静电掺杂和电化学反应。静电掺杂机理是基于传统理解中的电容模型, 其中只有载流子密度 ($\Delta n_S \sim CV_G/e$) 受电场调制。利用 EMIM-TFSI 的电解液, Dhoot 等[154] 研究了 LCMO 器件中静电场引起的掺杂变化, 正 V_G 引起 $2 \times 10^{15} cm^{-2}$ 的电子掺杂, 驱动了 LCMO 从铁磁金属到反铁磁绝缘体的相变。Yamada 等[91] 在室温下通过离子液体栅极调控发现了磁性半导体 Co:TiO_2 中铁磁性的电操纵, 伴随着大于 $10^{14} cm^{-2}$ 的高密度电子积累, 施加几伏特的电压将诱导体系从低载流子密度的顺磁态转变为高载流子密度的铁磁态。

虽然静电掺杂机制成功地说明了载流子密度在界面附近的变化, 但在许多情况下, 它不能解释离子液体和铁磁材料体系中场效应的非易失性[105,165,225]。因此, 研究者提出了另一种机制, 认为电场效应是通过电化学反应实现的: 离子液体产

---

① 1 erg=10^{-7} J。

生的电场会导致通道材料发生氧化还原反应,这可以通过氧空位的形成、迁移和湮灭来实现[160]。基于氧空位的电化学机理为双电层的非易失性和深度电场效应提供了另一种解释。那么问题来了,在离子液体门控的 VCM 体系中,静电掺杂和电化学机制哪个是主导机制?这强烈地依赖于磁系统的性质。在低氧迁移率或金属性较强的磁性材料中,静电掺杂机制占主导地位,而电化学机制的主导地位则需要体系具有相对更高的氧迁移率。例如,Cui 等[105]证明了在 EDL 的电场作用下,锰氧化物薄膜中的铁磁相转变是基于氧空位的形成和湮灭的可逆调节。在 LSMO 的电子相图中,正、负电压可分别将样品调节到低掺杂水平的铁磁绝缘 (FI) 相和高掺杂水平的反铁磁金属/绝缘 (AFM/AFI) 相 (图 3.16(a))。由 $V_\mathrm{G} = +3$ V 时的磁阻和磁化强度 (图 3.16(b)) 可知,电场作用下形成了硬磁绝缘相 (HMI)。这种新相与电场作用下氧的迁移有关,并按照图 3.16(c) 所示的傅里叶滤波过程在整个薄膜中随机成核生长。除锰氧化物外,在另一种氧化物 $SrRuO_3$(SRO) 系统中也报道了离子液体栅控电荷输运、金属–绝缘体转变和磁性的可逆操控[234]。在很小的栅极电压下,金属–绝缘体转变的交叉温度可以在 90~250 K 的温度范围内连续可逆地调制,而磁阻的起始温度在 70~100 K 变化。一系列对外部栅极电压的磁响应归因于氧空位在氧化层和离子液体之间以可逆的方式扩散。

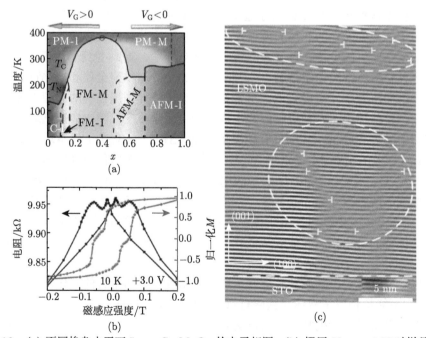

图 3.16 (a) 不同掺杂水平下 $La_{1-x}Sr_xMnO_3$ 的电子相图;(b) 栅压 $V_\mathrm{G} = +3$ V 时样品的磁电阻和归一化磁化强度;(c) $V_\mathrm{G} = +3.0$ V 时 LSMO ($x = 0.41$) 的傅里叶滤波图像[105]

基于氧空位的离子液体栅压调控的非易失性特征保证了很多非原位测试的进行。一个具体的例子是，在 LSMO 中与磁各向异性相关的轨道占据可以采用双电层电场调控，如图 3.17(a) 所示 [225]。从图 3.17(b) 中的 XLD 信号可以看出，无论初始应变是拉伸应变还是压缩应变，正电压都会增强应变有利轨道的占据；相反，负电压抑制优先的轨道占据。轨道占据在一个方向上的增强或抑制会增加或减小相应方向上的磁各向异性 [113,225]。在这项工作中，利用双电层的栅控效应可忽略的弛豫特性，即使在去除电压的情况下，也可以保证对轨道占据的非原位测量。除了适用于经典的薄膜构型，电场驱动的双电层和氧离子迁移也被用于多孔结构磁性材料 (Co-Pt/CoO) 的磁性调控，有望应用于微磁盘等磁力启动器 [235]。

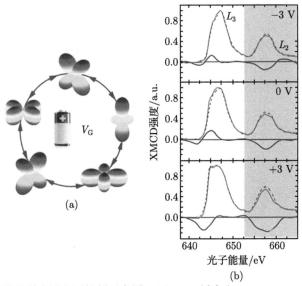

图 3.17　(a) 三维轨道占用电压控制示意图；(b)STO 衬底上 $La_{0.46}Sr_{0.54}MnO_3$ 的归一化 XAS 和 XLD 信号 [225]

如上所述，是离子迁移 (如 O^{2-}) 而不是简单的载流子密度调制参与了电化学机制。由于双电层的厚度在 1 nm 左右，在离子液体与磁性材料接触的界面处产生了巨大的电场，可以在相当大的区域内调制厚达 20 nm 的锰氧化物的电子相 [105]。然而，限制离子液体栅极调控应用的核心问题是反应速度慢和与传统半导体工业的集成难度。对于后一个问题，离子凝胶提供了一个可能的解决方案 [236]。Tan 等通过设计薄层固态电解质和液态电解质结合的纳米架构以约束氧离子输运，显著地提高了磁离子调控的循环性 [237]。此外，我们还注意到离子液体中电场效应的起源存在激烈的争论，这需要更有力的证据来证明氧离子在 VCM 过程中的迁移。由于更小的尺寸和更高的迁移率，基于氢离子 (质子)[238,239] 和锂离子 [14,39,240] 的电化学调控磁性在近年也受到越来越广泛的关注。

3.2.6 电控磁五种机制的比较

五种不同的 VCM 机制有其各自的特点，但也有一些共同点。实际上，这五种不同的机制在许多情况下呈现出一些合作和竞争的特点，而不是独立作用。例如，应变、载流子调制和轨道重构的机制都可以用于解释磁性的电压控制，即使是对于相同的材料体系，如 LSMO/BTO[114,224,241,242] 和 Fe/BTO[59,243-245]。同时，锰氧化物/BFO 电场作用下磁性能变化的原因，也可由交换耦合调制和载流子密度变化解释。离子液体门控 VCM 过程中存在电荷型静电掺杂与氧空位型电化学反应的争论。因此，研究各种机制之间的关系及其在 VCM 中的综合作用是至关重要的。我们建立了五种不同机制之间的相关性，如图 3.18(a) 所示。一般情况下，应变、电荷、自旋和轨道介导的 VCM 在界面处同时存在。如果铁电材料同时具有铁弹性和反铁磁性，如 BFO，则这四个自由度在界面耦合过程中同时存在成为现实。相比之下，新的电化学反应机制似乎独立于其他四种机制构成的体系，但也应认识到它与电荷自由度的联系。

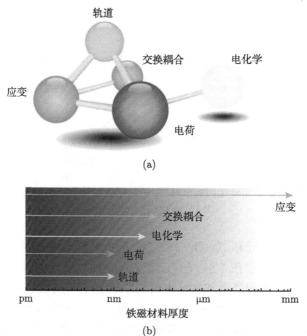

图 3.18　(a) 五种不同机制之间的相互关系示意图；(b) 基于不同 VCM 机制的有效调控厚度[101]

基于不同机制的 VCM 之间的差异主要体现在铁磁材料的不同特征厚度。图 3.18(b) 总结了所有五种不同机制的特征厚度及其可能的相互叠加[101]。值得

3.2 电控磁效应的物理机制

注意的是,对于载流子密度调制,电场或电压只能对靠近界面的部分进行调制。对于铁磁金属,屏蔽厚度 (λ) 一般小于 0.2 nm[246];而对于铁磁性半导体,λ 可增大到 1 nm 左右 [247]。然而,其他机制的特征厚度情况有所不同,对于应变介导的情况,铁磁层厚度的极限不再是屏蔽厚度,有时可大于 10 nm。此外,对于电荷介导的情况,当铁电层厚度减小时,铁电极化下晶格畸变的钳制效应减弱,对铁磁层的影响减小。需要注意的是,晶格畸变引起的应变效应取决于铁电层有无极化状态的差异,因此在应变调制的情况下,正极化和负极化变化不大 [71]。在这种观点下,应变介导和载流子介导的磁性控制分别遵循应变和极化对栅极电压的依赖。

为了区分不同的机理,人们在实验中做了许多尝试。在 LSMO/PZT 系统中,Spurgeon 等 [248] 尝试区分晶格畸变和铁电层中表面电荷积累的贡献。同时,电子能量损失谱 (EELS) 和极化中子反射显示,在 PZT 界面处存在一个厚度约为 2 nm 的电荷转移屏蔽区,该区域的磁化强度受到了影响,这表明铁磁层的厚度对 VCM 机制的确定至关重要。根据界面化学键的物理图像,基于轨道重构的电场效应,应限制在一到两个单层或单胞。这类似于电荷介导的机制,这意味着这两种机制通常结合在一起。对于对载流子密度变化敏感的样品,如靠近相转变边界的锰氧化物,如 LSMO(x= 0.2) 和 LCMO(x= 0.5),电荷介导机制起主导作用。然而,对处于铁磁相位区域中间的锰氧化物,例如 LSMO(x= 0.33),载流子密度调制的贡献相对较小。例如,Cui 等通过在 STO(110) 衬底上没有界面 Ti—O—Mn 共价键的 BTO/LSMO(x= 0.33) 的控制实验证明,在 (001) 异质结构下,磁电阻的显著电调制主要是由界面轨道重构引起的,而不是由载流子密度调制引起的 [224]。

在 BFO 基的多铁多层材料中,交换耦合介导的 VCM 依赖于界面交换偏置场 (H_{EB}) 和磁性层的静磁交换长度 (在 1~10 nm 范围内)[249]。当铁磁层厚度小于静磁交换长度时,原子交换作用占主导地位,局部磁矩 (自旋) 沿厚度方向呈现平行排列的趋势,相应结果表明,随着磁性层厚度的增加,整个磁性层的平均 H_{EB} 减小。例如,在 LSMO/BFO 异质结构中 [250],当 LSMO 厚度增加到约 30 nm 时,平均 H_{EB} 几乎为零。对于在界面耦合过程中存在两种及两种以上机制的多铁异质结,每种机制的贡献与磁性层的厚度密切相关。关于应变与电荷耦合机制对厚度的依赖关系的早期研究可参考前人的综述 [251]。基于应变和电荷的磁电耦合研究已经在各种多铁基多层结构中得到了实验证明,例如 $Fe_{0.5}Rh_{0.5}$[71]、$L1_0$-有序的 FePt[130]、$Ni_{0.79}Fe_{0.21}$[252]、Mn 掺杂 ZnO[253]、PMN-PT 上沉积的 Fe 薄膜 [254] 等。

一些研究也集中在离子液体栅压操控中机制矛盾的原因上。Yuan 等 [166] 描述了双电层栅控效应的 "相图",以区分静电和电化学机理的贡献:静电掺杂常见于电场工作频率高、工作温度低的情况,而在低频电场和高温的情况下,电化学反应起主导作用。此外,Ge 等 [165] 发现,离子液体中微量的 H_2O 在栅控实验中起着至关重要的作用。含有较多 H_2O 的离子液体可以获得较大的调控速率，而干燥后的离子液体 (不含 H_2O) 几乎没有调控效果。然而，影响双电层机理的因素很多，如应变效应、氧迁移率等，还有待进一步研究。

总地来说，不同的机制之间存在着很强的合作和竞争关系，特别是在铁磁层厚度减小到几纳米时。要找出在不同情况下哪种机制是主导因素，需要仔细分析。另一方面，一些带电缺陷，如氧空位，给 VCM 引入了一些外加因素，这些因素在电场下的行为可能在 VCM 中起着至关重要的作用，需要从微观的角度清楚地揭示出来。

3.3 电控磁效应的器件应用

在对电控磁机理的不断探索中，许多实用器件在 VCM 领域得到了应用，越来越多的新型应用也正在快速发展。本节选择典型的性能特征来说明电场在 VCM 中关键作用的演变趋势。最初，电场辅助开关被广泛应用于磁隧道结，这是 MRAM 中最基本的单元。在电场的帮助下，磁隧道结的能量消耗显著降低，并且在多铁隧道结 (MFTJ) 中实现了四态存储，有望加速 MRAM 的商业化产品。随后，电场驱动的磁化翻转研究流行起来，对创新材料系统和结构设计的持续努力使得纯电学磁化转换成为可能，甚至不涉及辅助磁场，推动了器件小型化的进展。最近，电流诱导磁化开关的电学控制意味着电压和电流的双重调制，这在降低临界电流密度和加速三端存储器件的实际应用方面具有很大的潜力。到目前为止，对 VCM 的应用已经有了比较全面的认识，同时也加深了对 VCM 底层机制的理解。

3.3.1 电场辅助的磁隧道结翻转

由于互联网技术尤其是大数据、云计算的迅猛发展，所以急需创新存储技术来适应其迫切需要。在几种新型非易失性存储技术中，MRAM 由于具有超长耐用性和低功耗而取得了长足的进步。考虑到磁隧道结是极具发展前景的非易失性高密度 MRAM 中最基本的单元，则在电场的辅助下对磁隧道结进行优化是促进 MRAM 走向实际应用的可行途径。经过大量的努力，在多铁性隧道结器件中已利用电场成功地实现了低功耗磁隧道结和四态存储器。

自旋转移力矩 (STT) 使得在铁磁纳米结构中可以对磁化进行高效的电流控制，特别是磁隧道结，在存储器和逻辑器件的实际应用中具有很大的前景。然而，磁隧道结中通过 STT 进行磁化翻转的电流仍然太大 (为 $10^6 \sim 10^7$ A/cm^2)，这对进一步的发展造成了障碍。因此，一种减小 STT 翻转电流和能量消耗的方法是磁隧道结所需要的。Wang 等 [72] 报道了垂直磁各向异性 CoFeB/MgO/CoFeB

3.3 电控磁效应的器件应用

磁隧道结的电场辅助可逆翻转,相应门控磁隧道结器件如图 3.19(a) 所示,可以有效地减小 STT 诱导磁化翻转所需的电流密度。在磁隧道结结构中,顶部和底部的 CoFeB 层厚度均小于 1.6 nm,这使得电场能够穿透到薄膜中并显著调节铁磁性能。TMR 和矫顽力很大程度上取决于顶部和底部 CoFeB 电极之间相对较小的偏置电压 (V_{bias})。由于顶部和底部 CoFeB 电极的厚度不同,基态下两层的 H_C 分别为 12 mT 和 2.5 mT。当施加电压到磁隧道结时,H_C 发生变化,即在 V_{bias} =890 mV 时,顶部和底部 CoFeB 的 H_C 分别变为 11.5 mT 和 7.2 mT;在 V_{bias} = −890 mV 时,H_C 则分别变为 13.7 mT 和 2 mT,如图 3.19(b) 所示。此外,顶部和底部 CoFeB 的 H_C 在特定的偏压脉冲过程下可以被逐级调控。在类似的 CoFeB/MgO/CoFeB 磁隧道结中,Wang 等也发现了电压控制的反铁磁各向异性和交换偏置[23]。

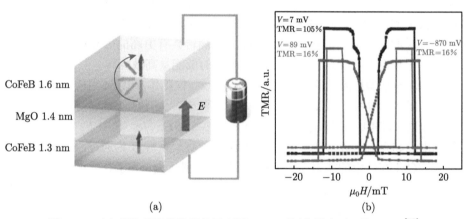

图 3.19 (a) 栅控磁隧道结器件原理图;(b) 不同偏置电压下的 TMR[72]

在具有面内各向异性的厚 CoFeB 磁隧道结中,正负偏压下翻转场和 TMR 没有表现出可观察的差异[72]。这一结果表明,磁隧道结中磁化翻转的电压控制完全来自于界面磁各向异性,而界面磁各向异性在面内磁化的 CoFeB 层中变得很小。对磁各向异性能及其在电场作用下的相对变化的研究表明,垂直各向异性能与电场呈线性关系,斜率为 −50 fJ/(V·m)。在偏压存在下,MgO 层的能垒也大大降低;因此,在较小的电流密度 (10^4 A/cm²) 下即可发生 STT 诱导的磁化翻转。垂直磁各向异性 CoFeB 磁隧道结中电场辅助翻转为基于 STT 的超低能量存储和逻辑器件开辟了道路。虽然电流诱导的磁场和 STT 普遍用于磁隧道结的磁化翻转,但所需的高电流密度仍不可避免地会导致电子器件中的金属迁移和高能量消耗。同时,在电场控制的垂直磁各向异性磁隧道结中,获得了 40 ∼ 80 fJ/比特的翻转能耗[18,22,42,52,74,255-257]。然而,这一写入能量值仍然比目前集成电路中广泛应用于易失性半导体存储技术的相同尺寸晶体管 (约飞焦) 大几个数量级。具体来说,电流诱导磁化翻转 (CIMS) 的焦耳热能耗可表示为 $E_{\rm J}^{\rm C} = RI^2 t_{\rm SW}$[75],电致磁化翻转 (EIMS) 可表示为 $E_{\rm J}^{\rm E} = (E_{\rm c} t_{\rm MgO})^2 t_{\rm SW}/R$,其中 R、I、$t_{\rm SW}$ 和 $t_{\rm MgO}$ 分别为磁隧道结的电阻、通过磁隧道结的电流、磁化翻转持续时间和 MgO 隧道势垒厚度。因此,当 R 较高时,EIMS 消耗的焦耳能量较少,而 CIMS 消耗的焦耳能量较多。因此,增加 MgO 的厚度为解决这一问题提供了一条途径。

Grezes 等[76] 报道,以 CoFeB/MgO/CoFeB 为核心结构的纳米尺寸磁隧道结的结区直径减小到 50 nm 时,在翻转时间为 0.5 ns 时,EIMS 的能量降至 6 fJ/bit。更重要的是,具有更厚 MgO 层的高电阻面积器件,可以降低欧姆损耗,是实现低功耗操作的关键。Kanai 等[75] 也获得了类似的结果,6.3 fJ/bit 的较小能耗下也可以翻转 MgO 势垒层厚度为 2.8 nm 的磁隧道结。这两个独立的工作表明,一个数量级的能耗降低是通过一个具有非常低欧姆损耗的高电阻面积磁隧道结来实现的。同时,在磁隧道结中,STT 和电场的组合比单独的 STT 具有更短的翻转时间和更低的能耗,并且比纯电场翻转具有更高的可靠性[258]。由此得出结论,电场有助于磁隧道结中磁场或电流的低能量高效翻转。

随着对电场调控磁场的广泛研究,在重金属/铁磁体/绝缘体组成的结中提出了电压控制磁各向异性 (VCMA) 系数的概念[73,259],为 VCM 翻转能耗提供了定量评估。这里 VCMA 可以表示为 $\text{VCMA} = \beta E_{\rm I} = \beta E_{\rm ext}/\varepsilon$,其中 $E_{\rm I}$ 和 ε 分别为绝缘体的电场和介电常数,$E_{\rm ext}$ 为外加电场,VCMA 系数 β 为通过磁各向异性操控来判断 VCM 在结中的能力提供了标准[260]。一般认为,为了获得小于 1 fJ/bit 的翻转能耗,需要写入电压小于 1 V,$\beta \geqslant 200$ fJ/(V·m)[257] 以及较大的 PMA[261,262]。为了实现更大的 VCMA,研究者在各种体系中进行了大量的尝试。对于经常使用的 Ta/CoFeB/MgO 结,采用合适的退火工艺或通过缓冲层提升 PMA,可获得约 50 fJ/(V·m) 的 β[258]。注意,Cr/超薄 Fe/MgO 异质结表现出很强的 PMA(2.1 mJ/m^2),伴随着 β 的显著增加,达到了 290 fJ/(V·m)[263]。VCMA 为电压诱导磁化翻转提供了一种有效的方法,其能耗与利用电场的同尺寸 CMOS 晶体管相当。VCMA 的发展必将推动基于磁隧道结的非易失性存储技术走向实际应用。

磁性的电学控制也在多铁隧道结 (MFTJ) 中进行了尝试,其中铁电 (或多铁) 隧道势垒被夹在两个铁磁电极之间或铁磁与普通金属之间。传统磁隧道结中得到的 TMR 对铁磁层和介电层界面上的自旋相关电子特性极其敏感,与之类似,铁电和铁磁层之间的相互作用也可以通过 MFTJ 中的输运测量来研究。在电场的辅助下,由 TMR 和隧道电学电阻 (TER) 效应产生的四种不同的电阻状态在 MFTJ 中成功实现,如图 3.20(a) 所示。Gajek 等[264] 首次报道了 Au/La$_{0.1}$Bi$_{0.9}$MnO$_3$/LSMO MFTJ 中的四种电阻状态,但未观察到 TMR 随铁

3.3 电控磁效应的器件应用

电极化的明显变化。随后，Garcia 等设计并制备了 LSMO/BTO(1 nm)/Fe 的人工 MFTJ[265]，证明了在铁电层极化向下和向上状态下，探测到的 TMR 分别为 19% 和 45%（图 3.20(b)）。具体来说，在导电探针原子力显微镜产生的电压脉冲下，BTO 的铁电极化被翻转，然后在 4.2 K 下扫描磁场并收集不同铁电状态下的电流来测量 TMR。考虑到铁电极化翻转过程中 TMR 的变化幅度可达 450%，MFTJ 提供了一种有效的局部控制隧道电流自旋极化的方法，在非易失性和低功耗器件中显示出很大的潜力。之后，即使在 Fe/PZT(3.2 nm)/LSMO 的 MFTJ 中，TMR 的符号也能被反转，当极化分别指向 LSMO 和 Co 时，TMR 值分别为 +4% 和 −3%（图 3.20(c)）[109]。虽然 TMR 值不大，但随铁电极化开关的相对变化可达 230%。在第一性原理计算中也证明了在铁电极化翻转下，由掺杂水平变化和由此产生的相变会引起类似的电阻开关现象[266]。因此，铁电隧道势垒的取向控制了电流的自旋极化，使 MFTJ 成为多值存储的热门候选器件。到目前为止，通过磁场和电场的结合，MFTJ 器件表现出稳健的四态存储器，这为实现高密度信息存储提供了一条有希望的途径[267]。考虑到磁隧道结及其相应的 TMR 广泛应用于读头、传感器和 MRAM 中，基于氧化物的磁隧道结和 MFTJ 中的 VCM 研究在自旋电子学低功耗和非易失性器件的新兴领域具有很大的潜力[268]。

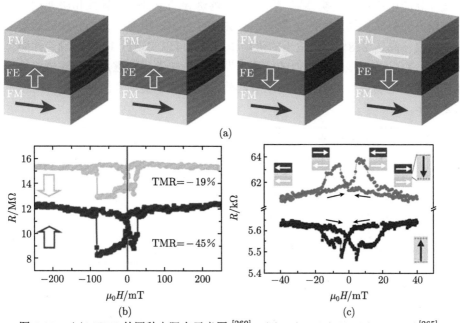

图 3.20 (a)MFTJ 的四种电阻态示意图[269]；(b)Fe/BTO/LSMO($x = 0.33$)[265]；(c)Fe/PZT($x = 0.2$)/LSMO($x = 0.3$) 不同极化状态下的磁电阻曲线[109]

3.3.2 电场驱动的磁化翻转

无磁场的磁化翻转在现代存储技术的发展中具有广泛的应用前景,有利于器件小型化和提高集成化水平。然而,在没有磁场或自旋转移力矩的帮助下,突破 90° 翻转磁化的极限是一个巨大的挑战。替代外部磁场的另一种方法是引入电场[270,271],一些研究组已经报道了用纯电场而不是磁场来操纵磁化翻转[60,272,273],这为未来的无磁场翻转指明了方向。

应变介导的磁电效应通过铁电-铁磁之间的强耦合在 VCM 中得到了广泛的应用。电场操控结合磁各向异性为无磁场磁化翻转铺平了道路。在 Co/PMN-PT 多铁异质结构中,Co 层的磁易轴如图 3.21(a)[60] 所示。结果表明,在室温 +8 kV/cm 和 −8 kV/cm 极化电场作用下,当极化状态发生变化时,无需外磁场即可实现非易失性可逆 90° 磁化旋转,克服了之前报道中易失性 90° 磁化旋转的缺点 [65]。此外,如图 3.21(b) 所示,在 ±5 kV/cm 的电场刺激脉冲和 0.5 mT 的极小辅助场下,可以实现 180° 可逆的磁化翻转,并且相场模拟计算也支持了这种翻转。基于应变介导的磁化旋转和相应的各向异性电阻变化,可以用电场代替磁场来设计非易失性存储器件。另一种实现电场下磁化翻转的方法是将交换偏置引入系统。Liu 等在 FeMn/NiFe/FeGaB/PZN-PT(011) 异质结构中研究了由压电应变介导的电压控制交换偏置 [274]。在电场诱导的单轴各向异性和磁弹相互作用下的单方向各向异性之间的竞争下,反铁磁的 FeMn 和 NiFe/FeGaB 铁磁层的交换偏置偏移高达 218%。在适当的磁场作用下,可以实现近 180° 的确定性磁化翻转 [274]。Xue 等也报道了类似的结果 [270],这意味着反铁磁/铁磁/铁电多铁异质结构是通过电场调节交换耦合的原型器件,也构成了实现室温下实用 MRAM 的重要一步。

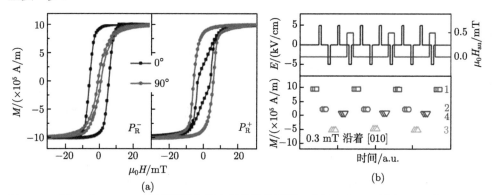

图 3.21 (a)Co/PMN-PT 在不同极化状态下的磁化强度 P_R^+(右) 和 P_R^-(左);(b) 在 0.3 mT 磁场下测量的 H_{au}(上) 和由此产生的磁化强度 (下) 的脉冲电操作 [60]

尽管在电场主导的磁化翻转方面取得了丰硕的成果,但通常情况下,辅助磁场仍然是实现磁化翻转的必要条件，这是因为电场不破坏时间反演对称性，因此并不直接作用于磁矩。为此，研究者在磁化翻转的纯电学操控方面仍需继续努力。在 CoFe/BFO 交换耦合异质结构中，已经实现了完全由电压驱动面内净磁化的 180° 翻转[272]。此外，由于室温翻转的特点和施加电压的垂直几何构型（图 3.22(a)），它对于具有高密度技术要求的潜在应用很有吸引力。用压电力显微镜 (PFM) 针尖对 BFO 薄膜进行极化后，BFO 内部的极化实现了 180° 的翻转，表面 Dzyaloshinskii-Moriya 矢量的 180° 翻转进一步逆转了局部面内磁化[275]。其中，在零磁场条件下，利用 XMCD 和光发射电子显微镜 (PEEM) 可直接观察到上层 CoFe 铁磁层交换耦合磁畴的翻转，如图 3.22(b) 所示。结合铁电回线 (P-V) 和电阻–电压回线 (R-V)（图 3.22(c) 左侧），证明了磁化翻转伴随着极化的翻转。同时，图 3.22(c) 右侧中 R-V 回路与磁阻曲线 (R-H) 的电阻值的比较表明，铁电极化和磁化翻转之间存在明显的耦合。此外，在自旋阀结构中获得了类似的巨磁阻信号，验证了在纯电场作用下 180° 磁化翻转的成功。

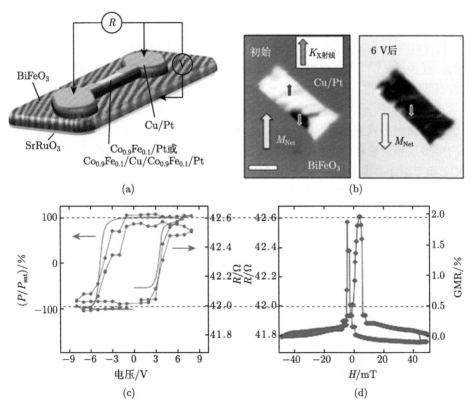

图 3.22　(a) 基于 BiFeO$_3$ 的多铁异质结构示意图；(b) 不同外部电压下的 XMCD-PEEM 图像；(c) 极化和电阻对外部电压的依赖关系；(d) 对应自旋阀的磁电阻[272]

基于在铁电衬底上生长的磁自旋阀多层膜的磁致伸缩存储器件，研究者也提出了电场诱导磁化翻转[276]。2014 年，Li 等采用 PMN-PT(011) 衬底，通过电压控制 MTJ 中 CoFeB 自由层的磁化强度，对零磁场下 MTJ 的 TMR 进行了调控[64]。TMR 和电阻表明，电场诱导的应变可以控制 MTJ 中一个 FM 层的磁化旋转。更重要的是，TMR 可以在零磁场时通过电场诱导的应变调节，调节比率可达 15%。因此，首次在室温下实现了零磁场下对 TMR 的电操纵，这对具有超低能耗的电场调谐自旋电子学具有重要意义。同时，在集成器件中避免磁场的使用也受到了越来越多的关注。通过相场模拟，研究者预测了三维多铁纳米结构中纯电场驱动的垂直磁化强度完全翻转[101]，展示了自旋电子器件的巨大潜力。通过交换偏置系统和铁电材料的结合，Chen 等证明了在室温没有偏置磁场的情况下，CoFeB/IrMn/PMN-PT 多铁异质结构中的可逆电驱动磁化翻转。此外，在 Au/Fe/MgO 体系中，通过自旋波检测到界面 Dzyaloshinskii-Moriya 相互作用的电压控制[277]。这些领域的进展无疑加速了电场在磁学应用中的更广泛整合。

3.3.3 电场调控与自旋流的结合

近十年来，自旋轨道力矩 (SOT) 作为一种新的自旋转移力矩方案引起了人们的广泛关注[278-282]。SOT 可以在只有一个铁磁层的器件中观察。典型 SOT 器件基于多层结构，其中重金属 (HM)、铁磁层和氧化物形成三明治结构，如图 3.23(a)[283] 所示。重金属可以是 Pt、Ta、Hf、W 或其他自旋霍尔角较大的重金属。表现出垂直磁各向异性 (PMA) 的铁磁性材料，如超薄 Co、CoFeB 或 Co/Pt 多层膜，通常被选择作为铁磁层[284-286]。封顶氧化层可以是 MgO、AlO_x、HfO_2 和 Ta_2O_5，以增强 PMA 和保护铁磁金属免受空气氧化。霍尔器件构型常用于 SOT 的研究。当向器件施加面内电流时，重金属中的自旋霍尔效应会根据自旋方向上下划分电子，从而在重金属/铁磁界面附近产生自旋极化电流。然后，自旋极化电流扩散到铁磁层中，垂直于磁矩的自旋可以被铁磁层吸收，产生对磁矩的自旋力矩。

SOT 主要来源于自旋霍尔效应，称为类阻尼力矩 (τ_{DL})，τ_{DL} 的方向由磁矩 (m) 和自旋极化方向 (σ) 决定：$\tau_{DL} = \tau_{DL}^0 (m \times \sigma \times m)$，其中 τ_{DL}^0 是正比于电流密度的参数，代表了重金属激发自旋流并产生类阻尼力矩的效率。电流诱导磁化翻转如图 3.23(b) 所示[284]。此外，当铁磁层的上下表面存在反演不对称时，电子的运动会受到 Rashba 场 (可以看作是一个等效的磁场) 的影响。在铁磁材料中，传导电子的自旋轨道耦合涉及 s-d 交换相互作用和 Rashba 场。当电流流过铁磁层时，会产生转矩来翻转磁矩的方向。这种转矩主要来源于界面的 Rashba 效应，称为类场力矩 (τ_{FL})。与类阻尼力矩类似，τ_{FL} 的方向和大小由 σ 和 m 给出：$\tau_{FL} = \tau_{FL}^0 (m \times \sigma)$，其中 τ_{FL}^0 是电流诱导的类场力矩的效率。

3.3 电控磁效应的器件应用

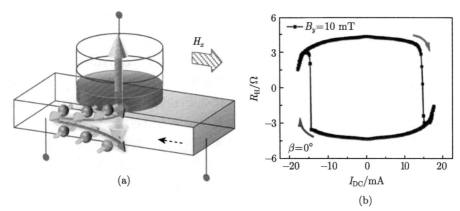

图 3.23 (a) 常规 SOT 器件示意图[287]；(b)SOT 引起的电流诱导磁化翻转[284]

虽然有可能通过制造磁堆来施加外磁场于器件，但这种方法存在许多缺点，如制造困难、集成密度低、稳定性差等。因此，无场 SOT 翻转的实现对 SOT 应用具有重要意义[288]。实现无场 SOT 翻转的主要方法有三种：① 反铁磁 IrMn、PtMn[287,289]；② 楔形薄膜[12]；③ 层间交换耦合[290]。目前，SOT 正被用于研究磁化翻转[278-282]、磁畴壁运动[291-293]和纳米振荡器[280,294]。与 STT 相比，SOT 诱导磁化翻转在器件写入和擦除数据时所需的临界电流密度和能量消耗更低。因此，SOT 在高速低功耗的自旋电子学存储器件以及逻辑存储器件中具有广阔的应用前景。

在 SOT 领域中，有效电场有助于降低实际 SOT 器件的功耗。电压控制 SOT 的实现也有几个研究小组的报道[295-298]。在以 Al_2O_3 为绝缘层隔离 Au 栅极的 Pt/Co 双层膜中，当外加电场达到 2.8 MV/cm 时，电流诱导的有效场可以被调制 4.3%[295]，其测量主要是通过外差检测霍尔电压中的不同谐波进行的。通过分析一次与二次谐波霍尔信号的变化，论证了电场对磁各向异性和电流诱导 SOT 的影响。对 SOT 产生的较大电场效应来源于 $Pt/Co/Al_2O_3$ 结构中强的自旋轨道相互作用。虽然电流诱导的电场主要来源于 Pt 的自旋霍尔效应和自旋轨道相互作用，但 Rashba 效应对 SOT 也有相当大的贡献。考虑到 Rashba 效应来自于 Co 层上下界面的反演不对称，0.6 nm 厚的 Co 层的屏蔽效应避免了电场效应穿透到底部 Pt/Co 界面。因此，该体系中 SOT 的电学调控是由于 Co/Al_2O_3 界面和界面 Rashba 效应的影响。

除了金属系统外，在拓扑绝缘体 (TI) 中也证明了 SOT 可以被有效调制。在铬掺杂 TI 中，电场可将自旋轨道力矩的强度增强四倍[296]。磁化翻转可以通过扫描电流和电场来实现，从而导致磁各向异性和拓扑表面态的变化。虽然 TI 通常表现出较低的居里温度，但通过改变电子结构来实现电压控制 SOT，为铁磁系统中 SOT 的调控开辟了道路。利用离子液体栅控，可以在一个相对较小的栅极电压内建立一个大的电场，这使得金属体系中的电场具有很强的调控效应，尽管屏蔽长度较短。Yan 等[299]的研究表明，在垂直磁化的 Pt/Co/HfO$_2$ 结构中，在实际温度 (180 K) 下，临界翻转电流密度可以被明显调制如图 3.24 所示。磁各向异性的电场效应在外加栅极电压范围内的变化小于 10%，是引起电场调控效应的次要原因。通过一次和二次谐波霍尔测量，发现类场力矩对电流诱导的磁化翻转和类阻尼力矩的贡献可以忽略不计，主要来源于 Pt 的自旋霍尔效应主导的电流诱导转矩。此外，电场对类阻尼力矩和有效自旋霍尔角也有较大的调制作用。因此，电场对 Pt/Co 体系有效自旋霍尔角的影响主要有助于临界翻转电流的电压控制。

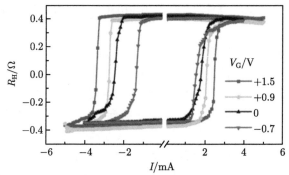

图 3.24　Pt/Co/HfO$_2$ 结构电流诱导磁化翻转的电压控制 [299]

由于磁化翻转是自旋电子学器件功能赖以实现的基础之一，因此对电场驱动的磁化翻转研究也一直是电控磁效应的研究重点。Huang 等通过电压驱动的氧离子迁移调节 Pt/Co/CoO/TiO$_2$(TaO$_x$) 的界面耦合强度，进而调控垂直磁各向异性，再通过 Pt 产生自旋流的 SOT，实现了电场控制的磁化翻转 [8]，类似的电压驱动氧离子迁移机制，也被用于 Pt/Co/HfO$_x$ 异质结中 SOT 的增强 [38,300]。Kang 等则从 Rashba 效应的角度出发，通过电压横向控制 Pt/Co/AlO$_x$ 结构中的 Rashba 效应产生面外 SOT，实现了对 SOT 翻转极性的电学控制 [301]。总之，这些工作将电流驱动与电压控制在磁化翻转过程中结合起来，促进了对 SOT 基本理论的认识，激发对 SOT 现象更多的研究兴趣。此外，电场和电流的双重应用与传统的半导体技术是兼容的。随着 VCM 的使用，临界电流密度显著降低，从而加速了逻辑器件向低功耗和实用存储器的发展。

3.3.4　MESO 器件

集体状态翻转器件是替代或增强晶体管的潜在候选器件 [302]。集体状态翻转通过将材料的序参量 (如铁磁性、铁电性) 从 Θ 翻转到 $-\Theta$ 来操作。通过使用集

3.3 电控磁效应的器件应用

体顺序参数动力学来解决 10 nm 以下的小型化问题，克服了电导率调制固有的"玻尔兹曼暴政"难题，并为计算机提供了非易失性。有充分的证据表明，"玻尔兹曼暴政"和漏电流是传统 CMOS 器件的核心挑战。基于集体状态翻转器件的逻辑是超越现有 CMOS 时代的计算进步的主要选择，主要因为以下原因：① 每次操作具有能量上的潜在优势，② 更高的计算逻辑密度和效率 (即每个组合逻辑功能所需的原件更少)，③ 非易失性存算一体能力，④ 对传统和新兴架构 (例如，神经形态与随机计算) 的适应性。

在这些可能的集体状态序参量中，铁电和多铁性是用于计算的首选序参量，这是因为：① 存在一个可控的、局域的和强唯象学的载体 (自发偶极子)；② 铁电体相对于开关稳定性的翻转效率由单位体积能量势垒 $\lambda = E_{sw}/\Delta E(\Theta)$ 给出，其中 $\Delta E(\Theta)$ 为相对于稳态的能量势垒，E_{sw} 为开关过程中耗散的总能量，较低的 λ 值使计算开关能够在给定的能量势垒中以较低的能量运行。对于一项新技术来说，一个至关重要的考虑因素是需要高度紧凑的纳米尺度互连。而铁电翻转和铁磁体伴随的磁电翻转的可能是纳米尺度和室温下最节能的电荷驱动开关现象，但却缺乏一种有效的读取状态的方法。在拓扑物质中通过 Rashba-Edelstein 或拓扑二维电子气而发现强自旋–电荷耦合，使电荷驱动的可扩展逻辑计算器件的设想成为可能。

Manipatruni 等[302] 提出了一种逻辑计算器件，具有磁电开关节点和自旋轨道效应读出的特征，工作电压在 100 mV，并可以电学互连。该磁电自旋轨道 (magnetoelectric spin-orbit, MESO) 器件包括两种技术上可扩展的转换机制：铁电/磁电开关和自旋到电荷的拓扑转换。该器件界面电学互连，因此可以由电荷/电压驱动，并产生电荷/电压输出 (图 3.25(a))。MESO 器件 (图 3.25(b)) 由一个磁电开关电容器、一个铁磁体和一个自旋电荷转换模块组成。在图 3.25(b) 中，当输入互连携带正电流 (电流沿 $+x$ 方向流动) 时，在磁电电容器中沿 $-z$ 方向 (进入平面) 建立电场。由此产生的可能由电控交换偏置或交换各向异性组成的磁电效应 (表示为有效场 $H_{\rm ME}$)，可将纳米磁铁翻转到 $-y$ 方向。态翻转的读出 (检测) 可以使用拓扑或高自旋轨道耦合 (SOC) 材料中的自旋–电荷转换。施加电流注入器件，导致自旋极化电子从铁磁体流入 SOC 材料。由于 SOC 自旋到电荷的转换 (图 3.25(b))，在输出端产生电流 (沿 $-x$ 方向)。因此，输入电荷状态 (正电压和正电流) 被输出端的 MESO 逻辑门反转。

应用自旋/磁电电路理论结合随机磁化动力学求解器，Manipatruni 等[302] 获得了 MESO 逻辑器件的传递特性。进而，他们将以下影响纳入 SPICE(以集成电路为重点的仿真程序) 电路求解器：① 磁电翻转；② 所有能量源和耗散元件；③ 铁电开关的 Landau-Khalatnikov 动力学；④ 外围电荷电路，使用功率边界法和组件级能量计算模拟能量缩放到小于 10 aJ ($1\ {\rm aJ} = 10^{-18}{\rm J}$)。MESO 转换器传

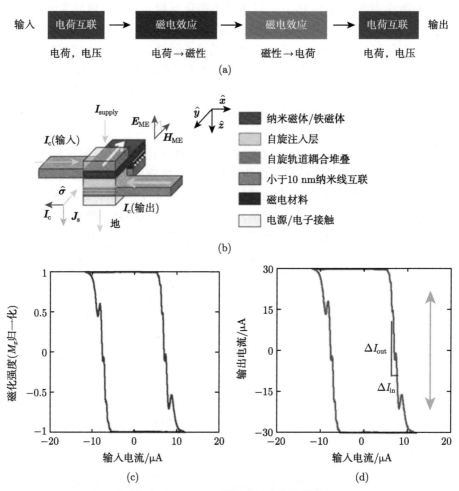

图 3.25 MESO 逻辑转换和器件操作

(a) 可级联电荷输入和电荷输出逻辑器件的状态变量的转换, 即磁电效应将输入信息转换为磁信号, 拓扑材料中的自旋轨道效应将磁性状态变量转换回电荷; (b) 由磁电电容器和拓扑材料构成的 MESO 器件, 包括自旋注入层, 用于从铁磁体到拓扑材料的自旋注入, 由导电材料形成互连; (c) 磁电传递函数, 表示电荷输入到铁磁磁化的转换; (d) 自旋–轨道传递函数, 表示某个状态到电荷输出的转换[302]

递函数, 以及磁性和电学的滞回, 如图 3.25(c) 和 (d) 所示。进而, 他们确定了一种可扩展的方法, 通过自旋轨道效应将纳米磁体的自旋状态转换为电荷状态, 例如利用界面 Rashba-Edelstein 效应 (IREE) 和拓扑绝缘体中的自旋动量锁定。研究表明, 自旋流可以转换为电荷流, 从而保留自旋极化中编码的信息 (在准静态非局域 (non-local) 自旋阀构型中使用共振自旋泵浦)。图 3.26(a) 和 (b) 显示了通过纳米磁体的电流如何产生自旋极化电子注入具有高 SOC 系数的材料 (例如 Bi/Ag、拓扑绝缘体、氧化物和二维材料) 组成的层状结构中。如图 3.26(b) 所示,

3.3 电控磁效应的器件应用

当 m 指向 y 方向时,注入自旋流流向为 $J_s = J_s\hat{z}$,自旋极化沿 $+y$ 方向,产生电荷流 I_c 沿 x 方向。当纳米磁体反向沿 $-y$ 时,注入自旋流仍为 $J_s = J_s\hat{z}$,但注入的自旋极化变为 $-y$ 方向,产生的电荷流 I_c 也沿 $-x$ 方向。因此,纳米磁体的磁化方向决定了转换为电流的方向。借助哈密顿量,可以描述界面处自旋-电荷转换的自旋-轨道机制:

$$H_R = \alpha_R(\boldsymbol{k} \times \hat{\boldsymbol{z}}) \cdot \boldsymbol{\sigma}$$

式中,$\alpha_R = (k_{F+} - k_{F-})\hbar^2/2m$ 为 Rashba 系数 ($\hbar$ 为约化普朗克常量),这里 k_{F+} 和 k_{F-} 为两个自旋劈裂带的费米波矢,$\hat{z}$ 为垂直于界面的单位矢量;$\boldsymbol{\sigma}$ 为泡利 (Pauli) 自旋矩阵的矢量;$\boldsymbol{k}$ 为电子的动量。在基于 Rashba 电子气的两个费米轮廓的简单模型中,沿 y 轴的自旋极化密度 $\delta s_{y\pm}$(图 3.26(b) 和 (c)) 和沿 x 轴的电荷流密度 $J_{cx\pm}$ 关系可表示为

$$\delta s_{y\pm} = \pm \frac{m}{2e\hbar k_{F\pm}} J_{cx\pm}$$

得出二维 Rashba 电子气中自旋密度 (单位面积) 与电荷流 (单位宽度) 之间的关系:

$$J_{cx} = \frac{e\alpha_R}{\hbar}\langle \delta s \rangle_y = \frac{\alpha_R \tau_s}{\hbar} J_{sy} = \lambda_{IREE} J_{sy}$$

式中,自旋流与自旋极化的关系由自旋弛豫时间 τ_s 决定,$J_s = e\delta s/\tau_s$,其中 e 为电子电荷。对于拓扑系统中的纯螺旋基态,$\lambda_{IREE} = v_F\tau$,其中 v_F 为费米速度,τ 为非平衡界面处自旋分布的弛豫时间。这导致在转换中产生与自旋流成正比的电荷流 (图 3.26(c))。这一转换将线性电荷流密度 J_{cx}(单位为 A/m) 和面自旋流密度 J_{sy}(沿 z 方向流动的自旋流,由沿 y 方向取向的自旋组成,单位为 A/m^2) 关联了起来。

磁电耦合为逻辑开关提供了一种高能效的机制,其本征开关能量由 $E_{ME} = 2P_sV_c$ 给出,式中 P_s 为翻转的极化,V_c 为开关临界电压。磁电/铁电开关是室温下最节能的机制之一,可以微缩到 10 nm 的横向尺寸,并保持稳定的集体序参量。铁磁体的磁电开关机制如图 3.26(d) 所示,而典型的室温多铁性磁电 (BiFeO$_3$) 如图 3.26(e) 所示。一般来说,磁电开关可以通过将铁电性/铁弹性耦合到反铁磁性和/或弱倾斜磁矩来实现。通过将翻转极化调整到 10 μC/cm^2 左右,开关电压调整到 100 mV,铁电/磁电开关的本征开关能量可以接近 1 aJ/bit(约为先进 CMOS 器件开关能量的 1/30)。

在材料层面,Manipatruni 等描述了 $1 \sim 10$ aJ 级 MESO 逻辑器件的材料尺寸要求,可扩展到小于 10 nm 的临界尺寸或超过 10^{10} cm^{-2} 的器件密度。对于 MESO 器件,关键材料按承担的功能可分为四类:① 用于自旋到电荷转换的

SOC 材料；② 用于电荷到自旋转换的磁电材料；③ 可扩展到纳米级宽度的互连；

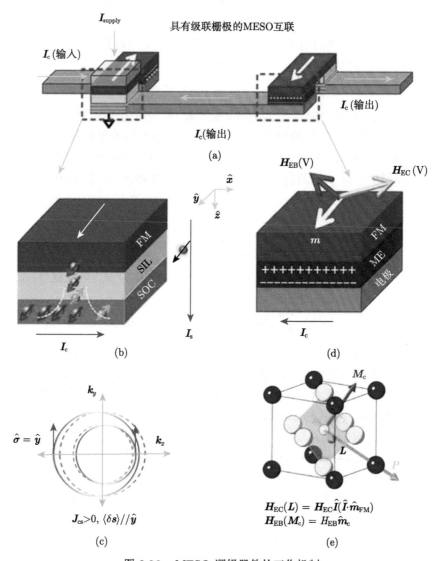

图 3.26 MESO 逻辑器件的工作机制

(a) 基于低电压电荷的 MESO 与具有级联逻辑门的互连 (两个逆变器连接在一起形成互连, 箭头表示器件电流输入和输出的方向); (b) 使用高 SOC 材料的自旋到电荷转换的工作机制 (在材料界面需要的地方使用自旋注入层) 从铁磁体 (FM) 注入的 $+z$ 方向的自旋, 沿 $+y$(平面) 方向的自旋极化, 在 SOC 层中产生拓扑生成的电荷流 (红色和蓝色的小箭头分别表示从磁铁注入的向上和向下的旋转, 红色大箭头表示电荷 (I_c) 和注入自旋 (I_s) 电流的方向); (c) 高 SOC 二维电子气自旋–电荷转换的 k 空间示意图 (注入沿 $+y$ 方向极化的自旋流会使拓扑材料一侧的费米表面比另一侧的多, 这在 x 方向上产生净电荷流); (d) 磁电 (ME) 材料的工作机制, 即铁磁体通过交换/应变与磁电材料耦合 (H_{EB} 和 H_{EC} 分别为磁电材料与铁磁体的交换偏置和交换耦合, m 为铁磁体的磁化强度); (e) 经典的多铁磁电材料 $BiFeO_3$ 的序参量, 即极化 (P)、反铁磁性 (L) 和弱倾斜磁化 (M_c) [302]

3.3 电控磁效应的器件应用

④ 纳米磁体。在磁电开关和低矫顽电压条件下，通过厚度可扩展至 $5\sim 20$ nm 的多铁材料的菱方畸变调节和化学取代，获得了 $10c^{-1}$ (c 为光速) 的大信号磁电系数。ISOC 自旋流源的输出电阻是影响 MESO 逻辑器件驱动能力的关键参数 (高源电阻是电流源的首选)。由于电荷介导的磁电逻辑具有低压、低电流工作的优势，所以器件对低互联电阻率的要求得以降低。这体现在电阻率的名义目标值可以在 $4\sim 200$ μΩ·cm 的范围内变化。金属互连的电迁移通过限制导线中的峰值电流，对提升翻转速度提出了挑战。

集中利用量子材料，可以使逻辑技术在 100 mV、1 aJ/bit 下进行工作，其具有四类基本材料。SOC 材料包括高 SOC 氧化物 (例如 WO_3 和 Bi_2O_3) 和具有强拓扑效应的氧化物 ($SrIrO_3$ 和 $SrTiO_3/LaAlO_3$)、拓扑材料 ($Bi_{1.5}Sb_{0.5}Te_{1.7}Se_{1.3}$、$Sn-Bi_2Te_2Se$、$Bi_2Se_3$、$\alpha$-Sn、BiSb) 及其超晶格、具有大自旋轨道效应的过渡金属二硫属化物 (MoS_2、MX_2)。磁电材料包括具有反铁磁性和铁电耦合的多铁材料 (I 类型多铁 $BiFeO_3$、$LaBiFeO_3$ 和 II 类型多铁 $TbMnO_3$，以及非常规的多铁性材料，如 $LuFeO_3/LuFe_2O_4$)、磁致伸缩材料 (Fe_3Ga、$Tb_xDy_{1-x}Fe_2$、FeRh) 和电调控的交换相互作用介导的磁电体 (如 Cr_2O_3 或 Fe_2TeO_6)。可扩展到小于 10 nm 的临界宽度尺寸的互连材料，基于过渡金属 (Cu、Ag、Co、Al、Ru) 或它们的半导体合金 (多晶硅、NiSi、CoSi、NiGe、TiSi)，结合低互连电容材料 (SiO_2、SiN、SiCOH、聚合物)。纳米磁性材料可以是铁磁体或亚铁磁体 (Co、Fe、Ni、CoFe、NiFe，以及 X_2YZ 和 XYZ 型合金，如 Co_2FeAl、Mn_3Ga)，具有宽范围的饱和磁化和磁各向异性，以满足尺寸和矫顽力要求。在这四类材料中，每一类的性能都需要相当大的优化来改善集成器件的材料界面，如工作温度范围、加工温度兼容性，以及最重要的性能指标。

总之，MESO 是一种可扩展的超 CMOS 自旋电子逻辑器件，具有非易失性和节能的优势。MESO 器件可以实现：① 在 100 mV 下 (是先进 CMOS 器件工作电压的 1/5)，每次操作的能量持续向阿焦级开关能量方向扩展 (是先进 CMOS 器件工作电压的 1/30)；② 通过集体开关器件实现的多数门电路实现，逻辑密度大幅提高 (比先进 CMOS 器件高约 5 倍)；③ 由于电阻率的影响较小，提高了互连的可扩展性，最高可达 1 mΩ·cm；④ 实现了与 CMOS 技术的无缝单片集成。利用量子材料、高度密集的多数逻辑和非易失性逻辑开发出的具有优势缩放方法的超 CMOS 器件，可以为提高超 CMOS 计算器件的能源效率开辟一个潜在的新技术范式。结合非易失性和超低能量，MESO 逻辑可以实现全新的计算机架构，可以规避图灵和冯·诺伊曼架构与阿姆达尔定律之间的权衡问题。量子材料、新型集成和新的逻辑架构的结合可能使计算超越先进的 CMOS 技术[302]。

3.3.5 电控磁展望

本章综述了自旋电子学中电控磁这一主题的经典工作和最新进展，但仍然难以完全囊括该领域的快速进展。从材料的角度来讲，讨论了三类磁性材料 (金属、半导体和氧化物) 和三类代表性的介电栅极材料 (正常电介质、铁电体和电解质)，以及它们对于实现 VCM 性能的特定贡献。磁性材料和介电栅极材料的组合，产生了 4 种实现 VCM 的器件构型。除了传统的电荷、应变和异质结界面交换耦合机制，轨道重构和电化学效应也为电控磁的实现提供了有力抓手。作为有望降低存储技术功耗的方法，研究者设计了多种器件来利用 VCM 的功能，包括电场辅助的隧道结翻转、纯电场驱动的磁化翻转和电控自旋轨道力矩。得益于世界范围内的研究者持续的努力，这一方向表现出旺盛的生命力。尽管如此，需要指出的是，该领域仍处于初生阶段，有大量公认的问题需要解决，包括机制和实际应用两个方面。

(1) VCM 的机制仍需要更细节地澄清并进一步拓展。不同磁电机制之间的耦合在薄膜的厚度降至几个纳米时，变成一个关键的问题。不同机制间的合作与竞争应该用更多微观层次的证据来加以揭示；同时，也需要回答在不同的情形下，何种机制占主导因素[303]。

(2) VCM 的实际应用需要聚焦于以下研究：① 将工作温度提高至室温以符合实际需求；② 将翻转电压降低至远低于磁隧道结击穿阈值的水平；③ 能够翻转的尺寸在 10 ~ 30 nm，具有足够热稳定性的磁体；④ VCM 的器件制备与集成；⑤ 降低错误率至 10^{-15} 量级。

(3) 如何优化和提升电压对磁性能的影响力？一般来说，在传统半导体工业中，绝缘层应该尽可能厚以解决漏电流问题，但这却会显著降低有效电场。离子液体栅压提供了一种有希望的方法，在界面处产生一个非常大的电场，然而其在半导体工业中的集成问题和操作速度的提升需要着重考虑。

(4) 电场提供了一种有望显著降低电流密度来实现磁化翻转的方法，对基于自旋转移力矩和自旋轨道力矩的器件皆是如此。这也是自旋电子学具有强工业应用背景的最吸引人的研究领域之一。

(5) 带电氧空位在铁电、铁磁氧化物和隧穿势垒材料中不可避免地会出现，也会受到外电压的调控，从而对磁性能也会产生某些影响。因此，在未来需要更加清晰地揭示带电氧空位的作用和行为。此外，界面处其他缺陷的行为以及电场翻转同样需要澄清。在实际器件的重复电循环下，如何克服极化疲劳的障碍，也至关重要。

(6) 与自旋电子学领域的新兴研究方向，如斯格明子、Dzyaloshinskii-Moriya 相互作用相结合，以及尚未探索的电压调控的行为。电控磁效应在二维材料或单分子材料中的拓展，对于基础科学和器件应用均有重要的推动作用 [24,239,304]。

总之，电控磁在未来将创造出一个更宽广的平台，并带来全新的物理现象和广泛的应用潜力。

参 考 文 献

[1] Hu J M, Nan C W. Opportunities and challenges for magnetoelectric devices[J]. APL Mater., 2019, 7: 080905.

[2] Channagoudra G, Dayal V. Magnetoelectric coupling in ferromagnetic/ferroelectric heterostructures: a survey and perspective[J]. J. Alloys Compd., 2022, 928: 167181.

[3] Dai B, Jackson M, Cheng Y, et al. Review of voltage-controlled magnetic anisotropy and magnetic insulator[J]. J. Magn. Magn. Mater., 2022, 563: 169924.

[4] Cheng Y, Zhao S, Zhou Z, et al. Recent development of E-field control of interfacial magnetism in multiferroic heterostructures[J]. Nano Res., 2023, 16: 5983-6000.

[5] Yan H, Feng Z, Qin P, et al. Electric-field-controlled antiferromagnetic spintronic devices[J]. Adv. Mater., 2020, 32: 1905603.

[6] Molinari A, Hahn H, Kruk R. Voltage-control of magnetism in all-solid-state and solid/liquid magnetoelectric composites[J]. Adv. Mater., 2019, 31: 1806662.

[7] Xue F, Sato N, Bi C, et al. Large voltage control of magnetic anisotropy in CoFeB/MgO/OX structures at room temperature[J]. Apl Mater., 2019, 7: 101112.

[8] Huang Q, Dong Y, Zhao X, et al. Electrical control of perpendicular magnetic anisotropy and spin-orbit torque-induced magnetization switching[J]. Adv. Electron. Mater., 2020, 6: 1900782.

[9] Zhou X, Yan Y, Jiang M, et al. Role of oxygen ion migration in the electrical control of magnetism in Pt/Co/Ni/HfO$_2$ films[J]. J. Phys. Chem. C, 2016, 120: 1633-1639.

[10] Vermeulen B F, Ciubotaru F, Popovici M I, et al. Ferroelectric control of magnetism in ultrathin HfO$_2$/Co/Pt layers[J]. ACS Appl. Mater. Interfaces, 2019, 11: 34385-34393.

[11] Chen J, Zhao L, Tian G, et al. Highly efficient voltage-controlled magnetism in HfZrO/CoFeB hybrid film and Hall device[J]. Jpn. J. Appl. Phys., 2022, 61: SJ1006.

[12] Yu G, Upadhyaya P, Fan Y, et al. Switching of perpendicular magnetization by spin-orbit torques in the absence of external magnetic fields[J]. Nat. Nanotechnol., 2014, 9: 548-554.

[13] Ghidini M, Maccherozzi F, Moya X, et al. Perpendicular local magnetization under voltage control in Ni films on ferroelectric BaTiO$_3$ substrates[J]. Adv. Mater., 2015, 27: 1460-1465.

[14] Ameziane M, Mansell R, Havu V, et al. Lithium-ion battery technology for voltage control of perpendicular magnetization[J]. Adv. Funct. Mater., 2022, 32: 2113118.

[15] Gilbert D A, Olamit J, Dumas R K, et al. Controllable positive exchange bias *via* redox-driven oxygen migration[J]. Nat. Commun., 2016, 7: 11050.

[16] Murray P D, Jensen C J, Quintana A, et al. Electrically enhanced exchange bias *via* solid-state magneto-ionics[J]. ACS Appl. Mater. Interfaces, 2021, 13: 38916-38922.

[17] Zehner J, Wolf D, Hasan M U, et al. Magnetoionic control of perpendicular exchange bias[J]. Phys. Rev. Mater., 2021, 5: L061401.

[18] Yan Y N, Zhou X J, Li F, et al. Electrical control of Co/Ni magnetism adjacent to gate oxides with low oxygen ion mobility[J]. Appl. Phys. Lett., 2015, 107: 122407.

[19] Ning S, Zhang Q, Occhialini C, et al. Voltage control of magnetism above room temperature in epitaxial $SrCo_{1-x}Fe_xO_{3-\delta}$[J]. ACS Nano, 2020, 14: 8949-8957.

[20] Ren X, Liu L, Cui B, et al. Control of compensation temperature in CoGd films through hydrogen and oxygen migration under gate voltage[J]. Nano Lett., 2023, 23: 5927-5933.

[21] Xing Y, Xing R, Zhao X, et al. Voltage control of magnetic properties in Gd_xFe_{100-x} films by hydrogen migration[J]. Appl. Phys. Lett., 2022, 121: 262403.

[22] Amiri P K, Alzate J G, Cai X Q, et al. Electric-field-controlled magnetoelectric RAM: progress, challenges, and scaling[J]. IEEE Trans. Magn., 2015, 51.

[23] Xu M, Li M, Khanal P, et al. Voltage-controlled antiferromagnetism in magnetic tunnel junctions[J]. Phys. Rev. Lett., 2020, 124: 187701.

[24] Tong J, Wu Y, Zhang R, et al. Full-electrical writing and reading of magnetization states in a magnetic junction with symmetrical structure and antiparallel magnetic configuration[J]. ACS Nano, 2021, 15: 12213-12221.

[25] Dhanapal P, Zhang T, Wang B, et al. Reversibly controlled magnetic domains of Co film *via* electric field driven oxygen migration at nanoscale[J]. Appl. Phys. Lett., 2019, 114: 232401.

[26] Qin H, Dreyer R, Woltersdorf G, et al. Electric-field control of propagating spin waves by ferroelectric domain-wall motion in a multiferroic heterostructure[J]. Adv. Mater., 2021, 33: 2100646.

[27] Yao J, Song X, Gao X, et al. Electrically driven reversible magnetic rotation in nanoscale multiferroic heterostructures[J]. ACS Nano, 2018, 12: 6767-6776.

[28] Arras R, Cherifi-Hertel S. Polarization control of the interface ferromagnetic to antiferromagnetic phase transition in $Co/Pb(Zr,Ti)O_3$[J]. ACS Appl. Mater. Interfaces, 2019, 11: 34399-34407.

[29] Feng Z, Yan H, Liu Z. Electric-field control of magnetic order: from FeRh to topological antiferromagnetic spintronics[J]. Adv. Electron. Mater., 2019, 5: 1800466.

[30] Leon A O, Cahaya A B, Bauer G E W. Voltage control of rare-earth magnetic moments at the magnetic-insulator-metal interface[J]. Phys. Rev. Lett., 2018, 120: 27201.

[31] Liu J, Laguta V V, Inzani K, et al. Coherent electric field manipulation of Fe^{3+} spins in $PbTiO_3$[J]. Sci. Adv., 2021, 7: eabf8103.

[32] Hu J M, Yang T, Chen L Q. Strain-mediated voltage-controlled switching of magnetic skyrmions in nanostructures[J]. Npj Comput. Mater., 2018, 4: 62.

[33] Wang W, Song D, Wei W, et al. Electrical manipulation of skyrmions in a chiral magnet[J]. Nat. Commun., 2022, 13: 1593.

[34] Fillion C E, Fischer J, Kumar R, et al. Gate-controlled skyrmion and domain wall chirality[J]. Nat. Commun., 2022, 13: 5257.

[35] Bhattacharya D, Razavi S A, Wu H, et al. Creation and annihilation of non-volatile fixed magnetic skyrmions using voltage control of magnetic anisotropy[J]. Nat. Electron., 2020, 3: 539-545.

[36] Paul S, Heinze S. Electric-field driven stability control of skyrmions in an ultrathin transition-metal film[J]. Npj Comput. Mater., 2022, 8: 105.

[37] Liu C, Luo Y, Hong D, et al. Electric field control of magnon spin currents in an antiferromagnetic insulator[J]. Sci. Adv., 2021, 7: eabg1669.

[38] Chu R, Cui B, Liu L, et al. Electrical control of spin Hall efficiency and field-free magnetization switching in W/Pt/Co/Pt heterostructures with competing spin currents[J]. ACS Appl. Mater. Interfaces, 2023, 15: 29525-29534.

[39] Ameziane M, Rosenkamp R, Flajšman L, et al. Electric field control of RKKY coupling through solid-state ionics[J]. Appl. Phys. Lett., 2023, 122: 232401.

[40] Zutic I, Fabian J, Das Sarma S. Spintronics: fundamentals and applications[J]. Rev. Mod. Phys., 2004, 76: 323-410.

[41] Bader S D, Parkin S S P. Spintronics[J]. Annu. Rev. Condens. Matter Phys., 2010, 1: 71-88.

[42] Matsukura F, Tokura Y, Ohno H. Control of magnetism by electric fields[J]. Nat. Nanotechnol., 2015, 10: 209-220.

[43] Weisheit M, Faehler S, Marty A, et al. Electric field-induced modification of magnetism in thin-film ferromagnets[J]. Science, 2007, 315: 349-351.

[44] Wolf S A, Awschalom D D, Buhrman R A, et al. Spintronics: a spin-based electronics vision for the future[J]. Science, 2001, 294: 1488-1495.

[45] Macdonald A H, Schiffer P, Samarth N. Ferromagnetic semiconductors: moving beyond (Ga, Mn)As[J]. Nat. Mater., 2005, 4: 195-202.

[46] Hwang H Y, Iwasa Y, Kawasaki M, et al. Emergent phenomena at oxide interfaces[J]. Nat. Mater., 2012, 11: 103-113.

[47] Vaz C A F. Electric field control of magnetism in multiferroic heterostructures[J]. J. Phys. Condens. Matter, 2012, 24: 333201.

[48] Bibes M, Villegas J E, Barthelemy A. Ultrathin oxide films and interfaces for electronics and spintronics[J]. Adv. Phys., 2011, 60: 5-84.

[49] Zhang P X, Yin G F, Wang Y Y, et al. Electrical control of antiferromagnetic metal up to 15 nm[J]. Sci. China Physics, Mech. Astron., 2016, 59: 687511.

[50] Wang Y, Zhou X, Song C, et al. Electrical control of the exchange spring in antiferromagnetic metals[J]. Adv. Mater., 2015, 27: 3196-3201.

[51] Shimamura K, Chiba D, Ono S, et al. Electrical control of Curie temperature in cobalt using an ionic liquid film[J]. Appl. Phys. Lett., 2012, 100: 122402.

[52] Maruyama T, Shiota Y, Nozaki T, et al. Large voltage-induced magnetic anisotropy change in a few atomic layers of iron[J]. Nat. Nanotechnol., 2009, 4: 158-161.

[53] Nakamura K, Akiyama T, Ito T, et al. Role of an interfacial FeO layer in the electric-field-driven switching of magnetocrystalline anisotropy at the Fe/MgO interface[J].

Phys. Rev. B, 2010, 81: 220409.

[54] Bi C, Liu Y, Newhouse-Illige T, et al. Reversible control of Co magnetism by voltage-induced oxidation[J]. Phys. Rev. Lett., 2014, 113: 267202.

[55] Bauer U, Yao L, Tan A J, et al. Magneto-ionic control of interfacial magnetism[J]. Nat. Mater., 2015, 14: 174-181.

[56] Bonell F, Takahashi Y T, Lam D D, et al. Reversible change in the oxidation state and magnetic circular dichroism of Fe driven by an electric field at the FeCo/MgO interface[J]. Appl. Phys. Lett., 2013, 102: 152401.

[57] Bauer U, Emori S, Beach G S D. Voltage-controlled domain wall traps in ferromagnetic nanowires[J]. Nat. Nanotechnol., 2013, 8: 411-416.

[58] Lee J W, Shin S C, Kim S K. Spin engineering of CoPd alloy films *via* the inverse piezoelectric effect[J]. Appl. Phys. Lett., 2003, 82: 2458-2460.

[59] Sahoo S, Polisetty S, Duan C G, et al. Ferroelectric control of magnetism in $BaTiO_3$/Fe heterostructures *via* interface strain coupling[J]. Phys. Rev. B, 2007, 76: 092108.

[60] Yang S W, Peng R C, Jiang T, et al. Non-volatile 180 degrees magnetization reversal by an electric field in multiferroic heterostructures[J]. Adv. Mater., 2014, 26: 7091-7095.

[61] Gepraegs S, Brandlmaier A, Opel M, et al. Electric field controlled manipulation of the magnetization in $Ni/BaTiO_3$ hybrid structures[J]. Appl. Phys. Lett., 2010, 96: 142509.

[62] Zhang S, Zhao Y G, Li P S, et al. Electric-field control of nonvolatile magnetization in $Co_{40}Fe_{40}B_{20}/Pb(Mg_{1/3}Nb_{2/3})_{0.7}Ti_{0.3}O_3$ structure at room temperature[J]. Phys. Rev. Lett., 2012, 108: 137203.

[63] Brintlinger T, Lim S H, Baloch K H, et al. *In situ* observation of reversible nanomagnetic switching induced by electric fields[J]. Nano Lett., 2010, 10: 1219-1223.

[64] Li P, Chen A, Li D, et al. Electric field manipulation of magnetization rotation and tunneling magnetoresistance of magnetic tunnel junctions at room temperature[J]. Adv. Mater., 2014, 26: 4320-4325.

[65] Chu Y H, Martin L W, Holcomb M B, et al. Electric-field control of local ferromagnetism using a magnetoelectric multiferroic[J]. Nat Mater., 2008, 7: 478-482.

[66] Toyoki K, Shiratsuchi Y, Kobane A, et al. Magnetoelectric switching of perpendicular exchange bias in $Pt/Co/\alpha\text{-}Cr_2O_3/Pt$ stacked films[J]. Appl. Phys. Lett., 2015, 106: 162404.

[67] Borisov P, Hochstrat A, Chen X, et al. Magnetoelectric switching of exchange bias[J]. Phys. Rev. Lett., 2005, 94: 117203.

[68] Binek C, Hochstrat A, Chen X, et al. Electrically controlled exchange bias for spintronic applications[J]. J. Appl. Phys., 2005, 97: 10C514.

[69] Echtenkamp W, Binek C. Electric control of exchange bias training[J]. Phys. Rev. Lett., 2013, 111: 187204.

[70] Laukhin V, Skumryev V, Marti X, et al. Electric-field control of exchange bias in multiferroic epitaxial heterostructures[J]. Phys. Rev. Lett., 2006, 97: 227201.

[71] Cherifi R O, Ivanovskaya V, Phillips L C, et al. Electric-field control of magnetic order above room temperature[J]. Nat. Mater., 2014, 13: 345-351.

[72] Wang W G, Li M, Hageman S, et al. Electric-field-assisted switching in magnetic tunnel junctions[J]. Nat. Mater., 2012, 11: 64-68.

[73] Shiota Y, Nozaki T, Bonell F, et al. Induction of coherent magnetization switching in a few atomic layers of FeCo using voltage pulses[J]. Nat. Mater., 2012, 11: 39-43.

[74] Kanai S, Yamanouchi M, Ikeda S, et al. Electric field-induced magnetization reversal in a perpendicular-anisotropy CoFeB-MgO magnetic tunnel junction[J]. Appl. Phys. Lett., 2012, 101: 122403.

[75] Kanai S, Matsukura F, Ohno H. Electric-field-induced magnetization switching in CoFeB/ MgO magnetic tunnel junctions with high junction resistance[J]. Appl. Phys. Lett., 2016, 108: 192406.

[76] Grezes C, Ebrahimi F, Alzate J G, et al. Ultra-low switching energy and scaling in electric-field-controlled nanoscale magnetic tunnel junctions with high resistance-area product[J]. Appl. Phys. Lett., 2016, 108: 012403.

[77] Pan F, Song C, Liu X J, et al. Ferromagnetism and possible application in spintronics of transition-metal-doped ZnO films[J]. Mater. Sci. Eng. R Reports, 2008, 62: 1-35.

[78] Dietl T, Ohno H, Matsukura F, et al. Zener model description of ferromagnetism in zinc-blende magnetic semiconductors[J]. Science, 2000, 287: 1019-1022.

[79] Ohno H, Chiba D, Matsukura F, et al. Electric-field control of ferromagnetism[J]. Nature, 2000, 408: 944-946.

[80] Chiba D, Nakatani Y, Matsukura F, et al. Simulation of magnetization switching by electric-field manipulation of magnetic anisotropy[J]. Appl. Phys. Lett., 2010, 96: 192506.

[81] Chiba D, Matsukura F, Ohno H. Electric-field control of ferromagnetism in (Ga,Mn)As[J]. Appl. Phys. Lett., 2006, 89: 162505.

[82] Chiba D, Werpachowska A, Endo M, et al. Anomalous Hall effect in field-effect structures of (Ga,Mn)As[J]. Phys. Rev. Lett., 2010, 104: 106601.

[83] Nishitani Y, Chiba D, Endo M, et al. Curie temperature versus hole concentration in field-effect structures of $Ga_{1-x}Mn_xAs$[J]. Phys. Rev. B, 2010, 81: 045208.

[84] Chiba D, Ono T, Matsukura F, et al. Electric field control of thermal stability and magnetization switching in (Ga,Mn)As[J]. Appl. Phys. Lett., 2013, 103: 142418.

[85] Chiba D, Matsukura F, Ohno H. Electrically defined ferromagnetic nanodots[J]. Nano Lett., 2010, 10: 4505-4508.

[86] Endo M, Chiba D, Shimotani H, et al. Electric double layer transistor with a (Ga,Mn)As channel[J]. Appl. Phys. Lett., 2010, 96: 022515.

[87] Song C, Sperl M, Utz M, et al. Proximity induced enhancement of the Curie temperature in hybrid spin injection devices[J]. Phys. Rev. Lett., 2011, 107: 056601.

[88] Yamanouchi M, Chiba D, Matsukura F, et al. Current-assisted domain wall motion in ferromagnetic semiconductors[J]. Jpn. J. Appl. Phys., 2006, 45: 3854-3859.

[89] Park Y D, Hanbicki A T, Erwin S C, et al. A group-IV ferromagnetic semiconductor: Mn_xGe_{1-x}[J]. Science, 2002, 295: 651-654.

[90] Zhao T, Shinde S R, Ogale S B, et al. Electric field effect in diluted magnetic insulator anatase Co: TiO_2[J]. Phys. Rev. Lett., 2005, 94: 126601.

[91] Yamada Y, Ueno K, Fukumura T, et al. Electrically induced ferromagnetism at room temperature in cobalt-doped titanium dioxide[J]. Science, 2011, 332: 1065-1067.

[92] Chen G, Song C, Chen C, et al. Resistive switching and magnetic modulation in cobalt-doped ZnO[J]. Adv. Mater., 2012, 24: 3515-3520.

[93] Lee H J, Helgren E, Hellman F. Gate-controlled magnetic properties of the magnetic semiconductor (Zn,Co)O[J]. Appl. Phys. Lett., 2009, 94: 212106.

[94] Checkelsky J G, Ye J, Onose Y, et al. Dirac-fermion-mediated ferromagnetism in a topological insulator[J]. Nat. Phys., 2012, 8: 729-733.

[95] Boukari H, Kossacki P, Bertolini M, et al. Light and electric field control of ferromagnetism in magnetic quantum structures[J]. Phys. Rev. Lett., 2002, 88: 207204.

[96] Kou X, He L, Lang M, et al. Manipulating surface-related ferromagnetism in modulation-doped topological insulators[J]. Nano Lett., 2013, 13: 4587-4593.

[97] Sasaki A, Nonaka S, Kunihashi Y, et al. Direct determination of spin-orbit interaction coefficients and realization of the persistent spin helix symmetry[J]. Nat. Nanotechnol., 2014, 9: 703-709.

[98] Song C, Geng K W, Zeng F, et al. Giant magnetic moment in an anomalous ferromagnetic insulator: Co-doped ZnO[J]. Phys. Rev. B, 2006, 73: 024405.

[99] Martin L W, Chu Y H, Ramesh R. Advances in the growth and characterization of magnetic, ferroelectric, and multiferroic oxide thin films[J]. Mater. Sci. Eng. R Reports, 2010, 68: 89-133.

[100] Cao J, Wu J. Strain effects in low-dimensional transition metal oxides[J]. Mater. Sci. Eng. R Reports, 2011, 71: 35-52.

[101] Hu J M, Chen L Q, Nan C W. Multiferroic heterostructures integrating ferroelectric and magnetic materials[J]. Adv. Mater., 2016, 28: 15-39.

[102] Coey J M D, Viret M, Von Molnar S. Mixed-valence manganites[J]. Adv. Phys., 1999, 48: 167-293.

[103] Cui B, Song C, Sun Y, et al. Exchange bias field induced symmetry-breaking of magnetization rotation in two-dimension[J]. Appl. Phys. Lett., 2014, 105: 152402.

[104] Jiang L, Choi W S, Jeen H, et al. Tunneling electroresistance induced by interfacial phase transitions in ultrathin oxide heterostructures[J]. Nano Lett., 2013, 13: 5837-5843.

[105] Cui B, Song C, Wang G, et al. Reversible ferromagnetic phase transition in electrode-gated manganites[J]. Adv. Funct. Mater., 2014, 24: 7233-7240.

[106] Tokura Y, Tomioka Y. Colossal magnetoresistive manganites[J]. J. Magn. Magn. Mater., 1999, 200: 1-23.

[107] Molegraaf H J A, Hoffman J, Vaz C A F, et al. Magnetoelectric effects in complex oxides with competing ground states[J]. Adv. Mater., 2009, 21: 3470-3474.

[108] Vaz C A F, Hoffman J, Segal Y, et al. Origin of the magnetoelectric coupling effect in Pb(Zr$_{0.2}$Ti$_{0.8}$)O$_3$/La$_{0.8}$Sr$_{0.2}$MnO$_3$ multiferroic heterostructures[J]. Phys. Rev. Lett., 2010, 104: 127202.

[109] Pantel D, Goetze S, Hesse D, et al. Reversible electrical switching of spin polarization in multiferroic tunnel junctions[J]. Nat. Mater., 2012, 11: 289-293.

[110] Yin Y W, Burton J D, Kim Y M, et al. Enhanced tunnelling electroresistance effect due to a ferroelectrically induced phase transition at a magnetic complex oxide interface[J]. Nat. Mater., 2013, 12: 397-402.

[111] Tebano A, Aruta C, Sanna S, et al. Evidence of orbital reconstruction at interfaces in ultrathin La$_{0.67}$Sr$_{0.33}$MnO$_3$ films[J]. Phys. Rev. Lett., 2008, 100: 137401.

[112] Aruta C, Ghiringhelli G, Bisogni V, et al. Orbital occupation, atomic moments, and magnetic ordering at interfaces of manganite thin films[J]. Phys. Rev. B, 2009, 80: 014431.

[113] Tsui F, Smoak M C, Nath T K, et al. Strain-dependent magnetic phase diagram of epitaxial La$_{0.67}$Sr$_{0.33}$MnO$_3$ thin films[J]. Appl. Phys. Lett., 2000, 76: 2421-2423.

[114] Eerenstein W, Wiora M, Prieto J L, et al. Giant sharp and persistent converse magnetoelectric effects in multiferroic epitaxial heterostructures[J]. Nat. Mater., 2007, 6: 348-351.

[115] Thiele C, Doerr K, Bilani O, et al. Influence of strain on the magnetization and magnetoelectric effect in La$_{0.7}$A$_{0.3}$MnO$_3$/PMN-PT(001) (A=Sr,Ca)[J]. Phys. Rev. B, 2007, 75: 054408.

[116] Sheng Z G, Gao J, Sun Y P. Coaction of electric field induced strain and polarization effects in La$_{0.7}$Ca$_{0.3}$MnO$_3$/PMN-PT structures[J]. Phys. Rev. B, 2009, 79: 174437.

[117] Zheng H, Wang J, Lofland S E, et al. Multiferroic BaTiO$_3$-CoFe$_2$O$_4$ nanostructures[J]. Science, 2004, 303: 661-663.

[118] Eerenstein W, Mathur N D, Scott J F. Multiferroic and magnetoelectric materials[J]. Nature, 2006, 442: 759-765.

[119] Niranjan M K, Velev J P, Duan C G, et al. Magnetoelectric effect at the Fe$_3$O$_4$/BaTiO$_3$ (001) interface: a first-principles study[J]. Phys. Rev. B, 2008, 78: 104405.

[120] Liu M, Obi O, Lou J, et al. Giant electric field tuning of magnetic properties in multiferroic ferrite/ferroelectric heterostructures[J]. Adv. Funct. Mater., 2009, 19: 1826-1831.

[121] Brandlmaier A, Gepraegs S, Weiler M, et al. In situ manipulation of magnetic anisotropy in magnetite thin films[J]. Phys. Rev. B, 2008, 77: 104445.

[122] Ren S, Briber R M, Wuttig M. Diblock copolymer based self-assembled nanomagnetoelectric[J]. Appl. Phys. Lett., 2008, 93: 173507.

[123] Liu M, Obi O, Lou J, et al. Spin-spray deposited multiferroic composite Ni$_{0.23}$Fe$_{2.77}$O$_4$/Pb(Zr,Ti)O$_3$ with strong interface adhesion[J]. Appl. Phys. Lett., 2008, 92: 152504.

[124] Yang J J, Zhao Y G, Tian H F, et al. Electric field manipulation of magnetization at room temperature in multiferroic CoFe$_2$O$_4$/Pb(Mg$_{1/3}$Nb$_{2/3}$)$_{0.7}$Ti$_{0.3}$O$_3$ heterostructures[J]. Appl. Phys. Lett., 2009, 94: 212504.

[125] Chopdekar R V, Suzuki Y. Magnetoelectric coupling in epitaxial $CoFe_2O_4$ on $BaTiO_3$[J]. Appl. Phys. Lett., 2006, 89: 182506.

[126] Zavaliche F, Zheng H, Mohaddes-Ardabili L, et al. Electric field-induced magnetization switching in epitaxial columnar nanostructures[J]. Nano Lett., 2005, 5: 1793-1796.

[127] Yan L, Yang Y, Wang Z, et al. Review of magnetoelectric perovskite-spinel self-assembled nano-composite thin films[J]. J. Mater. Sci., 2009, 44: 5080-5094.

[128] Aimon N M, Choi H K, Sun X Y, et al. Templated self-assembly of functional oxide nanocomposites[J]. Adv. Mater., 2014, 26: 3063-3067.

[129] Kim D H, Aimon N M, Sun X, et al. Compositionally modulated magnetic epitaxial spinel/perovskite nanocomposite thin films[J]. Adv. Funct. Mater., 2014, 24: 2334-2342.

[130] Tsai C Y, Chen H R, Chang F C, et al. Stress-mediated magnetic anisotropy and magnetoelastic coupling in epitaxial multiferroic $PbTiO_3$-$CoFe_2O_4$ nanostructures[J]. Appl. Phys. Lett., 2013, 102: 132905.

[131] Yang J C, He Q, Zhu Y M, et al. Magnetic mesocrystal-assisted magnetoresistance in Manganite[J]. Nano Lett., 2014, 14: 6073-6079.

[132] Catalan G, Scott J F. Physics and applications of bismuth ferrite[J]. Adv. Mater., 2009, 21: 2463-2485.

[133] Chu Y H, Zhan Q, Martin L W, et al. Nanoscale domain control in multiferroic $BiFeO_3$ thin films[J]. Adv Mater, 2006, 18: 2307.

[134] Chen Y C, He Q, Chu F N, et al. Electrical control of multiferroic orderings in mixed-phase $BiFeO_3$ films[J]. Adv. Mater., 2012, 24: 3070-3075.

[135] Rovillain P, De Sousa R, Gallais Y, et al. Electric-field control of spin waves at room temperature in multiferroic $BiFeO_3$[J]. Nat. Mater., 2010, 9: 975-979.

[136] Lottermoser T, Lonkai T, Amann U, et al. Magnetic phase control by an electric field[J]. Nature, 2004, 430: 541-544.

[137] Chiba D, Ono T. Control of magnetism in Co by an electric field[J]. J. Phys. D Appl. Phys., 2013, 46: 213001.

[138] Robertson J, Wallace R M. High-K materials and metal gates for CMOS applications[J]. Mater. Sci. Eng. R Reports, 2015, 88: 1-41.

[139] Wang Y Y, Song C, Cui B, et al. Room-temperature perpendicular exchange coupling and tunneling anisotropic magnetoresistance in an antiferromagnet-based tunnel junction[J]. Phys. Rev. Lett., 2012, 109: 137201.

[140] Parkin S S P, Kaiser C, Panchula A, et al. Giant tunnelling magnetoresistance at room temperature with MgO (100) tunnel barriers[J]. Nat. Mater., 2004, 3: 862-867.

[141] Miller S L, McWhorter P J. Physics of the ferroelectric nonvolatile memory field-effect transistor[J]. J. Appl. Phys., 1992, 72: 5999-6010.

[142] Wu T, Bur A, Zhao P, et al. Giant electric-field-induced reversible and permanent magnetization reorientation on magnetoelectric Ni/(011) $[Pb(Mg_{1/3}Nb_{2/3})O_3]_{(1-x)}$- $[PbTiO_3]_x$ heterostructure[J]. Appl. Phys. Lett., 2011, 98: 012504.

[143] Zhao T, Scholl A, Zavaliche F, et al. Electrical control of antiferromagnetic domains in multiferroic BiFeO$_3$ films at room temperature[J]. Nat. Mater., 2006, 5: 823-829.

[144] Xu R, Liu S, Grinberg I, et al. Ferroelectric polarization reversal *via* successive ferroelastic transitions[J]. Nat. Mater., 2015, 14: 79-86.

[145] Frohlich D, Leute S, Pavlov V V, et al. Nonlinear optical spectroscopy of the two-order-parameter compound YMnO$_3$[J]. Phys. Rev. Lett., 1998, 81: 3239-3242.

[146] Borisov P, Hochstrat A, Shvartsman V V, et al. Superconducting quantum interference device setup for magnetoelectric measurements[J]. Rev. Sci. Instrum., 2007, 78: 106105.

[147] Wu S M, Cybart S A, Yu P, et al. Reversible electric control of exchange bias in a multiferroic field-effect device[J]. Nat. Mater., 2010, 9: 756-761.

[148] Armand M, Endres F, MacFarlane D R, et al. Ionic-liquid materials for the electrochemical challenges of the future[J]. Nat. Mater., 2009, 8: 621-629.

[149] Ue M, Takeda M, Toriumi A, et al. Application of low-viscosity ionic liquid to the electrolyte of double-layer capacitors[J]. J. Electrochem. Soc., 2003, 150: A499-A502.

[150] Zhang S G, Zhang Q H, Zhang Y, et al. Beyond solvents and electrolytes: ionic liquids-based advanced functional materials[J]. Prog. Mater. Sci., 2016, 77: 80-124.

[151] Yuan H, Shimotani H, Tsukazaki A, et al. High-density carrier accumulation in ZnO field-effect transistors gated by electric double layers of ionic liquids[J]. Adv. Funct. Mater., 2009, 19: 1046-1053.

[152] Ono S, Seki S, Hirahara R, et al. High-mobility, low-power, and fast-switching organic field-effect transistors with ionic liquids[J]. Appl. Phys. Lett., 2008, 92: 103313.

[153] Subramanian M A, Shannon R D, Chai B H T, et al. Dielectric-constants of BeO, MgO, and CaO using the 2-terminal method[J]. Phys. Chem. Miner, 1989, 16: 741-746.

[154] Dhoot A S, Israel C, Moya X, et al. Large electric field effect in electrolyte-gated manganites[J]. Phys. Rev. Lett., 2009, 102: 136402.

[155] Kang M S, Lee J, Norris D J, et al. High carrier densities achieved at low voltages in ambipolar PbSe nanocrystal thin-film transistors[J]. Nano Lett., 2009, 9: 3848-3852.

[156] Kingon A I, Maria J P, Streiffer S K. Alternative dielectrics to silicon dioxide for memory and logic devices[J]. Nature, 2000, 406: 1032-1038.

[157] Hong X, Posadas A, Lin A, et al. Ferroelectric-field-induced tuning of magnetism in the colossal magnetoresistive oxide La$_{1-x}$Sr$_x$MnO$_3$[J]. Phys. Rev. B, 2003, 68: 134415.

[158] Quintana A, Menéndez E, Liedke M O, et al. Voltage-controlled ON-OFF ferromagnetism at room temperature in a single metal oxide film[J]. ACS Nano, 2018, 12: 10291-10300.

[159] Martins S, Ma Z, Solans-Monfort X, et al. Enhancing magneto-ionic effects in cobalt oxide films by electrolyte engineering[J]. Nanoscale Horiz., 2022, 8: 118-126.

[160] Jeong J, Aetukuri N, Graf T, et al. Suppression of metal-insulator transition in VO$_2$ by electric field-induced oxygen vacancy formation[J]. Science, 2013, 339: 1402-1405.

[161] Xiang P H, Asanuma S, Yamada H, et al. Electrolyte-gated SmCoO$_3$ thin-film transistors exhibiting thickness-dependent large switching ratio at room temperature[J]. Adv.

Mater., 2013, 25: 2158-2161.

[162] Ye J T, Zhang Y J, Akashi R, et al. Superconducting dome in a gate-tuned band insulator[J]. Science, 2012, 338: 1193-1196.

[163] Ye J T, Inoue S, Kobayashi K, et al. Liquid-gated interface superconductivity on an atomically flat film[J]. Nat Mater, 2010, 9: 125-128.

[164] Nakano M, Shibuya K, Okuyama D, et al. Collective bulk carrier delocalization driven by electrostatic surface charge accumulation[J]. Nature, 2012, 487: 459-462.

[165] Ge C, Jin K J, Gu L, et al. Metal-insulator transition induced by oxygen vacancies from electrochemical reaction in ionic liquid-gated manganite films[J]. Adv. Mater. Interfaces, 2015, 2: 1500407.

[166] Yuan H, Shimotani H, Ye J, et al. Electrostatic and electrochemical nature of liquid-gated electric-double-layer transistors based on oxide semiconductors[J]. J. Am. Chem. Soc., 2010, 132: 18402-18407.

[167] Bauer U, Emori S, Beach G S D. Electric field control of domain wall propagation in Pt/Co/GdO$_x$ films[J]. Appl. Phys. Lett., 2012, 100: 192408.

[168] Chiba D, Fukami S, Shimamura K, et al. Electrical control of the ferromagnetic phase transition in cobalt at room temperature[J]. Nat. Mater., 2011, 10: 853-856.

[169] Zhang H, Richter M, Koepernik K, et al. Electric-field control of surface magnetic anisotropy: a density functional approach[J]. New J. Phys., 2009, 11: 043007.

[170] Daalderop G H O, Kelly P J, Schuurmans M F H. Magnetocrystalline anisotropy and orbital moments in transition-metal compounds[J]. Phys. Rev. B, 1991, 44: 12054-12057.

[171] Sakuma A. First principle calculation of the magnetocrystalline anisotropy energy of FePt and CoPt ordered alloys[J]. J. Phys. Soc. Japan, 1994, 63: 3053-3058.

[172] Stearns M B. Origin of ferromagnetism and hyperfine fields in Fe, Co, and Ni[J]. Phys. Rev. B, 1973, 8: 4383-4398.

[173] Mcguire T R, Potter R I. Anisotropic magnetoresistance in ferromagnetic 3D alloys[J]. IEEE Trans. Magn., 1975, 11: 1018-1038.

[174] Takahashi C, Ogura M, Akai H. First-principles calculation of the Curie temperature Slater-Pauling curve[J]. J. Phys. Condens. Matter, 2007, 19: 365233.

[175] Oba M, Nakamura K, Akiyama T, et al. Electric-field-induced modification of the magnon energy, exchange interaction, and Curie temperature of transition-metal thin films[J]. Phys. Rev. Lett., 2015, 114: 107202.

[176] Sawicki M, Chiba D, Korbecka A, et al. Experimental probing of the interplay between ferromagnetism and localization in (Ga, Mn)As[J]. Nat. Phys., 2010, 6: 22-25.

[177] Yang Q, Tao L, Jiang Z, et al. Magnetoelectric effect at the Ni/HfO$_2$ interface induced by ferroelectric polarization[J]. Phys. Rev. Appl., 2019, 12: 024044.

[178] Chen Z, Yang Q, Tao L, et al. Reversal of the magnetoelectric effect at a ferromagnetic metal/ferroelectric interface induced by metal oxidation[J]. Npj Comput. Mater., 2021, 7: 204.

[179] Dmitriyeva A, Mikheev V, Zarubin S, et al. Magnetoelectric coupling at the Ni/Hf$_{0.5}$Zr$_{0.5}$O$_2$ interface[J]. ACS Nano, 2021, 15: 14891-14902.

[180] Cui B, Song C, Wang G Y, et al. Strain engineering induced interfacial self-assembly and intrinsic exchange bias in a manganite perovskite film[J]. Sci. Rep., 2013, 3: 2542.

[181] Cui B, Song C, Li F, et al. Tuning the entanglement between orbital reconstruction and charge transfer at a film surface[J]. Sci. Rep., 2014, 4: 4206.

[182] Wu S Z, Miao J, Xu X G, et al. Strain-mediated electric-field control of exchange bias in a Co$_{90}$Fe$_{10}$/BiFeO$_3$/SrRuO$_3$/PMN-PT heterostructure[J]. Sci. Rep., 2015, 5: 8905.

[183] Liu M, Howe B M, Grazulis L, et al. Voltage-impulse-induced non-volatile ferroelastic switching of ferromagnetic resonance for reconfigurable magnetoelectric microwave devices[J]. Adv. Mater., 2013, 25: 4886-4892.

[184] Pertsev N A. Giant magnetoelectric effect *via* strain-induced spin reorientation transitions in ferromagnetic films[J]. Phys. Rev. B, 2008, 78: 212102.

[185] Hu J M, Nan C W. Electric-field-induced magnetic easy-axis reorientation in ferromagnetic/ferroelectric layered heterostructures[J]. Phys. Rev. B, 2009, 80: 224416.

[186] Sun E, Cao W. Relaxor-based ferroelectric single crystals: growth, domain engineering, characterization and applications[J]. Prog. Mater. Sci., 2014, 65: 124-210.

[187] Chen A T, Zhao Y G. Research update: electrical manipulation of magnetism through strain-mediated magnetoelectric coupling in multiferroic heterostructures[J]. APL Mater., 2016, 4: 032303.

[188] Yang L, Zhao Y, Zhang S, et al. Bipolar loop-like non-volatile strain in the (001)-oriented Pb(Mg$_{1/3}$Nb$_{2/3}$)O$_3$-PbTiO$_3$ single crystals[J]. Sci. Rep., 2014, 4: 4591.

[189] Liu Z Q, Chen H, Wang J M, et al. Electrical switching of the topological anomalous Hall effect in a non-collinear antiferromagnet above room temperature[J]. Nat. Electron., 2018, 1: 172-177.

[190] Taniyama T, Akasaka K, Fu D, et al. Electrical voltage manipulation of ferromagnetic microdomain structures in a ferromagnetic/ferroelectric hybrid structure[J]. J. Appl. Phys., 2007, 101: 09F512.

[191] Taniyama T, Akasaka K, Fu D, et al. Artificially controlled magnetic domain structures in ferromagnetic dots/ferroelectric heterostructures[J]. J. Appl. Phys., 2009, 105: 07D901.

[192] Lahtinen T H E, Tuomi J O, van Dijken S. Pattern transfer and electric-field-induced magnetic domain formation in multiferroic heterostructures[J]. Adv. Mater., 2011, 23: 3187-3191.

[193] Shirahata Y, Nozaki T, Venkataiah G, et al. Switching of the symmetry of magnetic anisotropy in Fe/BaTiO$_3$ heterostructures[J]. Appl. Phys. Lett., 2011, 99: 022501.

[194] Lou J, Liu M, Reed D, et al. Giant electric field tuning of magnetism in novel multiferroic FeGaB/lead zinc niobate-lead titanate (PZN-PT) heterostructures[J]. Adv. Mater., 2009, 21: 4711-4715.

[195] Patel S K, Robertson D D, Cheema S S, et al. *In-situ* measurement of magneto-

electric coupling and strain transfer in multiferroic nanocomposites of $CoFe_2O_4$ and $Hf_{0.5}Zr_{0.5}O_2$ with residual porosity[J]. Nano Lett., 2023, 23: 3267-3273.

[196] Chen A, Piao H G, Zhang C, et al. Switching magnetic strip orientation using electric fields[J]. Mater. Horizons, 2023, 10: 3034-3043.

[197] Chen Q P, Yang J J, Zhao Y G, et al. Electric-field control of phase separation and memory effect in $Pr_{0.6}Ca_{0.4}MnO_3/Pb(Mg_{1/3}Nb_{2/3})_{0.7}Ti_{0.3}O_3$ heterostructures[J]. Appl. Phys. Lett., 2011, 98: 172507.

[198] Lee J H, Fang L, Vlahos E, et al. A strong ferroelectric ferromagnet created by means of spin-lattice coupling[J]. Nature, 2010, 466: 954-958.

[199] Geng Y, Das H, Wysocki A L, et al. Direct visualization of magnetoelectric domains[J]. Nat. Mater., 2014, 13: 163-167.

[200] Lee J H, Rabe K M. Epitaxial-strain-induced multiferroicity in $SrMnO_3$ from first principles[J]. Phys. Rev. Lett., 2010, 104: 207204.

[201] Becher C, Maurel L, Aschauer U, et al. Strain-induced coupling of electrical polarization and structural defects in $SrMnO_3$ films[J]. Nat. Nanotechnol., 2015, 10: 661-665.

[202] Chen X, Zhou X, Cheng R, et al. Electric field control of Néel spin-orbit torque in an antiferromagnet[J]. Nat. Mater., 2019, 18: 931-935.

[203] He X, Wang Y, Wu N, et al. Robust isothermal electric control of exchange bias at room temperature[J]. Nat. Mater., 2010, 9: 579-585.

[204] Fiebig M, Lottermoser T, Frohlich D, et al. Observation of coupled magnetic and electric domains[J]. Nature, 2002, 419: 818-820.

[205] Skumryev V, Laukhin V, Fina I, et al. Magnetization reversal by electric-field decoupling of magnetic and ferroelectric domain walls in multiferroic-based heterostructures[J]. Phys. Rev. Lett., 2011, 106: 057206.

[206] Wu S M, Cybart S A, Yi D, et al. Full electric control of exchange bias[J]. Phys. Rev. Lett., 2013, 110: 067202.

[207] Ratcliff W, Yamani Z, Anbusathaiah V, et al. Electric-field-controlled antiferromagnetic domains in epitaxial $BiFeO_3$ thin films probed by neutron diffraction[J]. Phys. Rev. B, 2013, 87: 140405.

[208] Wang J, Neaton J B, Zheng H, et al. Epitaxial $BiFeO_3$ multiferroic thin film heterostructures[J]. Science, 2003, 299: 1719-1722.

[209] Ramesh R, Spaldin N A. Multiferroics: progress and prospects in thin films[J]. Nat. Mater., 2007, 6: 21-29.

[210] Dong S, Yamauchi K, Yunoki S, et al. Exchange bias driven by the Dzyaloshinskii-Moriya interaction and ferroelectric polarization at G-type antiferromagnetic perovskite interfaces[J]. Phys. Rev. Lett., 2009, 103: 127201.

[211] Dong S, Zhang Q, Yunoki S, et al. *Ab initio* study of the intrinsic exchange bias at the $SrRuO_3/SrMnO_3$ interface[J]. Phys. Rev. B, 2011, 84: 224437.

[212] Martin L W, Chu Y H, Holcomb M B, et al. Nanoscale control of exchange bias with $BiFeO_3$ thin films[J]. Nano Lett., 2008, 8: 2050-2055.

[213] Zhang J, Ke X, Gou G, et al. A nanoscale shape memory oxide[J]. Nat. Commun., 2013, 4: 2768.

[214] Yu P, Lee J S, Okamoto S, et al. Interface ferromagnetism and orbital reconstruction in $BiFeO_3$-$La_{0.7}Sr_{0.3}MnO_3$ heterostructures[J]. Phys. Rev. Lett., 2010, 105: 027201.

[215] Yi D, Liu J, Okamoto S, et al. Tuning the competition between ferromagnetism and antiferromagnetism in a half-doped manganite through magnetoelectric coupling[J]. Phys. Rev. Lett., 2013, 111: 127601.

[216] Bibes M, Barthelemy A. Multiferroics: towards a magnetoelectric memory[J]. Nat. Mater., 2008, 7: 425-426.

[217] Bea H, Bibes M, Ott F, et al. Mechanisms of exchange bias with multiferroic $BiFeO_3$ epitaxial thin films[J]. Phys. Rev. Lett., 2008, 100: 017204.

[218] Livesey K L. Exchange bias induced by domain walls in $BiFeO_3$[J]. Phys. Rev. B, 2010, 82.

[219] Tokura Y, Nagaosa N. Orbital physics in transition-metal oxides[J]. Science, 2000, 288: 462-468.

[220] Chakhalian J, Freeland J W, Habermeier H U, et al. Orbital reconstruction and covalent bonding at an oxide interface[J]. Science, 2007, 318: 1114-1117.

[221] Yu P, Luo W, Yi D, et al. Interface control of bulk ferroelectric polarization[J]. Proc. Natl. Acad. Sci. USA, 2012, 109: 9710-9715.

[222] Garcia-Barriocanal J, Cezar J C, Bruno F Y, et al. Spin and orbital Ti magnetism at $LaMnO_3$/$SrTiO_3$ interfaces[J]. Nat. Commun., 2010, 1: 82.

[223] Cui B, Song C, Mao H J, et al. Manipulation of electric field effect by orbital switch[J]. Adv. Funct. Mater., 2016, 26: 753-759.

[224] Cui B, Song C, Mao H J, et al. Magnetoelectric coupling induced by interfacial orbital reconstruction[J]. Adv. Mater., 2015, 27: 6651-6656.

[225] Cui B, Song C, Gehring G A, et al. Electrical manipulation of orbital occupancy and magnetic anisotropy in manganites[J]. Adv. Funct. Mater., 2015, 25: 864-870.

[226] Preziosi D, Alexe M, Hesse D, et al. Electric-field control of the orbital occupancy and magnetic moment of a transition-metal oxide[J]. Phys. Rev. Lett., 2015, 115: 157401.

[227] Verma V K, Singh V R, Ishigami K, et al. Origin of enhanced magnetoelectric coupling in $NiFe_2O_4$/$BaTiO_3$ multilayers studied by X-ray magnetic circular dichroism[J]. Phys. Rev. B, 2014, 89: 115128.

[228] Gu Y, Xu K, Song C, et al. Oxygen-valve formed in cobaltite-based heterostructures by ionic liquid and ferroelectric dual-gating[J]. ACS Appl. Mater. Interfaces, 2019, 11: 19584-19595.

[229] Zehner J, Huhnstock R, Oswald S, et al. Nonvolatile electric control of exchange bias by a redox transformation of the ferromagnetic layer[J]. Adv. Electron. Mater., 2019, 5: 1900296.

[230] Martins S, De Rojas J, Tan Z, et al. Dynamic electric-field-induced magnetic effects in cobalt oxide thin films: towards magneto-ionic synapses[J]. Nanoscale, 2022, 14:

842-852.

[231] Yuan Y, Qu J, Wei L, et al. Electric control of exchange bias at room temperature by resistive switching *via* electrochemical metallization[J]. ACS Appl. Mater. Interfaces, 2022, 14: 26941-26948.

[232] Meyerheim H L, Popescu R, Kirschner J, et al. Geometrical and compositional structure at metal-oxide interfaces: MgO on Fe(001)[J]. Phys. Rev. Lett., 2001, 87: 076102.

[233] Gilbert D A, Grutter A J, Arenholz E, et al. Structural and magnetic depth profiles of magneto-ionic heterostructures beyond the interface limit[J]. Nat. Commun., 2016, 7: 12264.

[234] Yi H T, Gao B, Xie W, et al. Tuning the metal-insulator crossover and magnetism in $SrRuO_3$ by ionic gating[J]. Sci. Rep., 2014, 4: 6604.

[235] Navarro-Senent C, Fornell J, Isarain-Chávez E, et al. Large magnetoelectric effects in electrodeposited nanoporous microdisks driven by effective surface charging and magneto-Ionics[J]. ACS Appl. Mater. Interfaces, 2018, 10: 44897-44905.

[236] Cho J H, Lee J, Xia Y, et al. Printable ion-gel gate dielectrics for low-voltage polymer thin-film transistors on plastic[J]. Nat. Mater., 2008, 7: 900-906.

[237] Tan Z, Ma Z, Fuentes L, et al. Regulating oxygen ion transport at the nanoscale to enable highly cyclable magneto-ionic control of magnetism[J]. ACS Nano, 2023, 17: 6973-6984.

[238] Ye X, Singh H K, Zhang H, et al. Giant voltage-induced modification of magnetism in micron-scale ferromagnetic metals by hydrogen charging[J]. Nat. Commun., 2020, 11: 4849.

[239] Liu W, Liu L, Cheng B, et al. Electrical control of magnetism through proton migration in Fe_3O_4/graphene heterostructure[J]. Nano. Lett., 2022, 22: 4392-4399.

[240] Li Z, Liu H, Zhao Z, et al. Space-charge control of magnetism in ferromagnetic metals: coupling giant magnitude and robust endurance[J]. Adv. Mater., 2023, 35: 2207353.

[241] Lu H, George T A, Wang Y, et al. Electric modulation of magnetization at the $BaTiO_3/La_{0.67}Sr_{0.33}MnO_3$ interfaces[J]. Appl. Phys. Lett., 2012, 100: 232904.

[242] Dong S, Dagotto E. Full control of magnetism in a manganite bilayer by ferroelectric polarization[J]. Phys. Rev. B, 2013, 88: 140404.

[243] Fechner M, Maznichenko I V, Ostanin S, et al. Magnetic phase transition in two-phase multiferroics predicted from first principles[J]. Phys. Rev. B, 2008, 78: 212406.

[244] Duan C G, Jaswal S S, Tsymbal E Y. Predicted magnetoelectric effect in $Fe/BaTiO_3$ multilayers: ferroelectric control of magnetism[J]. Phys. Rev. Lett., 2006, 97: 047201.

[245] Radaelli G, Petti D, Plekhanov E, et al. Electric control of magnetism at the $Fe/BaTiO_3$ interface[J]. Nat. Commun., 2014, 5: 3404.

[246] Cai T, Ju S, Lee J, et al. Magnetoelectric coupling and electric control of magnetization in ferromagnet/ferroelectric/normal-metal superlattices[J]. Phys. Rev. B, 2009, 80: 140415.

[247] Ohno H. A window on the future of spintronics[J]. Nat. Mater., 2010, 9: 952-954.

[248] Spurgeon S R, Sloppy J D, Kepaptsoglou D M Demie, et al. Thickness-dependent crossover from charge- to strain-mediated magnetoelectric coupling in ferromagnetic/piezoelectric oxide heterostructures[J]. ACS Nano, 2014, 8: 894-903.

[249] Abo G S, Hong Y K, Park J, et al. Definition of magnetic exchange length[J]. IEEE Trans. Magn., 2013, 49: 4937-4939.

[250] Huijben M, Yu P, Martin L W, et al. Ultrathin limit of exchange bias coupling at oxide multiferroic/ferromagnetic interfaces[J]. Adv. Mater., 2013, 25: 4739-4745.

[251] Hu J M, Shu L, Li Z, et al. Film size-dependent voltage-modulated magnetism in multiferroic heterostructures[J]. Philos. Trans. R Soc. A Math. Phys. Eng. Sci., 2014, 372: 4739-4745.

[252] Nan T, Zhou Z, Liu M, et al. Quantification of strain and charge Co-mediated magnetoelectric coupling on ultra-thin permalloy/PMN-PT interface[J]. Sci. Rep., 2014, 4: 3688.

[253] Zhu Q X, Yang M M, Zheng M, et al. Ultrahigh tunability of room temperature electronic transport and ferromagnetism in dilute magnetic semiconductor and PMN-PT single-crystal-based field effect transistors *via* electric charge mediation[J]. Adv. Funct. Mater., 2015, 25: 1111-1119.

[254] Zhang C, Wang F, Dong C, et al. Electric field mediated non-volatile tuning magnetism at the single-crystalline Fe/Pb(Mg$_{1/3}$Nb$_{2/3}$)$_{0.7}$Ti$_{0.3}$O$_3$ interface[J]. Nanoscale, 2015, 7: 4187-4192.

[255] Endo M, Kanai S, Ikeda S, et al. Electric-field effects on thickness dependent magnetic anisotropy of sputtered MgO/Co$_{40}$Fe$_{40}$B$_{20}$/Ta structures[J]. Appl. Phys. Lett., 2010, 96: 212503.

[256] Shiota Y, Miwa S, Nozaki T, et al. Pulse voltage-induced dynamic magnetization switching in magnetic tunneling junctions with high resistance-area product[J]. Appl. Phys. Lett., 2012, 101: 102406.

[257] Wang W G, Chen C L. Voltage-induced switching in magnetic tunnel junctions with perpendicular magnetic anisotropy[J]. J. Phys. D Appl. Phys., 2013, 46: 074003.

[258] Kanai S, Nakatani Y, Yamanouchi M, et al. magnetization switching in a CoFeB/MgO magnetic tunnel junction by combining spin-transfer torque and electric field-effect[J]. Appl. Phys. Lett., 2014, 104: 212406.

[259] Wang K L, Kou X F, Upadhyaya P, et al. Electric-field control of spin-orbit interaction for low-power spintronics[J]. Proc. IEEE, 2016, 104: 1974-2008.

[260] Ong P V, Kioussis N, Odkhuu D, et al. Giant voltage modulation of magnetic anisotropy in strained heavy metal/magnet/insulator heterostructures[J]. Phys. Rev. B, 2015, 92: 020407.

[261] Ikeda S, Miura K, Yamamoto H, et al. A perpendicular-anisotropy CoFeB-MgO magnetic tunnel junction[J]. Nat. Mater., 2010, 9: 721-724.

[262] Shiota Y, Maruyama T, Nozaki T, et al. Voltage-assisted magnetization switching in ultrathin Fe$_{80}$Co$_{20}$ alloy layers[J]. Appl. Phys. Express, 2009, 2: 063001.

[263] Nozaki T, Koziol-Rachwal A, Skowronski W, et al. Large voltage-induced changes in the perpendicular magnetic anisotropy of an MgO-Based tunnel junction with an ultrathin Fe layer[J]. Phys. Rev. Appl., 2016, 5: 044006.

[264] Gajek M, Bibes M, Fusil S, et al. Tunnel junctions with multiferroic barriers[J]. Nat. Mater., 2007, 6: 296-302.

[265] Garcia V, Bibes M, Bocher L, et al. Ferroelectric control of spin polarization[J]. Science, 2010, 327: 1106-1110.

[266] Burton J D, Tsymbal E Y. Giant tunneling electroresistance effect driven by an electrically controlled spin valve at a complex oxide interface[J]. Phys. Rev. Lett., 2011, 106: 157203.

[267] Wei Y, Matzen S, Maroutian T, et al. Magnetic tunnel junctions based on ferroelectric $Hf_{0.5}Zr_{0.5}O_2$ tunnel barriers[J]. Phys. Rev. Appl., 2019, 12: 031001.

[268] Chen A, Peng R C, Fang B, et al. Nonvolatile magnetoelectric switching of magnetic tunnel junctions with dipole interaction[J]. Adv. Funct. Mater., 2023, 33: 2213402.

[269] Song C, Cui B, Li F, et al. Recent progress in voltage control of magnetism: materials, mechanisms, and performance[J]. Prog. Mater. Sci., 2017, 87: 33-82.

[270] Xue X, Zhou Z Y, Peng B, et al. Electric field induced reversible 180 degrees magnetization switching through tuning of interfacial exchange bias along magnetic easy-axis in multiferroic laminates[J]. Sci. Rep., 2015, 5: 16480.

[271] Fechner M, Zahn P, Ostanin S, et al. Switching magnetization by 180° with an electric field[J]. Phys. Rev. Lett., 2012, 108: 197206.

[272] Heron J T, Bosse J L, He Q, et al. Deterministic switching of ferromagnetism at room temperature using an electric field[J]. Nature, 2014, 516: 370-373.

[273] Chen A T, Zhao Y G, Li P S, et al. Angular dependence of exchange bias and magnetization reversal controlled by electric-field-induced competing anisotropies[J]. Adv. Mater., 2016, 28: 363-369.

[274] Liu M, Lou J, Li S, et al. E-field control of exchange bias and deterministic magnetization switching in AFM/FM/FE multiferroic heterostructures[J]. Adv. Funct. Mater., 2011, 21: 2593-2598.

[275] Zhou Z, Trassin M, Gao Y, et al. Probing electric field control of magnetism using ferromagnetic resonances[J]. Nat. Commun., 2015, 6: 6082.

[276] Pertsev N A, Kohlstedt H. Resistive switching *via* the converse magnetoelectric effect in ferromagnetic multilayers on ferroelectric substrates[J]. Nanotechnology, 2010, 21: 475202.

[277] Nawaoka K, Miwa S, Shiota Y, et al. Voltage induction of interfacial Dzyaloshinskii-Moriya interaction in Au/Fe/MgO artificial multilayer[J]. Appl. Phys. Express, 2015, 8: 063004.

[278] Liu L, Moriyama T, Ralph D C, et al. Spin-torque ferromagnetic resonance induced by the spin Hall effect[J]. Phys. Rev. Lett., 2011, 106: 036601.

[279] Miron I M, Garello K, Gaudin G, et al. Perpendicular switching of a single ferromagnetic

layer induced by in-plane current injection[J]. Nature, 2011, 476: 189-193.

[280] Demidov V E, Urazhdin S, Ulrichs H, et al. Magnetic nano-oscillator driven by pure spin current[J]. Nat. Mater., 2012, 11: 1028-1031.

[281] Liu L, Pai C F, Li Y, et al. Spin-torque switching with the giant spin Hall effect of tantalum[J]. Science, 2012, 336: 555-558.

[282] Fan Y, Upadhyaya P, Kou X, et al. Magnetization switching through giant spin-orbit torque in a magnetically doped topological insulator heterostructure[J]. Nat. Mater., 2014, 13: 699-704.

[283] Fukami S, Anekawa T, Zhang C, et al. A spin-orbit torque switching scheme with collinear magnetic easy axis and current configuration[J]. Nat. Nanotechnol., 2016, 11: 621-625.

[284] Liu L, Lee O J, Gudmundsen T J, et al. Current-induced switching of perpendicularly magnetized magnetic layers using spin torque from the spin Hall effect[J]. Phys. Rev. Lett., 2012, 109: 096602.

[285] Garello K, Miron I M, Avci C O, et al. Symmetry and magnitude of spin-orbit torques in ferromagnetic heterostructures[J]. Nat. Nanotechnol., 2013, 8: 587.

[286] Fan X, Wu J, Chen Y, et al. Observation of the nonlocal spin-orbital effective field[J]. Nat. Commun., 2013, 4: 1799.

[287] Fukami S, Zhang C, Duttagupta S, et al. Magnetization switching by spin-orbit torque in an antiferromagnet-ferromagnet bilayer system[J]. Nat. Mater., 2016, 15: 535-541.

[288] Qiu X P, Narayanapillai K, Wu Y, et al. Spin-orbit-torque engineering *via* oxygen manipulation[J]. Nat. Nanotechnol., 2015, 10: 333-338.

[289] Oh Y W, Baek S H C, Kim Y M, et al. Field-free switching of perpendicular magnetization through spin-orbit torque in antiferromagnet/ferromagnet/oxide structures[J]. Nat. Nanotechnol., 2016, 11: 878-884.

[290] Lau Y C, Betto D, Rode K, et al. Spin-orbit torque switching without an external field using interlayer exchange coupling[J]. Nat. Nanotechnol., 2016, 11: 758-762.

[291] Ryu K S, Thomas L, Yang S H, et al. Chiral spin torque at magnetic domain walls[J]. Nat. Nanotechnol., 2013, 8: 527-533.

[292] Khvalkovskiy A V, Cros V, Apalkov D, et al. Matching domain-wall configuration and spin-orbit torques for efficient domain-wall motion[J]. Phys. Rev. B, 2013, 87: 020402(R).

[293] Boulle O, Buda-Prejbeanu L D, Jue E, et al. Current induced domain wall dynamics in the presence of spin orbit torques[J]. J. Appl. Phys., 2014, 115: 17D502.

[294] Braganca P M, Gurney B A, AWilson B, et al. Nanoscale magnetic field detection using a spin torque oscillator[J]. Nanotechnology, 2010, 21: 235202.

[295] Liu R H, Lim W L, Urazhdin S. Control of current-Induced spin-orbit effects in a ferromagnetic heterostructure by electric field[J]. Phys. Rev. B, 2014, 89: 220409(R).

[296] Fan Y B, Kou X F, Upadhyaya P, et al. Electric-field control of spin-orbit torque in a magnetically doped topological insulator[J]. Nat. Nanotechnol., 2016, 11: 352-359.

[297] Emori S, Bauer U, Woo S, et al. Large voltage-induced modification of spin-orbit torques in Pt/Co/GdO$_x$[J]. Appl. Phys. Lett., 2014, 105: 222401.

[298] Ho C S, Jalil M B A, Tan S G. Gate-control of spin-motive force and spin-torque in Rashba SOC systems[J]. New J. Phys., 2015, 17: 123005.

[299] Yan Y, Wan C, Zhou X, et al. Strong electrical manipulation of spin-orbit torque in ferromagnetic heterostructures[J]. Adv. Electron. Mater., 2016, 2: 1600219.

[300] Wu S, Jin T L, Tan F N, et al. Enhancement of spin-orbit torque in Pt/Co/HfO$_x$ heterostructures with voltage-controlled oxygen ion migration[J]. Appl. Phys. Lett., 2023, 122: 122403.

[301] Kang M G, Choi J G, Jeong J, et al. Electric-field control of field-free spin-orbit torque switching *via* laterally modulated Rashba effect in Pt/Co/AlO$_x$ structures[J]. Nat. Commun., 2021, 12: 7111.

[302] Manipatruni S, Nikonov D E, Lin C C, et al. Scalable energy-efficient magnetoelectric spin-orbit logic[J]. Nature, 2019, 565: 35-42.

[303] Yi D, Yu P, Chen Y C, et al. Tailoring magnetoelectric coupling in BiFeO$_3$/La$_{0.7}$Sr$_{0.3}$MnO$_3$ heterostructure through the interface engineering[J]. Adv. Mater., 2019, 31: 1806335.

[304] Gao F, Li D, Barreteau C, et al. Proposal for all-electrical spin manipulation and detection for a single molecule on boron-substituted graphene[J]. Phys. Rev. Lett., 2022, 129: 272.

第 4 章 反铁磁自旋电子学

超快、低功耗和小型化是当前自旋电子学器件的研究重点。受限于铁磁材料的杂散磁场,当自旋电子学器件尺度微缩到纳米极限时,单元间的相互串扰会使整个器件失效。相比于铁磁,反铁磁材料的净磁矩为零且有极高的内禀频率,因而有望突破自旋电子学的超快、低功耗和小型化瓶颈。本章主要介绍典型的反铁磁材料及其特点,以及反铁磁自旋电子学领域最新的研究进展,包括反铁磁磁矩的操控、探测和自旋流产生过程,最后对反铁磁自旋电子学器件进行展望。

4.1 反铁磁自旋电子学简介

铁磁是自旋电子学领域的模型材料,其局域磁矩与电子自旋的相互耦合是自旋电子学的研究基石。近年来新兴的反铁磁自旋电子学,顾名思义即研究用反铁磁取代铁磁作为自旋电子学器件的核心层。反铁磁由于净磁矩为零,对其磁矩的操控与探测十分困难,因而早期仅作为自旋阀中的钉扎层。2011 年,Park 等通过构建反铁磁交换弹簧和隧道结构型,首次实现了对反铁磁 IrMn 磁矩的操控与探测[1],自此拉开了反铁磁自旋电子学的研究序幕。十余年来,反铁磁自旋电子学围绕反铁磁磁矩与自旋流的相互作用开展了一系列研究。本节主要介绍反铁磁的磁学特性及反铁磁自旋电子学的物理基础。

4.1.1 反铁磁的磁学基础

反铁磁存在本征的局域磁矩,但由于相互补偿而不显示宏观磁性,如图 4.1 所示。1932 年,奈尔 (L. Néel) 将铁磁外斯分子场理论推广到反铁磁中,发展了反铁磁性理论[2]。不同于铁磁,反铁磁的磁化率随温度的变化并非单调,而是存在一个峰值 (图 4.2),反铁磁性仅在该温度以下存在,高于该温度时,物质表现为顺磁性[3]。该反铁磁–顺磁转变温度称为奈尔温度 (Néel temperature,T_N)。1938 年,Bizette 等在反铁磁 MnO 中成功观察到了非单调的磁化率随温度变化的曲线。1949 年,Shull 等利用中子衍射直接观察到了 MnO 的反铁磁有序结构,从而直接证实了反铁磁有序的存在[4]。奈尔因其对反铁磁性的预言而获得 1970 年诺贝尔物理学奖,而 Shull 则因其对中子散射技术的开创性工作而获得 1994 年诺贝尔物理学奖。

除了将局域分子场的概念引入反铁磁中,奈尔的许多研究对于当前反铁磁自旋电子学的研究仍颇具价值。他指明,尽管反铁磁的宏观净磁矩为零,很多铁磁

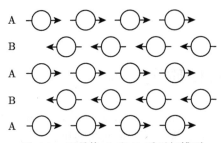
图 4.1 亚晶格 A 和 B 反平行排列

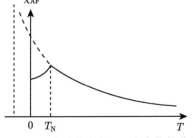
图 4.2 反铁磁磁化率随温度变化的曲线

中的一阶现象 (正比于磁矩) 在反铁磁中不存在,但二阶现象 (正比于磁矩平方) 可以存在。一个典型的例子便是磁各向异性,即存在能量简并的不同磁化状态,且这些磁化状态之间存在势垒。反铁磁具有磁各向异性的特点十分重要,因为这决定了其可作为信息存储介质以实现 0/1 信号的记录和读取。

常规共线反铁磁由两个局域磁矩反平行排列的亚晶格组成,相反亚晶格磁矩可用 M_A 和 M_B 表示 (图 4.1)。需要指出,反铁磁的磁化状态通常用两个矢量来描述,一是奈尔矢量 (Néel vector,N),用以描述共线反铁磁的线性极化方向;二是剩余磁化 (magnetization,M),用以表征相反亚晶格磁矩的非共线性。两个矢量与亚晶格磁矩的关系如下:

$$N = (M_A - M_B)/2 \tag{4.1}$$

$$M = (M_A + M_B)/2 \tag{4.2}$$

通常来说,反铁磁的净磁矩为零,即 $M=0$。但在一些特殊的材料体系,例如具有较强 Dzyaloshinskii-Moriya (DM) 相互作用的反铁磁 α-Fe_2O_3,或在较强的外场作用下 (例如强磁场引起自旋转向),M 可能不为零。此时小的剩余磁化为磁场操控反铁磁磁矩创造了契机。

传统的共线反铁磁根据相邻磁矩的排列规律可分为三类:A 型、C 型和 G 型反铁磁。A 型反铁磁层内相邻磁矩平行排列 (即铁磁耦合),层间相邻磁矩反平行排列 (即反铁磁耦合);C 型反铁磁层内相邻磁矩反平行排列,层间相邻磁矩平行排列;G 型反铁磁层内和层间均反平行排列 (图 4.3)。

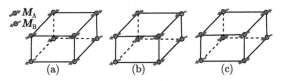
图 4.3 三类共线反铁磁的磁矩排列方式
(a) A 型反铁磁;(b) C 型反铁磁;(c) G 型反铁磁

4.1.2 反铁磁自旋电子学的物理基础

尽管反铁磁性早在 1932 年就被理论预言，但对其的实验研究进展却很缓慢，其中最大的阻力是缺乏应用前景。正如奈尔所言，尽管反铁磁性从理论研究的角度看有特别的意义，对亚铁磁的概念和整个磁性领域的基础研究带来了巨大的推动作用，但它在实际应用中并没有特别的价值。这一情形一直持续到 20 世纪 80~90 年代，直到巨磁电阻效应 (giant magnetoresistance, GMR)[5,6] 和隧穿磁电阻效应 (tunneling magnetoresistance, TMR)[7,8] 的发现。此后，以铁磁自旋阀和隧道结为首的自旋器件受到了广泛关注，而反铁磁由于其与铁磁之间存在交换耦合作用而被用作钉扎层，与铁磁一起成为构建磁随机存储器 (magnetic random access memory, MRAM) 的核心材料。

反铁磁无净磁矩的特点决定了其磁矩难以受到外磁场的影响，因而反铁磁与铁磁间的交换相互作用可使得铁磁的磁滞回线呈现偏置现象，该现象称为交换偏置，最早在 CoO 包覆的 Co 颗粒中发现[9]。详细的研究阐明了交换偏置的基本物理图像：在较高居里温度 (Curie temperature, T_C) 的铁磁和较低奈尔温度 (T_N) 的反铁磁构成的界面体系，于温度 $T_N < T < T_C$ 处施加场冷操作，在降至 T_N 以下后，反铁磁的奈尔矢量会排列在磁场方向，进而导致铁磁在该方向的磁滞回线发生偏置现象。此外，反铁磁与铁磁间的交换耦合还会增大铁磁层的各向异性，表现为更大的矫顽力。

如图 4.4 所示，交换偏置现象的出现可分为五个步骤[10]。

(1) 反铁磁/铁磁双层膜处于 $T_N < T < T_C$ 的温度范围内施加磁场，铁磁层的磁化方向受到塞曼相互作用的影响而平行于磁场方向，而反铁磁层由于处在奈尔温度以上而保持无序态。

(2) 当场冷到 $T < T_N$ 时，受到交换相互作用的影响，邻近界面处的反铁磁层与铁磁层之间平行排列，其他部分的反铁磁层按照反平行有序排列。

(3) 在保持温度 $T < T_N$ 时施加较小的反向磁场，铁磁的磁化方向倾向于翻转以降低塞曼能，然而对于各向异性较强的反铁磁，其磁矩排列方式保持不变。因此界面的交换相互作用倾向于将铁磁的磁矩排列到平行于反铁磁界面层的磁矩方向，即场冷的磁场方向。该交换相互作用对于铁磁层来说，等价于叠加了单向的磁各向异性。

(4) 当反向磁场足够大到可以克服反铁磁与铁磁间的交换相互作用和铁磁各向异性的加和时，铁磁层实现了磁化翻转。

(5) 而当反向磁场提供的塞曼能再次小于铁磁与铁磁间的交换相互作用能和铁磁各向异性的差值时，铁磁层会在磁场未返回正向时提前翻转。最终导致铁磁的磁滞回线出现偏置现象。

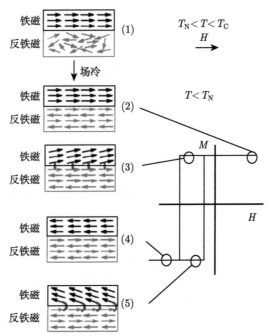

图 4.4　反铁磁/铁磁双层膜中的交换偏置示意图[10]

反铁磁与铁磁间的交换偏置强度受到多项参数的影响[10]，包括铁磁和反铁磁层的厚度、反铁磁的磁构型 (A/C/G 型)，以及各向异性强度、测试温度、测试循环次数等，具体相关性如下：交换偏置场强度随着铁磁层的变薄或反铁磁层的变厚而增大；A 型反铁磁普遍可诱导较强的交换偏置，而 G 型反铁磁普遍可诱导较弱的交换偏置；交换偏置场存在一个临界温度，称为截止温度 (blocking temperature, T_B)，在该温度以下交换偏置场随温度降低而增大；交换偏置场的强度随着测试循环次数的增加而减弱，该现象也被称作训练效应 (training effect)。

反铁磁与铁磁交换耦合带来的偏置现象及矫顽力增大现象具有广泛的应用前景。增强的矫顽力提高了磁记录材料的热稳定性，对高密度存储有重要意义；偏置的磁滞回线特性被用于铁磁自旋阀和隧道结器件中，为磁读头、磁传感和磁存储等应用提供了原型器件[11,12]。

自旋波是磁性材料中的相干自旋传输行为，其能量准粒子为磁子 (magnon)。与铁磁中仅有右手性共振模式不同，反铁磁的自旋动力学行为更为复杂。根据奈尔矢量的各向异性，反铁磁可分为易轴反铁磁和易面反铁磁。其中有些易轴反铁磁存在自旋转向现象 (spin flop)，即沿着各向异性轴方向施加磁场到达临界值 (自旋转向场，H_{SF}) 以后，反铁磁的奈尔矢量 N 垂直于磁场方向而磁化 M 平行于磁场方向的现象。易轴反铁磁的自旋动力学行为如下：M_A 和 M_B 按照左手性或右手性的圆极化进动而携带相反的自旋角动量,在外磁场为零时,左右手性的共振模式简并,无净自旋波传输;施加外磁场小于 H_{SF} 时,左右手性的简并被破坏,且共振频率差值正比于磁场强度;施加外磁场大于 H_{SF} 时,反铁磁自旋动力学被剩余磁化 M 主导,其共振模式类似于铁磁共振,色散关系类似于 Kittel 关系,如图 4.5 所示[13]。与易轴反铁磁不同,易面反铁磁的共振模式为椭圆极化进动且更偏向于线极化进动,在零磁场时面内共振模式 (椭圆长轴在面内) 和面外共振模式 (椭圆长轴在面外) 并不简并,前者频率低于后者,如图 4.6 所示[14]。

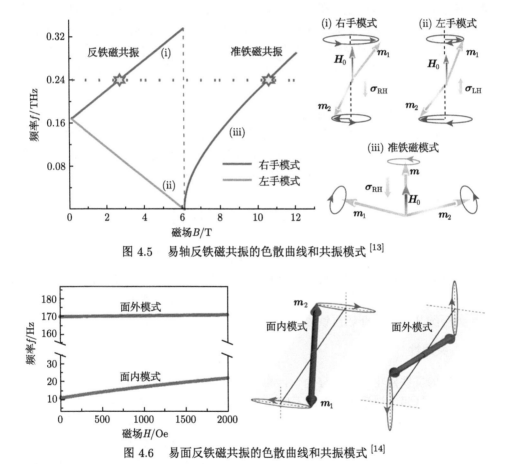

图 4.5 易轴反铁磁共振的色散曲线和共振模式[13]

图 4.6 易面反铁磁共振的色散曲线和共振模式[14]

反铁磁因其与铁磁间具有交换偏置作用而在传统铁磁隧道结中扮演钉扎层的支撑角色。伴随着大数据时代的到来,数据量呈爆炸式增长,因而亟须高存储密度、高读写速度和低功耗的非易失性存储器件,磁随机存储器也在向微型化、超快和超低功耗操控方向发展。此时铁磁隧道结的弊端逐渐显现:铁磁有宏观磁化带来的杂散场,随之带来的器件单元间的相互串扰极大地阻碍了磁随机存储器的微型化进程；铁磁的宏观磁化使其易受到外磁场干扰，数据的磁场稳定性较弱；铁磁的内禀动力学频率为吉赫兹 (约 10^9 Hz, GHz) 频段，这决定了其磁化翻转速度为纳秒级别；高热稳定性的垂直磁化材料被用于磁记录，但其磁化翻转的功耗较高。

而反铁磁的本身特性能很好地解决这些问题[15,16]：反铁磁无净磁矩，因而无杂散场，以反铁磁作为信息载体是下一代可微缩磁随机存储器的潜在方案；反铁磁磁矩可耐受强磁场的干扰，即使在宇宙辐射等极端条件下仍旧可保证数据的稳定性；反铁磁的内禀动力学频率为太赫兹 (约 10^{12} Hz, THz) 频段，使得其磁化翻转速度可低至皮秒级别，保证了信息高速读写；反铁磁亚晶格磁矩间具有强的交换耦合场，因而反铁磁的磁化翻转效率极高，保证了反铁磁存储器的低功耗性。除了在磁存储领域的潜在价值，反铁磁的高本征频率还有望构筑微型太赫兹波纳米振荡器，不仅可以解决电子对抗和黑障通信难题，而且可以服务于生物医学和安全检测等领域。

反铁磁自旋电子学逐渐成长为自旋电子学领域的重要分支，围绕反铁磁磁矩和自旋流的相互作用开展了包括反铁磁磁矩的操控和探测、反铁磁中的电荷自旋转化、反铁磁中的自旋动力学和自旋输运行为在内的多项研究，最终将构建包括反铁磁随机存储器和反铁磁纳米振荡器在内的多种器件。

4.2 典型反铁磁材料

自旋电子学研究讲究物尽其才。反铁磁的材料种类相比于铁磁更为丰富，不同的反铁磁材料由于不同的成分和结构而具有不同的特点和功能，最终适用于不同的器件构型。本节主要按照不同的分类方式简要介绍几类典型反铁磁的不同特点，为后续几节详细介绍反铁磁自旋电子学的研究内容奠定基础。

4.2.1 共线性

传统的反铁磁中交换积分为负，相邻磁矩反平行排列能量最低，这类反铁磁称作共线反铁磁，根据磁构型的不同可分为 A 型、C 型和 G 型反铁磁。3d 过渡金属氧化物中有很多具有超交换相互作用的共线反铁磁，包括 NiO、CoO、MnO 和 α-Fe_2O_3 等。此外，许多金属反铁磁也满足共线排列的条件，比如 $L1_0$-IrMn、Mn_2Au 和 α'-FeRh 等。近年来，一类全新的共面非共线反铁磁受到了研究者的广泛关注，其磁结构基元为三个互呈 120° 的相邻磁矩 (图 4.7)。典型的非共线反铁磁主要有三类：其一为六方且具有 $P6_3/mmc$ 空间群的 Ni_3Sn 型结构，包括 Mn_3Sn、Mn_3Ge 和 Mn_3Ga 等；其二为立方且具有空间群的 Cu_3Au 型结构，包括 Mn_3Ir、Mn_3Pt 和 Mn_3Rh 等；其三为立方且具有反钙钛矿型的 $CaTiO_3$ 型结构，包括 Mn_3GaN、Mn_3NiN 和 Mn_3SnN 等。该类反铁磁普遍具有 DM 相互作用，因而具有微弱的净磁矩。需要注意的是，除了共面非共线构型，还存在一些非共面的反铁磁构型，例如低温相的 Mn_5Si_3，本书不作详细讨论。

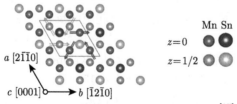

图 4.7 非共线反铁磁 120° 排列的磁构型 [17]

4.2.2 导电性

根据导电性的不同，反铁磁可分为四大类：反铁磁金属、反铁磁绝缘体和反铁磁半导体和反铁磁半金属。反铁磁金属主要由 Mn 基反铁磁组成，例如 $L1_0$ 相的 IrMn、PtMn、FeMn 和 PdMn 等，并广泛应用于自旋阀/隧道结器件的交换偏置层；具有亚晶格对称性破缺的 Mn_2Au 由于存在奈尔自旋轨道力矩效应 (Néel spin-orbit torque, NSOT) 而受到广泛关注，有望用作反铁磁隧道结的电极材料。此外，Fe 基反铁磁金属 α'-FeRh 存在反铁磁–铁磁相变，并以此为基础产生了磁相变驱动的隧穿磁各向异性磁电阻行为，进而实现了反铁磁存储的原型器件。Ru 基反铁磁金属 RuO_2 和 Cr 基反铁磁金属 CrSb 具有劈裂的自旋能带，进而存在非常规的磁电响应，详细内容将在 4.2.3 节讨论。

绝大部分反铁磁绝缘体都是氧化物，由于不导电而无法作为反铁磁隧道结的电极材料，但为研究磁子学提供了合适材料 (详细内容见第 6 章)。典型的反铁磁绝缘体有 3d 过渡金属氧化物 NiO、CoO、α-Fe_2O_3、Cr_2O_3 等和稀土铁氧体材料 $YFeO_3$、$DyFeO_3$、$TbMnO_3$ 等。有些特殊的反铁磁绝缘体，例如 $BiFeO_3$ 中具有磁电耦合效应，为反铁磁磁矩的操控和探测提供了更多的维度。反铁磁卤化物也是典型的反铁磁绝缘体，包括 $CuCl_2$、$FeCl_2$、MnF_2 和 FeF_2 等，其中 MnF_2 和 $FeCl_2$ 分别是自旋转向 (spin flop) 和自旋翻转 (spin flip) 的典型材料。相比于反铁磁金属和反铁磁绝缘体，反铁磁半导体材料种类较少，但仍旧是研究自旋输运的重要材料，比如在 Sr_2IrO_4、CuMnAs 和 MnTe 中观察到了各向异性磁电阻效应。其中，CuMnAs 由于存在亚晶格对称性破缺而被广泛研究。此外，最近的研究表明，反铁磁性和拓扑非平庸的外尔半金属相可以共存，例如 GdPtBi 和 Mn_3Sn，为反铁磁的拓扑性研究打开了新思路。相关材料的详细性能介绍将在下面讨论。

4.2.3 交错磁体

对于满足时间反演和空间反转对称性的晶体材料，其能带在布里渊区内满足克拉默斯 (Kramers) 自旋简并，即自旋向上和自旋向下的能带重叠。有两种物理机制可以打破自旋简并[18]：其一是非相对论的外磁场或内禀磁性，其二是相对论的自旋轨道耦合效应。具体言之，外磁场或铁磁的内禀磁化可引起时间反演对称性破缺，表现为能带结构中动量无关的塞曼项，进而打破 Kramers 自旋简并，如图 4.8(a) 所示；电子的自旋轨道耦合可引起空间反转对称性破缺，导致能带自旋劈裂，典型的例子为二维空间反转不对称非磁体系中的 Rashba 自旋劈裂效应。由于磁矩补偿的特点，反铁磁通常被认为满足 Kramers 自旋简并，如图 4.8(b) 所示，该类反铁磁主要满足两种对称性要求：其一是结合了时间的反演对称性和空间的平移对称性，例如 α′-FeRh 和 MnBi$_2$Te$_4$；其二是结合了时间的反演对称性和空间的反转对称性，例如 CuMnAs 和 Mn$_2$Au。相比于铁磁，传统自旋简并的反铁磁无法实现磁电响应，其中最重要的隧穿磁电阻效应的缺失决定了该类反铁磁无法成为构建反铁磁隧道结的电极材料。

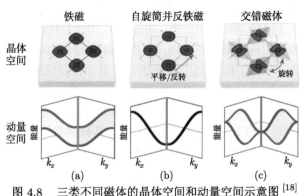

图 4.8　三类不同磁体的晶体空间和动量空间示意图[18]
(a) 铁磁；(b) 自旋简并反铁磁；(c) 交错磁体

尽管实空间中完全补偿的磁体通常被认为其动量空间中的自旋能带是简并的，最新发现，在非共线磁构型和旋转对称性媒介的共线反铁磁耦合材料中，补偿的磁序和自旋劈裂能带可以兼得。一方面，非共线反铁磁例如 Mn$_3$Sn 中的反铁磁构型可等效为磁八极子矩，其自旋能带劈裂赋予了非共线反铁磁非常规的磁电响应，比如反常霍尔效应[17]、反常能斯特效应[19]、磁光克尔效应[20] 和磁自旋霍尔效应[21] 等。更重要的是，这些具有自旋能带劈裂的非共线反铁磁从理论上突破了传统满足 Kramers 自旋简并反铁磁无法得到隧穿磁电阻效应的限制，并且在 Mn$_3$Pt/MgO/Mn$_3$Pt 和 Mn$_3$Sn/MgO/Mn$_3$Sn 样品中观察到了大的隧穿磁电阻值[22,23]。另一方面，有一些共线反铁磁破缺了空间反演和时间反演联合对称性，其反铁磁亚晶格磁矩通过晶体旋转对称性保持，从而也具有自旋劈裂的能带结构，例如 RuO$_2$、MnTe、Mn$_5$Si$_3$、CrSb。为了彰显这一类材料的独特性，这类材料又被称作交错磁体[24] (altermagnet)，如图 4.8(c) 所示。交错磁体兼具铁磁

4.2 典型反铁磁材料

具有自旋劈裂能带及磁电响应,以及反铁磁净磁矩为零及高内禀自旋动力学频率的特点,是新一代自旋器件的研究热点材料。近期,对于交错磁体的研究,国际上也取得了诸多实验进展,包括观察到去克拉默斯简并的自旋劈裂能带[25-27](图4.9(a))和反常霍尔效应[28,29](图4.9(b))。本课题组针对交错磁体开展了大量实验工作,包括与美国和日本研究组同时报道的自旋劈裂力矩效应(图4.9(c))[30-32],并率先报道逆自旋劈裂力矩效应(图4.9(d))[33],以及实现了对于交错磁体中奈尔矢量的决定性180°翻转(图4.9(e))[34]。未来,针对交错磁体的研究将有望同声子学、超快光学、拓扑、多铁等多个研究领域结合,激发出更多的创新性研究成果。

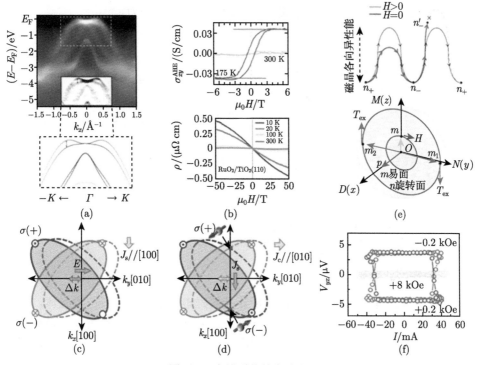

图 4.9 交错磁体的实验进展

(a) 角分辨光电子能谱观测去克拉默斯简并的自旋劈裂能带;(b) 交错磁体 MnTe (上) 和交错磁体 RuO_2 (下) 中的反常霍尔效应;(c) 自旋劈裂力矩效应;(d) 逆自旋劈裂力矩效应;(e) 交错磁体中奈尔矢量决定性 180° 翻转的能垒模型 (上) 和微观力矩分析 (下);(f) 交错磁体 Mn_5Si_3 中奈尔矢量的决定性 180° 翻转

4.2.4 人工反铁磁

反铁磁晶体中相邻磁矩受到超交换相互作用而呈反平行排列。此外,在两层铁磁层夹一层非磁层的多层膜体系中存在由 Ruderman-Kittel-Kasuya-Yosida (RKKY)

机制媒介的反铁磁耦合，该类磁体被称为人工反铁磁，如图 4.10 所示[35]。RKKY 耦合的物理基础是自旋密度的类 Friedel 空间振荡，因而由 RKKY 媒介的耦合强度随着两层铁磁层间距离的增加而振荡。具体言之，通过改变非磁层的厚度，两层铁磁层之间可倾向于平行排列或反平行排列[36]。基于 RKKY 效应的反铁磁耦合对于巨磁电阻效应的发现至关重要。值得注意的是，RKKY 效应的耦合能要比超交换相互作用弱，因而对人工反铁磁磁矩的操控和探测相比于晶体反铁磁更为容易。而相比于铁磁，人工反铁磁不仅具有极小的杂散场，而且具有更高的动力学频率以及更快的磁畴壁运动和磁化翻转速率[37,38]。因此，人工反铁磁可作为从铁磁到反铁磁研究的过渡材料，并且其在磁传感、磁随机存储器和赛道存储器，以及自旋力矩纳米振荡器等新型自旋器件的构建中极具竞争力。

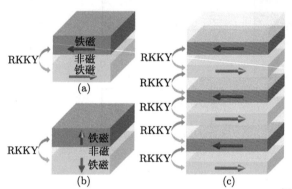

图 4.10　RKKY 媒介反铁磁耦合的人工反铁磁示意图[35]
(a) 面内磁化反铁磁耦合双层膜；(b) 垂直磁化反铁磁耦合双层膜；(c) 反铁磁耦合多层膜

4.2.5　补偿型亚铁磁

亚铁磁是具有反铁磁耦合，但相反亚晶格磁矩大小不相等的一类磁体，因而净磁矩不为零，如图 4.11(a) 所示。类似于人工反铁磁，亚铁磁兼具铁磁易操控和探测的特点，以及反铁磁动力学频率高的优势，为研究反铁磁动力学提供了良好的材料平台。相比于铁磁和反铁磁，亚铁磁的磁矩和角动量密度之间具有复杂的依赖关系，这赋予了亚铁磁丰富的研究空间。如图 4.11(b) 所示，亚铁磁通过改变成分或温度而存在两个特殊的补偿点[39]，即磁矩补偿点 (T_M) 和角动量补偿点 (T_A)。处于磁矩补偿温度时，体系的亚晶格磁矩相等，因而无宏观磁化；处于角动量补偿温度时，体系的亚晶格角动量相等，因而动力学行为与反铁磁一致。亚铁磁中两个亚晶格磁矩往往由不同的原子组成，例如在常见的稀土-过渡金属 (RE-TM) 亚铁磁 TbCo 中，稀土原子 Tb 和过渡金属原子 Co 的磁矩反铁磁耦合。由于两种原子具有不同的旋磁比，因而决定了 TbCo 的磁矩补偿点和角动量补偿点具有一定的温度差异。

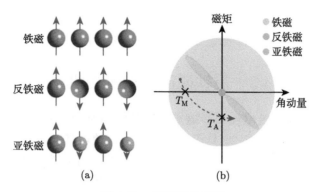

图 4.11 亚铁磁示意图

(a) 亚铁磁具有反铁磁耦合和不补偿磁矩；(b) 亚铁磁的磁矩与角动量密度示意图

角动量补偿的亚铁磁由于兼具反铁磁高频动力学的特点和存在塞曼耦合易操控的优势，受到了广泛关注，为研究反铁磁自旋动力学提供了机会。相关研究工作主要围绕磁畴壁运动、磁斯格明子运动和长程自旋输运展开。首先，角动量补偿点的亚铁磁的动力学中磁畴壁进动项为零，这使其不存在铁磁磁畴壁运动的 Walker 故障 (Walker breakdown)，进而具有高的磁畴壁运动速率[40]。在亚铁磁 GdFeCo 和 TbCo 等体系开展的温度相关的磁畴壁运动研究表明，在角动量补偿点处具有运动速率的峰值[41,42]，为反铁磁磁畴壁运动的研究奠定了基础。其次，角动量补偿的亚铁磁是研究磁斯格明子的良好体系。传统铁磁中的磁斯格明子由于具有净磁矩和受到杂散场的影响，其尺寸较大 (典型为大于 100 nm)，且存在斯格明子霍尔效应 (斯格明子角大于 30°)，这为赛道存储器的高密度存储和高效信息读写带来了极大的挑战[43]。而亚铁磁中较小的杂散场结合其体垂直磁化的特点，从理论预测和实验证明均说明可存在小尺寸的磁斯格明子，典型表现为在 GdCo 薄膜中观察到了 10 nm 尺度的磁斯格明子[40]。此外，角动量补偿的亚铁磁中受到的马格努斯力抵消，因而不存在斯格明子霍尔效应，相关实验研究在 GdFeCo 中得到了证明[44,45]。

此外，亚铁磁中稀土原子的 5d 电子和过渡金属的 3d 电子之间存在反铁磁耦合，为研究反铁磁中的自旋输运行为奠定了基础。自旋相干长度 λ_C 是长程磁有序材料的重要参数，铁磁材料中均匀的强交换相互作用场导致其自旋进动长度较短，进而其自旋相干长度通常只有不到 1 nm。在亚铁磁和反铁磁这类具有原子尺度交错磁序的材料中，交换相互作用场也是原子级交错排列，因而该类材料的自旋相干长度相较于铁磁要更长[46]。相关的结论在 Co/Tb 多层膜和 Co/Ni 多层膜的自旋泵浦效应实验中得到了验证[47]。长的自旋相干长度对于磁化翻转有重要意义：铁磁材料中较短的自旋相干长度使得高效磁化翻转仅在较薄的铁磁层中存在，但薄的铁磁层的磁各向异性较弱，不利于磁存储的稳定性；亚铁磁和反铁磁中长的自旋相干长度使得较厚的亚铁磁和反铁磁也可实现高效磁化翻转,因而有望实现兼具高存储稳定性和低写入功耗的磁存储器件。

4.3 反铁磁磁矩的操控机制

反铁磁的磁场不敏感性和净磁矩为零的特点是一把双刃剑。一方面,这使得反铁磁不易被外磁场擦除,且无杂散场的特点使得其有望实现超高密度磁存储;另一方面,使得对反铁磁磁矩的操控和探测十分困难。近年来,研究者们针对不同反铁磁的特性,逐渐发展了包括磁场、电流、电场和光学等方式以实现反铁磁磁矩的高效操控,具体分类如图 4.12 所示。本节将分四个部分简述相关的研究内容。

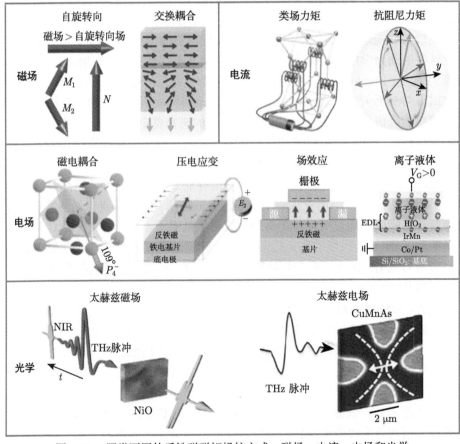

图 4.12　四类不同的反铁磁磁矩操控方式:磁场、电流、电场和光学

4.3.1 磁场操控

由于净磁矩为零，反铁磁在外磁场中的塞曼能很小，因而反铁磁通常被认为不易受外磁场干扰。外磁场与易轴反铁磁磁矩的相互作用可以用 Stoner-Wohlfarth 模型[48]描述，即能量与单轴各向异性和外磁场关系如下：

$$E = J_{\text{AF}} M_s^2 \cos 2\theta + K \cos^2 \theta - \mu_0 H M_s \cos \theta \tag{4.3}$$

其中，θ 为磁场 H 和反铁磁奈尔矢量之间的夹角；J_{AF} 是反铁磁交换能；M_s 是单个亚晶格磁矩。当外磁场垂直反铁磁易轴施加时，两个亚晶格向外磁场方向倾斜并引起正比于外磁场的净磁矩 M。当塞曼能与反铁磁交换能相等时，即 ($\mu_0 H_{\text{sat}} M_s = J_{\text{AF}} M_s^2 + K$) 净磁矩接近饱和。当外磁场平行于易轴施加时，可分两类情况讨论。其一为反铁磁的各向异性能与交换能相比较小的情况，此时亚晶格磁矩仍旧保持在易轴方向且净磁矩为零，直到外磁场足够大以克服各向异性，此时亚晶格磁矩转向到接近垂直易轴方向。该现象称为自旋转向 (图 4.13)，该临界磁场称作自旋转向场。当外磁场大于该临界磁场后，亚晶格磁矩沿着外磁场方向倾斜，且净磁矩正比于磁场强度。其二为反铁磁各向异性能比交换能大的情况，此时足够大的外磁场将反平行于磁场方向的亚晶格磁矩翻转，引起净磁矩从零直接跳到饱和的现象，如图 4.13 所示，该现象称为自旋翻转。典型的具有自旋转向和自旋翻转的反铁磁分别为 MnF_2[49] 和 FeCl_2[50]。不同反铁磁由于交换能和各向异性能不同，具有不同的自旋转向场和自旋翻转场。例如，MnF_2 的自旋转向场为 9~10 T[49]；GdAlO_3 的自旋转向场仅为约 1 T[51]；而对于 FeF_2 则高达约 42 T[52]。

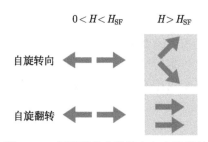

图 4.13 反铁磁的自旋转向与自旋翻转

对于大多数反铁磁而言，需要极大的磁场才能操控其磁矩。4.1.2 节指出，反铁磁/铁磁的交换偏置对于铁磁层来说会引入一个单向各向异性，并引起磁滞回线偏移。作为互易的效应，交换相互作用也会对反铁磁的磁矩产生操控。图 4.14 描述了基于铁磁–反铁磁相互作用在磁场驱动下实现反铁磁磁矩操控的三种方式。

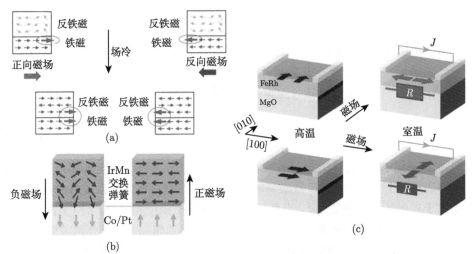

图 4.14 利用反铁磁-铁磁相互作用操控反铁磁磁矩[16,56,57]
(a) 场冷；(b) 交换弹簧；(c) 铁磁-反铁磁相变

利用场冷的实验操作和交换偏置效应可以操控反铁磁磁矩，如图 4.14(a) 所示。正/负磁场可以饱和铁磁磁矩，进而可通过铁磁-反铁磁交换耦合控制反铁磁磁矩。更进一步，反铁磁的多畴态甚至涡旋态可以由近邻铁磁层的磁畴态而诱导[53,54]，相关研究进一步增进了对反铁磁畴的深入认知。其次，利用反铁磁/铁磁异质结界面的交换偏置效应构建交换弹簧器件，是另外一种基于磁场和交换力矩的操控方式，具体过程如图 4.14(b) 所示。当反铁磁的各向异性与界面的交换耦合相比较弱时（例如反铁磁薄膜厚度较薄时），反铁磁不再是严格意义上的刚性磁体。因而铁磁对于反铁磁的交换力矩可在反铁磁中产生平行于界面的反铁磁畴壁，表现为交换弹簧现象，最早在 Co/NiO 体系中通过 X 射线磁线二色谱观测到[55]。通过扫描正/负磁场以改变铁磁的磁化方向，界面处的反铁磁磁矩也由于受到交换力矩的作用而实现翻转[1,56]。此外，在具有铁磁-反铁磁相变的材料体系中（例如 α′-FeRh），可利用场冷的实验操作操控单层薄膜，摆脱了构造异质结需要高质量界面的限制，具体机制如图 4.14(c) 所示。α′-FeRh 是一类具有铁磁-反铁磁相变的材料，相变温度受到成分比例及掺杂等参数的影响，相变温度以上为铁磁相，而相变温度以下为反铁磁相，铁磁相的磁矩与反铁磁相的奈尔矢量呈垂直排列。因而在高温铁磁相时利用磁场控制其铁磁磁矩，可实现对低温反铁磁相磁矩的操控，宏观即表现为场冷操控单层 α′-FeRh 薄膜的室温反铁磁磁矩[57]。

4.3.2 电流操控

在微电子器件中，磁场操控方式通常以电流诱导奥斯特场的形式实现，需要的功耗极高。为提高反铁磁操控效率，利用电流诱导的自旋力矩实现反铁磁磁矩翻转成为潜在方案。由于反铁磁的局域亚晶格磁矩呈交错排列之势，为描述自旋力矩的作用，需将反铁磁两个亚晶格分别考虑。对于亚晶格 A/B，自旋力矩可表示为

$$\boldsymbol{\tau} = \tau_{\mathrm{AD}}^{\mathrm{A/B}} \boldsymbol{M}_{\mathrm{A/B}} \times (\boldsymbol{\sigma} \times \boldsymbol{M}_{\mathrm{A/B}}) + \tau_{\mathrm{FL}}^{\mathrm{A/B}} \boldsymbol{M}_{\mathrm{A/B}} \times \boldsymbol{\sigma} \tag{4.4}$$

前一项被称作抗阻尼力矩 (antidamping torque)，后一项被称作类场力矩 (field-like torque)。下面我们主要讨论不同力矩形式对反铁磁磁矩的影响，如图 4.15 所示。

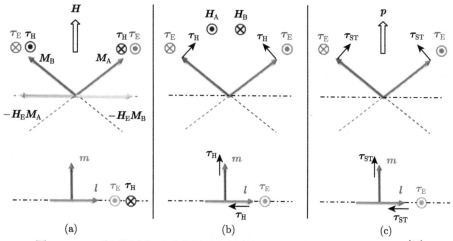

图 4.15　三种不同力矩形式作用于反铁磁耦合的亚晶格磁矩 $\boldsymbol{M}_{\mathrm{A}}$ 和 $\boldsymbol{M}_{\mathrm{B}}$[16]
(a) 外磁场力矩；(b) 交错磁场力矩；(c) 自旋转移力矩

在外磁场的作用下，两个亚晶格磁矩 $\boldsymbol{M}_{\mathrm{A}}$ 和 $\boldsymbol{M}_{\mathrm{B}}$ 倾斜，此时外磁场引起的磁场力矩 (τ_{H}) 和反铁磁交换耦合场引起的交换力矩 (τ_{E}) 相互抵消。因而外磁场无法实现反铁磁磁矩翻转。由于这里考虑的是普适性的情况，反铁磁自旋转向现象，即较大外磁场沿着反铁磁的易轴施加时可引起奈尔矢量转向垂直于外磁场方向，作为一个特例被排除在外。与之不同的是，交错磁场力矩和自旋转移力矩均可实现反铁磁磁矩翻转。如图 4.15(b) 所示，当相反的磁场作用于不同的亚晶格时，磁场力矩引起亚晶格磁矩倾斜，且交错磁场力矩与交换场力矩无法抵消。因而交换力矩将驱动反铁磁奈尔矢量绕着磁场力矩诱导出的净磁矩进动。与之类似，抗阻尼力矩 ($\sim \boldsymbol{M}_{\mathrm{A,B}} \times (\boldsymbol{\sigma} \times \boldsymbol{M}_{\mathrm{A,B}})$) 作用于亚晶格磁矩 $\boldsymbol{M}_{\mathrm{A}}$ 和 $\boldsymbol{M}_{\mathrm{B}}$ 使两个亚晶格磁矩倾斜，且其无法抵消交换场力矩的作用，因而交换场力矩将驱动反铁磁奈尔矢量进动，如图 4.15(c) 所示。总而言之，驱动反铁磁奈尔矢量翻转的力矩有两种形式：① 交错磁场力矩 $\boldsymbol{\sigma} \times \boldsymbol{N}$，对于相反亚晶格磁矩 $\boldsymbol{\sigma}$ 反向；② 抗阻

尼力矩 $N\times(\sigma\times N)$，对于相反亚晶格磁矩 σ。两种情况中力矩均起源自交错的自旋密度，即不同亚晶格的自旋密度极性相反[16]。值得注意的是，上述简单的反铁磁进动模型并没有考虑各向异性和磁阻尼等，更为细节的讨论将在下述内容中展开。

参照铁磁体系的研究经验，电流诱导的自旋力矩根据不同的起源有两种模式，即自旋转移力矩 (STT)[58] 和自旋轨道力矩 (SOT)[59,60]。前者起源于铁磁的自旋极化流，而后者依赖于相对论的自旋轨道耦合作用。二者的自旋流动方向亦不同，诱导 STT 的自旋流方向与电流方向同向，而诱导 SOT 的自旋流方向垂直于电流的方向。在反铁磁体系，STT 和 SOT 都有望实现对反铁磁磁矩的操控，下文将依次简述两类力矩驱动反铁磁运动的研究。

反铁磁中的 STT 最先在反铁磁自旋阀中预测，即当电流流经反铁磁/非磁金属/反铁磁三层膜中的第一层反铁磁时，产生交错的自旋并驱动第二层反铁磁磁矩翻转[61]。由于反铁磁交错排列的磁矩，在其中输运的电子自旋几乎不产生净自旋进动，因而反铁磁中自旋穿透深度较长。再加上反铁磁没有形状各向异性，二者共同导致基于 STT 驱动反铁磁磁矩翻转的临界电流密度相比于铁磁在理论预测上要更低[61]。此外，理论工作指出，在铁磁/非磁金属/反铁磁自旋阀中，利用铁磁作为自旋极化电极可产生更强的自旋极化流。进而当铁磁序与反铁磁各向异性轴不共线时，可引起 STT 并有效操控反铁磁磁矩行为[62]。非磁金属层中的自旋散射极大地影响了电子自旋输运，因而将非磁金属替换成隧穿层有望提高 STT 效率[63]。

实验上首先在铁磁/反铁磁双层膜中探究 STT 如何作用于反铁磁磁矩。在 CoFe (10 nm)/Cu (10 nm)/CoFe (3 nm)/FeMn (8 nm) 自旋阀结构中，近邻反铁磁 FeMn 的 CoFe 层用于产生自旋极化流，另一层 CoFe 用于探测 FeMn 中的交换偏置行为，进而可以得到界面处反铁磁的磁矩状态[64]。图 4.16(a) 展示了不同电流下的磁电阻行为，左侧黑白交界处的磁场为 CoFe/FeMn 界面的交换偏置场。可见通过施加正/负极性的电流，伴随诱导的不同自旋流将驱动反铁磁磁矩向相反的方向运动，如图 4.16(b) 所示。除了 FeMn 体系，在反铁磁 IrMn 中观察到类似的行为[65]。这些早期的实验提供了 STT 可以翻转反铁磁磁矩的证据，但尚存在一些未能解决的问题。例如，该现象具有易失性，即电流撤掉后反铁磁回到原始状态。此外，自旋极化流的引入需要铁磁层的辅助，因而该器件构型不能将反铁磁的优势最大化，而这些问题可通过引入 SOT 而解决。

接下来讨论 SOT 对反铁磁磁矩的作用。以铁磁为参照，在反演对称性破缺且具有可观自旋轨道耦合的铁磁体系，轨道角动量和自旋角动量之间可相互转移，随之而来对铁磁磁矩产生的力矩作用称为 SOT 效应，基于此力矩可实现电流诱导磁化翻转、铁磁共振和磁畴壁运动等行为[59,60]，详细内容见本书第 2 章。从物

4.3 反铁磁磁矩的操控机制

理的角度看,自旋力矩翻转反铁磁磁矩需要考虑单个亚晶格处 (M_A 或 M_B) 的自旋密度 σ。类比于铁磁,自旋流对反铁磁亚晶格磁矩的力矩作用有两种形式,即类场力矩分量 $T_A = M_A \times B_A$ 和抗阻尼力矩分量 $T_A = M_A \times B'_A$。其中类场有效场 $B_A \sim \sigma_A$,类阻尼有效场 $B'_A \sim M_A \times \sigma_A$。对于共线反铁磁,有两种情况需要考虑:其一为 $\sigma_A = -\sigma_B$;其二为 $\sigma_A = \sigma_B$,接下来我们按照这两种分类展开讨论。

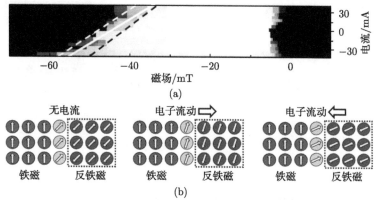

图 4.16 STT 驱动反铁磁磁矩翻转 [64]
(a) STT 调制反铁磁/铁磁双层膜的交换偏置场;(b) STT 翻转反铁磁磁矩示意图

对于相反亚晶格中自旋密度相反的情况,最早在 Rashba 反铁磁二维电子气体系和具有亚晶格反演对称性破缺的三维反铁磁 Mn_2Au 中得到预测,其产生机制类似于中心反演不对称的铁磁体系中的逆自旋热电偶效应 (inverse spin galvanic effect) 或 Rashba-Edelstein 效应 [66]。以 Mn_2Au 为例,图 4.17(a) 为其晶体结构示意图。尽管整体来看 Mn_2Au 的中心反演对称性保持,但其两个亚晶格均满足中心反演对称性破缺,且破缺方向相反。因而由逆自旋热电偶效应产生的自旋密度在两个亚晶格处极化相反,即 $\sigma_A = -\sigma_B$,如图 4.17(b) 所示。不同亚晶格处相反的自旋密度引起交错的类场力矩有效场,将驱动反铁磁磁矩超快翻转到垂直于电流方向 [66],如图 4.17(c) 所示。该现象也被称为奈尔自旋轨道力矩效应 (Néel spin-orbit torque,NSOT)。除了 Mn_2Au,反铁磁半导体 CuMnAs 也有与 Mn_2Au 类似的晶体结构,且在该体系中最早实验观测到 NSOT 诱导的反铁磁磁矩翻转行为 [67]。

实验上利用一系列皮秒级脉宽的电磁脉冲实现了超快翻转 CuMnAs 的反铁磁磁矩 [68],相比于 SOT 驱动铁磁翻转要快至少一个数量级。为将反铁磁材料推向实际应用,Olejník 等利用 CuMnAs 构建存储单元器件并将其嵌入标准的印制电路板中,最终通过 USB 接口实现与计算机连接 [69],如图 4.17(d) 所示。该器件实现了上千次读写循环, 且写入电流脉冲的脉宽可短至百皮秒级别。尽管反铁磁半导体 CuMnAs 性能优越, 但其需要利用分子束外延生长的特点对于工业应用是不利的。与之不同的是, 反铁磁金属 Mn_2Au 可利用工业兼容的磁控溅射技术生长, 因而实验探究 Mn_2Au 中交错类场力矩驱动反铁磁磁矩翻转十分重要, 相关研究进一步揭示了奈尔 SOT 效应的物理实质[70-73]。

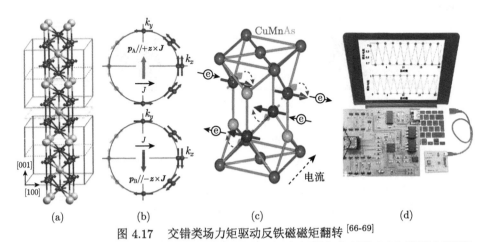

图 4.17 交错类场力矩驱动反铁磁磁矩翻转[66-69]

(a) 亚晶格对称性破缺的反铁磁 Mn_2Au 晶体结构示意图; (b) 电流诱导相反亚晶格中产生相反的自旋密度; (c) 交错的类场力矩驱动反铁磁磁矩翻转到垂直电流方向; (d) 反铁磁存储单元嵌入的印制电路板通过 USB 接口实现与计算机连接

对于不存在亚晶格对称性破缺的反铁磁材料, 电流无法在相反亚晶格处诱导交错自旋极化的产生。这种情况下, 通过相邻重金属等自旋源层对于不同亚晶格注入相同自旋极化, 进而产生的抗阻尼力矩可实现对反铁磁磁矩的操控。下面我们以 NiO/Pt 为例阐述抗阻尼力矩翻转反铁磁磁矩的物理图像[74,75]。如图 4.18(a) 所示, NiO 的初始态为奈尔矢量排布在 y 轴方向。当 Pt 中施加电流达到临界值后, 基于其自旋霍尔效应产生的抗阻尼力矩将 NiO 的两个亚晶格磁矩倾斜, 在交换作用场的作用下, NiO 的奈尔矢量以注入自旋极化方向为轴在 xz 面内进动。当电流撤掉后, 奈尔矢量不再进动, 最终会停留在 xz 面内的易轴位置, 即 x 轴方向。因而电流产生的抗阻尼力矩可以驱动反铁磁磁矩实现 90° 翻转。值得注意的是, 抗阻尼力矩将反铁磁奈尔矢量排布到平行于电流的方向, 这与上述交错类场力矩的翻转规律 (将反铁磁奈尔矢量排布到垂直于电流的方向) 相反。通过构建 "十字形" 电流通道, 可以实现将反铁磁磁矩循环 90° 翻转, 用以存储信息的 0/1 状态。

利用重金属的自旋霍尔效应诱导抗阻尼力矩以翻转反铁磁磁矩, 其临界翻转电流密度大约为 10^7 A/cm^2。为了提高翻转效率以降低数据写入的功耗, 构建拓

4.3 反铁磁磁矩的操控机制

扑绝缘体/反铁磁异质结是一个可行的思路。如图 4.18(b) 所示,在 $(Bi_{0.25}Sb_{0.75})_2$ Te_3/α-Fe_2O_3 中,利用拓扑绝缘体 $(Bi_{0.25}Sb_{0.75})_2Te_3$ 自旋–动量锁定的特点,产生强的自旋流可降低翻转反铁磁 α-Fe_2O_3 所需的临界电流密度,实验测量约为 10^6 A/cm^2,相比于重金属体系低了一个数量级[76]。此外,在二维反铁磁材料 $Fe_{1/3}NbS_2$ 中,基于自旋力矩效应实现了超低功耗的磁化翻转,其电流密度约为 10^4 A/cm^2,且多次循环后电阻稳定性极强[77]。诚然,电流诱导的热效应对于反铁磁磁矩的翻转实验结果将产生一定的干扰[78-80],但可通过设计对照实验予以排除。首先,对于热效应诱导的类磁电阻信号,可以设计磁场钉扎反铁磁磁矩的参照实验予以扣除相应信号[81,82],而且通过反铁磁畴成像的技术清晰地证明了磁矩翻转的实验结论[83-85];其次,对于热效应诱导应变以翻转反铁磁磁矩[86-88],可通过设计正/负电流驱动反铁磁磁矩翻转的实验予以区分热弹效应和自旋力矩的贡献[89]。此外,高次谐波实验提供了定量标定电流在反铁磁中的类场力矩和抗阻尼力矩强度的方案[90,91]。

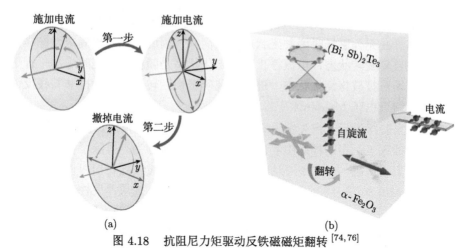

图 4.18 抗阻尼力矩驱动反铁磁磁矩翻转[74,76]
(a) 抗阻尼力矩反铁磁磁矩两步翻转模型示意图;(b) 利用拓扑绝缘体强自旋轨道耦合诱导反铁磁磁矩的超低功耗翻转

上面简述了电流对于共线反铁磁磁矩翻转的相关研究,而对于非共线反铁磁,电流操控其磁矩的物理内涵与共线反铁磁大相径庭。下面我们将简述电流诱导自旋力矩驱动非共线反铁磁磁矩翻转的研究。2017 年,Fujita 最早从理论上提出了用自旋力矩驱动非共线反铁磁磁矩翻转的设想,并指出垂直于 Kagome 面的自旋极化可实现三个亚晶格磁矩协同进动[92]。类似的理论工作指出,自旋力矩除了诱导非共线反铁磁磁矩翻转,还可高效驱动其实现磁畴壁运动,速度可达 1 km/s[93]。

实验上巨大的突破首先在 Mn_3Sn/重金属异质结构中实现,利用重金属的自旋霍尔效应产生的自旋力矩可驱动 Mn_3Sn 的磁矩翻转,并通过反常霍尔电压读出 [94]。实验构型如图 4.19(a) 所示,翻转电流方向垂直于 Kagome 面 (即自旋极化处于 Kagome 面内),且需要平行于电流方向的外磁场辅助。实验发现,Mn_3Sn 的磁化翻转行为随着近邻重金属的自旋霍尔角而改变,特别地,正自旋霍尔角的 Pt 和负自旋霍尔角的 W 诱导的磁化翻转极性相反,证明其中自旋力矩起到了决定性作用。此外,将翻转曲线与反常霍尔效应曲线进行对比,发现磁化翻转的比例仅为 30% 左右,这与传统 SOT 翻转垂直磁化铁磁的现象存在差异。其原因与完全不同的磁化翻转机制有关。垂直磁化的铁磁具有面外单轴各向异性,即磁化垂直向上和向下作为两个简并的能量最低值,因而无论电流还是磁场,均诱导垂直磁化在两个磁态间翻转。与之不同的是,非共线反铁磁在 Kagome 面内具有三易轴,如用磁八极子矩代表其磁矩状态,则存在六个磁态。磁场操控时,磁八极子矩在 $+\pi/2$ 和 $-\pi/2$ 态间翻转;而自旋力矩则诱导其磁态在 $+\pi/6$ 和 $-\pi/6$ 态间翻转,这是三易轴 Mn_3Sn 体系无法实现完全翻转的核心原因。通过求解 Mn_3Sn 中三个亚晶格磁矩的联合 LLG 方程,可得出 Mn_3Sn 的磁化翻转行为。其表象的翻转机制如图 4.19(b) 所示,自旋力矩将磁八极子矩翻转到 $0\pm\delta$ 态,即接近于某一易轴状态。在无外磁场时两种磁状态能量简并,因此不能实现确定性翻转,而是处于手性自旋旋转状态,电流停止时的磁化状态是随机的。此时施加平行于电流方向的磁场可打破该简并状态,进而实现确定性翻转。电学操控非共线反铁磁磁矩的实验结果也在 Mn_3GaN 中报道 [95,96]。

在这一实验报道后,相关实验研究如雨后春笋般相继报道。首先,在 Mn_3Sn 和重金属间插入 Cu 层的样品中测试到了类似的翻转行为,排除了界面效应而支撑了自旋力矩的作用 [97]。更进一步,将插层更换为 MgO 层仍旧可以观察到电流诱导的多晶 Mn_3Sn 中存在确定性翻转行为。通过 MgO 插层厚度性的实验总结出多晶 Mn_3Sn 中存在自产生的自旋极化流,进而诱导晶粒间的 STT 实现自翻转现象 [98]。除了自发的 STT,在反演不对称的 Mn_3Sn 体系还观察到了自发的自旋积累和 SOT 行为,并以此为基础实现了无外场辅助下的确定性磁化翻转 [99]。此外,通过引入面内应变可改变非共线反铁磁的磁各向异性能,例如生长在 β-W(211) 层上的 Mn_3Sn 具有如铁磁垂直磁化般的单轴各向异性,因而在该体系实现了完全的磁化翻转,且相比于三易轴体系翻转效率更高 [100]。通过改变薄膜生长工艺,例如改变过渡层和后退火处理等可提高翻转 Mn_3Sn 带来的电压信号,最高可达 1 mV 以上 [101]。通过研究不同波形和脉宽的脉冲电流引起的 Mn_3Sn 磁化翻转行为,揭示了热效应在其中扮演的重要作用,提出了晶核 SOT 的概念 [102-104],即翻转表现为退磁化–再磁化两步过程。首先,电流诱导的热效应将器件温度提升至反铁磁奈尔温度以上;接下来在冷却的过程中,SOT 将使得反铁磁磁矩定向排列。该机制的提出很好地解释了电流可诱导厚至百纳米的反铁磁磁矩翻转。

4.3 反铁磁磁矩的操控机制

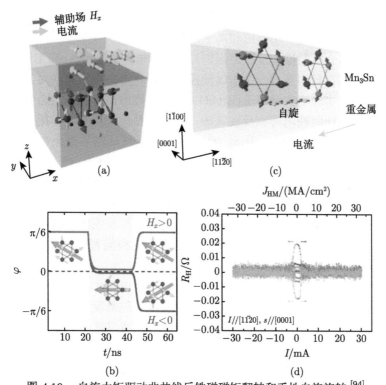

图 4.19　自旋力矩驱动非共线反铁磁磁矩翻转和手性自旋旋转 [94]
(a) 重金属/非共线反铁磁异质结构示意图；(b) 自旋力矩诱导的确定性翻转机制示意图；(c) 重金属/非共线反铁磁异质结构示意图；(d) 自旋力矩驱动 Mn_3Sn 手性自旋旋转

自旋力矩不仅可以实现非共线反铁磁的确定性翻转，还可以诱导手性自旋旋转。上述研究指出，在外磁场的辅助下，当自旋极化处于 Mn_3Sn 的 Kagome 面内时，即如图 4.19(a) 所示，可实现 Mn_3Sn 磁八极子矩的确定性翻转。而当自旋极化垂直于 Kagome 面时 (图 4.19(c))，理论指出，Mn_3Sn 的磁矩会处于手性自旋旋转的状态，且已基于电学霍尔探测和光学金刚石色心成像等方式观察到了实验证据。图 4.19(d) 展示了电学探测曲线，当施加电流超过临界值时，霍尔电压接近中间值且呈现出增强的涨落，其根源是 Mn_3Sn 的磁矩受到自旋力矩的驱动而自旋旋转 [105]。通过光学的金刚石色心成像，可以清楚地观察到自旋力矩驱动 Mn_3Sn 磁畴的随机状态 [106]。

4.3.3　电场操控

尽管相比于磁场操控，电流诱导的自旋力矩显著降低了器件的写入功耗，但由于焦耳热的存在，其功耗仍是器件阵列化设计中需要考虑的问题。为了进一步降低功耗，采用电场的方式操控反铁磁磁矩成为诸多研究者追逐的目标。本节基于电场操控反铁磁的四类典型机制展开讨论。如图 4.12 所示，四类典型机制分别为磁电耦合、压电应变、场效应和离子液体。

基于磁电耦合机制操控反铁磁磁矩。多铁材料例如 Cr_2O_3 和 $BiFeO_3$ 中反铁磁性和铁电性共存且相互耦合，电场操控其电极化可进一步实现对其反铁磁磁矩的操控。相关的实验研究最早于 $BiFeO_3$ 中得到报道，通过压电力显微镜和光发射电子显微镜以观测铁电畴和反铁磁畴，可以清楚地观测到电场操控反铁磁畴的具体行为[107]，如图 4.20(a) 所示。此外磁电输运测试结果进一步阐明了电场对 $BiFeO_3$ 畴壁的作用是其电控反铁磁的基础[108,109]。类似于 $BiFeO_3$，电场操控反铁磁磁矩的现象也在磁电耦合材料 Cr_2O_3 中得到报道。如图 4.20(b) 所示，正负电场可实现硼掺杂 Cr_2O_3 (奈尔温度高于室温的磁电耦合材料) 的磁矩的循环翻转，并以高低霍尔电阻值的形式读出[110]。作为 A 型反铁磁，Cr_2O_3 与铁磁层界面处会出现交换偏置，电场对其磁矩操控表现为交换偏置的极性转变[111]。相关研究为纯反铁磁的磁电随机存储器指明了方向[112]。

基于压电应变机制操控反铁磁磁矩。铁电材料电极化翻转的过程往往会伴随晶格常数的改变，即所谓的压电效应。因此将反铁磁薄膜与铁电基片相结合，利用基片的应变以改变反铁磁薄膜的各向异性或磁相变温度，为电场操控反铁磁提供潜在方案。图 4.20(c) 描述了压电应变诱导反铁磁各向异性翻转的示意图，其中 $BaTiO_3$ 和 $Pb(Mg_{1/3}Nb_{2/3})_{0.7}Ti_{0.3}O_3$ (PMN-PT) 等为常用的铁电基片。以双易轴的 Mn_2Au 为例，理论研究指出，沿易轴方向足够强的应变可以改变其磁各向异性能，驱动其磁各向异性由四重对称性转变为两重对称性 (即单轴各向异性)，且其磁矩倾向于沿着较短晶格常数的方向排布[113,114]，因此利用电场诱导的压电应变有望实现 Mn_2Au 磁矩 90° 循环翻转，该设想也从实验上通过 X 射线磁线二色谱技术得以证实[115]。除了 Mn_2Au，共线反铁磁 MnPt 中也观察到了类似的电场操控反铁磁各向异性的结果[116]，且得到了后续理论研究的支撑[117]。

反铁磁中往往蕴含着丰富的磁相，例如 α'-FeRh 在温度约为 360 K 时存在反铁磁 铁磁相变[118]，而 Mn_3Pt 在类似温度区间时存在非共线–共线反铁磁相的相变[119]，电场诱导的压电应变为调控磁相变温度提供了全新的思路。研究表明，α'-FeRh 的高温铁磁相和低温反铁磁相均为 CsCl 构型，前者体积较后者大 1% 左右，而该晶格常数的差异可由铁电基片的应变所提供。图 4.20(d) 描述了利用 $BaTiO_3$ 基片产生的压电应变调控 α'-FeRh 相转变温度的研究结果，仅需 0.4 kV/cm 的电场即可使其相变温度提高 25 K。更为重要的是，由于 $BaTiO_3$ 的电极化曲线具有滞回，因而该温度调控具有非易失性[120]。由于 α'-FeRh 铁磁相的载流子密度相比于反铁磁相要高一个数量级，其磁相变的过程将伴随电阻率的变化。因此，通过电场操控 α'-FeRh 磁相变温度的过程，有望构筑电学写入的非易失性磁存储原型器件。相关实验研究表明，利用铁电基片引入压电应变成功实现了 22% 的磁阻

4.3 反铁磁磁矩的操控机制

值[121],其数值可与巨磁阻效应相媲美。此外,该研究阐明,对于 α'-FeRh 磁相变最为关键的因素是四方晶格的畸变 (即 c/a 的比值),这为电场操控反铁磁相变的研究指明了方向。后续研究者将该操控手段推广到了更多的反铁磁材料,例如具有共线–非共线反铁磁相转变的 Mn_3Pt。非共线反铁磁由于具有自旋劈裂的特性,可产生非常规的磁电响应,例如反常霍尔效应,而对于共线相的 Mn_3Pt,由于受到对称性的限制,非常规响应不复存在。鉴于此,通过调控 Mn_3Pt 的磁相变温度,可实现对反常霍尔效应的电学开关调制[122]。类似的,利用电场实现对反常霍尔效应调控的现象也在其他非共线反铁磁,如 Mn_3Sn 等和反钙钛矿 Mn_3NiN 中观察到[123-127]。

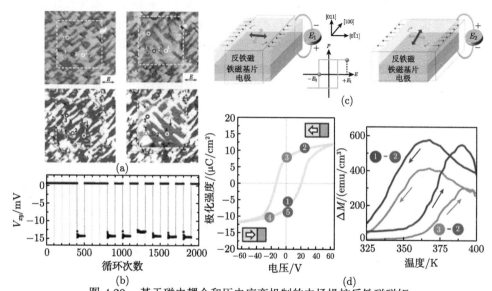

图 4.20 基于磁电耦合和压电应变机制的电场操控反铁磁磁矩
(a) 电场诱导 $BiFeO_3$ 中铁电畴和反铁磁畴的变化;(b) 电场驱动 $B:Cr_2O_3$ 的磁矩循环翻转;(c) 压电应变引起反铁磁各向异性轴翻转;(d) 压电应变调控反铁磁相转变温度

基于场效应机制操控反铁磁磁矩。不同于上述两种机制,场效应通过调控材料的载流子密度以实现对反铁磁磁矩的操控。其具体过程为,电场根据其极性可以吸引或排斥电荷,进而形成电荷积累或耗散层,最终实现对载流子密度和电子结构的调制。对于该调控手段,最为重要的材料参数是电荷积累/耗散层的厚度,也称作静电屏蔽长度。常规金属材料的静电屏蔽长度非常短,一般小于 1 nm,不适合通过场效应机制对其调控。该机制主要对于一些低载流子密度的材料十分有效,例如强关联氧化物和半导体等[128]。近年来,场效应被广泛用于调控二维反铁磁材料,例如 CrI_3 等。CrI_3 是一类 A 型反铁磁,层间反铁磁耦合由范德瓦耳斯键媒介,较弱的耦合能使其具有自旋翻转现象,即磁场可驱使其产生反铁磁-铁磁相变。因此,可通过场效应调制 CrI_3 中的载流子密度,进而调控相变的临界磁场[129]。此外，场效应还可提高二维反铁磁材料的奈尔温度，为解决二维材料的磁有序温度低的难题提供新思路[130]。电场操控二维磁性的详细内容可参考本书第 8 章。

利用离子液体实现电场操控反铁磁磁矩。上面讲到，金属由于受到静电屏蔽的影响而难以用场效应对其操控，为提高其静电屏蔽长度，研究者们将目光投向用离子液体创造双电层的思路。该方式不仅可将电场穿透深度从 1~2 个原子层提高到几个纳米的级别，而且可十分有效地调控载流子密度，其强度可达约 10^{15} cm^{-2} 的量级。此外，在一些氧化物中，离子液体栅压可诱导离子迁移，这给氧化物的离子调控提供了一种十分有力的方式。下面简要介绍几个典型的调控案例。首先，在反铁磁金属 IrMn 和铁磁 Co/Pt 构建的交换弹簧中，利用离子液体栅压实现了对其交换偏置的调控，其本质是栅压改变了 IrMn 中的载流子密度[131]。其次，在氧化物 $SrCoO_3$ 体系，利用离子液体实现了氢和氧双离子的调控，进而实现了三相转变[132]。还有研究者在基于 RKKY 耦合的人工反铁磁中，利用离子液体栅压调控了该体系的费米能级，进而实现了对耦合强度的调控[133]。对于非共线反铁磁，离子液体栅压方式可调控其反常霍尔效应[134]。此外，电场对反铁磁性的操控还可通过电化学的方式实现[135-137]。

4.3.4 光学操控

光与磁的相互作用奠定了光学方式探测磁性 (例如磁光克尔效应和磁光法拉第效应) 与光学方式操控磁性的物理基础，为研究超快操控和空间局域探测磁性提供了思路。反铁磁在自旋电子学中具有重要前景的一个核心原因是其太赫兹频段的本征动力学行为，得益于超快激光的技术发展与成熟，光学方式相比于上述磁学和电学方式更能实现对反铁磁磁矩的超快操控。例如在 NiO 中，泵浦光脉冲可实现超快瞬态的磁各向异性转变，进而可实现对反铁磁磁矩的操控[138]。在一类典型的稀土正铁氧体中 (例如 $TmFeO_3$)，超短的飞秒激光脉冲可被吸收，带来瞬态的温度变化以及各向异性改变，最终通过自旋晶格相互作用而实现对反铁磁磁矩的操控[139]。总地来说，上述实验中的反铁磁具有双易轴的磁各向异性和由 DM 相互作用带来的倾斜磁矩。因此，基于逆磁光法拉第效应诱导的磁场，泵浦激光将会驱动反铁磁磁矩发生进动。上述过程为惯性运动过程，即在激光关掉后反铁磁磁矩仍旧保持进动，最终将导致磁矩重取向[140]，如图 4.21(a) 所示。这一惯性运动模式也通过数值模拟的方式得到证实，且仅对于具有反铁磁耦合的材料有效，而对于铁磁材料无效。因而相比于铁磁仅能用纳秒级别的磁性操控，反铁磁可实现皮秒级超快磁性操控。此外，脉冲激光的热效应可引起反铁磁淬火进而重取向其反铁磁磁矩，这一现象在 CuMnAs 中得到观测[141]。除了反铁磁磁矩的翻转，激光还能引起反铁磁磁相转变。例如在经典的具有庞磁阻的化合物 $Pr_{1-x}Ca(Na)_xMnO_3$ 中，激光可引起超快的反铁磁绝缘体–金属导体的转变[142-144]。类似地，在 $DyFeO_3$

中，激光可引起非共线磁结构和共线磁结构之间的磁相转变[145]。

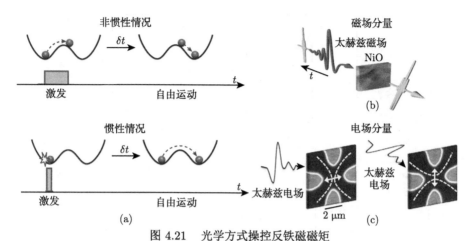

图 4.21 光学方式操控反铁磁磁矩

(a) 非惯性运动和惯性运动机制；(b) 太赫兹磁场操控反铁磁 NiO 磁矩；(c) 太赫兹电场操控反铁磁 CuMnAs 磁矩

除了上述脉冲激光，太赫兹波也有望高效地驱动反铁磁进动并操控其磁矩取向，总地来说，太赫兹操控反铁磁是基于磁场分量和电场分量，因而其操控机制可以分为两大类。对于磁场分量操控机制，一个典型的例子是利用高强度的太赫兹脉冲实现对反铁磁 NiO 自旋波的调控，其物理本质为太赫兹波的磁场分量引起的塞曼作用，以操控反铁磁磁矩[146]。相比于脉冲激光，太赫兹波引起的热效应十分微弱，例如调制 NiO 自旋波的过程中，样品温度仅升温不到 10 μK[146]。对于电场分量操控机制，太赫兹波非线性的电场分量也可用于操控反铁磁磁矩，且其强度相比于线性的磁场塞曼耦合要更强。其具体过程为太赫兹的非线电场通过改变电子的轨道态以改变反铁磁的各向异性，进而实现操控其磁矩的结果[147]。该方式已成功在稀土正铁氧体 TmFeO$_3$ 中得到验证[148]。最近，在 CuMnAs 单层膜和 Pt/α-Fe$_2$O$_3$ 双层膜中观察到了利用太赫兹波的共线电场分量实现反铁磁磁矩翻转[68,149]，其物理本质更接近于电流诱导的自旋力矩操控。前者基于奈尔自旋轨道力矩机制，而后者基于抗阻尼力矩机制。

4.4 反铁磁磁矩的探测方法

反铁磁磁矩探测方式和磁畴成像技术不仅有助于理解反铁磁的物理基础，还为基于反铁磁的自旋器件应用奠定了基础。然而反铁磁无净磁矩，因而难以通过传统的磁学手段表征其磁矩和磁畴。经过十余年的研究，该领域取得了诸多进展，如图 4.22 所示。本节主要围绕反铁磁磁矩的探测方式和磁畴成像技术展开。

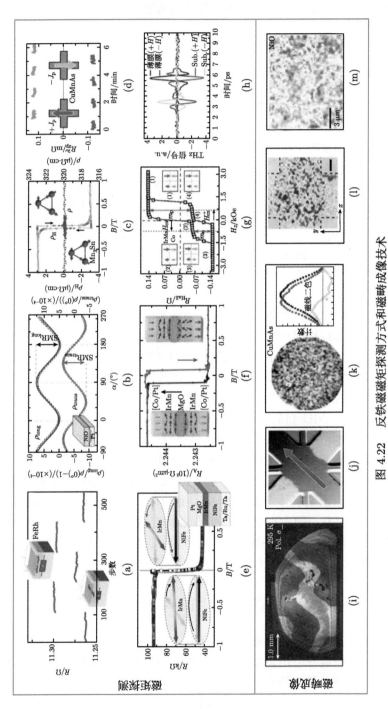

图 4.22 反铁磁磁矩探测方式和磁畴成像技术

(a) 各向异性磁电阻；(b) 自旋霍尔磁电阻；(c) 反常霍尔效应；(d) 电学二次谐波信号；(e) 隧穿各向异性磁电阻；(f) 隧穿磁电阻；(g) 交换偏置；(h) 太赫兹波辐射；(i) 光学二次谐波效应；(j) 磁光克尔效应；(k) X 射线磁线二色谱—光电子发射；(l) 金刚石 NV 色心；(m) 自旋泽贝克显微镜

4.4 反铁磁磁矩的探测方法

4.4.1 磁序探测

中子衍射技术是传统的对于反铁磁块体的磁序探测的重要方式，但对于反铁磁薄膜的磁序探测难以奏效，而后者是构筑反铁磁自旋器件的核心。为深入理解电子自旋与反铁磁磁矩间的相互作用，并将反铁磁材料推向器件应用，精准且高效地探测外延反铁磁薄膜的磁序十分重要。

各向异性磁电阻 (anisotropic magnetoresistance, AMR) 是电学探测铁磁磁矩的重要方式，作为一类二阶响应 (正比于磁矩平方)，可用于探测反铁磁磁矩[57,150]。具体而言，反铁磁磁矩使得平行或垂直于其奈尔矢量方向的电阻率有差异，一般而言前者电阻率高于后者。二者电阻率的差异值用磁电阻值表示，即高低电阻差值与低电阻值之间的比值，具体量级一般小于 10%。图 4.22(a) 展示了磁场冷却技术操控具有铁磁–反铁磁相变的 α'-FeRh 磁矩，其磁化状态通过 AMR 读出。例如，沿 [104] 轴方向施加磁场并进行冷却，反铁磁磁矩在经历铁磁到反铁磁转变后，排列到 [010] 方向，反之亦然[57]。在低于转变温度时，该双阻态能抵抗至少 9 T 外磁场的扰动，展现了反铁磁存储的强抗磁干扰能力。AMR 已在多种反铁磁中观察到，且广泛用于探测反铁磁磁矩在电学、光学等激励下的翻转行为[67-71]。尽管如此，AMR 仅对导电的反铁磁适用，而多数基于超交换耦合的反铁磁属于典型的莫特绝缘体，难以利用 AMR 效应进行磁性探测。

自旋霍尔磁电阻 (spin Hall magnetoresistance, SMR) 为绝缘体系的探测提供了解决方案。SMR 最早在亚铁磁绝缘体 YIG 和重金属构成的异质结中观测到，其基本现象与 AMR 类似，即自旋流的极化方向平行磁矩和垂直磁矩时体系的电阻有差异。但二者的物理起源不同，AMR 起源于磁性材料中自旋轨道耦合引起的电子散射差异，而 SMR 起源于重金属中由自旋霍尔效应引起的界面处自旋反射与自旋吸收差异[151]。下面以 NiO/Pt 为例阐述反铁磁/重金属体系 SMR 的物理图像：当 Pt 中自旋霍尔效应产生自旋流的极化方向平行于 NiO 的奈尔矢量时，自旋在界面处反射并通过逆自旋霍尔效应产生额外电荷流；反之，当极化方向垂直于奈尔矢量时，自旋被 NiO 吸收，因而两种情况下的电阻率不同。宏观表现为体系的径向电阻随样品面内转角呈现出 $\cos^2\alpha + B$ 的角度关系，如图 4.22(b) 所示[152]。这里二重 $\cos\alpha$ 分别起源于自旋流的产生与反射过程。此外，霍尔信号表现为 $\sin\alpha\cos\alpha$ 的角度关系，与径向电阻有 90° 的相位差。除了与重金属近邻，在反铁磁/拓扑绝缘体双层膜中亦观察到了类似于自旋霍尔磁电阻现象，该磁电阻强度受到拓扑表面态的调制。其自旋产生过程依赖于拓扑绝缘体的 Rashba 自旋劈裂，而反射后的自旋–电荷转化依赖于逆 Edelstein 效应，因而该现象也被称为 Rashba-Edelsetin 磁电阻[76]。自首次报道以来，SMR 被广泛用于表征反铁磁绝缘体的磁矩方向[74,75]。

霍尔效应是凝聚态物理中的重要探测手段，其产生需要空间整体的时间反演对称性破缺。例如，引入磁场可打破该对称性，并产生正常霍尔效应；引入铁磁材料的宏观净磁化亦可打破时间反演对称性，引起的霍尔电阻差异被称作反常霍尔效应 (anomalous Hall effect，AHE)。反铁磁由于净磁矩为零，通常认为不存在反常霍尔效应。近期，理论预测和实验观测均报道了在一些磁矩补偿的反铁磁中存在大的霍尔效应[18,153-155]，这些材料也被称作反常霍尔反铁磁[156]。讨论霍尔效应首先需要介绍霍尔矢量 (h) 的概念，即在材料中施加电场 E，若体系的对称性允许 h 存在，则会产生霍尔电流 j_{Hall}，三者之间满足 $j_{\text{Hall}} = h \times E$ 的关系。对于铁磁材料，无论其磁矩排列在任何方向，对称性均可允许 h 存在。与之不同的是，反常霍尔反铁磁是否存在霍尔矢量 (即是否存在反常霍尔效应)，取决于其反铁磁奈尔矢量的取向。值得注意的是，反常霍尔效应的存在需要体系存在相对论的自旋轨道耦合，而后者会引起材料产生微弱的净磁矩。尽管微弱的净磁矩不贡献主要的霍尔信号，但其为材料的磁化状态可受到外磁场调制奠定了基础，因而霍尔电阻在正负饱和磁场下以及随之退回的零磁场时可保持不同的霍尔电阻值，如图 4.22(c) 所示。我们强调，前述两种信号可用于探测反铁磁奈尔矢量的排布方向，被广泛用于区分反铁磁磁矩的 90° 或 120° 翻转，但无法区分 180° 翻转带来的差异。而反常霍尔效应可探测奈尔矢量或磁八极子矩的 180° 翻转[94]，为构筑反常霍尔反铁磁基隧道结奠定了基础。此外，基于反常霍尔效应，在一些磁矩补偿的反铁磁中观察到了热电的反常能斯特效应[19]和光学的磁光克尔效应[20]等，为反铁磁磁矩的探测提供了新的维度。

为了探测反铁磁磁矩的 180° 翻转，考虑到反常霍尔效应仅对反常霍尔反铁磁 (典型为具有晶体旋转对称性的材料或非共线磁相) 有效，二阶响应信号有望成为一种更为普适的探测反铁磁磁矩 180° 翻转的方式。相关研究最早在具有 PT 对称性破缺的反铁磁 CuMnAs 中报道，利用二次谐波产生 (second harmonic generation, SHG) 的径向和霍尔磁电阻信号，实现对正负电流诱导的奈尔矢量 180° 翻转的信号读出，如图 4.22(d) 所示[157]。类似地，在重金属/反铁磁异质结体系，可观察到磁场角度相关的二次谐波磁电阻信号，这类信号也称为单向自旋霍尔磁电阻效应[158,159]。其研究将电学可探测的 180° 翻转的反铁磁推广到更为普适的材料体系，即所有存在 DM 相互作用而具有微弱净磁矩的材料。基于二次谐波信号，Shi 等成功在 Pt/PtMn 体系中观察到了 PtMn 磁矩 180° 翻转的实验证据[160]。

上述电学探测方式均为平面器件构型，即探测电流与探测电压均在面内。实际应用的磁隧道结的读出则基于面外电阻信号，这一差异决定了上述探测方式仅适用于实验室基础研究而无法在实际的器件中应用。下面简述两类基于纵向构建的隧道结器件探测反铁磁磁矩的方式。根据隧穿层两侧电极的不同，可分为隧穿各向异性磁电阻效应 (tunneling anisotropic magnetoresistance, TAMR) 和隧穿磁

电阻效应 (TMR)。前者隧穿层一侧为反铁磁电极,而另一侧为非磁电极;后者隧穿层两侧均为反铁磁电极。首先讨论 TAMR,其现象最早在铁磁半导体 (Ga,Mn)As 构成的单铁磁隧道结中观察到,即 (Ga,Mn)As 磁矩的改变可引起 TMR 的变化[161]。TAMR 的起源一般认为是磁性电极材料的态密度各向异性,具体言之,当磁性电极中的磁矩方向变化时,费米面附近的态密度会产生改变,进而影响 TMR 的变化[162]。后来 TAMR 被推广到了反铁磁体系,如图 4.22(e) 所示,在 Py/IrMn/MgO/Pt 结构中利用 Py 与 IrMn 的交换耦合作用,外磁场驱动 Py 铁磁磁矩翻转进而带动 IrMn 反铁磁磁矩的旋转,实现了低温下 160% 的磁电阻效应[1]。通过调整反铁磁 IrMn 的厚度并将耦合的铁磁层由 Py 换成垂直磁化的 [Co/Pt] 多层膜,实现了室温下的 TAMR,推动了该类反铁磁器件的实用化进程[56]。除了利用铁磁带动反铁磁旋转,对单层反铁磁场冷也是操控反铁磁磁矩的重要方式,细节详见图 4.14。在 IrMn/MgO/Ta 结构中,利用磁场冷却的方式来排列反铁磁磁矩方向,在低温观测到高达 10% 的 TAMR 值。该工作表明,从奈尔温度以上沿不同方向磁场冷却可获得不同的磁电阻态,而在奈尔温度以下,反铁磁的磁化状态以及其磁电阻值可抵抗高达 2 T 的外磁场干扰[163]。此外,基于反铁磁 α'-FeRh 的相变特性构造 α'-FeRh/MgO/γ-FeRh 隧道结,成功观测到了温度依赖的高达 20% 的 TAMR 值[164]。

对于 TMR 以及与之类似的巨磁阻效应 (GMR),二者的区别在于两层磁性层中间为绝缘层还是金属层。GMR 和 TMR 首先在铁磁体系中报道。Fert 于 1988 年和 Grünberg 于 1989 年带领团队分别独立在 Fe/Cr/Fe 自旋阀构型中观察到了 GMR 效应[5,6],其电阻值相比 AMR 效应要高一个数量级,后续基于 GMR 读头极大地提升了存储器的存储密度,因而 Fert 和 Grünberg 获得了 2007 年度诺贝尔物理学奖。若将自旋阀中间的金属层替换为绝缘层以形成隧道结器件,可利用电子隧穿效应探测到两层铁磁磁矩平行与反平行排列的磁电阻行为[7,8]。后续经过不断优化,在铁磁隧道结中可得到室温下超过 200% 的磁电阻值,相比于 GMR 效应再提高一个数量级[165]。倘若我们用反铁磁替换铁磁,构造反铁磁自旋阀或隧道结器件,一方面可探测反铁磁磁矩排列,另一方面将极大地推动反铁磁随机存储器的应用化进程。理论研究指出,尽管传统反铁磁材料中无法产生自旋极化流,但反铁磁自旋阀中一致堆积的自旋相关波函数可诱导磁电阻信号。然而在反铁磁自旋阀器件中,尚未观测到反铁磁磁矩相关显著的磁电阻信号。与之不同的是,反铁磁隧道结取得诸多进展。2014 年,Wang 等在 [Co/Pt]/IrMn/AlO$_x$/IrMn/[Co/Pt] 结构的反铁磁隧道结中,观察到了隧穿磁电阻信号,如图 4.22(f) 所示,美中不足的是其信号仅有不到 1%[166]。2017 年,Železný 等理论预测非共线反铁磁中可产生自旋极化流,首次提出了基于自旋劈裂反铁磁有望构筑高 TMR 的隧道结器件[167]。2022 年,Dong 等理论探究了基于非共线反铁磁构筑隧道结,并指出在 $Mn_3Sn/MgO/Mn_3Sn$ 构型中可得到 300% 的 TMR 值[168]。相关的实验研究紧随理论工作得到报道,Qin 等和 Chen 等分别独立观察到 $Mn_3Pt/MgO/Mn_3Pt$ 和 $Mn_3Sn/MgO/Mn_3Sn$ 构型的 TMR 效应[22,23],这使得反铁磁随机存储器距离实际应用迈进了一大步。

与上述探测方式不同,反铁磁/铁磁界面的交换偏置提供了探测界面反铁磁磁矩的新方式。例如,A 型反铁磁 Cr_2O_3 界面处有一层未补偿磁矩,与重金属 Pt 近邻可产生由磁近邻效应主导的反常霍尔效应[169]。而当 Cr_2O_3 与垂直磁化铁磁近邻时可使后者的磁滞回线产生偏置现象,且偏置方向取决于 Cr_2O_3 的奈尔矢量,通过电场改变 Cr_2O_3 的反铁磁磁矩后,交换偏置方向随之改变[111]。此外,多项研究报道在反铁磁/铁磁界面处,可利用 SOT 翻转界面反铁磁磁矩,此时交换偏置成为探测界面翻转的有力方式[170,171]。如图 4.22(g) 所示,相反的界面反铁磁磁矩诱导的交换偏置相反,因而磁滞回线呈现为"双回线"型,二者之间的相对电阻比值可反映反铁磁 180° 磁畴的统计结果[172]。详细内容可见 2.4 节。

上述探测手段均基于电学方式,与之相比,光学探测具有超快和空间分辨等优势,下面对光学探测反铁磁磁矩的相关研究作简要介绍。首先是磁光克尔和磁光法拉第效应,二者常用于研究具有微弱净磁矩的反铁磁[173]。其机理如下:一束偏振光射向反铁磁材料时,局域磁矩会引起光的偏振方向发生偏转,偏转后的光通过反射或透射的方式最终被探测到,偏转的方向和角度可反映局域磁矩的排布。其中,探测反射光的方式被称作磁光克尔效应,而探测透射光的方式称为磁光法拉第效应。对于大多数无微弱净磁矩的反铁磁材料,相反亚晶格贡献的一阶磁光信号相抵消,因而净信号为零。不同的是,二阶磁光信号不抵消,可用于探测反铁磁磁矩。基于二阶的福格特效应,利用飞秒激光泵浦探测技术实现了对反铁磁 CuMnAs 的磁矩取向探测[174]。

与上述磁光效应主要反映一阶信号不同,磁线二色谱信号与奈尔矢量具有二次相关性。其中最常用的是 X 射线磁线二色谱,即通过探究不同偏振方向的软 X 射线吸收谱来获得反铁磁奈尔矢量的排列方向[175]。此外,结合 X 射线磁线二色谱和光电子发射图像使得观测反铁磁 90° 磁畴成为可能,详细内容在 4.4.2 节讨论。

除了上述线性光学响应,非线性光学效应也可用于探测反铁磁磁矩。一个典型的例子是光学二次谐波产生,即入射光的两个频率为 ω 的光子湮灭和一个频率为 2ω 的光子产生的过程。目前,二次谐波产生是研究磁点群甚至是磁空间群十分有效的方式,特别是对于反铁磁材料。值得注意的是,极化相关的二次谐波产生图谱为观测反铁磁 180° 磁畴提供了可能[176]。此外,光学二次谐波技术还能用于探测泵浦光诱导的反铁磁动力学过程。除了磁性材料,铁电极化也可贡献二次谐波产生,因而该方法是理想的探究反铁磁和铁电耦合的方式[177]。

反铁磁的动力学频率在太赫兹量级,因而太赫兹电磁波与反铁磁的相互作用的物理内涵十分丰富,其中太赫兹辐射和透射可用于探测反铁磁磁矩,即通过探究太赫兹波的极化方向,可反映反铁磁的磁矩排列方向。例如,通过研究不同取向 Mn_3Sn 中的太赫兹辐射强度,Zhou 等实现了对 Mn_3Sn 磁矩排列的探测[178]。此外,反铁磁中存在奈尔矢量相关的电荷到自旋的转化过程,通过太赫兹辐射的手段可以探究该过程,进而获得反铁磁奈尔矢量的排列方向[179,180]。

4.4.2 磁畴成像

类似于铁磁,反铁磁也倾向于以多畴的形式存在,因而如何实现反铁磁畴成像不仅对于反铁磁自旋电子学的基础研究而且对于未来的器件应用都是十分重要的。基于上述多种反铁磁磁序探测的物理机制,多种反铁磁畴的成像方式得以报道,下面将简述最常用的几类反铁磁畴成像技术。

(1) 光学二次谐波成像。通过测量样品和背底的信号场,光学二次谐波技术可以实现对反铁磁 180° 磁畴的成像[177]。图 4.22(i) 展示了测试温度为 295 K 时反铁磁 Cr_2O_3 样品的光学二次谐波成像结果。不同的衬度代表了相反的 180° 磁畴。可以观察到,该 Cr_2O_3 样品磁畴的横向尺度大约为 100 μm。温度相关的实验表明,光学二次谐波成像获得的磁畴明暗衬度在奈尔温度以上消失,进一步证明了该方式对于反铁磁 180° 磁畴观测的可靠性。

(2) 磁光克尔效应显微镜成像。传统的,在铁磁和亚铁磁材料中,能带交换劈裂和自旋轨道相互作用可带来磁光克尔和磁光法拉第效应[173],为探究局域磁化提供了一个有效的手段。而对于早期的反铁磁研究,磁光克尔效应仅局限于反铁磁绝缘体[181]。相比于绝缘体,金属反铁磁的反射率更高,有望实现更强的磁光克尔效应。首个基于磁光克尔显微镜观察反铁磁金属磁畴的实验在 Mn_3Sn 中得到报道,得益于大的贝里曲率值,其磁光克尔效应转角值与铁磁相当[20]。图 4.22(j) 为其成像结果,如图所示 Mn_3Sn 磁畴的横向尺寸约为几十微米,该方法为研究反铁磁磁畴动力学提供了重要的技术支撑。对于较高对称性的反铁磁材料,难以用极向磁光克尔显微镜观察其磁畴,而磁光双折射效应可以解决这一问题。一项基于 (001) 取向的反铁磁 NiO 的研究指出,磁光双折射效应在该体系可带来 60 mrad 的转角变化,如此大的光极化旋转使得对反铁磁畴的成像成为可能[182]。后续研究在该成像方法的基础上,阐明了抗阻尼力矩翻转反铁磁磁矩的微观机制[85]。值得注意的是,在 Mn_3Sn 中不同的衬度代表 180° 的磁八极子畴,而在 NiO 中则为 90° 的反铁磁畴。

(3) X 射线磁线二色谱光电子发射显微镜技术观测反铁磁磁畴。相比于基于上述光学效应的成像技术,X 射线由于更短的波长而有望提高反铁磁畴成像的空间分辨率。其基本的实验原理如下,首先探测垂直和水平偏振的两条 X 射线吸收谱,通过谱线作差而得到 X 射线磁线二色谱信号。将该信号与光电子发射显微技术结合，最终实现对 90° 反铁磁畴的成像。实验研究最先在反铁磁 LaFeO$_3$ 薄膜中报道，通过探测 Fe 元素 L 边的 X 射线磁线二色谱，最终在 LaFeO$_3$ 薄膜中实现了反铁磁畴成像，其分辨精度小于 100 nm[183]。此外，X 射线磁线二色谱还具有元素分辨和表面敏感等优势，其穿透深度约为 2 nm。特别地，该成像技术适于观察具有双易轴的反铁磁畴，因而广泛用于探测奈尔 SOT 和抗阻尼力矩驱动的反铁磁磁矩翻转[85,184]。

除了上述三类成像技术，近年来有研究者开发了金刚石氮空位 (NV) 色心和自旋泽贝克显微镜等新型技术手段以实现反铁磁磁畴成像。首先介绍金刚石 NV 色心技术。得益于氮空位缺陷的空间原子尺度和超长自旋相干时间，金刚石 NV 色心为纳米尺度观测微弱磁性 (nT) 提供了机会[185]。例如在 CrBr$_3$ 中，利用金刚石 NV 色心技术实现了反铁磁畴成像，进而阐明了该材料中钉扎效应主导矫顽力的规律。而且基于金刚石 NV 色心技术的高分辨率特点，实现了对钉扎缺陷和反向畴形核的定位[186]。此外，在非共线反铁磁 Mn$_3$Sn 中，基于金刚石 NV 色心成像技术，实现了对反铁磁翻转和手性自旋旋转状态下磁畴的观测，为研究非共线反铁磁的磁动力学奠定了基础[106]。需要注意的是，金刚石 NV 色心技术敏感于净磁矩而非反铁磁奈尔矢量，因而不能用于对磁矩完全补偿的反铁磁畴成像。接下来介绍自旋泽贝克显微镜。相比于 X 射线磁线二色谱光电子发射显微技术需要同步辐射光源，这是一类桌面式高灵敏的成像技术，可更为便捷地实现反铁磁畴成像。而且不同于金刚石 NV 色心技术敏感于微弱磁性，自旋泽贝克显微镜可直接探测反铁磁的奈尔矢量。其原理是热电的自旋泽贝克效应，与之类似，反常能斯特效应也能用于提供反铁磁畴成像的信号。根据上述原理，自旋泽贝克显微镜实现了对反铁磁 NiO 磁畴的探测，其分辨率约为 1 μm 量级[84]。而且基于该成像技术，实现了对抗阻尼力矩驱动反铁磁矩翻转的空间分辨的成像，从微观角度呈现了翻转的细节。此外，在非共线反铁磁 Mn$_3$Sn 中，利用反常能斯特显微镜实现了对其磁八极子畴的观测，成像分辨率约为微米量级[187]。基于该成像技术，对电流实现 Mn$_3$Sn 磁畴运动实现了微观定域观测。

4.5 反铁磁磁矩调制自旋流产生

许多反铁磁材料为具有磁性的 3d 过渡金属元素与强自旋轨道耦合的 4d 或 5d 过渡金属元素的结合，因而其用作自旋源兼具高效性和可调控性的双重特点。得益于操控与探测反铁磁磁矩技术的发展，反铁磁磁矩调制自旋流领域取得了诸多研究进展。本节主要基于自旋电荷转化、自旋泵浦效应和自旋泽贝克效应，展开对反铁磁中自旋流产生机制与应用的讨论。

4.5 反铁磁磁矩调制自旋流产生

4.5.1 反铁磁中的电荷自旋转化

电荷自旋转化是利用电流产生自旋流的重要方式,对于传统非磁材料体系,其主要机制为自旋霍尔效应[188] 和 Rashba-Edelstein 效应[189]。我们定义施加电流的方向为 x 方向,自旋流动的方向是 z 方向。受到对称性的限制,基于上述两种机制产生的自旋流极化方向均沿着 y 方向,我们称为 σ_y。对于工业青睐的垂直磁化存储介质,基于 σ_y 的自旋流诱导的自旋力矩翻转的效率十分有限,且需要外加磁场的辅助[190]。我们提到,面外自旋极化对于垂直磁化的翻转效率更高,且可打破对称性的限制以实现无外磁场辅助下的确定性翻转[191]。反铁磁兼具强自旋轨道耦合和磁有序排列,因而不仅可实现高效的自旋力矩翻转,而且可以产生极化方向可控的自旋流。下面将分两个部分简述相关的研究进展。

为了发展低功耗的自旋电子学器件,需开发拥有大自旋霍尔角和大自旋电导率的高效率自旋源材料。理论计算工作指出,相较于非磁性金属,反铁磁金属中的自旋霍尔角和自旋霍尔电导率均较大[192,193]。因为其具备大的自旋霍尔电导率和通过交换偏置效应实现垂直磁化无场翻转的能力,所以反铁磁材料吸引了研究者们越来越多的关注。然而反铁磁材料品类众多,那么其中的哪一种是效率最高的反铁磁自旋源呢?一种直接的考察手段是借鉴非磁性自旋源的研究经验,即寻找具有较强自旋轨道耦合的反铁磁材料。一项开创性的工作是利用自旋泵浦方法研究了四类 CuAu-I 型反铁磁金属的自旋霍尔角:FeMn、PdMn、IrMn 和 PtMn[194]。研究结果发现:反铁磁材料的自旋轨道耦合越强,其自旋霍尔角越大,同时其自旋扩散长度越短,如图 4.23(a) 所示。值得一提的是,该工作报道的四类反铁磁材料最大自旋霍尔角为 $\theta_{\text{PtMn}} \sim 0.06$,低于重金属 Ta ($\theta_{\text{Ta}} \sim 0.15$)。不过这项工作将电荷自旋转化的研究拓展到反铁磁领域,具有比较重要的意义。随后,研究者们陆续提出多种用于提高反铁磁/铁磁双层结构中自旋力矩效率的手段,如图 4.23 所示。

在前述自旋泵浦实验中,反铁磁材料是用作自旋探测器而非自旋源。接着,研究者们采用自旋力矩-铁磁共振方法评估反铁磁自旋源的电荷-自旋转化效率。在针对与前述相同的四类 CuAu-I 型反铁磁金属的实验中,观察到了类似的自旋霍尔角与自旋轨道耦合的依赖关系,证实了反铁磁材料中的昂萨格倒易规律[195]。除自旋轨道耦合之外,掺杂和合金化是调控非磁性金属中自旋霍尔角的重要手段,同时这些方法也适用于反铁磁金属。例如,经典 IrMn 体系的电荷-自旋转化效率强烈依赖于该合金的元素计量比:当组分比例相当时,自旋霍尔角较大;当组分比例差距较大 (如接近纯 Ir 或纯 Mn) 时,自旋霍尔角则较小,如图 4.23(b) 所示[196]。需要指出的是,在以上所展示的以强自旋轨道耦合反铁磁材料为基础,探究掺杂和合金化改性等手段获取大自旋霍尔角的反铁磁材料的众多尝试中,提高电荷−自旋转化效率的关键在于外在散射机制而非反铁磁有序。

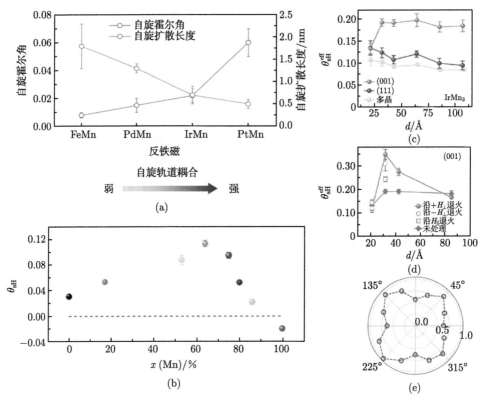

图 4.23　影响反铁磁自旋霍尔角的关键参数
(a) 自旋轨道耦合；(b) 成分；(c) 晶面取向；(d) 退火后处理；(e) 磁结构

随后为了探究反铁磁有序对于电荷自旋转化的影响，研究者们针对 IrMn 和 FeMn 进行了温度依赖测试并辅以精细的对照实验，证实了反铁磁有序确实可以提高自旋霍尔角这一观点[197,198]。由于反铁磁中不同晶体取向会产生不同的性质，所以另外一种研究手段是在晶态反铁磁材料中探究自旋霍尔角与晶体取向的依赖关系。相应的实验进一步证明了反铁磁有序对于提高自旋霍尔角的重要作用。举个例子，如图 4.23(c) 所示，在非共线反铁磁 Mn_3Ir 中，(001) 取向 Mn_3Ir 的自旋霍尔角为 0.2，该值约为 (111) 取向 Mn_3Ir 和多晶 Mn_3Ir 自旋霍尔角的 2 倍。尤其当进行了磁场退火之后，Mn_3Ir 的自旋霍尔角可以提升至 0.35，如图 4.23(d) 所示[196]。自旋霍尔角提升的原因在于反铁磁有序的增强。与此同时，Mn_3Ir 的晶面相关自旋霍尔角可归因于三角形磁结构引起的各向异性自旋霍尔电导率。后续理论工作支撑了前述的研究结果，并且预测了在两组非共线反铁磁 (六方 Mn_3Sn、Mn_3Ge、Mn_3Ga，以及立方 Mn_3Ir、Mn_3Pt、Mn_3Rh) 中实现最大自旋霍尔电导

4.5 反铁磁磁矩调制自旋流产生

率的最佳构型：电荷流在六方反铁磁的 Kagome 面内，以及自旋流在立方反铁磁的 Kagome 面内[199]。该工作进一步推进了反铁磁材料高效电荷自旋转化的设计发展。

为了进一步研究电荷自旋转化与磁结构的关系，研究人员采用了自旋力矩铁磁共振和中子散射的测试手段探究 $L1_0$-IrMn[200]。受 $KTaO_3$ 基片应变影响，$L1_0$-IrMn 的磁结构发生了变化，并且获得了高达 0.6 的自旋霍尔角。图 4.23(e) 展示了变角度的测试结果，证实了 $L1_0$-IrMn 的应变磁结构是其大自旋霍尔角的主因，突出了电荷自旋转化过程中反铁磁有序的重要作用。同时类似的结果也有报道：反铁磁 Mn_2Au 的自旋霍尔角高达 0.33[201]。相关研究发现，反铁磁/铁磁体系中的交换偏置效应对于反铁磁中的自旋流产生效率的影响几乎可以忽略不计[202]。这说明在绝大多数反铁磁材料中，体相磁结构要比界面效应对于自旋流的产生具有更加重要的作用。

上述内容中所介绍的研究工作旨在提升磁化翻转效率并且降低能耗。为了实现这些目标，采用界面工程提升反铁磁/铁磁的界面自旋通透性是另外一种重要的方式[203,204]。除此之外，针对 IrMn/Py 的变温自旋泵浦测试发现了 IrMn 奈尔温度附近的阻尼增强现象，说明由自旋涨落引起的自旋注入的增加以及自旋通透性的提高[205]。

高效率的自旋流产生和自旋力矩在磁随机存储、自旋逻辑和高频器件等领域中有着巨大的应用潜力[59,60]。与非磁性自旋源相比，反铁磁/铁磁双层膜中的交换偏置效应在垂直磁化无场翻转、稳定的零磁场奈尔型斯格明子以及针对神经形态计算的类忆阻器行为等方面具有诸多优势，如图 4.24 所示。此外，实验结果表明反铁磁/铁磁双层膜体系的交换偏置可由反铁磁层产生的自旋流进行调控。对于传统非磁性自旋源而言，沿 x 方向的电荷流仅可产生 z 方向的自旋流，该自旋流的自旋极化方向为 y 方向 (σ_y)。而当利用 σ_y 翻转垂直磁化时，则需施加面内磁场以打破对称性，同时该磁场可由其他面内有效场 (如交换偏置场) 进行替代[206,207]。此处我们以 IrMn/CoFeB 双层膜体系为例进行分析说明。首先可采用磁场退火手段引入面内交换偏置场，这对于打破对称性非常关键。随后即可实现由电流引起的具有垂直磁化 CoFeB 的零场下确定翻转，如图 4.24(a) 电学翻转回线所示。而对类似的 Pt/Co/IrMn 多层膜体系，磁光克尔效应成像清晰地展现了无场翻转的过程。

此外，如图 4.24(b) 所示，PtMn/[Co/Ni] 多层膜体系的无场翻转表现出类忆阻器行为，这说明磁化翻转可以控制为确定性的行为[207]。通过使用 X 射线光电子显微镜，观测到了电流引起的可再生畴图案，这也是材料体系类忆阻器行为的起因[208]。值得注意的是，研究人员已经实现了基于 PtMn/[Co/Ni] 的人工神经元和突触，这为基于反铁磁的神经形态计算奠定了重要基础[209,210]。

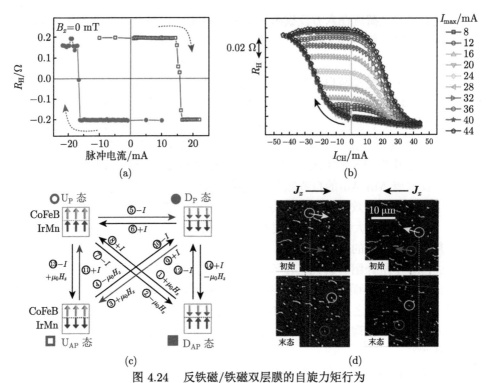

图 4.24　反铁磁/铁磁双层膜的自旋力矩行为
(a) 无外磁场辅助磁化翻转；(b) 忆阻行为；(c) 翻转界面反铁磁磁矩；(d) 零外磁场稳定斯格明子及其运动

为了推动无场翻转和类忆阻器行为面向实际应用的进一步发展，人们需要系统研究磁化翻转的微观模型。研究人员针对 PtMn/[Co/Ni] 多层膜，系统探究了无场翻转与器件尺寸的依赖关系。基于多畴翻转模型，随着器件尺寸减小，翻转行为由类忆阻器转变为阶梯式类型。有趣的一点是，PtMn/[Co/Ni] 多层膜无场翻转的临界电流密度 (J_c) 与器件尺寸无关，这与 SOT 驱动磁化翻转临界电流密度随器件尺寸减小而升高的传统认知相悖[211,212]。以上这些研究结果表明，在 SOT 基纳米器件中，反铁磁自旋源是优于非磁性自旋源的。

与此同时，人们通过结合反铁磁内在的高频特点和交换偏置效应，在反铁磁/铁磁双层膜体系中实现了超快自旋交换耦合力矩，推动了超快自旋电子学器件的发展[213]。利用交换偏置效应实现无场翻转的模式可以拓展到其他垂直磁化材料体系中，例如亚铁磁材料[214]、人工反铁磁材料[215,216] 以及非共线反铁磁材料[94]。

前述诸多研究工作均重点关注在反铁磁/铁磁双层膜体系中，利用反铁磁层所产生的自旋流进行邻近铁磁层的磁化翻转。而近期的几项研究工作显示，反铁磁所产生的自旋流也可以翻转界面处的反铁磁磁矩，这会以翻转的交换偏置的形式表现出来，如图 4.24(c) 所示 [170,171]。需要注意的是，在反铁磁/铁磁双层膜体系中通常会同时存在取向相反的反铁磁磁畴，这会导致双偏置型的回线产生。可翻转的界面反铁磁磁矩使电学操控双偏置回线的剩磁态变得可行，为多值存储的发展提供了一条崭新思路 [172]。这些电学可翻转的反铁磁界面在磁性隧道结中展现出优良的性能，例如对高达 2 T 磁场的抗干扰能力，以及 10 ns 电流脉冲诱导的无场翻转 [217]。综合上述这些研究成果，一种交换偏置磁随机存储器的新构型有望促进非易失性磁随机存储器性能的进一步提高。

反铁磁/铁磁中的交换偏置效应除了可以协助实现垂直磁化的无场翻转之外，还能够在零磁场稳定奈尔型斯格明子方面发挥关键作用。另外，反铁磁中的大自旋霍尔角 (SHA) 有助于电流驱动斯格明子运动 [218]，如图 4.24(d) 所示。虽然相比于非磁性体系，文献报道的多晶 IrMn/CoFeB 双层膜中斯格明子运动的临界电流要稍大一些，不过利用具有更大自旋霍尔角的反铁磁材料有望提升斯格明子运动的驱动效率。

4.5.2 可控的自旋流和自旋轨道力矩

长期以来，有关自旋流的研究大多集中在非磁性材料体系中。非磁性自旋源所产生的自旋流极化方向为 $z \times E$，不可调控。为了推动设计更加高效且多功能的自旋电子学器件，两个关键的科学问题亟待解决：① 获得可控的自旋流和 ② 产生多方向的自旋极化。而具有时间反演对称性破缺的磁性材料是获取这种可控自旋流的潜在选择。值得注意的是，铁磁材料产生纵向自旋极化电流和自旋转移力矩 (STT) 的相关机制已得到较为成熟的确立，而其中自旋极化方向则由铁磁参考层所决定 [219-221]。另外，铁磁材料产生横向纯自旋流在相应理论预测及实验工作中均得到了证实。与主要由 3d 过渡族金属或者合金组成的铁磁材料相比，反铁磁的组成材料更加广泛，比如其中许多包括 5d 过渡族金属元素。考虑可控自旋源这个方面，这些具有更强自旋轨道耦合的反铁磁材料，相比于铁磁材料具有更高的效率。

与铁磁材料类似，关于可控反铁磁自旋源的理论研究也是从纵向自旋极化电流和 STT 开始的，这将促进反铁磁隧道结的建立 [167]。就可控横向纯自旋流而言，在 Mn_3Sn 中观测到磁自旋霍尔效应是一项重要进展 [21]。除此之外，由于具有逆三角自旋结构的 Mn_3Sn 可以有效地被磁场操控，所以它是一种非常适于研究反铁磁体系磁性自旋霍尔效应的材料体系。

图 4.25 展示了磁性自旋霍尔效应的测试构型示意图。当对 Mn_3Sn 施加电荷流的时候，Mn_3Sn/NiFe 的界面处会出现自旋积累。如果积累的自旋的方向与 NiFe 的磁化方向互相平行，那么 Mn_3Sn/NiFe 界面处的电化学势会发生偏移，进而在 Cu 和 NiFe 电极之间产生电压信号。而如果积累的自旋的方向与

NiFe 的磁化方向互相反平行，那么电压信号则会反号，表现为通过扫描磁场翻转 NiFe 磁化时的回线。测试施加的最大外磁场 (0.15 T) 比 Mn_3Sn 的矫顽场小，则测试时材料的磁性结构保持不变。如果 Mn_3Sn 由正、负外场预饱和，所测得回线的极性则会反向，这就说明 Mn_3Sn 产生的自旋流的极化方向与其磁性状态有关。根据昂萨格倒易规律来看，Mn_3Sn 中也应该存在磁性逆自旋霍尔效应，而自旋泵浦实验结果已经证实了这一点。在这种情形下，最大外磁场 (0.2 T) 高于 Mn_3Sn 的矫顽场，因此 Mn_3Sn 的磁结构可由测试场的极性所操控。研究发现，自旋泵浦电压信号的对称线型部分与测试场的极性无关，这与通常由逆自旋霍尔效应导致自旋泵浦的情况不一致，说明 Mn_3Sn 的自旋到电荷的转化过程与其磁结构密切相关。这一结论由铁磁共振测试结果进一步证实，其中 Mn_3Ir 的磁性逆自旋霍尔效应可以调控阻尼因子[224]。因此，磁性自旋霍尔效应的发现拓展了依赖于反铁磁磁矩的自旋流产生的相关研究，而前述问题 ① 也得到了顺利解决。

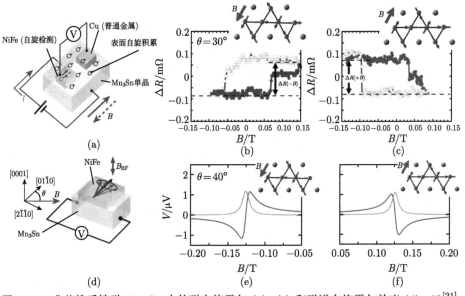

图 4.25　非共线反铁磁 Mn_3Sn 中的磁自旋霍尔 (a)~(c) 和磁逆自旋霍尔效应 (d)~(f)[21]

接下来着手处理问题②：如何产生多方向的自旋极化。定义多方向自旋极化为 σ_i ($i = x, y, z$)，其对应于沿 x 轴流动的电荷流所引起的具有沿 i 轴自旋极化方向的、沿 z 轴流动的自旋流，如图 4.26(a) 所示。对于垂直磁化层而言，仅有 σ_z 能够打破对称性从而实现无场翻转，而且它的翻转效率要比 σ_y 的高[191]。因此可以就这种高效的面外自旋极化源开展一系列相关研究。关于 σ_z 的首个实验

4.5 反铁磁磁矩调制自旋流产生

工作是在低晶体对称性的二维过渡族金属硫化物 WTe_2 中进行的[222]。图 4.26(b) 展示的是 WTe_2 表面的晶体结构,其镜面对称性 (如红色虚线所示) 沿着 bc 面而非 ac 面。垂直于晶体镜面 M 施加微波电流 I_{RF} 可以产生 σ_z,并且可由自旋力矩铁磁共振方法进行探测。图 4.26(c) 显示的是相应的自旋力矩铁磁共振转角 φ 的测试结果。与非磁性自旋源 Pt 相比,WTe_2 测试结果的反对称线型 V_A 额外包含一项 $\sin 2\varphi$,而该项源自 σ_z 的类阻尼力矩。相对而言,当平行于镜面 M 施加微波电流 I_{RF} 时,多出来的这一 $\sin 2\varphi$ 项则会消失,如图 4.26(d) 所示。因此这项工作成功获得 σ_z 并且通过晶体镜面对称性实现了对自旋极化的操控。受此启发,针对 σ_z 产生的工作也已经推广到其他过渡族金属硫化物体系中[223]。

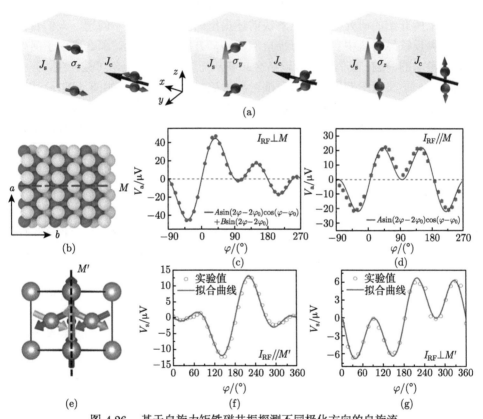

图 4.26 基于自旋力矩铁磁共振探测不同极化方向的自旋流
(a) 不同极化方向自旋流示意图;(b) 低晶体对称性的 WTe_2;(c)、(d) WTe_2 的自旋力矩铁磁共振实验结果;(e) 低磁对称性的 Mn_3SnN;(f)、(g) Mn_3SnN 的自旋力矩铁磁共振实验结果

类似于这些具有晶体镜面对称性的过渡族金属硫化物,一些反铁磁材料拥有磁性方面的对应特点 (例如磁性镜面对称性),这有助于在反铁磁中实现可控 σ_z 的产生[224,225]。这里我们重点关注反钙钛矿型非共线反铁磁 Mn_3SnN[226]。图 4.26(e)

显示的是 Mn$_3$SnN 的磁结构,其中黑色虚线代表磁镜面 M'。由图 4.26(f) 和 (g) 中的自旋力矩铁磁共振测试结果所示,当 I_{RF} 平行 (或者垂直) 于 M' 时,σ_z 则会产生 (或者消失)。值得注意的是,因为磁镜面 M' 包含时间反演对称性 T,即 $M' = MT$,所以 WTe$_2$ 和 Mn$_3$SnN 中的 σ_z 产生与 M 或 M' 的依赖关系是相反的。接下来我们讨论在非共线反铁磁中 σ_z 产生的物理图像,其中团簇磁八极矩 (T) 发挥了关键作用。三角形磁结构能够引起极化方向沿着 T 的自旋载流子。受到自旋轨道耦合场 (H_{sO}) 的影响,这些载流子转至面外方向[226]。到目前为止,人们在多种反铁磁体系中均观测到了 σ_z,例如 Mn$_3$SnN[226]、Mn$_3$Pt[224]、L1$_0$-IrMn[225]、Mn$_3$GaN[227]、Mn$_3$Sn[228]、Mn$_3$Ir[229]、MnPd$_3$[230]、Mn$_2$Au[231] 和 RuO$_2$[30,32]。与此同时,在反铁磁中已经观测到了第 3 种自旋极化,σ_x[227]。

以上所介绍的研究工作旨在解决前述提出的两大关键科学问题。人们目前已经在多种反铁磁材料中实现了可控自旋流和多方向自旋极化。那么产生了另外一个值得考虑的问题:我们是否可以结合二者从而实现 σ_z 的电学可控产生。答案是肯定的。一个典型案例便是局域反演对称性破缺的 Mn$_2$Au。如图 4.27(a) 和 (b) 所示,与奈尔矢量 (n) 相关的电荷流 (J) 方向决定了是否能够产生 σ_z。当 $J//n$ 时,局域反演对称性破缺诱导的 H_{sO} 与自旋载流子 (p) 垂直,进而使得自旋载流子转到面外方向[231]。p 和 H_{sO} 二者对于两种亚晶格而言是相反的,这就导致了 σ_z 的净积累。相比之下,当 $J \perp n$ 时,电流诱导的 p 则与 H_{sO} 平行,因此自旋进动和 σ_z 均不会产生。Mn$_2$Au 的奈尔矢量方向既可以用电场也可以用电流进行重新排布。这为实现 σ_z 的电学可控产生提供了机会。如图 4.27(c) 和 (d) 所示,通过施加电场,Mn$_2$Au 的奈尔矢量可以发生 90° 翻转,导致一种 σ_z "开-关" 行为的产生。这种反铁磁磁矩相关的电荷流产生被称作反铁磁自旋霍尔效应,为电学操控自旋极化方向的实际应用提供了新的可能。

近期,理论预测了反铁磁材料中一种由动量相关自旋劈裂产生自旋流的新机制[232,233]。相对应的自旋劈裂力矩能够结合传统 STT 和 SOT 的优势[?]。对于由铁磁交换劈裂引起的 STT 来说,纵向流动的自旋的极化方向是沿着参考铁磁层的磁化方向。这种过程与自旋轨道耦合无关,并且是时间反演奇对称。纵向流动的特点是 STT 应用在隧道结时的一个短板,而这个问题可由 SOT 解决。其产生的横向自旋流具有 y 方向的自旋极化 (σ_y)。与 STT 相比,相对论性的自旋轨道耦合在 SOT 中发挥着关键作用,同时这个过程满足时间反演偶对称。如前面讲述的一样,这种不可控的 σ_y 在 SOT 基的实际应用中是很不利的。而有趣的是,在特殊反铁磁中新发现的自旋劈裂力矩可同时兼具横向自旋流和可控自旋极化方向的优势,其自旋极化方向与反铁磁的奈尔矢量方向平行。由于特殊反铁磁的磁构型所引起的各向异性能带劈裂对于自旋劈裂力矩效应起到关键作用,因此该过程与自旋轨道耦合无关。

4.5 反铁磁磁矩调制自旋流产生

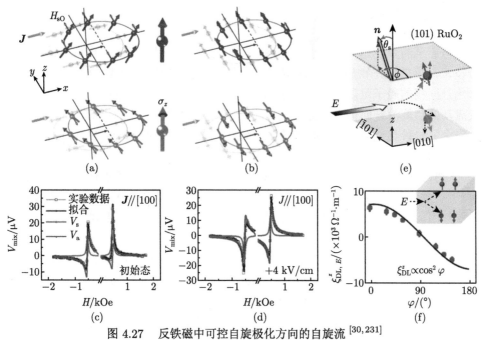

图 4.27 反铁磁中可控自旋极化方向的自旋流 [30,231]

(a)、(b) Mn_2Au 中面外自旋极化流的产生机制；(c)、(d) 电场调控 Mn_2Au 面外自旋的实验结果；(e) RuO_2 中倾斜自旋极化流的产生；(f) RuO_2 中面外自旋的晶体学取向相关性

各向异性能带劈裂存在于一类特殊的被称为交错磁体的磁性材料中，这类磁体的两套相反的自旋亚晶格通过晶体镜面旋转操作联系到一起[24]。众多反铁磁材料满足这种对称性条件且具有较大的自旋能带劈裂[18]。其中 RuO_2 由于其大的自旋能带劈裂[24]、高奈尔温度[234,235] 和良好的导电特性[236] 而受到人们广泛的关注。值得注意的是，RuO_2 中的自旋劈裂力矩效应具有两个特征：依赖于晶体取向的电荷-自旋转化效率和奈尔矢量相关的自旋极化方向。自旋劈裂使得自旋劈裂力矩的自旋极化方向与 RuO_2 的奈尔矢量方向平行。近期有三项独立工作同时报道了在 RuO_2 中观察到了自旋劈裂力矩效应[30-32]。通过设计角度相关的自旋力矩铁磁共振和谐波霍尔测试，研究人员均观察到了上述的两类特征。如图 4.27(e) 所示，研究人员在 (101) 取向的 RuO_2 薄膜中观测到了包含 σ_z 的新奇的自旋极化。而相比之下，人们在 (110) 和 (001) 取向的 RuO_2 薄膜中仅观察到了常规的 σ_y。这些研究结果表明：通过操控晶体取向和奈尔矢量方向，可以在 RuO_2 中实现多方向的自旋极化。与此同时，变温自旋力矩铁磁共振的测试结果显示，σ_z 的强度随着温度的下降而增大[30]，这说明 RuO_2 产生自旋流是由时间反演奇对称的自旋劈裂效应而不是时间反演偶对称的自旋霍尔效应所决定的。

4.5.3 自旋泵浦效应和自旋泽贝克

自旋泵浦效应是一种阐明相干磁子如何与电子作用从而产生自旋流的关键实验技术，该效应在铁磁/重金属双层膜中被详细探明[237]。由铁磁共振所引起的单色且同相的磁子可以向重金属中的电子传递自旋角动量，进而产生沿着薄膜法线流动的自旋流，而该自旋流随后可由逆自旋霍尔效应转化成电荷流。在易轴反铁磁中，一种类似的现象被提出来：反铁磁共振的圆偏振磁子可以相干产生自旋流 J_s。该过程可以表达为公式 $J_s = G_r(n \times \dot{n} + m \times \dot{m}) - G_i \dot{m}$，其中 G_r 和 G_i 分别为界面自旋混合电导的实部和虚部，而 n 和 m 上的点代表对时间的导数[238]。虽然公式的前两项均对 J_s 的直流部分产生贡献，不过 $n \times \dot{n}$ 一项发挥了主要作用。而 n 的极性反映了磁子的手性 (左手模式或者右手模式)，并且决定了 J_s 的正负号。

近期，基于反铁磁共振的自旋泵浦效应已经在绝缘易轴反铁磁 Cr_2O_3 和 MnF_2 的实验中得到观测[13,239]。在前者中，对 Cr_2O_3/Pt (或 Ta) 施加 0.24 THz 的线偏振微波，并沿易轴方向施加外磁场，可获得逆自旋霍尔电压 V_{ISHE}。当外磁场小于自旋翻转的临界阈值时，奈尔矢量 n 沿着易轴方向处于平衡状态，而两类圆偏振磁子模式 (左手模式和右手模式) 的频率劈裂与磁场强度呈线性相关。因此，在正场 (或者负场) 共振情况下，仅能激发右手模式 (或者左手模式)。一个有限的 V_{ISHE} 出现在反铁磁共振，并且在 Cr_2O_3/Pt 和 Cr_2O_3/Ta 中符号相反，如图 4.28(a) 所示，这与 Pt 和 Ta 的自旋霍尔角符号相反的情况保持一致[13]。同样地，人们也对 MnF_2/Pt 开展了自旋泵浦实验，并且采用了与 Cr_2O_3/Pt 的研究一样的测试构型。主要区别在于驱动微波的频率可变，并且是可切换手性的圆偏振状态。而当施加外磁场，微波频率与磁子的本征频率匹配时，MnF_2 中正在共振的左手模式或者右手模式可以允许获得选择性激发。所以可以探测到一个确定的 V_{ISHE}，这个 V_{ISHE} 要么完全来自于左手模式，要么完全来自于右手模式，如图 4.28(b) 所示[239]。

微波辐射和磁性共振会导致额外的热学激发[240]，因此，关于自旋泵浦实验的一个非常关键的问题便是：所观察到的自旋流到底是源自微波驱动的相干磁子，还是来自热学驱动的非相干磁子。在铁磁基的器件中，源自相干磁子和非相干磁子的贡献互相混杂不清，这是因为二者均为右手手性[241]。鉴于微波可以选择性激发左手模式或者右手模式这一特点，专门利用反铁磁来研究相干磁子成为可能。在有关 Cr_2O_3 的研究中，在施加正的外磁场下，微波相干激发右手模式，而同时由于低频特性，热磁子倾向为左手模式。相干右手模式和非相干左手模式之间的竞争导致了 V_{ISHE} 和温度关系的符号变化，如图 4.28(c) 所示[13]。随着温度上升，依赖于自旋的热学贡献迅速衰减 (假定热功率固定不变)[242]，在高温区 V_{ISHE} 的符

4.5 反铁磁磁矩调制自旋流产生

号与右手模式一致,证明了源自相干反铁磁磁子的自旋泵浦的存在。对 MnF_2 的研究中,在可以完全激发左手模式或者右手模式的圆偏振微波下,通过比较 V_{ISHE} 的符号和微波的手性,可以证实相干自旋泵浦的起源,如图 4.28(b) 所示[239]。因为热激发不会具有显著依赖于微波手性的关系,所以这项测试清晰地排除了微波加热引起的热磁子。

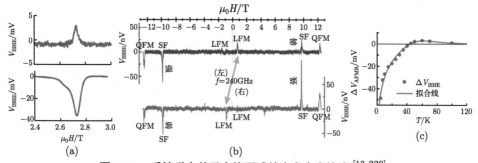

图 4.28 反铁磁中基于自旋泵浦效应产生自旋流[13,239]

(a) Cr_2O_3/Pt 和 Cr_2O_3/Ta 体系自旋泵浦效应产生的自旋流与逆自旋霍尔电压;(b) MnF_2/Pt 体系自旋泵浦效应产生的自旋流与逆自旋霍尔电压;(c) Cr_2O_3 中自旋泵浦效应产生的自旋流与逆自旋霍尔电压的温度相关性。QFM. 准铁磁;SF. 自旋转向;LFM. 低频模式

下面总结反铁磁磁子相关的自旋流产生机制,以及相关的自旋泵浦效应。首先我们考察能够产生沿着温度梯度流动的热磁子的自旋泽贝克效应[243-245]。如前所述,在易轴反铁磁中的磁子模式是圆偏振的,而且在自旋翻转临界阈值下,磁子模式与沿着易轴所施加的外磁场呈线性劈裂关系。这种物理图像也适用于具有有限波数的磁子。因此在正磁场下,磁子的左手支具有比右手支更低的频率,而根据玻色-爱因斯坦分布,这在能量层面上是有利的[243],因此决定了自旋泽贝克的电压符号。在净磁矩消失的易面反铁磁中,自旋泽贝克信号的来源更加复杂,其中一个可能的因素是表面磁性原子的动力学[84]。当施加的外磁场大于自旋翻转转变时,在热平衡处诱发一个净磁矩 m,并在热扰动下遵循右手进动,进而产生自旋泽贝克电压信号[244,245]。与此同时,在自旋转向相中,微波可以驱动一个相干的、右手振荡的 m (类似于铁磁共振),这也会产生一个 V_{ISHE} 信号[13,239]。该类由 m 诱导的自旋泵浦与铁磁体中的情况类似。在倾斜的反铁磁,易面 α-Fe_2O_3 中也观察到了类似的现象,其中不需要强外磁场,即可利用 α-Fe_2O_3 的 DMI 诱导产生 m[246]。通过比较易轴反铁磁奈尔矢量的左手振荡、倾斜反铁磁中 DMI 诱导 m 的右手振荡,以及传统铁磁体中的右手振荡所产生的自旋泵浦效应,振荡手性所发挥的关键作用得到了进一步证实[246]。正如所期待的那样,第一类情况下的自旋泵浦信号与后两者的自旋泵浦信号的符号相反。

为了使得反铁磁自旋泵浦效应更加有利于实际应用,首要问题便是其可否在室温下实现。在现有的诸多研究中，由于受到材料较低奈尔温度[239]或者高温下可能会加剧磁子散射[13]等因素的影响，目前反铁磁自旋泵浦效应的工作温度被限制在 150 K 以下。从这个方面考虑，开展有关室温材料中反铁磁相干磁子对温度依赖的系统研究是非常有必要的。考虑到反铁磁基器件的功能化，自旋泵浦效应在外部太赫兹发射和探测在反铁磁通道内传输的相干磁子信号等方面具有潜在的应用价值，而后者在太赫兹波基计算中将会发挥主导作用[247]。

4.6 反铁磁自旋电子学器件

由于无净磁矩和较强的反铁磁耦合，反铁磁材料具有无杂散场、抵抗外磁场干扰和超快内禀磁动力学频率等特点，因而反铁磁自旋电子学器件有望实现超快、低功耗和小型化等性能指标，在磁存储器和高频纳米振荡器等领域有重要的应用前景。本章将简述两类重要的反铁磁自旋电子学器件，即反铁磁随机存储器和纳米振荡器。

4.6.1 反铁磁随机存储器

类似于目前较为成熟的铁磁随机存储器，反铁磁随机存储器的器件核心为反铁磁隧道结。根据反铁磁的功能可分为两个大类：其一是全反铁磁隧道结，即反铁磁作为数据存储的载体；其二是反铁磁作为自旋源的面外自旋铁磁隧道结，这里反铁磁用于提供面外极化的自旋流，以实现无外磁场辅助的高效垂直磁化翻转。

图 4.29(a) 为全反铁磁隧道结的器件示意图，基本构成为反铁磁/隧穿层/反铁磁三明治构型，反铁磁电极用作信息存储的载体，底部重金属用于产生自旋流以实现电流驱动下层反铁磁磁矩翻转。由于传统反铁磁满足 Kramers 自旋简并，无法产生自旋极化流，因而不存在隧穿磁电阻效应[18]。通过第一性原理计算，有理论工作指出非共线反铁磁中存在类似于铁磁的自旋极化流，并提出了基于非共线反铁磁的隧道结模型[167]。后续有理论工作报道了非共线反铁磁隧道结中存在隧穿磁电阻行为，并基于 $Mn_3Sn/MgO/Mn_3Sn$ 构型开展第一性原理计算，得到的 TMR 可达 300%[168]。相关的实验工作紧随理论工作得到报道，通过磁场操控磁八极子矩的旋转，研究者在 $Mn_3Pt/MgO/Mn_3Pt$ 和 $Mn_3Sn/MgO/Mn_3Sn$ 中分别观察到了显著的 TMR 现象[22,23]。

尽管反铁磁隧道结中的 TMR 现象已经被观测到，但仍旧有两个问题亟待解决。首先是对反铁磁电极材料的选择，除了上述非共线反铁磁，共线的自旋劈裂反铁磁也有望实现可观的 TMR 行为。有理论工作报道，在 $RuO_2/TiO_2/RuO_2$ 和 $Mn_5Si_3/Al_2O_3/Mn_5Si_3$ 中有望观察到超过 500% 的 TMR 值[248,249]。其次是反铁磁隧道结的电学写入问题，电流驱动的自旋力矩是潜在的写入方案。对于共线反铁磁，核心问题是如何实现反铁磁磁矩 180° 翻转的电学操控与探测。

4.6 反铁磁自旋电子学器件

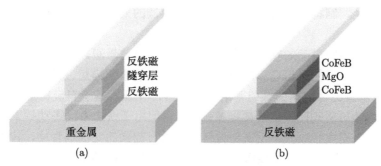

图 4.29 两类反铁磁隧道结构型
(a) 全反铁磁隧道结；(b) 反铁磁作自旋源的面外自旋隧道结

接下来讨论反铁磁作自旋源的面外自旋铁磁隧道结，相关结构如图 4.29(b) 所示。这里反铁磁不作为信息存储的载体，而仅作为产生自旋的源头。4.5.2 节讨论了反铁磁磁矩可调制自旋流的产生行为，尤其是可诱导面外自旋的产生。宏自旋模拟和微磁学模拟均指出，对于垂直磁化层的翻转 (例如 CoFeB)，面外自旋相比于面内自旋效率更高，且不需要外加辅助磁场即可实现确定性磁化翻转[191]，因而反铁磁作自旋源的面外自旋铁磁隧道结有望解决 MRAM 的功耗难题。对于该类隧道结器件，反铁磁自旋源的面外自旋电导率是评价效率的重要指标。基于类似的设想，有研究者提出了自旋协同矩效应，即将 STT 和 SOT 结合起来，以实现垂直磁化的无外场翻转，其翻转极性取决于 STT 中的面外自旋方向[250]。

此外，对于反铁磁基自旋电子学器件，研究者还进行了若干探索。有研究者基于反铁磁/铁磁界面处的交换弹簧效应和电控界面反铁磁磁矩现象，构造了基于隧穿各向异性磁电阻的隧道结器件。由于反铁磁不同的磁化状态会改变界面的态密度，进而实现隧穿能力的改变，最终表现为 TMR。早期研究通过交换弹簧效应操控反铁磁磁矩旋转，以实现 TMR 变化[1,56]。后来有研究提出通过温度或磁场引起磁相变来改变态密度，进而实现 TMR 变化[164]。为实现电学写入，有工作指出电流可翻转铁磁/反铁磁交换偏置，其本质为翻转的界面处的反铁磁磁矩[217]。值得注意的是，该方法首次在反铁磁隧道结中实现了电学写入。

4.6.2 反铁磁纳米振荡器

太赫兹辐射是频率在 $10^{11} \sim 10^{13}$ Hz 范围内的电磁辐射，其频率处于微波和红外辐射之间。特殊的频段位置使得太赫兹波具有独特的性质，从而在基础研究、无线通信、医学诊断、无损检测、军事安全等领域中具有巨大的发展潜力。传统的太赫兹辐射源主要有三类，分别为基于电子学、光子学和自旋电荷转化的太赫兹源。但是在适应目前器件小型化的发展趋势方面，这三类微波辐射源都存在明显的困难；另外，如何控制成本也是大规模生产与使用太赫兹辐射源所必须解决的问题。因此，制备出更有利于集成、成本更低的太赫兹辐射源是太赫兹技术研究的关键。

磁性材料磁矩进动的频率通常在吉赫兹到太赫兹量级，利用这一性质制备出的自旋纳米振荡器能够用直流电流产生相应频率的电磁辐射。目前研究者已经制备出面内/垂直磁化体系的铁磁基纳米振荡器，并证实基于自旋霍尔效应产生的自旋轨道力矩可驱动磁性层的磁矩振荡[251]。但由于铁磁本征进动频率在吉赫兹量级，难以激发太赫兹波。反铁磁材料由于具有较强的交换耦合场，其本征自旋动力学频率可达太赫兹频率量级[15,16]，因而基于反铁磁的纳米振荡器有望实现电流驱动的太赫兹波辐射，以解决其集成化的难题。图 4.30 为反铁磁纳米振荡器件单元和阵列的示意图。

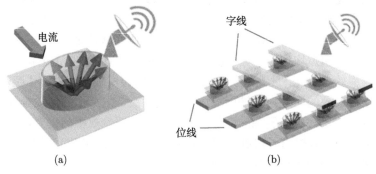

图 4.30　反铁磁纳米振荡器示意图
(a) 反铁磁纳米振荡器件单元；(b) 反铁磁纳米振荡器阵列

根据 LLG 方程，磁性材料的磁矩在外界扰动下会偏离平衡位置发生进动。当用特定强度的交变磁场作为外界扰动时，磁性材料的磁矩会发生共振，该共振频率取决于磁性材料在磁场下的本征频率。而当外界的扰动是局域的自旋力矩时，局域磁矩首先发生进动，并通过交换相互作用带动近邻原子的磁矩进动，最终表现为自旋波的激发与传播。基于上述研究，研究者设计了多类铁磁自旋纳米振荡器构型 (例如对三角型、蝴蝶结型、纳米线型和点接触型等)，并通过布里渊光散射实现了空间分辨的自旋波探测[251]。

反铁磁纳米振荡器的研究尚处于初始阶段，下面简述相关的研究进展。2020 年，研究者在易轴反铁磁 Cr_2O_3 和 MnF_2 中通过自旋泵浦效应探测到了亚太赫兹级的磁矩振荡，并揭示了易轴反铁磁的色散关系[13,239]。2021 年，研究者利用时间分辨的磁光克尔显微镜观察到了非共线反铁磁 Mn_3Sn 由热扰动产生的亚太赫兹级的磁矩进动[252]。同样在 Mn_3Sn 中，研究者基于电学输运测试和金刚石 NV 色心技术观察到了其手性自旋旋转的实验证据，并在电流和微波磁场的共同作用下得到反铁磁共振频率与电流密度之间的相关性[106]。随着材料体系的拓宽、探测手段的进步以及器件构型的优化，反铁磁基太赫兹自旋纳米振荡器可能会在不远的将来成为现实。

参 考 文 献

[1] Park B G, Wunderlich J, Martí X, et al. A spin-valve-like magnetoresistance of an antiferromagnet-based tunnel junction[J]. Nat. Mater., 2011, 10(5): 347-351.

[2] Neel L. Magnetism and local molecular field[J]. Science, 1971, 174(4013): 985-992.

[3] Bitter F. A generalization of the theory of ferromagnetism[J]. Phys. Rev., 1938, 54(1): 79-86.

[4] Chu T C. Detection of antiferromagnetism by neutron diffraction[J]. Phys. Rev., 1949, 76(8): 1256-1257.

[5] Baibich M N, Broto J M, Fert A, et al. Giant magnetoresistance of (001)Fe/(001)Cr magnetic superlattices[J]. Phys. Rev. Lett., 1988, 61(21): 2472-2475.

[6] Binasch G, Grünberg P, Saurenbach F, et al. Enhanced magnetoresistance in layered magnetic structures with antiferromagnetic interlayer exchange[J]. Phys. Rev. B, 1989, 39(7): 4828-4830.

[7] Miyazaki T, Tezuka N. Giant magnetic tunneling effect in Fe/Al$_2$O$_3$/Fe junction[J]. J. Magn. Magn. Mater., 1995, 139(3): L231-L234.

[8] Moodera J S, Kinder L R, Wong T M, et al. Large magnetoresistance at room temperature in ferromagnetic thin film tunnel junctions[J]. Phys. Rev. Lett., 1995, 74(16): 3273-3276.

[9] Meiklejohn W H, Bean C P. New magnetic anisotropy[J]. Phys. Rev., 1957, 105(3): 904-913.

[10] Nogués J, Schuller I K. Exchange bias[J]. J. Magn. Magn. Mater., 1999, 192(2): 203-232.

[11] Lensseen K M H, De Veirman A E M, Donkers J J T M. Inverted spin valves for magnetic heads and sensors[J]. J. Appl. Phys., 1997, 81(8): 4915-4917.

[12] Freitas P P, Leal J L, Melo L V, et al. Spin-valve sensors exchange-biased by ultrathin TbCo films[J]. Appl. Phys. Lett., 1994, 65(4): 493-495.

[13] Li J, Wilson C B, Cheng R, et al. Spin current from sub-terahertz-generated antiferromagnetic magnons[J]. Nature, 2020, 578(7793): 70-74.

[14] Wang H, Xiao Y, Guo M, et al. Spin pumping of an easy-plane antiferromagnet enhanced by Dzyaloshinskii-Moriya interaction[J]. Phys. Rev. Lett., 2021, 127(11): 117202.

[15] Jungwirth T, Marti X, Wadley P, et al. Antiferromagnetic spintronics[J]. Nat. Nanotechnol., 2016, 11(3): 231-241.

[16] Baltz V, Manchon A, Tsoi M, et al. Antiferromagnetic spintronics[J]. Rev. Mod. Phys., 2018, 90(1): 015005.

[17] Nakatsuji S, Kiyohara N, Higo T. Large anomalous Hall effect in a non-collinear antiferromagnet at room temperature[J]. Nature, 2015, 527(7577): 212.

[18] Šmejkal L, Sinova J, Jungwirth T. Emerging research landscape of altermagnetism[J]. Phys. Rev. X, 2022, 12(4): 040501.

[19] Ikhlas M, Tomita T, Koretsune T, et al. Large anomalous Nernst effect at room temperature in a chiral antiferromagnet[J]. Nat. Phys., 2017, 13(11): 1085-1090.

[20] Higo T, Man H, Gopman D B, et al. Large magneto-optical Kerr effect and imaging of magnetic octupole domains in an antiferromagnetic metal[J]. Nat. Photonics., 2018, 12(2): 73-78.

[21] Kimata M, Chen H, Kondou K, et al. Magnetic and magnetic inverse spin Hall effects in a non-collinear antiferromagnet[J]. Nature, 2019, 565(7741): 627-630.

[22] Chen X, Higo T, Tanaka K, et al. Octupole-driven magnetoresistance in an antiferromagnetic tunnel junction[J]. Nature, 2023, 613(7944): 490-495.

[23] Qin P, Yan H, Wang X, et al. Room-temperature magnetoresistance in an all-antiferromagnetic tunnel junction[J]. Nature, 2023, 613(7944): 485-489.

[24] Šmejkal L, Sinova J, Jungwirth T. Beyond conventional ferromagnetism and antiferromagnetism: a phase with nonrelativistic spin and crystal rotation symmetry[J]. Phys. Rev. X, 2022, 12(3): 031042.

[25] Krempaský J, Šmejkal L, D'souza S W, et al. Altermagnetic lifting of Kramers spin degeneracy[J]. Nature, 2024, 626(7999): 517-522.

[26] Zhu Y P, Chen X, Liu X R, et al. Observation of plaid-like spin splitting in a noncoplanar antiferromagnet[J]. Nature, 2024, 626(7999): 523-528.

[27] Fedchenko O, Minár J, Akashdeep A, et al. Observation of time-reversal symmetry breaking in the band structure of altermagnetic RuO_2[J]. Sci. Adv., 2024, 10(5): eadj4883.

[28] Feng Z, Zhou X, Šmejkal L, et al. An anomalous Hall effect in altermagnetic ruthenium dioxide[J]. Nat. Electron., 2022, 5(11): 735-743.

[29] Gonzalez Betancourt R D, Zubac J, Gonzalez-Hernandez R, et al. Spontaneous anomalous Hall effect arising from an unconventional compensated magnetic phase in a semiconductor[J]. Phys. Rev. Lett., 2023, 130(3): 036702.

[30] Bose A, Schreiber N J, Jain R, et al. Tilted spin current generated by the collinear antiferromagnet ruthenium dioxide[J]. Nat. Electron., 2022, 5: 267-274.

[31] Bai H, Han L, Feng X Y, et al. Observation of spin splitting torque in a collinear antiferromagnet RuO_2[J]. Phys. Rev. Lett., 2022, 128: 197202.

[32] Karube S, Tanaka T, Sugawara D, et al. Observation of spin-splitter torque in collinear antiferromagnetic RuO_2[J]. Phys. Rev. Lett., 2022, 129: 137201.

[33] Bai H, Zhang Y C, Zhou Y J, et al. Efficient spin-to-charge conversion *via* altermagnetic spin splitting effect in antiferromagnet RuO_2[J]. Phys. Rev. Lett., 2023, 130(21): 216701.

[34] Han L, Fu X, Peng R, et al. Electrical 180° switching of Néel vector in spin-splitting antiferromagnet[J]. Sci. Adv., 2024, 10(4): eadn0479.

[35] Duine R A, Lee K J, Parkin S S P, et al. Synthetic antiferromagnetic spintronics[J]. Nat. Phys., 2018, 14(3): 217-219.

[36] Parkin S S P, More N, Roche K P. Oscillations in exchange coupling and magnetoresistance in metallic superlattice structures: Co/Ru, Co/Cr, and Fe/Cr[J]. Phys. Rev. Lett., 1990, 64(19): 2304-2307.

[37] Fechner M, Zahn P, Ostanin S, et al. Switching magnetization by 180° with an electric field[J]. Phys. Rev. Lett., 2012, 108(19): 197206.

[38] Yang S H, Ryu K S, Parkin S. Domain-wall velocities of up to 750 $m·s^{-1}$ driven by exchange-coupling torque in synthetic antiferromagnets[J]. Nat. Nanotechnol., 2015, 10(3): 221-226.

[39] Kim S K, Beach G S D, Lee K J, et al. Ferrimagnetic spintronics[J]. Nat. Mater., 2022, 21(1): 24-34.

[40] Caretta L, Mann M, Büttner F, et al. Fast current-driven domain walls and small skyrmions in a compensated ferrimagnet[J]. Nat. Nanotechnol., 2018, 13(12): 1154-1160.

[41] Kim K J, Kim S K, Hirata Y, et al. Fast domain wall motion in the vicinity of the angular momentum compensation temperature of ferrimagnets[J]. Nat. Mater., 2017, 16(12): 1187-1192.

[42] Grzybowski M J, Wadley P, Edmonds K W, et al. Imaging current-induced switching of antiferromagnetic domains in CuMnAs[J]. Phys. Rev. Lett., 2017, 118(5): 057701.

[43] Fert A, Reyren N, Cros V. Magnetic skyrmions: advances in physics and potential applications[J]. Nat. Rev. Mater., 2017, 2(7): 1-15.

[44] Woo S, Song K M, Zhang X, et al. Current-driven dynamics and inhibition of the skyrmion Hall effect of ferrimagnetic skyrmions in GdFeCo films[J]. Nat. Commun., 2018, 9(1): 959.

[45] Hirata Y, Kim D H, Kim S K, et al. Vanishing skyrmion Hall effect at the angular momentum compensation temperature of a ferrimagnet[J]. Nat. Nanotechnol., 2019, 14(3): 232-236.

[46] Haney P M, MacDonald A H. Current-induced torques due to compensated antiferromagnets[J]. Phys. Rev. Lett., 2008, 100(19): 196801.

[47] Yu J, Bang D, Mishra R, et al. Long spin coherence length and bulk-like spin-orbit torque in ferrimagnetic multilayers[J]. Nat. Mater., 2019, 18(1): 29-34.

[48] Stoner E C, Wohlfarth E P. A mehanism of magnetic hysteresis in heterogeneous alloys[J]. Philos. Trans. R Soc. London Ser. A, 1948, 240(826): 599-642.

[49] Jacobs I S. Spin-flopping in MnF_2 by high magnetic fields[J]. J. Appl. Phys., 1961, 32(3): S61-S62.

[50] Schneider W, Weitzel H. Magnetic phase transitions and hysteresis in FeCl$_2$[J]. Phys. Rev., 1967, 164(2): 866-878.

[51] Blazey K W, Rohrer H. Antiferromagnetism and the magnetic phase diagram of GdAlO$_3$ [J]. Phys. Rev., 1968, 173(2): 574-580.

[52] Jaccarino V, King A R, Motokawa M, et al. Temperature dependence of FeF$_2$ spin flop field[J]. J. Magn. Magn. Mater., 1983, 31(4): 1117-1118.

[53] Brück S, Sort J, Baltz V, et al. Exploiting length scales of exchange-bias systems to fully tailor double-shifted hysteresis loops[J]. Adv. Mater., 2005, 17(24): 2978-2983.

[54] Wu J, Carlton D, Park J S, et al. Direct observation of imprinted antiferromagnetic vortex states in CoO/Fe/Ag(001) discs[J]. Nat. Phys., 2011, 7(4): 303-306.

[55] Scholl A, Liberati M, Arenholz E, et al. Creation of an antiferromagnetic exchange spring[J]. Phys. Rev. Lett., 2004, 92(24): 247201.

[56] Wang Y Y, Song C, Cui B, et al. Room-temperature perpendicular exchange coupling and tunneling anisotropic magnetoresistance in an antiferromagnet-based tunnel junction[J]. Phys. Rev. Lett., 2012, 109(13): 137201.

[57] Marti X, Fina I, Frontera C, et al. Room-temperature antiferromagnetic memory resistor[J]. Nat. Mater., 2014, 13(4): 367-374.

[58] Ralph D C, Stiles M D. Spin transfer torques[J]. J. Magn. Magn. Mater., 2008, 320(7): 1190-1216.

[59] Song C, Zhang R, Liao L, et al. Spin-orbit torques: materials, mechanisms, performances, and potential applications[J]. Prog. Mater. Sci., 2021, 118: 100761.

[60] Manchon A, Železný J, Miron I M, et al. Current-induced spin-orbit torques in ferromagnetic and antiferromagnetic systems[J]. Rev. Mod. Phys., 2019, 91(3): 035004.

[61] Núñez A S, Duine R A, Haney P, et al. Theory of spin torques and giant magnetoresistance in antiferromagnetic metals[J]. Phys. Rev. B, 2006, 73(21): 214426.

[62] Gomonay H V, Loktev V M. Spin transfer and current-induced switching in antiferromagnets[J]. Phys. Rev. B, 2010, 81(14): 144427.

[63] Merodio P, Kalitsov A, Béa H, et al. Spin-dependent transport in antiferromagnetic tunnel junctions[J]. Appl. Phys. Lett., 2014, 105(12): 122403.

[64] Wei Z, Sharma A, Nunez A S, et al. Changing exchange bias in spin valves with an electric current[J]. Phys. Rev. Lett., 2007, 98(11): 116603.

[65] Wei Z, Basset J, Sharma A, et al. Spin-transfer interactions in exchange-biased spin valves[J]. J. Appl. Phys., 2009, 105(7): 07D108.

[66] Železný J, Gao H, Výborný K, et al. Relativistic néel-order fields induced by electrical current in antiferromagnets[J]. Phys. Rev. Lett., 2014, 113(15): 157201.

[67] Wadley P, Howells B, Železný J, et al. Electrical switching of an antiferromagnet[J]. Science, 2016, 351(6273): 587-590.

[68] Olejník K, Seifert T, Kašpar Z, et al. Terahertz electrical writing speed in an antiferromagnetic memory[J]. Sci. Adv., 2018, 4(3): eaar3566.

[69] Olejník K, Schuler V, Marti X, et al. Antiferromagnetic CuMnAs multi-level memory cell with microelectronic compatibility[J]. Nat. Commun., 2017, 8(1): 15434.

[70] Zhou X F, Zhang J, Li F, et al. Strong orientation-dependent spin-orbit torque in thin films of the antiferromagnet Mn_2Au[J]. Phys. Rev. Appl., 2018, 9(5): 054028.

[71] Bodnar S Y, Šmejkal L, Turek I, et al. Writing and reading antiferromagnetic Mn_2Au by Néel spin-orbit torques and large anisotropic magnetoresistance[J]. Nat. Commun., 2018, 9(1): 348.

[72] Meinert M, Graulich D, Matalla-Wagner T. Electrical switching of antiferromagnetic Mn_2Au and the role of thermal activation[J]. Phys. Rev. Appl., 2018, 9(6): 064040.

[73] Zhou X F, Chen X Z, Zhang J, et al. From fieldlike torque to antidamping torque in antiferromagnetic Mn_2Au[J]. Phys. Rev. Appl., 2019, 11(5): 054030.

[74] Chen X Z, Zarzuela R, Zhang J, et al. Antidamping-torque-induced switching in biaxial antiferromagnetic insulators[J]. Phys. Rev. Lett., 2018, 120(20): 207204.

[75] Moriyama T, Oda K, Ohkochi T, et al. Spin torque control of antiferromagnetic moments in NiO[J]. Sci. Rep., 2018, 8(1): 14167.

[76] Chen X, Bai H, Ji Y, et al. Control of spin current and antiferromagnetic moments *via* topological surface state[J]. Nat. Electron., 2022, 5(9): 574-578.

[77] Nair N L, Maniv E, John C, et al. Electrical switching in a magnetically intercalated transition metal dichalcogenide[J]. Nat. Mater., 2020, 19(2): 153-157.

[78] Chiang C C, Huang S Y, Qu D, et al. Absence of evidence of electrical switching of the antiferromagnetic Néel vector[J]. Phys. Rev. Lett., 2019, 123(22): 227203.

[79] Jacot B J, Krishnaswamy G, Sala G, et al. Systematic study of nonmagnetic resistance changes due to electrical pulsing in single metal layers and metal/antiferromagnet bilayers[J]. J. Appl. Phys., 2020, 128(17): 173902.

[80] Churikova A, Bono D, Neltner B, et al. Non-magnetic origin of spin Hall magnetoresistance-like signals in Pt films and epitaxial NiO/Pt bilayers[J]. Appl. Phys. Lett., 2020, 116(2): 022410.

[81] Bai H, Zhou X, Zhou Y, et al. Functional antiferromagnets for potential applications on high-density storage and high frequency[J]. J. Appl. Phys., 2020, 128(21): 210901.

[82] Cheng Y, Yu S, Zhu M, et al. Electrical switching of tristate antiferromagnetic Néel order in α-Fe_2O_3 epitaxial films[J]. Phys. Rev. Lett., 2020, 124(2): 027202.

[83] Baldrati L, Gomonay O, Ross A, et al. Mechanism of Néel order switching in antiferromagnetic thin films revealed by magnetotransport and direct imaging[J]. Phys. Rev. Lett., 2019, 123(17): 177201.

[84] Gray I, Moriyama T, Sivadas N, et al. Spin Seebeck imaging of spin-torque switching in antiferromagnetic Pt/NiO heterostructures[J]. Phys. Rev. X, 2019, 9(4): 041016.

[85] Schreiber F, Baldrati L, Schmitt C, et al. Concurrent magneto-optical imaging and magneto-transport readout of electrical switching of insulating antiferromagnetic thin films[J]. Appl. Phys. Lett., 2020, 117(8): 082401.

[86] Zhang P, Finley J, Safi T, et al. Quantitative study on current-induced effect in an antiferromagnet insulator/Pt bilayer film[J]. Phys. Rev. Lett., 2019, 123(24): 247206.

[87] Meer H, Schreiber F, Schmitt C, et al. Direct imaging of current-induced antiferromagnetic switching revealing a pure thermomagnetoelastic switching mechanism in NiO[J]. Nano Lett., 2021, 21(1): 114-119.

[88] Baldrati L, Schmitt C, Gomonay O, et al. Efficient spin torques in antiferromagnetic CoO/Pt quantified by comparing field- and current-induced switching[J]. Phys. Rev. Lett., 2020, 125(7): 077201.

[89] Zhang P, Chou C T, Yun H, et al. Control of Néel vector with spin-orbit torques in an antiferromagnetic insulator with tilted easy plane[J]. Phys. Rev. Lett., 2022, 129(1): 017203.

[90] Cheng Y, Cogulu E, Resnick R D, et al. Third harmonic characterization of antiferromagnetic heterostructures[J]. Nat. Commun., 2022, 13(1): 3659.

[91] Cogulu E, Zhang H, Statuto N N, et al. Quantifying spin-orbit torques in antiferromagnet-heavy-metal heterostructures[J]. Phys. Rev. Lett., 2022, 128(24): 247204.

[92] Fujita H. Field-free, spin-current control of magnetization in non-collinear chiral antiferromagnets[J]. Phys. Status Solidi - Rapid Res. Lett., 2017, 11(4): 1600360.

[93] Yamane Y, Gomonay O, Sinova J. Dynamics of noncollinear antiferromagnetic textures driven by spin current injection[J]. Phys. Rev. B, 2019, 100(5): 054415.

[94] Tsai H, Higo T, Kondou K, et al. Electrical manipulation of a topological antiferromagnetic state[J]. Nature, 2020, 580(7805): 608-613.

[95] Hajiri T, Ishino S, Matsuura K, et al. Electrical current switching of the noncollinear antiferromagnet Mn_3GaN[J]. Appl. Phys. Lett., 2019, 115(5): 052403.

[96] Hajiri T, Matsuura K, Sonoda K, et al. Spin-orbit-torque switching of noncollinear antiferromagnetic antiperovskite manganese nitride Mn_3GaN[J]. Phys. Rev. Appl., 2021, 16(2): 024003.

[97] Tsai H, Higo T, Kondou K, et al. Spin-orbit torque switching of the antiferromagnetic state in polycrystalline Mn_3Sn/Cu/heavy metal heterostructures[J]. AIP Adv., 2021, 11(4): 045110.

[98] Xie H, Chen X, Zhang Q, et al. Magnetization switching in polycrystalline Mn_3Sn thin film induced by self-generated spin-polarized current[J]. Nat. Commun., 2022, 13(1): 5744.

[99] Deng Y, Liu X, Chen Y, et al. All-electrical switching of a topological non-collinear antiferromagnet at room temperature[J]. Natl. Sci. Rev., 2023, 10(2): nwac154.

[100] Higo T, Kondou K, Nomoto T, et al. Perpendicular full switching of chiral antiferromagnetic order by current[J]. Nature, 2022, 607(7919): 474-479.

[101] Tsai H, Higo T, Kondou K, et al. Large Hall signal due to electrical switching of an antiferromagnetic Weyl semimetal state[J]. Small Sci., 2021, 1(5): 2000025.

[102] Pal B, Hazra B K, Göbel B, et al. Setting of the magnetic structure of chiral kagome antiferromagnets by a seeded spin-orbit torque[J]. Sci. Adv., 2022, 8(24): eabo5930.

[103] Krishnaswamy G K, Sala G, Jacot B, et al. Time-dependent multistate switching of topological antiferromagnetic order in Mn_3Sn[J]. Phys. Rev. Appl., 2022, 18(2): 024064.

[104] Kobayashi Y, Shiota Y, Narita H, et al. Pulse-width dependence of spin-orbit torque switching in Mn_3Sn/Pt thin films[J]. Appl. Phys. Lett., 2023, 122(12): 122405.

[105] Takeuchi Y, Yamane Y, Yoon J Y, et al. Chiral-spin rotation of non-collinear antiferromagnet by spin-orbit torque[J]. Nat. Mater., 2021, 20(10): 1364-1370.

[106] Yan G Q, Li S, Lu H, et al. Quantum sensing and imaging of spin-orbit-torque-driven spin dynamics in the non-collinear antiferromagnet Mn_3Sn[J]. Adv. Mater., 2022, 34(23): 2200327.

[107] Zhao T, Scholl A, Zavaliche F, et al. Electrical control of antiferromagnetic domains in multiferroic $BiFeO_3$ films at room temperature[J]. Nat. Mater., 2006, 5(10): 823-829.

[108] He Q, Yeh C H, Yang J C, et al. Magnetotransport at domain walls in $BiFeO_3$[J]. Phys. Rev. Lett., 2012, 108(6): 067203.

[109] Lee J H, Fina I, Marti X, et al. Spintronic functionality of $BiFeO_3$ domain walls[J]. Adv. Mater., 2014, 26(41): 7078-7082.

[110] Mahmood A, Echtenkamp W, Street M, et al. Voltage controlled Néel vector rotation in zero magnetic field[J]. Nat. Commun., 2021, 12(1): 1674.

[111] He X, Wang Y, Wu N, et al. Robust isothermal electric control of exchange bias at room temperature[J]. Nat. Mater., 2010, 9(7): 579-585.

[112] Kosub T, Kopte M, Hühne R, et al. Purely antiferromagnetic magnetoelectric random access memory[J]. Nat. Commun., 2017, 8: 13985.

[113] Shick A B, Khmelevskyi S, Mryasov O N, et al. Spin-orbit coupling induced anisotropy effects in bimetallic antiferromagnets: a route towards antiferromagnetic spintronics[J]. Phys. Rev. B, 2010, 81(21): 212409.

[114] Sapozhnik A A, Abrudan R, Skourski Y, et al. Manipulation of antiferromagnetic domain distribution in Mn_2Au by ultrahigh magnetic fields and by strain[J]. Phys. Status Solidi - Rapid Res. Lett., 2017, 11(4): 1600438.

[115] Chen X, Zhou X, Cheng R, et al. Electric field control of Néel spin-orbit torque in an antiferromagnet[J]. Nat. Mater., 2019, 18(9): 931-935.

[116] Yan H, Feng Z, Shang S, et al. A piezoelectric, strain-controlled antiferromagnetic memory insensitive to magnetic fields[J]. Nat. Nanotechnol., 2019, 14(2): 131-136.

[117] Park I J, Lee T, Das P, et al. Strain control of the Néel vector in Mn-based antiferromagnets[J]. Appl. Phys. Lett., 2019, 114(14): 142403.

[118] Kouvel J S, Hartelius C C. Anomalous magnetic moments and transformations in the ordered alloy FeRh[J]. J. Appl. Phys., 1962, 33(3): 1343-1344.

[119] Krén E, Szabó P, Pál L, et al. X-ray and susceptibility study of the first-order magnetic transformation in Mn_3Pt[J]. J. Appl. Phys., 1968, 39(2P1): 469-470.

[120] Cherifi R O, Ivanovskaya V, Phillips L C, et al. Electric-field control of magnetic order above room temperature[J]. Nat. Mater., 2014, 13(4): 345-351.

[121] Liu Z Q, Li L, Gai Z, et al. Full electroresistance modulation in a mixed-phase metallic alloy[J]. Phys. Rev. Lett., 2016, 116(9): 097203.

[122] Liu Z Q, Chen H, Wang J M, et al. Electrical switching of the topological anomalous Hall effect in a non-collinear antiferromagnet above room temperature[J]. Nat. Electron., 2018, 1(3): 172-177.

[123] Boldrin D, Johnson F, Thompson R, et al. The biaxial strain dependence of magnetic order in spin frustrated Mn_3NiN thin films[J]. Adv. Funct. Mater., 2019, 29(40): 1902502.

[124] Boldrin D, Mihai A P, Zou B, et al. Giant piezomagnetism in Mn_3NiN[J]. ACS Appl. Mater. Interfaces, 2018, 10(22): 18863-18868.

[125] Qin P, Feng Z, Zhou X, et al. Anomalous Hall effect, robust negative magnetoresistance, and memory devices based on a noncollinear antiferromagnetic metal[J]. ACS Nano, 2020, 14(5): 6242-6248.

[126] Guo H, Feng Z, Yan H, et al. Giant piezospintronic effect in a noncollinear antiferromagnetic metal[J]. Adv. Mater., 2020, 32(26): 2002300.

[127] Wang X, Feng Z, Qin P, et al. Integration of the noncollinear antiferromagnetic metal Mn_3Sn onto ferroelectric oxides for electric-field control[J]. Acta. Mater., 2019, 181: 537-543.

[128] Ahn C H, Bhattacharya A, Di Ventra M, et al. Electrostatic modification of novel materials[J]. Rev. Mod. Phys., 2006, 78(4): 1185-1212.

[129] Huang B, Clark G, Klein D R, et al. Electrical control of 2D magnetism in bilayer CrI_3[J]. Nat. Nanotechnol., 2018, 13(7): 544-548.

[130] Jiang S, Li L, Wang Z, et al. Controlling magnetism in 2D CrI_3 by electrostatic doping[J]. Nat. Nanotechnol., 2018, 13(7): 549-553.

[131] Wang Y, Zhou X, Song C, et al. Electrical control of the exchange spring in antiferromagnetic metals[J]. Adv. Mater., 2015, 27(20): 3196-3201.

[132] Lu N, Zhang P, Zhang Q, et al. Electric-field control of tri-state phase transformation with a selective dual-ion switch[J]. Nature, 2017, 546(7656): 124-128.

[133] Yang Q, Wang L, Zhou Z, et al. Ionic liquid gating control of RKKY interaction in FeCoB/Ru/FeCoB and $(Pt/Co)_2$/Ru/$(Co/Pt)_2$ multilayers[J]. Nat. Commun., 2018, 9(1): 991.

[134] Qin P, Yan H, Fan B, et al. Chemical potential switching of the anomalous Hall effect in an ultrathin noncollinear antiferromagnetic metal[J]. Adv. Mater., 2022, 34(24): 2200487.

[135] Bi C, Liu Y, Newhouse-Illige T, et al. Reversible control of Co magnetism by voltage-induced oxidation[J]. Phys. Rev. Lett., 2014, 113(26): 267202.

[136] Bauer U, Yao L, Tan A J, et al. Magneto-ionic control of interfacial magnetism[J]. Nat. Mater., 2015, 14(2): 174-181.

[137] Tan A J, Huang M, Avci C O, et al. Magneto-ionic control of magnetism using a solid-state proton pump[J]. Nat. Mater., 2019, 18(1): 35-41.

[138] Duong N P, Satoh T, Fiebig M. Ultrafast manipulation of antiferromagnetism of NiO[J]. Phys. Rev. Lett., 2004, 93(11): 117402.

[139] Kimel A V., Kirilyuk A, Tsvetkov A, et al. Laser-induced ultrafast spin reorientation in the antiferromagnet $TmFeO_3$[J]. Nature, 2004, 429(6994): 850-853.

[140] Kimel A V, Ivanov B A, Pisarev R V, et al. Inertia-driven spin switching in antiferromagnets[J]. Nat. Phys., 2009, 5(10): 727-731.

[141] Kašpar Z, Surýnek M, Zubáč J, et al. Quenching of an antiferromagnet into high resistivity states using electrical or ultrashort optical pulses[J]. Nat. Electron., 2021, 4(1): 30-37.

[142] Miyano K, Tanaka T, Tomioka Y, et al. Photoinduced insulator-to-metal transition in a perovskite Manganite[J]. Phys. Rev. Lett., 1997, 78(22): 4257-4260.

[143] Fiebig M, Miyano K, Tokura Y, et al. Visualization of the local insulator-metal transition in $Pr_{0.7}Ca_{0.3}MnO_3$[J]. Science, 1998, 280(5371): 1925-1928.

[144] Takubo N, Ogimoto Y, Nakamura M, et al. Persistent and reversible all-optical phase control in a manganite thin film[J]. Phys. Rev. Lett., 2005, 95(1): 017404.

[145] Afanasiev D, Ivanov B A, Kirilyuk A, et al. Control of the ultrafast photoinduced magnetization across the morin transition in $DyFeO_3$[J]. Phys. Rev. Lett., 2016, 116(9): 097401.

[146] Kampfrath T, Sell A, Klatt G, et al. Coherent terahertz control of antiferromagnetic spin waves[J]. Nat. Photonics, 2011, 5(1): 31-34.

[147] Kampfrath T, Tanaka K, Nelson K A. Resonant and nonresonant control over matter and light by intense terahertz transients[J]. Nat. Photonics, 2013, 7(9): 680-690.

[148] Baierl S, Hohenleutner M, Kampfrath T, et al. Nonlinear spin control by terahertz-driven anisotropy fields[J]. Nat. Photonics, 2016, 10(11): 715-718.

[149] Huang L, Zhou Y, Qiu H, et al. Terahertz pulse-induced néel vector switching in α-Fe_2O_3/Pt heterostructures[J]. Appl. Phys. Lett., 2021, 119(21): 212401.

[150] Fina I, Marti X, Yi D, et al. Anisotropic magnetoresistance in an antiferromagnetic semiconductor[J]. Nat. Commun., 2014, 5(1): 4671.

[151] Nakayama H, Althammer M, Chen Y T, et al. Spin Hall magnetoresistance induced by a nonequilibrium proximity effect[J]. Phys. Rev. Lett., 2013, 110(20): 206601.

[152] Fischer J, Gomonay O, Schlitz R, et al. Spin Hall magnetoresistance in antiferromagnet/heavy-metal heterostructures[J]. Phys. Rev. B, 2018, 97(1): 014417.

[153] Nayak A K, Fischer J E, Sun Y, et al. Large anomalous Hall effect driven by a nonvanishing Berry curvature in the noncolinear antiferromagnet Mn_3Ge[J]. Sci. Adv., 2016, 2(4): e1501870.

[154] Kiyohara N, Tomita T, Nakatsuji S. Giant anomalous Hall effect in the chiral antiferromagnet Mn_3Ge[J]. Phys. Rev. Appl., 2016, 5(6): 064009.

[155] You Y, Chen X, Zhou X, et al. Anomalous Hall effect-like behavior with in-plane magnetic field in noncollinear antiferromagnetic Mn_3Sn films[J]. Adv. Electron. Mater., 2019, 5(3): 1800818.

[156] Šmejkal L, MacDonald A H, Sinova J, et al. Anomalous Hall antiferromagnets[J]. Nat. Rev. Mater., 2022, 7(6): 482-496.

[157] Godinho J, Reichlová H, Kriegner D, et al. Electrically induced and detected Néel vector reversal in a collinear antiferromagnet[J]. Nat. Commun., 2018, 9(1): 4686.

[158] Cheng Y, Tang J, Michel J J, et al. Unidirectional spin Hall magnetoresistance in antiferromagnetic heterostructures[J]. Phys. Rev. Lett., 2023, 130(8): 086703.

[159] Shim S, Mehraeen M, Sklenar J, et al. Unidirectional magnetoresistance in antiferromagnet/heavy-metal bilayers[J]. Phys. Rev. X, 2022, 12(2): 021069.

[160] Shi J, Lopez-Dominguez V, Garesci F, et al. Electrical manipulation of the magnetic order in antiferromagnetic PtMn pillars[J]. Nat. Electron., 2020, 3(2): 92-98.

[161] Gould C, Rüster C, Jungwirth T, et al. Tunneling anisotropic magnetoresistance: a spin-valve-like tunnel magnetoresistance using a single magnetic layer[J]. Phys. Rev. Lett., 2004, 93(11): 117203.

[162] Shick A B, Máca F, Mašek J, et al. Prospect for room temperature tunneling anisotropic magnetoresistance effect: density of states anisotropies in CoPt systems[J]. Phys. Rev. B-Condens. Matter. Mater. Phys., 2006, 73(2): 024418.

[163] Petti D, Albisetti E, Reichlová H, et al. Storing magnetic information in IrMn/MgO/Ta tunnel junctions *via* field-cooling[J]. Appl. Phys. Lett., 2013, 102(19): 192404.

[164] Chen X Z, Feng J F, Wang Z C, et al. Tunneling anisotropic magnetoresistance driven by magnetic phase transition[J]. Nat. Commun., 2017, 8(1): 449.

[165] Parkin S S P, Kaiser C, Panchula A, et al. Giant tunnelling magnetoresistance at room temperature with MgO(100) tunnel barriers[J]. Nat. Mater., 2004, 3(12): 862-867.

[166] Wang Y Y, Song C, Wang G Y, et al. Anti-ferromagnet controlled tunneling magnetoresistance[J]. Adv. Funct. Mater., 2014, 24(43): 6806.

[167] Železný J, Zhang Y, Felser C, et al. Spin-polarized current in noncollinear antiferromagnets[J]. Phys. Rev. Lett., 2017, 119(18): 187204.

[168] Dong J, Li X, Gurung G, et al. Tunneling magnetoresistance in noncollinear antiferromagnetic tunnel junctions[J]. Phys. Rev. Lett., 2022, 128(19): 197201.

[169] Moriyama T, Shiratsuchi Y, Iino T, et al. Giant anomalous Hall conductivity at the Pt/Cr_2O_3 interface[J]. Phys. Rev. Appl., 2020, 13(3): 034052.

[170] Peng S, Zhu D, Li W, et al. Exchange bias switching in an antiferromagnet/ferromagnet bilayer driven by spin-orbit torque[J]. Nat. Electron., 2020, 3(12): 757-764.

[171] Lin P H, Yang B Y, Tsai M H, et al. Manipulating exchange bias by spin-orbit torque[J]. Nat. Mater., 2019, 18(4): 335-341.

[172] Yun J, Bai Q, Yan Z, et al. Tailoring multilevel-stable remanence states in exchange-biased system through spin-orbit torque[J]. Adv. Funct. Mater., 2020, 30(15): 1909092.

[173] Němec P, Fiebig M, Kampfrath T, et al. Antiferromagnetic opto-spintronics[J]. Nat. Phys., 2018, 14(3): 229-241.

[174] Saidl V, Němec P, Wadley P, et al. Optical determination of the Néel vector in a CuMnAs thin-film antiferromagnet[J]. Nat. Photonics., 2017, 11(2): 91-96.

[175] Wadley P, Hills V, Shahedkhah M R, et al. Antiferromagnetic structure in tetragonal CuMnAs thin films[J]. Sci. Rep., 2015, 5: 17079.

[176] Fiebig M, Fröhlich D, Krichevtsov B B, et al. Second harmonic generation and magnetic-dipole-electric-dipole interference in antiferromagnetic Cr_2O_3[J]. Phys. Rev. Lett., 1994, 73(15): 2127-2130.

[177] Fiebig M, Pavlov V V, Pisarev R V. Second-harmonic generation as a tool for studying electronic and magnetic structures of crystals: review[J]. J. Opt. Soc. Am. B, 2005, 22(1): 96-118.

[178] Zhou X, Song B, Chen X, et al. Orientation-dependent THz emission in non-collinear antiferromagnetic Mn_3Sn and Mn_3Sn-based heterostructures[J]. Appl. Phys. Lett., 2019, 115(18): 182402.

[179] Liu Y, Bai H, Song Y, et al. Inverse altermagnetic spin splitting effect-induced terahertz emission in RuO_2[J]. Adv. Opt. Mater., 2023: 2300177.

[180] Huang L, Zhou Y, Qiu H, et al. Antiferromagnetic inverse spin Hall effect[J]. Adv. Mater., 2022, 34(42): 2205988.

[181] Kahn F J, Pershan P S, Remeika J P. Ultraviolet magneto-optical properties of single-crystal orthoferrites, garnets, and other ferric oxide compounds[J]. Phys. Rev., 1969, 186(3): 891-918.

[182] Xu J, Zhou C, Jia M, et al. Imaging antiferromagnetic domains in nickel oxide thin films by optical birefringence effect[J]. Phys. Rev. B, 2019, 100(13): 134413.

[183] Scholl A. Observation of antiferromagnetic domains in epitaxial thin films[J]. Science, 2000, 287(5455): 1014-1016.

[184] Wadley P, Reimers S, Grzybowski M J, et al. Current polarity-dependent manipulation of antiferromagnetic domains[J]. Nat. Nanotechnol., 2018, 13(5): 362-365.

[185] Rondin L, Tetienne J P, Hingant T, et al. Magnetometry with nitrogen-vacancy defects in diamond[J]. Reports Prog. Phys., 2014, 77(5): 056503.

[186] Sun Q C, Song T, Anderson E, et al. Magnetic domains and domain wall pinning in atomically thin $CrBr_3$ revealed by nanoscale imaging[J]. Nat. Commun., 2021, 12(1): 1989.

[187] Reichlova H, Janda T, Godinho J, et al. Imaging and writing magnetic domains in the non-collinear antiferromagnet Mn_3Sn[J]. Nat. Commun., 2019, 10(1): 5459.

[188] Sinova J, Valenzuela S O, Wunderlich J, et al. Spin Hall effects[J]. Rev. Mod. Phys., 2015, 87(4): 1213-1260.

[189] Manchon A, Koo H C, Nitta J, et al. New perspectives for Rashba spin-orbit coupling[J]. Nat. Mater., 2015, 14(9): 871-882.

[190] Liu L, Lee O J, Gudmundsen T J, et al. Current-induced switching of perpendicularly magnetized magnetic layers using spin torque from the spin hall effect[J]. Phys. Rev. Lett., 2012, 109(9): 096602.

[191] Bai H, Zhang Y C, Han L, et al. Antiferromagnetism: an efficient and controllable spin source[J]. Appl. Phys. Rev., 2022, 9(4): 041316.

[192] Freimuth F, Blügel S, Mokrousov Y. Anisotropic spin Hall effect from first principles[J]. Phys. Rev. Lett., 2010, 105(24): 246602.

[193] Gulbrandsen S A, Espedal C, Brataas A. Spin Hall effect in antiferromagnets[J]. Phys. Rev. B, 2020, 101(18): 184411.

[194] Zhang W, Jungfleisch M B, Jiang W, et al. Spin Hall effects in metallic antiferromagnets[J]. Phys. Rev. Lett., 2014, 113(19): 196602.

[195] Zhang W, Jungfleisch M B, Freimuth F, et al. All-electrical manipulation of magnetization dynamics in a ferromagnet by antiferromagnets with anisotropic spin Hall effects[J]. Phys. Rev. B, 2015, 92(14): 144405.

[196] Zhang W, Han W, Yang S H, et al. Giant facet-dependent spin-orbit torque and spin Hall conductivity in the triangular antiferromagnet $IrMn_3$[J]. Sci. Adv., 2016, 2(9): e1600759.

[197] Kang Y, Chang Y S, He W, et al. Strong modification of intrinsic spin Hall effect in FeMn with antiferromagnetic order formation[J]. RSC Adv., 2016, 6(96): 93491-93495.

[198] Tshitoyan V, Ciccarelli C, Mihai A P, et al. Electrical manipulation of ferromagnetic NiFe by antiferromagnetic IrMn[J]. Phys. Rev. B, 2015, 92(21): 214406.

[199] Zhang Y, Sun Y, Yang H, et al. Strong anisotropic anomalous Hall effect and spin Hall effect in the chiral antiferromagnetic compounds Mn_3X (X=Ge, Sn, Ga, Ir, Rh, and Pt)[J]. Phys. Rev. B, 2017, 95(7): 075128.

[200] Zhou J, Wang X, Liu Y, et al. Large spin-orbit torque efficiency enhanced by magnetic structure of collinear antiferromagnet IrMn[J]. Sci. Adv., 2019, 5(5): 22-24.

[201] Chen S, Shu X, Zhou J, et al. Giant spin torque efficiency in single-crystalline antiferromagnet Mn_2Au films[J]. Sci. China Mater., 2021, 64(8): 2029-2036.

[202] Saglam H, Rojas-Sanchez J C, Petit S, et al. Independence of spin-orbit torques from the exchange bias direction in $Ni_{81}Fe_{19}$/IrMn bilayers[J]. Phys. Rev. B, 2018, 98(9): 094407.

[203] Han L, Wang Y, Zhu W, et al. Spin homojunction with high interfacial transparency for efficient spin-charge conversion[J]. Sci. Adv., 2022, 8(38): eabq2742.

[204] Ou Y, Shi S, Ralph D C, et al. Strong spin Hall effect in the antiferromagnet PtMn[J]. Phys. Rev. B, 2016, 93(22): 220405(R).

[205] Frangou L, Oyarzún S, Auffret S, et al. Enhanced spin pumping efficiency in antiferromagnetic IrMn thin films around the magnetic phase transition[J]. Phys. Rev. Lett., 2016, 116(7): 077203.

[206] Oh Y W, Baek S H C, Kim Y M, et al. Field-free switching of perpendicular magnetization through spin-orbit torque in antiferromagnet/ferromagnet/oxide structures[J]. Nat. Nanotechnol., 2016, 11(10): 878-884.

[207] Fukami S, Zhang C, Duttagupta S, et al. Magnetization switching by spin-orbit torque in an antiferromagnet-ferromagnet bilayer system[J]. Nat. Mater., 2016, 15(5): 535-541.

[208] Krishnaswamy G K, Kurenkov A, Sala G, et al. Multidomain memristive switching of $Pt_{38}Mn_{62}$/[Co/Ni]$_n$ multilayers[J]. Phys. Rev. Appl., 2020, 14(4): 044036.

[209] Borders W A, Akima H, Fukami S, et al. Analogue spin-orbit torque device for artificial-neural-network-based associative memory operation[J]. Appl. Phys. Express, 2017, 10(1): 013007.

[210] Kurenkov A, DuttaGupta S, Zhang C, et al. Artificial neuron and synapse realized in an antiferromagnet/ferromagnet heterostructure using dynamics of spin-orbit torque switching[J]. Adv. Mater., 2019, 31(23): 1900636.

[211] Kurenkov A, Zhang C, DuttaGupta S, et al. Device-size dependence of field-free spin-orbit torque induced magnetization switching in antiferromagnet/ferromagnet structures[J]. Appl. Phys. Lett., 2017, 110(9): 092410.

[212] Zhang C, Fukami S, Sato H, et al. Spin-orbit torque induced magnetization switching in nano-scale Ta/CoFeB/MgO[J]. Appl. Phys. Lett., 2015, 107(1): 012401.

[213] Ma X, Fang F, Li Q, et al. Ultrafast spin exchange-coupling torque *via* photo-excited charge-transfer processes[J]. Nat. Commun., 2015, 6(1): 8800.

[214] Guo Y, Wu Y, Cao Y, et al. The deterministic field-free magnetization switching of perpendicular ferrimagnetic Tb-Co alloy film induced by interfacial spin current[J]. Appl. Phys. Lett., 2021, 119(3): 032409.

[215] Wei J, Wang X, Cui B, et al. Field-free spin-orbit torque switching in perpendicularly magnetized synthetic antiferromagnets[J]. Adv. Funct. Mater., 2022, 32(10): 2109455.

[216] Chen R, Cui Q, Liao L, et al. Reducing Dzyaloshinskii-Moriya interaction and field-free spin-orbit torque switching in synthetic antiferromagnets[J]. Nat. Commun., 2021, 12(1): 3113.

[217] Zhu D Q, Guo Z X, Du A, et al. First demonstration of three terminal MRAM devices with immunity to magnetic fields and 10 ns field free switching by electrical manipulation of exchange bias[A]//2021 IEEE International Electron Devices Meeting (IEDM) (IEEE, San Francisco, 2021)[C]. 2021, 17: 17.5.1-17.5.4.

[218] Yu G, Jenkins A, Ma X, et al. Room-temperature skyrmions in an antiferromagnet-based heterostructure[J]. Nano. Lett., 2018, 18(2): 980-986.

[219] Berger L. Emission of spin waves by a magnetic multilayer traversed by a current[J]. Phys. Rev. B, 1996, 54(13): 9353.

[220] Slonczewski J C. Current-driven excitation of magnetic multilayers[J]. J. Magn. Magn. Mater., 1996, 159(1-2): L1-L7.

[221] Myers E B, Ralph D C, Katine J A, et al. Current-induced switching of domains in magnetic multilayer devices[J]. Science, 1999, 285(5429): 867-870.

[222] MacNeill D, Stiehl G M, Guimaraes M H D, et al. Control of spin-orbit torques through crystal symmetry in WTe_2/ferromagnet bilayers[J]. Nat. Phys., 2017, 13(3): 300-305.

[223] Husain S, Gupta R, Kumar A, et al. Emergence of spin-orbit torques in 2D transition metal dichalcogenides: a status update[J]. Appl. Phys. Rev., 2020, 7(4): 041312.

[224] Bai H, Zhou X F, Zhang H W, et al. Control of spin-orbit torques through magnetic symmetry in differently oriented noncollinear antiferromagnetic Mn_3Pt[J]. Phys. Rev. B, 2021, 104(10): 104401.

[225] Zhou J, Shu X, Liu Y, et al. Magnetic asymmetry induced anomalous spin-orbit torque in IrMn[J]. Phys. Rev. B, 2020, 101(18): 184403.

[226] You Y, Bai H, Feng X, et al. Cluster magnetic octupole induced out-of-plane spin polarization in antiperovskite antiferromagnet[J]. Nat. Commun., 2021, 12(1): 6524.

[227] Nan T, Quintela C X, Irwin J, et al. Controlling spin current polarization through non-collinear antiferromagnetism[J]. Nat. Commun., 2020, 11(1): 4671.

[228] Kondou K, Chen H, Tomita T, et al. Giant field-like torque by the out-of-plane magnetic spin Hall effect in a topological antiferromagnet[J]. Nat. Commun., 2021, 12(1): 6491.

[229] Liu Y, Liu Y, Chen M, et al. Current-induced out-of-plane spin accumulation on the (001) surface of the $IrMn_3$ antiferromagnet[J]. Phys. Rev. Appl., 2019, 12(6): 064046.

[230] DC M, Shao D F, Hou V D H, et al. Observation of anti-damping spin-orbit torques generated by in-plane and out-of-plane spin polarizations in $MnPd_3$[J]. Nat. Mater., 2023, 22(5): 591-598.

[231] Chen X, Shi S, Shi G, et al. Observation of the antiferromagnetic spin Hall effect[J]. Nat. Mater., 2021, 20(6): 800-804.

[232] Ma H Y, Hu M, Li N, et al. Multifunctional antiferromagnetic materials with giant piezomagnetism and noncollinear spin current[J]. Nat. Commun., 2021, 12(1): 2846.

[233] Naka M, Hayami S, Kusunose H, et al. Spin current generation in organic antiferromagnets[J]. Nat. Commun., 2019, 10(1): 4305.

[234] Berlijn T, Snijders P C, Delaire O, et al. Itinerant antiferromagnetism in RuO_2[J]. Phys. Rev. Lett., 2017, 118(7): 077201.

[235] Zhu Z H, Strempfer J, Rao R R, et al. Anomalous antiferromagnetism in metallic RuO_2 determined by resonant X-ray scattering[J]. Phys. Rev. Lett., 2019, 122(1): 017202.

[236] Ryden W D, Lawson A W, Sartain C C. Electrical transport properties of IrO_2 and RuO_2[J]. Phys. Rev. B, 1970, 1(4): 1494.

[237] Kajiwara Y, Harii K, Takahashi S, et al. Transmission of electrical signals by spin-wave interconversion in a magnetic insulator[J]. Nature, 2010, 464(7286): 262-266.

[238] Cheng R, Xiao J, Niu Q, et al. Spin pumping and spin-transfer torques in antiferromagnets[J]. Phys. Rev. Lett., 2014, 113(5): 057601.

[239] Vaidya P, Morley S A, Van Tol J, et al. Subterahertz spin pumping from an insulating antiferromagnet[J]. Science, 2020, 368(6487): 160-165.

[240] Yamanoi K, Yokotani Y, Kimura T. Dynamical spin injection based on heating effect due to ferromagnetic resonance[J]. Phys. Rev. Appl., 2017, 8(5): 054031.

[241] Chen Y S, Lin J G, Huang S Y, et al. Incoherent spin pumping from YIG single crystals[J]. Phys. Rev. B, 2019, 99(22): 220402(R).

[242] Rezende S M, Rodríguez-Suárez R L, Azevedo A. Diffusive magnonic spin transport in antiferromagnetic insulators[J]. Phys. Rev. B, 2016, 93(5): 054412.

[243] Li J, Shi Z, Ortiz V H, et al. Spin Seebeck effect from antiferromagnetic magnons and critical spin fluctuations in epitaxial FeF_2 films[J]. Phys. Rev. Lett., 2019, 122(21): 217204.

[244] Wu S M, Zhang W, Kc A, et al. Antiferromagnetic spin Seebeck effect[J]. Phys. Rev. Lett., 2016, 116(9): 097204.

[245] Seki S, Ideue T, Kubota M, et al. Thermal generation of spin current in an antiferromagnet[J]. Phys. Rev. Lett., 2015, 115(26): 266601.

[246] Boventer I, Simensen H T, Anane A, et al. Room-temperature antiferromagnetic resonance and inverse spin-Hall voltage in canted antiferromagnets[J]. Phys. Rev. Lett., 2021, 126(18): 187201.

[247] Gomonay O, Jungwirth T, Sinova J. Narrow-band tunable terahertz detector in antiferromagnets *via* staggered-field and antidamping torques[J]. Phys. Rev. B, 2018, 98(10): 104430.

[248] Shao D F, Zhang S H, Li M, et al. Spin-neutral currents for spintronics[J]. Nat. Commun., 2021, 12(1): 7061.

[249] Šmejkal L, Hellenes A B, González-Hernández R, et al. Giant and tunneling magnetoresistance in unconventional collinear antiferromagnets with nonrelativistic spin-momentum coupling[J]. Phys. Rev. X, 2022, 12(1): 011028.

[250] Wang M, Cai W, Zhu D, et al. Field-free switching of a perpendicular magnetic tunnel junction through the interplay of spin-orbit and spin-transfer torques[J]. Nat. Electron., 2018, 1(11): 582-588.

[251] Demidov V E, Urazhdin S, Ulrichs H, et al. Magnetic nano-oscillator driven by pure spin current[J]. Nat. Mater., 2012, 11(12): 1028-1031.

[252] Miwa S, Iihama S, Nomoto T, et al. Giant effective damping of octupole oscillation in an antiferromagnetic Weyl semimetal[J]. Small Sci., 2021, 1(5): 2000062.

第 5 章 磁 子 学

磁子自旋电子学 (简称磁子学) 是自旋电子学的一个分支领域，其基于磁子携带的自旋角动量探究自旋相关物理现象，开发相关自旋电子学器件的研究方向。在当前数据量剧烈增加的大背景下，器件的功耗也不断攀升，而磁子学有望解决该难题。完全通过磁子携带自旋角动量，可以用来处理、传输和存储信息，而该过程可以完全隔绝掉电子的流动，在理论上可完全消除焦耳热损耗，从而实现极低的器件功耗[1-4]。因此，以磁子携带的自旋角动量为主要研究对象的磁子学受到了领域内众多的关注。在本章中，我们会对磁子学进行简要的概述，然后重点梳理对磁子传输的相关研究。

5.1 磁子学的物理基础

在传统电路中，信息是由电子携带的。而电子在传递信息的过程中会产生大量的热量[2]，并且还不可避免地存在漏电这一功耗问题。因此，人们寻求用新型载体来携带并传递信息。除了电荷的属性之外，电子还有自旋这一内禀属性，并且自旋具有两种状态，可以进行 "0" 和 "1" 信号的编码[5]。使用自旋来实现信息传递的自旋晶体管逻辑器件是自旋电子学的目标之一。

由于自旋传输过程可以看作是自旋角动量的传递，因此电子并不是携带自旋的唯一载体。当磁性材料内部局部的磁有序受到外界干扰时，这种干扰可以以波的形式在磁性材料中传播，这种波由布洛赫 (F. Bloch) 在 1929 年首次预测[6]。由于这种波与磁性金属/绝缘体中电子自旋系统的一致性激发有关，因此被命名为自旋波 (spin wave)[7,8]。铁磁材料中的自旋波在吉赫兹 (GHz) 频率范围内，在通信系统和雷达的应用方面具有广泛的应用前景[9,10]。由于自旋波具有纳米级别的波长，可以在吉赫兹甚至 (亚) 太赫兹频率范围内工作，并且可以提供完全无焦耳热耗散的自旋信息传输工作模式，因此自旋波在新型计算的数据载体等应用方向上同样具有很大的潜力。

自旋波是长程有序的磁矩的一致进动模式，因此它也可以携带自旋角动量[1-4]。通过自旋波来传输和处理自旋信息的研究方向被称为磁子学。磁子是自旋波的准粒子，与材料中单个自旋的翻转有关[2]。自旋角动量可以以磁子的形式在磁性材料体系中进行传输 (图 5.1(b))，因此磁子流可用于携带、传输和处理信息[2]。通过磁子的方式可以得到新的基于波运算的技术，可以完全隔绝电子的引入，不受现代电子学固有缺点的影响，因此在理论上可以用来构筑完全没有欧姆热损失的高能效器件[3]。同时，与传统的基于电子的逻辑电路相比，基于波的相干性和非线性波的相互作用的逻辑电路可以设计得更小。磁子被引入自旋电子学领域中，催生了新兴的磁子学方向[4]。

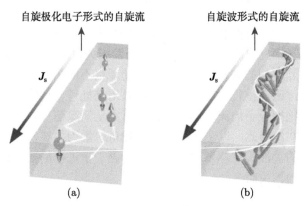

图 5.1　两种形式传输的自旋流
(a) 自旋极化电子；(b) 自旋波

同时，磁子电路可以与现代电子电路实现相互转化，因此与电子电路具有良好的兼容性。磁子携带的自旋角动量可以在具有强自旋轨道耦合的材料 (如重金属 Pt、W，二维材料以及拓扑绝缘体等) 中，通过逆自旋霍尔效应 (inverse spin Hall effect, ISHE)[11]，将自旋信号转化成电信号，从而被外围电路检测。而通过自旋霍尔效应 (spin Hall effect, SHE)[11]，电流可以产生自旋流，自旋角动量在磁性介质中激发磁子，从而以磁子的形式携带并传递信息。这样就实现了磁子和电子的相互转化，如图 5.2 所示。

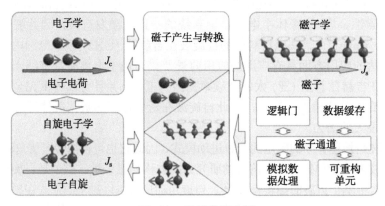

图 5.2　磁子学概念图
电荷或自旋携带的信息和磁子实现相互转化，并以磁子的形式进行信息处理

5.2 磁子的横向输运

为了探索磁子的可传输性能，磁子的横向输运研究受到了国际上研究人员的广泛关注。磁子横向传输的相关研究为磁子自旋晶体管的构筑奠定了基础，为未来新型自旋器件提供潜在备选方案。

5.2.1 (亚)铁磁器件

早期关于磁子的横向输运主要集中于 (亚) 铁磁材料中，因为其具有较小的阻尼因子，且磁矩容易被外磁场操控，有利于研究材料中的磁子输运过程。Kajiwara 等[12]在 YIG 中发现，自旋角动量无需电荷移动，可以以磁子的形式传输，这推开了研究磁子横向传输的大门。在该实验中，通过自旋霍尔效应将直流电流转化成自旋流，然后以磁子的形式就可以传输通过绝缘体材料，在另一端的重金属中被探测到。Cornelissen 等[13]研究了室温下自旋在磁性绝缘体 YIG 中的非局域 (non-local) 传输行为。YIG 的使用可以隔离电子的影响，仅依靠非平衡磁子传递自旋角动量。向某一端重金属 Pt 中输入交流电荷电流，利用自旋霍尔效应产生交流自旋流，从而可以在另一端 Pt 中检测到一阶和二阶谐波信号 (图 5.3(a))。一阶信号是由自旋流的注入引起的。由于输入端和检测端的自旋极化电子和磁子之间的自旋角动量转换强烈依赖于磁绝缘体的磁矩方向，因此，一阶信号具有 $\cos^2\alpha$ 的角度依赖性；二阶信号是由热效应引起，只有检测端磁子将角动量传递给自旋极化电流的过程取决于磁矩的方向，因此二阶信号具有角度依赖性 $\cos\alpha$ (图 5.3(b))。另外，Wesenberg 等[14]在非晶 YIG 中也测到了较大信号的横向传输自旋信号，传输距离可以达到百微米水平。进一步地，Oyanagi 等[15]在顺磁材料 $Gd_3Ga_5O_{12}$ (GGG) 中，发现磁子仍然可以进行横向传输 (图 5.3(c)、(d))，且自旋扩散长度达到了微米量级，说明要实现有效的自旋输运并不需要交换相互作用的存在，这不同于传统的磁子传输模型，这为自旋电子学器件提供了新的材料设计策略。

以上主要是通过自旋霍尔效应的方式进行自旋的注入，除此之外，也可以通过铁磁电极进行自旋注入。Das 等[16]利用 Py 进行自旋注入，且注入的自旋极化为面外方向，通过 YIG 进行磁子的传输，并在另一端 Py 中进行面外自旋极化信号的探测，为自旋器件提供了新的思路。

除了 YIG 之外，还有其他类型的基于铁氧化物材料的磁性绝缘体被用来研究自旋传输。在尖晶石铁氧体 $MgAl_{0.5}Fe_{1.5}O_4$ 中，Li 等[17]发现横向自旋传输具有明显的面内四重各向异性，提出交换刚度而非磁各向异性会影响磁子传输的各向异性。此外，该材料体系中，由于面内各向异性的存在，在零磁场条件下薄膜会呈现出 180° 的多磁畴态，但是 Li 等[18]发现这些磁畴并不影响磁子传输，给磁子传输领域带来了更多的新奇现象。

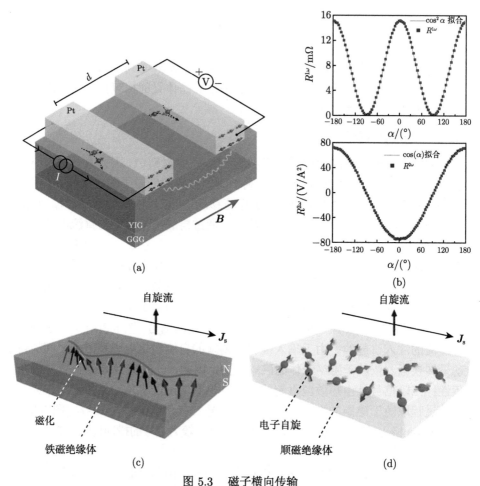

图 5.3 磁子横向传输

(a) 磁子横向输运器件示意图；(b) 铁磁材料磁子横向输运结果，上图为一次谐波信号，下图为二次谐波信号；(c) 铁磁材料中的磁子流示意；(d) 顺磁材料中的磁子流示意图

除了对磁子横向传输在物理层面进行探索之外，还需要研究其操控性能。Cornelissen 等[19]在标准非局域测试构型中，在左右两根输入和探测 Pt 条的中间加入第三根 Pt 条作为调控端。通过中间的 Pt 条增加或降低下方 YIG 沟道中的磁子化学势，在 250 K 的条件下获得 1.6%/mA 的调控幅度，向磁子逻辑器件迈进了一步。Wimmer 等[20]利用同样的测试构型，基于中间条的 SOT 效应，对磁子电导率进行非线性调控。在临界 SOT 以上，可以将阻尼完全补偿，表现为磁子的电导率增加了近两个数量级，意味着几乎没有磁子发生损耗。

沟道上方的调控端除了使用重金属之外，还可以采用其他材料，如自旋轨道耦合较小的材料 (如 Cu)，以及磁性材料 (如 Py) 等。Cramer 等[21]利用 Cu 作为调控端，Pt 作为输入端和探测端，通过向 Cu 中通入电流，利用电磁场和热效应,影响了磁构型和沟道内部的磁子,进而利用热激发产生不同极化状态的磁子,对 Pt 端的探测信号产生影响。

Das 等 [22] 利用铁磁材料 Py 作为调控端,通过改变 Py 和 YIG 磁化方向的相对关系,调控 YIG 和 Py 界面处的磁子传输,从而实现对 YIG 沟道内部非平衡磁子浓度的调控,对信号的调控效果达到 18%。Han 等 [23] 在同样的测试构型下,发现磁子传输有明显的非互易性;利用铁磁双层结构中的手性耦合,实现了对非互易性极性的非易失调控,进一步拓宽了磁弛豫和扩散输运的研究领域。Santos 等 [24] 通过向 Py 中注入电流,利用反常自旋霍尔效应,在 YIG 和 Py 的界面处产生自旋积累,发现当 Py 磁化方向和通入电流方向垂直时可获得最为显著的磁子传输调控效果。

此外,还可以利用材料的其他物理属性,如厚度、界面效应 (DMI) 等进行磁子传输的调控。Schlitz 等 [25] 利用 YIG 界面处的 DMI 效应,探测到了磁子漂移电流。由于 DMI 下磁子产生的额外速度影响了磁子的色散曲线,导致相反磁子波矢方向所对应的信号有差别,且这种磁子漂移电流可以通过磁场进一步调控。Wei 等 [26] 通过改变 YIG 的厚度,进行了一系列磁子非局域测试,从三维磁子传输转向二维磁子传输,使磁子电导率达到 1 S,与 GaAs 量子阱中二维电子气的高迁移率相当,为发展低功耗的磁子自旋电子学器件奠定了基础。

5.2.2 反铁磁器件

自旋电子学依赖于自旋传输,即电子的固有角动量,作为传统基于电荷传输电子设备的替代方案。自旋电子学研究的长期目标是开发基于自旋的低耗散计算技术设备。早期的研究主要集中在铁磁绝缘体中的长距离传输上。然而,反铁磁有序材料是更为常见的一类磁性材料,与自旋电子学中广为应用的铁磁材料相比具有几个关键优势:反铁磁体没有净磁矩,使其抗磁场干扰,具有良好的数据稳定性,并且本征频率在太赫兹量级 [27,28]。因此,为了发挥反铁磁的优势,需要探索反铁磁中磁子长距离传输的特性。反铁磁绝缘体中的自旋传输也是近年来的研究重点。相比于铁磁材料,反铁磁拥有两个反平行耦合的亚晶格磁矩,因此其自旋输运过程会更加丰富。通过研究自旋传输,可以将反铁磁绝缘体用于自旋逻辑器件中,有利于下一代新型高速、高密度、低功耗器件的开发。

Yuan 等 [29] 在反铁磁 Cr_2O_3 中观察到自旋传输的二阶热信号,并且这种自旋传输是以自旋超流的形式进行的;在 Cr_2O_3 中,自旋可以传输 20 μm 的距离,并且信号随距离的衰减是倒数关系,与理论预期相符,这为自旋超流器件奠定了基础。随后,Lebrun 等 [30] 在赤铁矿 (α-Fe_2O_3) 一端 Pt 中通入电流,利用自旋霍尔效应产生自旋流,并在另一端 Pt 中探测自旋信号和热信号。自旋信号和热信号可以通过改变电流的正负来区分,成功观测到了一阶的自旋注入信号 (图 5.4(a))。

当自旋极化方向与反铁磁绝缘体奈尔矢量方向平行时，可以传递超过数十个微米的距离，并可通过外磁场的方向和大小控制自旋的传输 (图 5.4(b))，展现了反铁磁材料可以作为与铁磁类似的自旋传输材料的巨大发展潜力。

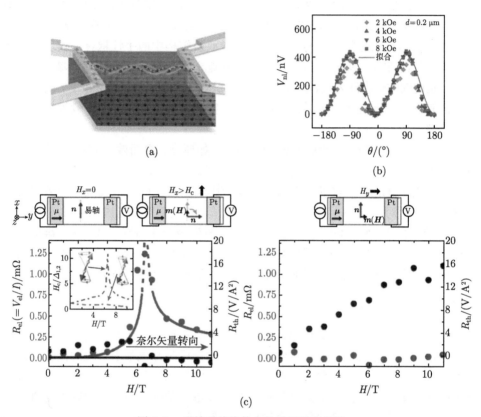

图 5.4　反铁磁绝缘体中的磁子横向传输
(a) 反铁磁材料中磁子输运器件示意图；(b) 氧化铁块体材料的磁子输运信号，磁场相关性；(c) 易面氧化铁薄膜中磁子输运信号的角度相关性

由于易轴反铁磁性中的圆极化磁子模式都具有非零角动量，因此它们可以携带自旋进行传输。然而，在易面反铁磁中，磁子的面内和面外振动模式均为线极化，不存在净自旋角动量，因此一般认为自旋输运不能发生在易面反铁磁中。Han 等[31] 采用非局域构型测量了具有易面各向异性的 α-Fe_2O_3 薄膜中的长程磁子自旋输运。由于 α-Fe_2O_3 中 DMI 的存在，奈尔矢量的方向可以通过外部磁场来控制。当奈尔矢量和注入自旋的极化方向共线时，磁子传输最强，表明是奈尔矢量而不是倾斜磁矩对自旋传输信号产生了贡献 (图 5.4(c))。Lebrun 等[32] 在高于莫林 (Morin) 转变温度的块状 α-Fe_2O_3 中也观察到了类似的现象。在易面反铁磁材料中，注入的自旋具有相同频率的面内和面外模式，它们可以合并形成可携带自

旋极化的圆极化模式。由于相同频率的面内和面外模式对应不同的波数，这两种模式仍然相互耦合，但会随着自旋的传递而逐渐发生相位退相，从而导致自旋角动量也逐渐降低[31]。这种自旋输运过程类似于光传播中的双折射效应。易面反铁磁材料中磁子传输的自旋扩散长度对应于玻色–爱因斯坦分布中所有非平衡磁子的平均值。所以，随着温度升高，更高频率的磁子被激发，更高频率的磁子面内模式和面外模式的波数差更小，因此退相过程更不容易发生，使得扩散长度更长。而当温度过高时，磁子受到的散射效应急剧增加，导致扩散长度减小[31]。

磁子在易面反铁磁绝缘体中的相干传输也会受磁场调制。Wimmer 等[33] 将赝自旋的概念引入反铁磁磁子输运中。磁子的传输伴随着赝自旋的进动，发生右手–线性–左手–线性跃迁，对应正–零–负–零的电信号变化。通过施加外部磁场，可以操纵赝自旋的进动频率。因此，在磁子传输信号中观察到汉勒 (Hanle) 效应，即信号的极性随着磁场的增加而振荡。这种周期性的信号变化表明，磁场激发对于赝自旋性产生了一致性操纵。进一步地，反铁磁性中相干性的磁子对，尤其是赝自旋的时间演化和面内面外模式耦合的空间演化，还需要更深入、更细致的理论解释和实验探索。

在其他材料系统中，Das 等[34] 观察到 $YFeO_3$ 三元氧化物系统中磁子的扩散长度存在显著的各向异性，这归因于反铁磁磁子传输的群速度差异。随后 Das 等发现施加的磁场可以影响磁子模式的椭圆率，从而调节磁子的传输过程。Chen 等[35] 观察到二维反铁磁材料 $MnPS_3$ 中热电偶的二阶信号，在注入端和检测端之间加入第三个 Pt 条作为控制端，通过控制端的 Pt 条注入电流而实现信号的完全关断和热电信号的开启。随后，Qi 等[36] 在二维反铁磁材料 $CrPS_4$ 中利用类似的测试构型，通过向调控端施加电流，对二阶热信号的各向异性实现了显著的调控，并且根据这种调控效果实现了多比特的只读存储器 (ROM)，为磁子的信息存储提供了原型器件参考。在铁电反铁磁 $BiFeO_3$ 中，Parsonnet 等[37] 则通过翻转电场中的极化参数，实现了零磁场下的非易失、滞后和双稳态热磁子信号调节。在反铁磁磁子传输方面，未来需要探索更多的材料体系，同时关注材料的阻尼因子参数，以实现更远距离的自旋传输。此外，还可以结合调节铁磁材料中自旋传输的方法，通过在反铁磁材料中增加控制端、界面和体相 DMI、应力、电场等来调节反铁磁自旋电子学中的一阶自旋注入和传输信号。

5.3 磁子的纵向输运

为了研究反铁磁绝缘体中的自旋输运过程，需要产生自旋流并将其注入反铁磁绝缘体。一般来说，自旋产生过程主要有两种。一种是向 Pt 等重金属中注入电荷流，通过自旋霍尔效应产生自旋流。自旋通过反铁磁绝缘体传输后，在另一端使用重金属中的逆自旋霍尔效应检测，产生电信号。另一种是以铁磁材料作为自旋源，以自旋泵浦、自旋泽贝克效应、泵浦光激发、微波磁场、热梯度和泵浦光作为驱动力，产生自旋流并将其注入反铁磁绝缘体中。而除了长程横向传输之外，为了满足器件的微型化和可堆叠性的需求，关于磁子纵向输运的研究也受到了研究人员的广泛关注。

5.3.1 磁子阀

在面向后摩尔时代信息存储和逻辑运算的自旋电子学器件中，自旋阀是非常重要的核心元件之一。通常自旋阀是由两层铁磁层和中间的非磁性夹层构成的三明治结构。由于两层铁磁磁矩的平行或者反平行排列，对自旋电子的输运产生了强烈的调控作用，进而引起器件电阻的变化[38,39]。在自旋阀中主要是基于自旋电子来构筑功能化器件，而磁子可以在磁性绝缘体中传输，因而探索磁性绝缘体材料中类似于自旋阀的现象，有助于推动自旋电子学器件向低功耗方向发展[40]。

Wu 等[41] 利用磁性绝缘体 YIG 作为功能层，在两层 YIG 之间插入 Au 夹层，如图 5.5 所示。由于金属的间隔，所以两层 YIG 可以被外磁场独立地操控，实现平行与反平行的磁矩排列差别。利用垂直方向的热梯度，产生垂直方向上的自旋流，其自旋极化沿着 YIG 的磁矩方向，这一自旋流最终被顶层重金属探测到。当两层 YIG 的磁矩排列在相同方向时，可以得到较大的磁子流信号；而当 YIG 磁化反平行时，得到的磁子信号减小。通过计算得到，室温下平行态和反平行态的磁子阀开关比值可以达到 19%。因此基于 YIG/Au/YIG 三明治结构，实现了类似于自旋阀门的作用，为磁子晶体管提供了新的思路。

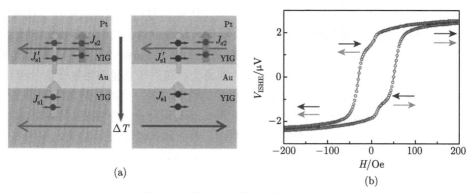

图 5.5 磁子纵向输运的磁子阀器件
(a) 磁子阀示意图；(b) 磁子阀输出信号的磁场相关性

Cramer 等[42] 利用类似的思想，在 YIG/CoO/Co 异质结构中实现了磁子流的调控；YIG 和 Co 共振磁场位置不同，且矫顽力不同；利用 YIG 和 Co 中平行和反平行两种磁矩排布情况，在该体系中实现了 290% 的信号。Zheng 等[43] 在

YIG/Cu/NiFe/IrMn 中, 利用 IrMn 钉扎住 NiFe 的磁矩方向, 实现了 YIG 和 NiFe 差距较大的矫顽力, 进而实现了磁子阀功能。但是这些体系中其中一层功能层仍然是金属材料, 因此电子和磁子都可能贡献信号, 而最理想的情况是利用全绝缘体的体系来实现磁子阀功能。

紧接着, Guo 等 [44] 在全绝缘体 YIG/NiO/YIG 体系中, 实现了类似于磁子阀的功能, 称为磁子结效应; 通过利用反铁磁绝缘体可以传递磁子自旋流但隔绝电子的优势, 实现了全磁子的功能器件, 为全磁子逻辑器件和电路奠定了基础。在同一体系中, Guo 等 [45] 还发现, 基于上下 YIG 平行与反平行排列的差别, 可以在自旋霍尔磁电阻中实现类似于传统自旋阀的平台现象, 这归因于磁矩排列方向不同而引起的磁子通透性的差别。He 等 [46] 在 YIG/CoO/YIG 体系中也同样实现了类似的器件功能。

Vilela 等 [47] 利用应变作用, 在 $Tm_3Fe_5O_{12}$ (TIG) 中实现了垂直各向异性, 并构筑了 TIG/Au/TIG 垂直磁子结器件。随后, Vilela 等 [48] 在具有垂直各向异性的 TIG/Au/TIG 体系中, 利用面外热梯度和面内磁场, 激发 TIG 中的磁子信号。由于 TIG 具有面外各向异性, 通过面内磁场控制 TIG 的磁矩方向, 实现了具有三个信号状态的磁子阀器件。

磁子阀有利于实现低功耗的自旋电子器件, 但是目前的研究仍然基于通过外磁场来操控磁矩方向。为了进一步推动磁子阀的应用, 还需要探索结合电学方法对磁矩方向操控以及磁子阀功能, 实现全电学读取和写入的磁子阀器件。

5.3.2 自旋拖曳器件

自旋拖曳器件涉及电荷-自旋转化, 自旋输运和自旋-电荷转化三个过程。具体来说, 先利用自旋霍尔效应产生自旋流, 该自旋流以磁子的形式纵向注入磁性绝缘体中并在磁性绝缘体中输运, 最后在另一端重金属中通过逆自旋霍尔效应转化为电压信号。起初, 由 Zhang 等 [49] 理论预测了磁子拖曳效应的存在, 提出在重金属/铁磁绝缘体/重金属三明治结构中, 存在着磁子辅助的电流拖曳效应, 如图 5.6 所示。其中一侧重金属中的电流由于自旋霍尔效应在重金属/铁磁绝缘体界面产生自旋积累, 通过重金属中传导电子和铁磁绝缘体中局域磁矩之间的 s-d 电子之间的交换相互作用, 可以激发铁磁绝缘体中的磁子。磁子在铁磁绝缘体中扩散形成磁子流, 磁子流传递到另一侧的重金属中转换成自旋流, 该自旋流通过逆自旋霍尔效应从而可以产生电学信号。Chen 等 [50] 进一步从理论上研究了自旋拖曳的温度相关性, 并分析了利用自旋泵浦、自旋霍尔效应、热梯度等不同方法在不同体系 (包括重金属/铁磁绝缘体、重金属/反铁磁绝缘体) 中获得的界面自旋电导, 从而得到了磁子拖曳信号的温度相关性。

Wu 等 [51] 利用磁控溅射制备了相对应的器件 Pt/YIG/Pt, 并在其中观测到磁子辅助的电流拖曳效应。通过改变电流大小,测量到与注入端电流呈线性依赖关系的磁子拖曳电压,并且磁子拖曳电压与 YIG 磁化方向密切相关,与磁场角度呈现出 $\cos^2\theta$ 的关系。同时,通过改变温度,得到了磁子拖曳系数的温度正比于 $T^{5/2}$,与理论预期相符。同期,Li 等[52]同样利用 YIG 作为中间层,Pt 作为底电极,并利用 Pt 和 Ta 作为上层金属分别进行信号探测,发现在更改金属层后,信号发生了反号,验证了自旋传输的作用;同时通过温度相关性也验证了磁子拖曳现象。

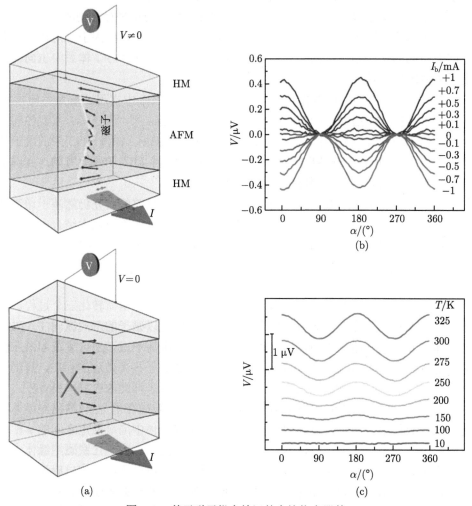

图 5.6　基于磁子纵向输运的自旋拖曳器件
(a) 磁子拖曳器件示意图;(b) 磁子拖曳信号的电流与角度相关性;(c) 磁子拖曳信号的温度与角度相关性

上述主要集中在铁磁绝缘体 YIG 中的磁子拖曳研究,Zhou 等[53]在反铁磁绝缘体体系中也观测到了磁子拖曳效应,他们利用反铁磁绝缘体 α-Fe_2O_3 作为中间层制备了 Pt/α-Fe$_2$O$_3$/Pt 器件 (图 5.6(a))，并通过更改电流大小研究了相关性 (图 5.6(b))，发现磁子拖曳效应是由自旋传输引起的。不同于铁磁体系中自旋平行于磁矩时可以传输，反铁磁绝缘体中自旋垂直于净磁矩时才能传输。温度相关性的实验也符合理论预测 (图 5.6(c))，验证了反铁磁磁子拖曳效应的存在。

在自旋拖曳器件中，未来还需要探索电学调控的可能性，利用电学方法而非目前的磁学方法来操控磁矩，实现器件的进一步功能化。

5.3.3 反铁磁层调制器件

反铁磁层作为插层，可以对自旋信号传递过程进行显著的调控。Wang 等[54]通过自旋泵浦激发 YIG/NiO/Pt 体系中的自旋流并检测逆自旋霍尔效应信号，如图 5.7(a) 所示，发现当反铁磁 NiO 插入层厚度较薄 (约 1 nm) 时，信号的幅度较大且大于没有 NiO 插入层的 YIG/Pt 中的信号，这表明反铁磁 NiO 插入层增强了自旋流信号。这项工作启发了后续关于反铁磁绝缘体中自旋输运的研究。在同一体系中，Lin 等[55]通过不同温度下的自旋泽贝克实验证明，随着 NiO 厚度的增加，信号幅度的最高点逐渐向高温移动；通过测试 NiO/铁磁异质结中交换偏置消失的阻挡温度，推断出 NiO 的奈尔温度，发现最高信号点的温度与 NiO 的奈尔温度相近，并通过理论计算提出，信号增强效应是由 NiO 中的磁子和自旋扰动增强了体系的自旋混合电导。在反铁磁性金属 IrMn 中，也发现了类似的效应[56]，推测信号增强的原因是体系温度接近了奈尔温度。Qiu 等[57]使用自旋泵浦激发 YIG/CoO/Pt 中的自旋流来检测自旋传输的温度依赖性，发现信号在一定温度条件下具有峰值。同时，还通过 X 射线磁线二色谱检测了 CoO 的奈尔温度，发现 CoO 的奈尔温度与信号峰值温度吻合较好，表明在接近反铁磁奈尔温度时自旋确实存在增强效应。

利用重金属如 Pt 进行信号探测的过程，无法验证反铁磁性中的自旋传输是否是一致进动的自旋流。由于铁磁性产生的自旋流为吉赫兹频率，而反铁磁频率为太赫兹，为了探究自旋流是否能够一致传输，Li 等[58]通过元素和时间分辨的

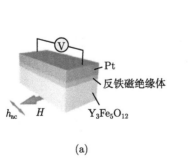
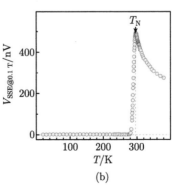

(a)　　　　　　　　　(b)

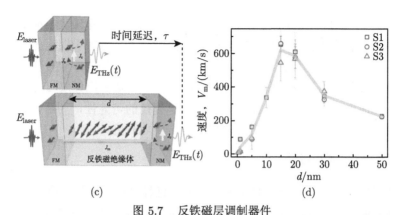

图 5.7 反铁磁层调制器件

(a) 反铁磁插层增强自旋泵浦信号示意图；(b) 易轴反铁磁对磁子输运的温度调控；(c) 反铁磁中磁子传播速度测试示意图；(d) NiO 中磁子传输速度的距离相关性

X 射线激发检测装置激发 Py 进动，发现 FeCo 也随 Py 进动。通过改变 Ag 的厚度来控制 Py 和 FeCo 是否发生耦合，发现耦合时两者同相进动；当两者之间没有耦合时，FeCo 的相位与耦合进动有 90° 的相位差，表明是由自旋流驱动的共振。这一现象证明了 Py 中共振产生的吉赫兹自旋流可以通过反铁磁 CoO 进行一致进动传输并作用于 FeCo 诱导其进动；通过测试 CoO 的磁矩状态，发现它不产生进动，推测自旋流是以绝热状态下的热磁子的形式进行传输，而不是以瞬态吉赫兹自旋波的形式传输[58]。随后，Darowski 等[59] 在 NiO 系统中使用类似的方法，发现铁磁层的进动幅度基本不随温度变化，推测自旋角动量是由均匀进动的瞬态自旋波传递的，进而作用于另一层铁磁介质。这些实验说明，在不同的反铁磁绝缘体体系中，自旋流的传输特性具有显著的不同。

在易面反铁磁自旋输运实验中，其振幅通常随温度缓慢变化，而为了促进实际应用，需要使用可以引起信号突变的反铁磁材料。在 YIG/Cr_2O_3/Pt 系统中，Qiu 等[60] 利用 Cr_2O_3 的易轴特性实现了磁子信号的调控。温度低时，Cr_2O_3 的奈尔矢量稳定排列在面外方向，阻断了磁子的传输，信号处于关闭状态；当温度接近反铁磁奈尔温度时，Cr_2O_3 的各向异性迅速减弱，奈尔矢量产生面内分量，磁子可以输运 (图 5.7(b))。同时，通过沿倾斜方向施加磁场，可以进一步操纵奈尔矢量的方向，从而在略低于奈尔温度的情况下实现约 500% 的开关比。

反铁磁绝缘体自旋输运的另一个重要问题是磁子输运的速度，相关研究对于高速应用必不可少。同时，为了减小器件的尺寸，需要减小磁子的波长，可以将器件的工作频率提高到皮秒级，即太赫兹量级。Hortensius 等[61] 在反铁磁 $DyFeO_3$ 块体中激发并检测到太赫兹频率的反铁磁自旋波模式，实现了 13 km/s 的群速度和数百纳米的波长；利用飞秒激光激发反铁磁动力学，激发出自旋波包并将它们传输到 $DyFeO_3$ 块体材料中；同时检测反射激光偏振角变化的克尔信号和透射激光偏振角变化的法拉第信号；通过比较两者随时间的变化，可以得到自旋波对频率和厚度的依赖性，从而得到色散关系和波长。这一发现开拓了将光自旋电子学和反铁磁太赫兹相关研究相结合的研究方向，可以进一步推动太赫兹通信的商业化。

在 $Bi_2Te_3/NiO/Co$ 体系中，Lee 等[62]用飞秒激光激发铁磁 Co 产生自旋流，自旋流传输经过反铁磁 NiO，并在拓扑绝缘体 Bi_2Te_3 中转化为超快电流以产生太赫兹信号；与没有插入 NiO 的 Bi_2Te_3/Co 相比，$Bi_2Te_3/NiO/Co$ 体系产生的太赫兹信号的时间延迟来自自旋流在 NiO 中的传输过程 (图 5.7(c))，因此，通过太赫兹时域谱测试，可以得到 NiO 中自旋流传输的速度；他们发现磁子在 NiO 中的传输速度达到 650 km/s (图 5.7(d))，远超过磁子在 NiO 中的群速度 40 km/s。通过理论计算发现，当磁子波数较小时，系统中的阻尼因子使色散异常，从而导致这种超快磁子传输现象，这一发现为构建高速反铁磁器件提供了新思路。

5.4 磁子的相干输运

与所有微观粒子或准粒子一样，磁子也具有波粒二象性，它是自旋波的量子化。自旋波作为一种波，如同声波和光波那样，具有振幅、频率、波矢、相位和偏振这些波所共有的特性，其中磁子的自旋极化只是自旋波的偏振特性。前文所提到的磁子行为所使用的都是非相干磁子，只是将磁子作为一种自旋的载体，仅仅用到了它的偏振特性。非相干磁子可以看作是大量具有不同频率 (波矢)、相位甚至偏振的自旋波的叠加，同时还伴随着各种散射，这使得振幅、频率、波矢和相位的特性发生了丢失，只有偏振的特性在一定程度上被保留了下来。而相干磁子则是只针对一种或几种频率的自旋波进行激发，波的绝大多数特性都得以保留。因此，在相干磁子的输运中，可以看到各种各样与波有关的现象，以及推动各种基于波的应用，这些都是非相干磁子所没有的。

5.4.1 相干磁子的产生与探测

相干磁子的激发方式有多种，其中，最传统的方法是微波天线激励法，如图 5.8(a) 所示。通过将微波天线制备在磁性材料上，并在天线上施加电磁信号，天线中的交变电流将产生一个交变的奥斯特场，这一交变的奥斯特场与磁性材料中的磁矩发生相互作用，进而激发出自旋波 (相干磁子)[63]。用这种方式产生的磁子具有很好的相干性，其频率和相位由所施加的微波的频率和相位决定。

微波天线可以具有各种形状，比较常用的有带状线、微带线和共面波导。对微波天线施加电磁信号时，每种形状的天线都会有各自的磁场空间分布。对磁场空间分布进行傅里叶变换就可以得到激励磁场的波矢分布，这一波矢分布将决定哪些波长的相干磁子能够被激发，以及激发效率是多少。特别地，当磁场在空间分布均匀时，只有 $k=0$ 分量，只能激发出 $k=0$ 模式的磁子，例如微波谐振腔中的 YIG 小球[64]，在 YIG 小球处磁场可近似认为是空间均匀的，此时就只有 $k=0$ 分量，只能激发出一致进动的铁磁共振模式。

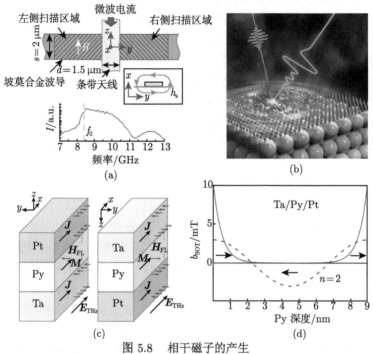

图 5.8 相干磁子的产生
(a) 微波天线激发；(b) 光学激发；(c) 短波磁子激发示意图；(d) 短波磁子激发原理图

除了电学的微波激励方法，光学方法也可以激发出相干磁子，包括飞秒激光脉冲激发和太赫兹脉冲激发，如图 5.8(b) 所示。飞秒激光脉冲主要依靠热效应。当外场和各向异性场不共线时，磁矩的平衡方向位于二者之间，而飞秒激光导致的温度的快速升高会使材料磁矩大小发生变化，进而使平衡位置偏离磁矩的方向，磁矩绕平衡位置进动进而产生相干磁子[65]。与飞秒激光不同，太赫兹脉冲主要依靠非热效应。太赫兹脉冲当中的交变磁场会对材料中的磁矩施加一个交变的塞曼力矩，当铁磁材料被施加的外磁场超过 20 T，或者使用反铁磁材料时，材料的 (反) 铁磁共振频率达到太赫兹量级，与太赫兹脉冲一致，这时相干磁子能够得到高效的激发[66]。值得一提的是，太赫兹脉冲的波长在毫米量级，因此仅靠其中交变磁场产生的塞曼力矩并不能够激发出短波磁子，但通过材料异质结设计，例如 Salikhov 等所制备的 Pt/NiFe/Ta 三层膜体系，如图 5.8(c) 所示，在太赫兹脉冲电场的作用下，磁性材料 NiFe 两侧的重金属层感应出交变电流，并基于自旋霍尔效应对 NiFe 注入交变的自旋流，这一交变的自旋流在空间上的不均匀分布使得 NiFe 中能够被激发出短波磁子[67]。

相干磁子的探测方法同样有多种,包括光学方法和电学方法。图 5.9(a) 所展示的布里渊光散射方法是一种被广泛采用的相干磁子探测方法,它是利用光的非弹性散射对磁子进行探测[68]。当材料中存在磁子时,入射光子就有一定的概率与材料中的磁子发生能量交换,或是吸收一个磁子而使频率升高 (反斯托克斯过程),或是放出一个磁子而使频率降低 (斯托克斯过程)。这一过程除了能量守恒还有动量守恒,因此,磁子的波矢也会反映在散射光子的波矢当中。布里渊光散射谱仪就是利用高强度的激光照射在样品上并分析散射光与入射光之间的频率与波矢差异

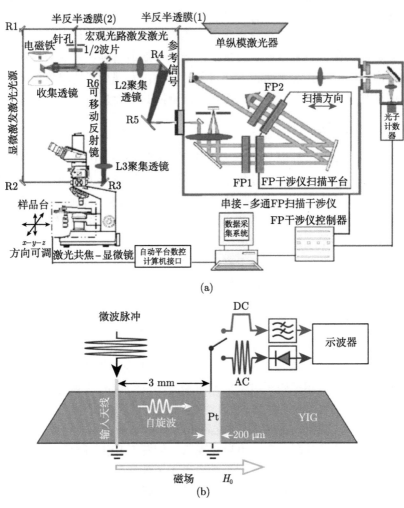

图 5.9 相干磁子的探测
(a) 布里渊光谱仪;(b) 逆自旋霍尔效应电学探测

来对磁子进行探测,这一过程并不要求磁子的相干性,因此,无论是相干磁子还是非相干磁子,都可以用这种方法进行探测。借助法布里-珀罗 (FP) 干涉仪和高倍物镜对激光束的聚焦,布里渊光散射谱仪可以实现很高的频率分辨和空间分辨[68]。

然而,利用布里渊光散射的探测技术过于复杂,未必适用于实际的磁子器件。更为简单的电学探测手段也可以用作对相干磁子的探测。最基本的电学探测手段是在待探测的位置处制备微波天线,其器件结构与微波激发磁子的器件结构相同 (图 5.8(a))。当有相干磁子传来时,局部的磁矩进动会带来一个交变的杂散磁场,这一杂散磁场在微波天线中产生交变的感应电动势,最终被探测器探测到。实际上,这就是微波天线激发相干磁子的逆过程。此外,电学探测也可以依靠逆自旋霍尔效应进行,如图 5.9(b) 所示。将重金属 (例如 Pt) 条制备在待探测处,并且要求重金属条带方向与磁子自旋极化方向垂直。当相干磁子传来时,它们会将自旋注入重金属条带,在其中产生自旋流,随后借助逆自旋霍尔效应转换成电压信号并被读出。Chumak 等将两种方法进行了对比,发现后者的峰值信号出现时间更晚,信号强度衰减更慢,这可以用次级自旋波的自旋泵浦进行解释[69]。

5.4.2 磁子相干输运现象

相干磁子在输运过程中,由于其拥有更多波的特征,因此能够表现出很多非相干磁子没有的现象。在输运过程中,相干磁子可以像光子一样在界面处发生反射与折射,并且与光子一样满足斯涅尔定律[70]。利用这一特征,可以类比光学透镜而制造出自旋波透镜,如图 5.10(a) 所示。相干磁子在输运过程中经界面折射,被聚焦到一处,获得了显著的强度提升[71]。

此外,由于界面的存在,相干磁子在输运过程中也会像光子那样,在长度受限的方向上出现波矢量的离散化。例如薄膜材料中,在厚度方向上会产生驻波模式,利用驻波模式可以得到太赫兹频率的交换自旋波[67]。除了厚度方向上,在自旋波导中,宽度方向上也会出现这种波矢量离散化的现象,这种离散化现象可借助布里渊光散射的方法被探测分析[72]。

宽度方向上的波矢离散化还会导致相干磁子出现自聚焦的现象[73]。在使用天线激发特定频率的相干磁子时,会同时激发 $n=1$ 和 $n=3$ 两种模式 (偶数模式无法激发,更高阶模式激发效率太低),两种模式的相速度不同,因此在空间上会出现周期性的干涉现象,当两种模式之间在波导中心处的相位一致时会干涉相加,使得波导中心处能量升高,表现出聚焦现象,如图 5.10(b) 所示。

相干磁子在输运过程中还具有一些磁学相关的特征,例如信道化现象。这是指在自旋波导中,由于频率的不同,自旋波的能量有可能集中在波导中央,也有可能集中在波导的边缘,如图 5.10(c) 所展示的那样。这可以用波导宽度方向上的消磁来解释[74],即尽管施加在波导垂直方向上的磁场是均匀的,但受到尺寸的

5.4 磁子的相干输运

限制，波导宽度方向上仍然存在退磁场，并且退磁场大小与宽度方向上的位置有关。这导致了波导边缘处的有效场小于波导中心的有效场，使得波导边缘处的截止频率要小于波导中心，相当于边缘处存在一个磁子势阱。当相干磁子的频率小于波导中心的截止频率时，就只能在边缘传播，形成了信道化现象。

相干磁子也可以像电子那样发生隧穿效应。可以通过在材料中制备磁性不均匀区域来充当磁子势垒，例如在局部生长其他材料制备异质结。当磁子传播路径上存在一个有限区域禁止磁子传输时，磁子可以通过交换作用或是偶极作用跨过该区域并继续传播。如图 5.10(d) 所示，磁子能够通过偶极相互作用在 38 μm 的尺度上发生隧穿效应[75]，势垒左侧的磁矩振动会在势垒右侧区域产生一个交变的偶极场，这一交变偶极场又在势垒右侧激发出新的自旋波，表现出相干磁子的隧穿现象。尽管大部分磁子被势垒反射，但可以观察到，仍有少量磁子透过势垒，继续传播。

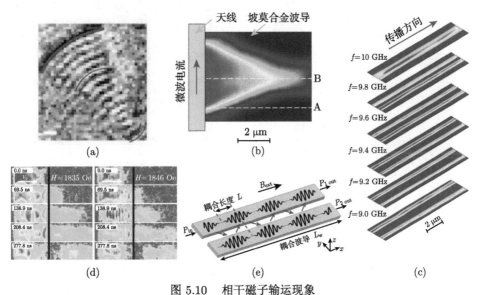

图 5.10 相干磁子输运现象
(a) 自旋波透镜；(b) 自聚焦现象；(c) 信道化现象；(d) 磁子隧穿；(e) 定向耦合器示意

当两根自旋波导相互靠近时，对于偶极相互作用占据主导的长波自旋波，两根波导之间的偶极相互作用也会在彼此之间相互激发出自旋波，最终表现为相干磁子在两根波导之间发生周期性的转移[76]，如图 5.10(e) 所示。这种结构被称作定向耦合器，通过控制定向耦合器耦合区域的长度，可以实现相干磁子在两根波导之间任意的比例分配。值得注意的是，这种偶极相互作用是非线性的，即两根波导之间的耦合强度与自旋波总功率有关。对于同一器件，两根波导之间的能量分配也会因为总功率的改变而改变。

相干磁子也可以与其他的相干体系，例如微波光子或是超导量子比特发生相干耦合，这为量子信息与量子计算提供了一条新的可能路径。通过子系统之间的相干耦合，量子信息能够在子系统之间相互传递。为了信息的有效传递，系统之间的耦合强度需要远大于每个系统的阻尼系数。这一强耦合已经在磁子–光子系统[64]和磁子–超导量子比特系统[77]中实现。通过在微波谐振腔内部磁场最强处固定一个YIG小球，微波谐振腔内的光子模式会通过其磁场与YIG小球磁矩的塞曼相互作用和YIG小球内磁子模式发生相干耦合，这会导致在二者频率相近的时候出现混合本征态以及能级分裂现象，可以通过对系统 S 参数的测量将其检测出来。此外，在这一实验的基础上在微波谐振腔内电场最强处添加一个超导量子比特，就可以通过微波光子的介导实现磁子和超导量子比特的强相干耦合，如图 5.11 所示。这种间

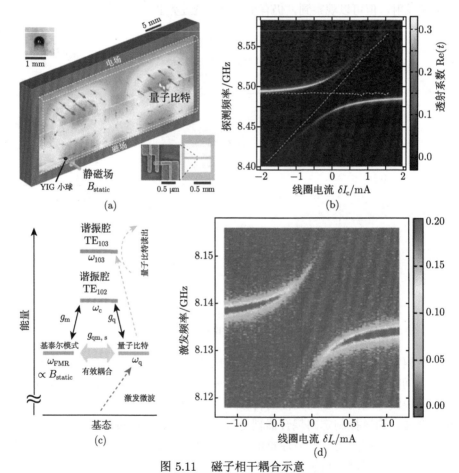

图 5.11　磁子相干耦合示意

(a) 微波光子介导的磁子–超导量子比特相干耦合实现方式示意；(b) 磁子–微波光子相干耦合 S 参数测量结果，共振场处 (图中虚线交点) 能级分裂标志着相干耦合的发生；(c) 微波光子介导磁子–超导量子比特耦合及其探测的原理示意；(d) 微波光子介导的磁子–量子比特相干耦合 S 参数测量结果

接耦合同样需要两者 (磁子和量子比特) 频率匹配, 但允许中间介质 (微波光子) 的频率与另外两者有较多的偏离。利用稀释制冷机把体系温度降至 10 mK 附近, 将热激发抑制, 可以让这种相干耦合在单量子之间发生。

5.4.3 磁子相干输运的应用

目前, 已经有很多基于相干磁子输运的器件被提出或者被实现[78-80]。与基于电子或是非相干磁子的器件相比, 基于相干磁子的器件中可以进行很多基于波的操作, 因此具有更丰富的性能和更大的应用潜力。一个典型的应用是磁子晶体。磁子晶体的概念源自晶体中电子的能带理论。在能带理论中, 电子在晶体结构导致的周期性势场下产生能带结构, 带隙中电子的运动不被允许。这种现象并不局限于晶格中的电子, 周期性结构中的其他粒子也能够产生这种现象, 例如光子晶体, 通过将介电常数不同的材料制备成周期性的微结构, 可以在特定波长处产生大量散射进而限制光子的传播, 产生光子带隙。磁子晶体也是如此, 在磁性材料上人工制备周期性的结构可以产生磁子能带和磁子带隙, 如图 5.12(a) 和 (b) 所示。图 5.12(c) 展示了图 5.12(b) 中所示磁子晶体的微波透射谱, 可以很清晰地看到, 相比于没有周期结构的对照样品, 切槽波导的样品透射谱表现出了明显的能带结构。磁子晶体具有人工设计灵活性的特点, 可以根据不同的需求场景设计不同的结构, 以获得不同的能带和带隙。由于在相同频率时, 磁子频率比光子小得多, 因此相比于光子晶体, 磁子晶体是一种更好的微波器件载体。

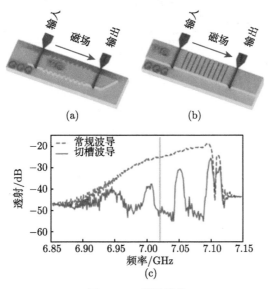

图 5.12 磁子晶体
(a)、(b) 磁子晶体结构示意图；(c) 磁子晶体微波透射谱

磁子晶体的一个可能应用是滤波器。由于能带和带隙的存在，磁子晶体只能允许特定频率的自旋波传播，再在磁子晶体两侧制备微波天线，就可以得到一个微波滤波器件。当输入端天线输入微波时，天线将微波转化为自旋波，其中，频率在磁子晶体允许传播范围内的自旋波能够向输出端天线传播，而频率位于禁带的自旋波则无法传输。最后，频率允许的自旋波传播到输出端再由微波天线转化为微波输出被探测出来，以此实现微波滤波功能。

此外，基于波的计算也是相干磁子的一个可能应用。例如图 5.13(a) 所示的半加器[82]，其中 A 和 B 为输入端口，S 和 C 为输出端口，事先约定好输入端 A 和 B 之间的相位差为 90°。这里用到了两个自旋波定向耦合器的结构，以及耦合强度的非线性效应。图 5.13(b) 展示了此半加器的工作原理。当没有输入 (输入为 0、0) 时，自然没有输出 (输出为 0、0)；当在输入端 A 或 B 其中一端输入相干磁子 (输入 1、0 或 0、1) 时，经定向耦合器，自旋波的能量平分至上下两个波导当中，随后上方波导中的自旋波再次经过定向耦合器进行能量的再分配使得最终的自旋波能量集中在输出端 S，而输出端 C 基本不存在自旋波，从而实现 1、0 的输出；当在输入端和输出端同时输入相干磁子 (输入为 1、1) 时，功率增强，耦合强度改变，更多能量出现在上方波导当中，基于同样的理由，第二个定向耦合器也发生了耦合强度的变化，最终使得自旋波的能量集中在输出端 C 而非输出端 S，实现 0、1 的输出。

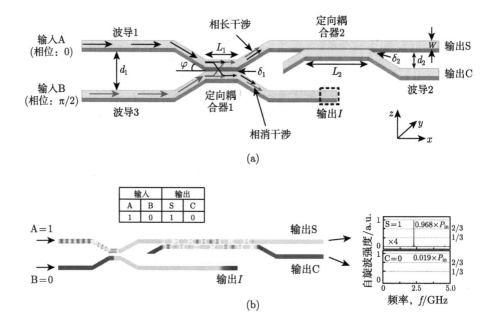

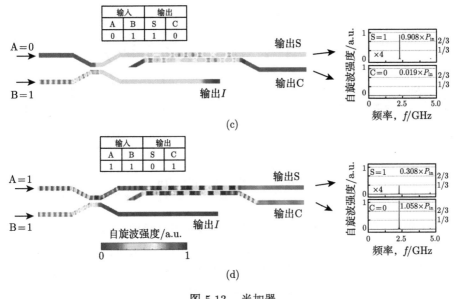

图 5.13 半加器

(a) 半加器器件示意图；(b)~(d) 半加器工作原理

5.5 磁子转移力矩效应

与电子一样，磁子作为一种拥有自旋的准粒子，也可以通过各种相互作用和其他的体系发生角动量的转移，这种效应被称作磁子转移力矩效应。与电子的自旋转移力矩一样，磁子转移力矩同样可以驱动磁性材料的磁矩进动、磁化翻转以及磁畴壁运动。无论是相干磁子还是非相干磁子都可以产生磁子转移力矩[83,84]。

非相干磁子转移力矩的一种典型实现方式是自旋源/反铁磁绝缘体/磁性层三层膜结构，例如 Wang 等制备的 Bi_2Se_3/NiO/NiFe 三层膜[83]，如图 5.14(a)所示。Bi_2Se_3 是一种拓扑绝缘体材料，能够高效地将电流转化成自旋流。中间层 NiO 是一种反铁磁绝缘体，其中唯一能够传导自旋的介质是磁子。最上层的 NiFe 合金是一种典型的软磁材料，具有低阻尼、低矫顽力的特点，其磁化容易被外界驱动所翻转。当对最下方的 Bi_2Se_3 层施加电流时，Bi_2Se_3 会在垂直于膜面的方向上产生自旋流，这一自旋流在进入 NiO 层后会以磁子的形式继续传播，直至到达 NiFe 层并对其施加力矩。通过自旋力矩-铁磁共振的方法可以检测到，高频电流能够产生高频磁子流并驱动 NiFe 磁矩的进动。随后的实验又表明，Bi_2Se_3 层中通入的直流电流脉冲能够驱动 NiFe 层磁矩在面内垂直于电流的方向上发生可逆翻转，这也证明了非相干磁子驱动磁性材料产生磁化翻转的能力。

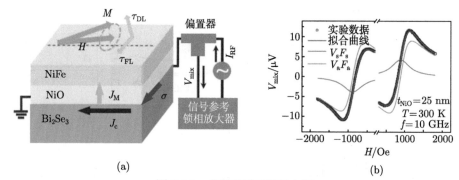

图 5.14 非相干磁子转移力矩

(a) 器件结构示意图；(b) 体系的自旋力矩–铁磁共振效应，表明 NiFe 层受到来自 NiO 的磁子转移力矩效应

相干磁子同样拥有传递角动量的能力，Han 等已经通过相干磁子驱动磁畴壁运动的实验将其证明[84]。他们将垂直磁化的 Co/Ni 多层膜制备成自旋波导并在其上面制备微波天线，同时在其中引入畴壁结构。对微波天线进行高频激励时，可以通过磁光克尔显微镜观察到磁畴壁朝激励源的方向运动，这可以被解释为相干磁子对磁畴壁的角动量传递。在微波天线的激励下，相干磁子朝着磁畴壁运动并跨越磁畴壁，其所携带的角动量与所在磁畴整体角动量方向相反；磁子穿过磁畴壁时，由于磁化方向反号，磁子角动量也发生反号。因此，对于磁畴壁区域，就产生了一个净角动量流入，其方向与远离微波天线一侧的磁畴相同。这最终导致了磁畴壁朝着微波天线方向的运动，如图 5.15(b) 所示。

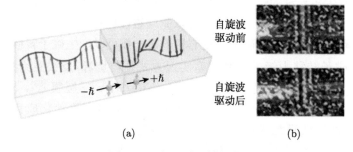

图 5.15 相干磁子转移力矩

(a) 相干磁子穿越磁畴壁原理图；(b) 相干磁子引发的磁畴壁朝激励源方向的运动

与电子相比，通过磁子传递角动量不产生焦耳热，且能够传输更长的距离。传递单位角动量 $\hbar$ 只需要消耗单个磁子 $\hbar\omega$ 的能量，因此这是一种高效且节能的角动量传递方式。然而，目前磁子的产生效率仍然较低，这导致了器件整体能量损耗的增加，可以通过开发更高效的磁子产生方式或是减少电信号和自旋波信号的转化次数来提高这类磁子器件的能量使用效率。

参 考 文 献

[1] Kruglyak V V, Demokritov S O, Grundler D. Magnonics[J]. J. Phys. D: Appl. Phys., 2010, 43(26): 264001.

[2] Chumak A V, Vasyuchka V I, Serga A A, et al. Magnon spintronics[J]. Nat. Phys., 2015, 11(6): 453-461.

[3] Pirro P, Vasyuchka V I, Serga A A, et al. Advances in coherent magnonics[J]. Nat. Rev. Mater., 2021, 6(12): 1114-1135.

[4] Barman A, Gubbiotti G, Ladak S, et al. The 2021 magnonics roadmap[J]. J. Phys. Condes. Matter., 2021, 33(41): 413001.

[5] Dey P, Roy J N. Spintronics[M]. Berlin: Springer, 2021.

[6] Bloch F. Zur theorie des ferromagnetismus[J]. Z. Phys., 1930, 61(3-4): 206-219.

[7] Gurevich A G, Melkov G A. Magnetization Oscillations and Waves[M]. London: CRC Press, 1996.

[8] Prabhakar A, Stancil D D. Spin Waves: Theory and Applications[M]. New York: Springer, 2009.

[9] Owens J M, Collins J H, Carter R L. System applications of magnetostatic wave devices[J]. Circuits, Syst. Signal Process., 1985, 4: 317-334.

[10] Adam J D. Analog signal processing with microwave magnetics[J]. Proc. IEEE, 1988, 76(2): 159-170.

[11] Sinova J, Valenzuela S O, Wunderlich J, et al. Spin Hall effects[J]. Rev. Mod. Phys., 2015, 87(4): 1213-1260.

[12] Kajiwara Y, Harii K, Takahashi S, et al. Transmission of electrical signals by spin-wave interconversion in a magnetic insulator[J]. Nature, 2010, 464(7286): 262-6.

[13] Cornelissen L J, Liu J, Duine R A, et al. Long-distance transport of magnon spin information in a magnetic insulator at room temperature[J]. Nat. Phys., 2015, 11(12): 1022-1026.

[14] Wesenberg D, Liu T, Balzar D, et al. Long-distance spin transport in a disordered magnetic insulator[J]. Nat. Phys., 2017, 13(10): 987-993.

[15] Oyanagi K, Takahashi S, Cornelissen L J, et al. Spin transport in insulators without exchange stiffness[J]. Nat. Commun., 2019, 10(1): 4740.

[16] Das K S, Liu J, Van Wees B J, et al. Efficient injection and detection of out-of-plane spins *via* the anomalous spin Hall effect in permalloy nanowires[J]. Nano Lett., 2018, 18(9): 5633-5639.

[17] Li R, Li P, Yi D, et al. Anisotropic magnon spin transport in ultrathin spinel ferrite thin films evidence for anisotropy in exchange stiffness[J]. Nano Lett., 2022, 22(3): 1167-1173.

[18] Li R, Riddiford L J, Chai Y, et al. A puzzling insensitivity of magnon spin diffusion to the presence of 180-degree domain walls[J]. Nat. Commun., 2023, 14(1): 2393.

[19] Cornelissen L, Liu J, Van Wees B, et al. Spin-current-controlled modulation of the magnon spin conductance in a three-terminal magnon transistor[J]. Phys. Rev. Lett.,

2018, 120(9): 097702.

[20] Wimmer T, Althammer M, Liensberger L, et al. Spin transport in a magnetic insulator with zero effective damping[J]. Phys. Rev. Lett., 2019, 123(25): 257201.

[21] Cramer J, Baldrati L, Ross A, et al. Impact of electromagnetic fields and heat on spin transport signals in $Y_3Fe_5O_{12}$[J]. Phys. Rev. B, 2019, 100(9): 094439.

[22] Das K, Feringa F, Middelkamp M, et al. Modulation of magnon spin transport in a magnetic gate transistor[J]. Phys. Rev. B, 2020, 101(5): 054436.

[23] Han J, Fan Y, Mcgoldrick B C, et al. Nonreciprocal transmission of incoherent magnons with asymmetric diffusion length[J]. Nano Lett., 2021, 21(16): 7037-7043.

[24] Santos O A, Feringa F, Das K, et al. Efficient modulation of magnon conductivity in $Y_3Fe_5O_{12}$ using anomalous spin Hall effect of a permalloy gate electrode[J]. Phys. Rev. Appl., 2021, 15(1): 014038.

[25] Schlitz R, Vélez S, Kamra A, et al. Control of nonlocal magnon spin transport *via* magnon drift currents[J]. Phys. Rev. Lett., 2021, 126(25): 257201.

[26] Wei X Y, Santos O A, Lusero C S, et al. Giant magnon spin conductivity in ultrathin yttrium iron garnet films[J]. Nat. Mater., 2022, 21(12): 1352-1356.

[27] Jungwirth T, Marti X, Wadley P, et al. Antiferromagnetic spintronics[J]. Nat. Nanotechnol., 2016, 11(3): 231-241.

[28] Baltz V, Manchon A, Tsoi M, et al. Antiferromagnetic spintronics[J]. Rev. Mod. Phys., 2018, 90(1): 015005.

[29] Yuan W, Zhu Q, Su T, et al. Experimental signatures of spin superfluid ground state in canted antiferromagnet Cr_2O_3 *via* nonlocal spin transport[J]. Sci. Adv., 2018, 4(4): eaat1098.

[30] Lebrun R, Ross A, Bender S A, et al. Tunable long-distance spin transport in a crystalline antiferromagnetic iron oxide[J]. Nature, 2018, 561(7722): 222-225.

[31] Han J, Zhang P, Bi Z, et al. Birefringence-like spin transport *via* linearly polarized antiferromagnetic magnons[J]. Nat. Nanotechnol., 2020, 15(7): 563-568.

[32] Lebrun R, Ross A, Gomonay O, et al. Long-distance spin-transport across the Morin phase transition up to room temperature in ultra-low damping single crystals of the antiferromagnet alpha-Fe_2O_3[J]. Nat. Commun., 2020, 11(1): 6332.

[33] Wimmer T, Kamra A, Gückelhorn J, et al. Observation of antiferromagnetic magnon pseudospin dynamics and the Hanle effect[J]. Phys. Rev. Lett., 2020, 125(24): 247204.

[34] Das S, Ross A, Ma X X, et al. Anisotropic long-range spin transport in canted antiferromagnetic orthoferrite $YFeO_3$[J]. Nat. Commun., 2022, 13(1): 6140.

[35] Chen G, Qi S, Liu J, et al. Electrically switchable van der Waals magnon valves[J]. Nat. Commun., 2021, 12(1): 6279.

[36] Qi S, Chen D, Chen K, et al. Giant electrically tunable magnon transport anisotropy in a van der Waals antiferromagnetic insulator[J]. Nat. Commun., 2023, 14(1): 2526.

[37] Parsonnet E, Caretta L, Nagarajan V, et al. Nonvolatile electric field control of thermal magnons in the absence of an applied magnetic field[J]. Phys. Rev. Lett., 2022, 129(8):

087601.

[38] Baibich M N, Broto J M, Fert A, et al. Giant magnetoresistance of (001)Fe/(001)Cr magnetic superlattices[J]. Phys. Rev. Lett., 1988, 61(21): 2472-2475.

[39] Binasch G, Grünberg P, Saurenbach F, et al. Enhanced magnetoresistance in layered magnetic structures with antiferromagnetic interlayer exchange[J]. Phys. Rev. B, 1989, 39(7): 4828-4830.

[40] 吴昊, 韩秀峰. 基于磁性绝缘体的磁子阀效应 [J]. 物理, 2018, 47(4): 247-248.

[41] Wu H, Huang L, Fang C, et al. Magnon valve effect between two magnetic insulators[J]. Phys. Rev. Lett., 2018, 120(9): 097205.

[42] Cramer J, Fuhrmann F, Ritzmann U, et al. Magnon detection using a ferroic collinear multilayer spin valve[J]. Nat. Commun., 2018, 9(1): 1089.

[43] Zheng X, Li H, Xue M. $Y_3Fe_5O_{12}$ hybrid spin valves with appreciable spin Seebeck effect under perpendicular temperature gradient[J]. Jpn J. Appl. Phys., 2021, 60(7): 070906.

[44] Guo C, Wan C, Wang X, et al. Magnon valves based on YIG/NiO/YIG all-insulating magnon junctions[J]. Phys. Rev. B, 2018, 98(13): 134426.

[45] Guo C Y, Wan C H, He W Q, et al. A nonlocal spin Hall magnetoresistance in a platinum layer deposited on a magnon junction[J]. Nat. Electron., 2020, 3(6): 304-308.

[46] He W, Wu H, Guo C, et al. Magnon junction effect in $Y_3Fe_5O_{12}$/CoO/$Y_3Fe_5O_{12}$ insulating heterostructures[J]. Appl. Phys. Lett., 2021, 119(21): 212410.

[47] Vilela G, Chi H, Stephen G, et al. Strain-tuned magnetic anisotropy in sputtered thulium iron garnet ultrathin films and TIG/Au/TIG valve structures[J]. J. Appl. Phys., 2020, 127(11): 115302.

[48] Vilela G, Santos E, Abrao J, et al. Thermally driven magnon valve with perpendicular magnetic anisotropy[J]. Appl. Phys. Lett., 2022, 120(8): 082402.

[49] Zhang S S L, Zhang S. Magnon mediated electric current drag across a ferromagnetic insulator layer[J]. Phys. Rev. Lett., 2012, 109(9): 096603.

[50] Chen K, Lin W, Chien C, et al. Temperature dependence of angular momentum transport across interfaces[J]. Phys. Rev. B, 2016, 94(5): 054413.

[51] Wu H, Wan C H, Zhang X, et al. Observation of magnon-mediated electric current drag at room temperature[J]. Phys. Rev. B, 2016, 93(6): 060403.

[52] Li J, Xu Y, Aldosary M, et al. Observation of magnon-mediated current drag in Pt/yttrium iron garnet/Pt(Ta) trilayers[J]. Nat. Commun., 2016, 7(1): 10858.

[53] Zhou Y, Guo T, Liao L, et al. Antiferromagnetic magnon drag effect and giant on-off ratio in a vertical device[J]. Adv. Quantum. Technol., 2022, 5(2): 2100138.

[54] Wang H, Du C, Hammel P C, et al. Antiferromagnonic spin transport from $Y_3Fe_5O_{12}$ into NiO[J]. Phys. Rev. Lett., 2014, 113(9): 097202.

[55] Lin W, Chen K, Zhang S, et al. Enhancement of thermally injected spin current through an antiferromagnetic insulator[J]. Phys. Rev. Lett., 2016, 116(18): 186601.

[56] Frangou L, Oyarzun S, Auffret S, et al. Enhanced spin pumping efficiency in antiferromagnetic IrMn thin films around the magnetic phase transition[J]. Phys. Rev. Lett., 2016, 116(7): 077203.

[57] Qiu Z, Li J, Hou D, et al. Spin-current probe for phase transition in an insulator[J]. Nat. Commun., 2016, 7(1): 12670.

[58] Li Q, Yang M, Klewe C, et al. Coherent ac spin current transmission across an antiferromagnetic CoO insulator[J]. Nat. Commun., 2019, 10(1): 5265.

[59] Darowski M, Nakano T, Burn D M, et al. Coherent transfer of spin angular momentum by evanescent spin waves within antiferromagnetic NiO[J]. Phys. Rev. Lett., 2020, 124(21): 217201.

[60] Qiu Z, Hou D, Barker J, et al. Spin colossal magnetoresistance in an antiferromagnetic insulator[J]. Nat. Mater., 2018, 17(7): 577-580.

[61] Hortensius J R, Afanasiev D, Matthiesen M, et al. Coherent spin-wave transport in an antiferromagnet[J]. Nat. Phys., 2021, 17(9): 1001-1006.

[62] Lee K, Lee D K, Yang D, et al. Superluminal-like magnon propagation in antiferromagnetic NiO at nanoscale distances[J]. Nat. Nanotechnol., 2021, 16(12): 1337-1341.

[63] Demidov V E, Kostylev M P, Rott K, et al. Excitation of microwaveguide modes by a stripe antenna[J]. Appl. Phys. Lett., 2009, 95(11): 112509-1-112509-3.

[64] Tabuchi Y, Ishino S, Ishikawa T, et al. Hybridizing ferromagnetic magnons and microwave photons in the quantum limit[J]. Phys. Rev. Lett., 2014, 113(8): 083603.

[65] Walowski J, Münzenberg M. Perspective: ultrafast magnetism and THz spintronics[J]. J. Appl. Phys., 2016, 120(14): 140901.

[66] 金钻明，郭颖钰，季秉煜，等. 超快太赫兹自旋光电子学研究进展 (特邀)[J]. 光子学报, 2022, 51(7): 0751410.

[67] Salikhov R, Ilyakov I, Körber L, et al. Coupling of terahertz light with nanometre-wavelength magnon modes *via* spin-orbit torque[J]. Nat. Phys., 2023, 19(4): 529-535.

[68] 程光煦. L. 布里渊与布里渊散射 [J]. 光散射学报, 2018, 30(3): 13.

[69] Chumak A V, Serga A A, Jungfleisch M B, et al. Direct detection of magnon spin transport by the inverse spin Hall effect[J]. Appl. Phys. Lett., 2012, 100(8).

[70] Stigloher J, Decker M, Korner H S, et al. Snell's law for spin waves[J]. Phys. Rev. Lett., 2016, 117(3): 037204.

[71] Albisetti E, Tacchi S, Silvani R, et al. Optically inspired nanomagnonics with nonreciprocal spin waves in synthetic antiferromagnets[J]. Adv. Mater., 2020, 32(9): e1906439.

[72] Jorzick J, Demokritov S O, Mathieu C, et al. Brillouin light scattering from quantized spin waves in micron-size magnetic wires[J]. Phys. Rev. B, 1999, 60(22): 15194-15200.

[73] Demidov V E, Demokritov S O, Rott K, et al. Self-focusing of spin waves in Permalloy microstripes[J]. Appl. Phys. Lett., 2007, 91(25): 252504.

[74] Demidov V E, Demokritov S O, Rott K, et al. Nano-optics with spin waves at microwave frequencies[J]. Appl. Phys. Lett., 2008, 92(23): 232503.

[75] Schneider T, Serga A A, Chumak A V, et al. Spin-wave tunnelling through a mechanical gap[J]. EPL (Europhysics Letters), 2010, 90(2): 27003.

[76] Wang Q, Pirro P, Verba R, et al. Reconfigurable nanoscale spin-wave directional coupler[J]. Sci. Adv., 2018, 4(1): e1701517.

[77] Tabuchi Y, Ishino S, Noguchi A, et al. Coherent coupling between a ferromagnetic magnon and a superconducting qubit[J]. Science, 2015, 349(6246): 405-408.

[78] Barman A, Gubbiotti G, Ladak S, et al. The 2021 Magnonics Roadmap[J]. J. Phys. Condens. Matter., 2021, 33.

[79] Zheng L, Jin L, Wen T, et al. Spin wave propagation in uniform waveguide: effects, modulation and its application[J]. J. Phys. D. Applied Physics: A Europhysics Journal, 2022, 55(26).

[80] Nikitov S A, Kalyabin D V, Lisenkov I V, et al. Magnonics: a new research area in spintronics and spin wave electronics[J]. Physics-Uspekhi, 2015, 58(10): 1002-1028.

[81] Frey P, Nikitin A A, Bozhko D A, et al. Reflection-less width-modulated magnonic crystal[J]. Commun. Phys., 2020, 3(1): 17.

[82] Wang Q, Kewenig M, Schneider M, et al. A magnonic directional coupler for integrated magnonic half-adders[J]. Nat. Electron., 2020, 3(12): 765-774.

[83] Wang Y, Zhu D, Yang Y, et al. Magnetization switching by magnon-mediated spin torque through an antiferromagnetic insulator[J]. Science, 2019, 366(6469): 1125-1128.

[84] Han J, Zhang P, Hou J T, et al. Mutual control of coherent spin waves and magnetic domain walls in a magnonic device[J]. Science, 2019, 366(6469): 1121-1125.

第 6 章　磁斯格明子

　　磁斯格明子是近年来被广泛研究的一类实空间中具有拓扑保护的磁性自旋结构，被认为是低功率自旋电子器件中最有希望的信息载体之一。基于磁斯格明子的磁赛道存储器具有运动速度快、存储密度高、驱动功耗低等优势，被认为是非常理想的一类存储器。本章首先对磁斯格明子的发现历程进行概述，并从斯格明子的产生、探测、动力学行为及器件应用等方面对斯格明子电子学的相关研究进行介绍。

6.1　磁斯格明子概述

　　斯格明子一词源自英国核物理学家托尼·斯格明 (Tony Skyrme)。他在 20 世纪 60 年代提出了一套用于描述介子 (pion) 间相互作用的非线性场理论，并进一步预言了一种具有拓扑保护性质的类粒子稳定场结构的存在，即斯格明子[1]。1975 年，Belavin 和 Polyakov 在理论上提出了一种存在于二维铁磁体中的类粒子亚稳态，它是一种在拓扑结构上非平庸的手性自旋结构[2]。相较于平庸的磁性结构，斯格明子在能量上具有拓扑不连续性，因而具有更高的稳定性。

6.1.1　磁斯格明子的拓扑物理

　　拓扑学是纯数学和应用数学的一门重要学科，在理解许多现实世界的物理现象方面也起着重要的作用。在磁学和自旋电子学领域，拓扑学的概念对于理解一些奇异的磁自旋织构 (即所谓的磁孤子) 的物理学尤为重要[3-6]，包括不同类型的磁斯格明子和涡状自旋织构，其中这些织构的行为是由它们的拓扑特征决定或影响的。这些拓扑上非平庸的自旋织构在现实空间中可以是一维、二维和三维的，通常携带由其自旋织构在拓扑空间中决定的整数或半整数拓扑电荷[2,3,5-12]。鉴于磁性多层薄膜被认为是构建纳米级自旋电子学应用的首选，在大多数情况下，被充分研究的拓扑自旋织构是那些在二维或准二维磁性薄膜和多层膜中的自旋织构[13-19]。同时也有一些研究证明了三维拓扑自旋纹理的良好特性[20-24]，从而预测三维自旋结构可能在未来与二维结构结合使用。事实上，一维磁孤子也在该领域吸引了部分研究者的兴趣[25-28]，揭示了拓扑非平凡物体的许多基本性质。例如，手性螺旋孤子晶格在 2012 年的实验中被观察到，验证了 I. E. Dzyaloshinskii 在 1964 年的理论设想。

6.1 磁斯格明子概述

在本章中,我们主要集中讨论磁性材料中的二维拓扑自旋织构。首先介绍二维磁斯格明子的自旋结构,如图 6.1 所示,通常二维磁斯格明子可分为布洛赫型和奈尔型,区别主要在于其空间轮廓的自旋构型。在这两种斯格明子类型中,都存在方向相反的磁化畴,斯格明子的中心和边缘分别具有自旋向下和自旋向上的磁化方向。平面内畴壁的自旋可以具有顺时针或逆时针 (即圆形) 手性 (布洛赫型斯格明子) 或径向手性 (奈尔型斯格明子)。在畴壁里面有一个区域,在那里磁的面外分量消失了,这个区域被称为斯格明子的 "核心"。在二维和准二维体系中,自旋织构的拓扑结构通常用拓扑电荷来表征 [4,29]。

$$Q = \frac{1}{4\pi} \iint \mathrm{d}^2 r \cdot \boldsymbol{m}(r) \cdot [\partial_x \boldsymbol{m}(r) \times \partial_y \boldsymbol{m}(r)] \tag{6.1}$$

图 6.1 (a) 奈尔型斯格明子;(b) 布洛赫型斯格明子

当二维平面上的所有磁矩聚集在一起重新排列时,通过在一个点上取它们的矢量原点,所有的磁矩都包裹着球体。拓扑电荷 Q 是由这些磁矩的圈数来定义的,即这些磁矩环绕球体的次数,有时也被称为斯格明子数,用于描述一系列类似斯格明子的自旋结构。这种具有整数拓扑电荷的自旋旋涡不能通过连续变形而改变为不同 Q (如 $Q = 0$ 或 $+1$) 的自旋织构,因此这种情况被称为拓扑保护。

图 6.2 显示了在二维或准二维磁性材料中可以找到的各种示例性拓扑自旋织构。奈尔型斯格明子 (图 6.2(a)) 和布洛赫型斯格明子 (图 6.2(b)) 是最常见的斯格明子类型,中心磁矩和边缘磁矩指向面外且反平行,中心磁矩向下,拓扑数为 -1。图 6.2(c) 所示为反斯格明子 (antiskyrmion),它的中心磁矩也是向下的,但是它的拓扑数 Q 为 $+1$,该结构的出现往往伴随着各向异性 DMI (Dzyaloshinskill-Moriya interaction) 的存在,可在偶极磁体中存在。

事实上,手性磁粒子并不局限于拓扑电荷 $|Q| = 1$ 的情况,它可以是任何拓扑电荷 [30,31]。例如,双涡旋斯格明子 (biskyrmion) 的拓扑电荷为 $Q = -2$ (图 6.2(d)),其产生源于两个具有相同拓扑数 (在这种情况下为 $Q = -1$) 的双粒子相互接近,可以在某些材料中形成,如手性体或阻挫磁体。图 6.2(e) 所示为磁涡旋 (vortex),它的拓扑数 Q 为 -0.5。半子 (图 6.2(f)) 和双半子 (图 6.2(g)) 的拓扑电荷分别为 $Q = -0.5$ 和 $Q = -1$,其中双半子由拓扑数 Q 为 -0.5 的半子和反

半子组成。在具有易面磁各向异性的磁性材料中，$Q=-1$ 的双半子可以看作是 $Q=-1$ 的斯格明子的对应物，其磁矩方向倾向于排列在平面内[32]。另一个例子是，嵌套斯格明子 (skyrmionium) 可以看作是一个 $Q=+1$ 的斯格明子和一个 $Q=-1$ 的斯格明子的拓扑组合，其净拓扑电荷为 $Q=0$ (图 6.2(h))。1999 年，Bogdanov 和 Hubert 在一篇理论论文中首次研究了嵌套斯格明子结构[31]。

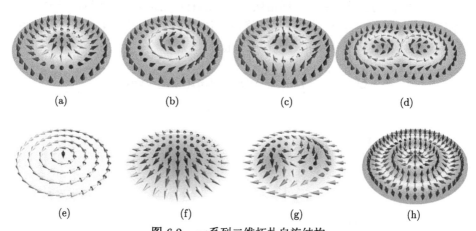

图 6.2　一系列二维拓扑自旋结构

(a) 奈尔型斯格明子；(b) 布洛赫型斯格明子；(c) 反斯格明子；(d) 双涡旋斯格明子；(e) 磁涡旋；(f) 半子；(g) 双半子；(h) 嵌套斯格明子

6.1.2　磁斯格明子的发展历程

斯格明子最早是由高能物理学家 Tony Skyrme 于 1962 年得到的拓扑孤子解，最初是用来解释原子核物理学中强子的稳定性，随后被推广到各种凝聚态系统，如液晶相、玻色–爱因斯坦凝聚体、量子霍尔磁体等[33-35]。在实验上对磁斯格明子的发现经历了低温条件和室温条件两个阶段。

2009 年，Mühlbauer 等第一次用中子散射在约 29 K 的低温下实验观察到了 MnSi 中磁斯格明子的晶格结构[36] (图 6.3(a))。如图 6.3(b) 所示，2010 年，Yu 等在 25 K 低温下，在晶体 $Fe_{0.5}Co_{0.5}Si$ 的薄膜中直接观察到了这种六方斯格明子晶体，并利用洛伦兹透射电子显微镜获得了磁自旋结构的实空间成像[37]。2011 年，Yu 等使用相同的技术报道了 FeGe 中斯格明子晶体的形成，其温度范围为 60~260 K，非常接近室温[38]。2012 年，Yu 等进一步证明了 FeGe 薄膜中斯格明子晶体在近室温 250~270 K 范围内的电流诱导运动[39]。

此外，磁斯格明子不仅能在铁磁块体中稳定，在具有界面 DMI 的超薄薄膜中也可能存在。2011 年，Heinze 等利用自旋极化扫描隧道显微镜在 11 K 低温下，在 Ir 表面生长的六角形单层晶体 Fe 膜中实验发现了二维方形斯格明子晶体[40]。这种拓扑自旋结构源于海森伯交换和 DMI。值得一提的是，Jonietz 等[41] 和 Schulz

6.1 磁斯格明子概述

等[42] 报道了在约 26 K 下驱动斯格明子移动的超低阈值电流为 10^6 A/m^2。该电流密度比驱动铁磁体系中磁畴壁运动的临界电流要小 5 个数量级，显示出令人兴奋的应用前景，这些演示也激起了人们对将斯格明子用于低功率自旋电子学应用的极大兴趣。

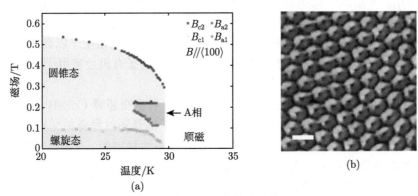

图 6.3　低温下磁斯格明子的观测

(a) MnSi 的磁相图，当 $B = 0$ 时，在 $T_c = 29.5$ K 以下出现非共线磁结构[41]；(b) 在 25 K 低温下，用洛伦兹透射电镜在 Fe$_{0.5}$Co$_{0.5}$Si 晶体薄膜中观察到的六方斯格明子晶体，比例尺为 100 nm[37]

这些早期低温下斯格明子的实验主要集中在通过体或界面 DMI 稳定的不同材料平台上观察斯格明子晶体、斯格明子链、斯格明子簇和单个孤立斯格明子的存在。虽然这些发现已经证明了斯格明子迷人的物理特性，并且也提供了一些深入的物理理解，但是，从实际应用的角度来看，大多数基于斯格明子的商业电子设备需要它们在室温下保持稳定 (或在更高的温度)。下面，我们对室温下斯格明子的发现进行回顾。

在近十年斯格明子的发展史中，最引人注目的报道是在非晶铁磁多层膜结构中实现了室温磁斯格明子的稳定。2015 年，研究者不仅在磁控溅射生长的 Ta(5 nm)/CoFeB(1.1 nm)/TaO$_x$(3 nm) 三层膜结构中观察到稳定的室温单个斯格明子泡 (图 6.4(a))，而且还证明了在这种三层膜结构中，斯格明子泡可以在电流驱动下通过几何收缩从条状磁畴转变而得到[10]。值得注意的是，该斯格明子泡是实空间中拓扑非平庸的粒子，其斯格明子数为 $|Q| = 1$，具有由 DMI 引起的固定奈尔型手性。在这篇报道之后不久，2016 年，其他一些研究小组随后报道了在类似的超薄铁磁不对称异质结构中观察到室温斯格明子。Moreau-Luchaire 等制备了 Ir/Co/Pt 不对称多层膜[15]，实现了约 2 mJ/m^2 的可加性界面诱导 DMI，并使用扫描 X 射线透射显微镜，在室温和低磁场下观测到小于 100 nm 的单个斯格明子 (图 6.4(b))。

如图 6.4(c) 所示，Boulle 等在室温和零外磁场条件下也观察到了溅射超薄

Pt/Co/MgO 纳米结构的稳定斯格明子[43]。基于面内磁化敏感 X 射线磁圆二向色光电发射电子显微镜实验,发现 Pt/Co/MgO 薄膜中的斯格明子具有左手手性奈尔结构,这表明它们是通过界面 DMI 来稳定的。同年,Woo 等报道了 [Pt(3 nm)/Co(0.9 nm)/Ta(4 nm)]$_{15}$ 和 [Pt(4.5 nm)/CoFeB(0.7 nm)/MgO(1.4 nm)]$_{15}$ 多层膜中稳定的室温斯格明子及其电流诱导运动[12]。Woo 等在直径约 2 μm 的环形圆盘中证明了斯格明子晶格的稳定性 (图 6.4(d)),并进一步报道了在约 5×10^{11} A/m^2 电流密度的驱动下,一列单独的斯格明子以高达 100 m/s 的速度运动。这是一个直接的实验证据,表明斯格明子有机会被用于现实世界的高速自旋电子学器件中。

2016 年晚些时候,如图 6.4(e) 所示,有研究者也在超薄 CoFeB 薄膜中实验证明了室温斯格明子泡的产生[11]。其中斯格明子泡是通过海森伯交换相互作用、偶极相互作用以及外磁场作用下塞曼能的相互竞争而稳定的。此外,室温磁斯格明子晶体也可借助人工方式实现,通过在垂直磁各向异性衬底上形成具有可控圆度的非对称磁性纳米点证明了这一点[44],这一工作不仅拓宽了斯格明子存在的体系,也为基于斯格明子的器件应用提供了更多选择。

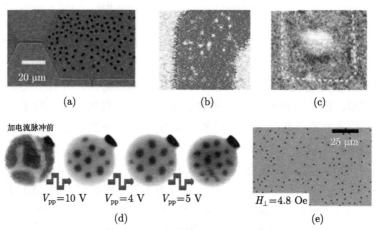

图 6.4 室温下磁斯格明子的观察

(a) Ta(5 nm)/Co$_{20}$Fe$_{60}$B$_{20}$(1.1 nm)/TaO$_x$(3 nm) 中电流诱导生成的斯格明子泡[10];(b) (Ir/Co/Pt)$_{10}$ 多层膜上施加 68 mT 面外磁场的扫描 X 射线透射显微图像[15];(c) 由 Ta(3 nm)/Pt(3 nm)/Co(0.5~1 nm)/MgO$_x$/Ta(2 nm) 薄膜制成的 420 nm 方形斯格明子 (虚线所示) 的 X 射线磁圆二向色光电发射电子显微图像[43];(d) Pt/Co/Ta 圆盘中静态场下通过双极性脉冲转化为斯格明子[12];(e) 垂直各向异性场 $H_k \approx 1.1$ kOe 的 CoFeB 薄膜在 4.8 Oe 面外磁场条件下的斯格明子图像[11]

6.2 磁斯格明子的产生

在磁性材料中,斯格明子的产生源自多种物理机理及其之间的协同作用。其中主要包括以下四种机理:① 长程磁偶极相互作用 (long-ranged magnetic dipolar interaction),在具有垂直磁各向异性的磁性薄膜中,该相互作用与磁各向异性形成竞争,从而产生周期性的磁条带,并在垂直方向外磁场的作用下,转化为斯格明子阵列,由此所产生的斯格明子尺寸一般较大,直径在 100 nm~1 μm[45,46];② Dzyaloshinskii-Moriya (DM) 相互作用[47,48],源自磁体晶格或磁性薄膜界面处的对称性缺失,由于交换相互作用倾向于使相邻磁矩呈现平行或反平行排列,而 DM 相互作用倾向于使相邻磁矩垂直排列,从而降低了斯格明子在铁磁态中所具有的能量,使其能够稳定存在,该类型的斯格明子尺寸取决于 DM 相互作用的大小,通常在 5~100 nm;③ 阻挫交换相互作用 (frustrated exchange interaction)[49];④ 四自旋交换相互作用 (four-spin exchange interaction)[40]。其中 ③ 和 ④ 情况下的斯格明子尺寸与材料晶格尺寸相当,约 1 nm。由于在 ① 和 ② 情况下,斯格明子及斯格明子阵列尺寸大于晶格常数,满足连续性近似条件,且相应的斯格明子能量密度远小于原子间的交换能 J,所以该型斯格明子能够被相对容易地产生及湮灭,并同时具有容易移动、不受晶格钉扎影响的特点。值得注意的是,由于 DM 相互作用所产生的斯格明子相对于磁偶极相互作用下的斯格明子尺寸更小,从而是斯格明子电子器件的理想信息载体。相邻两原子自旋之间 DM 相互作用对应的哈密顿量可以用如下公式表示:

$$H_{\mathrm{DM}} = -\boldsymbol{D}_{12} \cdot (\boldsymbol{S}_1 \times \boldsymbol{S}_2) \tag{6.2}$$

其中,$\boldsymbol{D}_{12}$ 是 DM 矢量;$\boldsymbol{S}_1$ 和 $\boldsymbol{S}_2$ 是相邻两原子间的原子自旋。这一效应产生于一种三端的间接交换机理,即相邻两原子自旋与另一相邻的具有强自旋轨道耦合的原子相互耦合[50]。由于 DM 矢量的方向不同,可以形成两种不同的斯格明子,即奈尔型与布洛赫型。其自旋周期长度均正比于交换相互作用系数 J 与 DM 相互作用系数 D 的比值 J/D,在数纳米到数微米[51]。体材料中的斯格明子大多都属于布洛赫型;而薄膜材料中由于 DM 矢量平行于薄膜平面,则会形成奈尔型斯格明子。

如上所述,磁斯格明子可以作为磁性介质中的非易失性信息载体,是构建未来自旋电子学应用的一个有前途的存储介质。而利用磁性材料中的磁斯格明子对二进制信息进行编码的最简单方法是对单个孤立斯格明子进行写入和删除。因此,斯格明子的可控、可靠的产生和擦除是任何基于磁斯格明子的信息存储应用的基础,接下来我们着重介绍在实验中产生斯格明子的主要方法。

6.2.1 磁场

磁场是最重要的可控外部刺激之一,在大多数实验室中都是比较容易实现的。在斯格明子研究的早期,对磁相图进行了大量的理论和实验研究,在一定的面外磁场和温度范围内,斯格明子晶格和孤立的斯格明子通常在手性磁体中形成[36-38,41,52]。也就是说,通过在具有 DM 相互作用的磁性膜上垂直施加外磁场,可以控制斯格明子的形成[53]。

另一方面,一旦斯格明子在磁性膜中产生,其大小也取决于外部面外磁场的强度[13,54,55],该磁场与其他能量贡献 (如 DM 相互作用、磁各向异性、退磁能和交换相互作用) 相互作用。也就是说,通常需要一个小的面外磁场来形成斯格明子,而一个大的面外磁场会导致斯格明子的坍缩和湮灭。2017 年,有研究者证明,在具有制造孔或缺口的磁性膜中,可以通过外部磁场以可控的方式产生单个斯格明子 (图 6.5(a))[56]。近年来,有研究者从理论上研究了磁偶极子在均匀磁化薄膜中产生斯格明子,这可以看作是由局部磁场产生的斯格明子[57]。2018 年,实验上利用磁力显微镜 (MFM) 针尖提供的扫描局部磁场,证明了这种产生斯格明子的方法[58]。

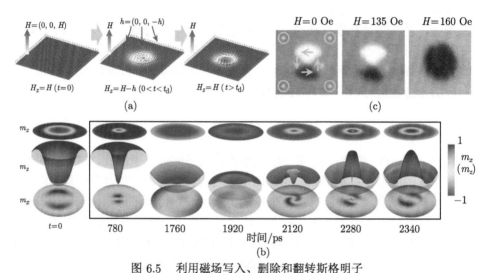

图 6.5 利用磁场写入、删除和翻转斯格明子

(a) 在磁场作用下产生粒子的示意图[56];(b) 交流磁场脉冲引起的斯格明子中心反转[59];(c) 施加面内磁场脉冲的斯格明子湮灭过程,黄色符号表示面外自旋[60]

磁斯格明子一旦产生,也可以被磁场操纵甚至删除,类似于磁盘中的磁涡旋[61,62]。例如,具有受限几何形状的纳米结构中的磁斯格明子可以通过微波磁场[59] (图 6.5(b)) 或磁场脉冲[60] (图 6.5(c)) 来操控。需要注意的是,微波磁场也可以激发斯格明子的其他动力学[63]。确实,当磁场强度大于某一阈值时,将对斯格明子具有破坏性,最终可能导致完全极化的磁性状态,即铁磁性状态。因此,在平面内或平面外施加强磁场,也是从磁性介质中删除斯格明子的最简单方法。

6.2.2 极化电流

自旋极化电流可以在磁矩上产生自旋转移力矩或自旋轨道力矩，是现代自旋电子器件磁化动力学的重要驱动力。2012 年，研究者从理论上预测了利用自旋极化电流产生磁斯格明子的可能[64]，其中斯格明子可以在铁磁状态下通过垂直电流注入成核，电流密度估计为 $J \sim 10^{10} \sim 10^{11}$ A/m^2。2013 年，Iwasaki 等[65]和 Sampaio 等[66]分别采用理论和数值方法研究了受限几何中电流诱导的斯格明子的产生。特别是，Iwasaki 等通过数值证明，可以从纳米轨道的缺口中形成成核并创建斯格明子，这是在特定位置写入斯格明子的有效方法。同年，Romming 等[53]首次利用低温下扫描隧道显微镜 (STM) 产生的局部隧道自旋极化电流 (约 1 nA)，实验实现了对单个孤立磁斯格明子的写入和删除 (图 6.6(a))。

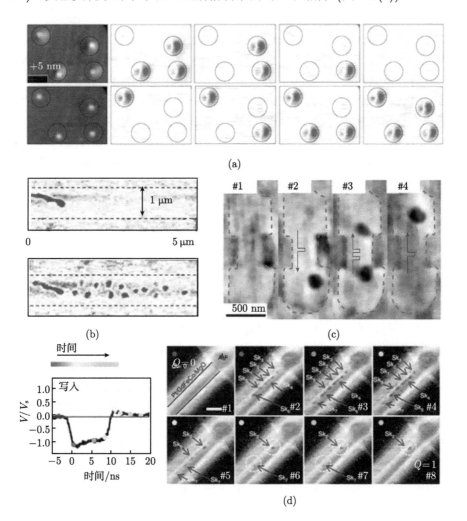

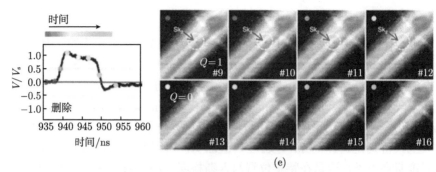

图 6.6　使用自旋极化电流写入和删除斯格明子

(a) 在 $T = 4.2$ K 时 PdFe 双分子层中具有局部自旋极化电流的单斯格明子的产生和湮灭[53]；(b) 1 μm 宽的通道中施加电流脉冲前后的 MFM 图像[73]；(c) Pt/CoFeB/MgO 多层中单斯格明子的产生和后续运动[74]；用于 (d) 写入和 (e) 删除的磁斯格明子配置 (比例尺 500 nm)[75]

2014 年，Zhou 和 Ezawa 从理论上预测了磁斯格明子可以通过几何形状的设计从畴壁演化而来[67]。类似地，2015 年，Jiang 等在室温磁光克尔效应实验中证明，在具有几何收缩的 $Ta/Co_{20}Fe_{60}B_{20}/TaO_x$ 结构中，利用自旋流驱动的条形畴和斯格明子泡之间的转换可以产生磁斯格明子泡[10]。Heinonen 等[68]、Lin[69] 和 Liu 等[70] 分别从理论上进一步研究了在这种非均匀自旋流驱动的几何收缩中产生的斯格明子泡，证实了其有效的机制和适合未来应用的器件兼容性。

自旋极化电流还可以通过其他不同的机制导致斯格明子或斯格明子泡的产生。2016 年，Yuan 和 Wang 从理论上证明，通过施加纳秒电流脉冲，可以在铁磁纳米盘中产生斯格明子[71]。Yin 等也在一项理论研究中提出，利用奥斯特场和垂直注入自旋极化电流所产生的自旋转移力矩引发动态激励，可以在磁性薄膜中产生单个斯格明子[72]。2017 年，如图 6.6(b) 所示，Legrand 等通过在纳米轨道中直接施加均匀自旋流，实验实现了磁斯格明子的产生[73]。

Büttner 等[74] 在 2017 年 (图 6.6(c)) 和 Woo 等[75] 在 2018 年 (图 6.6(d)、(e)) 报道，将 PMA 局部减少的固定位点或图案缺口作为斯格明子产生的来源，自旋极化电流诱导的斯格明子产生可以是确定性和系统性的。另一方面，自旋极化电流可以删除纳米结构中的斯格明子。例如，2017 年 De Lucia 等从理论上研究了自旋流脉冲诱导的斯格明子湮灭，并提出通过设计脉冲形状可以可靠地删除斯格明子[76]。2018 年，Woo 等通过实验证明，在设计的电流脉冲下，铁磁 GdFeCo 薄膜中单个斯格明子的确定性删除[75]。

6.2.3　电场

在过去的十年中，已经进行了许多研究来探索由电流引起的斯格明子动力学，然而，电流经常伴随着焦耳加热，导致能量损失甚至金属器件永久性损坏。因此，有必要找到更可靠的方法来驱动斯格明子动力学。在这种诉求下，纯电场是驱动斯

6.2 磁斯格明子的产生

格明子动力学的理想方法之一，因为电场操控过程具有超低功耗的特征，焦耳加热可以忽略不计。一些报道[52,77,78]表明了使用纯电场 (如磁电耦合) 来控制磁电材料 (如手性磁绝缘体 Cu_2OSeO_3) 中的斯格明子的可能性。2015 年，Mochizuki 和 Watanabe[79]从理论上提出通过施加局部电场在多铁性薄膜中写入孤立的斯格明子的可能 (图 6.7(a))，这是通过多铁性化合物中的磁电耦合效应实现的。2016 年，在磁电手性磁体 Cu_2OSeO_3 中通过电场实现了斯格明子晶格相与圆锥形相的可控转变[80]。

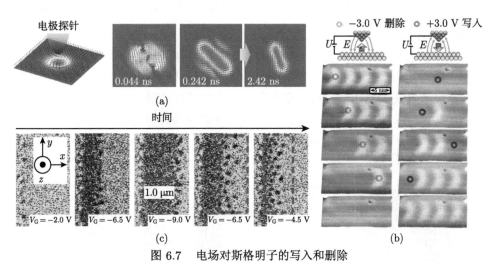

图 6.7 电场对斯格明子的写入和删除

(a) 利用电极尖端局部施加电场产生电斯格明子的示意图，并模拟了 Cu_2OSeO_3 薄膜中电场诱导斯格明子产生的过程[79]；(b) 同一铁三层区域后续 SP-STM 恒流图像透视图，显示单个斯格明子的写入和删除[82]；(c) 在 Pt/CoNi/Pt/CoNi/Pt 多层膜中，在 $H_z = -0.2$ mT 的厚度梯度下，电场诱导的手性畴壁的形成和运动，伴随着斯格明子泡的产生[84]

在铁磁材料中，通常基于磁各向异性的电压控制效应 (voltage-controlled magnetic anisotropy, VCMA)，也可实现纯电场诱导的磁斯格明子的写入和删除[81]。如图 6.7(b) 所示，2017 年，Hsu 等利用自旋极化扫描隧道显微镜 (SP-STM) 对 Ir(111) 上的 Fe 三层施加局域电场，诱导磁斯格明子的写入和删除，实验观测到铁磁状态与磁斯格明子之间的可逆转变[82]。同年，Schott 等在室温下高效且可重复地实现了电场控制 Pt/Co/oxide 三层中斯格明子泡的写入和删除[83]。

2018 年，Srivastava 等实验证明了 Ta/FeCoB/TaO$_x$ 三层中 DM 相互作用的电场转向[85]，这可以作为进一步控制斯格明子手性的一种方法。Huang 等也在磁电化合物 Cu_2OSeO_3 中实验实现了斯格明子的写入[78]。2019 年，Ma 等设计并制作了一种 Pt/CoNi/Pt/CoNi/Pt 多层膜，该多层膜夹在氧化铟锡 (ITO)/SiO$_2$ 双层膜和玻璃基板之间，膜的厚度呈斜面状[84]；在这样的纳米结构中，他们证明了通过施加纯电场可以产生许多斯格明子泡 (即对应于斯格明子写入) 并定向运动约 10 μm (图 6.7(c));当电场被移除时,斯格明子泡将被湮灭,这可以看作是斯格明子泡的删除。

与磁场和电流对斯格明子的操纵类似,原则上,斯格明子的极性也可以通过纯电场来翻转。例如,Bhattacharya 等用数值方法演示了磁隧道结结构中磁斯格明子的电场感应翻转[86]。除此之外,斯格明子的动力学也可以通过纯电场来控制,正如 Nozaki 等在 W/FeB/Ir/MgO 多层结构中的实验证明[87],斯格明子泡的热运动可以通过纯电压来控制,展现了电场对斯格明子动力学行为操控的可能性。

6.2.4 其他途径

除了以上常用方法,实验上也存在利用一些特殊的手段来产生斯格明子。超快激光脉冲可以驱动磁化动力学,激光脉冲诱导磁化激励也引起人们极大兴趣。这种激发可以观察到超快退磁和全光翻转,从而可以实现光学自旋电子学器件的集成。2013 年,Finazzi 等报道了在不需要外加磁场的情况下,在 $Tb_{22}Fe_{69}Co_9$ 非晶合金薄膜中通过超短单激光脉冲诱导产生拓扑自旋织构[88],同时产生了斯格明子和嵌套斯格明子织构 (图 6.8(a))。激光产生的磁斯格明子的横向尺寸可小

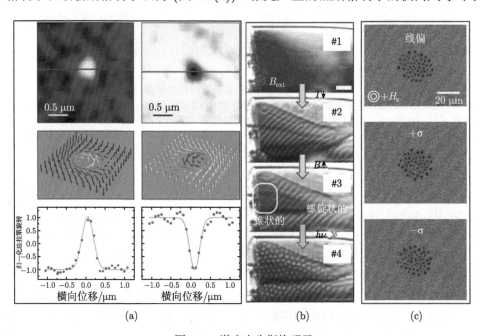

图 6.8 激光产生斯格明子

(a) 近场法拉第旋转图,显示单次激光脉冲照射后 TbFeCo 薄膜中产生的磁畴,相应的斯格明子自旋织构,以及沿红线测量的法拉第旋转轮廓 (点)[88];(b) FeGe 纳米带的洛伦兹-菲涅耳显微照片[89],#4 中的斯格明子晶格是由近红外激光脉冲形成的,比例尺为 250 nm;(c) 用线性偏振、右手 $+\sigma$ 偏振和左手 $-\sigma$ 偏振的激光,用 35 fs 单脉冲在饱和态 $(+z)$ 下形成的成核斯格明子泡[90]

6.2 磁斯格明子的产生

至 150 nm。2018 年，Berruto 等 [89] 实验实现了在典型的流动手性磁体 FeGe 中激光诱导的斯格明子的写入和删除，如图 6.8(b) 所示，发现写入和删除速度由激光诱导温度升高后的冷却速率控制。Je 等也通过实验证明了在室温下，超薄的 $Ta/Fe_{72}Co_8B_{20}/TaO_x$ 三层薄膜在铁磁状态下，激光诱导产生无序的六边形斯格明子泡晶格 (图 6.8(c))，其中斯格明子泡的密度由激光影响控制 [90]。这一实验表明，激光有可能以可控的方式操纵斯格明子泡和斯格明子泡晶格。

除此之外，通过纳米压痕技术，即使在没有 DM 相互作用的情况下，也可以创建类似斯格明子的磁涡畴，这种磁涡畴可以通过几何约束来稳定。如图 6.9(a)、(b) 所示，基于垂直磁化的 CoPt 薄膜，利用几何上的限制，与 Co 纳米盘内的磁性旋涡纳米图案阵列组合，Sun 等提出了一种创建斯格明子晶格的方法 [91]。这种方法类似于交换弹簧模型，软相 (即对应于 Co 纳米盘中的磁涡流) 中的自旋织构，可以通过软硬相之间的层间交换耦合而被印到硬相 (即对应于 CoPt 薄膜) 中。原则上，创建的斯格明子晶格 (图 6.9(c)) 可以在很宽的温度和场范围内稳定，即使在室温、零磁场和没有 DM 相互作用的情况下也是如此。

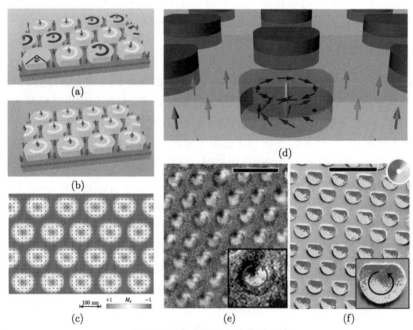

图 6.9　用压痕法产生斯格明子

(a) 在具有垂直各向异性的薄膜上制备有序的亚微米磁性磁盘阵列；(b) 斯格明子晶格创建；(c) 计算的人造斯格明子晶体中 CoPt 层的磁性构型俯视图 [91]；(d)~(f) 室温下的压印人工斯格明子，(d) 面内磁化的 Co 压印到垂直磁化的 Co/Pd 层示意图，(e) MFM 和 (f) 扫描电子显微镜与极化分析 (SEMPA) 图像，比例尺为 2 mm[44]

2015 年，Fraerman 等通过压痕方法在垂直磁化的 Co/Pt 多层膜中实验观察到了斯格明子的产生[92]，其中 Co/Pt 多层膜与具有涡旋状态的 Co 纳米盘交换耦合。同年，Streubel 等利用透射软 X 射线显微镜实验研究了压痕嵌套斯格明子的动力学，发现在存在合理层间交换耦合的情况下，将磁涡旋从软 Py 层压印到硬 Co/Pd 层也可以形成嵌套的斯格明子织构[93]。Gilbert 等[44] 也通过实验实现了室温下圆度和极性可控的压痕斯格明子晶格基态，用 PMA 将 Co 纳米点中的磁涡状态压印到 Co/Pd 底层 (图 6.9(d)~(f))。

6.3 磁斯格明子的探测

在实际应用中，作为信息载体的磁斯格明子的操纵需要对其位置和动态行为进行精确跟踪。因此，在真实空间中高效探测斯格明子是一项重要的任务。为了研究其静态和动态特性，许多先进的显微磁成像技术已被用于在实验室中观察斯格明子的实空间轮廓。此外，作为信息写入/读出系统的一部分，电学探测方案是所有信息存储和计算设备应用的先决条件。一些用于检测器件应用中的斯格明子方法，例如通过使用磁隧道结或探测斯格明子诱导的霍尔电压也被广泛研究。在本节中，我们将对斯格明子的实空间成像和电学探测方法进行介绍。

6.3.1 显微学探测

磁斯格明子在真实空间中的显微成像具有重要的理论意义和应用价值。从理论上讲，对真实空间中的面内和面外自旋纹理进行成像，可以直接识别出斯格明子的拓扑性质。例如，人们可以基于斯格明子的详细面内自旋结构计算拓扑电荷，包括涡度数 Q_v 和螺旋度数 Q_h。此外，一些技术提供了亚纳秒的时间分辨率以及实时空间磁化成像，这对于理解斯格明子的超快动态特性 (例如激励模式) 起着重要作用。

2010 年，利用洛伦兹透射电镜 (LTEM) 首次在 $Fe_{0.5}Co_{0.5}Si$ 薄膜中实现了由多个布洛赫型斯格明子组成的二维斯格明子晶格的实空间成像[37]。LTEM 对于观察薄膜平面上的磁化，例如布洛赫型斯格明子，是一个特别有用的工具，因为当磁感应分量垂直于电子束时，洛伦兹相互作用不会消失，这会使电子束偏转。虽然由于磁感应的抵消，典型的菲涅耳模式 LTEM 测量不能直接观察到奈尔型磁结构，但实验证明，通过将样品平面向波束方向倾斜或使用离焦图像，也可利用 LTEM 观察到奈尔型磁畴和斯格明子[94]。近年来，随着像差校正偏转衍射对称性扫描透射电子显微镜 (DPC-STEM) 成像技术的引入，包括斯格明子在内的磁性结构的直接成像手段得到了进一步丰富[95]。

自旋极化扫描隧道显微镜 (SP-STM) 也可用于测量纳米级磁性织构。2013 年，Romming 等使用 SP-STM 在 Ir(111) 上的 PdFe 双分子层中观察到了纳米级孤立的斯格明子[53]；随后，使用 SP-STM 也确定了单个孤立斯格明子的磁场相关大小和形状[96]。2017 年，Hsu 等利用 SP-STM 进一步实现并观察了 Ir(111) 上 Fe 三层中单个孤立斯格明子的电场感应翻转[82]。

近年来，X 射线辐射的各种显微方法成为对超小尺寸自旋织构和超快自旋动力学成像的有力工具。2014 年，Li 等利用元素特异性 XMCD 和 PEEM 测量，观察了通过压痕方法产生的斯格明子[60]。2016 年，Moreau-Luchaire 等在室温下利用 Ir/Co/Pt 多层膜中 DM 相互作用的相加性，使用扫描透射 X 射线显微镜 (STXM) 直接观测了直径小于 100 nm 的孤立斯格明子[15]。同年，Boulle 等利用光电子显微镜结合 XMCD-PEEM 对溅射超薄 Pt/Co/MgO 多层中的室温斯格明子进行了观察[43]，确定了斯格明子的奈尔型手性性质。Woo 等也使用高分辨率 STXM 观察了室温斯格明子，并揭示了 Pt/Co/Ta 和 Pt/CoFeB/MgO 多层膜中的电流驱动动力学[12,97]。此外，Woo 等直接在 GdFeCo 薄膜中对磁斯格明子成像[98]，并使用时间分辨 X 射线显微镜观察了磁斯格明子的写入和删除过程[75]。

近年来，一些实验研究报道了利用极向磁光克尔效应 (MOKE) 显微镜直接观察斯格明子的方法[10,85,99]。例如，使用 MOKE 显微镜，首次观察到室温斯格明子和从条纹畴壁产生斯格明子的过程[10]。当然，MOKE 显微镜的空间分辨率受限于观察光的波长，其分辨率通常在微米级别。

6.3.2 电学探测

以电的方式读取斯格明子是实现基于斯格明子的器件应用的关键一步。一种电探测斯格明子的方法是利用磁斯格明子的拓扑霍尔效应。拓扑霍尔效应产生于磁化强度平滑变化的磁体中的贝里 (Berry) 相[100,101]，这可能是由磁斯格明子诱导的贝里曲率[102,103] 造成的。也就是说，磁斯格明子的存在会产生一个额外的磁场，而拓扑霍尔效应就是该磁场的一种表现形式，其中运动电子在斯格明子的存在下会发生霍尔效应[42,103,104]。

2009 年，Neubauer 等[104] 实验研究了 MnSi 中斯格明子晶体相的拓扑霍尔效应，发现了斯格明子晶体相对霍尔效应的区域异常贡献 (图 6.10(a))。这种拓扑霍尔贡献与正常霍尔效应的符号相反。2012 年，有研究者通过测量由嵌套斯格明子导致的拓扑霍尔电阻率，来探测外延 B20 FeGe(111) 薄膜中的磁斯格明子[102]。2014 年，Yokouchi 等通过测量拓扑霍尔电阻率随温度和外加电场的函数，研究了不同厚度和成分的 $Mn_{1-x}Fe_xSi$ 外延薄膜中斯格明子的稳定性[105]。2016 年，Matsuno 等通过测量拓扑霍尔效应[106] 研究了由铁磁性 $SrRuO_3$ 和顺磁性 $SrIrO_3$ 组成的外延双层膜中的界面 DM 相互作用，表明界面诱导的 DM 相互作用稳定了斯格明子相。2017 年，Liu 等在 Mn 掺杂 Bi_2Te_3 拓扑绝缘体薄膜中展示了斯格明子诱导的拓扑霍尔效应的产生和湮灭[107]，进一步验证了使用电学方法对斯格明子探测的可行性。

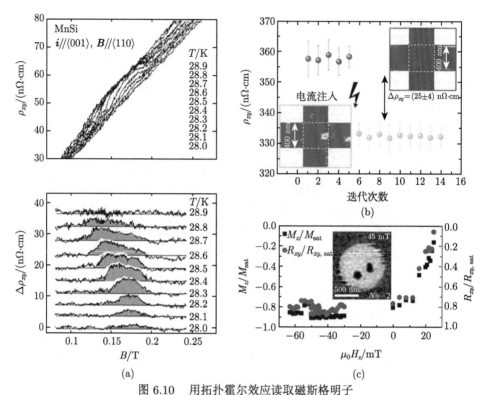

图 6.10 用拓扑霍尔效应读取磁斯格明子

(a) MnSi 的 A 相的拓扑霍尔效应,(上图) A 相温度场范围内 T_c 附近霍尔电阻率 ρ_{xy}, (下图) A 相额外的霍尔贡献 ρ_{xy}[104]; (b) MnSi 中斯格明子相的拓扑霍尔效应,霍尔电阻率变化为 25 nΩ·cm,与单斯格明子形成有关,插图是 MFM 图像[108];(c) 归一化霍尔电阻 $R_{xy}/R_{xy,\text{sat}}$ 和提取的 M_z/M_{sat},插图是在 -45 mT 下两个斯格明子的 XMCD 图像[109]

虽然由拓扑霍尔效应引起的电测量大多是在晶体材料中进行的,其中存在的斯格明子晶格提供了大量的集体电信号,但 Maccariello 等[108] (图 6.10(b)) 和 Zeissler 等[109] (图 6.10(c)) 展示了溅射生长薄膜和纳米结构中单个室温斯格明子的电霍尔测量,进一步证明了电学探测手段对单个斯格明子的有效性。

6.4 磁斯格明子的动力学

自 2009 年通过衍射实验证实了磁斯格明子的晶格形态,2010 年通过电子显微镜证实了其实空间拓扑结构以来,人们对磁斯格明子进行了广泛的研究,包括寻找斯格明子宿主材料体系,观察斯格明子的稳定性和动力学,以及探索其自旋电子学功能。其中,斯格明子的粒子性质及其在电流或电场驱动下的运动能力受到越来越多的关注,被认为将在斯格明子作为信息载体中发挥重要作用,相关的研究也越来越多。

6.4.1 磁斯格明子与电流的相互作用

2011 年，Everschor 等[110]从理论上提出，自旋极化电流可以通过自旋转移力矩驱动斯格明子，诱导出平动模式和旋转模式。利用 Thiele 的方法[111]，他们将磁化动力学方程，即 LLG 方程扩展到平动模式上，推导出 Thiele 运动方程

$$\boldsymbol{G} \times (\boldsymbol{v}_s - \boldsymbol{v}_d) + \boldsymbol{D}(\beta \boldsymbol{v}_s - \alpha \boldsymbol{v}_d) = 0 \tag{6.3}$$

其中，$\boldsymbol{G}$ 为旋转耦合矢量；$\boldsymbol{D}$ 为耗散张量；$\boldsymbol{v}_s$ 是传导电子的速度；$\boldsymbol{v}_d$ 是斯格明子的漂移速度。2011 年，Zang 等[18]考虑了 LLG 方程中附加的阻尼项，从理论上提出了斯格明子霍尔效应，即斯格明子在电流驱动过程中会表现出垂直于电流方向的横向速度 (图 6.11(a))。2013 年，Iwasaki 等[65,112]和 Sampaio 等[66]用模拟的方法演示了电流诱导斯格明子的产生和运动过程 (图 6.11(b))。Iwasaki 等研究了存在几何边界时电流诱导斯格明子的运动[65]，在有限宽度的通道中，横向的约束使得斯格明子速度随电流密度保持稳态特性，这与铁磁体的磁畴壁情况类似。Sampaio 等[66]考虑了两种情况。一种情况是注入面内自旋极化电流，在绝热和非绝热自旋转移力矩的驱动下可表示为

$$\boldsymbol{\tau}_{\text{adiab}} = u \boldsymbol{m} \times \left(\frac{\partial \boldsymbol{m}}{\partial x} \times \boldsymbol{m}\right) \tag{6.4}$$

$$\boldsymbol{\tau}_{\text{non-adiab}} = \beta \boldsymbol{u} \times \left(\boldsymbol{m} \times \frac{\partial \boldsymbol{m}}{\partial x}\right) \tag{6.5}$$

其中，u 是电子速度；β 是非绝热因子。另一种是由垂直自旋流驱动的情况，可以通过使用磁隧道结或利用自旋霍尔效应来获得。计算结果表明，垂直自旋流驱动斯格明子的效率远高于面内自旋流[66]。

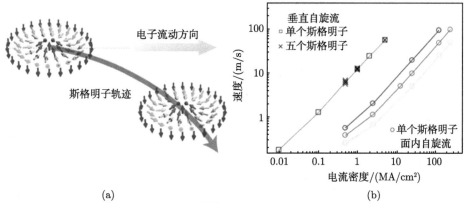

图 6.11 (a) 斯格明子霍尔效应示意图[113]；(b) 面内电流和垂直电流作用下，斯格明子运动速度 v 与电流密度 J 的关系[66]

2015 年，Jiang 等 [10] 设计了具有特殊形状的 Ta/CoFeB/TaO$_x$ 样品结构，以产生空间不均匀的自旋极化电流，并将条状磁畴 "切割" 成斯格明子，实现了电流驱动的斯格明子运动。2016 年，Woo 等 [12] 在实验中证明了在室温下过渡金属铁磁体中磁斯格明子的稳定性及其被电流驱动的动力学行为。在电流密度约 5×10^{11} A/m^2 的驱动下，Pt/CoFeB/MgO 多层膜中斯格明子以高达 100 m/s 的速度运动。以上实验表明，基于电流驱动斯格明子运动的器件具有高效率的优势，有望用于低功耗自旋电子学器件。

6.4.2 斯格明子霍尔效应

斯格明子非零的拓扑荷导致的马格努斯力会驱动斯格明子沿着垂直于电流的方向运动，这和金属中电荷的霍尔效应相似，因此称为斯格明子霍尔效应 (skyrmion Hall effect)。2017 年，Jiang 等 [9] 和 Litzius 等 [114] 在室温实验中直接观测到了斯格明子霍尔效应 (图 6.12)，其中斯格明子运动由电流诱导的自旋轨道力矩所驱动。就像传统霍尔效应中的带电粒子在磁场中运动一样，电流驱动的斯格明子也具有横向的速度分量，这会导致具有不同极性拓扑电荷的斯格明子在被电流驱动时分布在电流通道的两侧，造成存储信息的丢失和湮灭。

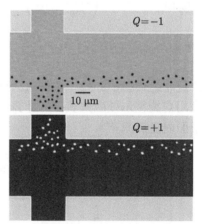

图 6.12　实验中观测到的斯格明子霍尔效应 [9]

如图 6.13 所示，Jiang 等观察到斯格明子霍尔角与驱动电流密度呈线性相关，并将其归因于斯格明子的钉扎效应。Litzius 等也通过实验观察到了斯格明子霍尔角对驱动电流密度的依赖性，而他们认为这种依赖性是由斯格明子变形的附加效应以及类场 SOT 的影响引起的。总地来说，铁磁材料中斯格明子在电流驱动下可高效运动，有望被用作信息存储载体，然而斯格明子霍尔效应的存在会使得斯格明子的运动轨迹发生偏转，进而导致信息的丢失和湮灭，是阻碍其实际应用的一大挑战。

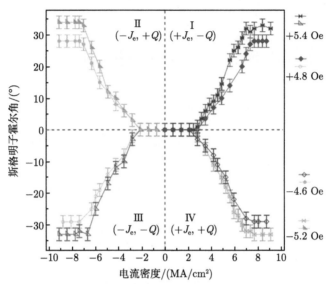

图 6.13 铁磁体系中斯格明子霍尔角随电流密度/拓扑电荷符号变化的关系[9]

6.5 磁斯格明子的器件应用

随着对斯格明子性质的深入研究，将斯格明子作为信息载体展现出了十分明显的优势，包括高存储密度（尺寸小）、高灵敏度（驱动电流阈值小）、高可靠性（结构稳定）。因而，基于斯格明子的一系列信息器件设计被相继提出。其应用方向主要分为存储、逻辑以及类脑等三个方面，接下来我们将举例介绍相关的斯格明子器件设计。

6.5.1 赛道存储器

2013 年，Fert 等提出可利用斯格明子构建赛道存储器[3]，这是基于磁畴壁的赛道存储器而提出的设计。在基于斯格明子的赛道存储器中，信息可以通过斯格明子的存在和不存在进行编码（图 6.14(a)）。2014 年，Tomasello 等[115] 展示了利用自旋霍尔效应在铁磁层或重金属衬底中产生的自旋流来操纵布洛赫型和奈尔型斯格明子的技术优势和局限性。他们发现，由自旋霍尔效应引起的自旋力矩驱动奈尔型斯格明子运动是下一代斯格明子赛道存储器技术实现的一种很有前景的策略。2017 年，Yu 等实验展示了一种室温斯格明子移位装置[116]，可作为构建全功能斯格明子的赛道存储器的基础。

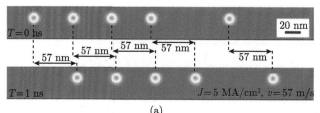

图 6.14　(a) 斯格明子赛道存储器的图解，其中斯格明子表现出相同的速度 [3]；(b) 热效应产生合成反铁磁斯格明子示意图，通道一侧为加热丝 [99]

如前所述，当斯格明子被自旋流驱动运动时，由于感受到拓扑马格努斯力，斯格明子的轨迹偏离驱动电流方向弯曲，该力始终垂直于速度。运动轨迹的偏移会对斯格明子的运输造成阻碍，例如接触纳米赛道的边缘可能会破坏斯格明子，进而导致携带信息的丢失。2016 年，Zhang 等从理论上提出了一种反铁磁交换耦合双层体系 [117]，该体系可以通过完全抵消顶层和底层的马格努斯力来抑制斯格明子霍尔效应；该体系被认为是很有前景的一类构建斯格明子赛道存储器的平台，即使在超快的处理速度下，斯格明子也可以在一个完美的直线赛道上移动。2017 年，Tomasello 等研究了合成反铁磁赛道存储器的性能 [118]；他们指出，两个反铁磁耦合层的偶极相互作用相互抵消大大减少了干扰，因此两个相邻的赛道可以比单个重金属/铁磁体双层靠得更近。随后 Chen 等在实验上通过电磁协同效应和热效应实现了合成反铁磁中斯格明子的可控产生和操控 [99] (图 6.14(b))，为构建合成反铁磁赛道存储器奠定了基础。

2016 年，Kang 等 [119] 也提出了一种互补的斯格明子赛道记忆结构，其中斯格明子可以通过使用电压控制的 Y 形结选择性地被驱动到两个不同的纳米轨道中 (图 6.15(a))。在这一设计中，采用首端相连通的两条平行的纳米赛道 L 和 R 表示同一组数据。这两个纳米赛道首端均有一个可控的 VCMA 门，可以将斯格明子阻断在赛道外或是允许其进入。在每一个时钟周期写入端均产生一个斯格明子，根据所需写入数据的不同，选择打开或者关闭相应的赛道。例如，定义数据 '1' 为 R 赛道中的斯格明子，而 '0' 为 L 赛道中的斯格明子。当需要写入 '1' 时，打开 R 赛道，同时关闭 L 赛道，则斯格明子将进入 R 赛道形成一个数据 '1'，如图 6.15(b) 所示。读取时，需要对比 R 和 L 赛道中的磁矩状态，进行差分。假设某一赛道中斯格明子序列发生了偏移，则会在读取时出现两个赛道同时有或是同时没有斯格明子的情况，系统可以立即发现并进行纠正。在这种结构中，数据位 '0' 或 '1' 都用斯格明子表示，从而提高了数据的鲁棒性和时钟同步性。

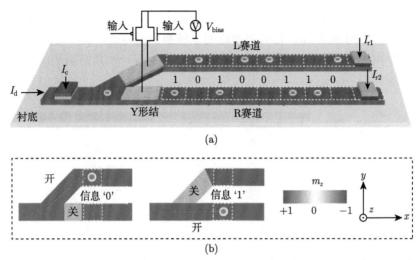

图 6.15 采用差分编码的斯格明子赛道存储器 (a) 结构示意图及 (b) 工作方式示意图

6.5.2 磁逻辑

2015 年，Zhang 等提出了一种基于斯格明子的类晶体管功能器件[120]（图 6.16(a)），其中栅极电压可用于开关电路。由于电荷积累，栅极区域的垂直磁各向异性受到外加电场的局部控制。对于"开"状态，自旋流打开，但电场关闭，自旋流驱动的斯格明子通过电压门控区。在"关"状态下，电场和自旋流同时打开，电场改变了压阻区域的垂直磁各向异性，并产生了能量势垒，导致了斯格明子在接近电压限定区域时终止。研究者通过数值证明了可以通过调节外加电场的振幅和自旋流来控制工作条件，同时证明了这种类晶体管器件的可扩展性。同年，Upadhyaya 等也提出了通过栅极电压控制斯格明子动力学的类似想法[81]，这也表明斯格明子具有类似晶体管的功能。

2015 年，Zhang 等[121]从理论上提出，基于斯格明子与磁畴壁之间的可逆转换，斯格明子可以在特殊几何形状中复制和合并[67]。他们证明了基于斯格明子的复制和合并可以实现逻辑"与"(AND)（图 6.16(b)）和"或"(OR)（图 6.16(c)）操作。在他们提出的斯格明子逻辑器件中，二进制数字'0'对应于不存在斯格明子，二进制数字'1'对应于存在斯格明子，结构中有两个输入支路和一个输出支路。在设计的几何结构中可以实现'0'+'0'='0'、'0'+'1'='0'、'0'+'1'='0'、'1'+'1'='1' 等逻辑与运算。例如，'1'+'0' 表示输入 A 有一个斯格明子，输入 B 没有斯格明子。在自旋流的驱动下，支路 A 的斯格明子向输出侧移动。首先将斯格明子转换为磁畴壁对，并且该磁畴壁对在宽的 Y 形结中不能转换为斯格明子。那么，输出分支中不存在斯格明子。这样就实现了'1'+'0'='0' 的逻辑运算。与 AND 操作类似，OR 操作也可以在稍微修改的几何形状中实现。例如，在 OR 运算中，'1'+'0' 表示输入 A 有一个斯格明子，输入 B 没有斯格明子。在自旋流的驱动下，支路 A 的斯格明子向输出侧移动。首先将斯格明子转换为磁畴壁，然后将磁畴壁转换为窄 Y 形结中的斯格明子。因此，最终在输出分支中有一个斯格明子，并实现操作 '1'+'0'='1'。

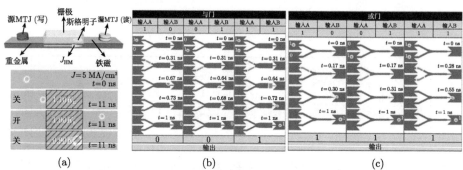

图 6.16　(a) 不同自旋流密度 J 和不同压控 PMA 下的纳米赛道示意图[120]；(b) 斯格明子逻辑 "与" 运算，斯格明子表示逻辑 1，铁磁基态表示逻辑 0，左图为与门基本操作 '1'+'0'='0'，中间为基本操作与栅极 '0'+'1'='0'，右图为与门基本操作 '1'+'1'='1'；(c) 斯格明子逻辑 "或" 操作，斯格明子表示逻辑 1，铁磁基态表示逻辑 0，左图为或门基本操作 '1'+'0'='1'，中间为或门基本操作 '0'+'1'='1'，右图为或门基本操作 '1'+'1'='1'[121]

斯格明子也可以用于构建更为复杂的逻辑器件。例如，2015 年 Zhang 等设计了基于斯格明子的 NIMP、XOR 和 IMP 门[122]。2016 年，Xing 等通过使用磁畴壁和斯格明子对与非 (NAND) 和或非 (NOR) 门进行了数值演示[123]。2018 年，Luo 等利用自旋轨道力矩、斯格明子霍尔效应、skyrmion-edge 斥力和 skyrmion-edge 碰撞等多种效应，在铁磁纳米赛道中数值演示了 AND、OR、NOT、NAND、NOR、XOR 和 XNOR 等逻辑功能[124]。此外，已经提出的斯格明子逻辑门的复杂结构和共存性，以及对斯格明子力学行为的精确控制在当前阶段可能难以在纳米尺度上实现。

6.5.3　基于磁斯格明子的神经形态模拟

2017 年，Huang 等提出可利用斯格明子构建基于斯格明子的人工突触装置，用于神经形态计算。他们在纳米赛道上用数值证明了基于斯格明子的短期可塑性和长期增强功能。该设计的基本组成部分为突触前级和突触后级，两者均处于同一纳米线铁磁薄膜，被中间具有高 PMA 的能量势垒所隔离 (图 6.17)。在突触前级中，利用磁畴壁转化等手段使得突触前级斯格明子数量达到饱和。由于纳米线中心能量势垒的阻挡，所有的斯格明子都被限制在突触前端，形成该突触的初始状态。当正/负向的外部的激励 (电流) 到达时，斯格明子受到电流的驱动跨越能量势垒到达/离开突触后级,其到达/离开的斯格明子个数完全取决于器件所受激励的大小和时间长短。突触后端的整个区域被作为读取区,利用磁隧道结或其他磁性探测器可以探知该区域的磁矩变化,并以磁阻的形式反映出来。

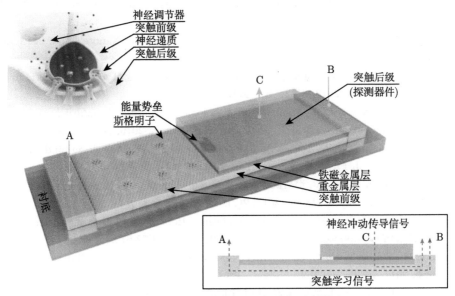

图 6.17 斯格明子神经突触结构示意图

可以看到,该装置的突触权重可以通过正/负刺激增强/减弱,模拟生物突触的增强/抑制过程。此外,突触权重的分辨率可以根据纳米轨道宽度和斯格明子尺寸进行调整。这种人工突触装置的优点包括以下几个方面。斯格明子结构由于其准粒子性质,可以被视为纳米级刚性物体。基于这一特征,许多纳米级的斯格明子可以在给定的结构中积累并受外部刺激控制,其性质近似于生物突触的性质,可用于构建具有良好可变性和可扩展性的纳米级计算设备[53]。此外,斯格明子激发的极低阈值可能会降低基于斯格明子突触的神经形态计算的功耗,这使得此类设备有望用于大规模并行计算。

在此之后,有研究者提出了一种基于磁斯格明子的设备[125],用于模拟全自旋峰值深度神经网络的神经元和突触的核心功能。突触的权重可以通过读取磁隧道结下的斯格明子的数量来调节,并且可以通过具有不同电导范围的多个分支来提高分辨率。此外,Song 等在一个单一的结构中,利用电流诱导的斯格明子产生、运动、删除和检测实验展示了基于磁斯格明子的人工突触的基本操作,包括增强和抑制,并通过模拟进一步展示了基于人工斯格明子突触的神经形态模式识别计算[126]。

参 考 文 献

[1] Skyrme T H R. A unified field theory of mesons and baryons[J]. Nucl. Phys., 1962, 31: 556-569.

[2] Abanov A, Pokrovsky V L. Skyrmion in a real magnetic film[J]. Phys. Rev. B, 1998, 58(14): R8889-R8892.

[3] Fert A, Cros V, Sampaio J. Skyrmions on the track[J]. Nat. Nanotechnol., 2013, 8(3): 152-156.

[4] Nagaosa N, Tokura Y. Topological properties and dynamics of magnetic skyrmions[J]. Nat. Nanotechnol., 2013, 8(12): 899-911.

[5] Seidel J, Vasudevan R K, Valanoor N. Topological structures in multiferroics-domain walls, skyrmions and vortices[J]. Adv. Electron. Mater., 2016, 2(1): 1500292.

[6] Finocchio G, Büttner F, Tomasello R, et al. Magnetic skyrmions: from fundamental to applications[J]. J. Phys. D: Appl. Phys., 2016, 49(42): 423001.

[7] Fert A, Reyren N, Cros V. Magnetic skyrmions: advances in physics and potential applications[J]. Nat. Rev. Mater., 2017, 2(7): 17031.

[8] Wang Z, Guo M, Zhou H A, et al. Thermal generation, manipulation and thermoelectric detection of skyrmions[J]. Nat. Electron., 2020, 3(11): 672-679.

[9] Jiang W, Zhang X, Yu G, et al. Direct observation of the skyrmion Hall effect[J]. Nat. Phys., 2017, 13(2): 162-169.

[10] Jiang W, Upadhyaya P, Zhang W, et al. Blowing magnetic skyrmion bubbles[J]. Science, 2015, 349(6245): 283-286.

[11] Yu G, Upadhyaya P, Li X, et al. Room-temperature creation and spin-orbit torque manipulation of skyrmions in thin films with engineered asymmetry[J]. Nano Lett., 2016, 16(3): 1981-1988.

[12] Woo S, Litzius K, Krüger B, et al. Observation of room-temperature magnetic skyrmions and their current-driven dynamics in ultrathin metallic ferromagnets[J]. Nat. Mater., 2016, 15(5): 501-506.

[13] Rohart S, Thiaville A. Skyrmion confinement in ultrathin film nanostructures in the presence of Dzyaloshinskii-Moriya interaction[J]. Phys. Rev. B, 2013, 88(18): 184422.

[14] Butenko A B, Leonov A A, Bogdanov A N, et al. Theory of vortex states in magnetic nanodisks with induced Dzyaloshinskii-Moriya interactions[J]. Phys. Rev. B, 2009, 80(13): 134410.

[15] Moreau-Luchaire C, Moutafis C, Reyren N, et al. Additive interfacial chiral interaction in multilayers for stabilization of small individual skyrmions at room temperature[J]. Nat. Nanotechnol., 2016, 11(5): 444-448.

[16] Soumyanarayanan A, Raju M, Gonzalez Oyarce A L, et al. Tunable room-temperature magnetic skyrmions in Ir/Fe/Co/Pt multilayers[J]. Nat. Mater., 2017, 16(9): 898-904.

[17] Bogdanov A, Hubert A. Thermodynamically stable magnetic vortex states in magnetic crystals[J]. J. Magn. Magn. Mater., 1994, 138(3): 255-269.

[18] Zang J, Mostovoy M, Han J H, et al. Dynamics of skyrmion crystals in metallic thin films[J]. Phys. Rev. Lett., 2011, 107(13): 136804.

[19] Lemesh I, Litzius K, Böttcher M, et al. Magnetic skyrmions: current-induced skyrmion generation through morphological thermal transitions in chiral ferromagnetic heterostructures[J]. Adv. Mater., 2018, 30(49): 1870372.

[20] Rybakov F N, Borisov A B, Bogdanov A N. Three-dimensional skyrmion states in thin films of cubic helimagnets[J]. Phys. Rev. B, 2013, 87(9): 094424.

[21] Dovzhenko Y, Casola F, Schlotter S, et al. Magnetostatic twists in room-temperature skyrmions explored by nitrogen-vacancy center spin texture reconstruction[J]. Nat. Commun., 2018, 9(1): 2712.

[22] Sutcliffe P. Skyrmion knots in frustrated magnets[J]. Phys. Rev. Lett., 2017, 118(24): 247203.

[23] Liu Y, Lake R K, Zang J. Binding a hopfion in a chiral magnet nanodisk[J]. Phys. Rev. B, 2018, 98(17): 174437.

[24] Tai J S B, Smalyukh I I. Static Hopf solitons and knotted emergent fields in solid-state noncentrosymmetric magnetic nanostructures[J]. Phys. Rev. Lett., 2018, 121(18): 187201.

[25] Ryu K S, Thomas L, Yang S H, et al. Chiral spin torque at magnetic domain walls[J]. Nat. Nanotechnol., 2013, 8(7): 527-533.

[26] Yang S H, Ryu K S, Parkin S. Domain-wall velocities of up to 750 m·s^{-1} driven by exchange-coupling torque in synthetic antiferromagnets[J]. Nat. Nanotechnol., 2015, 10(3): 221-226.

[27] Togawa Y, Koyama T, Takayanagi K, et al. Chiral magnetic soliton lattice on a chiral helimagnet[J]. Phys. Rev. Lett., 2012, 108(10): 107202.

[28] Cheng R, Li M, Sapkota A, et al. Magnetic domain wall skyrmions[J]. Phys. Rev. B, 2019, 99(18): 184412.

[29] Braun H B. Topological effects in nanomagnetism: from superparamagnetism to chiral quantum solitons[J]. Adv. Phys., 2012, 61(1): 1-116.

[30] Rybakov F N, Kiselev N S. Chiral magnetic skyrmions with arbitrary topological charge[J]. Phys. Rev. B, 2019, 99(6): 064437.

[31] Bogdanov A, Hubert A. The stability of vortex-like structures in uniaxial ferromagnets[J]. J. Magn. Magn. Mater., 1999, 195(1): 182-192.

[32] Coey J. Micromagnetism, Domains and Hysteresis[M]. Cambridge: Cambridge University Press, 2010: 231-263.

[33] Sondhi S L, Karlhede A, Kivelson S A, et al. Skyrmions and the crossover from the integer to fractional quantum Hall effect at small Zeeman energies[J]. Phys. Rev. B, 1993, 47(24): 16419-16426.

[34] Ho T L. Spinor Bose condensates in optical traps[J]. Phys. Rev. Lett., 1998, 81(4): 742-745.

[35] Wright D C, Mermin N D. Crystalline liquids: the blue phases[J]. Rev. Mod. Phys.,

1989, 61(2): 385-432.

[36] Mühlbauer S, Binz B, Jonietz F, et al. Skyrmion lattice in a chiral magnet[J]. Science, 2009, 323(5916): 915-919.

[37] Yu X Z, Onose Y, Kanazawa N, et al. Real-space observation of a two-dimensional skyrmion crystal[J]. Nature, 2010, 465(7300): 901-904.

[38] Yu X Z, Kanazawa N, Onose Y, et al. Near room-temperature formation of a skyrmion crystal in thin-films of the helimagnet FeGe[J]. Nat. Mater., 2011, 10(2): 106-109.

[39] Yu X Z, Kanazawa N, Zhang W Z, et al. Skyrmion flow near room temperature in an ultralow current density[J]. Nat. Commun., 2012, 3(1): 988.

[40] Heinze S, Von Bergmann K, Menzel M, et al. Spontaneous atomic-scale magnetic skyrmion lattice in two dimensions[J]. Nat. Phys., 2011, 7(9): 713-718.

[41] Jonietz F, Mühlbauer S, Pfleiderer C, et al. Spin transfer torques in MnSi at ultralow current densities[J]. Science, 2010, 330(6011): 1648-1651.

[42] Schulz T, Ritz R, Bauer A, et al. Emergent electrodynamics of skyrmions in a chiral magnet[J]. Nat. Phys., 2012, 8(4): 301-304.

[43] Boulle O, Vogel J, Yang H, et al. Room-temperature chiral magnetic skyrmions in ultrathin magnetic nanostructures[J]. Nat. Nanotechnol., 2016, 11(5): 449-454.

[44] Gilbert D A, Maranville B B, Balk A L, et al. Realization of ground-state artificial skyrmion lattices at room temperature[J]. Nat. Commun., 2015, 6(1): 8462.

[45] Garel T, Doniach S. Phase transitions with spontaneous modulation—the dipolar Ising ferromagnet[J]. Phys. Rev. B, 1982, 26(1): 325-329.

[46] Lin Y S, Grundy P J, Giess E A. Bubble domains in magnetostatically coupled garnet films[J]. Appl. Phys. Lett., 2003, 23(8): 485-487.

[47] Dzyaloshinsky I. A thermodynamic theory of "weak" ferromagnetism of antiferromagnetics[J]. J. Phys. Chem. Solids, 1958, 4(4): 241-255.

[48] Moriya T. Anisotropic superexchange interaction and weak ferromagnetism[J]. Phys. Rev., 1960, 120(1): 91-98.

[49] Okubo T, Chung S, Kawamura H. Multiple-q states and the skyrmion lattice of the triangular-lattice Heisenberg antiferromagnet under magnetic fields[J]. Phys. Rev. Lett., 2012, 108(1): 017206.

[50] Fert A, Levy P M. Role of anisotropic exchange interactions in determining the properties of spin-glasses[J]. Phys. Rev. Lett., 1980, 44(23): 1538-1541.

[51] Shibata K, Yu X Z, Hara T, et al. Towards control of the size and helicity of skyrmions in helimagnetic alloys by spin-orbit coupling[J]. Nat. Nanotechnol., 2013, 8(10): 723-728.

[52] Seki S, Yu X Z, Ishiwata S, et al. Observation of skyrmions in a multiferroic material[J]. Science, 2012, 336(6078): 198-201.

[53] Romming N, Hanneken C, Menzel M, et al. Writing and deleting single magnetic skyrmions[J]. Science, 2013, 341(6146): 636-639.

[54] Wang X S, Yuan H Y, Wang X R. A theory on skyrmion size[J]. Commun. Phys., 2018, 1(1): 31.

[55] Tomasello R, Guslienko K Y, Ricci M, et al. Origin of temperature and field dependence of magnetic skyrmion size in ultrathin nanodots[J]. Phys. Rev. B, 2018, 97(6): 060402.

[56] Mochizuki M. Controlled creation of nanometric skyrmions using external magnetic fields[J]. Appl. Phys. Lett., 2017, 111(9): 092403.

[57] Garanin D A, Capic D, Zhang S, et al. Writing skyrmions with a magnetic dipole[J]. J. Appl. Phys., 2018, 124(11): 113901.

[58] Zhang S, Zhang J, Zhang Q, et al. Direct writing of room temperature and zero field skyrmion lattices by a scanning local magnetic field[J]. Appl. Phys. Lett., 2018, 112(13): 132405.

[59] Zhang B, Wang W, Beg M, et al. Microwave-induced dynamic switching of magnetic skyrmion cores in nanodots[J]. Appl. Phys. Lett., 2015, 106(10): 102401.

[60] Li J, Tan A, Moon K W, et al. Tailoring the topology of an artificial magnetic skyrmion[J]. Nat. Commun., 2014, 5(1): 4704.

[61] Van Waeyenberge B, Puzic A, Stoll H, et al. Magnetic vortex core reversal by excitation with short bursts of an alternating field[J]. Nature, 2006, 444(7118): 461-464.

[62] Wachowiak A, Wiebe J, Bode M, et al. Direct observation of internal spin structure of magnetic vortex cores[J]. Science, 2002, 298(5593): 577-580.

[63] Ikka M, Takeuchi A, Mochizuki M. Resonance modes and microwave-driven translational motion of a skyrmion crystal under an inclined magnetic field[J]. Phys. Rev. B, 2018, 98(18): 184428.

[64] Tchoe Y, Han J H. Skyrmion generation by current[J]. Phys. Rev. B, 2012, 85(17): 174416.

[65] Iwasaki J, Mochizuki M, Nagaosa N. Current-induced skyrmion dynamics in constricted geometries[J]. Nat. Nanotechnol., 2013, 8(10): 742-747.

[66] Sampaio J, Cros V, Rohart S, et al. Nucleation, stability and current-induced motion of isolated magnetic skyrmions in nanostructures[J]. Nat. Nanotechnol., 2013, 8(11): 839-844.

[67] Zhou Y, Ezawa M. A reversible conversion between a skyrmion and a domain-wall pair in a junction geometry[J]. Nat. Commun., 2014, 5(1): 4652.

[68] Heinonen O, Jiang W, Somaily H, et al. Generation of magnetic skyrmion bubbles by inhomogeneous spin Hall currents[J]. Phys. Rev. B, 2016, 93(9): 094407.

[69] Lin S Z. Edge instability in a chiral stripe domain under an electric current and skyrmion generation[J]. Phys. Rev. B, 2016, 94(2): 020402.

[70] Liu Y, Yan H, Jia M, et al. Topological analysis of spin-torque driven magnetic skyrmion formation[J]. Appl. Phys. Lett., 2016, 109(10): 102402.

[71] Yuan H Y, Wang X R. Skyrmion creation and manipulation by nano-second current pulses[J]. Sci. Rep., 2016, 6(1): 22638.

[72] Yin G, Li Y, Kong L, et al. Topological charge analysis of ultrafast single skyrmion creation[J]. Phys. Rev. B, 2016, 93(17): 174403.

[73] Legrand W, Maccariello D, Reyren N, et al. Room-temperature current-induced generation and motion of sub-100 nm skyrmions[J]. Nano Lett., 2017, 17(4): 2703-2712.

[74] Büttner F, Lemesh I, Schneider M, et al. Field-free deterministic ultrafast creation of magnetic skyrmions by spin-orbit torques[J]. Nat. Nanotechnol., 2017, 12(11): 1040-1044.

[75] Woo S, Song K M, Zhang X, et al. Deterministic creation and deletion of a single magnetic skyrmion observed by direct time-resolved X-ray microscopy[J]. Nat. Electron., 2018, 1(5): 288-296.

[76] De Lucia A, Litzius K, Krüger B, et al. Multiscale simulations of topological transformations in magnetic-skyrmion spin structures[J]. Phys. Rev. B, 2017, 96(2): 020405.

[77] Mochizuki M, Seki S. Magnetoelectric resonances and predicted microwave diode effect of the skyrmion crystal in a multiferroic chiral-lattice magnet[J]. Phys. Rev. B, 2013, 87(13): 134403.

[78] Huang P, Cantoni M, Kruchkov A, et al. *In situ* electric field skyrmion creation in magnetoelectric Cu_2OSeO_3[J]. Nano Lett., 2018, 18(8): 5167-5171.

[79] Mochizuki M, Watanabe Y. Writing a skyrmion on multiferroic materials[J]. Appl. Phys. Lett., 2015, 107(8): 082409.

[80] Okamura Y, Kagawa F, Seki S, et al. Transition to and from the skyrmion lattice phase by electric fields in a magnetoelectric compound[J]. Nat. Commun., 2016, 7(1): 12669.

[81] Upadhyaya P, Yu G, Amiri P K, et al. Electric-field guiding of magnetic skyrmions[J]. Phys. Rev. B, 2015, 92(13): 134411.

[82] Hsu P J, Kubetzka A, Finco A, et al. Electric-field-driven switching of individual magnetic skyrmions[J]. Nat. Nanotechnol., 2017, 12(2): 123-126.

[83] Schott M, Bernand-Mantel A, Ranno L, et al. The skyrmion switch: turning magnetic skyrmion bubbles on and off with an electric field[J]. Nano Lett., 2017, 17(5): 3006-3012.

[84] Ma C, Zhang X, Xia J, et al. Electric field-induced creation and directional motion of domain walls and skyrmion bubbles[J]. Nano Lett., 2019, 19(1): 353-361.

[85] Srivastava T, Schott M, Juge R, et al. Large-voltage tuning of Dzyaloshinskii-Moriya interactions: a route toward dynamic control of skyrmion chirality[J]. Nano Lett., 2018, 18(8): 4871-4877.

[86] Bhattacharya D, Al-Rashid M M, Atulasimha J. Voltage controlled core reversal of fixed magnetic skyrmions without a magnetic field[J]. Sci. Rep., 2016, 6(1): 31272.

[87] Nozaki T, Jibiki Y, Goto M, et al. Brownian motion of skyrmion bubbles and its control by voltage applications[J]. Appl. Phys. Lett., 2019, 114(1): 012402.

[88] Finazzi M, Savoini M, Khorsand A R, et al. Laser-induced magnetic nanostructures with tunable topological properties[J]. Phys. Rev. Lett., 2013, 110(17): 177205.

[89] Berruto G, Madan I, Murooka Y, et al. Laser-induced skyrmion writing and erasing in an ultrafast Cryo-Lorentz transmission electron microscope[J]. Phys. Rev. Lett., 2018, 120(11): 117201.

[90] Je S G, Vallobra P, Srivastava T, et al. Creation of magnetic skyrmion bubble lattices

by ultrafast laser in ultrathin films[J]. Nano Lett., 2018, 18(11): 7362-7371.

[91] Sun L, Cao R X, Miao B F, et al. Creating an artificial two-dimensional skyrmion crystal by nanopatterning[J]. Phys. Rev. Lett., 2013, 110(16): 167201.

[92] Fraerman A A, Ermolaeva O L, Skorohodov E V, et al. Skyrmion states in multilayer exchange coupled ferromagnetic nanostructures with distinct anisotropy directions[J]. J. Magn. Magn. Mater., 2015, 393: 452-456.

[93] Streubel R, Fischer P, Kopte M, et al. Magnetization dynamics of imprinted non-collinear spin textures[J]. Appl. Phys. Lett., 2015, 107(11): 112406.

[94] Pollard S D, Garlow J A, Yu J, et al. Observation of stable Néel skyrmions in cobalt/palladium multilayers with Lorentz transmission electron microscopy[J]. Nat. Commun., 2017, 8: 14761.

[95] Matsumoto T, So Y G, Kohno Y, et al. Direct observation of Σ7 domain boundary core structure in magnetic skyrmion lattice[J]. Sci. Adv., 2016, 2(2): e1501280.

[96] Romming N, Kubetzka A, Hanneken C, et al. Field-dependent size and shape of single magnetic skyrmions[J]. Phys. Rev. Lett., 2015, 114(17): 177203.

[97] Woo S, Song K M, Han H S, et al. Spin-orbit torque-driven skyrmion dynamics revealed by time-resolved X-ray microscopy[J]. Nat. Commun., 2017, 8(1): 15573.

[98] Woo S, Song K M, Zhang X, et al. Current-driven dynamics and inhibition of the skyrmion Hall effect of ferrimagnetic skyrmions in GdFeCo films[J]. Nat. Commun., 2018, 9(1): 959.

[99] Chen R, Cui Q, Han L, et al. controllable generation of antiferromagnetic skyrmions in synthetic antiferromagnets with thermal effect[J]. Adv. Funct. Mater., 2022, 32(17): 2111906.

[100] Bruno P, Dugaev V K, Taillefumier M. Topological Hall effect and Berry phase in magnetic nanostructures[J]. Phys. Rev. Lett., 2004, 93(9): 096806.

[101] Binz B, Vishwanath A, Aji V. Theory of the helical spin crystal: a candidate for the partially ordered state of MnSi[J]. Phys. Rev. Lett., 2006, 96(20): 207202.

[102] Huang S X, Chien C L. Extended skyrmion phase in epitaxial FeGe(111) thin films[J]. Phys. Rev. Lett., 2012, 108(26): 267201.

[103] Kanazawa N, Onose Y, Arima T, et al. Large topological Hall effect in a short-period helimagnet MnGe[J]. Phys. Rev. Lett., 2011, 106(15): 156603.

[104] Neubauer A, Pfleiderer C, Binz B, et al. Topological Hall effect in the a phase of MnSi[J]. Phys. Rev. Lett., 2009, 102(18): 186602.

[105] Yokouchi T, Kanazawa N, Tsukazaki A, et al. Stability of two-dimensional skyrmions in thin films of $Mn_{1-x}Fe_xSi$ investigated by the topological Hall effect[J]. Phys. Rev. B, 2014, 89(6): 064416.

[106] Matsuno J, Ogawa N, Yasuda K, et al. Interface-driven topological Hall effect in $SrRuO_3$-$SrIrO_3$ bilayer[J]. Sci. Adv., 2(7): e1600304.

[107] Liu C, Zang Y, Ruan W, et al. Dimensional crossover induced topological Hall effect in a magnetic topological insulator[J]. Phys. Rev. Lett., 2017, 119(17): 176809.

[108] Maccariello D, Legrand W, Reyren N, et al. Electrical detection of single magnetic skyrmions in metallic multilayers at room temperature[J]. Nat. Nanotechnol., 2018, 13(3): 233-237.

[109] Zeissler K, Finizio S, Shahbazi K, et al. Discrete Hall resistivity contribution from Néel skyrmions in multilayer nanodiscs[J]. Nat. Nanotechnol., 2018, 13(12): 1161-1166.

[110] Everschor K, Garst M, Duine R A, et al. Current-induced rotational torques in the skyrmion lattice phase of chiral magnets[J]. Phys. Rev. B, 2011, 84(6): 064401.

[111] Thiele A A. Steady-state motion of magnetic domains[J]. Phys. Rev. Lett., 1973, 30(6): 230-233.

[112] Iwasaki J, Mochizuki M, Nagaosa N. Universal current-velocity relation of skyrmion motion in chiral magnets[J]. Nat. Commun., 2013, 4(1): 1463.

[113] Chen G. Skyrmion Hall effect[J]. Nat. Phys., 2017, 13(2): 112-113.

[114] Litzius K, Lemesh I, Krüger B, et al. Skyrmion Hall effect revealed by direct time-resolved X-ray microscopy[J]. Nat. Phys., 2017, 13(2): 170-175.

[115] Tomasello R, Martinez E, Zivieri R, et al. A strategy for the design of skyrmion race-track memories[J]. Sci. Rep., 2014, 4: 6784.

[116] Yu G, Upadhyaya P, Shao Q, et al. Room-temperature skyrmion shift device for memory application[J]. Nano Lett., 2017, 17(1): 261-268.

[117] Zhang X, Zhou Y, Ezawa M. Magnetic bilayer-skyrmions without skyrmion Hall effect[J]. Nat. Commun., 2016, 7(1): 10293.

[118] Tomasello R, Puliafito V, Martinez E, et al. Performance of synthetic antiferromagnetic racetrack memory: domain wall versus skyrmion[J]. J. Phys. D, 2017, 50(32): 325302.

[119] Kang W, Zheng C, Huang Y, et al. Complementary skyrmion racetrack memory with voltage manipulation[J]. IEEE Electron Device Lett., 2016, 37(7): 924-927.

[120] Zhang X, Zhou Y, Ezawa M, et al. Magnetic skyrmion transistor: skyrmion motion in a voltage-gated nanotrack[J]. Sci. Rep., 2015, 5(1): 11369.

[121] Zhang X, Ezawa M, Zhou Y. Magnetic skyrmion logic gates: conversion, duplication and merging of skyrmions[J]. Sci. Rep., 2015, 5(1): 9400.

[122] Zhang S, Baker A A, Komineas S, et al. Topological computation based on direct magnetic logic communication[J]. Sci. Rep., 2015, 5(1): 15773.

[123] Xing X, Pong P W T, Zhou Y. Skyrmion domain wall collision and domain wall-gated skyrmion logic[J]. Phys. Rev. B, 2016, 94(5): 054408.

[124] Luo S, Song M, Li X, et al. Reconfigurable skyrmion logic gates[J]. Nano Lett., 2018, 18(2): 1180-1184.

[125] Chen Y, Mazumdar A, Brooks C F, et al. Remote distributed vibration sensing through opaque media using permanent magnets[J]. IEEE Trans. Magn., 2018, 54(6): 1-13.

[126] Song K M, Jeong J S, Pan B, et al. Skyrmion-based artificial synapses for neuromorphic computing[J]. Nat. Electron., 2020, 3(3): 148-155.

第 7 章 磁性拓扑材料

磁性拓扑材料是一类电子波函数的拓扑特征与磁性有着强烈耦合和相互作用的材料。广义说来，磁性拓扑材料包括了具有内禀磁性的拓扑化合物、磁性掺杂的拓扑物质，以及由非磁拓扑材料和磁性材料近邻得到的磁性拓扑异质结。磁性掺杂的拓扑物质的典型例子就是磁性掺杂的拓扑绝缘体，在这类体系中观测到量子反常霍尔效应。具有内禀磁性的拓扑化合物则可以分为磁性拓扑绝缘体和磁性拓扑 (半) 金属。磁性拓扑异质结的堆垛原料则包括 WTe_2 等层状非磁性拓扑材料与 CrI_3 等二维磁性材料。

具有内禀磁性的拓扑化合物往往具有更加丰富的拓扑物态。尤其是反铁磁拓扑化合物，可通过磁场调控反铁磁磁矩的 canting、spin-flop 和 spin-flip 状态，能够在单一的材料体系中实现多种拓扑物态之间的自由切换，因此也成为本章描述的重点。磁性和拓扑物态的深度纠缠，对于拓扑物理的基础研究有着巨大的科学意义，能够引发许多新奇的拓扑磁电输运现象，包括但不限于存在于较高温度下的更加稳定的量子反常霍尔效应、陈数可灵活调控的量子反常霍尔效应、异常巨大的反常霍尔效应和反常能斯特效应，以及手征性反常引起的纵向负磁电阻效应等，也有潜力基于这些磁电输运现象设计出更加灵敏的传感器和新式原型器件，拥有广阔的应用前景。

7.1 磁性拓扑绝缘体

7.1.1 理论基础

第一类磁性拓扑绝缘体是整数和分数量子霍尔效应体系，分别在 1985 年和 1998 年两度获得诺贝尔物理学奖。后来 Haldane 意识到在磁性拓扑绝缘体中，可以在不施加外磁场的条件下实现量子霍尔效应，这类现象被命名为量子反常霍尔效应 [1]。在过去的十余年间一系列新的磁性拓扑绝缘体被相继发现。实现量子反常霍尔效应的关键在于利用磁性 (掺杂磁性或者本征的磁序) 打开三维拓扑绝缘体表面的狄拉克锥的带隙 [2]。利用磁性掺杂构建磁序的机制有 RKKY 机制 (如 Mn 掺杂的 Bi_2Te_3)[3] 和 van Vleck 机制 (如 Cr 掺杂的 $(Bi,Sb)_2Te_3$)[4]。但利用掺杂机制实现的量子反常霍尔平台只能在百毫开尔文温度以下稳定存在，这严重限制了量子反常霍尔绝缘体的实际应用。这客观上是因为掺杂引起的磁性的居里温度通常很低，并且磁掺杂手段带来的不均匀很难被克服和避免。因此，理论研究者的目光投向了利用第一性原理计算搜寻具有本征磁序参量的磁性拓扑绝缘体。

近年来，一类具有 $MnTe(Bi_2Te_3)_n$ 成分的反铁磁拓扑绝缘体被成功预言[5]。在这一类材料之中，$MnBi_2Te_4$ 晶体是第一个在实验上成功实现的具有本征反铁磁磁序的三维拓扑绝缘体，其奈尔温度高达 25 K。$MnBi_2Te_4$ 可以被视作 MnTe 和 Bi_2Te_3 堆垛而成的天然的异质结。这个新型化合物的拓扑 (能带反转) 来源于 Bi_2Te_3 七层原子，而磁性由 MnTe 层提供。通过操控反铁磁磁序参量和堆垛层数，$MnBi_2Te_4$ 能够实现在不同的拓扑物态之间的自由切换。

在共线反铁磁 (磁矩沿着 [0001] 晶向) 状态下，$MnBi_2Te_4$ 拥有由 Z2 对称性保护的狄拉克锥。在薄膜形态下，$MnBi_2Te_4$ 的上下表面各贡献 $C = 1/2$，(由磁矩状态和表面交换场类型决定是叠加还是抵消)。当薄膜包含偶数层非磁性的原胞时，上下两个表面的交换场的符号是相反的，此时薄膜的总的陈数 $C = 0$，呈现出轴子绝缘体的特征。当薄膜包含奇数层非磁性的原胞时，上下两个表面的交换场的符号是相同的，此时薄膜总的陈数 $C = 1$，薄膜是量子反常霍尔绝缘体。并且由于磁序是内禀的，比起磁性掺杂拓扑绝缘体来说，拥有更加稳定和更高温度的量子反常霍尔效应。从理论上说，铁磁态的 $MnBi_2Te_4$ 块体是外尔半金属 (隶属于磁空间群 $R\bar{3}m'$(no.166.101))，拥有一对外尔点，位于布里渊区的 $\varGamma$-Z 线上。在介于同一对外尔点之间的每个 k_z 平面，陈数都是 $1/k_z$。对于一个具有 N 层的薄膜，由于量子限域效应动量发生量子化，单位是 $2\pi/N$，对于比较小的 N，外尔点的带隙打开。因此，在有限层的铁磁 $MnBi_2Te_4$ 薄膜上，可以实现陈数高于 1 的量子反常霍尔态。根据文献报道[6]，在 $\varGamma$ 点可获得 5 meV 的量子限域能隙，相应陈数为 $C = 2$。图 7.1 总结了 $MnBi_2Te_4$ 以及相关的化合物中的已经观测到或者理论预测了的拓扑物态。$MnBi_2Te_4$ 的层状结构以及原子层间由范德瓦耳斯相互作用结合的特征，使得堆垛和近邻成为设计量子反常霍尔物理和轴子物理的有效手段。

7.1.2 实验实现

块体单晶 $MnBi_2Te_4$：通过对块体 $MnBi_2Te_4$ 的输运表征，确认了反铁磁序的存在以及在施加沿着 [001] 的磁场的条件下反铁磁序会发生倾转，继续增大磁场，最后会形成铁磁态。在倾转反铁磁态和铁磁态，$MnBi_2Te_4$ 有非零的反常霍尔效应。具体说来，图 7.2(a) 展示了 25 μm 厚的样品的纵向电阻随温度的变化关系，并且在奈尔温度 $T_N \sim 25$ K 附近展现出尖锐变化。图 7.2(b) 展示了在垂直于样品表面的磁场作用下的不同温度的磁电阻。在奈尔温度以下，R_{xx} 在跨过临界磁场 H_{c1} 时迅速下降，此时 $MnBi_2Te_4$ 的自旋序参量进入了倾斜反铁磁相

7.1 磁性拓扑绝缘体

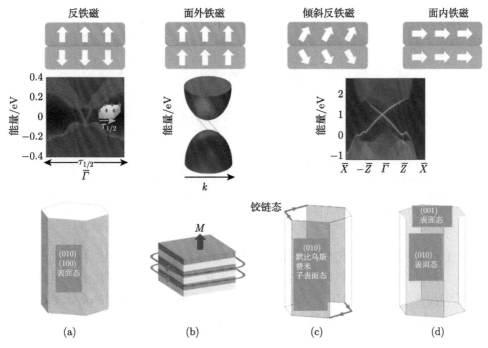

图 7.1 磁序参量和拓扑的相互作用

依赖于具体的自旋构型，$MnBi_{2n}Te_{3n+1}$ 体系被预言属于以下几种的拓扑物态之一。(a) 对于一个反铁磁拓扑绝缘体 (AFM TI)，其 (010)(或者 (100)) 表面拥有 $\left\{T|00\frac{1}{2}\right\}$ 对称性，受这一对称性保护，该表面拥有一个无能隙的狄拉克锥，而在 (001) 表面，这一对称性并不存在，因此狄拉克锥的能隙被打开了；(b) 在一个只有数层厚度的薄的二维样品中，一个有着 $C=1$ 或者 $C=2$ 的量子反常霍尔态会出现，陈数取决于层数 (同时也是取决于手性边界态的数目)；(c) 处于倾转反铁磁相的默比乌斯绝缘体 (Möbius insulator)，即倾转反铁磁有着滑移镜面对称性 $\left\{M_x|00\frac{1}{2}\right\}$，(010) 表面是受对称性保护的，而 (100) 和 (001) 表面并不受对称性保护，上下两个 (010) 表面通过一维的手性铰链态 (hinge state) 联系在一起，这展示了体系的高阶拓扑相，表面拓扑态是一个狄拉克锥，位置在 Γ-$\bar{Z}$ 线上，它们的镜面本征值正比于 $\exp(ikz/2)$，需要经过两个布里渊区 (4π) 才能够回到自身，因此称之为 Möbius；(d) 对于面内铁磁态来说，实现的是拓扑晶体绝缘体相

(canted antiferromagnet)，随着磁场进一步增大至上临界场 H_{c2}，R_{xx} 出现了一个台阶，并且开始逐渐降低，这一过程对应着两个子晶格的磁矩被逐渐极化到了铁磁相。图 7.2(c) 展示的是 $MnBi_2Te_4$ 晶体的霍尔电阻的磁场依赖关系，测试温度与图 7.2(b) 中的一致。霍尔曲线中的总体的负斜率说明，块体中的电荷载流子是电子。在 $H_{c1}<H<H_{c2}$ 的区域内，霍尔曲线展现出了一个大的驼峰状的突起，这很可能是倾斜反铁磁相中的非共线自旋结构所引发的非零贝里相位。

偶数层的 $MnBi_2Te_4$：王亚愚课题组在 6 层的 $MnBi_2Te_4$ 二维薄膜中观测到了零场下的轴子绝缘体贡献出的零量子霍尔平台，以及在相对高磁场下出现了陈

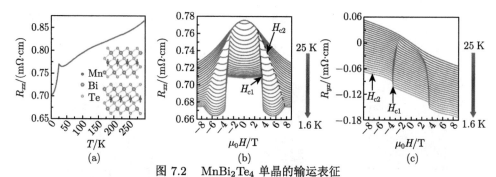

图 7.2 MnBi$_2$Te$_4$ 单晶的输运表征

(a) R_{xx} 的温度依赖关系，测量温度范围为 1.6～300 K，尖锐的反铁磁相变在 T_N ～25 K 出现，内嵌图为 MnBi$_2$Te$_4$ 的晶格结构图，红色/蓝色箭头代表了 Mn 离子的磁矩方向；(b) 在垂直于表面的磁场作用下不同温度的磁电阻曲线，黑色虚线代表不同温度下的临界场（H_{c1}、H_{c2}），磁电阻的温度用颜色梯度表示（红色，25 K；蓝色，1.6 K）；(c) 霍尔电阻的磁场依赖关系，测量温度与 (b) 相同

数为 1 的量子反常霍尔平台[7]。具体说来，如图 7.3(a)，在 $T=1.6$ K 并且外加磁场 $\mu_0 H=-9$ T 时，霍尔电阻到达了一个平台 $R_{yx}=0.984h/e^2$，剩余纵向电阻 R_{xx} 只有 $0.018h/e^2$。甚至于在 $T=5$ K 且 $\mu_0 H=-9$ T 时，$R_{yx}=0.938h/e^2$，而且 R_{xx} 低至 $0.11h/e^2$。考虑到这是在一个相对比较高的温度并且在一个电子迁移率如此低的样品中实现的，这个实验结果已经足够让人感到震撼。随着温度的提高，轴子绝缘体态的零霍尔平台的磁场窗口会变得愈加狭窄，这与 MnBi$_2$Te$_4$ 中的反铁

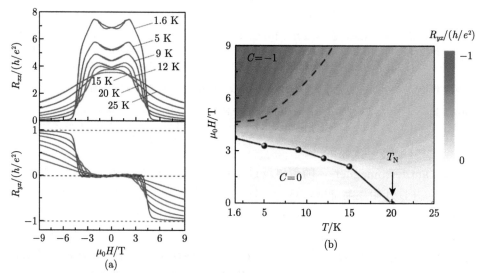

图 7.3 (a) 纵向电阻 R_{xx} 和霍尔电阻 R_{yx} 的磁场依赖关系，栅压 $V_g=25$ V；(b) 六层的 MnBi$_2$Te$_4$ 的由温度 T 和磁场 H 决定的实验相图，栅压 $V_g=25$ V，R_{yx} 的数值用图右侧的颜色标尺表示

7.1 磁性拓扑绝缘体

磁-铁磁转变的临界磁场随温度的变化有直接关联。在纵向电阻的测量中看到了蝴蝶状的曲线，这与其他的二维反铁磁材料是相似的。图 7.3(b) 展示了对于包含有六个非磁性原胞的 $MnBi_2Te_4$，其是由温度 T 和磁场 H 共同决定的相图。黑色的虚线标记了轴子绝缘体相和陈氏绝缘体相的边界。相对宽的磁场范围和高的温度说明了这一轴子绝缘体相的稳定性。在偶数层 $MnBi_2Te_4$ 中观测到的磁场驱动的从轴子绝缘体到陈氏绝缘体的量子相变生动地展示了拓扑绝缘体中磁性和拓扑的密切联系。

奇数层 $MnBi_2Te_4$：张远波课题组在 5 层的 $MnBi_2Te_4$ 中观测到了陈数为 1 的量子反常霍尔效应，这个量子反常霍尔平台在零场下是能够稳定存在的，这与偶数层条件下的实验现象有着本质的区别 (图 7.4)[8]。值得注意的是，稳定清晰的量子反常霍尔平台能够在 1.4 K 实现，相较于之前在磁性掺杂的拓扑绝缘体中的量子反常霍尔效应来说，已经实现了温度的大幅提高。

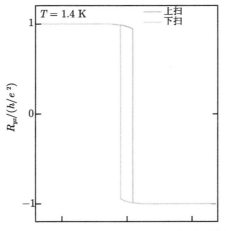

图 7.4 五层 $MnBi_2Te_4$ 中的量子反常霍尔效应

而如图 7.5 所示，王亚愚课题组在 7 层的 $MnBi_2Te_4$ 薄膜中观测到了由极强磁场驱动形成的位于铁磁相区的轴子绝缘体的零反常霍尔平台，并且进一步发现栅极电压和外磁场对于形成高陈数的霍尔平台和零霍尔平台有着促进作用[9]。

比起磁性掺杂的拓扑绝缘体，$MnBi_2Te_4$ 呈现出了极其复杂多变的拓扑相图，图 7.6 就是针对七层 $MnBi_2Te_4$ 的一个典型例子。反铁磁磁序随磁场的演变、原子层之间的堆垛顺序和具体的层数、强磁场引发的朗道量子化以及栅极电压等都构成了这个复杂相图的重要的影响维度。这实际上也向我们展示了：在本征反铁磁拓扑绝缘体中，外磁场、反铁磁序和拓扑物性等之间仍然存在着十分复杂的纠缠关系，因此这类材料依然具有非常大的探索空间。

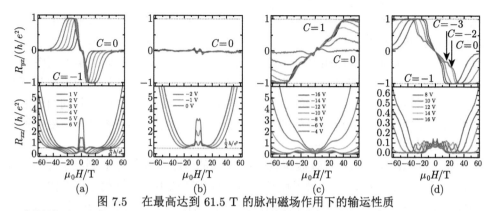

图 7.5 在最高达到 61.5 T 的脉冲磁场作用下的输运性质

V_g 是栅极电压；(a) 在 $1\,\text{V} \leqslant V_g \leqslant 6\,\text{V}$ 条件下的 R_{xx} 和 R_{yx} 的磁场依赖关系，在 $V_g = -4\,\text{V}$ 时，$C = -1$ 态被高于 30 T 的磁场彻底地抑制了，最终就表现为在 30 T 磁场以上的零霍尔平台；(b) 在 $-2\,\text{V} \leqslant V_g \leqslant 0$ 条件下的输运性质，零霍尔平台在高于 50 T 的磁场区域出现；(c) 在二维空穴气机制下的输运行为，随着栅极电压的降低，拥有正陈数的量子霍尔平台开始形成，在栅极电压等于 $-16\,\text{V}$ 的时候，进入了 $C = 1$ 的量子霍尔平台；(d) 二维电子气的特征输运行为，随着栅极电压从 8 V 提高到 16 V，$C = -1$ 的霍尔平台出现在了一个更高的磁场下，并且只在高场极限下变为 0，$C = -2$ 和 $C = -3$ 的电子类型的量子霍尔平台也开始形成

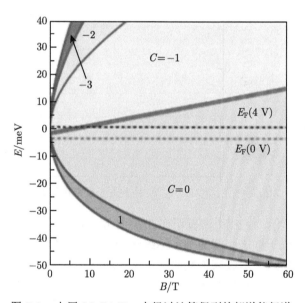

图 7.6 七层 $MnBi_2Te_4$ 中经过计算得到的朗道能级谱

7.2 磁性外尔半金属

在固体材料中，外尔费米子体现为电子能带中的元激发，从宏观对称性来说，外尔费米子存在的条件是空间反演对称性或者时间反演对称性的破缺，分别对

7.2 磁性外尔半金属

应非磁性外尔（半）金属和磁性外尔（半）金属。外尔费米子通常成对出现，有左右手性之分，相反手性的一对外尔费米子通过表面费米弧来连接。等效质量为零（对应线性能量色散）、左右手性和表面态存在费米弧是外尔费米子的三个重要特征。目前已经发现的典型的磁性外尔节点半金属有 $Co_3Sn_2S_2$[10,11] 和 Mn_3Sn、Mn_3Ge[12-14] 等，其中 $Co_3Sn_2S_2$ 是铁磁性的外尔半金属，Mn_3Sn 是具有非共线反铁磁序的外尔半金属；而具有外尔节线的铁磁金属则有 Co_2MnGa[15] 等。由于一对具有相反手性的外尔费米子实际上形成了贝里曲率在动量空间的 "源" 和 "漏"，这类外尔半金属无一例外都具有异常巨大的反常霍尔电导率，即零磁场下自发的反常霍尔电导率与净磁矩的比值远大于传统的铁磁材料（Fe、Ni、Co 等）。

$Co_3Sn_2S_2$ 是一类具有 Kagome 晶格骨架的层状铁磁材料，其中磁性原子 Co 以 Kagome 骨架的形式排列，Sn 和 S 原子以三角格子的形式排列，整个材料沿着 (001) 方向按照 -Sn-[S-(Co_3-Sn)-S]- 的顺序排列（图 7.7(a)~(c)）。通过角分辨光

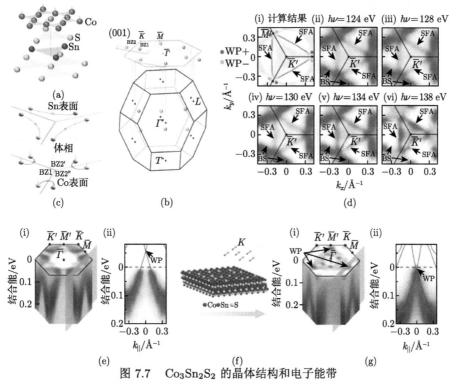

图 7.7 $Co_3Sn_2S_2$ 的晶体结构和电子能带

(a)$Co_3Sn_2S_2$ 的层状晶体结构；(b)$Co_3Sn_2S_2$ 的体布里渊区及其 (001) 投影，拥有三对外尔点；(c)$Co_3Sn_2S_2$ 的位于同一个布里渊区内和跨布里渊区的外尔节点，以及基于外尔节点的电子磁电运输通道（用箭头表示）；(d)$Co_3Sn_2S_2$ 的表面费米弧的理论计算 (i) 和实验观测 (ii) 和 (iii)；(e)$Co_3Sn_2S_2$ 的三维能带的 ARPES 观测数据 (i) 和第一类外尔点 (WP) 的观测 (ii)；(f)$Co_3Sn_2S_2$ 电子掺杂示意图；(g) 进行电子掺杂后的 $Co_3Sn_2S_2$ 的三维能带的 ARPES 观测数据 (i) 和第一类外尔点的观测 (ii)

电子能谱 (ARPES) 表征，$Co_3Sn_2S_2$ 的表面费米弧 (图 7.7(d)) 和能带中的第一类外尔点 (图 7.7(e)~(g)) 被直接观测到。

值得注意的是，由于 $Co_3Sn_2S_2$ 的层状堆垛特征，在不同原子层，外尔点的连接方式有所区别：①在 Sn 原子层，外尔点通过位于同一布里渊区内的费米弧连接在一起；②在 S 原子层，不存在费米弧；③在 Co 原子层，费米弧会跨过相邻的布里渊区 (图 7.8)。有观点提出，外尔半金属层状铁磁体可以视作多个磁性拓扑绝缘体通道沿着厚度方向的重复堆垛，并在 $Co_3Sn_2S_2$ 晶体中利用晶体新鲜表面的原子台阶，通过扫描隧道显微谱学测试观测到了特征的一维拓扑边缘态[16]，这也再次展示了不同拓扑物态之间的内在联系。

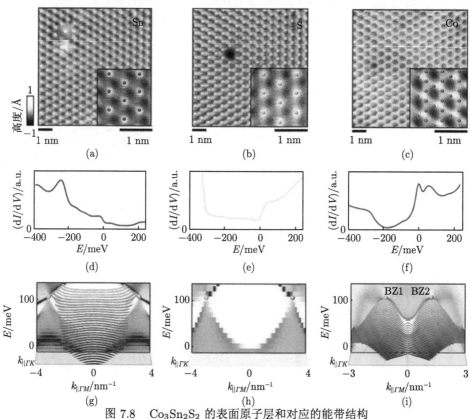

图 7.8　$Co_3Sn_2S_2$ 的表面原子层和对应的能带结构

(a)~(c)Sn、S 和 Co 的原子分辨表面相，分别呈现出三角、三角和 Kagome 晶格构型；(d)~(f) 不同表面原子层对应的 dI/dV 谱；(g)~(i) $Co_3Sn_2S_2$ 的能带结构在不同原子表面层的投影

非共线的反铁磁序与 Kagome 晶格的耦合导致了外尔点的出现。以 Mn_3Sn 为例，在费米能级附近，存在着多对外尔点，其中比较典型的外尔点如图 7.9 所示，当磁场沿着平行于 Kagome 晶面的方向施加时，非共线的反铁磁序能够被磁

7.2 磁性外尔半金属

场所操控。而根据非磁性外尔半金属的研究经验可知：当电流和磁场平行时，存在正的纵向磁电导；当电流与磁场垂直时，会出现负的横向磁电导。这是由外尔半金属的手征性反常所导致的，是用于辨别一个材料是否为外尔半金属的重要输运判据。为了从输运上确认 Mn_3Sn 是否为磁性外尔半金属，研究者们对 Mn_3Sn 单晶做了各向异性磁电阻的测量，在测量的各个温度下都观察到了强烈并且尖锐的各向异性磁电导，比较典型的结果是 60 K 下的结果，如图 7.10(a) 和 (b) 所示。当磁场平行于电流时，纵向电导会随着磁场的增加而增加；当磁场垂直于电流的时候，纵向电导会随着磁场的增加而减小。在磁场平行于电流的构型下，磁电导并没有随着磁场的增长而逐渐趋向于饱和。随温度升高，正磁电导率的数值会逐渐变小 (图 7.10(c) 和 (d))。为了阐明这种各向异性的特征，研究者用 9 T 的磁场对磁电导做了磁场和电流的夹角 θ 相关的扫描，结果如图 7.10(e) 和 (f) 所示，

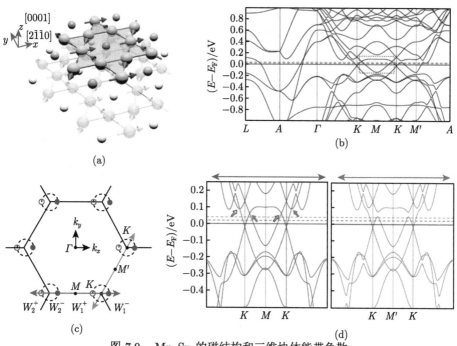

图 7.9 Mn_3Sn 的磁结构和三维块体能带色散

(a)Kagome 晶格中的磁结构，这里的 x、y 和 z 轴分别沿着 $[2\bar{1}\bar{1}0]$、$[01\bar{1}0]$ 和 $[0001]$ 晶向，位于 x-y Kagome 平面的 Mn 磁矩 (约 $3\mu_B$，这里 μ_B 是玻尔磁子) 形成了 120° 构型。这种磁结构允许自旋倾斜，在面内产生了 $0.002\mu_B$ (每个 Mn 原子) 的净磁矩，箭头意味着 Mn 原子磁矩沿着其局域易轴，即 x 方向；(b)Mn_3Sn 中沿着高对称线的块体能带结构的概述，与严格遵循化学计量比的 Mn_3Sn 相比，用于 ARPES(输运) 测量的 $Mn_{3.03}Sn_{0.97}$($Mn_{3.06}Sn_{0.94}$) 中，由于多余的 Mn 的存在，掺杂了更多的电子，因此有了更高的费米能级 E_F(分别用红、蓝点划线表示)；(c) 与图 (a) 中的磁结构对应的能带中的外尔点在 $k_z=0$ 平面的分布，两对有着不同手性 (W^+, W^-)，分别用空心和实心圆圈表示，虚线圆圈代表 SOC 关闭时的虚拟节线环；(d) 围绕 M 和 M' 点附近的高对称线画的扩大后的能带图，空心和实心箭头代表具有相反手性的外尔点

一个非常尖锐的角度依赖关系被观测到；当磁场严格平行于电流时，正的磁电导最大化。从 $\theta=0$ 开始，一个非常小的角度变化会导致磁电导发生一个非常尖锐地、对称地减小的变化 (至负值)。这样尖锐的角度依赖关系此前从来没有在磁有序状态的磁电导中被观测到。比如说，在铁磁体中，各向异性磁电导的角度依赖关系是相对平缓的。实际上，在 Mn_3Sn 中的正磁电导出现的窗口非常狭窄，仅在 $I//B$ 附近的非常狭窄的区域，这与之前关于手征性反常 (chiral anomaly) 的观测结果是非常相近的。此外，与手征性反常联系在一起的正磁电导在低温下会显著增强，原因在于非弹性散射随着温度降低而减弱。研究者们进一步通过半经典计算 (semiclassical calculation) 发现，第二类外尔半金属的正磁电导是与磁场呈线性依赖关系的，而第一类外尔半金属中正磁电导与磁场呈二次方关系。因此 Mn_3Sn 的低磁场区域的磁电导结果证实了 Mn_3Sn 是第二类外尔半金属。

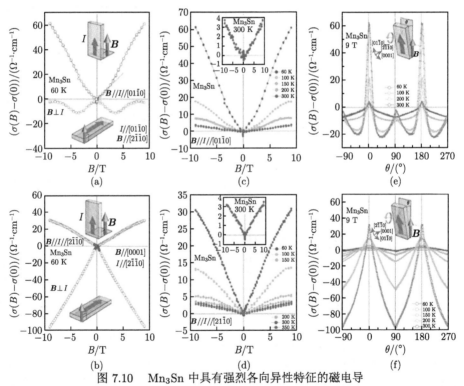

图 7.10 Mn_3Sn 中具有强烈各向异性特征的磁电导

(a)、(b) 60 K 时磁电导率 $\Delta\sigma(B)=\sigma(B)-\sigma(0)$ 的磁场依赖性，$I//B$ 的情况用红色线表示，$I\perp B$ 的情况用蓝色线表示，在这里，正的和负的 $\Delta\sigma(B)$ 分别代表正的和负的磁电导，虚线代表线性拟合，内嵌图为磁电导测量中使用的构型，绿色和红色箭头分别代表磁场 B 和电流 $I//E$，红色平面代表 Mn_3Sn 中的 x-y(Kagome) 平面；(c)、(d) 在不同温度下磁电导率 $\Delta\sigma(B)=\sigma(B)-\sigma(0)$ 的磁场相关性，其中 (c) 代表 $I//B//[01\bar{1}0]$；(d) 代表 $I//B//[2\bar{1}\bar{1}0]$，内嵌图为 300 K 的结果；(e)、(f) 不同测量温度下，磁电导 $\sigma(\theta)$ 的角度依赖关系，(e) 中的电流 $I//[01\bar{1}0]$，(f) 中的电流 $I//[2\bar{1}\bar{1}0]$，内嵌图为旋转构型，其中 (e) 中的旋转轴沿着 [0001]，(f) 中的旋转轴沿着 $[01\bar{1}0]$，θ 被定义为磁场 B 和电流 I 的夹角

7.2 磁性外尔半金属

当外尔点在布里渊区内的三维动量空间连成了线,形成了外尔节线,投影到材料表面就会形成独特的鼓膜表面态 (drumhead surface states),这是受到"拓扑块体–表面对应法则"(topological bulk-surface correspondence) 所保护的 (图 7.11)。这类外尔节线凝聚了极为巨大的贝里曲率 (图 7.12(a)),进而产生出了巨大的内禀反常霍尔效应 (图 7.12(b))。Co_2MnGa 就是具有外尔节线和拓扑鼓膜表面态的典型的室温铁磁材料。

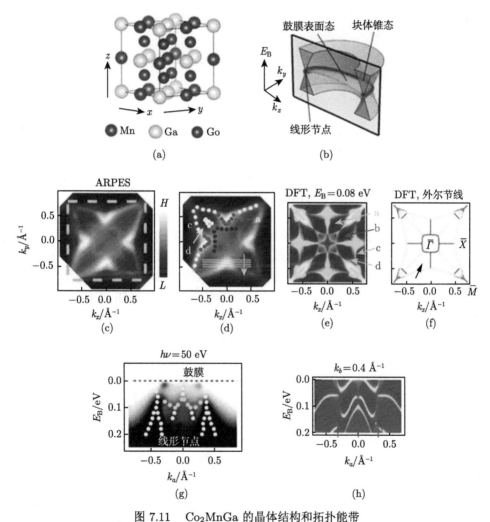

图 7.11　Co_2MnGa 的晶体结构和拓扑能带

(a)Co_2MnGa 的晶体结构;(b) 外尔节线、块体外尔锥结构和鼓膜表面态;(c)、(d) 外尔节线的实验证据;(e)、(f) 外尔节线的理论计算结果;(g) 鼓膜表面态的实验证据;(h) 鼓膜表面态的理论计算结果

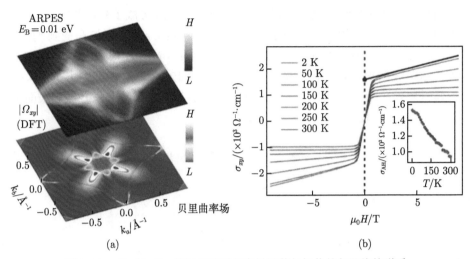

图 7.12 Co$_2$MnGa 的巨反常霍尔电导及其与拓扑外尔节线的联系
(a) 外尔节线的 ARPES 实验数据和对应的贝里曲率在布里渊区的分布；(b)Co$_2$MnGa 的电导率

7.3 反铁磁狄拉克半金属

狄拉克 (Dirac) 费米子是一类等效质量为零的准粒子，存在于拥有线性色散的电子能带结构中。尽管同样具有线性色散，但狄拉克费米子与外尔费米子是截然不同的两类拓扑粒子。从宏观对称性的角度看，狄拉克费米子可以存在于空间反演对称性 P 和时间反演对称性 T 都没有破缺的材料中，如 Na$_3$Bi 和 Cd$_3$As；新的理论研究表明，狄拉克费米子还可以存在于一系列反铁磁材料中，比如说 CuMnAs、CuMnP[17]、FeSn[18]、YbMnBi$_2$、EuMnBi$_2$[19−21] 和 MnPd$_2$[22](其中 MnPd$_2$ 是狄拉克节线金属) 等，其对称性和典型的能带结构如图 7.13 所示，这类反铁磁的共同特征是：尽管空间反演对称性和时间反演对称性分别破缺，但是它们的 PT 联合对称性并不破缺。狄拉克费米子可以视作由具有左右手性的一对外尔费米子发生了简并而导致的，也因此，狄拉克 (半) 金属并不具有费米弧以及手征性反常。有理论预言，可以通过奈尔矢量的 90° 翻转来打开狄拉克锥的带隙，从而产生由拓扑物相的切换实现的巨大的各向异性磁电阻效应，但实验上尚未能实现。

值得注意的是当外磁场驱动奈尔矢量发生倾转从而产生垂直于奈尔矢量的净磁矩时，反铁磁狄拉克半金属的能带会发生退简并现象而演变成为磁性外尔半金属，其能带与倾转角度的依赖关系如图 7.14 所示。这类反铁磁材料 (如 YbMnBi$_2$ 等) 往往能够产生极其巨大的反常能斯特效应 (ANE)，甚至比 Mn$_3$Sn、Co$_3$Sn$_2$S$_2$ 等外尔半金属的都要大，而且在各项热电性能的对比上都处于优势地位 (图 7.15)，这也体现了反铁磁狄拉克半金属的应用潜力。

7.3 反铁磁狄拉克半金属

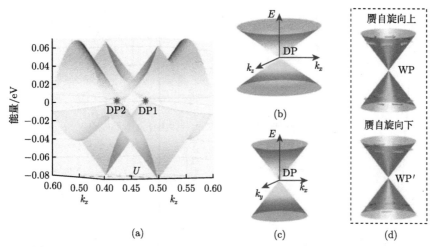

图 7.13 CuMnAs 的晶体结构和受 PT 联合对称性保护的狄拉克费米子
(a) 正交 CuMnAs 的电子结构, DP 代表狄拉克点; (b) 投影到 (k_z, k_x, E) 空间的狄拉克锥; (c) 投影到 (k_z, k_x, E) 空间的狄拉克锥; (d) 简并的外尔点 (赝自旋为 ± 1), 绿色箭头代表轨道纹理

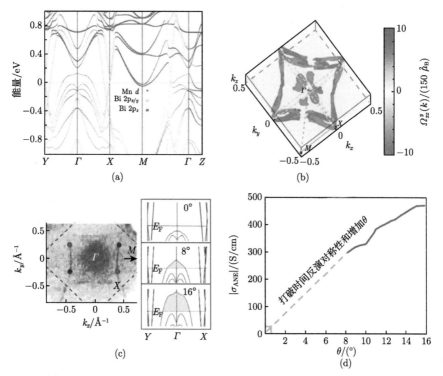

图 7.14 YbMnBi$_2$ 的反常能斯特效应和反常霍尔电导率的理论分析
(a)、(b)YbMnBi$_2$ 的能带结构; (c)ARPES 结果 (左图) 和 Γ 点的能带随着倾转角度 θ 的变化 (右图); (d) 理论计算的 $|\sigma_{\text{ANE}}|$ 随着 θ 的变化关系

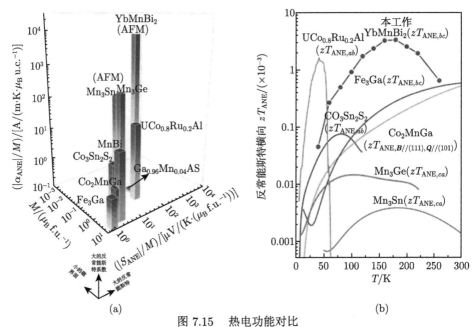

图 7.15 热电功能对比

(a)160 K 时，YbMnBi$_2$ 的 $|\alpha_{ANE}|/M$、$|S_{ANE}|/M$ 和 M 与其他具有大的 ANE 的材料的比较；(b)zT_{ANE} 的温度依赖关系

参 考 文 献

[1] Haldane F D. Model for a quantum Hall effect without Landau levels: condensed-matter realization of the "parity anomaly"[J]. Phys. Rev. Lett., 1988, 61(18):2015-2018.

[2] Chang C Z, Zhang J, Feng X, et al. Experimental observation of the quantum anomalous Hall effect in a magnetic topological insulator[J]. Science, 2013, 340(6129):167-170.

[3] Hor Y S, Roushan P, Beidenkopf H, et al. Development of ferromagnetism in the doped topological insulator Bi$_{2-x}$Mn$_x$Te$_3$[J]. Phys. Rev. B, 2010, 81(19): 195203.

[4] Chang C Z, Zhang J, Liu M, et al. Thin films of magnetically doped topological insulator with carrier-independent long-range ferromagnetic order[J]. Adv. Mater., 2013, 25(7):1065-1070.

[5] Otrokov M M, Klimovskikh I I, Bentmann H, et al. Prediction and observation of an antiferromagnetic topological insulator[J]. Nature, 2019, 576(7787):416-422.

[6] Ge J, Liu Y, Li J, et al. High-Chern-number and high-temperature quantum Hall effect without Landau levels[J]. Natl. Sci. Rev., 2020, 7(8):1280-1287.

[7] Liu C, Wang Y, Li H, et al. Robust axion insulator and Chern insulator phases in a two-dimensional antiferromagnetic topological insulator[J]. Nat. Mater., 2020, 19(5):522-527.

[8] Deng Y, Yu Y, Shi M Z, et al. Quantum anomalous Hall effect in intrinsic magnetic topological insulator MnBi$_2$Te$_4$[J]. Science, 2020, 367(6480):895-900.

[9] Liu C, Wang Y, Yang M, et al. Magnetic-field-induced robust zero Hall plateau state in MnBi$_2$Te$_4$ Chern insulator[J]. Nat. Commun., 2021, 12(1):4647.

[10] Liu D F, Liang A J, Liu E K, et al. Magnetic Weyl semimetal phase in a Kagome crystal[J]. Science, 2019, 365(6459):1282-1285.

[11] Morali N, Batabyal R, Nag P K, et al. Fermi-arc diversity on surface terminations of the magnetic Weyl semimetal Co$_3$Sn$_2$S$_2$[J]. Science, 2019, 365(6459):1286-1291.

[12] Kuroda K, Tomita T, Suzuki M T, et al. Evidence for magnetic Weyl fermions in a correlated metal[J]. Nat. Mater., 2017, 16(11):1090-1095.

[13] Chen T, Tomita T, Minami S, et al. Anomalous transport due to Weyl fermions in the chiral antiferromagnets Mn$_3$X, X = Sn, Ge[J]. Nat. Commun., 2021, 12(1):572.

[14] Nakatsuji S, Kiyohara N, Higo T. Large anomalous Hall effect in a non-collinear antiferromagnet at room temperature[J]. Nature, 2015, 527(7577):212-215.

[15] Belopolski I, Manna K, Sanchez D S, et al. Discovery of topological Weyl fermion lines and drumhead surface states in a room temperature magnet[J]. Science, 2019, 365(6459):1278-1281.

[16] Howard S, Jiao L, Wang Z, et al. Evidence for one-dimensional chiral edge states in a magnetic Weyl semimetal Co$_3$Sn$_2$S$_2$[J]. Nat. Commun., 2021, 12(1):4269.

[17] Tang P, Zhou Q, Xu G, et al. Dirac fermions in an antiferromagnetic semimetal[J]. Nat. Phys., 2016, 12(12):1100-1104.

[18] Kang M, Ye L, Fang S, et al. Dirac fermions and flat bands in the ideal kagome metal FeSn[J]. Nat. Mater., 2020, 19(2):163-169.

[19] Borisenko S, Evtushinsky D, Gibson Q, et al. Time-reversal symmetry breaking type-II Weyl state in YbMnBi$_2$[J]. Nat. Commun., 2019, 10(1):3424.

[20] Pan Y, Le C, He B, et al. Giant anomalous Nernst signal in the antiferromagnet YbMnBi(2)[J]. Nat. Mater., 2022, 21(2):203-209.

[21] Ni X S, Chen C Q, Yao D X, et al. Origin of the type-II Weyl state in topological antiferromagnetic YbMnBi$_2$[J]. Phys. Rev. B, 2022, 105(13).

[22] Shao D F, Gurung G, Zhang S H, et al. Dirac nodal line metal for topological antiferromagnetic spintronics[J]. Phys. Rev. Lett., 2019, 122(7):077203.

第 8 章 二 维 磁 性

自 2004 年由诺贝尔物理学奖获得者英国科学家 Andre Geim 和 Konstantin Novoselov 在胶带上撕出单层的石墨烯材料开始，二维材料的研究逐渐成为凝聚态物理、电子工程、材料科学等诸多领域的前沿和热点。二维材料泛指层间由范德瓦耳斯力结合的层片状材料，可以通过机械解离的手段从晶体得到接近二维极限的单层薄膜材料。二维材料结构上的特殊性赋予了其多种非常规的物理特性，使其在电子、催化、储能以及生物医学等方面有着极大的应用前景。石墨烯作为二维材料的鼻祖，具有极高的载流子迁移率和较弱的自旋轨道耦合，是自旋输运的理想体系。目前，在石墨烯中已经观察到了接近百微米的自旋输运现象。随后，二维过渡金属二卤化物 (TMD) 材料的发现，进一步拓展了二维材料在自旋电子学和谷电子学领域的研究，推动了基于自旋与谷子的信息存储技术的发展。在二维 TMD 材料中，谷子与自旋相互耦合，可以实现谷子和自旋两种自由度的相互调制，并在具有较强自旋轨道耦合的情况下实现长程自旋输运。除了在自旋输运相关方面的研究，人们发现通过缺陷、吸附原子和磁近邻等手段可以在石墨烯以及 TMD 这类非磁的二维材料中产生稀磁性或者铁磁性，实现自旋流的产生及调控，这一定程度地满足了日益增长的磁存储密度对于超薄二维磁体的需求。到 2017 年，具有本征磁性的二维磁性材料的发现真正开启了二维材料在基于自旋电子学的磁信息存储领域的应用。伴随着新型二维磁性材料发现的爆炸式增长，基于二维磁性材料的全二维自旋电子学器件也逐步被实现 (图 8.1)。

8.1 二维磁性的起源与发展历程

8.1.1 二维磁性的起源

在传统三维磁性材料中，长程有序的磁性的稳定来源于短程交换相互作用和热扰动的相互竞争，交换相互作用因此被用来估算材料的磁有序温度。但当进入二维体系后，维度效应开始占据主导，导致二维体系的磁子色散关系退化为磁振子态密度的直接激发，形成容易受热扰动的状态。因此早期 Mermin 和 Wagner 预测，在这种二维体系中，自旋波激发具有零带隙，零能量下磁子具有发散的玻色-爱因斯坦统计，则任何非零温度都会导致磁子的大量激发以及磁序的崩塌，长程有序的磁性无法在二维体系中存在 [1]。但如果在二维体系中引入磁各向异性，如

8.1 二维磁性的起源与发展历程

图 8.2(b) 所示,则磁子激发带隙会被打开,从而可以抵抗热扰动。因此 Mermin-Wagner 约束被打破,在二维体系中可以获得有限的磁有序温度。在此基础上如图 8.2(b) 和 (c) 所示,交换相互作用和维度决定了磁子能带的带宽和结构。因此,在二维体系中,磁各向异性导致了磁有序温度的产生,交换相互作用、样品尺度、粒子间散射等因素决定了磁有序温度的高低。

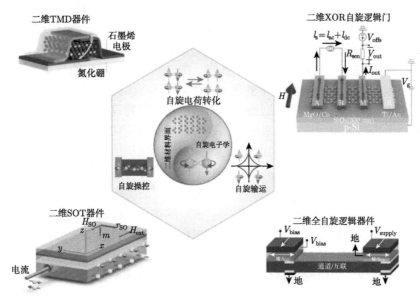

图 8.1 基于二维材料的自旋电子学现象及相关器件

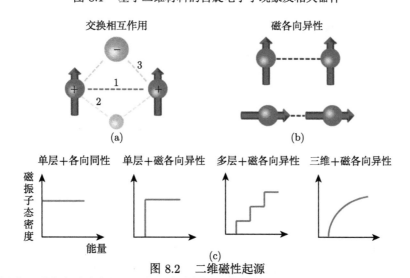

图 8.2 二维磁性起源

(a) 通过阴离子 (黄色球) 与自由电子 (绿色球) 的磁交换相互作用;(b) 磁各向异性;(c) 不同结构以及各向异性下的磁振子能带结构

8.1.2 二维磁性的发展历程

2017 年，美国科学家 Gong 等和 Huang 等首次通过单晶解离的方法获得了接近单层极限下的二维磁性薄膜材料 $Cr_2Ge_2Te_6$ 和 CrI_3，并在低温下观察到了长程有序的磁性[2,3]。之后二维磁性材料的研究主要沿着材料合成、自旋电子学现象的探索以及全二维器件的制备这三条路径展开。材料合成以单晶解离、分子束外延以及化学气相沉积为主，发展了大面积制备二维磁性薄膜的方法，不断发现具有特殊物性的新型二维磁性材料。截至目前，通过单晶解离等方法已经可以获得毫米级水平的近单层二维磁性材料，已发现多种具有室温磁性的新型二维磁性材料，如 $CrTe_2$[4]、Fe_3GaTe_2[5]。目前，在二维磁性体系中的自旋电子学现象主要以复现传统三维薄膜材料中的现象为主，如自旋轨道力矩 (SOT) 效应、磁电阻效应等，同时也有独属于二维磁性体系的新颖的物理现象被发现，如堆垛效应。以二维磁体为中间层或电极的全二维自旋阀或隧道结器件是目前二维自旋电子学器件的核心研究对象。2018 年，以 CrI_3 为中间层、石墨烯为电极的磁隧道结首先被制备，在低温展现出高达 19000%[6] 与 95300%[7] 的磁电阻效应。紧接着以 Fe_3GeTe_2 为磁性电极、二维半导体为隧穿层的隧道结也被大范围制备与研究。2019 年，通过 SOT 操控 Fe_3GeTe_2 磁矩的实现，推动了二维自旋电子学器件磁性电学操控的进程[8]。近年来，二维磁性材料的研究仍然处于基础研究的阶段，以多维度调控、新材料的制备以及物性研究为主，具有实际应用前景的原型器件仍有待实现。二维磁性材料的主要研究方向如图 8.3 所示。

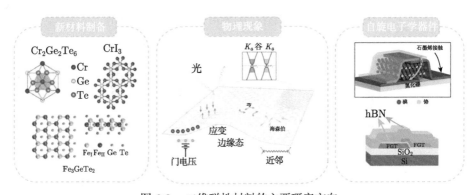

图 8.3　二维磁性材料的主要研究方向

8.2　典型二维磁性材料的类型与特点

二维磁性材料主要包括二维铁磁金属材料、铁磁半导体材料和反铁磁半导体材料三大类，并且大多数二维磁性材料单层都具有六边形的晶格结构。目前，这三类材料是二维磁性研究的主要对象，反铁磁金属材料只在类似于 Co 掺杂的

8.2 典型二维磁性材料的类型与特点

Fe_5GeTe_2 中得到,并且对于 Co 的含量有着严格的要求。由于尺寸效应,随着厚度的减小,二维磁性材料的居里温度普遍会大幅降低。随着接近单层极限时热扰动效果的增强,磁各向异性也会被相应地减弱[2,5]。

8.2.1 铁磁金属

二维铁磁金属材料主要由 Fe_3GeTe_2 一族以及 3d 过渡金属二卤化物两大类组成。Fe_3GeTe_2 作为最早被发现的二维磁体之一,一直是被研究的明星材料。图 8.4(a) 展示了其单层的原子结构[5]。Fe_3GeTe_2 单层由 5 层原子构成,包括两层 Te 原子以及其之间 Fe_3Ge 的三层原子层。Fe_3GeTe_2 具有巡游铁磁性和强的垂直磁各向异性、DM 相互作用以及 200 K 左右的体相居里温度 (图 8.4(d)),同时其能带的拓扑性质赋予了它显著的反常霍尔效应 (图 8.4(b)) 和反常能斯特效应 (图 8.4(e))[9,10]。作为在二维磁体中最接近垂直易磁化薄膜的材料,Fe_3GeTe_2 是复现传统自旋电子学现象的理想体系,如 SOT 效应[8,11](图 8.4(c)) 以及隧穿磁电阻 (TMR) 效应[12]。基于 Fe_3GeTe_2 的隧道结与自旋阀等原型器件也被广泛研究。同时,随着厚度变化,Fe_3GeTe_2 的磁各向异性和交换相互作用也产生显著变化,展现出多变的磁畴结构 (图 8.4(f))[13-15]。在较厚的 Fe_3GeTe_2 中,由于较大的偶极相互作用,可以在其中观察到斯格明子等拓扑磁畴结构。以 Fe_3GeTe_2 为基础,衍生出了 Fe_5GeTe_2[16]、$(Fe_{5-x}Co_x)GeTe_2$[17]、Fe_3GaTe_2[18] 等一类具有室温

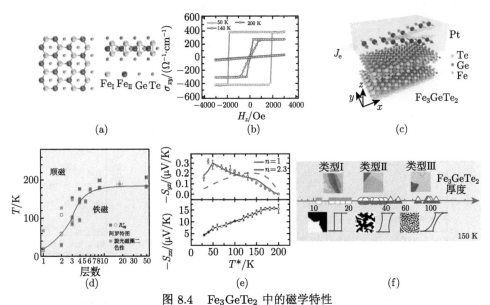

图 8.4 Fe_3GeTe_2 中的磁学特性

(a)Fe_3GeTe_2 单层的原子结构;(b)Fe_3GeTe_2 中的反常霍尔效应;(c)Fe_3GeTe_2/Pt 中 SOT 效应示意图;
(d)Fe_3GeTe_2 中的磁相图;(e)Fe_3GeTe_2 中的反常能斯特效应;(f)Fe_3GeTe_2 中磁畴结构随厚度的变化

居里温度的铁磁金属材料。这类材料通过引入更多的磁性原子或掺杂等手段,大大实现了居里温度的提升,同时保持了 Fe_3GeTe_2 的垂直各向异性,展现出了与 Fe_3GeTe_2 类似的自旋电子学现象。

3d 过渡金属二卤化物以 $1T\text{-}CrTe_2$ 为代表,是最早被发现的室温二维磁性材料之一,相关性质如图 8.5 所示。通过分析图 8.5(c) 中的形貌图与图 8.5(f) 中的拉曼峰[4],不难发现这一类材料的空气稳定性普遍极差,在薄膜材料的获得、器件的加工测试上都存在着一定的难度。同时,材料的特性与制备方法紧密相关。以 $1T\text{-}CrTe_2$ 为例,通过分子束外延的方法(图 8.5(a) 和 (d))可以获得垂直易磁化的样品[19],而通过单晶解离得到的样品则普遍具有面内易磁化的特点(图 8.5(b) 和 (e))[4]。除了 $1T\text{-}CrTe_2$,$1T\text{-}VSe_2$ 也被认为是具有面内易磁化的室温磁性二维材料[20]。但特殊的是,磁性只能在单层极限下存在,随着 $1T\text{-}VSe_2$ 厚度的增加,磁性反而退化消失。因此,对于 $1T\text{-}VSe_2$ 是否存在本征磁性,国际上仍有较大争议[21]。除上述材料外,也有 $1T\text{-}MnSe_x$[22]、$1T\text{-}CrSe_2$[23] 等材料被研究,但可能由于制备上的困难,研究仍十分缺乏。

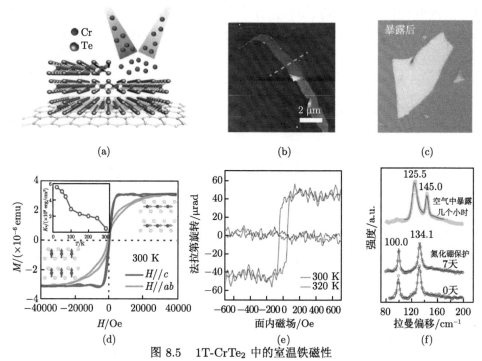

图 8.5　$1T\text{-}CrTe_2$ 中的室温铁磁性

(a) 分子束外延在石墨烯上合成 $CrTe_2$ 的过程示意图;(b) 单晶解离的薄层 $CrTe_2$ 的扫描探针显微镜结果;(c)$CrTe_2$ 薄层在空气中暴露后的形貌;(d) 分子束外延制备的 $CrTe_2$ 的室温磁滞回线;(e) 单晶解离薄层 $CrTe_2$ 的法拉第旋转结果,用于表征面内磁化;(f)$CrTe_2$ 氧化前后拉曼峰光谱。1 emu=1000 A/m

8.2.2 铁磁半导体

二维铁磁半导体材料主要是由以 $Cr_2Ge_2Te_6$ 为代表的一类窄带隙半导体材料组成。$Cr_2Ge_2Te_6$ 是间接带隙半导体，具有 0.6 eV 左右的带隙。$Cr_2Ge_2Te_6$ 具有海森伯型的铁磁性、较弱的面外磁各向异性以及 68 K 左右的体相居里温度。如图 8.6(a) 中的结构示意图，其较弱的面外磁各向异性来源于 Cr-Te 八面体的畸变以及 Cr 原子弱的自旋轨道耦合作用[2]。与 Fe_3GeTe_2 不同的是，由于较弱的磁各向异性，$Cr_2Ge_2Te_6$ 在厚度接近单层极限时，磁有序温度会急剧降低以至接近于 0。当施加一个微弱的面外磁场产生各向异性时，就可以使得磁性稳定存在 (图 8.6(b))。与 Fe_3GeTe_2 中类似，$Cr_2Ge_2Te_6$ 也可以通过 SOT 效应进行操控 (图 8.6(d))[24,25]，并且展现出更高的操控效率。在 $Cr_2Ge_2Te_6$ 厚层中也可以观察到类似于斯格明子的拓扑磁结构 (图 8.6(c))。基于其半导体性和晶体结构，$Cr_2Ge_2Te_6$ 是拓扑磁振子绝缘体，具有非平庸的拓扑磁振子能带，在磁振子能带交叉狄拉克点处带隙打开，并具有带隙内的拓扑边缘态 (图 8.6(e))[26]。与 $Cr_2Ge_2Te_6$ 同类型的 $Cr_2Si_2Te_6$[27] 也是二维铁磁半导体材料，具有 33 K 左右的体相居里温度。

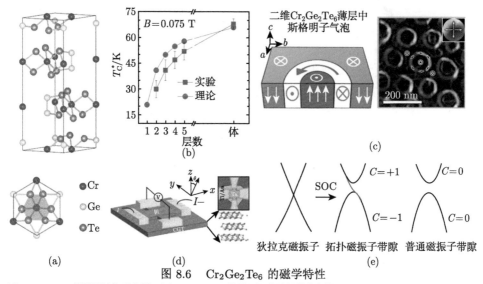

图 8.6 $Cr_2Ge_2Te_6$ 的磁学特性

(a)$Cr_2Ge_2Te_6$ 的原子结构示意图；(b)$Cr_2Ge_2Te_6$ 的居里温度随层数的变化；(c)$Cr_2Ge_2Te_6$ 中的拓扑磁结构；(d)SOT 效应翻转 $Cr_2Ge_2Te_6$ 的示意图；(e) 拓扑磁振子绝缘体能带示意图

除了 $Cr_2Ge_2Te_6$ 一类材料，VI_3[28]、α-$RuCl_3$[29] 也是具有铁磁性的半导体材料。VI_3 具有 0.7 eV 的带隙，如图 8.7(a) 所示，其在 77 K 左右会发生微弱的结构转变，在 50 K 左右会发生顺磁相到铁磁相的转变，在低于居里温度时具有面外磁各向异性。VI_3 也具有强的磁子声子耦合效应，具有显著的反常热霍尔效应

(图 8.7(b) 和 (c))[30]。α-RuCl$_3$ 具有量子自旋液体的属性。

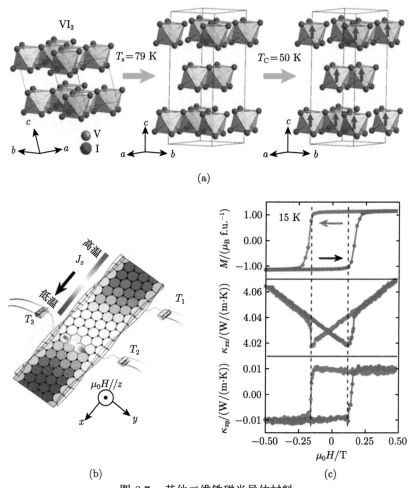

图 8.7 其他二维铁磁半导体材料

(a)VI$_3$ 中的结构转变和磁结构；(b) 热霍尔效应实验结构示意图；(c)VI$_3$ 中的热霍尔效应

8.2.3 反铁磁半导体

二维反铁磁半导体是目前二维磁性材料研究的热点体系之一，主要包括 CrX$_3$ (X = I、Br、Cl)、XPS$_3$ (X = Fe、Ni、Mn)、CrXY(X = O、S、Se；Y = Cl、Br、I) 三大类体系。与二维铁磁半导体相似，反铁磁半导体中也普遍具有强的磁子声子耦合效应。二维反铁磁半导体按磁结构可以分为两种，一种是层内具有铁磁耦合、层间反铁磁耦合的体系，这类材料主要包括 CrX$_3$ 和 CrXY，其反铁磁耦合强度弱，本征频率低，低于被磁场操控，是目前主要的研究对象。另一种层

8.2 典型二维磁性材料的类型与特点

内即为反铁磁耦合，主要是 XPS_3，其反铁磁耦合强，具有较高的本征频率。

CrX_3 是反铁磁半导体的代表材料，具有丰富的磁相和强的磁光效应。CrX_3 的每一层由边缘共享八面体的蜂窝网络组成，Cr 原子占据卤族原子构成的八面体的中心。在 CrX_3 块体材料中，随着温度降低，存在着由单斜相到菱方相的结构转变 (图 8.8(a))。从层状结构的角度分析，即为 CrX_3 层间堆垛次序的转变，由 AB′ 堆垛变为 AB 堆垛 (图 8.8(b))。CrI_3 的转变温度在 220 K[31]，$CrBr_3$ 在 420 K[32]，$CrCl_3$ 在 240 K[33]。而通过单晶解离成薄层后，可能受到胶带在解离过程中施加的压力，这种结构转变消失，薄层材料将保持体相的层间堆垛磁序和晶体结构。CrX_3 一类材料层内都具有铁磁耦合，而其层间磁耦合受到堆垛顺序的影响，磁各向异性因受到卤族元素自旋轨道耦合强度的不同而不同，磁有序的温度也随着卤族元素周期的升高而提高。

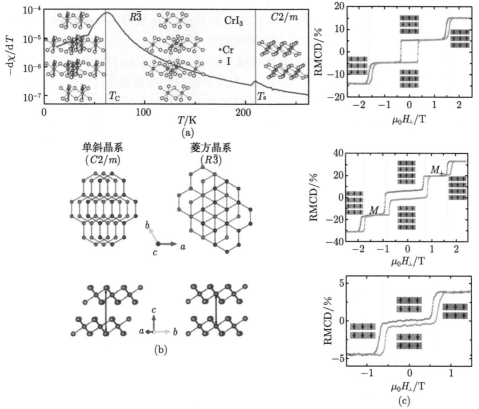

图 8.8 CrI_3 材料的基础性能
(a)CrI_3 体相的结构转变和磁结构；(b) 两种晶体结构下的原子堆垛次序；
(c)CrI_3 薄层中的反铁磁耦合和磁场操控

CrI_3 具有伊森型磁性，块体磁有序温度约为 61 K[34]，块体在低温下表现出铁磁性,而薄层材料在低温下由于具有与块体不同的层间堆垛磁序而表现出层间反铁磁耦合,是典型的 A 型反铁磁材料。由于二维 CrI_3 层间范德瓦耳斯力结合,反铁磁耦合较弱,1 T 以内的磁场就可以将反铁磁耦合翻转为铁磁耦合 (图 8.8(c))[3,6]。那么在多层的 CrI_3 样品中可以通过磁场操控得到多种磁状态。由于 I 元素较强的自旋轨道耦合,CrI_3 具有面外的磁各向异性[34],在磁结构上与垂直易磁化的人工反铁磁多层膜十分类似。虽然 CrI_3 磁结构丰富,但由于 Cr 与 I 元素成键的不匹配,其空气稳定性极差[35]。$CrBr_3$ 与 CrI_3 相似,同样具有面外的磁各向异性,块体磁有序温度约为 37 K[36]。但由于 $CrBr_3$ 块体结构转变温度高于室温,其薄层材料与块体具有相同的堆垛磁序和层间磁耦合,在低温先都表现为铁磁性。$CrCl_3$ 和 CrI_3 在块体和薄层中都具有相同的堆垛磁序和晶体结构,其块体在低温下是铁磁性,薄层则是 A 型反铁磁。由于 Cl 元素周期较低,自旋轨道耦合强度较弱,$CrCl_3$ 块体的磁有序温度较低,约为 17 K[37,38]。而 $CrCl_3$ 磁各向异性由形状各向异性决定,为面内磁各向异性[38]。从而其单层的磁结构更接近二维 XY 模型,可能存在拓扑的涡旋磁结构[33,37]。

XPS_3 一类材料带隙较大,材料绝缘性较强。如图 8.9(a) 所示,单层中磁性原子 X 构成六边形蜂巢结构,而 P_2S_6 阴离子团分布在磁原子层两侧。XPS_3 层内是反铁磁耦合,层间是铁磁耦合,但磁性原子的不同会导致层内的交换相互作用不同,导致了不同的层内反铁磁结构。$MnPS_3$ 为奈尔型反铁磁 (图 8.9(a))[39],而 $FePS_3$(图 8.9(b))[39-41] 和 $NiPS_3$ (图 8.9(c))[42-44] 为之字型反铁磁。磁各向异

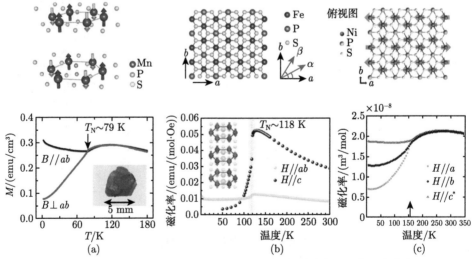

图 8.9 (a)$MnPS_3$、(b)$FePS_3$ 和 (c)$NiPS_3$ 的磁结构和磁化温度曲线

8.2 典型二维磁性材料的类型与特点

性同样因为磁性元素的不同而相差甚远。$FePS_3$ 具有强的面外磁各向异性，$NiPS_3$ 的磁易轴在面内且倾向于沿着之字型链的方向排列，而 $MnPS_3$ 表现出较弱的面外磁各向异性，倾向于各向同性。XPS_3 这一类材料由于绝缘性较好，是研究磁子输运的理想体系。

CrXY 是近几年一种新型的反铁磁半导体材料，目前实验上制备的包括 CrOCl 和 CrSBr 两种材料，而 CrSeI 仍处于理论研究的范畴。如图 8.10(a) 所示，CrXY 与传统二维磁性材料的结构有所不同，层内由两层 Cr 元素与硫族元素 X 交替的各向异性的网结构组成，两侧再与卤族元素 Y 成键，具有低对称性的正交结构。$CrOCl^{[45,46]}$ 也隶属于过渡金属卤氧化物 MOX(M = Sc、Ti、V、Cr、Fe；X = Cl、Br)，这一类材料种类丰富，但由于奈尔温度较低，仅在 10 K 左右，限制着相关研究的广泛开展。CrSBr 是典型的 A 型反铁磁，具有块体超过 150 K，单层接近

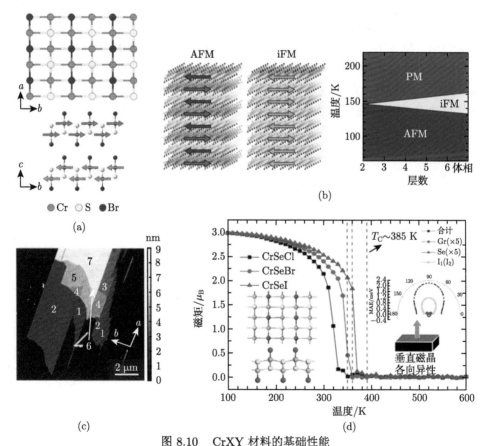

图 8.10 CrXY 材料的基础性能

(a)CrSBr 的晶体结构和磁结构；(b)CrSBr 的磁相转变；(c) 解离后的 CrSBr 薄层的晶体学取向；(d) 计算得到的 CrSeX(X = Cl、Br、I) 的磁化温度曲线

150 K 的奈尔温度 (图 8.10(b))[47]。CrSBr 较高的奈尔温度和稳定的反铁磁性使其成为近期二维反铁磁材料研究的主要目标体系。同时 CrSBr 具有较高的空气稳定性[48], 其薄层材料在空气中长期暴露后仍可以保证结构不变化和磁性不退化。由于具有面内各向异性的晶体结构, CrSBr 表现出面内磁各向异性且磁易轴沿 b 轴, 即晶体学 [010] 方向。通过单晶解离的方法获得的二维材料薄层普遍形状不确定, 这就使得判断解离后薄层的晶体学取向十分困难, 限制了晶体学相关性的研究。而特殊的是, 如图 8.10(c) 所示, CrSBr 通过单晶解离得到的薄层大体都呈现规则的长方形形状, 长边对应 a 轴, 短边对应 b 轴, 因此其磁易轴的方向也可以随之确定。这种特性为 CrSBr 的研究提供了便利。这一族材料中还有很多成员被理论预测具有室温以上的奈尔温度[49,50], 如 CrSeI, 但目前仍没有在实验上制备类似材料。

除了以上三大类材料, 以 $MnBi_2Te_4$ 为代表的一类二维反铁磁拓扑绝缘体材料 XBi_2Te_4(X=V、Mn、Eu) 也是研究热点。如图 8.11(a) 所示, 其单层结构可以理解为由一层 XTe 双原子层插入 Bi_2Te_3 层间的七原子层构成[51]。这类材料具有层内铁磁耦合和层间反铁磁耦合的磁性特征。$MnBi_2Te_4$ 具有垂直易磁化, 是实现量子反常霍尔效应的理想体系 (图 8.11(b) 和 (c))[52-54]。除此之外, $CrPS_4$ 也是一种 A 型反铁磁绝缘体材料, 具有面外磁各向异性和 40 K 左右的块体磁有序温度[55]。与 CrI_3 等材料相比, $CrPS_4$ 具有较强的层间反铁磁耦合, 在 0.7 T

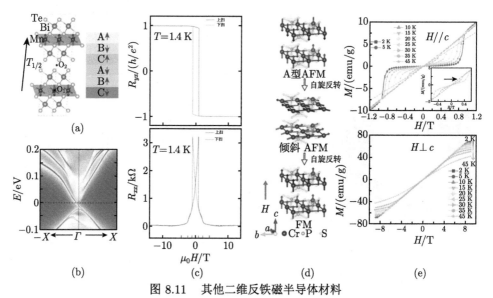

图 8.11 其他二维反铁磁半导体材料

(a)$MnBi_2Te_4$ 的晶体结构和磁结构; (b)5 层 $MnBi_2Te_4$ 的拓扑边缘态; (c)5 层 $MnBi_2Te_4$ 中的量子反常霍尔效应; (d)$CrPS_4$ 的晶体结构和随面外磁场场变化的磁结构; (e)$CrPS_4$ 沿面内面外的磁滞回线

左右的磁场下发生自旋转向, 在 8 T 磁场以上磁矩饱和, 体现出更鲜明的反铁磁特性 (图 8.11(d) 和 (e))。$CrPS_4$ 层内对称性破缺的结构使其对于偏振光敏感, 在光致发光和光探测方面也有突出的性能 [56]。

8.3 二维磁性的表征技术

目前, 通过机械剥离和化学气相沉积等主要制备手段得到的二维磁性薄层材料的面积仍较小, 普遍在十几微米尺度, 这就使得对于二维磁性薄层材料的结构与磁性的表征较为困难。常用的表征结构的方法与表征宏观磁性的方法, 如 X 射线衍射、振动样品磁强计 (VSM)、超导量子干涉器件 (SQUID) 等, 对二维磁性薄层材料的表征仍不可行。目前, 主要是通过电学输运和光学的手段对二维磁性薄层的磁性与微观结构进行表征。

8.3.1 电学技术

电学输运是表征二维薄层材料磁性的主要手段之一, 可以通过微纳加工的方式将材料加工成器件, 通过电学的输运特性, 如电阻、电流等, 对材料磁性进行表征。主要包括反常霍尔效应、各向异性磁电阻效应、隧道磁电阻效应以及铁磁共振。

反常霍尔效应与各向异性磁电阻效应是表征二维磁性材料, 尤其是铁磁金属的有效手段。在材料表面通过微纳加工的手段搭建电极, 或者将材料转移到预先制备好的电极上, 就可以通过霍尔电阻 (图 8.12(a))[5,18] 和径向电阻 (图 8.12(b))[4] 反映材料的磁化状态、磁各向异性以及磁有序温度等基本磁学特征。由于二维铁磁金属材料大多具有拓扑能带结构, 可以产生更为显著的反常霍尔效应。霍尔电阻与径向电阻的高低可以用来判断磁化状态, 通过观察霍尔电阻与径向电阻回线形状随磁场方向的变化可以判断磁各向异性, 而反常霍尔效应消失或各向异性磁电阻效应变为正常磁电阻效应的临界温度可以用来估计磁有序温度, 如图 8.12(c) 所示。对于带隙较小的二维磁性半导体, 如铁磁 $Cr_2Ge_2Te_6$[57] 和反铁磁 $CrSBr$[58], 则可以直接通过各向异性磁电阻效应来反映磁性。也可以利用磁近邻效应对二维磁性半导体进行表征, 将具有强自旋轨道耦合的非磁材料和二维磁性半导体构筑成异质结, 界面上的近邻效应使非磁材料产生磁性, 从而通过表征近邻出的磁性来反映二维磁性半导体的磁性。最具代表性的材料是二维铁磁半导体 $Cr_2Ge_2Te_6$, 可以通过重金属 Pt、W(图 8.12(d))[24,59] 和拓扑绝缘体 Bi_2Se_3 的近邻效应来表征 $Cr_2Ge_2Te_6$ 的磁性 (图 8.12(e))[60]。

隧道磁电阻效应可以用来表征 A 型二维反铁磁半导体材料。如图 8.13(a) 所示, 隧穿电子通过磁性层会携带自旋, 当自旋极化的隧穿电子由一层铁磁层进入

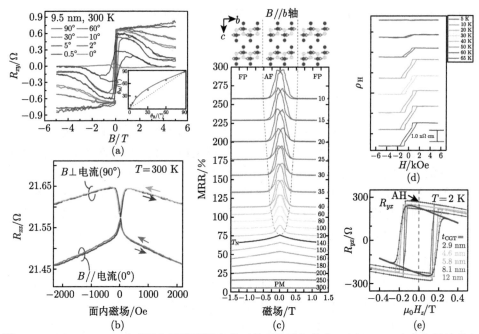

图 8.12 (a)Fe_3GaTe_2 在磁场和面外不同夹角下的反常霍尔效应；(b)$CrTe_2$ 中各向异性磁电阻效应；(c)CrSBr 在不同温度下的沿磁易轴方向的磁电阻效应；(d)$Cr_2Ge_2Te_6$/Pt 中的反常霍尔效应；(e)$Cr_2Ge_2Te_6$/$(Bi_{1-x}Sb_x)_2Te_3$ 中的反常霍尔效应

另一层铁磁层时，隧穿电流会随着两层铁磁层磁矩的方向而改变。当两层铁磁层磁矩平行时，隧道结具有较大的隧穿电流和较小的隧穿电阻；当两层铁磁层反平行时，则相反，具有较小的隧穿电流和较大的隧穿电阻。那么具有层内铁磁耦合的 A 型反铁磁就相当于多层铁磁半导体层相叠，在材料的顶部和底部加工电极，就可以通过隧道磁电阻效应反映材料中层与层之间磁矩平行或反平行的状态。最常用的电极材料是石墨烯，其具有高的载流子迁移率并且可以与其他二维材料具有良好的接触。对于 A 型二维反铁磁半导体材料，由于材料自旋极化率高，并且伴随着磁能带效应，由这种类似于自旋过滤效应产生的隧道磁电阻效应普遍较大，例如在 CrI_3 体系中可以观察到由磁化翻转产生的 19000%[6]、95300%[7] 甚至高达 1000000%[61] 的磁电阻效应。同时，在层与层之间逐层翻转的过程中，可以观察到多级隧穿电阻状态 (图 8.13(b))。

铁磁共振是反映材料磁动力学的有效途径，通过施加额外的微波磁场给予磁矩扰动，那么在对应外磁场下磁矩就会发生进动，可以通过探测微波能量的吸收 (图 8.14(b)) 或者交变电流来反映铁磁共振。铁磁共振对于二维磁体磁矩动力学的表征同样适用，可以反映材料磁振子的色散关系 (图 8.14(c))、材料中的磁耦合以及磁有序温度。对于二维磁性块体，如图 8.14(a) 所示，可以将晶体直接贴在

8.3 二维磁性的表征技术

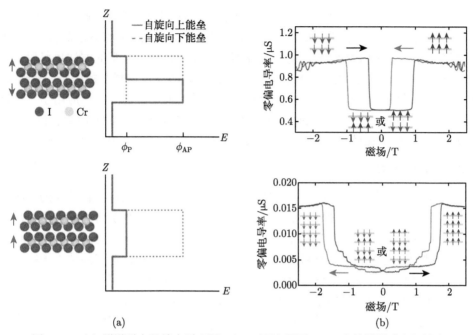

图 8.13 (a) 隧道磁电阻效应原理图；(b) 两层与四层 CrI_3 中的隧道磁电阻效应

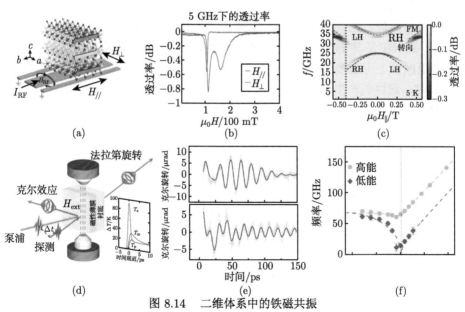

图 8.14 二维体系中的铁磁共振

(a) 共面波导测试铁磁共振示意图；(b)$CrCl_3$ 共振的微波透射曲线；(c)$CrBrS$ 的色散关系；(d) 光学探测铁磁共振示意图；(e) 由激光激发，磁光克尔效应探测的 CrI_3 在 1.5 T(上部分) 和 3.75 T(下部分) 磁场下的磁矩进动；(f) 光学铁磁共振获得的 CrI_3 的色散曲线

地-信号-地 (GSG) 的宏观共面波导上，通过微波产生的奥斯特场激发铁磁共振。对于二维薄层材料，则需要通过微纳加工制备共面波导。这时如果是金属材料，则需要在薄膜表面加工绝缘层，防止波导短路。除此之外，光学的方法也可以用来激发和探测铁磁共振 (图 8.14(d)~(f))。通过激发激光使得样品的磁矩发生进动，再通过时间分辨的光学手段去探测磁矩的进动。目前，铁磁共振已应用于二维铁磁磁性材料的研究[62-65]，同时由于二维 A 型反铁磁材料本征频率较低 (在 GHz 的水平)，铁磁共振的方法同样适用，如 CrX_3(X =I、Br、Cl)[66,67]、CrSBr[68]。

8.3.2 光谱技术

光谱学手段具有较高的空间分辨率，广泛应用于二维磁性材料薄层的结构和磁性表征，并可以实现区域扫描，反映了二维磁性材料的微观结构或磁结构。

拉曼 (Raman) 光谱的方法是表征材料微观结构的有效手段，可以通过材料中共价键的振动模式反映材料的结构。目前，对于二维磁性薄层的结构表征，拉曼光谱学是替代 X 射线衍射的有效手段，其相比于透射电子显微镜更加便捷，广泛应用于表征二维磁性薄层的空气稳定性 (图 8.15(a))。除此之外，二维磁性材料中磁矩的引入会产生磁激子并影响声子的行为，导致磁子声子耦合、布里渊区折叠现象。因此，二维磁性材料的磁性同样可以间接地通过拉曼光谱来表征，并且适用范围广，可以用来观测多种磁性相关现象。最普遍地，二维磁性材料的拉曼峰的频率或形状会在磁有序温度上下发生明显的变化。例如低温下磁性的引入导致磁振子散射，$Cr_2Ge_2Te_6$ 的 E_g^1 模式[69]与 $MnPSe_3$ 的 E_g^2 模式[70]会产生劈裂。通过磁场将 $FePS_3$ 由反铁磁排列向铁磁排列也会观察到类似的现象[71]。由于居里温度上下交换相互作用的变化，Fe_3GeTe_2 的 A_{1g} 模式峰位会发生偏移[72]。同时，磁性的产生会在拉曼张量中引入非对称元，从而对二维磁性材料，如 CrX_3(X = Cl、Br、I) 的拉曼光谱的偏振相关性产生影响[73,74]。

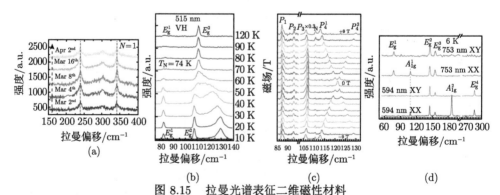

图 8.15 拉曼光谱表征二维磁性材料

(a) 拉曼光谱对于单层 CrSBr 稳定性的表征；(b)$MnPSe_3$ 在磁有序温度下产生的拉曼峰位劈裂；(c)$FePS_3$ 在磁场下产生的拉曼峰位劈裂；(d)$CrBr_3$ 在不同偏振光下的拉曼光谱

8.3 二维磁性的表征技术

磁光克尔效应和磁圆二色谱 (MCD) 是对于铁磁矩表征的有效手段,具有表面敏感性和较高的空间分辨率,可以进一步表征材料的磁畴结构。如图 8.16(a) 中所示,这两种方法都是探测线偏振入射光的偏振和椭圆度的变化,磁光克尔效应的信号源于由样品磁化引起的左右圆偏振光的不同光学折射率,而磁圆二色谱则与左右圆偏振光吸收的不同有关[75]。这两种手段对于面外净磁矩较敏感,普遍应用于表征垂直易磁化的铁磁,如 $Cr_2Ge_2Te_6$[2,76,77]、Fe_3GeTe_2(图 8.16(c))[13,78,79],或 A 型反铁磁二维磁性材料,如 CrI_3(图 8.16(b))[3,36,80]。对于面内易磁化的材料,可以通过施加垂直外磁场使其产生面外净磁矩。与磁光克尔效应相比,磁圆二色谱的测量包括了光导率的实部而非虚部,其测试结果较少受到光学透镜系统和不同界面中的双折射和干涉的影响。进一步,将磁圆二色谱的激光光源替换成 X 射线而发展出了更有力的手段 (图 8.16(d))。由于 X 射线与激光相比具有更高的光子能量,X 射线磁圆二色谱 (XMCD) 可以探测与磁性相关的内壳层电子跃迁和电子态,它还可以表征二维磁体的面内磁化。同时通过 XMCD 可以获得元素可分辨的测量结果,并分析磁性原子的自旋和轨道动量 (图 8.16(e) 和 (f))[81,82]。

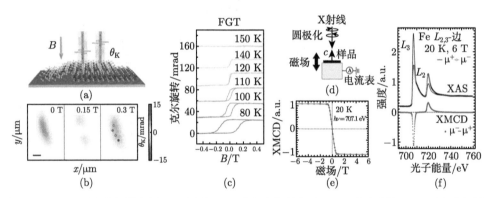

图 8.16　(a) 磁光克尔效应原理示意图;(b) 磁光克尔效应对 CrI_3 磁畴成像;(c) 磁光克尔效应表征的 Fe_3GeTe_2 不同温度下的磁滞回线;(d)XMCD 原理示意图;(e)Fe_5GeTe_2 中 Fe 元素 XMCD 信号随磁场大小的变化;(f)Fe_5GeTe_2 中 Fe 元素 X 射线吸收谱和 XMCD 信号

光致发光 (PL) 测量也可以探测具有面外磁化的二维磁性半导体,主要有两种方法。一种是利用线偏振入射光作为光源,检测左圆偏振和右圆偏振发射光,这种偏振检测光的归一化强度差取决于样品磁化。另一种是使用圆偏振光作为光源,检测左或右圆偏振发射光,以自旋偏振态的平均发光强度作为参考,样品磁化可由检测到的发光强度和参考强度之间的相对差异来表征。与磁光克尔效应和磁圆二色谱相比,光致发光来表征磁性的物理基础比较难阐明,其中不同的弛豫过程和可能的俘获态将同时影响测量结果。目前第一种方法的光致发光测试主要用于表征 CrI$_3$ 及其相关体系 (图 8.17(a))[73]，可以在光致发光中观察到类似于磁滞回线的滞回曲线。而圆偏振的入射光可以通过探测二维半导体中的激子激发来表征在 K 空间谷子的不平衡，即谷子发生劈裂，从而反映二维半导体中的磁近邻效应 (图 8.17(b))[83] 以及自旋注入 (图 8.17(c))[84]。此外，第二种光致发光测试也已应用于表征具有较弱磁各向异性的 CrBr$_3$[85]。

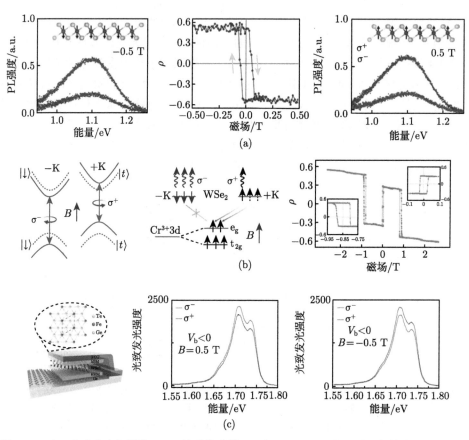

图 8.17　(a) 光致发光探测的 CrI$_3$ 的磁化翻转；(b)WSe$_2$/CrI$_3$ 中由磁近邻效应导致的自旋谷子锁定以及谷子相关的光学选择性，通过光致发光表征 WSe$_2$ 中谷子的劈裂；(c) 光致发光探测的由 Fe$_3$GeTe$_2$ 中向 WSe$_2$ 中的自旋注入

二次谐波产生 (SHG) 对于反演对称性破缺具有敏感性，已被用于表征缺乏反演中心的二维磁性材料。特别是，在一些二维磁性薄层中，磁序将打破空间反转对称性，使 SHG 测量能够表征其磁性。比如偶数层的 CrI$_3$，如图 8.18(a) 所示，A 型反铁磁序打破了反演对称性，可以产生显著的二次谐波信号 (图 8.18(b))[86]。相似地，在 MnPS$_3$ 中，低于奈尔温度后，奈尔反铁磁性的引入会导致二次谐波

8.3 二维磁性的表征技术

的反常增加 (图 8.18(c) 和 (d))[87]。除此之外，偏振的 SHG 还可用于分辨材料的堆垛磁序。例如，圆偏振分辨与线偏振分辨的 SHG 都可以表征 CrI_3 为菱方晶系还是单斜晶系。

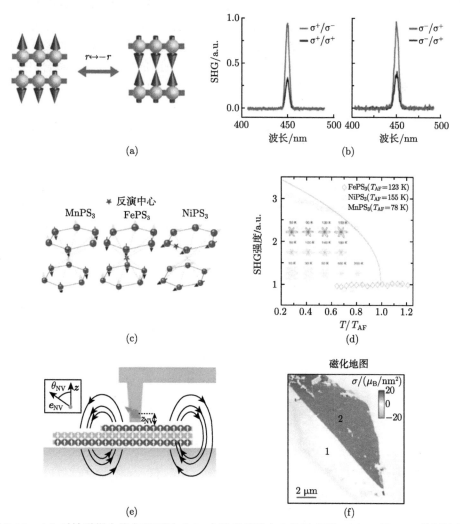

图 8.18 (a) 反铁磁耦合状态下双层 CrI_3 中缺乏反转中心的示意图；(b) 双层 CrI_3 的圆偏振分辨 SHG 测量；(c) 与 $FePS_3$ 和 $NiPS_3$ 相比，$MnPS_3$ 在磁有序态下缺乏反转中心的展示；(d) 体相 $MnPS_3$、$FePS_3$ 和 $NiPS_3$ 的极性图中，沿相对于横轴逆时针 $60°$ 方向的温度相关 SHG 强度，内插图显示了这三种化合物在不同温度下的极坐标图；(e)SSSM 测量的示意图，灰色箭头表示金刚石氮空位中的单自旋，z_{NV} 表示尖端和表面之间的距离，θ_{NV} 和 e_{NV} 分别表示单自旋方向的角度和样品中的力矩；(f) 使用 SSSM 测量的 CrI_3 样品的磁化图谱，其中 1 和 2 分别表示该 CrI_3 样本中的双层和三层部分

扫描单自旋磁强计 (SSSM) 的尖端在金刚石氮空位的中心配备了一个单自旋，作为纳米级量子探针，它在样品表面上近距离扫描以读取磁性信息。扫描单自旋磁强计具有纳米级的空间分辨率和高灵敏度，同时还可以用于定量分析样品的磁性。样品磁矩的定量测定是通过金刚石中氮空位缺陷的自旋选择性发光过程实现的，该过程基于自旋亚能级的场相关塞曼分裂，并通过逆传播过程进一步获得样品磁化强度。这些优点使得扫描单自旋磁强计在二维磁性材料的表征中具有重要意义。目前，扫描单自旋磁强计可用于表征 CrI_3 的层间反铁磁耦合，并且可以用来观察精细的磁结构[88]。

8.4 二维磁性的多场调控

二维磁性材料具有大的比表面积、原子级平整的界面和高的柔性，同时其磁基态和交换耦合强度对对称性、电荷分布、费米能级、价态、轨道占据、轨道杂化、能级、电子跳跃路径等因素都非常敏感。基于以上特点，二维磁性材料的磁学性能可以通过多种手段，如电场、应变、化学修饰，进行大幅度有效调控 (图 8.19)。

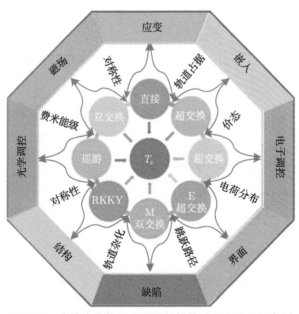

图 8.19　多维度调控二维磁性材料的手段和原理示意图

8.4.1　电压调控

电压调控包括通过电场效应引起的静电或离子掺杂对二维磁性材料中的费米能级、载流子浓度进行调控，从而有效地对二维磁性材料的磁有序温度、磁各向异性以及磁交换相互作用进行调控。通过栅极电压产生的电场调控可以对二维磁性半导体，如 CrI_3，产生调控。而由于屏蔽效应，栅极操控并不适用于二维磁性金属材料。如图 8.20(a) 所示，通过电场引起的静电掺杂，可以实现对单层和双层 CrI_3 的饱和磁化、矫顽力以及居里温度的调控。通过施加负向电场实现电子掺杂可以提升 CrI_3 的磁性 (图 8.20(b))[89]，而通过引入空穴掺杂则抑制其磁性。但这种静电掺杂的调控幅度较小，只能使得磁有序温度在 40~50 K 的范围内变化。同时电子掺杂的引入会削弱层间的反铁磁耦合，使得其向铁磁耦合转变 (图 8.20(c))[86,89]。

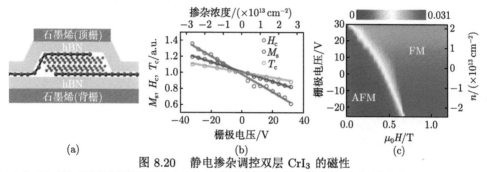

图 8.20 静电掺杂调控双层 CrI_3 的磁性

(a) 给 CrI_3 施加双栅压的器件示意图；(b)CrI_3 双层的矫顽场、磁化强度和居里温度随掺杂浓度和栅极电压大小的变化；(c)MCD 探测的 CrI_3 双层层间耦合随栅极电压和掺杂浓度的变化

相比于单纯的栅极电压引起静电掺杂，通过使用离子介质形成双电层产生的静电调控可以更有效地实现电子与离子掺杂 (图 8.21(a))，对于二维磁性材料的磁有序温度等性能的调控更加显著，并且对于二维磁性金属同样适用。离子介质包括离子液体、离子胶、固态电解质、离子电极等。使用离子液体二乙基甲基-(2-甲氧乙基) 铵基双 (三氟甲磺酰基) 酰亚胺 (DEME-TFSI) 可以调控二维铁磁半导体 $Cr_2Ge_2Te_6$ 薄层的磁各向异性和饱和磁化强度 (图 8.21(b))[90]。然而，可能由于在调控费米能级的同时自旋极化能带结构发生了再平衡，$Cr_2Ge_2Te_6$ 的居里温度没有被调控。进一步使用基于离子液体的聚合物凝胶可以在 $Cr_2Ge_2Te_6$ 中获得更高的电子掺杂浓度。由离子胶导致的高浓度掺杂将 $Cr_2Ge_2Te_6$ 的居里温度由 65 K 左右提升到了 200 K 左右，同时半导体性消失，变为金属性，磁各向异性也由垂直易磁化转变为面内易磁化 (图 8.21(c))[91]。高浓度掺杂为 $Cr_2Ge_2Te_6$ 中的超交换相互作用提供了间接的媒介，从而大幅度影响了材料的特性。虽然通过以上方法对二维磁性半导体有了显著的调控，但由于离子液体或离子胶所引起的掺杂只发生在表面，给异质结的搭建制造了困难。为了克服这一困难，研究者进一步发展了离子电极的方法 [57]。使用固态锂离子导体作为栅极，通过施加栅极电压使离子发生迁移，同样可以将 $Cr_2Ge_2Te_6$ 的居里温度大幅度提升到 180 K，

如图 8.21(d)~(f) 所示。

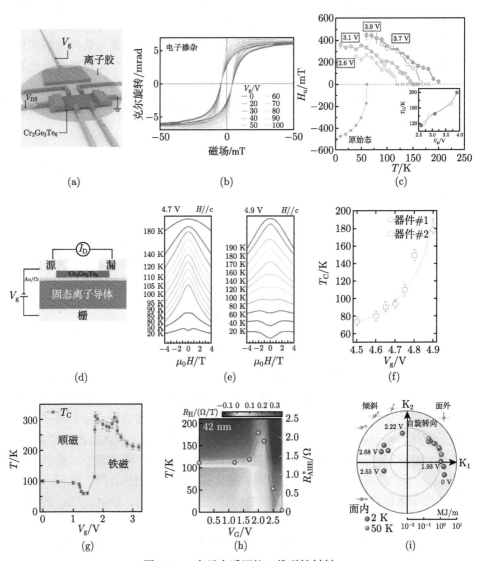

图 8.21 离子介质调控二维磁性材料

(a) 离子液体或离子胶调控二维磁性材料示意图；(b) 以离子液体为介质，不同电压和载流子密度下，$Cr_2Ge_2Te_6$ 的磁滞回线；(c) 以离子胶为介质，不同电压和温度下 $Cr_2Ge_2Te_6$ 面内面外饱和磁场差别 $H_u(H_u = H_{sat}^{\perp} - H_{sat}^{//})$ 的变化，内插图展示了随电压大小变化的居里温度；(d) 离子导体作为调控介质的示意图；(e) 对于离子导体作为栅极施加的不同电压下 $Cr_2Ge_2Te_6$ 的磁电阻曲线；(f) 对于离子导体作为栅极施加的不同电压下 $Cr_2Ge_2Te_6$ 的居里温度的变化；(g) 锂离子介质调控 Fe_3GeTe_2 居里温度；(h)Fe_5GeTe_2 居里温度随施加在锂离子电解质上电压的变化；(i)Fe_5GeTe_2 磁易轴方向随施加在锂离子电解质上电压的变化

8.4 二维磁性的多场调控

以离子载体为介质的电压调控除了对二维磁性半导体材料有显著的效果外，对于二维铁磁金属通常也适用。在 Fe_3GeTe_2 薄层两侧都覆盖固态电解质 $LiClO_4$，通过电场下产生高浓度的电子掺杂可以将 Fe_3GeTe_2 的居里温度提升至室温（图 8.21(h)）[5]。同样的电子掺杂可以连续调控 Fe_5GeTe_2 的磁各向异性（图 8.21(i) 和 (j)）[92]。

8.4.2 应变调控

二维磁性材料的磁学性能与晶体结构，如键长、键角、层间距和堆叠顺序，有着密切的关系。同时，二维磁性材料具有层状结构和良好的延展性，其结构可以被应变有效调控，从而导致磁性发生变化。目前通过静压和衬底来对二维磁性材料施加应变，可在多种材料体系中实现应变对磁性的显著调控。

在高压下，二维磁性材料 $Cr_2Ge_2Te_6$ 和 Fe_3GeTe_2 的磁性有所减弱，居里温度降低。在 $Cr_2Ge_2Te_6$ 中，面内的 Cr—Te—Cr 键角从 90° 偏向 180°，导致铁磁超交换相互作用被削弱，磁性被削弱（图 8.22(a)）[93]。同时，键长的变化导致在压力达到 2 GPa 以上后，垂直易磁化变为面内易磁化（图 8.22(b)）[94]。但进一步提升压力超过 4 GPa 后，$Cr_2Ge_2Te_6$ 的居里温度反而逐渐上升，到达 6 GPa 时，

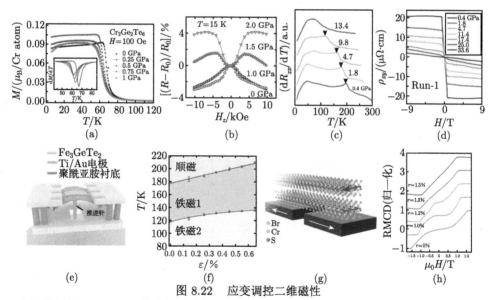

图 8.22 应变调控二维磁性

(a) 不同压强下 $Cr_2Ge_2Te_6$ 的磁化温度曲线；(b) 不同压强下 $Cr_2Ge_2Te_6$ 的磁电阻效应；(c) 不同压强下 Fe_3GeTe_2 的电阻率对温度的导数随温度的变化；(d) 不同压强下 Fe_3GeTe_2 的反常霍尔效应；(e) 通过柔性衬底和外加设施对二维材料施加应变的示意图；(f) Fe_3GeTe_2 的磁相转变温度随应变的变化，铁磁 1 指单畴铁磁态，铁磁 2 指迷宫畴铁磁态；(g) 对 CrSBr 施加面内应变示意图；(h) 不同应变下通过旋光磁圆二色性 (RMCD) 测试的 CrSBr 的磁滞回线

被提升至 200 K 以上。在加压的过程中，除了键长、键角的变化，$Cr_2Ge_2Te_6$ 逐渐由半导体向费米金属转变。由于 $Cr_2Ge_2Te_6$ 的价带顶和导带底主要由 Te 的 p 轨道和 Cr 的 d 轨道占据，高压下的金属绝缘体转变降低了层内超交换相互作用所需的 Cr-Te 之间电荷转移的势垒，从而实现了居里温度的大幅度提升 [95]。对于 Fe_3GeTe_2，磁性的减弱可能是由高压下自旋劈裂能带和磁矩大小被削弱导致的 (图 8.22(c) 和 (d)) [96]。除此之外，高压可以导致 CrI_3 薄层材料的结构转变，由单斜相向菱方相转变。相对应地，层间耦合由反铁磁耦合向铁磁耦合转变 [97,98]。

通过衬底的形变同样可以对二维磁性材料产生较大的可逆结构变化。实验上通过柔性衬底 (如聚酰亚胺)，以及一些施加机械应变的设施，可以在二维磁性材料上施加可变的单轴应力，对二维磁性材料的磁各向异性和交换相互作用产生调制。在二维铁磁金属 Fe_3GeTe_2 中，通过施加面内单轴应变，可以增强其磁各向异性，从而提升其矫顽力以及居里温度 [99]。对于二维 A 型反铁磁 CrSBr，面内的单轴拉应变则会削弱层间反铁磁耦合，使其向铁磁耦合转变 [100]。

8.4.3 成分调控

对于具有有限相宽和同构化合物的传统磁性材料，改变化学计量比和元素取代等方法已被广泛用于调节磁性。二维磁体家族的一些成员也具有有限的相位宽度，这使得这两种方法在磁性调制方面是可行的。Fe_xGeTe_2 中的 Fe 含量可以在有限的范围内变化，导致磁性能的同步变化。以 Fe_3GeTe_2 为例，磁性受到 Fe 含量的影响，Fe 含量下降显著降低了薄片中的居里温度和矫顽力 (图 8.23(b))。例如，在 20 K 以下，$Fe_{2.7}GeTe_2$ 的矫顽力低于 1 kOe，而在 Fe_3GeTe_2 中矫顽力高于 3 kOe [101]。通过提高 Fe 含量得到的 Fe_5GeTe_2 则具有了室温的居里温度 [16,102]。Fe_3GeTe_2 的磁各向异性随着 Fe 含量的降低而降低，引起矫顽力的降低，这是 Fe 含量引起电子结构变化所导致的。同时，元素取代也会影响体相 Fe_xGeTe_2 的磁性。通过 Co 取代以增加畴壁能，进一步提高了体相 Fe_3GeTe_2 的矫顽力 [103]。相反，由于 Ni 的稀释作用，Ni 掺杂则会抑制 Fe_3GeTe_2 的铁磁性，使居里温度降低和磁矩减小 [104]。同样地，通过 Co 的掺杂可以调控 Fe_5GeTe_2 的层间耦合，在特定浓度下获得室温的 A 型反铁磁性。除了改变磁性元素的组分，替换非磁元素也会对居里温度产生显著调控，用 Ga 替换 Ge 将提升居里温度，得到室温的铁磁二维材料 [18]。

除 Fe_xGeTe_2 外，元素置换也可用于调节其他二维磁性材料。$CrCl_3$ 中用 Br 取代 Cl 将导致居里温度随 Br 含量的线性增加，并将把磁易轴由面内调至面外。这是由于 Br 的原子半径和自旋轨道耦合强度较大，增强了 $CrCl_3$ 中的超交换相互作用 (图 8.23(c)) [105]。

8.4 二维磁性的多场调控

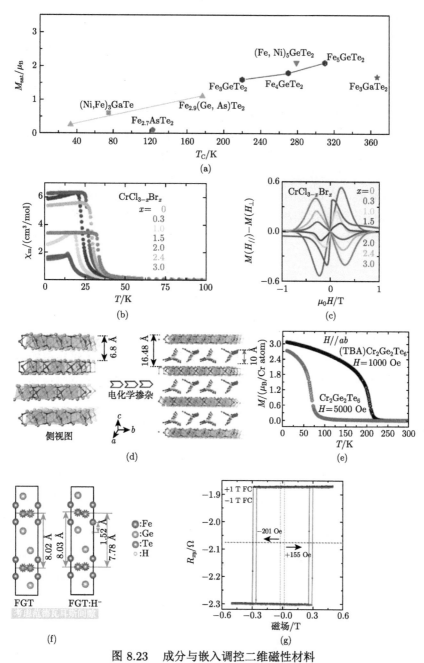

图 8.23 成分与嵌入调控二维磁性材料

(a) 不同组分下 Fe_xGeTe_2 的居里温度；(b) $CrCl_{3-x}Br_x$ 的居里温度随 Br 比例的变化；(c) $CrCl_{3-x}Br_x$ 的磁各向异性随 Br 比例的变化；(d) $Cr_2Ge_2Te_6$ 通过电化学方法层间嵌入 TBA 的示意图；(e) 嵌入 TBA 对 $Cr_2Ge_2Te_6$ 居里温度的增强；(f) Fe_3GeTe_2 层间质子嵌入对层间距离的影响；(g) 质子嵌入后 Fe_3GeTe_2 中产生的自交换偏置现象

8.4.4 嵌入调控

由于范德瓦耳斯间隙的存在和弱的层间相互作用，二维材料是各种嵌入体的理想载体材料，包括小离子、原子和分子。化学嵌入和电化学嵌入是制备插层体系的两种常用方法。在二维磁性材料中，嵌入可以通过掺杂电子或空穴来进一步调制电子结构，削弱层间耦合，并改变磁性离子的价态，从而实现对二维磁性材料的有效调控。将有机四丁基铵 (TBA) 通过电化学的手段嵌入 $Cr_2Ge_2Te_6$ 的层间 (图 8.23(d)) 可以将半导体性转变为金属性的同时增强双交换相互作用，从而将 $Cr_2Ge_2Te_6$ 的居里温度大幅提升至 208 K(图 8.23(e))[106]。类似地，使用固态质子电解质，在电场的作用下将质子嵌入 Fe_3GeTe_2 层间可以减小层间间距 (图 8.23(f))、增强层间相互作用，进而增强了层间反铁磁耦合，削弱了铁磁耦合。在较厚的 Fe_3GeTe_2 中由于部分发生层间耦合转变从而出现交换偏置现象 (图 8.23(g))[107]。

8.5 基于二维磁性材料的自旋电子学现象

二维磁性材料除了具有传统磁性薄膜材料中已揭示的自旋电子学现象，如自旋轨道力矩效应、磁电阻效应外，其特殊的层状结构以及原子级完美的界面赋予了二维磁性材料独特的自旋电子学现象，如堆垛效应与磁能带效应，以及自旋相关界面效应。

8.5.1 堆垛效应

最早，在二维磁性半导体材料 CrI_3 块体中观察到了随温度变化而发生的结构转变，即层间堆垛次序的转变。同时，在低温下，发现 CrI_3 块体具有菱方的晶体结构对应层间铁磁耦合，而解离后的 CrI_3 薄层则具有单斜的晶体结构和层间反铁磁耦合。因此，CrI_3 中的层间磁耦合和堆垛磁序紧密相关。通过理论研究，对 CrI_3 双层间相互平移下的层间耦合进行计算发现，两层材料间的堆垛次序决定了层间电子跃迁的途径，从而影响了层间耦合类型[108,109]。具体来讲，如图 8.24(a) 所示，两层 Cr 原子之间 t_{2g}-e_g 的轨道跃迁由于 Hund 效应以铁磁耦合为主，而在 t_{2g}-t_{2g} 的跃迁中由于铁磁耦合被禁止，只能以反铁磁耦合的形式为主。由于堆垛次序决定了层间轨道杂化的形式，从而影响了两种跃迁形式的竞争，产生了不同的层间磁耦合。最典型的两种堆垛，AB 型 (菱方结构) 和 AB′ 型 (单斜结构) 分别对应层间铁磁耦合和反铁磁耦合 (图 8.24(b))。

实验上，可以通过高压的手段实现 CrI_3 双层中两种典型堆垛次序的转变 (图 8.24(c))[97,98]。在高压下，CrI_3 双层由单斜结构 (AB′) 向菱方结构 (AB) 转变，层间反铁磁耦合也逐渐转变为铁磁耦合 (图 8.24(d))。同样，通过分子束外延

8.5 基于二维磁性材料的自旋电子学现象

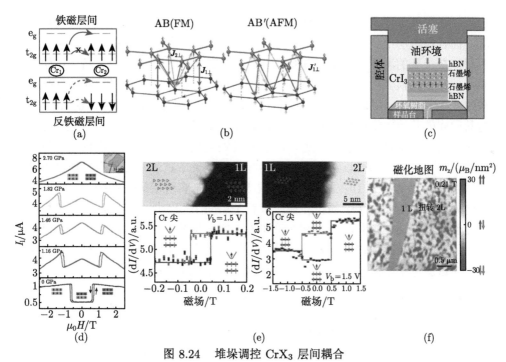

图 8.24 堆垛调控 CrX_3 层间耦合

(a) 层间 Cr 原子电子轨道跃迁示意图；(b) 两种堆垛情况下层间交换相互作用示意图；(c) 对 CrI_3 双层加压强的设施示意图；(d) 不同压强下 CrI_3 双层的磁场–隧穿电流曲线；(e) 分子束外延生长的不同堆垛次序的 $CrBr_3$ 双层结构以及通过 Cr 探针扫描隧道显微镜反映的磁化曲线；(f) 双层扭转 CrI_3 体系中的磁结构

(MBE) 的方法可以直接获得具有两种堆垛次序的 $CrBr_3$ 双层薄膜[110]。通过扫描隧道显微镜 (STM) 可以解析 $CrBr_3$ 双层的堆垛次序。同时，使用具有反铁磁 Cr 涂层的钨针尖，通过自旋极化的扫描隧道显微镜可以表征微观的磁性，分析层间耦合。与 CrI_3 双层类似，两种堆垛次序导致了 $CrBr_3$ 不同的层间磁耦合 (图 8.24(e))。除了以上手段，还可以通过转角的手段，在一块 CrI_3 薄膜上获得具有不同堆垛次序的部[111-113]。在小转角的扭转单层 CrI_3 体系中观察到反铁磁耦合和铁磁耦合区域共存，但由于体系过薄，容易受到加工转角体系过程中产生的应变与缺陷的影响，不同层间磁耦合区域在空间上的分布呈现无序性。在扭转双层 CrI_3 体系中同样同时观察到了铁磁耦合和反铁磁耦合的存在 (图 8.24(f))，整体表现出与双层和四层 CrI_3 都不同的磁性特征。而在扭转三层 CrI_3 体系中，铁磁耦合和反铁磁耦合畴则形成了周期性的图案。

虽然目前关于堆垛效应调控层间耦合的工作集中在 CrI_3 一类材料体系中，但理论研究中该自旋电子学现象已经被广泛推广到 $Cr_2Ge_2Te_6$ 以及二维 3d 过渡金属二卤化物中[114,115]。对于二维磁性拓扑绝缘体 $MnBi_2Te_4$，通过理论工作也揭示了堆垛效应对其磁耦合以及拓扑性质的调控。$MnBi_2Te_4$ 本征为层间反铁磁耦合，使得其偶数层是轴子绝缘体，奇数层中才可能观察到零场的量子反常霍尔效应。而且奇数层中只有表面层贡献磁性，易受扰动，使得零场的量子反常霍尔效应只能在极低的温度下才能被观察到。$MnBi_2Te_4$ 中由于 Mn 为 4 价，d 轨道半满，使得铁磁耦合的跃迁都被禁止。所有通过同质结中层间堆垛次序的变化都无法改变 $MnBi_2Te_4$ 层间的反铁磁耦合。理论上通过引入异质结堆垛，将 $MnBi_2Te_4$ 与其同族的其他二维磁性拓扑材料，如 $EuBi_2Te_4$[116] 或 VBi_2Te_4[117] 相结合，可以拓展出层间铁磁耦合跃迁通道，将层间反铁磁耦合转变为铁磁耦合，预测了在奇数层和偶数层中都可以观察到稳定的零场量子反常霍尔效应体系。理论上也可以通过在两层 $MnBi_2Te_4$ 之间嵌入五层 Sb_2Te_3 来实现层间的铁磁耦合[118]。除此之外，由于 $MnBi_2Te_4$ 的拓扑性质来源是层间 Bi-Te 层之间的耦合，堆垛次序的改变可以使其在拓扑平庸态和非平庸态之间发生转变[119]。进一步，通过堆垛次序的交替设计，可以实现陈数的叠加。堆垛效应是基于二维磁性材料特有结构导致的自旋电子学现象，体现了其相比传统磁性薄膜材料的优势。

8.5.2 界面效应

包括二维磁性材料的二维材料都具备原子级平整的表面，使得在二维体系中的自旋相关界面效应更加丰富且显著，主要包括磁近邻效应、交换偏置效应。

二维体系中磁近邻效应包括二维非磁层和三维磁性层近邻、三维非磁层和二维磁性层近邻以及全二维的磁近邻效应。由于磁近邻效应是非磁层和磁性层的相互作用，可以分为磁性层对非磁层的调控以及非磁层对磁性层的调控。首先，磁性层会通过近邻效应在非磁层中诱导出磁性。通过与磁性层，比如传统磁性薄膜材料 EuS[120]、YIG[121] 或二维磁性材料 $CrBr_3$[122]、$Cr_2Ge_2Te_6$[123] 以及 CrSBr[124] 构筑异质结，石墨烯的能带发生自旋劈裂 (图 8.25(a))，不同自旋极化的能带不再简并，使石墨烯中的自旋输运现象可以受磁场操控以及通过电学或热学的方式产生自旋流。具体在实验上可以通过 Shubnikov-de Haas 振荡[125]、塞曼自旋霍尔效应[120,122]、反常霍尔效应[121] 和诱导交换场导致的注入自旋汉勒效应进动[123,126,127] 等 (图 8.25(b)) 来观察石墨烯中的磁近邻效应。磁近邻的引入推动了石墨烯基的低耗散自旋输运器件的发展。类似地，在 5d 过渡金属二卤化物，如 WSe_2、WTe_2 中，通过磁近邻效应可以导致谷子的塞曼劈裂以及可控的谷子极化，产生不同圆极化光下的光致发光强度的差异[83,128]。由于磁近邻效应对于界面上的磁结构敏感，该现象也可以用于对二维磁性材料 (如 CrI_3) 磁畴以及层数的表征 (图 8.25(c))[129]。除此之外，利用重金属薄膜 (Pt、Ta、W 等)[24,59,77]、拓扑绝缘体薄膜 Bi_2Se_3[60] 以及二维自旋霍尔绝缘体 $1T'$-WTe_2[130] 与二维磁性半导体材料之间的磁近邻效应，可以在非磁层中产生反常霍尔效应，从而可以通过电学输运来表征二维磁性半导体的磁性。特殊的是，在 $Bi_2Se_3/Cr_2Ge_2Te_6$ 中，由拓扑绝缘

8.5 基于二维磁性材料的自旋电子学现象

体导致了异常巨大的反常霍尔效应。磁近邻的引入也会使一些非磁拓扑材料，如锗烯、Bi_2Se_3(BS) 发生拓扑性质的改变。理论上，通过构建锗烯和 $Cr_2Ge_2Te_6$[131] 以及 Bi_2Se_3 和 CrI_3[132] 的异质结，可实现由拓扑绝缘体到量子反常霍尔拓扑绝缘体的转变 (图 8.25(d))。

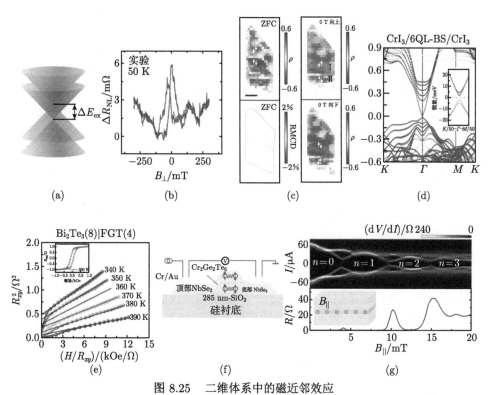

图 8.25 二维体系中的磁近邻效应

(a) 石墨烯的狄拉克能带在磁近邻的作用下发生劈裂的示意图；(b) 磁近邻下的石墨烯非局域输运中出现的汉勒效应进动现象；(c) 通过 WSe_2 的磁近邻效应对 CrI_3 的磁畴结构进行成像；(d) Bi_2Se_3/CrI_3 异质结的能带结构，内插图展示了费米能级附近的自旋极化；(e) Bi_2Te_3/Fe_3GeTe_2 异质结在不同温度下的阿罗特曲线；(f) 全二维约瑟夫森结示意图；(g) 全二维约瑟夫森结中的振荡行为

另一方面，磁近邻效应反过来也会对二维磁性材料的性能产生影响。由于非磁层和磁性层之间存在着能带杂化甚至电荷转移，会对磁性层的交换相互作用以及自旋相关能带产生影响。尤其是对于具有原子级平整表面的二维磁性材料，由其构成的异质结在界面上的电荷转移和轨道杂化更为显著，使得磁性更易受到界面的调制。比如，在 Bi_2Te_3/Fe_3GeTe_2 异质结中，受 Bi_2Te_3 强的自旋轨道耦合影响，Fe_3GeTe_2 居里温度提升到室温以上 (图 8.25(e))[133]。类似地，在 $W/Cr_2Ge_2Te_6$ 异质结中，$Cr_2Ge_2Te_6$ 的居里温度由 65 K 提升到 150 K 以上[77]。

特殊的是，由于具有原子级平整的表面，全二维磁性体系排除了界面上的悬挂键和晶格不匹配,其中的近邻效应具有将多种不匹配序参量相耦合的潜力。如图 8.25(f) 所示,在以二维磁性半导体薄层为中间层构筑的全二维约瑟夫森结中,通过近邻效应将铁磁性和超导性相耦合,可实现自旋相关的伊辛库珀对的耦合,产生强的约瑟夫森耦合态[134]。超导临界电流和相应的结电阻随磁场表现出滞回和振荡行为 (图 8.25(g)),并且在约瑟夫森结区存在 0 和 π 两相共存,提供了一个二能级量子系统,可以作为超导量子器件的一种新的无耗散组件[135]。除此之外,理论上,将二维磁性材料和二维铁电材料相结合构筑异质结,通过界面上的近邻效应可以使磁矩和铁电矩相耦合,实现电控磁的二维多铁异质结。

交换偏置效应虽然在传统磁性薄膜材料中被广泛研究,但在二维磁性材料中也展现出特点。交换偏置效应出现在铁磁层/钉扎层异质结中,由于界面上铁磁层磁矩受到钉扎层磁矩的钉扎,铁磁层的磁滞回线出现沿磁场方向上的偏移。目前,交换偏置现象广泛地在以二维铁磁金属 Fe_3GeTe_2 为铁磁层,氧化 Fe_3GeTe_2[136]、二维 A 型反铁磁 $CrCl_3$[137]、$CrOCl$[138] 作为钉扎层的异质结中,表现出超过 1 kOe 的大的交换偏置场,一定程度上推动了实用交换偏置效应。特殊的是,将具有层内反铁磁耦合的二维反铁磁 $MnPS_3$[139]、$MnPSe_3$ 以及 $FePS_3$[140] 作为钉扎层时,也在 Fe_3GeTe_2 中观察到显著的交换偏置效应,这表面上与交换偏置的简单理论模型相违背。实际上,通过铁磁层 Fe_3GeTe_2 将反铁磁层表面上的部分磁矩由反铁磁耦合转变为铁磁耦合后就可能会产生交换偏置效应 (图 8.26(a))。除此之外,在二维铁磁单层材料中也会产生交换偏置现象。在 $MnSb_2Te_4$ 单层材料中,Mn 和 Sb 的原子位置的混合导致了钉扎位点的存在,使得在施加正负非对称的磁场扫描范围时会出现交换偏置现象 (图 8.26(b))[141]。随着厚度的减小,交换偏置减弱,但在 $MnSb_2Te_4$ 单层极限中仍然存在。由于部分二维磁性材料的磁结构会随着厚度从块体到单层逐渐减小的过程中发生转变,所以在某一厚度范围内,在单一材料中存在的多相共存状态也会导致交换偏置现象的出现。比如,$GdSi_2$ 在块体时为反铁磁性;而在少层下,磁性转变为铁磁性,在 10 nm 的 $GdSi_2$ 中观察到了交换偏置现象,且随着厚度的减小而衰弱[142]。类似地,在自旋玻璃相和反铁磁相共存的 Fe_xNbS_2 和 $Fe_{0.75}Ta_{0.5}S_2$ 中都观察到了交换偏置现象[143]。

二维磁性体系中的交换偏置效应也可以受到多种维度的调控。最基本的就是通过场冷的磁场来调控交换偏置的大小和极性,这体现了交换偏置最基础的特性[136]。除此之外,通过在电场效应下施加质子掺杂,也会改变 $FePS_3/Fe_5GeTe_2$ 体系中的交换偏置效应 (图 8.26(c))[140]。在质子的注入下,界面上的耦合强度减弱,同时界面层会由未补偿反铁磁态向补偿反铁磁态转变,从而大幅削弱了体系中的交换偏置效应,体现在交换偏置场以及截止温度的变化。由于交换偏置效应和界面的耦合强度紧密相关,在该体系中,压力也可以改变 $FePS_3$ 和 Fe_3GeTe_2 之间的间隔,从而调制交换偏置。通过激光冲击施加压力,$FePS_3$ 和 Fe_3GeTe_2 之

8.5 基于二维磁性材料的自旋电子学现象

间的间隔由 0.74 nm 大幅缩小到 0.46 nm, 交换偏置效应则得到了大幅度的增强, 交换偏置场提高到 3 倍以上, 截止温度提升到 5 倍以上[144]。

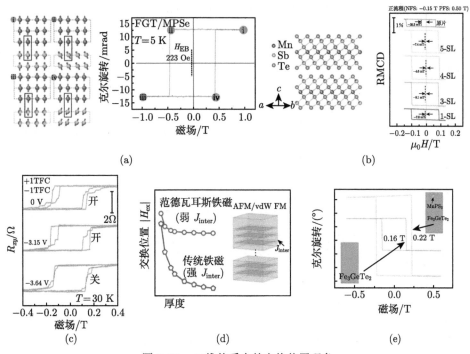

图 8.26 二维体系中的交换偏置现象

(a)Fe_3GeTe_2/$MnPSe_3$ 体系中的交换偏置现象以及产生交换偏置的机制示意图; (b)$MnSb_2Te_4$ 单层材料中的交换偏置现象; (c) 在不同电压下, 质子掺杂对于交换偏置的调控; (d) 弱层间耦合的范德瓦耳斯铁磁和传统磁性薄膜中交换偏置场随铁磁层厚度的变化; (e)Fe_3GeTe_2 中的非局域交换偏置现象

二维磁性体系中的界面效应也体现出一些特殊的特点。比如在 Fe_3GeTe_2/氧化 Fe_3GeTe_2 中, 观察到交换偏置效应随着铁磁层厚度的增加而没有显著变化 (图 8.26(d))[145]。在 W/$Cr_2Ge_2Te_6$ 中的界面增强效应也有类似的表现[77]。这与传统磁性薄膜体系中, 界面效应随着厚度的增加而快速衰减不同。通过理论模拟, 该特殊性被归因于二维磁性材料弱的层间相互作用减慢了界面效应的衰弱, 使其可以作用于更多层的材料中, 实现了长程的作用。除此之外, 在二维磁性材料中由于单畴特性, 界面效应还存在非局域的调控效果[146]。$MnPS_3$/Fe_3GeTe_2 异质结中, 覆盖有 $MnPS_3$ 的 Fe_3GeTe_2 和同一薄层上没有覆盖的部分体现出相似的矫顽力增强和交换偏置现象。在上文提到的 $FePS_3$/Fe_3GeTe_2 中也观察到了类似的现象[144]。

8.5.3 磁能带效应

磁能带效应泛指通过磁结构的变化对材料的电子结构产生影响，这在磁性材料中普遍存在。铁磁性的引入会导致材料中不同自旋极化的能带发生劈裂，那么在磁有序温度上下，电子结构会发生改变，导致电阻发生变化，在某些特殊的材料中甚至会导致金属绝缘体转变。因此，通过变温的电阻测试可以间接估计出材料的磁有序温度。类似地，磁结构的变化，如铁磁-反铁磁或非共线反铁磁-共线反铁磁，也会导致电子结构的变化。该部分主要关注更为特殊的情况，通过改变自旋极化的方向来对能带进行调控。

自旋的方向是自旋的一个重要性质，通常通过材料对外部磁场的各向异性响应来突显，它对许多物理现象也至关重要。例如，旋转磁化方向会导致许多新的磁学现象，如自旋轨道相互作用驱动的各向异性磁阻效应 (AMR)、铁磁体/非磁体/铁磁体异质结构中的巨磁阻效应、反常霍尔效应、磁光克尔效应等。无论是各向异性磁电阻效应还是巨磁阻效应，底层物理都是由自旋相关散射决定的。然而，普遍来讲，自旋方向的变化都不会从根本上改变材料的电子结构，这是由于在传统磁性薄膜材料中没有同时具备强的自旋轨道耦合以及高度的晶体对称性破缺[147]。

理论上，在具有自旋轨道耦合的体系中，自旋轨道耦合的哈密顿量 $\xi \boldsymbol{L} \cdot \boldsymbol{S}$ 与自旋极化方向相关。那么只有自旋轨道耦合具有显著的各向异性，即轨道角动量具有显著各向异性，自旋极化方向才会导致明显的能带结构的变化。因此，晶体结构上的对称性破缺可以增强自旋轨道耦合各向异性，从而产生自旋极化方向相关能带。那么二维磁性材料由于存在范德瓦耳斯层状结构，其晶体结构在面内面外自然产生了显著的对称性破缺，而二维磁性需要自旋轨道耦合的存在，所以理论上二维磁性材料普遍存在这种磁能带效应。具体来说，一个二维铁磁体系的哈密顿量可以写成

$$H = H_0(k) + \left(\frac{\lambda}{2}\right)\sigma(\theta,\varphi) + \xi \boldsymbol{L} \cdot \boldsymbol{S} \tag{8.1}$$

其中，第一项是顺磁的哈密顿量；第二项是指磁矩指向 (θ,φ) 方向时的交换劈裂；而最后一项则是自旋轨道耦合的贡献，ξ 是指自旋轨道耦合强度[148]。简化下，只考虑 3 个 p 轨道 (p_x, p_y, p_z)，铁磁交换相互作用使自旋向下的态平移到更高能量并处于未被占据的状态，与此同时，$|p_{z\uparrow}\rangle$ 轨道由于二维限域效应而被排除。因此，只有 $|p_{x\uparrow}\rangle$ 和 $|p_{y\uparrow}\rangle$ 轨道构成了费米能级附近的能带。当自旋极化沿面外时，$\boldsymbol{M}//z$，这时哈密顿量具有非零的非对角混合项，$\langle p_{x\uparrow}|\boldsymbol{L}\cdot\boldsymbol{S}|p_{y\uparrow}\rangle = -\mathrm{i}$，那么能带在 Γ 点非简并，劈裂能大小取决于自旋轨道耦合强度。当 $\boldsymbol{M}//x$ 或 y 时，非对角元 $\langle p_{x\rightarrow}|\boldsymbol{L}\cdot\boldsymbol{S}|p_{y\rightarrow}\rangle = 0$，能带简并，不发生劈裂。由于自旋轨道耦合项 $\boldsymbol{L}\cdot\boldsymbol{S}$ 随

8.5 基于二维磁性材料的自旋电子学现象

着磁矩从面外转到面内而连续变化,由自旋轨道耦合产生的劈裂能也会逐渐减小。总结来讲,高度的晶体学各向异性导致了轨道角动量的各向异性,从而自旋轨道耦合产生各向异性,导致自旋极化沿不同方向产生大小不同的能带劈裂能。因此,观察到磁能带效应的两大关键因素为强的自旋轨道耦合强度以及显著的晶体学各向异性。

目前,理论和实验工作已经在一系列二维磁性体系中预测并观察到了磁能带效应对多种性质的影响。首先,最直接的是磁能带效应导致二维磁性半导体带隙的变化。例如 CrI_3 中,理论预测磁能带效应会导致直接带隙–间接带隙的能带转变,可以导致光致发光的显著变化 (图 8.27(a))[148]。带隙大小也会随之发生变

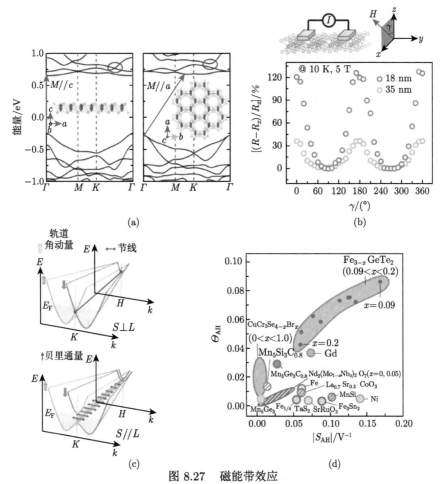

图 8.27 磁能带效应

(a)CrI_3 能带结构随着磁矩方向的改变;(b)$Cr_2Ge_2Te_6$ 由磁能带效应导致的磁电阻效应,电流始终与磁矩保持垂直来排除各向异性磁电阻效应;(c) 节线能带结构随磁矩方向的变化;(d) 不同材料在远低于居里温度以下的自旋霍尔角和自旋霍尔系数

化，可以导致各向异性电阻效应。类似的现象也在 $Cr_2Ge_2Te_6$ 中被预测，实验上通过各向异性磁电阻效应得以验证 (图 8.27(b))[149]。并且随着厚度的增加，二维特性衰减，磁能带效应也随之逐渐减弱。除了对半导体带隙的调控，磁能带效应也会对能带的贝里曲率产生影响。如图 8.27(c) 所示，二维铁磁金属 Fe_3GeTe_2 同时也被认为是节线半金属材料，自旋轨道耦合可以使节线非简并，打开一个自旋轨道隙[150]。H_{SOC} 取决于 $\boldsymbol{L}\cdot\boldsymbol{S}$，或者简化为 $L\cdot\langle S\rangle$。由于二维体系中 $\langle L_x\rangle = 0$ 和 $\langle L_y\rangle = 0$，只有 $\langle L_z\rangle$ 非零，所以只有当 $S//z$ 时，才会使双重简并的节线非简并，导致一个显著的贝里曲率。因此，最为垂直易磁化的 Fe_3GeTe_2 在实验上表现出显著的反常霍尔效应，具有大的霍尔角 $\varTheta_{AH}$ 和霍尔系数 S_{AH} (图 8.27(d))。对于二维磁性拓扑绝缘体 $MnBi_2Te_4$，磁矩方向的变化会改变材料的对称性从而对拓扑性质产生影响[151]。对于磁矩沿 z 方向的铁磁态，镜面对称性 M_x 破缺，而在磁矩沿 x 方向的铁磁态中该对称性存在。这就导致了 M_x 所禁止的 σ_{xy} 只有在面外磁化下才能出现。从能带的角度分析，当磁矩沿 z 方向时，$\varGamma$ 点处由自旋轨道耦合导致的价带顶和导带底能带重叠再分裂打开的带隙最显著，具有非零的陈数 $C = 1/-1$。随着磁矩逐渐从面外转向面内，能带的重叠和打开的带隙逐渐减小，从陈数非零的拓扑状态转变为陈数为零的状态。

磁能带效应除了在二维磁性材料中普遍存在外，在一些满足条件的晶体材料中也被观察到。例如在具有实空间对称性破缺的反铁磁材料 $EuTe_2$ 中，磁能带效应会导致金属绝缘体的能带转变，随磁场方向的变化可以产生巨大的电阻变化[152]。与二维材料不同的是，在 $EuTe_2$ 中，磁矩平行于 c 轴时，磁矩完全处于反平行状态而导致能带简并。而通过在 ab 面施加磁场使磁矩发生倾斜，在 ab 面内产生净磁矩，则会产生能带劈裂，导致材料从半导体性转变为金属性。这里的机制更类似于由磁场方向导致的自旋劈裂能带的引入产生的磁能带效应，但自旋轨道耦合仍扮演了重要的角色。另一种体系是具有节线能带的自嵌入材料 $Mn_3Si_2Te_6$，其与二维材料的情况类似，自旋极化方向调控了节线的劈裂，使其发生节线半金属–节线半导体的转变，从而可以产生超过 10^9 的电阻变化[153,154]。同时该电阻变化与不同元素的成分相关。相比于如上的这些特殊的晶体材料，二维磁性材料易于解离和转移的特点使得磁能带效应可以在薄膜中实现，推进了其在自旋电子学器件中的应用。

8.6 基于二维磁性材料的自旋电子学器件

8.6.1 二维磁性霍尔器件

基于二维磁性材料的自旋轨道力矩操控已经在霍尔器件中实现。目前操控二维磁性材料的自旋源主要是重金属 Pt、Ta、W 以及具有大自旋霍尔角的二

8.6 基于二维磁性材料的自旋电子学器件

维 TMD 材料。这些自旋源产生自旋流，操控具有面外易磁化的二维铁磁金属 Fe_3GeTe_2 以及二维铁磁半导体 $Cr_2Ge_2Te_6$。其中，Fe_3GeTe_2 的自旋轨道力矩操控实现得最早 (图 8.28(a))[8,11]，并进一步通过与 WTe_2 间的轨道转移力矩 (图 8.28(b)) 实现了无辅助场下的翻转[155]，但仍没有体现出与传统面外易磁化薄膜翻转的区别与特点。$Cr_2Ge_2Te_6$ 的翻转通过磁近邻效应，在重金属层中产生的反常霍尔效应来表征磁矩的翻转，并体现出极低的临界翻转电流密度 (5×10^5 A/cm^2)(图 8.28(c))[24]。由于 $Cr_2Ge_2Te_6$ 磁各向异性较弱，随着厚度增加，双极化效应增强，面外易磁化削弱显著，所以只有 10 nm 左右的 $Cr_2Ge_2Te_6$ 可以通过自旋轨道力矩进行操控[24,25]。由于 Fe_3GeTe_2 的晶体学不对称性，理论上预测其存在体自旋轨道力矩效应，即不需要自旋源，在单层材料里就可以通过自旋轨道力矩操控磁矩翻转[156]。目前实验上通过观察反常霍尔回线矫顽力随施加电流大小的变化[157] 以

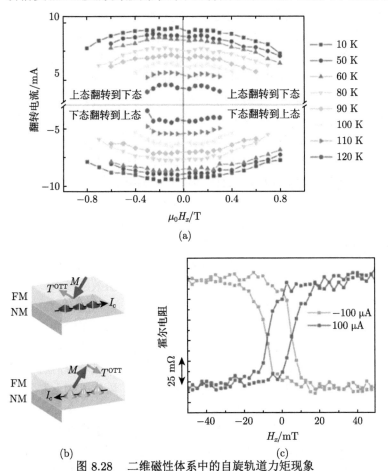

图 8.28 二维磁性体系中的自旋轨道力矩现象
(a) 在不同温度和辅助磁场下 Pt 翻转 Fe_3GeTe_2 的临界电流密度大小；(b) 轨道转移矩无辅助场翻转垂直易磁化铁磁层的示意图；(c)Ta 翻转 $Cr_2Ge_2Te_6$ 磁矩

及二次谐波[158] 已证明了 Fe_3GeTe_2 中存在体自旋轨道力矩效应,但通过体自旋轨道矩操控磁矩的翻转仍没有被实现。除了二维铁磁材料,在具有反铁磁性的 Fe 插层的 NbS_2 中也观察到了电学驱动的磁矩翻转现象[159]。

8.6.2 全二维自旋阀与隧道结

磁自旋阀和磁隧道结垂直器件是磁随机存储的基本单元,也是目前二维自旋电子学器件的研究重点之一,包括以二维磁性材料作为中间层以及电极两种构型。这类器件基于自旋过滤机制,通过铁磁矩的平行与反平行的变化获得不同的结区电阻。

第一种构型以二维 A 型反铁磁半导体,如 $CrX_3(X=I、Br、Cl)$[6,7,61,160] 或 CrSBr 为中间层[161],石墨烯为顶电极和低电极的类隧道结器件。在磁场的操控下,中间二维 A 型反铁磁半导体的磁矩由反平行变为平行,结区电阻则由高变低,产生隧道磁阻效应 (图 8.29(a))。这种类隧道结器件具有半导体的导电特性,且具有极其显著的磁电阻效应。磁电阻效应在多层 CrI_3 中可以超过 1000000%[61],在 CrSBr 中超过 47000%[161],并随着结区偏压的大小而发生变化 (图 8.29(b))。这种大的磁电阻不但源于二维磁性材料强的自旋过滤能力,还与其能带结构受磁结构调制有关。同时,随着磁场大小的变化,二维 A 型反铁磁存在逐层翻转的现象,导致了多阻态的磁电阻效应,展现了在多值存储方面的巨大应用前景。

第二种构型以二维铁磁金属作为顶电极和底电极,以 Fe_3GeTe_2 为主,二维半导体或绝缘体材料作为中间层,如石墨烯[162]、MoS_2[163,164]、WSe_2[165]、InSe[166]、hBN[12]。这类器件根据结区的导电特性可以分为自旋阀或隧道结,即结区金属特性的为自旋阀,半导体特性的为隧道结。顶电极和底电极两层二维铁磁材料厚度不同导致的矫顽力不同,使得可在不同磁场大小下获得两个铁磁电极磁矩平行或反平行态,从而通过自旋过滤机制获得磁电阻效应。自旋阀的磁电阻效应普遍较小,在百分之几的量级,而磁子辅助的隧道结的磁电阻效应较大,在百分之几十到百分之几百的量级 (图 8.29(c) 和 (d))。有趣的是,以两层 Fe_3GeTe_2 作为电极,不放置中间层,同样可以得到自旋阀的性能[167]。在以石墨烯为中间层的自旋阀器件中,石墨烯和 Fe_3GeTe_2 界面上由自旋轨道耦合导致的自旋动量锁定产生了自旋流,同样作用在自旋相关导电中,所以产生了关于磁场反对称的三阻态,并随着结区电流的反向,磁电阻效应也发生反向[162]。虽然机制上和传统的铁磁隧道结类似,但全二维铁磁隧道结也体现出一些区别和特点。全二维铁磁隧道结可以在较厚的中间层下仍保持可观的磁电阻效应。传统的隧道结中间层如 Al_2O_3 或 MgO 普遍在 3 nm 左右,再增厚会使得隧穿效应减弱。而在以 12 nm WSe_2 作为中间层的全二维铁磁隧道节中仍能观察到 20% 左右的隧穿磁电阻效应[165]。而且在全二维磁隧道结中,随着偏压变化,磁电阻效应表现出较大的可调控范围。在

8.6 基于二维磁性材料的自旋电子学器件

$Fe_3GeTe_2/hBN/Fe_3GeTe_2$ 中可实现 $-50\%\sim300\%$ 的磁电阻变化,相比于传统的磁性薄膜隧道结更为显著(图 8.29(e))[168]。除此之外,由于二维异质结可以将多种物性结合,使用二维铁电半导体材料 In_2Se_3 作为中间层,可以通过铁电极化来调控隧道磁电阻效应[169]。

全二维铁磁隧道结或自旋阀器件的制备方法为逐层转移,这样就使得其电学操控相比于传统的隧道结或自旋阀更加困难。目前,该类二维自旋电子学器件的操控仍以磁场为主。全二维隧道结以及自旋阀的多维度操控将是未来全二维自旋电子学器件的研究重点。

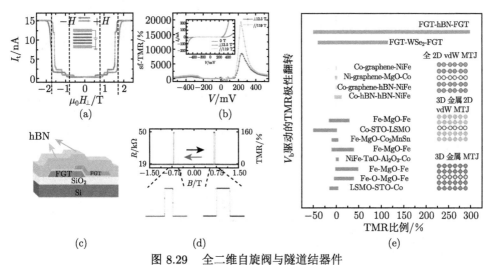

图 8.29 全二维自旋阀与隧道结器件

(a) CrI_3 为中间层的多阻态隧道结;(b) CrI_3 隧道结磁电阻的偏压相关性;(c) 以 hBN 为中间层的隧道结示意图;(d) 全二维隧道结中的磁电阻效应;(e) 不同隧道结偏压调控磁电阻效应对比

8.6.3 二维磁子输运器件

二维磁子阀器件以横向的磁子非局域输运为主。在一端的重金属条中通过自旋霍尔效应或热效应激发磁子流,通过磁场操控中间通道中磁性材料磁矩的方向来实现磁子输运的开关,在另一端的重金属中通过逆自旋霍尔效应来探测磁子的输运(图 8.30(a))。磁子通过则可利用逆自旋霍尔效应产生大的电压,不通过则相反。目前,在二维反铁磁半导体材料 $MnPS_3$ 中观察到了热激发的磁子非局域输运现象[170](图 8.30(b)),以及在 $CrPS_4$ 中同时观察到了热激发和自旋流激发的磁子非局域输运现象(图 8.30(c))。更进一步,在 $MnPS_3$ 中通过在注入电极与探测电极之间的门电极上施加电流,提升热效应,大幅度减小了磁子的平均自由程和浓度,从而实现了磁子输运的关闭,获得了开关电学可控的磁子阀(图 8.30(d)和 (e))[171]。在面内晶格各向异性的 $CrPS_4$ 中,磁子的能带也存在各向异性,导致了各向异性的自旋泽贝克效应,使得磁振子的非局域输运以及调控也展示出了晶体学各向异性(图 8.30(f))[172]。目前,二维磁性半导体材料的输运只集中于以上绝缘性较高的材料中,对于研究更广的 CrX_3(X = I、Br、Cl) 和 $Cr_2Ge_2Te_6$ 材料,由于其带隙漏电流较大,对于磁子输运的研究产生了一定阻碍。

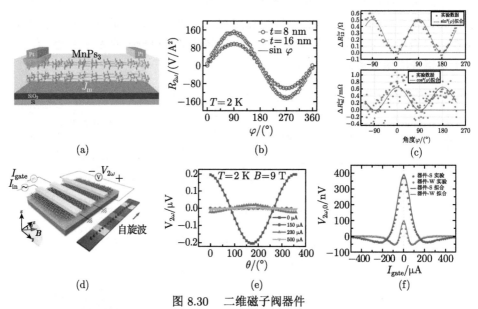

图 8.30　二维磁子阀器件

(a) 二维非局域输运磁子阀器件结构示意图;(b)$MnPS_3$ 中通过二次信号表征的热激发的磁子非局域输运;(c)$CrPS_4$ 中通过一次信号表征的自旋流激发的磁子非局域输运;(d) 电控磁子器件示意图;(e)$MnPS_3$ 中的磁子输运强弱随栅极电流大小的变化;(f)$CrPS_4$ 中的晶体学各向异性的电控磁子非局域输运

参 考 文 献

[1] Mermin N D, Wagner H. Absence of ferromagnetism or antiferromagnetism in one- or two-dimensional isotropic Heisenberg models[J]. Phys. Rev. Lett., 1966, 17(22): 1133-1136.

[2] Gong C, Li L, Li Z, et al. Discovery of intrinsic ferromagnetism in two-dimensional van der Waals crystals[J]. Nature, 2017, 546(7657): 265-269.

[3] Huang B, Clark G, Navarro-Moratalla E, et al. Layer-dependent ferromagnetism in a van der Waals crystal down to the monolayer limit[J]. Nature, 2017, 546(7657): 270-273.

[4] Sun X, Li W, Wang X, et al. Room temperature ferromagnetism in ultra-thin van der Waals crystals of 1T-$CrTe_2$[J]. Nano Res., 2020, 13(12): 3358-3363.

[5] Deng Y, Yu Y, Song Y, et al. Gate-tunable room-temperature ferromagnetism in two-dimensional Fe_3GeTe_2[J]. Nature, 2018, 563(7729): 94-99.

[6] Song T, Cai X, Tu M W Y, et al. Giant tunneling magnetoresistance in spin-filter van der Waals heterostructures[J]. Science, 2018, 360(6394): 1214-1218.

[7] Klein D R, MacNeill D, Lado J L, et al. Probing magnetism in 2D van der Waals crystalline insulators *via* electron tunneling[J]. Science, 2018, 360(6394): 1218-1222.

[8] Wang X, Tang J, Xia X, et al. Current-driven magnetization switching in a van der Waals ferromagnet Fe_3GeTe_2[J]. Sci. Adv., 2019, 5(8): eaaw8904.

[9] Xu J, Phelan W A, Chien C L. Large anomalous nernst effect in a van der Waals ferromagnet Fe_3GeTe_2[J]. Nano Lett., 2019, 19(11): 8250-8254.

[10] Fang C, Wan C H, Guo C Y, et al. Observation of large anomalous Nernst effect in 2D layered materials Fe_3GeTe_2[J]. Appl. Phys. Lett., 2019, 115(21): 212402.

[11] Alghamdi M, Lohmann M, Li J, et al. Highly efficient spin-orbit torque and switching of layered ferromagnet Fe_3GeTe_2[J]. Nano Lett., 2019, 19(7): 4400-4405.

[12] Wang Z, Sapkota D, Taniguchi T, et al. Tunneling spin valves based on Fe_3GeTe_2/hBN/Fe_3GeTe_2 van der Waals heterostructures[J]. Nano Lett., 2018, 18(7): 4303-4308.

[13] Yin S, Zhao L, Song C, et al. Evolution of domain structure in Fe_3GeTe_2[J]. Chin. Phys. B, 2021, 30(2): 027505.

[14] Cai L, Yu C, Liu L, et al. Rapid Kerr imaging characterization of the magnetic properties of two-dimensional ferromagnetic Fe_3GeTe_2[J]. Appl. Phys. Lett., 2020, 117(19): 192401.

[15] Birch M T, Powalla L, Wintz S, et al. History-dependent domain and skyrmion formation in 2D van der Waals magnet Fe_3GeTe_2[J]. Nat. Commun., 2022, 13(1): 3035.

[16] May A F, Ovchinnikov D, Zheng Q, et al. Ferromagnetism near room temperature in the cleavable van der Waals crystal Fe_5GeTe_2[J]. ACS Nano, 2019, 13(4): 4436-4442.

[17] Tian C, Pan F, Xu S, et al. Tunable magnetic properties in van der Waals crystals $(Fe_{1-x}Co_x)_5GeTe_2$[J]. Appl. Phys. Lett., 2020, 116(20): 202402.

[18] Zhang G, Guo F, Wu H, et al. Above-room-temperature strong intrinsic ferromagnetism in 2D van der Waals Fe_3GaTe_2 with large perpendicular magnetic anisotropy[J]. Nat. Commun., 2022, 13(1): 5067.

[19] Zhang X, Lu Q, Liu W, et al. Room-temperature intrinsic ferromagnetism in epitaxial $CrTe_2$ ultrathin films[J]. Nat. Commun., 2021, 12(1): 2492.

[20] Bonilla M, Kolekar S, Ma Y, et al. Strong roomerature ferromagnetism in VSe_2 monolayers on van der Waals substrates[J]. Nat. Nanotechnol., 2018, 13(4): 289-293.

[21] Feng J, Biswas D, Rajan A, et al. Electronic structure and enhanced charge-density wave order of monolayer VSe_2[J]. Nano Lett., 2018, 18(7): 4493-4499.

[22] O'Hara D J, Zhu T, Trout A H, et al. Room temperature intrinsic ferromagnetism in epitaxial manganese selenide films in the monolayer limit[J]. Nano Lett., 2018, 18(5): 3125-3131.

[23] Li B, Wan Z, Wang C, et al. Van der Waals epitaxial growth of air-stable $CrSe_2$ nanosheets with thickness-tunable magnetic order[J]. Nat. Mater., 2021, 20: 8181-8825.

[24] Ostwal V, Shen T, Appenzeller J. Efficient spin-orbit torque switching of the semiconducting van der Waals ferromagnet $Cr_2Ge_2Te_6$[J]. Adv. Mater., 2020, 32(7): 1906021.

[25] Gupta V, Cham T M, Stiehl G M, et al. Manipulation of the van der Waals magnet $Cr_2Ge_2Te_6$ by spin-orbit torques[J]. Nano. Lett., 2020, 20(10): 7482-7488.

[26] Zhu F, Zhang L, Wang X, et al. Topological magnon insulators in two-dimensional van der Waals ferromagnets $CrSiTe_3$ and $CrGeTe_3$: toward intrinsic gap-tunability[J]. Sci. Adv., 2021, 7(37): eabi7532.

[27] Casto L D, Clune A J, Yokosuk M O, et al. Strong spin-lattice coupling in $CrSiTe_3$[J]. APL Mater., 2015, 3(4): 041515.

[28] Tian S, Zhang J F, Li C, et al. Ferromagnetic van der Waals crystal VI_3[J]. J. Am. Chem. Soc., 2019, 141(13): 5326-5333.

[29] Zheng J, Ran K, Li T, et al. Gapless spin excitations in the field-induced quantum spin liquid phase of α-$RuCl_3$[J]. Phys. Rev. Lett., 2017, 119(22): 227208.

[30] Zhang H, Xu C, Carnahan C, et al. Anomalous thermal Hall effect in an insulating van der Waals magnet[J]. Phys. Rev. Lett., 2021, 127(24): 247202.

[31] McGuire M A, Dixit H, Cooper V R, et al. Coupling of crystal structure and magnetism in the layered, ferromagnetic insulator CrI_3[J]. Chem. Mater., 2015, 27(2): 612-620.

[32] Morosin B, Narath A. X-ray diffraction and nuclear quadrupole resonance studies of chromium trichloride[J]. J. Chem. Phys., 1964, 40(7): 1958-1967.

[33] McGuire M A, Clark G, Kc S, et al. Magnetic behavior and spin-lattice coupling in cleavable van der Waals layered $CrCl_3$ crystals[J]. Phys. Rev. Mater., 2017, 1(1): 014001.

[34] Lado J L, Fernández-Rossier J. On the origin of magnetic anisotropy in two dimensional CrI_3[J]. 2D Mater., 2017, 4(3): 035002.

[35] Shcherbakov D, Stepanov P, Weber D, et al. Raman spectroscopy, photocatalytic degradation, and stabilization of atomically thin chromium tri-iodide[J]. Nano Lett., 2018, 18(7): 4214-4219.

[36] Kim H H, Yang B, Li S, et al. Evolution of interlayer and intralayer magnetism in three atomically thin chromium trihalides[J]. Proc. Natl. Acad. Sci. USA, 2019, 166(23): 11131-11136.

[37] Cai X, Song T, Wilson N P, et al. Atomically thin $CrCl_3$: an in-plane layered antiferromagnetic insulator[J]. Nano Lett., 2019, 19(6): 3993-3998.

[38] Klein D R, MacNeill D, Song Q, et al. Enhancement of interlayer exchange in an ultrathin two-dimensional magnet[J]. Nat. Phys., 2019, 15(12): 1255-1260.

[39] Joy P A, Vasudevan S. Magnetism in the layered transition-metal thiophosphates MPS_3 (M=Mn, Fe, and Ni)[J]. Phys. Rev. B, 1992, 46(9): 5425-5433.

[40] Lee J U, Lee S, Ryoo J H, et al. Ising-type magnetic ordering in atomically thin $FePS_3$[J]. Nano Lett., 2016, 16(12): 7433-7438.

[41] Susner M A, Chyasnavichyus M, McGuire M A, et al. Metal thio- and selenophosphates as multifunctional van der Waals layered materials[J]. Adv. Mater., 2017, 29(38): 1602852.

[42] Wildes A R, Simonet V, Ressouche E, et al. Magnetic structure of the quasi-two-dimensional antiferromagnet NiPS$_3$[J]. Phys. Rev. B, 2015, 92(22): 224408.

[43] Lançon D, Ewings R A, Guidi T, et al. Magnetic exchange parameters and anisotropy of the quasi-two-dimensional antiferromagnet NiPS$_3$[J]. Phys. Rev. B, 2018, 98(13): 134414.

[44] Wang X, Cao J, Lu Z, et al. Spin-induced linear polarization of photoluminescence in antiferromagnetic van der Waals crystals[J]. Nat. Mater., 2021, 20(7): 964-970.

[45] Zhang T, Wang Y, Li H, et al. Magnetism and optical anisotropy in van der Waals antiferromagnetic insulator CrOCl[J]. ACS Nano, 2019, 13(10): 11353-11362.

[46] Gu P, Sun Y, Wang C, et al. Magnetic phase transitions and magnetoelastic coupling in a two-dimensional stripy antiferromagnet[J]. Nano Lett., 2022, 22(3): 1233-1241.

[47] Lee K, Dismukes A H, Telford E J, et al. Magnetic order and symmetry in the 2D semiconductor CrSBr[J]. Nano Lett., 2021, 21(8): 3511-3517.

[48] Ye C, Wang C, Wu Q, et al. Layer-dependent interlayer antiferromagnetic spin reorientation in air-stable semiconductor CrSBr[J]. ACS Nano, 2022, 16(8): 11876-11883.

[49] Wang C, Zhou X, Zhou L, et al. A family of high-temperature ferromagnetic monolayers with locked spin-dichroism-mobility anisotropy: MnNX and CrCX (X=Cl, Br, I; C=S, Se, Te)[J]. Sci. Bull., 2019, 64(5): 293-300.

[50] Han R, Jiang Z, Yan Y. Prediction of novel 2D intrinsic ferromagnetic materials with high Curie temperature and large perpendicular magnetic anisotropy[J]. J. Phys. Chem. C, 2020, 124(14): 7956-7964.

[51] Li J, Li Y, Du S, et al. Intrinsic magnetic topological insulators in van der Waals layered MnBi$_2$Te$_4$-family materials[J]. Sci. Adv., 2019, 5(6): eaaw5685.

[52] Deng Y, Yu Y, Shi M Z, et al. Quantum anomalous Hall effect in intrinsic magnetic topological insulator MnBi$_2$Te$_4$[J]. Science, 2020, 367(6480): 895-900.

[53] Liu C, Wang Y, Li H, et al. Robust axion insulator and Chern insulator phases in a two-dimensional antiferromagnetic topological insulator[J]. Nat. Mater., 2020, 19(5): 522-527.

[54] Ge J, Liu Y, Li J, et al. High-Chern-number and high-temperature quantum Hall effect without Landau levels[J]. Natl. Sci. Rev., 2020, 7(8): 1280-1287.

[55] Peng Y, Ding S, Cheng M, et al. Magnetic structure and metamagnetic transitions in the van der Waals antiferromagnet CrPS$_4$[J]. Adv. Mater., 2020, 32(28): 2001200.

[56] Kim S, Lee J, Lee C, et al. Polarized Raman spectra and complex Raman tensors of antiferromagnetic semiconductor CrPS$_4$[J]. J. Phys. Chem. C, 2021, 125(4): 2691-2698.

[57] Zhuo W, Lei B, Wu S, et al. Manipulating ferromagnetism in few-layered Cr$_2$Ge$_2$Te$_6$[J]. Adv. Mater., 2021, 33: 2008586.

[58] Telford E J, Dismukes A H, Lee K, et al. Layered antiferromagnetism induces large negative magnetoresistance in the van der Waals semiconductor CrSBr[J]. Adv. Mater., 2020, 32(37): 2003240.

[59] Lohmann M, Su T, Niu B, et al. Probing magnetism in insulating Cr$_2$Ge$_2$Te$_6$ by induced

anomalous Hall effect in Pt[J]. Nano Lett., 2019, 19(4): 2397-2403.

[60] Mogi M, Yasuda K, Fujimura R, et al. Current-induced switching of proximity-induced ferromagnetic surface states in a topological insulator[J]. Nat. Commun., 2021, 12(1): 1404.

[61] Kim H H, Yang B, Patel T, et al. One million percent tunnel magnetoresistance in a magnetic van der Waals heterostructure[J]. Nano Lett., 2018, 18(8): 4885-4890.

[62] Zhang T, Chen Y, Li Y, et al. Laser-induced magnetization dynamics in a van der Waals ferromagnetic $Cr_2Ge_2Te_6$ nanoflake[J]. Appl. Phys. Lett., 2020, 116(22): 223103.

[63] Li R, Yu Z, Zhang Z, et al. Spin hall nano-oscillators based on two-dimensional Fe_3GeTe_2 magnetic materials[J]. Nanoscale, 2020, 12(44): 22808-22816.

[64] Salah M, Hadri E, Hehn M, et al. Ultra-long spin relaxation in two-dimensional[J]. 2D Mater., 2021, 8: 045040.

[65] Ni L, Chen Z, Li W, et al. Magnetic dynamics of two-dimensional itinerant ferromagnet Fe_3GeTe_2[J]. Chin. Phys. B, 2021, 30(9): 097501.

[66] Macneill D, Hou J T, Klein D R, et al. Gigahertz frequency antiferromagnetic resonance and strong magnon-magnon coupling in the layered crystal $CrCl_3$[J]. Phys. Rev. Lett., 2019, 123(4): 47204.

[67] Zhang X X, Li L, Weber D, et al. Gate-tunable spin waves in antiferromagnetic atomic bilayers[J]. Nat. Mater., 2020, 19(8): 838-842.

[68] Cham T M J, Karimeddiny S, Dismukes A H, et al. Anisotropic gigahertz antiferromagnetic resonances of the easy-axis van der Waals antiferromagnet CrSBr[J]. Nano Lett., 2022, 22(16): 6716-6723.

[69] Tian Y, Gray M J, Ji H, et al. Magneto-elastic coupling in a potential ferromagnetic 2D atomic crystal[J]. 2D Mater., 2016, 3(2): 025035.

[70] Mai T T, Garrity K F, McCreary A, et al. Magnon-phonon hybridization in 2D antiferromagnet $MnPSe_3$[J]. Sci. Adv., 2021, 7(44): eabj3106.

[71] Sun Y J, Lai J M, Pang S M, et al. Magneto-Raman study of magnon-phonon coupling in two-dimensional ising antiferromagnetic $FePS_3$[J]. J. Phys. Chem. Lett., 2022, 13(6): 1533-1539.

[72] Du L, Tang J, Zhao Y, et al. Lattice dynamics, phonon chirality, and spin-phonon coupling in 2D itinerant ferromagnet Fe_3GeTe_2[J]. Adv. Funct. Mater., 2019, 29(48): 1904734.

[73] Seyler K L, Zhong D, Klein D R, et al. Ligand-field helical luminescence in a 2D ferromagnetic insulator[J]. Nat. Phys., 2018, 14(3): 277-281.

[74] Zhang Y, Wu X, Lyu B B, et al. Magnetic order-induced polarization anomaly of Raman scattering in 2D magnet CrI_3[J]. Nano Lett., 2020, 20(1): 729-734.

[75] Mak K F, Shan J, Ralph D C. Probing and controlling magnetic states in 2D layered magnetic materials[J]. Nat. Rev. Phys., 2019, 1(11): 646-661.

[76] Idzuchi H, Llacsahuanga Allcca A E, Pan X C, et al. Increased Curie temperature and enhanced perpendicular magneto anisotropy of $Cr_2Ge_2Te_6$/NiO heterostructures[J].

Appl. Phys. Lett., 2019, 115(23): 232403.

[77] Zhu W, Song C, Han L, et al. Interface-enhanced ferromagnetism with long-distance effect in van der Waals semiconductor[J]. Adv. Funct. Mater., 2022, 32(8): 2108953.

[78] Fei Z, Huang B, Malinowski P, et al. Two-dimensional itinerant ferromagnetism in atomically thin Fe_3GeTe_2[J]. Nat. Mater., 2018, 17(9): 778-782.

[79] Zhang L, Huang X, Dai H, et al. Proximity-coupling-induced significant enhancement of coercive field and Curie temperature in 2D van der Waals heterostructures[J]. Adv. Mater., 2020, 32(38): 2002032.

[80] Huang B, Clark G, Klein D R, et al. Electrical control of 2D magnetism in bilayer CrI_3[J]. Nat. Nanotechnol., 2018, 13(7): 544-548.

[81] Yamagami K, Fujisawa Y, Driesen B, et al. Itinerant ferromagnetism mediated by giant spin polarization of the metallic ligand band in the van der Waals magnet Fe_5GeTe_2[J]. Phys. Rev. B, 2021, 103(6): L060403.

[82] Suzuki M, Gao B, Shibata G, et al. Magnetic anisotropy of the van der Waals ferromagnet $Cr_2Ge_2Te_6$ studied by angular-dependent X-ray magnetic circular dichroism[J]. Phys. Rev. Res., 2022, 4(1): 013139.

[83] Zhong D, Seyler K L, Linpeng X, et al. Van der Waals engineering of ferromagnetic semiconductor heterostructures for spin and valleytronics[J]. Sci. Adv., 2017, 3(5): e1603113.

[84] Li J X, Li W Q, Hung S H, et al. Electric control of valley polarization in monolayer WSe_2 using a van der Waals magnet[J]. Nat. Nanotechnol., 2022, 17(7): 721-728.

[85] Zhang Z, Shang J, Jiang C, et al. Direct photoluminescence probing of ferromagnetism in monolayer two-dimensional $CrBr_3$[J]. Nano Lett., 2019, 19(5): 3138-3142.

[86] Jiang S, Shan J, Mak K F. Electric-field switching of two-dimensional van der Waals magnets[J]. Nat Mater, 2018, 17(5): 406-410.

[87] Chu H, Roh C J, Island J O, et al. Linear magnetoelectric phase in ultrathin $MnPS_3$ probed by optical second harmonic generation[J]. Phys. Rev. Lett., 2020, 124(2): 27601.

[88] Thiel L, Wang Z, Tschudin M A, et al. Probing magnetism in 2D materials at the nanoscale with single-spin microscopy[J]. Science, 2019, 364(6444): 973-976.

[89] Jiang S, Li L, Wang Z, et al. Controlling magnetism in 2D CrI_3 by electrostatic doping[J]. Nat. Nanotechnol., 2018, 13(7): 549-553.

[90] Wang Z, Zhang T, Ding M, et al. Electric-field control of magnetism in a few-layered van der Waals ferromagnetic semiconductor[J]. Nat. Nanotechnol., 2018, 13(7): 554-559.

[91] Verzhbitskiy I A, Kurebayashi H, Cheng H, et al. Controlling the magnetic anisotropy in $Cr_2Ge_2Te_6$ by electrostatic gating[J]. Nat. Electron., 2020, 3(8): 460-465.

[92] Tang M, Huang J, Qin F, et al. Continuous manipulation of magnetic anisotropy in a van der Waals ferromagnet *via* electrical gating[J]. Nat. Electron., 2023, 6(1): 28-36.

[93] Sun Y, Xiao R C, Lin G T, et al. Effects of hydrostatic pressure on spin-lattice coupling in two-dimensional ferromagnetic $Cr_2Ge_2Te_6$[J]. Appl. Phys. Lett., 2018, 112(7): 072409.

[94] Lin Z, Lohmann M, Ali Z A, et al. Pressure-induced spin reorientation transition in layered ferromagnetic insulator $Cr_2Ge_2Te_6$[J]. Phys. Rev. Mater., 2018, 2(5): 051004.

[95] Cai W, Yan L, Chong S K, et al. Pressure-induced metallization in the absence of a structural transition in the layered ferromagnetic insulator $Cr_2Ge_2Te_6$[J]. Phys. Rev. B, 2022, 106(8): 085116.

[96] Wang X, Li Z, Zhang M, et al. Pressure-induced modification of the anomalous Hall effect in layered Fe_3GeTe_2[J]. Phys. Rev. B, 2019, 100(1): 014407.

[97] Song T, Fei Z, Yankowitz M, et al. Switching 2D magnetic states *via* pressure tuning of layer stacking[J]. Nat. Mater., 2019, 18(12): 1298-1302.

[98] Li T, Jiang S, Sivadas N, et al. Pressure-controlled interlayer magnetism in atomically thin CrI_3[J]. Nat. Mater., 2019, 18(12): 1303-1308.

[99] Wang Y, Wang C, Liang S J, et al. Strain-sensitive magnetization reversal of a van der Waals magnet[J]. Adv. Mater., 2020, 32(42): 2004533.

[100] Cenker J, Sivakumar S, Xie K, et al. Reversible strain-induced magnetic phase transition in a van der Waals magnet[J]. Nat. Nanotechnol., 2022, 17(3): 256-261.

[101] Park S Y, Kim D S, Liu Y, et al. Controlling the magnetic anisotropy of the van der Waals ferromagnet Fe_3GeTe_2 through hole doping[J]. Nano Lett., 2020, 20(1): 95-100.

[102] Stahl J, Shlaen E, Johrendt D. The van der Waals ferromagnets $Fe_{5-\delta}GeTe_2$ and $Fe_{5-\delta-x}Ni_xGeTe_2$-crystal structure, stacking faults, and magnetic properties[J]. Zeitschrift fur Anorg und Allg Chemie, 2018, 644(24): 1923-1929.

[103] Tian C K, Wang C, Ji W, et al. Domain wall pinning and hard magnetic phase in Co-doped bulk single crystalline Fe_3GeTe_2[J]. Phys. Rev. B, 2019, 99(18): 184428.

[104] Drachuck G, Salman Z, Masters M W, et al. Effect of nickel substitution on magnetism in the layered van der Waals ferromagnet Fe_3GeTe_2[J]. Phys. Rev. B, 2018, 98(14): 1-9.

[105] Abramchuk M, Jaszewski S, Metz K R, et al. Controlling magnetic and optical properties of the van der Waals crystal $CrCl_{3-x}Br_x$ *via* mixed halide chemistry[J]. Adv. Mater., 2018, 30(25): 1801325.

[106] Wang N, Tang H, Shi M, et al. Transition from ferromagnetic semiconductor to ferromagnetic metal with enhanced Curie temperature in $Cr_2Ge_2Te_6$ *via* organic ion intercalation[J]. J. Am. Chem. Soc., 2019, 141(43): 17166-17173.

[107] Zheng G, Xie W Q, Albarakati S, et al. Gate-tuned interlayer coupling in van der Waals ferromagnet Fe_3GeTe_2 nanoflakes[J]. Phys. Rev. Lett., 2020, 125(4): 47202.

[108] Sivadas N, Okamoto S, Xu X, et al. Stacking-dependent magnetism in bilayer CrI_3[J]. Nano Lett., 2018, 18(12): 7658-7664.

[109] Jiang P, Wang C, Chen D, et al. Stacking tunable interlayer magnetism in bilayer CrI_3[J]. Phys. Rev. B, 2019, 99(14): 144401.

[110] Chen W, Sun Z, Wang Z, et al. Direct observation of van der Waals stacking-dependent interlayer magnetism[J]. Science, 2019, 366(6468): 983-987.

[111] Song T, Sun Q C, Anderson E, et al. Direct visualization of magnetic domains and

Moiré magnetism in twisted 2D magnets[J]. Science, 2021, 374(6571): 1140-1144.

[112] Xu Y, Ray A, Shao Y T, et al. Coexisting ferromagnetic-antiferromagnetic state in twisted bilayer CrI_3[J]. Nat. Nanotechnol., 2022, 17(2): 143-147.

[113] Xie H, Luo X, Ye G, et al. Twist engineering of the two-dimensional magnetism in double bilayer chromium triiodide homostructures[J]. Nat. Phys., 2022, 18(1): 30-36.

[114] Wang C, Zhou X, Zhou L, et al. Bethe-Slater-curve-like behavior and interlayer spin-exchange coupling mechanisms in two-dimensional magnetic bilayers[J]. Phys. Rev. B, 2020, 102(2): 020402(R).

[115] Zhu W, Song C, Zhou Y, et al. Insight into interlayer magnetic coupling in 1T-type transition metal dichalcogenides based on the stacking of nonmagnetic atoms[J]. Phys. Rev. B, 2021, 103(22): 224404.

[116] Li Z, Li J, He K, et al. Tunable interlayer magnetism and band topology in van der Waals heterostructures of $MnBi_2Te_4$-family materials[J]. Phys. Rev. B, 2020, 102(8): 081107.

[117] Zhu W, Song C, Liao L, et al. Quantum anomalous Hall insulator state in ferromagnetically ordered $MnBi_2Te_4/VBi_2Te_4$ heterostructures[J]. Phys. Rev. B, 2020, 102(8): 85111.

[118] Qi S, Gao R, Chang M, et al. Pursuing the high-temperature quantum anomalous Hall effect in $MnBi_2Te_4/Sb_2Te_3$ heterostructures[J]. Phys. Rev. B, 2020, 101(1): 14423.

[119] Zhu W, Song C, Bai H, et al. High Chern number quantum anomalous Hall effect tunable by stacking order in van der Waals topological insulators[J]. Phys. Rev. B, 2022, 105(15): 155122.

[120] Wei P, Lee S, Lemaitre F, et al. Strong interfacial exchange field in the graphene/EuS heterostructure[J]. Nat. Mater., 2016, 15(7): 711-716.

[121] Wang Z, Tang C, Sachs R, et al. Proximity-induced ferromagnetism in graphene revealed by the anomalous hall effect[J]. Phys. Rev. Lett., 2015, 114(1): 016603.

[122] Tang C, Zhang Z, Lai S, et al. Magnetic proximity effect in graphene/$CrBr_3$ van der Waals heterostructures[J]. Adv. Mater., 2020, 32(16): 1908498.

[123] Karpiak B, Cummings A W, Zollner K, et al. Magnetic proximity in a van der Waals heterostructure of magnetic insulator and graphene[J]. 2D Mater., 2020, 7(1): 015026.

[124] Ghiasi T S, Kaverzin A A, Dismukes A H, et al. Electrical and thermal generation of spin currents by magnetic bilayer graphene[J]. Nat. Nanotechnol., 2021, 16(7): 788-794.

[125] Wu Y, Yin G, Pan L, et al. Large exchange splitting in monolayer graphene magnetized by an antiferromagnet[J]. Nat. Electron., 2020, 3(10): 604-611.

[126] Leutenantsmeyer J C, Kaverzin A A, Wojtaszek M, et al. Proximity induced room temperature ferromagnetism in graphene probed with spin currents[J]. 2D Mater., 2017, 4(1): 014001.

[127] Singh S, Katoch J, Zhu T, et al. Strong modulation of spin currents in bilayer graphene by static and fluctuating proximity exchange fields[J]. Phys. Rev. Lett., 2017, 118(18): 187201.

[128] Seyler K L, Zhong D, Huang B, et al. Valley manipulation by optically tuning the magnetic proximity effect in WSe_2/CrI_3 heterostructures[J]. Nano Lett., 2018, 18(6): 3823-3828.

[129] Zhong D, Seyler K L, Linpeng X, et al. Layer-resolved magnetic proximity effect in van der Waals heterostructures[J]. Nat. Nanotechnol., 2020, 15(3): 187-191.

[130] Li J, Rashetnia M, Lohmann M, et al. Proximity-magnetized quantum spin Hall insulator: monolayer 1 T' $WTe_2/Cr_2Ge_2Te_6$[J]. Nat. Commun., 2022, 13(1): 5134.

[131] Zou R, Zhan F, Zheng B, et al. Intrinsic quantum anomalous Hall phase induced by proximity in the van der Waals heterostructure germanene/ $Cr_2Ge_2Te_6$[J]. Phys. Rev. B, 2020, 101(16): 161108(R).

[132] Hou Y, Kim J, Wu R. Magnetizing topological surface states of Bi_2Se_3 with a CrI_3 monolayer[J]. Sci. Adv., 2019, 5(5): eaaw1874.

[133] Wang H, Liu Y, Wu P, et al. Above room-temperature ferromagnetism in wafer-scale two-dimensional van der Waals Fe_3GeTe_2 tailored by a topological insulator[J]. ACS Nano, 2020, 14(8): 10045-10053.

[134] Idzuchi H, Pientka F, Huang K F, et al. Unconventional supercurrent phase in Ising superconductor Josephson junction with atomically thin magnetic insulator[J]. Nat. Commun., 2021, 12(1): 5332.

[135] Ai L, Zhang E, Yang J, et al. Van der Waals ferromagnetic Josephson junctions[J]. Nat. Commun., 2021, 12(1): 6580.

[136] Wu Y, Wang W, Pan L, et al. Manipulating exchange bias in a van der Waals ferromagnet[J]. Adv Mater., 2022, 34(12): 2105266.

[137] Zhu R, Zhang W, Shen W, et al. Exchange bias in van der Waals $CrCl_3/Fe_3GeTe_2$ Heterostructures[J]. Nano Lett., 2020, 20(7): 5030-5035.

[138] Zhang T, Zhang Y, Huang M, et al. Tuning the exchange bias effect in 2D van der Waals ferro-/antiferromagnetic $Fe_3GeTe_2/CrOCl$ heterostructures[J]. Adv. Sci., 2022, 9(11): 2105483.

[139] Dai H, Cheng H, Cai M, et al. Enhancement of the coercive field and exchange bias effect in $Fe_3GeTe_2/MnPX_3$(X = S and Se) van der Waals Heterostructures[J]. ACS Appl. Mater. Interfaces, 2021, 13(20): 24314-24320.

[140] Albarakati S, Xie W Q, Tan C, et al. Electric control of exchange bias effect in $FePS_3$-Fe_5GeTe_2 van der Waals heterostructures[J]. Nano Lett., 2022, 22(15): 6166-6172.

[141] Zang Z, Xi M, Tian S, et al. Exchange bias effects in ferromagnetic $MnSb_2Te_4$ down to a monolayer[J]. ACS Appl. Electron. Mater., 2022, 4(7): 3256-3262.

[142] Averyanov D V, Sokolov I S, Taldenkov A N, et al. Exchange bias state at the crossover to 2D ferromagnetism[J]. ACS Nano, 2022, 16(11): 19482-19490.

[143] Li C, Wu J, Bian R, et al. 2D magnetic $Fe_{0.75}Ta_{0.5}S_2$: giant exchange bias with broadband photoresponse[J]. Adv. Funct. Mater., 2022, 32(52): 2208531.

[144] Huang X, Zhang L, Tong L, et al. Manipulating exchange bias in 2D magnetic heterojunction for high-performance robust memory applications[J]. Nat. Commun., 2023,

14(1): 2190.
- [145] Gweon H K, Lee S Y, Kwon H Y, et al. Exchange bias in weakly interlayer-coupled van der Waals magnet Fe$_3$GeTe$_2$[J]. Nano Lett., 2021, 21(4): 1672-1678.
- [146] Dai H, Cai M, Hao Q, et al. Nonlocal manipulation of magnetism in an itinerant two-dimensional ferromagnet[J]. ACS Nano, 2022, 16(8): 12437-12444.
- [147] Liao Z, Jiang P, Zhong Z, et al. Materials with strong spin-textured bands[J]. Npj Quantum Mater., 2020, 5(1): 30.
- [148] Jiang P, Li L, Liao Z, et al. Spin direction-controlled electronic band structure in two-dimensional ferromagnetic CrI$_3$[J]. Nano Lett., 2018, 18(6): 3844-3849.
- [149] Zhu W, Song C, Han L, et al. Van der Waals lattice-induced colossal magnetoresistance in Cr$_2$Ge$_2$Te$_6$ thin flakes[J]. Nat. Commun., 2022, 13(1): 6428.
- [150] Kim K, Seo J, Lee E, et al. Large anomalous Hall current induced by topological nodal lines in a ferromagnetic van der Waals semimetal[J]. Nat. Mater., 2018, 17(9): 794-799.
- [151] Li J, Wang C, Zhang Z, et al. Magnetically controllable topological quantum phase transitions in the antiferromagnetic topological insulator MnBi$_2$Te$_4$[J]. Phys. Rev. B, 2019, 100(12): 121103(R).
- [152] Yang H, Liu Q, Liao Z, et al. Colossal angular magnetoresistance in the antiferromagnetic semiconductor EuTe$_2$[J]. Phys. Rev. B, 2021, 104(21): 214419.
- [153] Ni Y, Zhao H, Zhang Y, et al. Colossal magnetoresistance via avoiding fully polarized magnetization in the ferrimagnetic insulator Mn$_3$Si$_2$Te$_6$[J]. Phys. Rev. B, 2021, 103(16): L161105.
- [154] Seo J, De C, Ha H, et al. Colossal angular magnetoresistance in ferrimagnetic nodal-line semiconductors[J]. Nature, 2021, 599(7886): 576-581.
- [155] Ye X G, Zhu P F, Xu W Z, et al. Orbit-transfer torque driven field-free switching of perpendicular magnetization[J]. Chin. Phys. Lett., 2022, 39(3): 037303.
- [156] Johansen Ø, Risinggård V, Sudbø A, et al. Current control of magnetism in two-dimensional Fe$_3$GeTe$_2$[J]. Phys. Rev. Lett., 2019, 122(21): 217203.
- [157] Zhang K, Han S, Lee Y, et al. Gigantic current control of coercive field and magnetic memory based on nanometer-thin ferromagnetic van der Waals Fe$_3$GeTe$_2$[J]. Adv. Mater., 2021, 33(4): 2004110.
- [158] Martin F, Lee K, Schmitt M, et al. Strong bulk spin-orbit torques quantified in the van der Waals ferromagnet Fe$_3$GeTe$_2$ [J]. Mater. Res. Lett., 2023, 11(1): 84-89.
- [159] Nair N L, Maniv E, John C, et al. Electrical switching in a magnetically intercalated transition metal dichalcogenide[J]. Nat. Mater., 2020, 19(2): 153-157.
- [160] Ghazaryan D, Greenaway M T, Wang Z, et al. Magnon-assisted tunnelling in van der Waals heterostructures based on CrBr$_3$[J]. Nat. Electron., 2018, 1(6): 344-349.
- [161] Lan G, Xu H, Zhang Y, et al. Giant tunneling magnetoresistance in spin-filter magnetic tunnel junctions based on van der Waals A-type antiferromagnet CrSBr[J]. Chin. Phys. Lett., 2023, 40(5): 058501.
- [162] Albarakati S, Tan C, Chen Z J, et al. Antisymmetric magnetoresistance in van der

Waals Fe$_3$GeTe$_2$/graphite/Fe$_3$GeTe$_2$ trilayer heterostructures[J]. Sci. Adv., 2019, 5: eaaw0409.

[163] Lin H, Yan F, Hu C, et al. Spin-valve effect in Fe$_3$GeTe$_2$/MoS$_2$/Fe$_3$GeTe$_2$ van der Waals heterostructures[J]. ACS Appl. Mater. Interfaces, 2020, 12(39): 43921-43926.

[164] Jin W, Zhang G, Wu H, et al. Room-temperature spin-valve devices based on Fe$_3$GaTe$_2$/MoS$_2$/Fe$_3$GaTe$_2$ 2D van der Waals heterojunctions[J]. Nanoscale, 2023: 5371-5378.

[165] Zheng Y, Ma X, Yan F, et al. Spin filtering effect in all-van der Waals heterostructures with WSe$_2$ barriers[J]. Npj 2D Mater. Appl., 2022, 6(1): 62.

[166] Zhu W, Lin H, Yan F, et al. Large tunneling magnetoresistance in van der Waals ferromagnet/semiconductor heterojunctions[J]. Adv. Mater., 2021, 33(51): 2104658.

[167] Hu C, Zhang D, Yan F, et al. From two- to multi-state vertical spin valves without spacer layer based on Fe$_3$GeTe$_2$ van der Waals homo-junctions[J]. Sci. Bull., 2020, 65(13): 1072-1077.

[168] Min K H, Lee D H, Choi S J, et al. Tunable spin injection and detection across a van der Waals interface[J]. Nat. Mater., 2022, 21(10): 1144-1149.

[169] Yan Z, Li Z, Han Y, et al. Giant tunneling magnetoresistance and electroresistance in α-In$_2$Se$_3$-based van der Waals multiferroic tunnel junctions[J]. Phys. Rev. B, 2022, 105(7): 075423.

[170] Xing W, Qiu L, Wang X, et al. Magnon transport in quasi-two-dimensional van der Waals antiferromagnets[J]. Phys. Rev. X, 2019, 9(1): 11026.

[171] Chen G, Qi S, Liu J, et al. Electrically switchable van der Waals magnon valves[J]. Nat. Commun., 2021, 12(1): 6279.

[172] Qi S, Chen D, Chen K, et al. Giant electrically tunable magnon transport anisotropy in a van der Waals antiferromagnetic insulator[J]. Nat. Commun., 2023, 14(1): 2526.

第 9 章 太赫兹自旋电子学

太赫兹 (THz) 波是指频率在 0.1~10 THz(1 THz 对应的波长为 300 μm，对应的能量为 4 meV，对应的时间尺度为 1 ps)，介于毫米波与红外线之间的电磁波[1-3]，如图 9.1 所示。太赫兹波因其频带宽、光子能量低、安全性好、光谱分辨能力强、相干性强等优点，在无线通信、雷达和成像、医学诊断、材料表征、安全检测等领域具有广泛的应用前景[4-6]。同时，太赫兹光谱技术也是开展基础科学研究的强有力工具，其原因在于众多凝聚态物理现象、宇宙背景辐射、生物大分子等的特征频率位于太赫兹波段或者特征时间在皮秒尺度。近年来，太赫兹和自旋电子学两门学科交叉融合，形成了太赫兹自旋电子学 (THz spintronics) 这一新兴热门方向[7-11]。两门学科之所以能够结合，主要在于自旋电子学的某些物理现象的特征频率位于太赫兹频段，如反 (亚) 铁磁共振、磁振子、电磁振子等[12-14]。同时，太赫兹波能提供一种有效的非接触探针的方法对磁电阻[15]、自旋输运[16]，或时间尺度在皮秒量级的某些物理过程，如超快退磁[17]、超快自旋动力学[18] 等进行研究。在太赫兹波帮助我们更加深入地理解自旋电子学相关物理过程的同时，自旋电子学也为太赫兹波器件的研究提供了新思路和新方法，为新型太赫兹源的实现和发展提供了指导方向，同时促进了太赫兹和自旋电子学两门学科的发展。

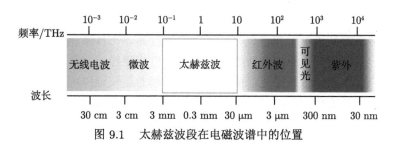

图 9.1 太赫兹波段在电磁波谱中的位置

9.1 太赫兹自旋电子学概述

在过去的几十年里，科学家利用飞秒激光对电子的自旋超快动力学进行了广泛而深入的研究。1996 年，法国科学家 Beaurepaire 等发现，超快退磁过程中伴随着太赫兹波信号的辐射[19]。由于磁性薄膜退磁产生的太赫兹发射信号较弱，因此自旋太赫兹发射谱在较长的一段时间内一直被作为研究超快磁动力学过程的辅助手段，未受到广泛的重视[12,13]。2013 年，德国科学家 Kampfrath 等证实太赫兹脉冲是自旋波激发与相干调控的有效手段[20]。铁磁/非磁异质结的太赫兹发射由于引入了自旋-电荷流转换机制而获得极大成功。越来越多的理论和实验工作表明，超快自旋电子学与太赫兹技术密切关联，因此研究飞秒时间尺度上自旋波和自旋流的激发、调控和探测，形成了新的研究领域——超快太赫兹自旋电子学[19,21-25]。一方面，太赫兹脉冲为研究超快自旋电子学提供了强大工具，可实现自旋波驱动、自旋输运探测[15,16]和超快磁过程测量。另一方面，探索太赫兹自旋电子学效应将有助于逐步实现新型的基于超快电子自旋的太赫兹光子学器件，包括太赫兹辐射源、调制器和探测器等。

本章将介绍自旋太赫兹源的物理机理以及对于太赫兹波发射的性能提升、调控及应用。物理机制方面，利用太赫兹可实现自旋波的驱动、自旋输运的探测以及超快磁测量，为研究超快自旋电子学提供了强大工具。超快太赫兹自旋电子学不仅有助于人们理解宏观自旋电子学现象背后的微观物理机理，还有望实现高效的太赫兹光子学器件和光谱学应用。

9.2 基于电子自旋的太赫兹波辐射

9.2.1 超快退磁辐射太赫兹波

1996 年，Beaurepaire 等[19]用 60 fs 的激光脉冲，首次成功得到了 22 nm 厚的 Ni 薄膜的瞬态透过率和时间分辨的磁光克尔效应 (MOKE)，如图 9.2(a) 和 (b) 所示，并提出了唯象"三温度"模型，定性地解释了这一超快退磁过程，如图 9.2(c) 所示。从瞬态反射率估算电子的热化时间约为 260 fs，电子温度的衰减寿命为 1 ps。自旋温度可以通过时间分辨的磁滞回线估算，在 2 ps 左右达到最大值。实验结果得到了电子和自旋不同的动力学行为。飞秒激光脉冲和自旋之间的相互作用让人们可以在亚皮秒时间尺度上实现自旋操控，为整个自旋电子学带来了极大的应用前景。飞秒激光在磁性材料上引起的超快退磁现象自发现以来就受到了众多研究者的极大关注[10,26,27]，伴随着对超快退磁机制的深入研究，人们发现超快时间尺度上磁光信号存在非磁性的贡献，因此超快退磁实验结果的可靠性长期存在着质疑和争论[28-31]。很多微观理论都是基于超快自旋翻转散射过程 (spin-flip scattering)，包含了 Elliott-Yafet 电子-声子自旋翻转散射[32,33]、电子-磁振子自旋翻转散射[34]、库仑交换自旋翻转散射[34]，以及相对论电磁辐射诱导的自旋翻转散射[35]等，这些机制都跟飞秒激光在磁性材料内的直接吸收有关系。

2004 年，Beaurepaire 等[17]率先利用线偏振飞秒激光脉冲激发 Cr(3 nm)/Ni (4.2 nm)/Cr(7 nm) 薄膜产生皮秒量级的电磁辐射。他们认为这种电磁辐射来自磁性材料的超快退磁。随着热电子和晶格温度的下降，材料的磁化强度随之恢复。在亚皮秒时间尺度上对磁化强度 (M) 进行调制，超快退磁产生的磁偶极子变化

9.2 基于电子自旋的太赫兹波辐射

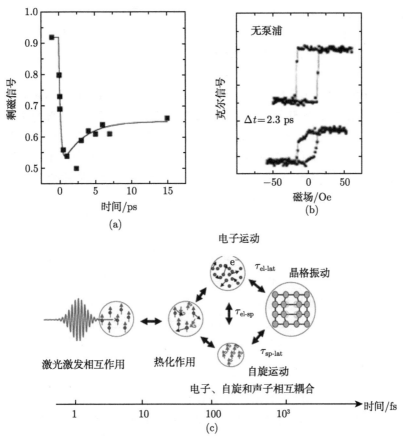

图 9.2 (a)Ni 薄膜的剩磁关于时间的函数；(b) 时间分辨的磁光克尔效应；(c) 唯象 "三温度" 模型，超快退磁过程伴随着太赫兹

伴随着太赫兹波的发射，$E \propto \partial^2 M/\partial t^2$。该方案基于经典电磁理论，太赫兹的发射或产生可以用基于麦克斯韦方程组推导的电场 E 的波动方程描述为

$$\nabla^2 E - \mu_0 \epsilon_0 \frac{\partial^2 E}{\partial t^2} = \mu_0 \frac{\partial J}{\partial t} \tag{9.1}$$

其中，有效电荷流密度 J 为

$$J = J_f + \nabla \times M + \frac{\partial P}{\partial t} \tag{9.2}$$

这里，J_f 为自由电荷密度；M 为磁化强度；P 为电极化强度。从波动方程 (9.1) 可以看出，有三种机制可以贡献太赫兹辐射。式 (9.2) 等号右边的第一项是随时间变化的电荷流。典型的例子是光导天线和电子加速器[36,37]，电子在飞秒到皮秒

时间尺度上的变速运动过程可以释放太赫兹辐射。第二项表示与磁化有关的太赫兹发射，例如，由超快退磁 ($\partial M/\partial t$) 造成的太赫兹发射[17]。第三项为由极化变化引起的太赫兹发射。常见的光学整流属于这一类，它解释了非线性光学晶体的太赫兹发射[38]。

同年，Hilton 等利用飞秒激光脉冲激发 12 nm 厚的 Fe 薄膜也观测到了太赫兹辐射脉冲现象[39]；实验结果表明 Fe 薄膜中的太赫兹发射有两部分贡献，一是与飞秒激光偏振有关的非线性光整流效应，另一个是与飞秒激光偏振无关的起源于超快退磁的部分。2012 年，Shen 等报道了 NiFe 合金薄膜中基于超快退磁辐射的太赫兹波[40]；通过比较不同样品中产生的太赫兹辐射脉冲振幅的峰值和样品的吉尔伯特阻尼 (Gilbert damping) 常数，发现铁磁薄膜的吉尔伯特阻尼越大，产生的太赫兹信号就越强。2015 年，Kumar 等发现，飞秒激光脉冲激发 Co 薄膜也可以辐射太赫兹信号，当薄膜厚度小于 40 nm 时，磁化方向主要是面内磁化；当薄膜厚度大于 40 nm 时，面外磁化开始形成，从而解释了 Co 薄膜厚度与太赫兹辐射强度之间的关系[41]。2019 年，Huang 等报道了铁磁/重金属双层膜结构中太赫兹脉冲辐射的物理机理随着薄膜厚度的变化而发生转变，当铁磁薄膜厚度为 30 nm 时 (激光的穿透厚度约为 15 nm)，由超快退磁机制主导太赫兹波的辐射，当铁磁薄膜低于激光的穿透厚度时，由逆自旋霍尔效应主导太赫兹波的辐射[42]。

9.2.2 逆自旋霍尔效应辐射太赫兹波

由于磁性薄膜退磁产生的太赫兹发射信号较弱，因此自旋太赫兹发射谱在较长时间内一直作为研究超快磁动力学过程的辅助手段，未受到广泛的重视[12,13]。然而，铁磁/非磁异质结的太赫兹发射由于引入了自旋-电荷流转换机制，可以有效地提高太赫兹的辐射性能。2013 年，德国科学家 Kampfrath 等通过飞秒激光脉冲激发铁磁/重金属异质结构，报道了 Fe/Au 和 Fe/Ru 异质结中的太赫兹发射实验，他们发现，利用逆自旋霍尔效应 (inverse spin Hall effect, ISHE) 可以有效地把热电子层间扩散所引起的超快自旋流转化为面内的电荷流，从而提高太赫兹辐射性能[20]。如图 9.3(a) 和 (b) 所示，当飞秒激光脉冲照射到双层薄膜上时，Fe 层吸收光能量使电子从费米面下 d 带跃迁到费米面以上的能带，产生非平衡的电子分布。多数载流子的迁移率要比少数载流子的高，这将在铁磁层中产生净自旋流，并由铁磁层向非铁磁性金属覆盖层注入。自旋霍尔效应指的是移动的电子受到自旋轨道耦合的影响，自旋向上和自旋向下的电子向不同的方向偏转，从而产生自旋流 (J_s)。而在逆自旋霍尔效应中，$J_c=J_s\times\gamma M/|M|$，其中 γ 为非磁层的自旋霍尔角。由纵向的自旋流转换而成的横向超快电流 (J_c)，可以辐射太赫兹频段的电磁波，从而能够作为太赫兹辐射源。

9.2 基于电子自旋的太赫兹波辐射

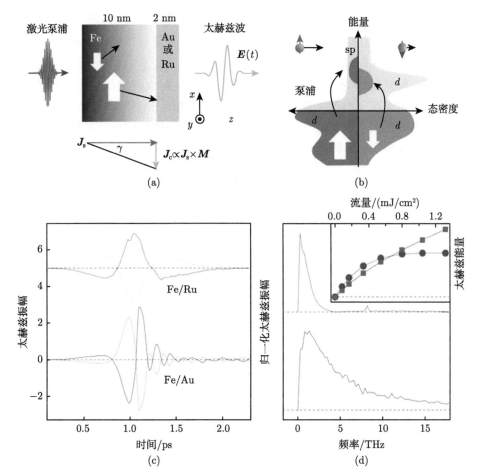

图 9.3 (a) 铁磁/重金属异质结太赫兹波产生的示意图，磁化方向平行于 y 轴，与纸面垂直，白色箭头表示自旋向上和自旋向下的电子，插图表示 ISHE 示意图，自旋流 J_s 转化为电荷流 J_c；(b) 飞秒激光将多数自旋 d 电子 (红色) 转变为快速的 sp 电子，从而向金或钌的重金属层注入自旋流；(c) 磁化方向为正向和反向时，Fe/Ru 和 Fe/Au 的太赫兹发射信号；(d) 为将图 (c) 中的时域电场进行傅里叶变换后的频谱图，插图为太赫兹辐射能量与抽运光功率密度的依赖关系

图 9.3(c) 比较了 Fe/Ru 和 Fe/Au 在正向、反向磁场下得到的太赫兹发射信号。当 M 反向时，太赫兹辐射脉冲都完全翻转，这有力地证明了太赫兹发射和样品的磁化有着密切的联系。将太赫兹发射信号进行傅里叶变换，如图 9.3(d) 所示，可以发现，Fe/Ru 的太赫兹辐射范围为 0.3~4 THz，而 Fe/Au 的太赫兹辐射光谱宽度接近 20 THz。这是由于电子在 Ru 和 Au 中的弛豫过程不同，呈现出不同的带宽。2016 年，Seifert 等 [43] 进一步对铁磁层/非磁性层异质结进行了材料、厚度等一系列优化，并且把铁磁层/非磁性双层结构改良为 W/CoFeB/Pt 三层结

构;他们发现,在 10 fs 激光入射的条件下,自旋薄膜不仅可以实现 1~30 THz 的超宽带辐射,而且在该条件下太赫兹发射的效率、带宽等指标达到或超过商业化的光导天线和非线性晶体。

随后,反铁磁作为太赫兹自旋源或重金属层发射太赫兹信号也有相关报道。研究者们报道了在飞秒激光脉冲激发下 Mn_3Sn、Mn_3Sn/Pt 和 Mn_3Sn/Co 薄膜的太赫兹辐射[44]。在 Mn_3Sn 薄膜和 Mn_3Sn/Pt 异质结构中,太赫兹辐射分别来自磁偶极子和超扩散瞬态自旋流,但是其自旋流的比例不同。结果表明,太赫兹辐射可以由 Mn_3Sn 的自旋结构控制,(0001) 取向的 Mn_3Sn 比 (11$\bar{2}$0) 取向的 Mn_3Sn 产生更强的太赫兹辐射,因为后者只有一半的 Kagome 面平行于磁场,这可以由外部磁场控制 (图 9.4(a) 和 (b))。而在 Mn_3Sn/Co 异质结构中,Mn_3Sn 层作为自旋-电荷转换器,由于各向异性的逆自旋霍尔效应,(11$\bar{2}$0) 取向的 Mn_3Sn 比 (0001) 取向的 Mn_3Sn 辐射出更强的太赫兹信号。2020 年,南京大学首次报道室温零磁场条件下反铁磁/重金属 (NiO/Pt) 结构中的自旋流注入并产生太赫兹信号的过程[45]。图 9.4(c) 为报道中采用的太赫兹发射谱测量方法的示意图。超快

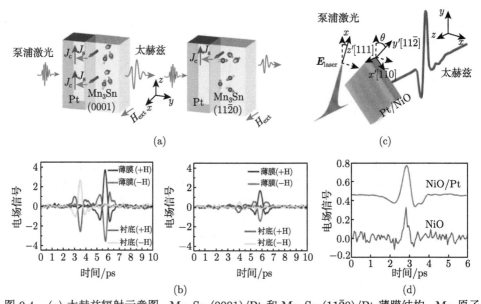

图 9.4 (a) 太赫兹辐射示意图,Mn_3Sn (0001)/Pt 和 Mn_3Sn (11$\bar{2}$0)/Pt 薄膜结构,Mn 原子 (紫色球) 和 Mn 磁矩 (棕色箭头) 形成了 Mn_3Sn 的逆三角形自旋结构,净磁矩 (红色箭头) 沿着外加磁场方向 (x 轴),在 y 轴 (橙色箭头) 产生自旋流,然后在 z 轴 (紫色箭头) 转换为电流;(b)Mn_3Sn (0001)/Pt 薄膜和 Mn_3Sn (11$\bar{2}$0)/Pt 薄膜对应的太赫兹辐射,测量了 Mn_3Sn/Pt 双分子层中薄膜面 +H(黑色)、薄膜面 −H(红色)、衬底面 +H(紫色) 和衬底面 −H(蓝色) 的太赫兹辐射;(c)NiO/Pt 结构的太赫兹发射谱测量示意图;(d)NiO/Pt 结构与单纯的 NiO 薄膜的太赫兹发射谱强度对照

激光脉冲泵浦样品,并通过电光取样方法测量样品的太赫兹波发射。超快激光脉冲泵浦对反铁磁材料产生更为剧烈的扰动,在零外场和室温下诱导产生瞬态磁化(图 9.4(d) 蓝色波形)。反铁磁 NiO 层的瞬态磁化向邻近的重金属层界面注入超快自旋流。由于重金属层的逆自旋霍尔效应,纵向超快自旋流在 Pt 层中转化为横向高频电荷电流,从而向空间辐射太赫兹频段的电磁波。

逆自旋霍尔效应是一种可行且可靠的检测自旋流和太赫兹辐射的方法。研究者们利用 $Mn_2Au/[Co/Pd]$ 异质结构,发现了反铁磁/垂直磁化铁磁结构中的逆自旋霍尔效应,简称为反铁磁逆自旋霍尔效应[46]。其中 [Co/Pd] 具有垂直的磁各向异性 (PMA),用于产生平面外极化自旋流,而 Mn_2Au 是具有局域对称性破缺特性的共线反铁磁金属,用于自旋到电荷的转换。当飞秒激光照射样品表面时,面外极化自旋流 J_s 流入 Mn_2Au,每个自旋子晶格上的反铁磁磁矩 (即奈尔矢量)n(沿 x 轴) 可使 σ_z 向面内 y 轴 ($\sigma_z \times n$ 方向) 旋转。两个子格的交变力矩产生相反的面内自旋,导致两个交错自旋子格的费米等值线向同一方向偏移,从而产生电荷流 J_c,同时电荷流与奈尔矢量 n 平行。对比如图 9.5 所示两种不同的结构 $[Co/Pd]/Mn_2Au$ 和 $[Co/Pd]/Pt$,可以发现,当反铁磁 Mn_2Au 换成非磁性的金属 Pt 时,并不能检测到太赫兹的信号,由此可以知道,自旋电荷转化不能在常规的垂直易磁化和金属 Pt 中产生,但是可以在垂直易磁化和 Mn_2Au 中产生。随后通过电场调控非易失的 Mn_2Au 反铁磁磁矩方向 (y 轴或者 x 轴方向),进行太赫兹发射实验,发现只有当太赫兹的接收器平行于反铁磁磁矩方向时,才能探测到外磁场反号时极化相反的太赫兹波信号;说明太赫兹波的发射与反铁磁磁矩方向有关,即理解为反铁磁逆自旋霍尔效应。

当测量太赫兹电场的 y 分量时,如图 9.6 显示了分别施加负电场 E_1 和正电场 E_2 后太赫兹信号对磁场 ($+H$ 和 $-H$) 的依赖关系。结果表明,只有在施加负 E_1(n 平行于 y 轴) 后,太赫兹信号来自 Mn_2Au 单层的自转换和自旋输运 [Co/Pd] 到 Mn_2Au 的逆自旋霍尔效应,其中在 $\pm H$ 下观察到太赫兹信号的差异。这可以解释为,逆自旋霍尔效应产生的太赫兹波形的极性由 σ_z 的符号决定,σ_z 通过改变磁场 H 的方向而反转。而施加正电场 E_2 (n 垂直于 y 轴) 后,太赫兹信号只产生于反铁磁 Mn_2Au 信号本身,在 $+H$ 和 $-H$ 下保持不变。因此,从图 9.6 提取出在 PMN-PT/Mn_2Au/PMA 处逆自旋霍尔效应的太赫兹信号,在施加负 E_1 后,得到太赫兹波形的极性与外部场的反转相反。结果表明,当 n 平行于 y 轴时,可以检测到奈尔矢量相关的逆自旋霍尔效应信号。同样,当测量太赫兹电场的 x 分量时,太赫兹信号的极性在磁场方向的改变下发生逆转。这说明只有当 n 平行于 x 轴时,才能检测到 Mn_2Au/PMA 处逆自旋霍尔效应的纯太赫兹信号。实验结果表明,由奈尔矢量相关的逆自旋霍尔效应引起的太赫兹信号极化与 Mn_2Au 的奈尔矢量平行。

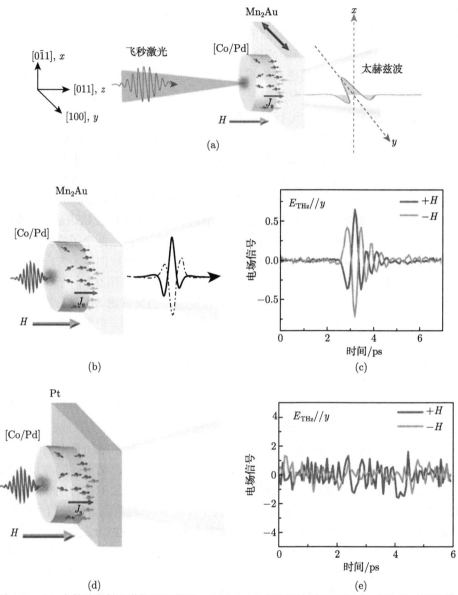

图 9.5 (a) 太赫兹发射光谱装置示意图,坐标 (xyz) 适用于实验室坐标系,施加固定强度为 200 mT 的面外磁场 H;在 (b)PMN-PT/[Co/Pd]/Mn$_2$Au 和 (d) PMN-PT/[Co/Pd]/Pt 结构中,在外磁场 H 相反的情况下发射的太赫兹电场信号为 (c) 和 (e)

9.2.3 界面 Rashba 效应辐射太赫兹波

自旋流–电荷流转换机制有两种。一种是前文所述的逆自旋霍尔效应,它是一种体效应。另外一种为逆 Rashba-Edelstein 效应 (简称 IREE),它是一种界面效应, 主要存在金属异质结构界面 (如 Ag/Bi 界面、Cu/Bi 界面等)、拓扑绝缘体表面态、二维材料、二维电子气等。可以描述为 $J_c \propto \lambda_{IREE} J_s \times Z$, 其中 λ_{IREE} 是 IREE 系数, 且正比于 Rashba 系数, J_s 为自旋流, Z 是电势梯度的方向 (垂直于界面)。

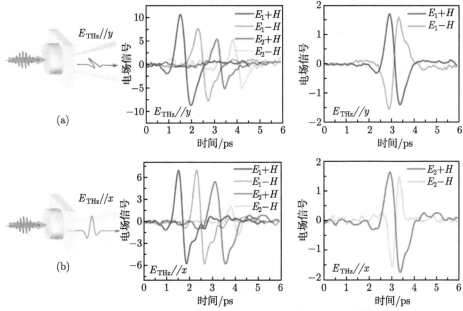

图 9.6 电场 E_1/E_2 和相反磁场 $\pm H$ 下 PMN-PT/Mn$_2$Au/PMA 结构中 (a)y 分量和 (b)x 分量的辐射太赫兹发射信号

各国研究者提出[47,48] 分别将自旋流从铁磁层 (CoFeB 和 Fe) 注入 Ag/Bi 双层纳米薄膜, 观测到 Ag/Bi 界面的逆 Rashba-Edelstein 效应产生的太赫兹脉冲, 如图 9.7 所示, 并且比较了双层薄膜结构包括 CoFeB/Bi、CoFeB/Al 和三层薄膜结构样品 CoFeB/Ag/Al、MgO/Ag/Bi、CoFeB/Ag/Bi 的太赫兹辐射时域波形和频域波形。对于 CoFeB/Al 而言, 由于 Al 几乎没有逆自旋霍尔效应, 覆盖层 Al 只是起到了防止氧化的作用。在没有铁磁层 CoFeB 的 MgO/Ag/Bi 样品中没有观察到太赫兹发射信号, 说明参考样品中的太赫兹发射信号都与铁磁层 CoFeB 相关。三层参考样品所辐射的太赫兹波的电场强度超过双层参考样品两个数量级以上。此外, 新加坡研究团队[49] 在铁磁/拓扑绝缘体异质 (Co/Bi$_2$Se$_3$) 结构中也观察到了太赫兹脉冲的产生, 并指出其主要来源于 Bi$_2$Se$_3$ 表面态的逆 Rashba-Edelstein 效应。其后, 他们实现了飞秒激光泵浦下超快自旋流从铁磁 Co 向二维半导体材料 MoS$_2$ 的高效注入, 以及由于逆 Rashba-Edelstein 效应的自旋流-电荷流转换, 同时辐射太赫兹脉冲[50]。

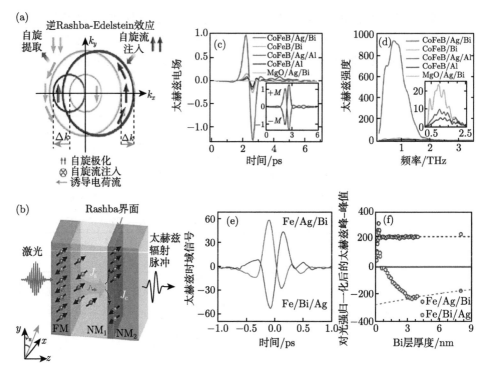

图 9.7 (a)IREE 示意图；(b) 基于 IREE 的超快激光太赫兹辐射示意图；Ag/Bi 界面和其他参考样品的太赫兹 (c) 时域信号和 (d) 频域信号；(e)Fe/Ag/Bi 和 Fe/Bi/Ag 结构在时域上的太赫兹辐射信号；(f) 对光强归一化后的 Fe/Ag/Bi 和 Fe/Bi/Ag 三层样品的太赫兹峰–峰值与 Bi 层厚度的依赖关系，黑色虚线为常数拟合，红色虚线为指数拟合

同时，Rashba 效应可以诱导与螺旋相关的光电流。由于非耗散的逆法拉第效应或耗散的光自旋传递扭矩效应，圆偏振光会引起磁化的倾斜，Rashba 效应用来解释自旋轨道力矩现象，当电流流过磁性导体时，会产生作用于其磁矩 M 的转矩并使其倾斜，倾斜磁化产生电流的现象可以看作是逆的自旋轨道转矩效应。磁化倾斜的方向由 $[M \times \sigma]$ 给出，其中 σ 是指向与光传播平行或反平行的轴向单位矢量，取决于其螺旋度。因此，如果圆偏振飞秒激光作为有效磁场作用于磁矩从而诱导转矩，则它也能产生由 Rashba 效应引起的光电流。电流的方向由入射光的螺旋度控制。荷兰 Kimel 研究组[51]将圆偏振激光照射在 Co/Pt 双层膜的异质结构中，发现了激光螺旋度相关的光电流的产生，同时辐射太赫兹信号 (图 9.8)。其产生光电流的原理解释为逆自旋轨道力矩效应，产生的电流垂直于光致磁化的变化和空间反演对称性被打破的方向 n(其中 n 是垂直于薄膜界面的极坐标单位矢量)。因此，可以得到圆偏振光产生的平行于界面的光电流为 $J_c = \chi n \times [M \times \sigma] I$，这里 χ 为标量，I 为圆偏振光脉冲的强度包络线，它对磁化施加力矩，从而使其

9.2 基于电子自旋的太赫兹波辐射

在平面上倾斜。随后，研究者们对铁磁/重金属双层膜结构的界面进行探索，以了解 Co/Pt 界面的性质如何影响双层膜结构中的光电流[52]；通过改变界面粗糙度、晶体结构和界面混合，确定了哪些界面特性对光电流起关键作用。特别是，通过降低粗糙度，由圆偏振自旋相关的光电效应引起的太赫兹发射减少到零，而与逆自旋霍尔效应相关的光电流所产生的太赫兹发射强度增加了 2 倍。另一方面，界面混合能使逆自旋霍尔效应所产生的太赫兹辐射增强 4.2 倍，而与圆偏振自旋相关的光电效应所产生的太赫兹辐射则呈现相反的趋势。这些发现表明，Co-Pt 界面的微观结构特性在光电流的产生中起着决定性的作用。以上体系产生的太赫兹强度具有一定的实用性，虽还不及此前的重金属中因逆自旋霍尔效应产生的强度，但为自旋太赫兹的辐射机制提供了新思路。

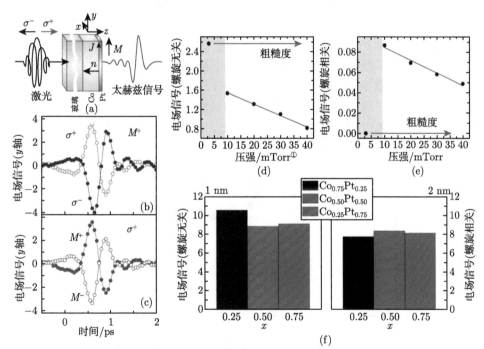

图 9.8 (a)Rashba 效应诱导螺旋相关光电流发射太赫兹辐射的实验原理图及实验方案，在平面内沿 y 轴施加 $B=0.1$ T 的磁场，使磁化 M 饱和；(b) 发射的辐射随磁化强度的变化而变化；(c) 发射辐射沿 y 轴极化的电场，作为时间的函数，测量光的相反螺旋度；(d) 与螺旋无关的太赫兹辐射和 (e) 与螺旋相关的太赫兹辐射的峰值强度，灰色区域强调行为上的偏差，在灰色区域 (大于 10 mTorr) 之外，随沉积压力的增加，与螺旋无关和与螺旋相关的太赫兹辐射均呈线性下降；(f) 图中，厚度分别为 (左图)1 nm 和 (右图)2 nm 的 Co_xPt_{1-x} 合金间隔层样品的太赫兹辐射峰值振幅与螺旋度无关，合金成分为 $Co_{0.75}Pt_{0.25}$(黑色)、$Co_{0.50}Pt_{0.50}$(红色) 和 $Co_{0.25}Pt_{0.75}$(蓝色)

---

① 1 Torr=1.333×10² Pa。

9.2.4 反铁磁共振辐射太赫兹波

铁磁材料在某一频率微波的激发下,磁化强度矢量围绕有效磁场进动,并对微波产生吸收,这种现象称为铁磁共振。同样地,反铁磁材料也存在共振现象,即反铁磁共振,其共振频率刚好处于太赫兹频段,如 NiO 和 MnO 的反铁磁共振频率分别为 1 THz[13] 和 0.83 THz[53]。利用太赫兹波激发反铁磁共振时,磁性相反的子格子的磁矩 M_1 和 M_2 围绕易轴进动,并吸收太赫兹波。这个过程存在逆过程,即利用其他方式激发反铁磁共振,会产生与共振频率相同的太赫兹波。当 M_1 和 M_2 进动时,可看作一个等效的磁偶极子 $M(t)$ 以共振频率振荡;由经典电磁场理论可知,磁偶极子振荡产生电磁波;由于振荡频率处于太赫兹频段,产生的电磁波为太赫兹波 (见 9.2.1 节)。飞秒激光脉冲激发反铁磁共振从而产生太赫兹波,已经被实验所证实。2010 年,Nishitani 等利用飞秒激光脉冲激发 NiO 单晶的反铁磁共振从而产生太赫兹波[13]。在太赫兹波形中观测到的周期振荡是由激光脉冲激发的相干反铁磁磁振子辐射引起的。脉冲受激拉曼散射过程是激光脉冲激发相干反铁磁磁振子的一种可能机制。NiO 中被激发的磁振子通过磁偶极子辐射产生太赫兹波,这是反铁磁共振吸收太赫兹波的逆过程。实验中,利用线偏振的飞秒激光脉冲入射到反铁磁的 NiO 单晶上,通过 ZnTe 自由空间电光取样技术探测所产生的太赫兹波。图 9.9 为测量得到的太赫兹波时域波形,波形呈周期性

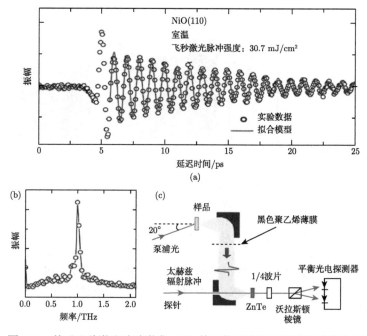

图 9.9 基于飞秒激光脉冲激发 NiO 单晶的反铁磁共振的太赫兹波产生

振荡。对时域波形进行傅里叶变换得到其对应的频谱,振荡频率为 1 THz,如图 9.9 所示。而 1 THz 刚好是 NiO 单晶的反铁磁共振频率,这说明太赫兹波的产生来源于反铁磁共振。同时,利用飞秒激光脉冲照射反铁磁 MnO 单晶,在 10 K 时观测到频率为 0.83 THz 的单频太赫兹辐射脉冲,与其反铁磁共振频率对应[53];发现 MnO 的宽带脉冲峰值振幅随着温度的降低而增加。在反铁磁序下观测到的宽带脉冲辐射的起源可以归因于二阶非线性光学效应,这取决于反铁磁序。

9.3 太赫兹脉冲的性能、偏振及其频谱的调控

9.3.1 自旋太赫兹脉冲性能的提升

自旋太赫兹源展示出众多独特优点,对于普通的铁磁薄膜/重金属双层膜,其太赫兹产生效率很低,仅有商用 ZnTe 晶体的 1% 左右。因此,如何提升其产生效率、场强等性能,是决定其能否实用的关键。此后国内外各个研究组提出多种自旋太赫兹辐射源的优化方案[54],将其产生效率及功率提升至商用太赫兹脉冲源的水平。其基于自旋发射太赫兹波信号的表达式:

$$E_{\text{THz}} \propto \frac{\partial J_{\text{c}}(t)}{\partial t} = \frac{2e}{\hbar} \int_0^d \mathrm{d}Z \cdot \gamma \cdot \frac{\partial J_{\text{s}}(t)}{\partial t} \tag{9.3}$$

式中,Z 为材料的阻抗;γ 为重金属的自旋霍尔角;$\dfrac{\partial J_{\text{s}}(t)}{\partial t}$ 为自旋流的注入效率。因此,这些提升方法主要为三大类别:① 基于自旋-电荷的转化效率;② 基于自旋太赫兹源材料匹配程度;③ 基于光学介质来提升太赫兹波的产生效率。

在铁磁薄膜/重金属的异质结构中,辐射的太赫兹波电场强度 $E_{\text{THz}}(t)$ 正比于异质结构中的总电荷流 J_{c} 的大小,$E_{\text{THz}}(t) \propto \boldsymbol{J}_{\text{c}} = \boldsymbol{J}_{\text{s}} \times \gamma \boldsymbol{M}/|\boldsymbol{M}|$,这里 $\boldsymbol{J}_{\text{s}}$ 为自旋流,γ 为自旋霍尔角。因此,增大超快自旋流的注入效率、提高自旋-电荷的转换效率,以及其他使总电荷流变化率增大的方法,均可提升太赫兹的产生效率。通常用自旋霍尔角描述材料的电荷-自旋相互转换能力。选取自旋霍尔角大的非磁性重金属作为太赫兹发射层[43,55,56]。一方面,通过掺杂、退火等方法增强铁磁层中自旋流的光注入[57,58],另一方面,通过优化铁磁和非磁性金属层的厚度[59,60]以及铁磁/重金属层的界面[61,62],可以有效提高太赫兹辐射强度。2016 年,德国 Kampfrath 研究组[43] 报道了他们在自旋太赫兹源性能提升上的成果。其性能提升方法主要基于自旋输运过程,主要包括以下 4 种。① 选择大自旋霍尔角 γ 的非磁层,自旋霍尔角 γ 越大,则太赫兹产生效率越高。不同非磁层的太赫兹发射强度与自旋霍尔电导(正比于自旋霍尔角 γ)[20](图 9.10),显示太赫兹发射的强度、正负与自旋霍尔角的大小、正负一一对应,其中重金属 Pt

发射强度最大，相对于 Au 等金属有一个数量级以上的增强。② 优化铁磁层结构。铁磁层一方面决定了产生的超快自旋流的大小，另一方面不同的铁磁/非磁界面也决定了超快自旋流注入非磁层的效率。实验表明，不同铁磁层 (3 nm)/Pt (3 nm) 的太赫兹的发射强度，除 Ni 较低外其他常见铁磁金属相差不大，CoFeB 略高于其他金属。③ 优化结构厚度。非磁层厚度决定自旋流的输运扩散从而影响总电荷流大小，同时铁磁/非磁层厚度也与飞秒激光吸收利用率、太赫兹发射效率相关，通过优化厚度，太赫兹强度可获得数倍提升。④ 充分利用双向注入自旋流。如图 9.10 所示，在铁磁/非磁双层异质结构中铁磁层另一侧再添加一非磁层，若两侧非磁层自旋霍尔角 γ 符号相反 (如 Pt 和 W)[63]，则电荷流可相干叠加，将太赫兹强度大大提升，显示出显著的性能优势。其后众多研究组又发展出新的性能提升路径，其中基于超快自旋流注入这一自旋输运过程方面，日本 Mizukami 研究组[57,64]利用铁磁层掺杂、退火等方法增强注入的自旋流大小；荷兰 Li 研究组[52]通过减小界面粗糙度、界面混杂等方法提升自旋流在界面的注入效率。此

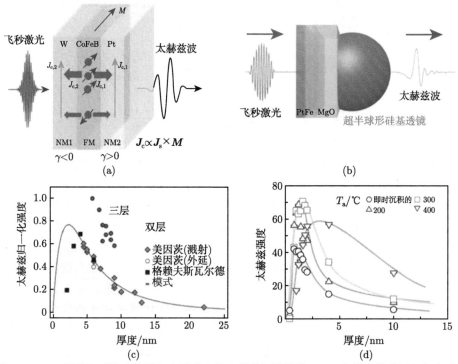

图 9.10　(a) 极性相反的自旋霍尔角提升自旋太赫兹源的性能；(b) 自旋太赫兹源与超半球硅透镜组合器件；(c) 太赫兹信号幅度与金属叠层厚度 d 的关系；(d)CoFeB 在不同退火温度下产生太赫兹信号峰

9.3 太赫兹脉冲的性能、偏振及其频谱的调控

外,除了对传统单质重金属 Pt 等掺杂增大其自旋霍尔角从而提升太赫兹产生效率外,各研究组将新型量子材料及相关的新型自旋流-电荷流转换机制运用到自旋太赫兹脉冲源中,也获得了丰富有趣的结果。

自旋太赫兹发射源中超快自旋-电荷流随时间的变化而向外辐射太赫兹脉冲,其向外辐射效率由阻抗 Z 所决定,阻抗越大,辐射效率越高。对于铁磁/非磁双层纳米薄膜异质结构来说,其阻抗的表达式为 [43]

$$Z(\omega) = \frac{Z_0}{n_1(\omega) + n_2(\omega) + [\sigma_F(\omega)d_F + \sigma_N(\omega)d_N]}$$

其中,$Z_0=377\ \Omega$ 为自由空间阻抗;ω 为太赫兹波频率;$n_1(\omega)$ 和 $n_2(\omega)$ 分别为衬底和空气的折射率;$\sigma_F(\omega)$ 和 $\sigma_N(\omega)$ 分别是铁磁层和非磁层的电导率;d_F 和 d_N 分别是铁磁层和非磁层的厚度。由此可见,自旋太赫兹发射源向外辐射的效率与自身金属薄膜的电导率和厚度密切相关。因此上文中提到的改变薄膜材料种类、薄膜厚度以提升太赫兹产生效率的方法,同时也包含了向外辐射效率的优化和平衡。若通过其他方法增大阻抗,则可进一步提升产生效率。德国研究组 [65] 对异质结构 Fe(20 nm)/Pt(5 nm) 中的 Fe 掺入微量元素 Tb,太赫兹强度随着 Tb 的掺杂量而变化,实验表明 Tb 的掺杂改变了铁磁层的电导率,太赫兹强度与电导率随 Tb 掺杂量的变化呈现对应关系,掺杂最优结果相对于非掺杂的太赫兹强度提升了 2 倍。此外,太赫兹波通过衬底向外呈一定发散角进行辐射,由于衬底/空气的折射率不匹配会发生反射损耗,泵浦飞秒激光光斑越小,太赫兹越发散,损耗越大。因此也有研究组 [59] 在衬底上贴装超半球形硅基透镜,如图 9.10(b) 所示,使衬底/空气界面耦合出更多的太赫兹,太赫兹强度增强了 30 倍 (在光斑直径 10 μm 的情况下)。

自旋太赫兹辐射源的辐射强度正比于泵浦飞秒激光功率,但由于纳米薄膜结构的厚度通常为数纳米,大部分激光能量被散射、透射而非吸收 [43,66],从而限制了太赫兹波的产生效率。中国工程物理研究院冯正研究团队及其合作者,提出了一种基于金属-氧化物介质结构提高激光吸收利用率进而提升太赫兹波产生效率的结构设计思路 [67]。其结构如图 9.11(a) 所示,是以介质薄膜和金属薄膜 ($NM_1/FM/NM_2$) 为单元组成的周期性结构,其中金属薄膜为 W(1.8 nm)/Fe(1.8 nm)/Pt(1.8 nm),氧化物介质薄膜为 SiO_2 薄膜,其厚度 d 为调控因子。当激光在金属-介质结构中传输时发生多重散射和干涉,会抑制金属薄膜对激光的反射和透射,增大金属薄膜对激光能量的吸收。图 9.11(b) 显示了不同周期数 n 的多层膜结构的激光吸收率随 SiO_2 介质层厚度 d 的变化 (实线为计算值,实心符号为实验样品实测值),对于每个周期其激光吸收率随着 d 的增大而增大,且吸收率从 40% 左右提升至 90% 以上;右图为相应样品的太赫兹发射强度随厚度 d 的

变化，对于每个周期其太赫兹强度随厚度 d 的增大而增大，与激光吸收率的变化规律相同。

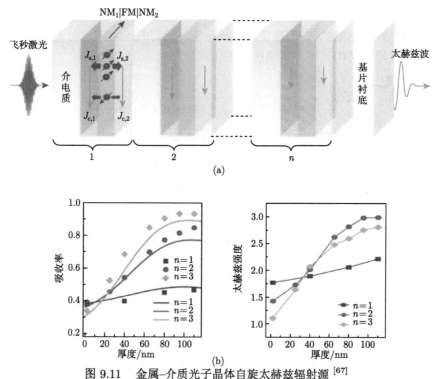

图 9.11　金属–介质光子晶体自旋太赫兹辐射源 [67]
(a) 结构示意图；(b) 不同周期样品的飞秒激光吸收率与太赫兹强度随介质层 SiO_2 厚度 d 的变化

将太赫兹辐射的强度和激光吸收率均归一化到标准的单周期自旋太赫兹源，可明显得出两者随厚度变化呈现相同趋势，但随着周期数 n 的增大，太赫兹强度偏离激光吸收率越大，其原因在于周期结构中后层金属薄膜对前层金属薄膜产生的太赫兹的反射及吸收。将该因素纳入太赫兹辐射模型，可获得较好的拟合结果（图 9.11(b) 实线所示）。相比于标准的单周期自旋太赫兹辐射源，金属–氧化物介质多层膜结构的产生效率提升到原来的 1.7 倍。该工作将光学思想引入自旋太赫兹辐射源的研究中，为其性能提升提供了一种新途径。其后，也有研究团队 [68] 将光学介质谐振腔 (TiO_2/SiO_2 周期性结构) 制备于自旋太赫兹辐射源金属纳米薄膜上，也通过提高激光吸收率提升了太赫兹产生效率。

9.3.2　自旋太赫兹脉冲偏振的调控

自旋太赫兹源辐射线偏振的太赫兹波，其偏振方向总是与外加磁场垂直，因此通过旋转外加磁场，即可有效调控太赫兹波的线偏振方向。圆偏振的太赫兹波

9.3 太赫兹脉冲的性能、偏振及其频谱的调控

在手性分子、磁共振测试等方面具有重要应用[69],基于自旋太赫兹源线偏振与外加磁场垂直的特性,研究人员发展出各种可调控偏振的自旋太赫兹源。日本研究组[70]将磁性薄膜结构与双折射液晶相集成,其中液晶起到太赫兹相位延迟片的作用。当外加磁场施加在不同方向时,自旋太赫兹辐射源产生的线偏振太赫兹与液晶相互作用并获得不同的相位延迟,最终发射出的太赫兹波能在圆偏振态和线偏振态之间转换。如对液晶施加一小电压,可进一步调控圆偏振的太赫兹频点。也有研究者[71]提出利用两个级联自旋太赫兹源产生圆偏振太赫兹波,如图 9.12(a)所示,飞秒激光脉冲激发第 1 个源后的透射激光继续激发第 2 个,两个源的外加磁场互相垂直产生正交的线偏振太赫兹相干叠加,通过调节两个源之间的时间差使正交偏振的相位差为 90°,获得了圆偏振的太赫兹信号,进而通过改变两个磁性材料的磁场方向,可使太赫兹偏振态在线偏振、左旋和右旋圆偏振之间切换。该团队也可利用弯曲的磁场产生椭圆偏振太赫兹波[72]。

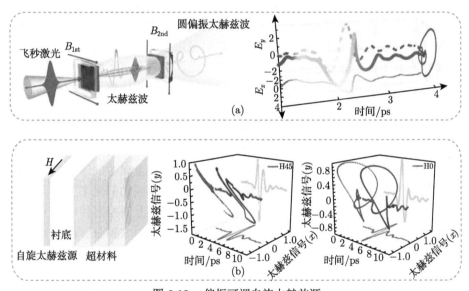

图 9.12 偏振可调自旋太赫兹源
(a) 级联自旋太赫兹源;(b) 超材料集成自旋太赫兹源

随后,国内研究团队提出并发展了一种新型的自旋电子学-超构表面太赫兹光源,并成功证明了宽谱圆偏振太赫兹辐射的产生,以及对其偏振状态和手性的有效而灵活的调控[73]。这种辐射源是通过将上述纳米磁性金属异质结器件制作成线栅结构的超构表面而实现的 (图 9.12(b))。展示了在飞秒激光脉冲激发下,从器件中辐射出的偏振平行于线栅方向太赫兹光场分量 ($E_\parallel$) 和垂直于线栅方向分量 ($E_\perp$) 的典型时域结构,从中可以看到不同外加磁场角度对于太赫兹波形的明显调制。通过傅里叶变换,可以得到两个偏振方向的太赫兹辐射的光谱与相对相

位，如图 9.13(a) 所示。无论磁场角度如何改变，两个太赫兹偏振方向都具有各自不变的频谱结构，可以覆盖 1~5 THz 的宽谱范围，且垂直偏振方向相对于平行方向呈现出光谱蓝移。而更重要的是，垂直偏振和平行偏振太赫兹辐射场间存在一个宽谱的 $\pi/2$ 相位差，这也预示着该器件能够产生圆偏振太赫兹辐射。通过建立"空间限制"模型揭示了超构表面对激光激发电流以及对电磁波辐射的调制作用。光激发自旋流在非金属薄膜中由于反自旋霍尔效应而偏转成横向流动的电流，且流动方向与外加磁场方向垂直。当电流沿着超构表面的线栅方向流动时，电流不会感受到空间限制效应，因而在平行线栅的偏振方向上，太赫兹辐射与薄膜金属器件辐射是相同的。然而，当电流的流动方向垂直于线栅时，线栅的边界限制了电流在空间中的流动，从而电流在线栅边界上的积累产生大量的瞬态感应电荷，并且形成内建电场，驱动了一个反向流动的电流，影响了垂直偏振方向的太赫兹辐射。由于电荷积累以及驱动反向电流的物理过程都需要时间，这也造成垂直偏振方向上的太赫兹辐射相比于平行方向上具有一个 $\pi/2$ 的相位差。因此，可以总结出从该器件中辐射的圆偏振太赫兹辐射是超构表面结构对于瞬态电流以及感应电荷空间限制效应的直接结果。这种辐射源可以产生并灵活调控太赫兹辐射的偏振状态和手性，兼具了自旋电子学器件宽谱、高效和灵活的优点，以及超构表面技术的集成和强大的光波控制能力。同时该团队合作研究了一种基于自旋电子学–超构表面技术的多功能太赫兹光源[74]，实现了宽谱太赫兹脉冲的光束偏转和全偏振调控 (图 9.13(b))。该器件应用了微纳加工技术，将不同结构的铁磁/非磁重金属异质结线栅加工排列成太赫兹"超光栅"结构。当飞秒激光脉冲激发磁性材料异质结时，激光所产生的非平衡自旋流会通过重金属中的逆自旋霍尔效应转化为宽谱的太赫兹辐射，而辐射的偏振垂直于铁磁薄膜的磁化率方向。在该器件设计了两套不同的线栅结构 (A 型和 B 型)，从微观上调控器件中不同线栅中自旋流的流动以及太赫兹辐射的极化方向，从而调控辐射太赫兹脉冲的特性。在该工作中所证明的器件中，A 型的异质结结构是通过反向生长并预生长了一层纳米级厚度的 CoO/NiO 反铁磁层来实现的。一方面调控了自旋流的空间流动方向 (从铁磁层到重金属层)，也通过反铁磁层与铁磁层间的界面交换耦合增大了铁磁材料的矫顽场。从而，可以通过外加磁场的大小，灵活调控该器件中自旋流的流动方向，形成不同周期的超光栅结构，对太赫兹辐射的发射方向产生调制。进一步地，利用异质结线栅结构对电荷流的横向限制效应，实验测量得到，在不同发射角下，垂直于线栅偏振的太赫兹光场相对于平行于线栅的太赫兹光场存在一个相位差，显示了通过改变外加磁场角度可以调控在不同发射角上的太赫兹辐射的偏振状态，产生圆偏振太赫兹辐射。而当研究者将外加磁场角度调整到不同的象限时，太赫兹辐射的手性也可以得到调节。研究团队基于自旋电子学–超构表面技术，设计了一种新型的多功能调控的宽谱太赫兹光源，并证明了对太赫兹发射角

9.3 太赫兹脉冲的性能、偏振及其频谱的调控

度和偏振状态的独立调控。需要指出的是,该工作证明的原型器件仅仅展示了上述设计理念的最简单的证明。通过引入更多不同的磁性材料、自旋电子学效应以及更复杂的超构表面设计,有望实现更多复杂的太赫兹光场产生与调控,包括太赫兹涡旋场、超环形场等。

同时,也有研究组从概念上提出并实验证明了编码太赫兹发射[75],它集成了宽频段太赫兹波的有效产生和控制。他们设计了一种基于 Co/Pt 和 W 异质结构的编码太赫兹发射极,该异质结构由 Co/Pt 和 Co/W 相间的微图像化双层结构构成 (图 9.13(c))。由于自旋霍尔角相反,两种类型的铁磁/重金属 (FM/NM) 层表现

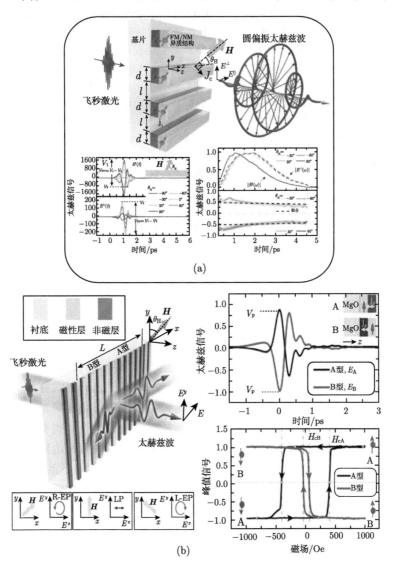

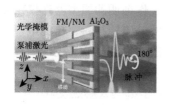 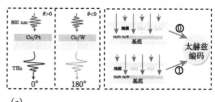

(c)

图 9.13 (a) 上部分为自旋电子学-超构表面太赫兹辐射源的基本架构，下部分为在不同磁场角度 θ_H 下偏振平行于线栅方式和垂直于线栅方向的太赫兹辐射时域波形，两个互相垂直偏振方向上太赫兹辐射的光谱与相对相位；(b) 左边为产生和操纵太赫兹脉冲的自旋动量锁定太赫兹发射 (SMTE) 装置示意图，在 x-y 平面上施加定向外磁场 (H)，以 θ_H 的场角控制调频层的磁化强度，插图为太赫兹偏振随场角的变化 (L-EP：左椭圆极化，R-EP：右椭圆偏振，LP：线性极化)，右边上图是 $H_{cA} \gg H_{cB}$ 时，A 型和 B 型异质结构中铁磁层磁化强度 (M)、自旋流和电荷流示意图，太赫兹脉冲垂直于 SMTE 表面发射太赫兹脉冲在 x-z 平面上以 φ_e 的发射角发射，磁场强度 $H = 1000$ Oe 的 A 型和 B 型薄膜沿 x 方向排列产生太赫兹短脉冲，峰值场振幅 (V_p) 被标记，插图为激光激发后 A 型和 B 型异质结构中的自旋流流动示意图，下部分为在 A 型和 B 型薄膜上测得的 V_p 随时间的滞回曲线；(c) 左边为光控数字编码太赫兹发射器基本内含物的相反自旋霍尔角的结构化 FM/NM 条示意图，右图表示 Co/Pt 和 Co/W 在 0° 和 180° 相对应的不同自旋霍尔角下发射的太赫兹辐射示意图以及太赫兹发射的光学编码划分概念，其中不同的状态可以记录为 '0' 和 '1'

出明显不同的太赫兹辐射行为；采用两种自旋霍尔角相反的条纹铁磁异质结构作为编码单元，每个编码单元中的两个不同的状态 (具有 0° 和 180° 的两个偏振或相位状态) 可以表征为 '0' 和 '1' 数字，通过操纵泵浦光束的光场分布来切换。这种同时实现太赫兹编码和太赫兹发射的能力，对于满足日益增长的集成化和小型化要求有着重要意义。

9.3.3 自旋太赫兹脉冲频谱的调控

自旋太赫兹源薄膜可通过光刻等微加工手段制备成图形化结构。有研究团队[55]将其制备成条带阵列，固定外加磁场方向并旋转条带长轴与磁场的夹角，改变了太赫兹频谱分布，如图 9.14(a) 所示。其原因在于产生太赫兹的瞬态电荷流总是沿垂直于外加磁场的方向运动，改变夹角使条带边缘对瞬态电荷流的积累与反射不同，使其时空分布发生改变，太赫兹频谱随之改变。也有研究组[76]将自旋太赫兹源薄膜生长于高阻硅衬底制备成三个条带，条带两边添加电极。在飞秒激光照射下，当外加磁场与条带垂直时可产生沿条带方向运动的瞬态自旋-电荷流，当电极两端施加电流时也可产生沿条带方向运动的光生瞬态电流，这样就形成一个复合太赫兹源，两者产生的太赫兹波可相干叠加，如图 9.14(b) 所示。实验结果表明，施加电流时其产生的太赫兹频谱在低频段 (0.1~0.5 THz) 的强度增强了 2~3 个数量级。有研究团队[77]提出利用相邻的飞秒激光脉冲对作为泵浦自

9.3 太赫兹脉冲的性能、偏振及其频谱的调控

旋太赫兹产生的源,通过改变两个脉冲对的时延,有效地在亚皮秒时间尺度调控其产生的自旋流,从而成功地调控其产生的太赫兹脉冲波形及对应的频谱,如图 9.14(c) 所示。

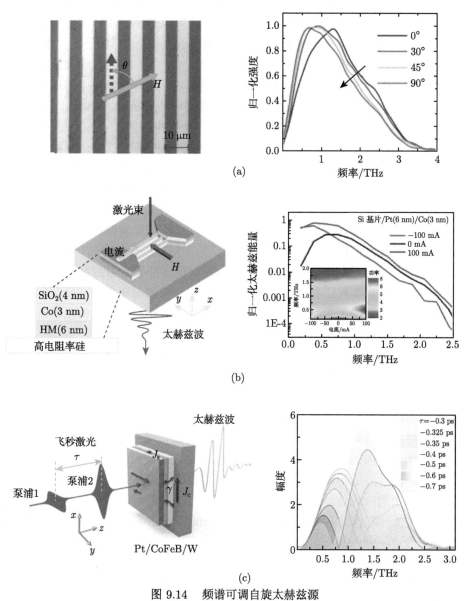

图 9.14 频谱可调自旋太赫兹源

(a) 条带图形自旋太赫兹源; (b) 电流增强复合自旋太赫兹源; (c) 飞秒激光脉冲对激发自旋太赫兹源

9.4 自旋相关的太赫兹光谱探测

反铁磁材料的本征频率在太赫兹频段对反铁磁与太赫兹的相互作用的研究具有重要意义。在太赫兹驱动反铁磁磁矩翻转领域，传统的铁磁存储器写入速度在物理上受到固有的 GHz 阈值的限制。因此，发展太赫兹光学相关的反铁磁磁矩调控方法对于制备超快读写速度的反铁磁基存储器件具有意义[78,79]。Olejník 等在直流电流驱动反铁磁 CuMnAs 磁矩翻转的基础上[80]，使用反铁磁太赫兹光驱动了反铁磁磁矩翻转，实现反铁磁的超快磁矩翻转，将存储器件中可逆电写入的频率提高到太赫兹量级。如图 9.15 所示，将峰值电场为 $E_{THz} \approx 0.1$ MV/cm 的太赫兹辐射脉冲 (脉冲宽度为 1 ps) 入射到装有四个微电极的 CuMnAs 反铁磁薄膜上。微电极结构如图 9.15 右侧示意图所示。太赫兹电场在 CuMnAs 中诱导的电流密度 $J=2.7\times10^9$ A/cm^2。具有皮秒脉冲宽度的太赫兹波可以得到与外加电流相似的写入功能，而且研究者证实其写入的时间是在皮秒时间尺度。通过改变入射太赫兹辐射脉冲的偏振，使得读出信号反相，这为基于反铁磁介质实现具有太赫兹频率的数据读写提供了实验证据。本研究团队利用电流脉冲和太赫兹电磁波脉冲激发反铁磁绝缘体α-Fe$_2$O$_3$/Pt 双层膜结构中的反铁磁的翻转，利用电学手段读出翻转信号[81]。对比研究了在室温下利用电流脉冲和太赫兹脉冲激发反铁磁磁矩的翻转速度，实现了基于绝缘反铁磁器件中反铁磁磁矩操控从赫兹到太赫兹范围内的切换，证明了太赫兹超快脉冲激发的轨道力矩效应引起的反铁磁磁矩的翻转。

同时，当太赫兹电场振荡在磁性材料中诱导出瞬态电流时，通过分析太赫兹电磁场的衰减和相位延迟可研究自旋的输运过程，例如巨磁电阻 (GMR)、反常霍尔效应等。太赫兹时域光谱 (TDS) 结合电导率理论模型不仅可以有效区分载流子浓度和动量散射时间各自的贡献，更重要的是可以进一步得到自旋依赖的载流子浓度和动量散射时间。2015 年，研究者利用太赫兹电磁探针，直接观测了金属体系在基本条件下的磁输运，确定了导电电子的自旋相关密度和动量散射次数[15]；发现传统的测量方法明显低估了电子散射中的自旋不对称性，这是导致 GMR 等效应的关键参数；此外，还展示了太赫兹波的磁调制的可能性，以及使用超快太赫兹信号的无热和无接触 GMR 读出。图 9.16(a) 给出太赫兹脉冲经过 GMR 结构的时域光谱。当外加磁场的强度增加至 100 mT 时，GMR 结构使太赫兹波电场的透过率下降约 20%。太赫兹波的吸收正比于样品的电导率，样品的电导率随磁场强度的增加而增加。如图 9.16(e) 所示，日本研究组采用极化分辨光谱法研究了 Mn$_3$Sn 薄膜的太赫兹反常霍尔电导率[82]，观测到了太赫兹频段下的反常霍尔效应，证明了反铁磁自旋电子学的超快读出。室温下的太赫兹反常霍尔效应观测证明了 Mn$_3$Sn 反铁磁自旋电子学的超快读出，也将为研究外尔 (Weyl) 反铁磁

9.4 自旋相关的太赫兹光谱探测

体的非平衡动力学开辟新的途径。

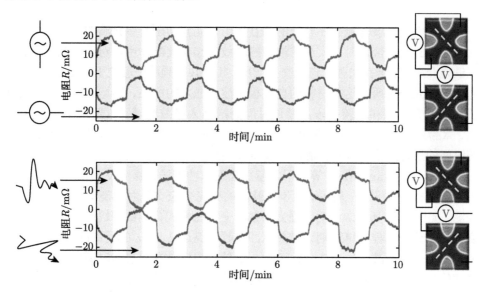

图 9.15 微秒脉冲和皮秒脉冲对反铁磁开关的对比

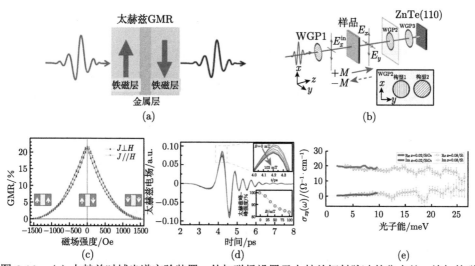

图 9.16 (a) 太赫兹时域光谱实验装置,外加磁场设置于太赫兹辐射脉冲的焦点处,施加的磁场强度为 0~100 mT;(b) 偏振分辨测量装置示意图,WGP 为线栅偏振器;(c)GMR 样品的静态磁阻率;(d) 随着磁场强度的增加,太赫兹的透过率与外加磁场的关系;(e)Mn_3Sn 薄膜的实部和虚部霍尔电导率谱,实形曲线表示 SiO_2 衬底上的低频太赫兹,实心圆表示 $x=0.08$ 时 Si 衬底上的宽带频谱

9.5 太赫兹自旋波的激发及其探测

对于太赫兹波与磁有序介质的相互作用，尤其当磁有序介质的磁共振频率与太赫兹波的频率接近时，太赫兹波的磁场效应起着支配作用。对于一些反铁磁与亚铁磁介质，由于存在强的自旋交换作用，其磁共振频率一般位于太赫兹频段，因而太赫兹光谱为研究这类材料的自旋极化波元激发的产生、输运和相干控制提供了新的研究方法和实验手段。通过时间分辨的太赫兹光谱（如光泵浦–太赫兹探测、太赫兹泵浦–太赫兹探测和太赫兹泵浦–光探测等光谱），可以获得自旋波色散随时间的演化关系，以及自旋波的非线性动力学行为。

2010 年，Kampfrath 等利用太赫兹辐射脉冲磁场共振激发 NiO 反铁磁晶体中的磁共振模式[12]，并基于同步光脉冲的磁光效应实现对自旋极化进动的实时探测，如图 9.17 所示。证明了强太赫兹瞬变的磁性成分能够超快地控制自旋自由度来补充这一过程。单周期太赫兹脉冲在频率高达 1 THz 的反铁磁 NiO 中开启和关闭相干自旋波。一个持续时间为 8 fs 的光探针脉冲直接在时域内跟踪太赫兹诱导的磁动力学，并通过塞曼相互作用验证了太赫兹场选择性的磁子自旋。这个概念提供了一种通用的超快手段来控制以前难以达到的电子基态中的磁激发。

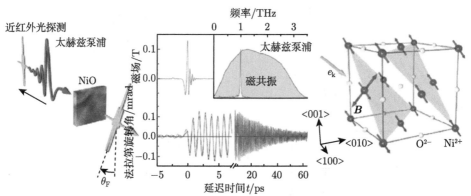

图 9.17 利用太赫兹辐射脉冲磁场共振激发 NiO 反铁磁晶体中的磁共振模式，并基于同步光脉冲的磁光效应实现对自旋极化进动的实时探测

磁性稀土正铁氧体 $RFeO_3$ 中自旋振荡的频率在太赫兹波段，这使得利用太赫兹脉冲实现 $RFeO_3$ 的自旋激发成为可能。与激光脉冲不同，太赫兹脉冲的能量小，热效应小，可以实现光子和磁子的直接耦合，而不会对晶格的振动产生影响。利用激光脉冲对 $RFeO_3$ 中自旋的激发，主要是利用逆法拉第效应，圆偏振的激光脉冲在材料中形成的瞬时磁场间接激发 $RFeO_3$ 的自旋运动。太赫兹脉冲对 $RFeO_3$ 的自旋激发，是通过脉冲的磁场分量直接作用在自旋上，实现自旋的激发，过程中没有额外的热效应[83]。当一束太赫兹脉冲入射到铁磁性材料中时，

9.5 太赫兹自旋波的激发及其探测

脉冲的磁场在材料的磁矩上产生一个瞬时的力矩,使磁矩发生偏转,如图 9.18 所示。太赫兹脉冲过后,力矩消失,自旋以自由感应衰减的形式恢复到平衡位置,该过程辐射出一定频率圆偏振的太赫兹波。这种自旋进动产生的前提是自旋与太赫兹脉冲的磁场分量之间存在夹角,对于太赫兹脉冲的磁场方向平行于磁矩的情况,没有相应的力矩产生,也就没有自由感应衰减信号辐射。对于反铁磁性材料,自旋沿着某一方向呈反铁磁排列,当入射的太赫兹脉冲磁场方向垂直于自旋时,施加在相邻自旋上的力矩方向相反,自旋进动的方向也相反,所辐射的自由感应衰减信号旋转方向相反,所探测到的宏观信号为线偏振的太赫兹波。$RFeO_3$ 与传统的铁磁和反铁磁性材料不同,为倾角反铁磁结构,室温下为 Γ_4 相,沿着 a 方向为反铁磁排列,而自旋在 c 方向存在一定的倾角,出现 c 方向的弱铁磁性。对于 $RFeO_3$,既存在铁磁材料中的铁磁模式自旋激发,也存在反铁磁材料中的反铁磁模式自旋激发。当入射的太赫兹脉冲的磁场方向垂直于 c 轴,即铁磁磁矩方向时,铁磁模式被激发,辐射出的自由感应衰减信号频率为铁磁激发频率。当入射的太赫兹脉冲的磁场方向平行于 c 轴,垂直于 a 轴时,反铁磁模式被激发,辐射出反铁磁激发频率。在 $RFeO_3$ 中,通过改变入射的太赫兹脉冲磁场方向和晶轴的夹角,可以实现不同激发模式之间的调控。此外通过自由感应衰减信号强度和频率的变化,可以确定温度和磁场诱导的自旋重取向的磁相变过程。

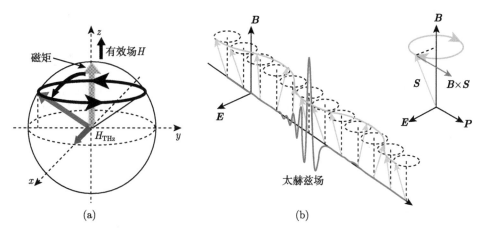

图 9.18 (a) 磁矩在太赫兹脉冲下偏转;(b) 自由感应衰减信号辐射

荷兰研究组证明了圆偏振飞秒激光脉冲可以通过逆法拉第效应来非热激发和相干控制磁体中的自旋动力学[84](图 9.19(a))。这种光磁相互作用是瞬时的,并且受脉冲宽度 (实验中为 200 fs) 的时间限制,揭示了超快相干自旋控制的另一种机制。日本东京大学 Suemoto 研究组报道了双半周脉冲太赫兹波对单晶 $YFeO_3$ 磁化进动的相干控制[85]。太赫兹脉冲在单脉冲和双脉冲激励下通过 $YFeO_3$ 的 a

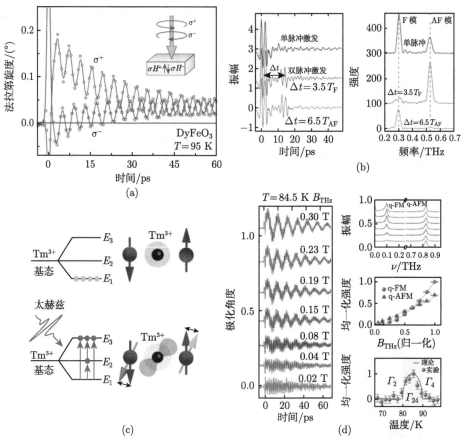

图 9.19 (a) 由于逆法拉第效应，圆偏振的飞秒光脉冲在 $DyFeO_3$ 中激发自旋进动；(b) 双半周脉冲太赫兹波对单晶 $YFeO_3$ 磁化进动的相干控制；(c) 太赫兹场诱导各向异性实现自旋控制；(d) 不同太赫兹激发场激发的磁振子时域振荡曲线，与时域数据相应的振幅谱，q-FM 模式和 q-AFM 模式的频率分别是 0.1 THz 和 0.8 THz，准铁磁模式和准反铁磁模式的振幅与入射太赫兹辐射脉冲的磁场强度的关系；q-FM 模式的振幅与太赫兹磁场强度偏离线性关系的程度 (实验) 和太赫兹场强诱导各向异性力矩 (理论) 的比较

轴传输的时间波形。两个脉冲通过时间延迟 Δt 在时间上分离，T_F 和 T_{AF} 分别为铁磁模式和反铁磁模式的振荡周期。从 18~48 ps 的傅里叶变换得到的光谱表明，进动模式可以独立抵消 (图 9.19(b))。准铁磁 (0.299 THz) 和准反铁磁 (0.527 THz) 进动模式通过选择合适的脉冲间隔被选择性地激发，并作为自旋系统的自由感应衰减信号被观察到[86]。Baierl 等研究了一种全新的、通过电偶极调谐的非线性太赫兹自旋耦合机制，这远强于线性的太赫兹磁场与自旋的塞曼耦合。实验中，使用了反铁磁 $TmFeO_3$ 单晶。利用材料电子轨道跃迁的太赫兹共振泵浦来调制 Fe^{3+} 自旋的磁各向异性，从而触发具有极大振幅的自旋共振，如图 9.19(c)

所示。这一机制的本质是非线性的，可以通过改变太赫兹波的光谱形状对其进行调控，并且，其效率比塞曼转矩提高了一个数量级。由于轨道态支配了过渡金属氧化物的磁各向异性，这一调控机制可以应用于许多其他的磁性材料。实验中，$TmFeO_3$ 晶体的厚度为 60 μm，用强太赫兹辐射脉冲产生了波前倾斜的光整流。太赫兹辐射脉冲振幅谱中包含了 q-FM 模式、q-AFM 模式和 Tm^{3+} 的能级跃迁。太赫兹场诱导的超快磁动力学由一个与太赫兹辐射脉冲共传播的近红外飞秒探测脉冲、基于法拉第效应的偏振旋转和磁二色性来记录，如图 9.19(d) 所示，图中给出了 q-FM 模式和 q-AFM 模式的共振频率与温度的依赖关系。实验结果表明，太赫兹辐射脉冲的电场诱导的磁各向异性改变可以驱动大角度的磁晶格激发。

基于自旋的技术可以在太赫兹频率下工作，但需要配套以能在超快时间尺度下工作的操作技术才能变得实用。例如，基于自旋波 (也称为磁振子) 的设备需要有效地产生纳米波长的高能交换自旋波。为实现这一点，需要在磁振子模式和电磁刺激 (如相干太赫兹场脉冲) 之间进行实质性的耦合。然而，由于亚毫米波辐射与纳米级自旋波之间的动量不匹配，使用太赫兹光有效激发非均匀自旋波一直很困难。因此，2023 年，Salikhov 等通过薄膜利用局限于重金属/铁磁体异质结构界面的相对论自旋轨道力矩来改善光–物质相互作用 [87]，利用宽带太赫兹辐射可激发频率高达 0.6 THz、波长短至 6 nm 的自旋波模式。数值模拟表明，太赫兹光与交换主导磁振子的耦合完全源于界面自旋轨道耦合。其研究结果对其他磁性多层结构具有普遍的适用性，并为高频信号的纳米级控制提供了前景。

参 考 文 献

[1] Tonouchi M. Cutting-edge terahertz technology[J]. Nat. Photonics, 2007: 97-105.

[2] Ferguson B, Zhang X C. Materials for terahertz science and technology[J]. Nat. Mater., 2002, 1(1): 1-8.

[3] 金钻明, 郭颖钰, 季秉煜, 等. 超快太赫兹自旋光电子学研究进展 (特邀)[J]. 光子学报, 2022, 51(7): 1-18.

[4] Zeng H X, Liang H J, Zhang Y X, et al. High-precision digital terahertz phase manipulation within a multichannel field perturbation coding chip[J]. Nat. Photonics, 2021, 15(10): 751-757.

[5] Hoffmann M C, Fulop J A. Intense ultrashort terahertz pulses: generation and applications[J]. J. Phys. D Appl. Phys., 2011, 44: 083001.

[6] Ghasempour Y, Shrestha R, Charous A, et al. Single-shot link discovery for terahertz wireless networks[J]. Nat. Commun., 2020, 11: 1-6.

[7] 许涌, 张帆, 张晓强, 等. 自旋电子太赫兹源研究进展 [J]. 物理学报, 2020, 69(20): 200703-200713.

[8] Kirilyuk A, Kimel A V, Rasing T. Ultrafast optical manipulation of magnetic order[J]. Rev. Mod. Phys., 2010, 82(3): 2731-2784.

[9] Walowski J, Münzenberg M. Perspective: ultrafast magnetism and THz spintronics[J]. J. Appl. Phys., 2016, 120: 140901.

[10] Malvestuto M, Ciprian R, Caretta A, et al. Ultrafast magnetodynamics with free-electron lasers[J]. J. Phys. D. Appl. Phys., 2018, 30: 053002.

[11] 冯正, 王大承, 孙松, 等. 自旋太赫兹源：性能、调控及其应用 [J]. 物理学报, 2020, 69(20): 208705.

[12] Kampfrath T, Sell A, Klatt G, et al. Coherent terahertz control of antiferromagnetic spin waves[J]. Nat. Photonics, 2011, 5(1): 31-34.

[13] Nishitani J, Kozuki K, Nagashima T, et al. Terahertz radiation from coherent antiferromagnetic magnons excited by femtosecond laser pulses[J]. Appl. Phys. Lett., 2010, 96: 081907.

[14] Chun S H, Shin K W, Kim H J, et al. Electromagnon with sensitive terahertz magnetochromism in a room-temperature magnetoelectric hexaferrite[J]. Phys. Rev. Lett., 2018, 120: 027202.

[15] Jin Z M, Tkach A, Casper F, et al. Accessing the fundamentals of magnetotransport in metals with terahertz probes[J]. Nat. Phys., 2015, 11(9): 761-766.

[16] Huisman T J, Mikhaylovskiy R V, Rasing T, et al. Sub-100-ps dynamics of the anomalous Hall effect at terahertz frequencies[J]. Phys. Rev. B, 2017, 95: 094418.

[17] Beaurepaire E, Turner G M, Harrel S M, et al. Coherent terahertz emission from ferromagnetic films excited by femtosecond laser pulses[J]. Appl. Phys. Lett., 2004, 84(18): 3465-3467.

[18] Vicario C, Ruchert C, Ardana-Lamas F, et al. Off-resonant magnetization dynamics phase-locked to an intense phase-stable terahertz transient[J]. Nat. Photonics, 2013, 7(9): 720-723.

[19] Beaurepaire E, Merle J C, Daunois A, et al. Ultrafast spin dynamics in ferromagnetic nickel[J]. Phys. Rev. Lett., 1996, 76(22): 4250-4253.

[20] Kampfrath T, Battiato M, Maldonado P, et al. Terahertz spin current pulses controlled by magnetic heterostructures[J]. Nat. Nanotechnol., 2013, 8(4): 256-260.

[21] Tauchert S R, Volkov M, Ehberger D, et al. Polarized phonons carry angular momentum in ultrafast demagnetization[J]. Nature, 2022, 602(7895): 73-77.

[22] Afanasiev D, Hortensius J R, Ivanov B A, et al. Ultrafast control of magnetic interactions via light-driven phonons[J]. Nat. Mater., 2021, 20(5): 607-611.

[23] Stupakiewicz A, Davies C S, Szerenos K, et al. Ultrafast phononic switching of magnetization[J]. Nat. Phys., 2021, 17(4): 489-492.

[24] Wang S, Wei C, Feng Y, et al. Dual-shot dynamics and ultimate frequency of all-optical magnetic recording on GdFeCo[J]. Light Sci. Appl., 2021, 10(8): 1-8.

[25] Siegrist F, Gessner J A, Ossiander M, et al. Light-wave dynamic control of magnetism[J]. Nature, 2019, 571(7764): 240-244.

[26] Hohlfeld J, Matthias E, Knorren R, et al. Nonequilibrium magnetization dynamics of nickel[J]. Phys. Rev. Lett., 1997, 78(25): 4861-4864.

[27] Weihong Z, Hamer C J, Oitmaa J. Series expansions for a Heisenberg antiferromagnetic model for SrCu$_2$(BO$_3$)$_2$[J]. Phys. Rev. B, 1999, 60(9): 6608-6616.

[28] Carva K, Battiato M, Oppeneer P M. Ab initio investigation of the Elliott-Yafet electron-phonon mechanism in laser-induced ultrafast demagnetization[J]. Phys. Rev. Lett., 2011, 107(20): 207201.

[29] Koopmans B, van Kampen M, Kohlhepp J T, et al. Ultrafast magneto-optics in nickel: magnetism or optics[J]? Phys. Rev. Lett., 2000, 85(4): 844-847.

[30] Lefkidis G, Zhang G P, Hübner W. Angular momentum conservation for coherently manipulated spin polarization in photoexcited NiO: an *ab initio* calculation[J]. Phys. Rev. Lett., 2009, 103(21): 217401.

[31] Eschenlohr A, Battiato M, Maldonado R, et al. Ultrafast spin transport as key to femtosecond demagnetization[J]. Nat. Mater., 2013, 12(4): 332-336.

[32] Koopmans B, Ruigrok J J M, Longa F D, et al. Unifying ultrafast magnetization dynamics[J]. Phys. Rev. Lett., 2005, 95: 267207.

[33] Koopmans B, Malinowski G, Dalla Longa F, et al. Explaining the paradoxical diversity of ultrafast laser-induced demagnetization[J]. Nat. Mater., 2010, 9(3): 259-265.

[34] Krauss M, Roth T, Alebrand S, et al. Ultrafast demagnetization of ferromagnetic transition metals: the role of the Coulomb interaction[J]. Phys. Rev. B, 2009, 80: 180407(R).

[35] Bigot J Y, Vomir M, Beaurepaire E. Coherent ultrafast magnetism induced by femtosecond laser pulses[J]. Nat. Phys., 2009, 5(7): 515-520.

[36] Auston D H, Cheung K P, Smith P R. Picosecond photoconducting hertzian dipoles[J]. Appl. Phys. Lett., 1984, 45(3): 284-286.

[37] Deacon D A G, Elias L R, Madey J M J, et al. First operation of a free-electron laser[J]. Phys. Rev. Lett., 1977, 38(16): 892-894.

[38] Huang S W, Granados E, Huang W R, et al. High conversion efficiency, high energy terahertz pulses by optical rectification in cryogenically cooled lithium niobate[J]. Opt. Lett., 2013, 38(5): 796-798.

[39] Hilton D J, Averitt R D, Meserole C A, et al. Terahertz emission *via* ultrashort-pulse excitation of magnetic metalfilms[J]. Opt. Lett., 2004, 29(15): 1805-1807.

[40] Shen J, Zhang H W, Li Y X. Terahertz emission of ferromagnetic Ni-Fe thin films excited by ultrafast laser pulses[J]. Chin. Phys. Lett., 2012, 29(6): 67502.

[41] Kumar N, Hendrikx R W A, Adam A J L, et al. Thickness dependent terahertz emission from cobalt thin films[J]. Opt. Express, 2015, 23(11): 14252-14262.

[42] Huang L, Kim J W, Lee S H, et al. Direct observation of terahertz emission from ultrafast spin dynamics in thick ferromagnetic films[J]. Appl. Phys. Lett., 2019, 115: 142404.

[43] Seifert T, Jaiswal S, Martens U, et al. Efficient metallic spintronic emitters of ultrabroadband terahertz radiation[J]. Nat. Photonics, 2016, 10(7): 483-488.

[44] Zhou X, Song B, Chen X, et al. Orientation-dependent THz emission in non-collinear

antiferromagnetic Mn$_3$Sn and Mn$_3$Sn-based heterostructures[J]. Appl. Phys. Lett., 2019, 115(18): 182402.

[45] Qiu H, Zhou L, Zhang C, et al. Ultrafast spin current generated from an antiferromagnet[J]. Nat. Phys., 2021, 17(3): 388-394.

[46] Huang L, Zhou Y, Qiu H, et al. Antiferromagnetic inverse spin Hall effect[J]. Adv. Mater., 2022, 34: 2205988.

[47] Jungfleisch M B, Zhang Q, Zhang W, et al. Control of terahertz emission by ultrafast spin-charge current conversion at Rashba interfaces[J]. Phys. Rev. Lett., 2018, 120(20): 207207.

[48] Zhou C, Liu Y P, Wang Z, et al. Broadband terahertz generation *via* the interface inverse Rashba-Edelstein effect[J]. Phys. Rev. Lett., 2018, 121: 086801.

[49] Wang X B, Cheng L, Zhu D P, et al. Ultrafast spin-to-charge conversion at the surface of topological insulator thin films[J]. Adv. Mater., 2018, 30: 1802356.

[50] Cheng L, Wang X B, Yang W F, et al. Far out-of-equilibrium spin populations trigger giant spin injection into atomically thin MoS$_2$[J]. Nat. Phys., 2019, 15(4): 347-351.

[51] Huisman T J, Mikhaylovskiy R V, Costa J D, et al. Femtosecond control of electric currents in metallic ferromagnetic heterostructures[J]. Nat. Nanotechnol., 2016, 11(5): 455-458.

[52] Li G, Medapalli R, Mikhaylovskiy R V, et al. THz emission from Co/Pt bilayers with varied roughness, crystal structure, and interface intermixing[J]. Phys. Rev. Mater., 2019, 3: 084415.

[53] Nishitani J, Nagashima T, Hangyo M. Terahertz radiation from antiferromagnetic MnO excited by optical laser pulses[J]. Appl. Phys. Lett., 2013, 103: 081907.

[54] Feng Z, Qiu H, Wang D, et al. Spintronic terahertz emitter[J]. J Appl. Phys., 2021, 129: 010901

[55] Wu Y, Elyasi M, Qiu X P, et al. High-performance THz emitters based on ferromagnetic/ nonmagnetic heterostructures[J]. Adv. Mater., 2017, 29: 1603031.

[56] Zhang S, Jin Z, Zhu Z, et al. Bursts of efficient terahertz radiation with saturation effect from metal-based ferromagnetic heterostructures[J]. J. Phys. D Appl. Phys., 2018, 51: 034001.

[57] Sasaki Y, Kota Y, Iihama S, et al. Effect of Co and Fe stoichiometry on terahertz emission from Ta/(Co$_x$Fe$_{1-x}$)(80)B-20/MgO thin films[J]. Phys. Rev. B, 2019, 100: 140406(R).

[58] Schneider R, Fix M, Heming R, et al. Magnetic-field-dependent THz emission of spintronic TbFe/Pt layers[J]. ACS Photonics, 2018, 5(10): 3936-3942.

[59] Torosyan G, Keller S, Scheuer L, et al. Optimized spintronic terahertz emitters based on epitaxial grown Fe/Pt layer structures[J]. Sci. Rep., 2018, 8: 1311.

[60] Yang D, Liang J, Zhou C, et al. Powerful and tunable THz emitters based on the Fe/Pt magnetic heterostructure[J]. Adv. Opt. Mater., 2016, 4(12): 1944-1949.

[61] Nenno D M, Scheuer L, Sokoluk D, et al. Modification of spintronic terahertz emitter

performance through defect engineering[J]. Sci. Rep., 2019, 9: 13348.

[62] Gueckstock O, Nádvorník L, Gradhand M, et al. Terahertz spin-to-charge conversion by interfacial skew scattering in metallic bilayers[J]. Adv. Mater., 2021, 33(9): 1-9.

[63] Pai C F, Liu L Q, Li Y, et al. Spin transfer torque devices utilizing the giant spin Hall effect of tungsten[J]. Appl. Phys. Lett., 2012, 101: 122404.

[64] Sasaki Y, Suzuki K Z, Mizukami S. Annealing effect on laser pulse-induced THz wave emission in Ta/CoFeB/MgO films[J]. Appl. Phys. Lett., 2017, 111: 102401.

[65] Schneider R, Fix M, Heming R, et al. Correction to "magnetic-field-dependent THz emission of spintronic TbFe/Pt layers"[J]. ACS Photonics, 2019, 6(9): 2366-2367.

[66] Torosyan G, Keller S, Scheuer L, et al. Optimized spintronic terahertz emitters based on epitaxial grown Fe/Pt layer structures[J]. Sci. Rep., 2018, 8(1): 1-14.

[67] Feng Z, Yu R, Zhou Y, et al. Highly efficient spintronic terahertz emitter enabled by metal-dielectric photonic crystal[J]. Adv. Opt. Mater., 2018, 6: 1800965.

[68] Herapath R I, Hornett S M, Seifert T S, et al. Impact of pump wavelength on terahertz emission of a cavity-enhanced spintronic trilayer[J]. Appl. Phys. Lett., 2019, 114(4): 041107.

[69] Li J, Wilson C B, Cheng R, et al. Spin current from sub-terahertz-generated antiferromagnetic magnons[J]. Nature, 2020, 578(7793): 70-74.

[70] Qiu H S, Wang L, Shen Z X, et al. Magnetically and electrically polarization-tunable THz emitter with integrated ferromagnetic heterostructure and large-birefringence liquid crystal[J]. Appl. Phys. Express, 2018, 11: 092101.

[71] Chen X H, Wu X J, Shan S Y, et al. Generation and manipulation of chiral broadband terahertz waves from cascade spintronic terahertz emitters[J]. Appl. Phys. Lett., 2019, 115: 221104.

[72] Kong D Y, Wu X J, Wang B, et al. Broadband spintronic terahertz emitter with magnetic-field manipulated polarizations[J]. Adv. Opt. Mater., 2019, 7: 1900487.

[73] Liu C, Wang S, Zhang S, et al. Active spintronic-metasurface terahertz emitters with tunable chirality[J]. Adv. Photonics, 2021, 3(5): 056002.

[74] Wang S, Qin W, Zhang S, et al. Nanoengineered spintronic-metasurface terahertz emitters enable beam steering and full polarization control[J]. Nano. Lett., 2022, 22(24): 10111-10119.

[75] Tong M, Hu Y, He W, et al. Light-driven spintronic heterostructures for coded terahertz emission[J]. ACS Nano, 2022, 16(5): 8294-8300.

[76] Chen M, Wu Y, Liu Y, et al. Current-enhanced broadband THz emission from spintronic devices[J]. Adv. Opt. Mater, 2018, 7(4): 1801608.

[77] Wang B, Shan S Y, Wu X J, et al. Picosecond nonlinear spintronic dynamics investigated by terahertz emission spectroscopy[J]. Appl. Phys. Lett., 2019, 115: 121104.

[78] Němec P, Fiebig M, Kampfrath T, et al. Antiferromagnetic opto-spintronics[J]. Nat. Phys., 2018, 14(3): 229-241.

[79] Baltz V, Manchon A, Tsoi M, et al. Antiferromagnetic spintronics[J]. Rev. Mod. Phys., 2018, 90(1): 15005.

[80] Olejník K, Seifert T, Kašpar Z, et al. Terahertz electrical writing speed in an antiferromagnetic memory[J]. Sci. Adv., 2018, 4: eaar 3566.

[81] Huang L, Zhou Y, Qiu H, et al. Terahertz pulse-induced Néel vector switching in α-Fe_2O_3/Pt heterostructures[J]. Appl. Phys. Lett., 2021, 119: 212401.

[82] Matsuda T, Kanda N, Higo T, et al. Room-temperature terahertz anomalous Hall effect in Weyl antiferromagnet Mn_3Sn thin films[J]. Nat. Commun., 2020, 11: 909.

[83] 金钻明, 阮舜逸, 李炬赓, 等. 稀土正铁氧体中 THz 自旋波的相干调控与强耦合研究进展 [J]. 物理学报, 2019, 68(16): 1-13.

[84] Kimel A V, Kirilyuk A, Usachev P A, et al. Ultrafast non-thermal control of magnetization by instantaneous photomagnetic pulses[J]. Nature, 2005, 435(7042): 655-657.

[85] Yamaguchi K, Nakajima M, Suemoto T. Coherent control of spin precession motion with impulsive magnetic fields of half-cycle terahertz radiation[J]. Phys. Rev. Lett., 2010, 105: 237201.

[86] Baierl S, Hohenleutner M, Kampfrath T, et al. Nonlinear spin control by terahertz-driven anisotropy fields[J]. Nat. Photonics, 2016, 10(11): 715-718.

[87] Salikhov R, Ilyakov I, Körber L, et al. Coupling of terahertz light with nanometre-wavelength magnon modes *via* spin-orbit torque[J]. Nat. Phys., 2023, 19: 529-535.

第 10 章　自旋声电子学

声表面波 (surface acoustic wave，SAW) 是一种在固体自由表面产生并沿着表面传播的弹性波。SAW 的振幅随着穿透深度的增加而指数衰减，导致其能量主要集中在固体表面以下 1~2 个波长范围内。由于 SAW 器件成熟的制造工艺，以及确定的共振频率，基于多种磁声相互作用机制，SAW 已经成为操纵磁性和自旋现象的一种极有吸引力的途径，最终目标是追求新颖、超快、小型化和节能的自旋电子学器件应用。另外把磁性材料集成到 SAW 射频器件中，也为射频器件的调控手段和性能提升提供了一个全新的思路。本章首先回顾磁声耦合的基本原理，然后基于这些机制，综述声控磁性和自旋现象、磁控声波领域的最新研究进展，最后展望新型磁声器件的应用前景。

10.1　自旋声电子学的物理基础

磁声相互作用除了已经被广泛研究的磁弹耦合，近年来一些全新的相互作用被提出，包括磁–旋转耦合、自旋–旋转耦合和旋磁耦合等。本节将首先介绍实现磁声耦合的器件构型，然后再详细介绍这些耦合机制，这对于理解自旋声电子学这一新兴领域的大量进展非常重要。

10.1.1　磁弹耦合

通常 SAW 由压电基片 (LiNbO$_3$、LiTaO$_3$ 等) 上的叉指换能器 (interdigital transducer，IDT) 激发，然后在 SAW 的传播路径上生长磁性薄膜或加工成特定形状的器件，SAW 携带的各种特性 (应变、旋转角动量等) 可以传递给内嵌的磁性材料，进而通过多种耦合机制与其中的磁矩、磁子、自旋等多种维度发生相互作用，如图 10.1(a) 所示。SAW 的频率和波长由叉指换能器的尺寸和周期决定，叉指换能器激发的 SAW 高次谐波也通常用于获得更高的频率。实现磁声耦合的另一种器件构型是在叉指换能器和磁性薄膜之间引入压电层 (ZnO 和 Pb(Zr,Ti)O$_3$ 等)，如图 10.1(b) 所示。对于需要在特定基片上生长的磁性材料，通常采用此种构型，例如生长在 Gd$_3$Ga$_5$O$_{12}$ 衬底上的 Y$_3$Fe$_5$O$_{12}$[1] 和生长在 GaAs 衬底上的 (Ga,Mn)As[2]。

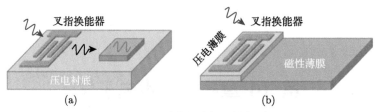

图 10.1　磁声耦合的器件构型

(a) 磁性薄膜直接生长在压电衬底上，IDT 用于激发 SAW；(b) 磁性薄膜先生长在特定的衬底上，而后在其上生长压电薄膜和 IDT

对弹性变形和磁化强度之间关系的描述最早可以追溯到 19 世纪。1842 年，英国物理学家焦耳 (Joule) 描述了材料磁序的变化将导致弹性变形。当给磁性材料施加磁场时，为了使系统的能量最小化，其内部的磁矩会发生旋转，趋向于排列在外磁场的方向，这会导致磁性材料的尺寸发生变化，称为磁致伸缩效应。磁致伸缩的逆过程，即磁性材料在弹性应变的作用下内部的磁化状态发生改变，于 1865 年被意大利物理学家维拉里 (Villari) 首次发现，称为逆磁致伸缩效应。上述这种磁化强度与磁性材料的应变之间的相互作用目前被统称为磁弹耦合，是磁性材料的一种内在属性，能在其中实现磁能和弹性能之间的相互转化。在磁性晶体中，磁弹耦合的主要产生机制是晶格的形变改变了磁晶各向异性。在具有立方对称性的磁性材料中，磁弹耦合能 E_{me} 可以表示为

$$E_{\mathrm{me}} = b_1 \sum_i m_i^2 \varepsilon_{ii} + b_2 \sum_i \sum_{j \neq i} m_i m_j \varepsilon_{ij} \tag{10.1}$$

其中，b_1 和 b_2 为磁弹耦合系数，单位为 $\mathrm{J/m^3}$ 或 Pa；ε_{ij} 为应变张量的分量；m_i 表示磁化强度的单位矢量 ($i, j = x, y, z$)。磁弹耦合系数也能通过 b/M_{s} 给出，表示单位应变的磁弹有效场，单位为 T。应变 ε_{ij} 由弹性形变中质点位移 u_i 的梯度来定义：

$$\varepsilon_{ij} = \frac{1}{2} \left(\frac{\partial u_i}{\partial x_j} + \frac{\partial u_j}{\partial x_i} \right) \tag{10.2}$$

其中，$i = j$ 时为主应变，$i \neq j$ 时为剪切应变。另外磁致伸缩常数 λ 由于更容易在实验上获得，也常被用来描述磁弹耦合。其与磁弹耦合系数的关系为：$b_1 = -3\lambda_{100}(c_{11} - c_{12})/2$，$b_2 = -3\lambda_{111}c_{44}$，其中 c_{ij} 为刚度系数，λ_{100} 和 λ_{111} 分别为 [100] 和 [111] 方向上的磁致伸缩系数。

磁弹耦合已经在多种材料体系中被发现，包括磁性金属、合金与铁氧体等。磁弹耦合早期在传感技术中发挥了重要作用，通过测量磁场作用下材料尺寸的变化或机械变形可实现对磁场的探测。然而几十年来，大多数研究和应用开发仅局限于施加准静态的应变。转机出现在 20 世纪 60 年代，在压电基片上通过叉指换能

器高效激发和探测微波频段 SAW 的技术的兴起和发展为磁弹耦合的研究与应用带来了新的可能性。随后通过将 SAW 器件与磁性薄膜相结合，研发出了多种磁弹微波器件，例如隔离器和卷积器 [3,4]。此外 SAW 与自旋电子学体系的耦合有望提供更加丰富的基础物理和广阔的应用前景。正如 Kittel 在 1958 年首次描述的那样 [5]，自旋波 (磁子) 可以被 GHz 频段的声波 (声子) 共振激发，这为研究共振激发下的磁子动力学和磁子-声子相互作用开辟了一条有效的途径。

10.1.2 磁-旋转耦合

声表面波在传播过程中除了携带主应变和剪切应变以外，在常见的具有椭圆偏振的瑞利波、西沙瓦波等模式中还携带有旋转应变，使得磁性材料的晶格发生旋转变形 [6]。旋转应变 ω_{ij} 跟剪切应变的定义比较类似：

$$\omega_{ij} = \frac{1}{2}\left(\frac{\partial u_i}{\partial x_j} - \frac{\partial u_j}{\partial x_i}\right), \quad i \neq j \tag{10.3}$$

表示弹性体中的质点绕着 iOj 平面的法线旋转的角度，其中 u_i 为弹性形变中质点的位移分量 ($i = x, y, z$)。在瑞利波、西沙瓦波中，质点在 xOz 面旋转，即存在 ω_{xz} 应变分量。在具有垂直单轴磁各向异性的薄膜中，质点的旋转会引起磁矩的旋转，与面外易轴产生夹角，如图 10.2(b) 所示，进而为体系贡献额外的磁各向异性能，即磁-旋转耦合能 [7,8]：

$$E_{\mathrm{mr}} = K_{\mathrm{u}} \sum_i \sum_{j \neq i} m_i m_j \omega_{ij} \tag{10.4}$$

其中，K_{u} 为单轴磁各向异性能密度。不难发现，E_{mr} 与切应变相关的磁弹耦合能 E_{me} 具有相同的磁化方向依赖性，贡献的有效磁场也有相似的特征，我们将在声波的非互易传播中进行详细讨论。

10.1.3 自旋-旋转耦合

上述讨论的是 SAW 导致的旋转变形与磁性材料的磁矩发生作用，实际上该变形与非磁性材料之间也存在着相互作用，只不过是一种更微观的作用。尤其是在非磁性的轻金属中，由于旋转变形大，金属中自由电子密度高，SAW 引起的机械旋转角动量可与电子的自旋角动量发生较强的耦合，即自旋-旋转耦合，如图 10.2(c) 所示，其能量可以表示为 [9,10]

$$E_{\mathrm{sr}} = -\frac{\hbar}{2}\boldsymbol{\sigma} \cdot \boldsymbol{\Omega} \tag{10.5}$$

其中，$\hbar$ 为约化普朗克常量；$\boldsymbol{\sigma}$ 为泡利矩阵，即 $\hbar\boldsymbol{\sigma}/2$ 为电子的自旋角动量；$\boldsymbol{\Omega}$ 为机械旋转的角速度。$\boldsymbol{\Omega}$ 可以用材料中速度场的旋度来计算，即 $\boldsymbol{\Omega} = \frac{1}{2}\nabla \times \boldsymbol{v}$。

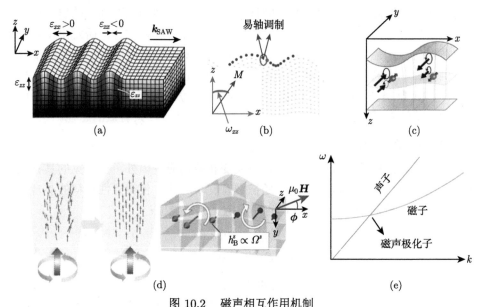

图 10.2 磁声相互作用机制
(a) 磁弹耦合；(b) 磁–旋转耦合；(c) 自旋–旋转耦合；(d) 旋磁耦合；(e) 磁子–声子耦合

对于沿着 x 方向传播的表面波，其速度场随着穿透深度的增加 (z 方向) 而指数衰减，因此其在 y 方向的机械旋转 Ω 也存在同样的衰减：

$$\Omega = \frac{\omega^2 u_0}{2c_t} \exp\left[-k_t z + \mathrm{i}(kx - \omega t)\right] \tag{10.6}$$

其中，ω 和 u_0 分别是 SAW 振动的角频率和振幅；k 是传播的波数；c_t 和 k_t 分别是横波的波速和波数。横波波数 k_t 可以由 k 给出，$k_t = k\sqrt{1-\xi^2}$，其中 ξ 为由泊松比 ν 确定的常数，$\xi \approx (0.875 + 1.12\nu)/(1+\nu)$。这样机械变形就会在厚度方向上 ($z$ 方向) 形成梯度。由于自旋–旋转耦合，其能直接将 SAW 引起的机械旋转角动量转移给非磁金属中的电子，机械变形的梯度就会产生电子自旋积累的梯度，进而使得不同自旋极化方向的电子向相反的方向流动，即产生了 y 方向极化 z 方向流动的纯自旋流 J_s。通过相关推导可以发现，J_s 正比于 ω^3，即高频的 SAW 有望产生更大的 J_s。另外从方程 (10.6) 不难看出，Ω 的符号是沿着 x 轴周期性变化的，这就会导致 J_s 的振幅是随时间变化的，并且在 SAW 的传播方向上产生周期性的分布。逆自旋霍尔效应通常用来探测自旋流的产生，但上述特征使得利用逆自旋霍尔效应来电学探测自旋–旋转耦合产生的自旋流变得困难，因为该交变自旋流的时间平均为 0，没有静的自旋积累。关于自旋–旋转耦合产生的纯自旋流的探测方法，我们将在 10.2.4 节中进行详细讨论。

10.1.4 旋磁耦合

旋磁耦合与上述自旋-旋转耦合具有相同的内在机理，都是基于广义的角动量守恒。在方程 (10.5) 自旋-旋转耦合的能量表示中，通过与塞曼效应类比，自旋-旋转耦合可以视作有效磁场为 Ω/γ 的塞曼耦合，其中 γ 为电子的旋磁比。这个由机械旋转导致的磁场称为巴尼特场 (Barnett field)，可以通过提高旋转频率来增强旋磁耦合效应。从方程 (10.6) 中不难看出，Ω 是随时间变化的，由其产生的 Barnett 场 h_B 也是交变的

$$h_\text{B} = \frac{\Omega}{\gamma} = \frac{\omega^2 u_0}{2c_\text{t}\gamma} \exp\left[-k_\text{t}z + \mathrm{i}(kx - \omega t)\right] \tag{10.7}$$

可见 h_B 总是平行于 Ω 的方向，如图 10.2(d) 所示。在携带有 ω_{xz} 旋转应变的瑞利波、西沙瓦波中，Ω 处于 xOy 面内，垂直于声波的传播方向。在磁性材料里面，该交变的有效磁场可以与磁矩发生耦合，产生等效力矩来驱动磁矩发生进动。另外 h_B 正比于频率的平方，因此提高声波的频率是增强磁性材料中 h_B 的关键。旋磁耦合不仅可以用来驱动磁化动力学，也能用来调控非局域的自旋输运 [11]。

10.1.5 磁子-声子耦合

最后我们讨论一种更微观的耦合机制。SAW 在传播过程中会引起晶格振动，而在微观上晶格振动对应的准粒子为声子。SAW 的频率由声速和叉指换能器的尺寸决定，其频率展宽通常随着叉指换能器对数的增加而变窄，进而可通过叉指换能器激发频率在微波 (约 GHz) 频段的相干声子。而自旋波是磁性材料中磁矩集体振动的本征模式，对应的准粒子为磁子。根据相互作用类型和波长可以分为交换自旋波和偶极自旋波，其中偶极自旋波的波长通常在微米量级，频率在 GHz 频段，与 SAW 声子的波长和频率可以比拟，进而有望实现它们之间的耦合。鉴于此，下面我们讨论的都是偶极自旋波。描述波的性质最重要的关系是色散关系，即频率 ω 和波矢 k 的关系 $\omega(k)$，如图 10.2(e) 所示。其中声子谱具有线性色散，色散关系满足 $\omega = vk$，其中 v 是声子的声速。而偶极自旋波的色散关系依赖于外磁场的大小和方向，当外加磁场合适时，有机会使其与声子谱相交。在色散曲线的交点处，由于能量和动量守恒，它们的耦合得到增强，进而形成杂化的磁声模式。当耦合很强时，交点处的色散关系通常会劈裂开形成一个反交叉的状态，如图 10.2(e) 所示，这个杂化模式又称磁声极化子，也是一种准粒子 [12]。此时 SAW 激发的磁化动力学是 k 依赖的，因此 SAW 可以用来激发自旋波共振，并已经在实验上被观测到。

强耦合物理是自谐振腔量子电动力学获得诺贝尔物理学奖以来就备受关注的话题 [13]，在相干信息处理领域非常重要。在自旋电子学中，强耦合物理为形成新

型杂化准粒子提供了可能性[14]，例如上述与 SAW 声子耦合形成杂化的磁声极化子。实现强磁子–声子耦合的要求是体系具有比磁子和声子的能量损失都更大的磁声耦合能 g，即 $g/(\gamma_{ph}, \kappa_m)>1$，其中 γ_{ph} 是声子的能量损失，κ_m 是磁子的能量损失[14]。这个要求有望通过使用高 Q 值的声学谐振腔和低磁阻尼系数的磁性材料 (如 YIG) 来实现，这也是自旋声电子学领域一个新兴的研究方向[15,16]。

10.2 声控磁性和自旋

基于上述磁声耦合机制，通过声波携带的应变等各种特性去操控磁性和自旋现象推动了大量的研究进展，这些研究的最终目标是追求新型、超快、高度集成和节能的微电子学和自旋电子学应用。

10.2.1 声波驱动的磁化动力学

Kittel 在 1958 年发表了晶格振动 (声子) 和自旋波 (磁子) 之间耦合的理论描述[5]。他得出的结论是：要共振激发磁化动力学，微波声子的频率范围必须高达 GHz。随着叉指换能器技术的发展，研究微波 SAW 对磁化动力学的共振激发成为可能。SAW 在传播过程中携带有动态应变、旋转角动量等多种特性，在磁性材料 (薄膜或图案化的纳米结构) 里面的传播距离可达毫米尺度，通过各种磁声耦合机制可激发磁矩进动。Weiler 等首次在 2011 年报道了 GHz 频率的 SAW 在镍膜中成功激发了铁磁共振 (ferromagnetic resonance, FMR)[17]。他们观察到，当面内的磁场与 SAW 的传播方向成 45° 时，SAW 驱动的 FMR 强度最大，即此时 SAW 的能量被磁性薄膜共振吸收，由网络分析仪测得的 SAW 透过率最小。

下面我们首先来讨论动态应变如何通过最基本的磁弹耦合来驱动磁矩进动。磁矩 M 的进动由磁化动力学来描述，即 LLG 方程：

$$\frac{\partial M}{\partial t} = -\gamma M \times H_{\text{eff}} + \frac{\alpha}{M_s}\left(M \times \frac{\partial M}{\partial t}\right) \tag{10.8}$$

其中，γ 和 α 分别是磁性材料的旋磁比和 Gilbert 阻尼系数；M_s 是饱和磁化强度；H_{eff} 是材料里面各种能量项贡献的有效磁场，包括塞曼能 E_H、磁晶各向异性能 E_k、交换耦合能 E_{ex} 和退磁能 E_d，它们贡献的有效场可以写作

$$H_{\text{eff}} = -\frac{\delta E_{\text{total}}}{\mu_0 \delta M}, \quad E_{\text{total}} = E_H + E_k + E_{\text{ex}} + E_d \tag{10.9}$$

其中，μ_0 为真空磁导率。当达到平衡状态时，磁矩 M 沿着有效场 H_{eff} 的方向，该方向由各个能量项的竞争来决定，此时系统总的磁能量密度 E_{total} 达到最小。

10.2 声控磁性和自旋

当我们引入磁弹耦合后，在总能量中就会多出额外的能量项，即方程 (10.1) 所描述的磁弹耦合能 E_{me}。它会在磁性材料内部产生磁弹耦合场 $h_{\mathrm{me}} = -\delta E_{\mathrm{me}}/\mu_0 \delta M$，出现在总的有效场 H_{eff} 中，作为有效力矩驱动磁化动力学。为了计算 h_{me}，需要详细地分析方程 (10.1) 中 SAW 所具有的应变分量。对 E_{me} 求差分后可以得到 h_{me} 各个方向的分量：

$$h_{\mathrm{me}} = -\frac{\delta E_{\mathrm{me}}}{\mu_0 \delta M} = \begin{pmatrix} h_x \\ h_y \\ h_z \end{pmatrix}$$

$$= -\frac{2}{\mu_0 M_{\mathrm{s}}} \left[b_1 \begin{pmatrix} m_x \varepsilon_{xx} \\ m_y \varepsilon_{yy} \\ m_z \varepsilon_{zz} \end{pmatrix} + b_2 \begin{pmatrix} m_y \varepsilon_{xy} + m_z \varepsilon_{xz} \\ m_x \varepsilon_{xy} + m_z \varepsilon_{yz} \\ m_y \varepsilon_{yz} + m_x \varepsilon_{xz} \end{pmatrix} \right] \quad (10.10)$$

只有垂直于 M 方向的 h_{me} 才能产生有效力矩驱动磁矩进动，因此可以将 h_{me} 投影到垂直方向，分为面内 (h_{IP}) 和面外 (h_{OOP}) 的有效驱动场。当磁矩处于面内构型时，上述方程中与 m_z 有关的项可以忽略。对于沿着 x 轴传播的瑞利波和西沙瓦波，只有 3 个非零的应变分量，它们是 ε_{xx}、ε_{xz} 和 ε_{zz}，其中 ε_{xx} 和 ε_{xz} 相差 90° 的相位[12]。因此它们贡献的磁弹耦合有效场可以写作

$$h_{\mathrm{IP}} = -\frac{2b_1 \varepsilon_{xx}}{\mu_0 M_{\mathrm{s}}} \cos\varphi \sin\varphi, \quad h_{\mathrm{OOP}} = -\frac{2b_2 \varepsilon_{xz}}{\mu_0 M_{\mathrm{s}}} \cos\varphi \quad (10.11)$$

其中，φ 是磁矩 (或外磁场) 与 x 轴的夹角。由此可见，磁弹有效场的面内分量 h_{IP} 正比于纵向应变 ε_{xx}，并且在面内具有 4 次对称性，在 $\varphi = (2n+1)\pi/4$ 时幅值达到最大 (n 为整数)。ε_{xx} 在这两种 SAW 中是起主导作用的应变，因此得到的 FMR 强度通常在面内具有 4 次对称性。当 ε_{xx} 和 ε_{xz} 共存时，会出现非互易的声学 FMR 强度，引起 SAW 的非互易传播，我们将在 10.3.2 节中进行详细讨论。在另一种常见的水平剪切波 (勒夫波) 中，ε_{xy} 是起主导作用的应变，磁弹有效场则正比于 $\varepsilon_{xy} \cos(2\varphi)$，其在面内同样具有 4 次对称性，但在 $\varphi = n\pi/2$ 时幅值达到最大。这两种不同的四次对称性已经在实验上被观测到[18]。最近纵漏波也被报道可以用来驱动 FMR，进而实现声子-磁子耦合[19]。纵漏波中起主导作用的应变是 ε_{xx}，与瑞利波类似，因此产生的磁弹有效场同样在面内具有 4 次对称性。纵漏波的相速度约为瑞利波的两倍，具有更高的中心频率，在大波长的情况下有利于实现更高效的声子-磁子耦合。

上述磁弹耦合产生的有效驱动场紧密依赖于磁矩取向和 SAW 中主导的应变分量，不同模式的 SAW 中起主导作用的应变分量不一样，这些正是 SAW 驱动

的磁化动力学的重要特征。SAW 驱动 FMR 的磁场方向依赖性在磁场传感器中表现出应用潜力，例如共振可以通过磁场约 0.1° 的小角度旋转来 "打开" 和 "关闭"[20]。这些特征可以用来区分其他机制驱动的 FMR，比如说传统的电磁波激发的磁化动力学，施加的驱动磁场垂直于外磁场，振动幅度与磁矩取向无关。而且 SAW 驱动的 FMR 来自于材料内部的交变 h_{me} 而不是外部的交变磁场，这使得它的驱动效率也比传统的 FMR 高出几个数量级[21]。另外通过分析不同方向的磁弹有效场的比例，可以确定出参与 FMR 激发的不同应变分量的相对大小[22]。通常 SAW 引起的应变幅值为 10^{-6} 的量级，镍薄膜的磁弹耦合常数为 25 T，可以估算得到磁弹耦合有效场的典型数值为 50 μT[12]。

声学驱动 FMR 的确凿证据首次在铁电/铁磁 ($LiNbO_3/Ni$) 异质结中被观测到[23]。在这种电学方法中，声波通过 IDT 激发，其引起的 FMR 通过用矢量网络分析仪测量 SAW 磁场依赖的透射参数来反映。当共振条件满足时，由于 SAW 能量吸收的增加，SAW 的透过率会强烈衰减，如图 10.3(a) 所示。SAW 驱动的 FMR 不仅提供了一种全新的方法来驱动 FMR，还能对磁性材料的动力学性质进行分析，例如阻尼行为。然而通常情况下从 SAW 驱动的 FMR 中提取的有效阻尼系数几乎是谐振腔 FMR 给出的结果的十倍[24]。这一差异可归因于一些非 Gilbert 类型的线宽展宽机制，包括双磁子散射过程[25]、不均匀的磁弹驱动场 (SAW 波长小于样品尺寸)[26]、不可分辨的自旋波驻波模式和其他自旋波模式的激发等[27]。除了基于上述电学方法激发声波的手段外，一些光学方法，例如声布拉格反射镜[28]、金属薄膜[29]、瞬态光栅[30]、周期性的图案化纳米结构[31] 或压电基片[32] 上的光学激发，也被用于声波的产生。光学激发的声波可以获得比电学叉指换能器更大的应变，其声波频率也能提升到 THz 频段[33]。在这些光学方法中，可以监测时域的克尔旋转或法拉第旋转，并对时域谱进行傅里叶变换来表征 SAW 驱动的磁化动力学和提取阻尼系数等材料参数。为了规避上述讨论的由不均匀激发导致的线宽展宽效应，有研究工作用全光学的方法对三种不同材料 (Ni、Co 和 TbFe) 的周期性纳米磁体阵列进行了 SAW 驱动的 FMR 测试[34]。他们成功提取了这些材料的有效阻尼系数，并在高磁场下测量到接近材料的本征阻尼，然而在低磁场下材料的本征阻尼仍会被其他信号掩盖。SAW 驱动的 FMR 也能在单个纳米磁体中被光学方法探测到，可以用来确定磁性材料的本征阻尼[35]。方法是对时域的信号进行傅里叶分析，得到声波频率处磁场依赖的傅里叶信号，通过对该信号进行洛伦兹线型的拟合来分离实部和虚部，如图 10.3(c) 所示。在这个过程中可以确定出共振场和线宽，通过拟合 SAW 频率依赖的线宽就能确定出有效的阻尼系数。用这种方法提取出的单个纳米磁体的阻尼接近于材料的本征阻尼。随后，纳米磁体的尺寸和形状对阻尼系数的影响也得到了系统的研究[36]。当纳米磁体的尺寸接近或大于 SAW 的波长时，得到的阻尼系数开始偏离材料的本征阻尼

10.2 声控磁性和自旋

而变得更大,如图 10.3(d) 所示,这确实来源于磁弹驱动场的不均匀,已经被微磁学模拟所证实。纳米磁体的尺寸和形状也会对 SAW 驱动的 FMR 幅度产生影响[36]。随着纳米磁体的尺寸从 730 nm 减小到 150 nm,FMR 的振幅增加了一个数量级以上。此外,当尺寸低于临界值时,振幅随 SAW 的频率增加而变大,因此器件小型化更有利于高效率的声控磁性。与小纳米磁体相比,SAW 驱动的共振在大纳米磁体中的空间分布非常不均匀,这可能是其中振幅变小和操控效率低的原因。除了减小纳米磁体的尺寸外,SAW 驱动的 FMR 效率还可通过聚焦 SAW 的能流来提升[31]。通过用两组弧形的纳米线来包围纳米磁体,可以将 SAW 聚焦到纳米磁体上,聚焦的声能可将激发效率提高四倍。

上述电学和光学方法都是用比较间接的手段去表征 SAW 引起的磁化动力学,而对磁弹耦合的直接成像也取得了极大进展,这对直观理解磁弹耦合的动力学响应和量化空间传播参数非常重要。有研究组已经展示了使用微聚焦布里渊光散射 (microfocused Brillouin light scattering,μ-BLS) 技术来实现声学 FMR 的可视化[37]。BLS 是研究磁子的有效手段,具有高的空间和频率分辨率以及出色的灵敏度[38]。在标准的 $LiNbO_3$/Ni 体系中,BLS 在 Ni 薄膜和叉指换能器上都观测到了空间上波的激发模式。它们的波长相同,均为 1.1 μm,表明 Ni 膜中存在 SAW 驱动的磁化激发。直接测量 $LiNbO_3$ 基片表面会产生更弱的 BLS 信号,因为与金属叉指换能器相比,$LiNbO_3$ 的激光反射率较低。在图 10.3(e) 中,Ni 膜的 BLS 光谱的场依赖性在 Ni 的 FMR 共振场处显示出信号抑制。这表明除了 FMR 激发外,来自 Ni 膜的 BLS 信号还包含来自 SAW 的显著贡献,该 SAW 的信号在磁矩共振时被吸收掉,从而导致 BLS 信号的减弱。因此 BLS 提供了通过磁弹耦合对 SAW 声子进行磁场调制的直接图像。

为了得到更微观的磁弹耦合图像,研究者们又开发出了一种基于频闪 X 射线显微镜的技术,以实现声波和磁化模式的同时直接观察,具有高的时空分辨率 (分别为约 80 ps 和约 100 nm)。该技术结合了光发射电子显微镜 (photoemission electron microscopy,PEEM) 和 X 射线磁圆二色性谱 (X-ray magnetic circular dichroism,XMCD),前者表征 SAW 的电学衬度,而后者表征磁矩的磁衬度。PEEM 和 XMCD 得到的图像可与 SAW 同步变化,从而建立起局域磁化强度和应变场的变化之间的关系。通常磁矩的演化和 SAW 的变化之间存在着明显的相位延迟,因为磁化不能跟上 SAW 引起的各向异性的快速变化,在磁声器件的设计中必须考虑到这一点。利用 XMCD-PEEM 技术,在 $LiNbO_3$/Ni 体系中观察到 SAW 在长达毫米的长距离内引发大角度进动的磁声波[39]。如图 10.3(g) 和 (h) 所示,XMCD 信号在 Ni 薄膜上显示出明显的自旋波激发衬度,但在 $LiNbO_3$ 基片上没有衬度。但是同一位置的 PEEM 信号在 $LiNbO_3$ 基片上显示出明显的弹性应变波激发衬度。此外自旋波中磁矩的进动幅度随着 SAW 幅值的增加而线性增加。

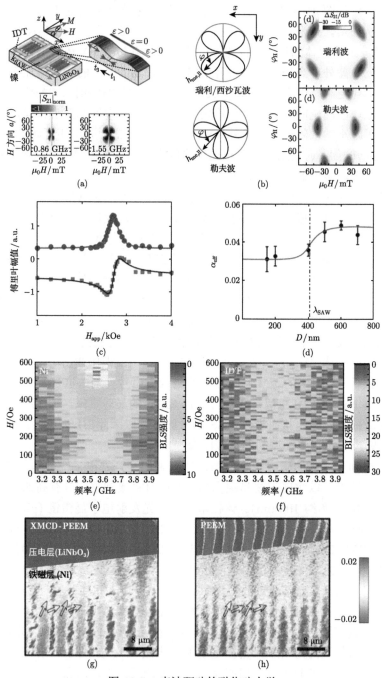

图 10.3　声波驱动的磁化动力学

(a) 驱动原理和磁场角度依赖性；(b) 声波模式依赖性；(c)、(d) 磁光方法和阻尼因子表征；(e)、(f) 布里渊光散射；(g)、(h) XMCD-PEEM 和 PEEM 图像

10.2 声控磁性和自旋

总之，这种磁化和 SAW 的独立成像技术提供了对动态磁弹响应的直观表征。

对于上述的两种直接成像技术，BLS 为磁弹耦合激发的动力学提供了一种方便的探测方案，而 X 射线显微镜提供了一种强大的纳米成像工具，可以清楚地区分应变和磁化动力学。X 射线的小波长使其能够实现 100 nm 以下的空间分辨率，这优于受光学波长限制的 μ-BLS 的分辨率。但 BLS 的另一个显著优点是其光谱功能，能够以精细的步长进行宽频带激发和探测，而 XMCD 测试需要在同步辐射的多个频率下进行。

除了磁弹耦合，通过旋磁耦合 SAW 也能激发磁化动力学，并表现出不同的角度和频率依赖性[40]。对于沿 x 方向传播的 SAW，其通过磁旋转耦合产生的交变有效磁场 h_B 沿着 y 方向，作用在磁矩上的有效力矩即为 $h_B\cos\varphi$，因此磁旋转耦合驱动的磁矩进动在面内具有 2 次对称性，在 $\varphi = n\pi$ 时幅值达到最大 (n 为整数)。而磁弹耦合主导的 FMR 在 $\varphi = (2n+1)\pi/4$ 时达到最大 (n 为整数)，具有显著不同的磁场角度依赖性，如图 10.4(a) 和 (b) 所示。在 $Ni_{19}Fe_{81}$ 合金 (NiFe, $b_1 = b_2 \sim 0$ MJ/m^3) 里面，磁弹耦合可以忽略，FMR 的幅度在 $\varphi = 0°$ 最大，并且随着 φ 的增加而逐渐减小；但在磁弹耦合主导的 Ni 里面，FMR 的幅值随着 φ 的增加而增大，并在 $\varphi = 2\pi/9$ 处达到最大值，而后随着 φ 的增加而变小。前者与 Barnett 场的角度依赖性一致，表明是由 Barnett 场激发的 FMR；后者可以通过不同方向磁弹场的叠加来解释，导致最强 FMR 处的角度略小于 $\pi/4$，表明是由磁弹场激发的 FMR。另外，不同方向磁弹场的叠加会引起磁矩的进动幅度在正负磁场下不同，即出现非互易性；但旋磁耦合驱动的 FMR 不具有非互易性。

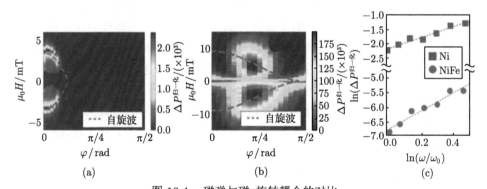

图 10.4 磁弹与磁–旋转耦合的对比

(a) NiFe；(b) Ni；(c) NiFe 和 Ni 中 SAW 驱动 FMR 的频率依赖性

NiFe 和 Ni 中的 FMR 还具有不同的频率依赖性，可以用来区分 SAW 引起的 FMR 不同的驱动机制。磁矩进动引起的 SAW 功率吸收 ΔP 可以被估算为[40]

$$\Delta P \approx A_0 \left(\frac{\omega}{\omega_0}\right)^3 + B_0 \frac{\omega}{\omega_0} + 2\sqrt{A_0 B_0} \left(\frac{\omega}{\omega_0}\right)^2 \qquad (10.12)$$

其中，ω 为 SAW 的角频率；$\omega_0 = \gamma M_s$；A_0 代表 Barnett 场 h_B 和面外磁弹场 $h_{\rm OOP}$ 的贡献；而 B_0 代表面内磁弹场 $h_{\rm IP}$ 的贡献。也就是说，h_B 和 $h_{\rm OOP}$ 的贡献都正比于 SAW 频率的 3 次方，而 $h_{\rm IP}$ 的贡献只正比于频率的 1 次方。在实验上，为了确定吸收功率随频率的变化指数，通常以双对数图的方式来作图，并进行直线拟合来计算指数，如图 10.4(c) 所示。NiFe 的斜率为 3.1，表明 NiFe 中的磁化动力学是由磁旋转耦合激发的，可以估算出施加 -5 dBm 的微波时 Barnett 场的大小为 1.2 μT。Ni 的斜率为 1.8，介于 1~3，表明由面内和面外的磁弹场共同激发了 Ni 中的磁化动力学。

10.2.2 声波辅助的磁化翻转

1. SAW 辅助翻转

SAW 由于其波的特性，将有望非局域地操控磁化状态，这将使得器件结构简单、设计灵活、易于集成。SAW 已经被证明可以局域地降低磁性材料的矫顽力，从而使用更小的外磁场即可翻转磁矩，即声波辅助磁化翻转。图 10.5(a) 展示了用 SAW 辅助磁化翻转的器件结构示意图[41]。该器件由 $LiNbO_3$ 衬底上的叉指换能器和一系列 Co 的纳米线阵列组成，纳米线在 y 方向更长，即磁易轴的方向，而难轴在与 SAW 传播方向平行的 x 轴上。SAW 在传播过程中会交替拉伸和压缩 Co 纳米线，通过磁弹能 $b_1 \varepsilon_{xx}$ 来调控难轴的能量。如果 $b_1 \varepsilon_{xx}$ 为负，它将降低磁矩沿难轴排列的能量，有利于磁矩从易轴翻转到难轴。通过磁光克尔效应证明，由 SAW 引起的压应变能使 Co 的纳米线阵列发生磁化翻转。使用的 SAW 基频为 91.75 MHz，远离共振激发区的频率，是 SAW 与磁矩非共振耦合的结果。通过这种辅助翻转的原理，可以在磁性薄膜表面形成具有空间周期性的磁化图案，如图 10.5(b) 所示[42]，该图案的尺寸可以通过外加的磁场和声能来进行调控。通过将 20 μm 波长的 SAW 用弧形叉指换能器聚焦到一个点上，在磁性膜上成功翻转了 3 μm 区域的磁矩。通过使用更短波长的 SAW 可以进一步限制所操控区域的大小，如图 10.5(c) 所示。基于这些发现，可以开发一种新的磁数据记录方法，通过增加声波功率来显著减小写入电流[43]。后来的研究进一步表明，通过矫顽力减小的 SAW 辅助磁化翻转背后的机制应归因于 SAW 瞬时地降低了形核势垒，从而有助于磁畴的形核[44]。在 (Ga,Mn)(As,P) 稀磁半导体中，观察到由 SAW 引起的更显著的矫顽力减小，幅度高达 60%[44]。与磁性金属相比，磁性半导体具有更小的磁各向异性和更弱的交换常数，这使得磁畴形核所需的能量更小。另外，在具有面外易磁化的 (GaMn)(As,P) 体系中，通过 SAW 辅助的磁畴形核，矫顽力也会显著降低 (高达 60%)，其中所使用的 SAW 频率为 549 MHz[45]。

然而上述这种非共振的磁畴形核过程通常相对缓慢。例如 SAW 诱导的从 Co 易轴到难轴的磁化翻转发生在 10 ns 的时间尺度上，前提是 SAW 产生的弹性应

10.2 声控磁性和自旋

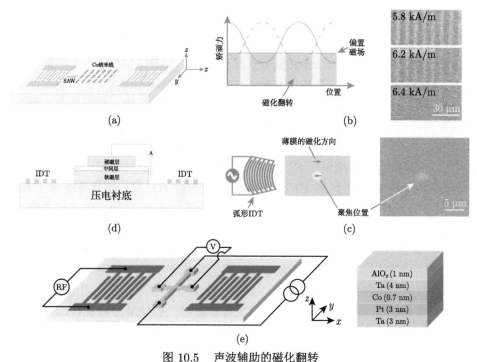

图 10.5　声波辅助的磁化翻转

(a) SAW 辅助翻转的器件示意图；(b) 辅助翻转原理；(c) 聚焦 SAW 实现微区控制；(d) SAW 辅助的自旋转移力矩翻转；(e) SAW 辅助的自旋轨道力矩翻转

变高于由自由能最小化所确定的阈值[41]。与此相反，共振的磁矩进动翻转可以在亚纳秒的时间尺度里完成，这已经在 (Ga,Mn)(As,P) 体系中得到了证实[44]。当磁矩一开始就是绕着有效场大角度进动，即非线性的自旋动力学时，如果 SAW 激励时间持续半个进动周期的奇数倍[46] 或大的磁阻尼使磁化强度不能完整地进动一圈[47]，则可能实现磁化的完全翻转。这种方式其实类似于微波辅助的磁记录[48]，其中微波磁场的频率接近 FMR 的频率，用来激发磁记录介质中磁矩的大角度进动，这大大降低了常规磁记录所需要的翻转磁场[49]。有理论预测表明，高磁致伸缩的 Terfenol-D 的磁化可以被单个声波脉冲 (3 ps 长) 翻转[50]。磁化翻转的阈值取决于声波脉冲的幅值与其持续时间的乘积，即声脉冲面积。最近 SAW 诱导的全声学磁化翻转已经在没有外磁场的作用下得到了实验验证[51]。通过设计 (Ga,Mn)As 稀磁半导体的进动频率来匹配零磁场下的声波频率，然后用 30 个连续的声波脉冲实现了两种平衡磁化状态之间的翻转。在 YIG 薄膜中也能通过纵向光学声子模式的共振激发，来实现磁化状态的超快声子翻转[52]。将来磁弹耦合可以进一步应用到反铁磁体系中。总之，磁弹耦合诱导的磁化翻转提供了一种超快的磁记录的替代方法，而不会使磁性材料升温至接近其居里温度。

2. SAW 辅助自旋转移力矩翻转

自旋转移力矩 (STT) 技术已经作为一种流行的数据写入方法应用于磁随机存储器 (magnetoresistive random access memory,MRAM) 中,而不是用磁场写入。STT-MRAM 里的存储信息被编码到纳米级磁隧道结 (MTJ) 的磁性结构中,其中电荷流穿过磁隧道结中的硬磁层以极化电子的自旋,然后该自旋极化的电流在磁隧道结的软磁层上施加力矩并实现其磁化翻转。尽管 STT 具有全电学读写的优势,但基于 STT 的磁隧道结器件的操作功耗比 CMOS 存储器件高得多[53],这可能会限制纯电学 STT 写入器件的广泛应用。由 SAW 引起的磁化翻转,推动了基于磁隧道结的 STT-MRAM 原型器件的开发,该器件结合了 SAW 和 STT,以获得高度可靠的磁化翻转器件,如图 10.5(d) 所示。这已经在理论上进行了探索,并被证明是克服 STT 中大写入电流的潜在途径[54,55]。其基本机制是 SAW 首先诱导出一个较大的磁化偏转,然后施加自旋极化的电流通过磁隧道结去选择性地将磁化翻转到所需的状态,从而降低了翻转所需的电流密度。SAW 辅助的 STT-MRAM 的能量消耗可以降低一个数量级,无论是在面内的[56]还是面外的[54]磁隧道结中。尽管理论模拟取得了有潜力的结果,但 SAW 辅助 STT 翻转的结论性实验证据似乎仍然缺失,即使也有工作报道观察到磁隧道结自由层中 SAW 驱动的磁化进动,其中进动幅度可以分别通过两个延时声脉冲的相长或相消干涉来增大或减小[57]。另外,实验上也在具有垂直磁各向异性的 $[Co/Pd]_n$ 多层膜中实现了极高频率 (60 GHz) 的磁弹耦合[58]。基于这些实验结果,推动低功耗的 SAW 辅助 STT 翻转极具吸引力。

3. SAW 辅助自旋轨道力矩翻转

电流诱导的自旋轨道力矩 (SOT) 也被证明是一种翻转磁化状态的有效手段[59]。其基本原理是通过重金属中的自旋霍尔效应或铁磁/重金属界面处的 Rashba 效应,将施加的电荷流转化为自旋流,从而对磁性层的磁化施加有效力矩并驱动其翻转。然而其较高的写入电流同样限制着 SOT 在磁存储方面的广泛应用,使用 SAW 是一种有前景的方法,如图 10.5(e) 所示。有实验表明,SAW 能降低具有垂直磁各向异性的 Pt/Co/Ta 异质结中的临界翻转电流密度 J_c[60],从 2.9×10^6 A/cm^2 降到 2.4×10^6 A/cm^2。二次谐波测量表明,类阻尼 SOT 有效场在有或没有 SAW 的情况下几乎相同,这意味着 J_c 的降低并非源于 SOT 的增强。但是 SAW 作用下电流驱动的畴壁运动速度能增加两倍,最高可达 140 mm/s。理论分析表明,J_c 的降低是由 SAW 作用下形核概率的周期性积累引起的,展示了 SAW 辅助 SOT 翻转在低功耗存储器件中的应用潜力。

10.2.3 声波辅助的磁织构产生及运动

1. SAW 辅助的畴壁运动

操控磁畴壁的运动具有极大的应用前景,包括畴壁逻辑器件[61]和赛道存储器[62]。畴壁运动通常用磁场、STT 和 SOT 来驱动[63-65],此类研究的主要挑战之一在于驱动需要大的磁场或高的电流密度,低功耗和可靠的畴壁运动是人们长期追求的目标,其中一方面的努力是用 SAW 来驱动。2015 年,研究者们报道了一项基于有限元微磁学模拟的磁畴壁 (domain wall, DW) 与 SAW 相互作用的工作[66]。两个反向传播的 SAW 形成驻波,并与磁性 $Fe_{70}Ga_{18}B_{12}$ 纳米线发生相互作用,如图 10.6 所示。纳米线具有面内易轴,磁畴头对头以横向构型作为初始磁化状态。在微磁学模拟中,畴壁的初始位置放在远离驻波的波腹位置,但过一段时间之后,畴壁会迅速移动到最近的波腹位置。分析表明,主要的应变贡献来自于瑞利波中最大的应变分量 ε_{xx}。为了进一步诱导畴壁运动,人们还利用了多普勒效应,即将一端 SAW 的频率提高 Δf,有效地激发了具有漂移速度的行驻波,其速度 $v = v_{SAW}\Delta f/f$,其中 v_{SAW} 是基片的 SAW 速度,f 是标称的 SAW 频率。仿真结果表明,漂移驻波驱动畴壁的上限速度为 50 m/s,对应于畴壁运动到波腹位置的速度。使用的 SAW 频率 f=4.23 GHz,自旋波的共振激发和磁化进动将有可能发生,使得模拟工作变得非常复杂。为了理解畴壁运动背后的物理机理,人们开发了一维半解析模型。该模型表明,SAW 的主要作用是驱动畴壁处的磁化振荡,进而通过退磁场驱动畴壁位置发生振荡,而不是直接平移畴壁[67]。

根据上述工作,SAW 驱动畴壁运动有了实验上的跟进,人们在多层薄膜[68,69]和纳米条[70]中观察到了 SAW 辅助的畴壁运动。在具有垂直磁各向异性的 Co/Pt 多层膜中,使用中心频率为 96.6 MHz 的 SAW,有效避免了出现共振自旋波激发和相干磁化进动等复杂情况[68]。实验表明,与只施加磁场相比,同时施加 SAW 和磁场可使畴壁的运动速度通过驻波的作用提高一个数量级。此外 SAW 驱动的畴壁更倾向于远离驻波的波节并向波腹移动,最终被钉扎在驻波波腹的位置。这意味着与磁场和电流操控手段相比,SAW 的使用有望更为准确地操控畴壁运动。另一个关键发现是观察到波节和波腹位置的畴壁运动速度出现周期性的减小,这在之前的模拟研究中只会在波腹位置出现[66]。这些结果的出现与畴壁运动的钉扎位置和势垒有关。还有研究分析了 SAW 在畴壁去钉扎中的作用[71],使用的材料体系为具有垂直磁各向异性的 Co/Pt 多层膜,SAW 的频率为 114.8 MHz。SAW 在脉冲磁场的辅助下可以提高 4~9 倍的去钉扎概率;但在没有磁场的情况下,SAW 即使在钉扎最弱的位点也没有去钉扎的效果,这表明 SAW 是通过对缺陷位点能量势垒的磁弹调控去增加去钉扎的概率。另外,用 SAW 驱动畴壁运动时还需注意热效应的影响。在 SAW 器件中，由电极的欧姆损耗、插入损耗等导致的输入功率耗散将会产生较大的热效应，在高频下尤其显著[72]。最近，热效应和磁弹耦合对畴壁运动的影响得到了有效区分[73]。施加 48 MHz、21 dBm 的 SAW 将会使得其传播路径上的温度升高约 10 K。单独通过加热使器件温度升高 10 K 后，Pt/Co/Ta 薄膜中的畴壁速度从 (33 ± 3) μm/s(室温下) 增加到了 (104 ± 8) μm/s。施加 SAW 的行波可以使速度提升到 (116 ± 3) μm/s，比只升高温度时得到的速度略高，表明热效应在促进畴壁运动方面起主要作用。但施加 SAW 的驻波可以使畴壁运动速度显著提升，达到 (418 ± 8) μm/s，表明此时磁弹耦合比热效应的贡献更显著。未来还需要做进一步的实验工作来优化材料性能和器件设计，以使 SAW 驱动的畴壁运动具有与其他方法相竞争的运动速度。

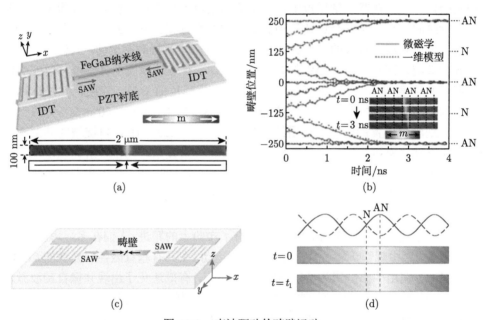

图 10.6　声波驱动的畴壁运动

(a)、(b) 微磁学模拟 SAW 在纳米线中驱动畴壁运动；(c)、(d) 在 SAW 的作用下，畴壁运动到最近的驻波波腹处

2. 斯格明子的声学产生及运动

与磁畴类似，磁斯格明子也是磁性材料中的一类磁织构，但不同之处在于斯格明子具有非平庸的拓扑性质，出现在具有空间反演对称性破缺的磁性体系中[74]。斯格明子的尺寸可以小至几纳米，类似于一个准粒子，可以被产生、移动和湮灭，这使得其有望应用于新一代信息存储和逻辑技术[74]，例如斯格明子赛道存储器[75,76]和基于斯格明子的自旋逻辑器件[77]，这些应用的前提都是斯格明子能以低能耗的方式被产生和驱动。电流可以促进斯格明子的产生并驱动其运

动,但通常需要较大的电流密度,这不可避免地会产生发热问题。为了解决这个问题,电场[78,79]和热梯度[80]也被用来产生和操控斯格明子。另外已有实验证明,SAW 可以在不对称的 Pt/Co/Ir 多层膜中促进磁斯格明子的形成,如图 10.7(a) 所示[81]。图 10.7(b) 展示了 0.24 mT 的面外磁场下磁性膜的极化磁光克尔效应图像,从上到下分别对应初始状态、以 251 mW 的功率激发 SAW、撤掉 SAW 以后。随着 SAW 注入磁性膜中,斯格明子会大面积出现,并一直保持到 SAW 撤掉以后。此外当 SAW 的功率高于阈值时,斯格明子的形核密度紧密依赖于 SAW 的功率。这里 SAW 的 230 MHz 频率对应的波长为 16 μm,这个条件下产生的斯格明子密度高于 8 μm 和 32 μm 的情况。在这三个 SAW 波长下面,斯格明子的平均尺寸为 3~6 μm,小于 16 μm 器件波长的 1/2。微磁学模拟表明,SAW 通过磁弹耦合产生的空间不均匀的有效力矩和热扰动局域地翻转了磁矩,从而形成一对由奈尔型斯格明子和反斯格明子组成的磁构型。随后反斯格明子由于其能量不稳定而湮灭,如图 10.7(c) 所示。此外,实验和模拟均表明,当有效力矩的长度尺度与斯格明子的大小相匹配时,产生斯格明子的效率是最佳的。在实验中斯格明子的尺寸相对较大,在 3~6 μm 的范围内,对应于 8~32 μm 的 SAW 波长。为了减少模拟的计算量,计算中采用波长为 100 nm 左右的 SAW,从而预测斯格明子的大小约为 20 nm。为了方便实际应用,需要尺寸在 10 nm 范围的斯格明子,因此实验上需要进一步制备更高频率的 SAW 器件。此外 SAW 没有驱动斯格明子运动,这可能是由沉积在 $LiNbO_3$ 基片上的磁性薄膜中大的钉扎造成的。有的实验工作使用光学方法激发 SAW,这有助于实现 SAW 驱动的斯格明子运动[82,83],特别是将 SAW 聚焦到约 100 nm 的技术,有望实现单个斯格明子运动的声学操控[31]。上述研究展示了通过 SAW 可控地产生斯格明子的潜力。

SAW 除了可以用来产生斯格明子,最近也被报道可以用来调控斯格明子的运动[84]。实验上通过将具有一定面外磁各向异性的 [Co/Pd] 多层薄膜嵌入 SAW 延迟线中,然后施加交变电压激发纵漏波 (longitudinal leaky SAW, LLSAW),如图 10.8(a) 所示。LLSAW 的激发相比于常规的瑞利波具有更显著的热效应,有利于斯格明子的产生,同时也能产生较大的应变。在 LLSAW 的作用下,观察到磁畴沿着垂直于声波的传播方向形核,逐渐演变成较密的迷宫畴,并在面外磁场和热的共同作用下分裂为单个的磁斯格明子。这些斯格明子沿着垂直于声波的传播方向有序排列且保持稳定 (图 10.8(b)),即在实验上实现了斯格明子的有序产生,这来源于 SAW 作用下体系能量的重新分布。在电流驱动斯格明子的运动过程中,LLSAW 的加入有效地抑制了斯格明子霍尔效应 (SkHE) 所引起的斯格明子横向偏移 (图 10.8(c)),斯格明子霍尔角减小了 80%,如图 10.8(d) 所示。另外,SAW 的驻波对斯格明子霍尔效应的有效抑制作用也在理论上得到了证实[85]。上述工作为操控斯格明子,尤其是抑制斯格明子霍尔效应的产生,提供了一种全新的手段，有望推动基于斯格明子的信息器件的新进展。

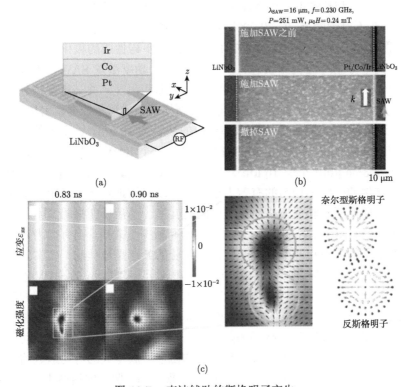

图 10.7 声波辅助的斯格明子产生

(a) 在多层膜中产生斯格明子的 SAW 器件示意图；(b) SAW 作用前后薄膜中的磁化分布；(c) 模拟的随时间变化的应变和磁化分布

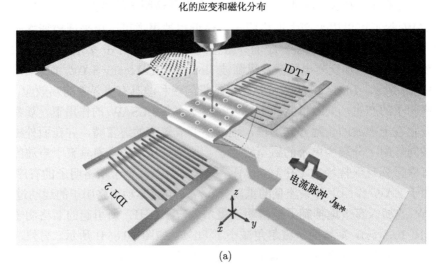

(a)

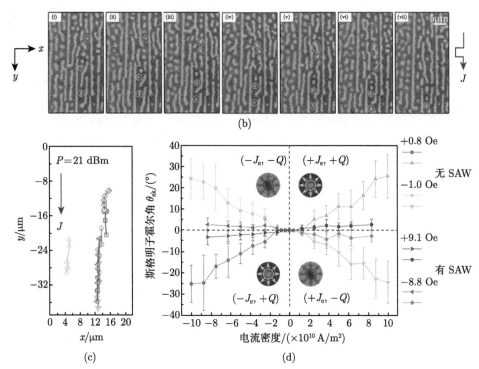

图 10.8 SAW 诱导的斯格明子有序产生及铁磁体中斯格明子霍尔效应的抑制
(a) 集成有磁性薄膜通道的 SAW 延迟线器件示意图。奈尔型的斯格明子排列在 SAW 的波节处,可通过磁光克尔显微镜观察到。施加电流脉冲驱动斯格明子沿通道运动。(b) 连续电流脉冲下的磁光克尔显微镜图像,斯格明子和条形畴在 SAW 的作用下均有序排列。(c) (b) 图中圈出的斯格明子的运动轨迹。(d) 斯格明子霍尔角随脉冲电流密度的变化,SAW 的加入显著减小了斯格明子霍尔角

10.2.4 声波产生自旋流

自旋流的产生是自旋电子学应用所需的最基本的技术之一,可以通过多种方式来实现。自旋泵浦是在 FMR 条件下产生自旋流的有效途径,这些自旋流可从 FMR 的铁磁层泵浦到非磁层中[86]。如 10.2.1 节所述,铁磁层的磁化进动可以被声波激发,它类似于由电磁波激发的传统 FMR,因此有望实现自旋流的声学产生[87],这确实也在 Co/Pt 双层膜中得到证实[88],并得到了详细的分析[89,12]。此外声学产生的自旋流密度的大小与普通 FMR 产生的相当[89]。图 10.9(a) 展示了用于产生声自旋泵浦的器件示意图,其中自旋转换材料可以是自旋霍尔体系[88] 或 Rashba 界面[90]。在图 10.9(b) 中,SAW 传播到 Co/Pt 双层膜后驱动 Co 层发生 FMR,进而向邻近的 Pt 层泵浦自旋流 J_s[88]。注入 Pt 层的自旋流可以转换为电荷流,通过逆自旋霍尔效应 (ISHE) 产生电场 E_{ISHE}。E_{ISHE} 与 J_s 具有以下关系[91]:

$$E_{ISHE} = D_{ISHE} J_s \times \sigma \tag{10.13}$$

其中，D_{ISHE} 是 ISHE 的效率，可以通过使用强自旋-轨道耦合的贵金属 (如 Pt) 来增强；σ 是自旋流中自旋极化的方向，平行于磁化的方向；E_{ISHE} 的大小与横向的直流电压 V_{DC} 成正比，可以通过测量该电压来确定产生自旋流的强度。SAW 的传输功率 P_{IDT} 由输出端的叉指换能器检测。在图 10.9(c) 中，输入端叉指换能器还激发了电磁波 (electromagnetic wave，EMW)，该电磁波可以在时域上与 SAW 区分开来。当外磁场调节到共振场 (±4 mT) 时，与施加 30 mT 的非共振场相比，SAW 透射功率 ΔP_{IDT} 的变化是显而易见的。衰减的 SAW 功率被 SAW 驱动的 FMR 共振吸收。SAW 驱动的自旋泵浦也可通过记录 $V_{\text{DC}}(t)$ 而被明确分辨出来。在 FMR 条件下，磁场方向反向后 ΔV_{DC} 的符号发生变化，这是 ISHE 的特征。磁场反向必然引起方程 (10.13) 中的 σ 改变方向，进而导致 E_{ISHE} 和 V_{DC} 的变号。由于 SAW 驱动的 FMR，在 Ni/Cu(Ag)/Bi$_2$O$_3$ 体系中同样可以产生声自旋泵浦效应[90]，其中产生的自旋流通过逆埃德尔斯坦 (Edelstein) 效应转化为电荷流，这来源于两层非磁层界面处的空间反演不对称。此外磁性绝缘体/重金属 (如 YIG/Pt) 体系也在远低于 FMR 的频率下 (小于 11 MHz) 观察到了声自旋泵浦，逆效应也被同时观察到[92]。

由于 SAW 技术比自旋电子学具有更长的历史，因此在开发新型自旋电子学器件时，SAW 各种成熟的器件设计可用于器件集成与新设计探索。例如 SAW 谐振器是一种成熟的技术，可以限制住声波能量并提高器件的品质因数。研究者们把 SAW 限制在一对形成声学谐振腔的谐振器之间，用来增强声学自旋泵浦产生自旋流的能力[93]。叉指换能器和 SAW 反射栅之间的距离都是 SAW 波长的整数倍。他们比较了 Ni/Cu/Bi$_2$O$_3$ 三层结构在有无声学谐振腔的两种条件下产生自旋流的能力，如图 10.9(d) 所示，可见谐振腔的存在能使自旋流的产生能力提高 3 倍。另外通过精心设计谐振腔，其品质因素将进一步提高，有机会实现强的磁子-声子耦合。除了实验进展外，线性响应理论还被提出[94]，即声学产生自旋流的强度与声波功率成正比。因此自旋流密度可以通过增强声波幅值来提高，例如上述使用声波反射栅[93]和聚焦声波能量[95]。

基于 10.1.3 节讨论的自旋-旋转耦合，SAW 可在非磁性金属中产生纯自旋流。例如在 NiFe(Py)/Cu 体系中[10]，在 Cu 层中产生交变的自旋流，随后扩散到双层膜的界面。交变的自旋流在 Py 层的磁矩上施加自旋力矩，从而激发 Py 层的 FMR，如图 10.9(e) 所示。在 Py/Cu 结构中观察到 SAW 功率的显著吸收，而与此形成鲜明对比的是，单独的 Py 和 Py/SiO$_2$/Cu 结构中的吸收受到强烈抑制。最近，也有理论指出，水平剪切波也可以通过自旋-旋转耦合产生交变的自旋流[96]。不同之处在于，广泛研究的瑞利波产生的是 y 方向 (旋转角动量方向) 极化的自旋流；而水平剪切波可以同时产生 x 方向 (波矢方向) 和 z 方向 (面外方向) 极化的自旋流，进而导致产生的 STT 有效场出现在不同的方向。实验上也

10.2 声控磁性和自旋

对该理论进行了验证,使用 ST(稳定的温度, stable temperature) 切的石英,在两个正交的方向上分别激发水平剪切波和瑞利波,然后测试 Py/Cu 结构对 SAW 功率的吸收。在相同的波长下,水平剪切波的吸收强度比瑞利波的高出四个数量级。此外水平剪切波的功率吸收具有更高阶的频率依赖性,表明水平剪切波的自旋–旋转耦合在高频下可以足够强,可与磁弹耦合相比拟。总之,自旋流的声学产生为自旋电子学开辟了一个全新的视角。

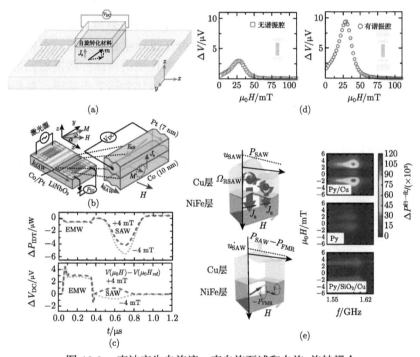

图 10.9 声波产生自旋流、声自旋泵浦和自旋–旋转耦合
(a) 声自旋泵浦产生自旋流的示意图;(b) 声自旋泵浦产生自旋流的探测构型;(c) 时间分辨的声自旋泵浦测试结果;(d) 声学谐振腔增强声自旋泵浦;(e) 瑞利波通过自旋–旋转耦合产生自旋流

10.2.5 声学太赫兹发射

频率范围在 0.3 ~ 30 THz 的太赫兹电磁波的应用非常广泛,包括基础研究、成像和光谱学等领域[97]。与紫外线、可见光和红外线相比,太赫兹电磁波在金属、半导体和电介质中的吸收要弱得多,这使得太赫兹发射光谱学特别适用于研究相对较厚的样品[98]。尽管这些应用引人注目,但迄今为止,发展宽带、稳定和节能的太赫兹源仍然比较困难。自旋电子学的太赫兹发射,即飞秒尺度的超快磁性和自旋电子学的结合,为开发新型太赫兹源提供了很多机会。这种太赫兹辐射是由磁性金属膜的超快退磁[99,100]、螺旋依赖的飞秒光电流[101] 或 ISHE 在与铁磁层邻近的非磁层中产生的电荷流[102,97],并通过自由空间的电光采样探测[103],

如图 10.10(a) 所示。本节将重点关注声学驱动的超快亚皮秒或皮秒尺度的磁化动力学产生的太赫兹发射。在超快太赫兹磁强计中[98]，如图 10.10(b) 所示，为了观察瞬态退磁过程并排除超快 ISHE 对发射的影响，Fe 薄膜被 MgO 层覆盖而不是 Pd 等金属层。激光激发 Fe 薄膜对太赫兹发射的微弱声学贡献[98]已被分配给由应力引起的磁化矢量长度的变化。然而与单原子三维铁磁体中由静压引起的微小磁化变化相比，提取的应变诱导的磁化变化似乎要高出几个数量级[104]。在图 10.10(c) 中，检测到的太赫兹发射被转化为超快磁化动力学，包括了这两个过程。尽管热驱动的退磁占主导地位，但磁弹相互作用的微弱贡献仍然为无热和无接触方式的太赫兹发射开辟了新的途径。此外根据声学自旋泵浦，可以用磁性异质结构建声学太赫兹发射器，其中飞秒激光脉冲产生的声脉冲激发磁化进动，从而将自旋流注入相邻的非磁层，进而通过 ISHE 转化为瞬态电荷流，并根据麦克斯韦方程组产生太赫兹发射。除了磁性之外，光学产生的太赫兹声波还被用于在不同压电系数材料之间的界面处产生太赫兹辐射[33]。下一步需要采用具有大磁致伸缩的材料，以实现高效的磁弹太赫兹发射。

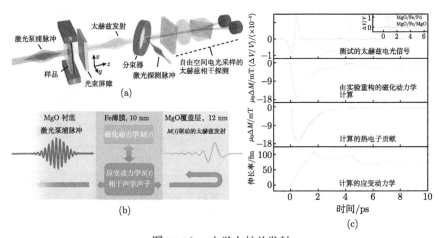

图 10.10 声学太赫兹发射

(a) 太赫兹发射的实验示意图；(b) 有效排除自旋极化电子运动的样品结构，从而消除逆自旋霍尔效应对太赫兹发射的贡献；(c) 测试得到的太赫兹发射信号，从中可重建超快退磁的过程，以及模拟磁化动力学、热退磁动力学和相干声学动力学

10.3 磁控声波

把磁性材料集成到声学器件中，除了能利用声波来调控磁性外，还可通过调控易于操纵的磁性来影响声波的传播特性，包括实现声波的非互易传播、调控声波的幅值、相速度等信息，这为隔离器、环形器、磁电天线、磁传感器等新型器件的设计和调控方法提供了一个全新的思路。

10.3.1 声波参数的磁调控

由于磁性材料的嵌入,可以方便地用磁场来调制声波的传输参数,包括透射幅值、中心频率、相速度、Q 值等,并通过监测这些参数的变化,反过来探测磁场,进而开发基于 SAW 的磁场传感器。首先有理论模型预测基于 SAW 谐振器和延迟线的 SAW 磁场传感器,证明了 SAW 谐振器的磁场依赖性,从而有望用作磁场传感器或磁场控制的频率可调谐振器[105]。实验上也开发出能够同时测量磁场和温度的多功能 SAW 传感器[106]。使用多层方法首先实现温度补偿的勒夫波结构,然后对敏感层进行微结构化以消除温度对磁各向异性的影响,最后观察到的多个共振实现了温度和磁场的多功能探测。器件的多层结构允许温漂的相互补偿,从而使得勒夫波模式具有接近零的温漂 (-1.65 ppm[①]/℃)。因此勒夫波共振频率呈现出的磁场灵敏度 (0.75 MHz/T) 完全不受温度的任何影响。此外非温漂补偿的瑞利波频率被证明对温度敏感,而对磁场不敏感。另外,在多铁单晶衬底 $BiFeO_3$ 上制备的 SAW 器件中观察到 SAW 信号的幅值和相速度可以被外磁场调控[107],这有望赋予 SAW 器件以磁场可控性。

10.3.2 声波的非互易传播

非互易现象具有广泛的应用场景,常见的在电子二极管技术中,电流只能在一个方向上流动,而在相反的方向流动被抑制。声波的非互易传播,即传播方向反向后信号的传输具有不对称性,也就是 $S_{21} \neq S_{12}$,在隔离器、环形器等射频器件中应用广泛,如图 10.11(a) 和 (b) 所示。非互易性的实现,要求同时打破空间反演对称性和时间反演对称性。在薄膜器件中,异质界面显然是空间反演破缺的,而时间反演破缺在磁性材料中是本征属性,故利用磁声耦合在薄膜器件中来实现声学的非互易具有天然的优势[108],包括透射幅度和共振频率的非互易。目前常见的实现非互易的手段有两种。

一是利用沿波矢方向的正应变与波矢方向依赖的应变发生耦合,包括磁弹耦合中的切应变[108-110]或磁–旋转耦合[7,8]中的旋转应变,来实现非互易性,分别如图 10.11(c) 和 (d) 所示。这种非互易性是由磁化进动与有效场之间的旋性不匹配引起的。当 SAW 的传播方向由 $+k$ 变成 $-k$ 时,切应变和旋转应变的符号依赖于 SAW 的传播方向,就会导致椭圆极化的有效场的旋性随传播方向发生改变,但磁化进动仍保持右旋,最终导致不同的耦合强度 ($+k$ 耦合强,$-k$ 耦合弱) 和不同的 SAW 透射强度。在实验上表现为在同一个中心频率 (或同一个共振场) 下透射参数的幅值不一样,见图 10.11(b)。通常切应变和正应变的磁弹耦合所导致的非互易性只有在相对较厚的磁性膜中比较显著[109],因为当声波波长远大于薄膜厚度时,铁磁薄膜里面的切应变接近于零,非互易程度不高。而磁–旋转耦合的优

---

① ppm 为每百万单位中的某一特定物质的数量。

势在于不需要较厚的磁性层和大的磁弹耦合，实验上已经在 1.6 nm 厚的 CoFeB 层里实现[8]。其中证明了在 CoFeB 上反向传播的 SAW 具有高达 100% 的非互易 SAW 吸收，如图 10.11(e) 所示。当然在他们所使用的 Ta/CoFeB/MgO 体系中也存在着界面 DMI，在 $+k$ 和 $-k$ 的 SAW 透射谱之间得到 2.5 mT 的共振场偏移，这与共振峰的线宽相当，即共振场的非互易也存在，可以用来确定薄膜中的 DMI 系数[111,8]。

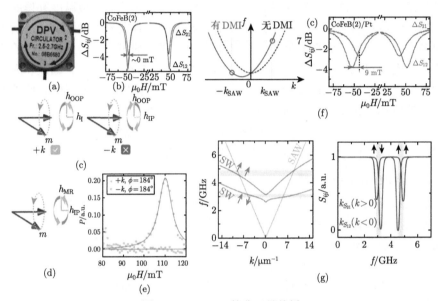

图 10.11　SAW 的非互易传播

(a) 商用环形器的实物图；(b) 非互易的 SAW 传播，S_{21} 和 S_{12} 代表两个相反的传播方向；(c) 磁弹耦合通过旋性不匹配引起的非互易；(d)、(e) 磁-旋转耦合引起的非互易；(f) 层间 DMI 引起的非互易；(g) 铁磁多层膜中的非互易

二是利用自旋波的不对称色散与声波的对称色散耦合来实现[111-115]。由于具有相似的激发方式 (天线电极) 和可比拟的波长频率，声表面波容易与自旋波发生耦合形成一种磁振子-声子的杂化模式。而自旋波的非互易传播是极易实现的，比如在存在 DMI 的铁磁/重金属界面[111,112]、偶极耦合的铁磁多层膜[114,115]、RKKY 耦合的人工反铁磁多层膜[113,116-118] 里面。DMI 体系里的自旋波色散关系在 k 方向存在水平偏移，这样对于不同方向的波矢将在不同的频率下与声波耦合，使得共振峰位在频率和共振场上错开，从而具有较大的非互易程度，如图 10.11(f) 所示。由 DMI 导致的非互易是自旋波不对称色散的结果，其起源是本征的时间反演对称性破缺，DMI 可以产生一个依赖于自旋波传播方向的有效场[112]。因此对于给定的磁场和波数，向前和向后传播的自旋波将具有不同的本征频率[119]。

偶极耦合的铁磁多层膜中的非互易性来源于层间耦合诱导的自旋波不对称色散 [114,115]。实验上在 FeGaB/Al_2O_3/FeGaB 体系中产生了高达 48.4 dB 的 SAW 隔离度。此外在 0~20 Oe 的磁场范围内都保持着高的隔离度，这意味着此处的非互易性是宽带的，不依赖于特定的自旋波共振模式 [114]。另外在 $Co_{40}Fe_{40}B_{20}$/Au/$Ni_{81}Fe_{19}$ 体系中，由于两个铁磁层之间的层间偶极耦合，形成了对称和反对称的自旋波模式，对于相反传播的自旋波，它们都表现出高度非简并的色散关系，进而实现高度非互易的 SAW 传输，如图 10.11(g) 所示。此外还证明了这个体系里的非互易自旋波色散是高度可调的，不需要超薄的磁性膜，这与上述界面 DMI 诱导的非互易性相反。RKKY 耦合的人工反铁磁里的自旋波已被理论预测有强烈的非互易色散，在某个波矢方向有很宽的耦合杂化带，而在相反的方向上几乎没有耦合，进而有望实现高达数 GHz 的宽带非互易性 [113]。为了实现铁磁多层膜中非互易的自旋波色散，需要设计磁化状态使得：①总的静磁矩具有非零的面内分量；②由 SAW 决定的自旋波传播方向与静磁矩成一定的角度。在这些条件下，磁化矢量打破了对称性，导致不同的自旋波色散关系。

下面讨论 DMI 和铁磁多层膜这两种方法实现 SAW 非互易的特征。铁磁多层膜方法依赖于两个磁性层中相对于 k 矢量的低场下倾斜磁化状态，而 DMI 方法则利用了界面耦合产生的有效场。在带宽方面，多层膜方法显示出实现高隔离带宽的潜力。然而由于不饱和的性质，该系统仅在较小的偏置磁场下适用，因此只对低频段有效。尽管理论上不饱和磁化态可能难以控制，并且很容易偏离成具有磁畴形核的宏自旋态，但有实验表明，在通带和阻带均显示出 0~10 Oe 的平坦透射谱和非常大的隔离度 [114]。DMI 方法具有更宽的隔离频率可调性，因为自旋波频率可以通过饱和状态下的偏置场自由调节。然而隔离度将是一个挑战，因为需要非常薄的铁磁膜 (如 CoFeB) 来产生显著的 DMI 有效场。这将导致磁子和 SAW 的耦合有限以及薄膜中自旋波的线宽增加。也就是说，铁磁多层膜方法在隔离性能方面有优势，而 DMI 方法在频率范围方面有优势。总之，声波非互易性的研究既有深刻的基础物理，又有重大的应用价值。

10.4 新型磁声器件

随着磁电耦合理论的发展和完善，更多的磁电耦合复合材料被发现，磁电耦合得到改善，各种器件被应用在传感器、天线、能量收集器及许多射频/微波电子方面。所有的磁电器件可以根据直接磁电耦合作用、逆磁电耦合作用以及两者的结合分为三类，如表 10.1 所示 [120]。电流传感器、磁传感器及能量收集器利用直接磁电耦合作用，通过磁场对电极化进行控制，将磁场转化为输出电压 [121,122]。逆磁电耦合利用电场控制磁致伸缩材料的磁化率、磁导率和自旋波，已经在许多应用中得到了证明, 如自旋电子学、磁电随机存储器 (MERAM)、电压可调谐电感器、可调谐带通滤波器、可调谐谐振器、移相器等[123-125]。磁电天线则既有直接磁电耦合作用又有逆磁电耦合作用。以下主要介绍基于磁电耦合, 以应变为媒介主导的新型磁声器件。

表 10.1 不同磁电耦合机制的磁电耦合器件分类[120]

磁电耦合	物理机制	磁电器件
直接磁电耦合	磁场控制电极化	磁传感器、电流传感器、能量收集器、变压器
逆磁电耦合	电场控制磁化翻转	自旋电子学, 如随机存储器、隧道结
	电场控制磁导率 μ	电压可调谐电感器, 可调谐带通滤波器, 移相器
	电场控制自旋波	电压可调谐滤波器, 可调谐谐振器, 移相器
直接和逆磁电耦合	磁场控制电极化, 电场控制磁化翻转	磁电天线

10.4.1 基于直接磁电耦合的磁电器件

1. 磁性传感器

直接磁电耦合的应用在于其能够将外加的交流/直流磁场转变为与磁场大小成正比的输出电压, 将通过监测电信号的变化感知磁场的变化。一个良好的磁传感器的特征包括从飞特斯拉到皮特斯拉的低频灵敏度 ((fT~pT)/Hz$^{1/2}$, 10^{-2} ~ 10^3 Hz)、能在室温下工作和较宽的带宽 (0.1~100 Hz)。磁传感器利用各种物理现象, 如电磁感应、霍尔效应、隧道磁阻、巨磁阻、各向异性磁阻和巨磁阻抗 (GMI)[126]。超导量子干涉仪 (SQUID) 具有较低的磁噪声, 能够感知极低的磁场, 4.2 K 下对 1 Hz 的磁信号检测极限为 5 fT/Hz$^{1/2}$, 但是其代价比较大, 需要较大的磁体且往往要在液氮的冷却下才能有效工作[127]。其他可用的磁场传感器包括光泵浦微型原子磁力计, 检测极限为 700 fT/Hz$^{1/2}$, 但体积笨重, 且需要一个加热单元[128]。一个更便携的变化是巨型磁阻抗传感器, 其检测极限为 15 pT/Hz$^{1/2}$, 但在接近直流或更低的频率时磁噪声较大[129]。不同类型的磁性传感器的对比如图 10.12 所示[130]。磁传感器的未来发展主要指向于医院或家庭医疗成像和诊断设备, 如便携式脑磁图头盔或植入式传感器阵列等。

磁电耦合式磁传感器现在正成为市场上其他传感器的理想替代品, 这在很大程度上是因为其超低的功耗、室温可操作性, 以及其相对较低的成本和尺寸。在过去的十年中, 文献中已经报道了各种基于 ME 层状结构的传感器, 用于检测微小的磁场, 其应用范围可从医学成像到石油勘探。主要研究方向致力于以下几方面: ①传感器结构的几何优化[131-133]; ②传感器单元的封装; ③制造技术的改进[134]; ④系统与信号处理集成[135,136]; ⑤降低环境噪声[137]。其中, 推拉结构、多层结构和双晶态均表现出优良的磁电耦合系数, 在传感低频磁场变化方面显示出相当大的潜力。推拉结构模式的磁传感器由一个对称的纵向极化的压电层和两

10.4 新型磁声器件

个纵向磁化的磁致伸缩层组成。Fang 等[138]最近提出了一种横向极化金属玻璃 (metglass)/Mn-PMNT 层压复合材料, 由纵向磁化金属玻璃层和不同数量 (N) 的横向极化 Mn-PMNT 纤维组成, 如图 10.13 所示。在室温下超低磁场灵敏度能够达到 $0.87~\mathrm{pT/Hz^{1/2}}$。

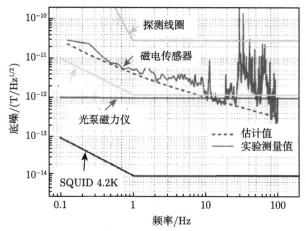

图 10.12　不同磁传感器的磁噪声水平对比 [130]

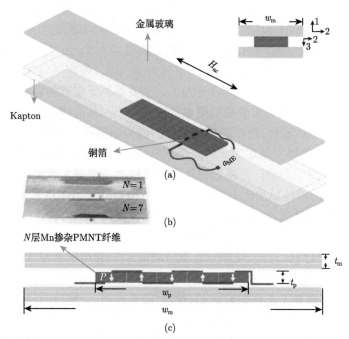

图 10.13　金属玻璃/Mn-PMNT 复合材料的 (a) 三维结构、(b) 实物图和 (c) 横截面示意图

类似地，Sun 等 [139] 利用压电系数更高的石英材料与金属玻璃制备了超低频磁传感器，且通过优化金属玻璃的层数，在 14 层实现了 1 Hz 下 (10 ± 0.32) pT 的灵敏度。

体复合材料传感器较容易制备，但传感器未来致力于小尺寸发展。基于薄膜结构的 ME 传感器能够制造具有高灵敏度和高光谱分辨率的小型化低成本传感器，而且可以与其他电路组件集成为传感器阵列 [140]。Keli 等 [141] 最近利用 V 掺杂 ZnO 压电薄膜与 galfenol 薄膜实现了 9.32 kV/(cm·Oe) 的磁电耦合系数，并探索了不同结构尺寸的传感器性能，发现长度主要影响谐振频率与带宽，而 Si 衬底的厚度会影响谐振频率与 ME 耦合系数，最终实现了 800 fT/Hz$^{1/2}$ 的灵敏度。Zhao 等 [142] 报道了通过在微加工硅 (35 μm 厚) 悬臂梁上的溶胶–凝胶衍生的 PZT 薄膜 (1.5 μm 厚) 上溅射沉积 $Fe_{0.7}Ga_{0.3}$ 薄膜 (1.5 μm 厚) 来制造薄膜 ME 传感器。后续通过减少 Si 悬臂梁的厚度 (从 180 μm 减少到 35 μm)，降低了衬底的夹紧效应，从而观察到 ME 耦合的显著改善。在 333 Hz 的机电共振频率下，该传感器件的最大 ME 耦合系数为 1.81 V/(cm·Oe)，在 50 nV 的噪声水平下，可以检测到 2.3×10^{-8} T$(2.3\times10^{-4}$ Oe) 的交流磁场。Lee 等 [143] 利用 PZT 薄膜与 terfenol-D 薄膜制备了 2.98 μm 厚、300 μm 长的微悬臂梁形式的磁传感器阵列。对比了在 60 Hz，$2\times10^{-9}\sim2\times10^{-8}$ T 下 PZT 薄膜与 PZT/terfenol-D 结构的输出电压，PZT/terfenol-D 产生了显著的电压输出，而 PZT 产生的输出可以忽略不计。PZT/terfenol-D 的 ME 电压随直流磁场的增大也逐渐增加。通过施加 0.005 μA 的直流电流，估计最小可检测直流磁场为 1×10^{-12} T，传感器在非共振模式下 60 Hz 交流场下测量的 ME 电压为 86 μV，噪声下限为 150 nV。磁电器件对磁场传感具有吸引力，到目前为止，主要是基于磁致伸缩和压电相的复合薄膜。然而，薄膜基板通常会限制磁电效应的大小，从而降低其传感性能。与薄膜相比，基于两相钛酸钡/钴铁氧体纳米线的磁传感器具有增强的性能。现在，由 Andrew[144] 领导的佛罗里达大学的一个团队通过静电纺丝制造了复合钛酸钡/钴铁氧体纳米线 (图 10.14)，并将它们悬浮在电极上，消除了薄膜所经历的基板限制。因此，他们的器件显示出 (514 ± 27) mV/(cm·Oe) 的高磁电系数。这项工作证明了一维材料为包括磁场传感器在内的磁电设备提供了潜力。

另一种方法是 SAW 的 ME 传感器。为了实现这一概念，叉指换能器沉积在压电单晶基板上 (如石英、$LiNbO_3$ 和 $LiTaO_3$)，并用于激发 MHz 到 GHz 范围内的高频弹性波。近年来，使用 SAW 器件作为磁场传感器的研究有所增加，有几个研究小组研究了不同的设计和材料。结果表明，通过在基底上使用引导层产生水平横波，可以达到最高的磁灵敏度，从而激发所谓的勒夫波 [145]。勒夫波强烈地局限于引导层的表面。因此，大部分的声能都集中在磁致伸缩材料上。ST 切割石英基底上的勒夫波传感器，具有 4.5 μm 厚的二氧化硅引导层和 200 nm

10.4 新型磁声器件

厚的磁致伸缩 $(Fe_{90}Co_{10})_{78}Si_{12}B_{10}$。相位灵敏度高达 2000 $(°)/mT$(图 10.15(b)),10 Hz 时低至 70 $pT/Hz^{1/2}$ 和 100 Hz 时低至 25 $pT/Hz^{1/2}$(图 10.15(c))[146]。由于在延迟线配置中工作的 SAW 磁场传感器不依赖于任何共振效应,因此其测量带宽仅受声波的传播时间和器件的通带宽度的限制。

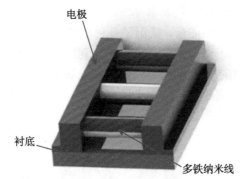

图 10.14 磁电钛酸钡/钴铁氧体纳米线通过金属电极平行组装的器件示意图 [144]

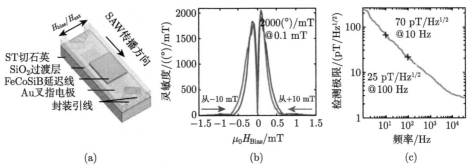

图 10.15 (a) 磁 SAW 延迟线传感器示意图;(b) 应用磁直流偏置场的磁灵敏度;(c) 在距离载波信号的 40 kHz 频率范围内的检测率 (148 MHz)[146]

2. 能量收集器

最近几年,部署在电力线周围的自动监控设备引起了人们广泛关注。电力线路周围有各种监控设备,如远程视频监控设备、微气象监测设备、线路结冰状况监测设备、预测设备、塔倾斜监测设备、线路疾驰监测设备,可以实时监控电力线路状况,在发生故障时及时报警,提高输电线路的稳定性。这些设备在降低维护和操作成本方面具有极端的优势,但高度需要单独的电源,以确保连续运行。传统的基于电池存储的方法面临容量不足,运行时间短的问题。为了克服这些限制,能量收集是一种实用和有前途的解决方案,用于设备的电力供应[147]。

从环境能源收集能量 (如振动、声音、射频波、光、温度梯度、风和其他) 是当前的重点，下一代远程监控电子设备和自供电无线传感器网络的目标是提高设备寿命和解决传统电池的局限性。环境中几乎到处都充满了 50~60 Hz 的磁噪声。利用这种微弱的低频磁噪声（小于 1 mT = 10 G）来开发一个一致的电源，仍然是一个巨大的挑战。然而，相比于传统的电磁感应能量收集器通常受到体积大、质量大、输出能量密度低的限制，磁电能量收集器显示出体积小、输出能量密度高的优势，有望替代传统的能量收集器[148]。

为了从环境资源中收集能量，采用了几种机制将振动转化为电能，包括电磁、静电、压电和磁电效应[149]。磁电能量收集器利用压电效应与磁致伸缩效应的耦合可实现能量收集。当磁致伸缩层感知到外部磁通量的变化时，由于磁致伸缩效应产生应力，应力传递到压电层，由于压电效应，产生一个输出电压，实现能量的转化，如图 10.16 所示[150]。

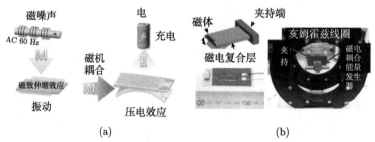

图 10.16　(a) 磁电能量收集器工作原理示意图；(b) 悬臂式磁电能量收集器示意图[150]

Ryu 等[150] 提出了一种各向同性柔性压电单晶纤维 Pb(Mg$_{1/3}$Nb$_{2/3}$O$_3$)-PbTiO$_3$(PMN-PT)，与磁致伸缩层 Ni 复合的 ME 能量收集器，Nd 永磁体用以提供磁场。柔性纤维增大了器件的耐久性和应变大小，Ni 板在低环境磁场下，能够产生线性应变，在 60 Hz，H_{ac} ≈500 μT 下，能够产生最大输出电压约为 34 V$_{pp}$(~12.4 V$_{rsm}$)，整流 3 min 后输出能量足以充满 220 μF 的电容器，用该电容器能够在开关频率 1 Hz 时，打开 35 个商用 LED 灯。为了提高输出功率密度，许多研究小组开发了使用不同的磁致伸缩和压电材料组合的各种磁电能量收集器；其中一些总结在图 10.17 中。这些结果代表了在下一代远程监测电子设备和自供电无线传感器网络方面取得的重大进展。

此外，由于在电力线周围安装能量收集器的重量限制，同时需要供给不同的监测装置，这就要求能量收集器有不同的电压/电流水平和功率密度，然而，以往的研究只集中于单个输出的 ME 层状结构。最近 Zhang 等[152] 提出了一种铁氧体/压电环形磁电复合材料中的双输出磁电能量收集器，其中，线圈引线为端口 I，压电环的电极引线为端口 II，形成双端口，如图 10.18 所示。ME 结构和线圈可以同时收集电力线的空间电磁能量，然后通过电磁感应，提高输出功率密度。

实验结果表明，在 70 mA 电流驱动 50 Hz 条件下，开路条件下最大感应电压可达到 15 mV(端口 I) 和 1.2 mV(端口 II)。相应地，在最适负载电阻为 250 Ω 和 140 Ω 时，端口 I 和端口 II 产生的输出功率分别达到 0.4285 nW 和 30.1476 nW。

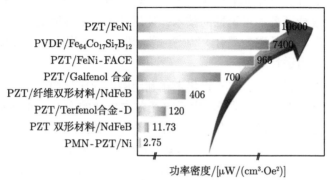

图 10.17　采用不同复合材料系统的磁电能量收集器的功率密度总结[151]

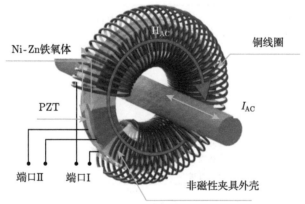

图 10.18　双输出 ME 能量收集器原理图[152]

10.4.2　基于逆磁电耦合的磁电器件

1. 可调谐电感器

许多射频和微波设备受益于有一个可调谐组件来调整不断变化的工作条件，例如用于汽车调谐器的射频匹配变压器、天线调谐器，以及匹配低频发射器到天线的匹配电路[153,154]。市场上常见的可调谐射频/微波器件包括具有可移动铁氧体磁芯的可变电感，它与线圈内部的位置线性地改变磁芯磁导率，从而改变磁场和电感。根据电感器范围的不同，这些可变电感器体积较大，并且需要铁芯的物理运动，阻碍了远程控制或自动调整。其他可调谐装置包括施加外部磁场来改变铁芯的铁磁共振 (FMR) 频率。然而，也需要笨重的电磁铁。为了解决尺寸、超低功率和非物理调谐方法的问题，磁电复合材料可用于改变磁性材料的磁导率，以调整各种特性，如电感、共振频率和相位。电感器是现代电子学的三个基本组成部分之一，主要用于电力电子学、通信系统等。可调电感器的理想规格包括大的可调性、高品质因子和低能耗[151]。为了实现无源微机电系统 (MEMS) 电感器的可调性，已经设计了各种可调性的技术：使用开关改变线圈的匝数[155]，应用直流电流偏置[156]，以及磁电耦合[157,158]等。然而，这些调优方法都不是完美的，必须根据实际应用进行权衡。

磁电可调谐电感器的工作一直集中在利用磁电异质结构中的强逆磁电耦合来实现高电感可调性和高 Q 因子。由于磁场各向异性的变化，通过施加磁场可以很容易地调谐电感器。在电场调谐中，磁导率由应变介导的磁电耦合控制。Chen 等[158] 实现了利用多层磁铁镓硼 (FeGaB) 和铅镁铌酸钛 (PMN-PT) 压电板，在操作频率 1 GHz 下实现了 32.7 的高 Q 因子和 1.4 nH 的恒定电感，在磁场和电场调谐下电感可调性分别为 69.2% 和 191%。如图 10.19(a) 所示，总结了各种结构

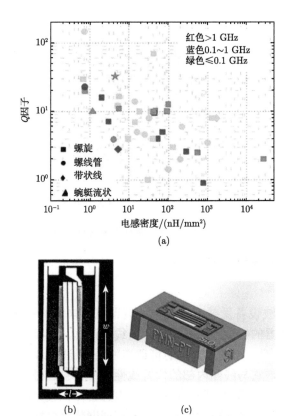

图 10.19　(a) 各种结构和工作频率的电感器的 Q 因子和电感密度；(b) 集成射频 MEMS 电感器的扫描电镜顶视图；(c) 结构示意图[158]

(螺旋、螺线管、带状线、蜿蜒流状)和工作频率的先进电感器的 Q 因子和电感密度。与其他结构相比，螺旋和螺线管电感器更紧凑，具有更高的电感密度。然而，需要考虑复杂的制造工艺和寄生电容来进行权衡。

下面给出了可调谐螺线管结构电感器的一个例子。基于匝数 3.5 圈磁电耦合的集成电感器的扫描电镜 (SEM) 顶视图和三维结构分别如图 10.19(b) 和 (c) 所示，通过沿长度方向限制线圈内的磁通量，可以实现更高的效率。由于 FeGaB/Al_2O_3 多层膜的优点，如大磁致伸缩常数、高自偏 FMR 频率、低涡流损耗等，得到了高 Q 因子的电感器[159]。当偏置磁场从 0 mT 增加到 50 mT 时，电感持续下降，由于磁多层膜的相对磁导率降低，最大可调性达到 69.2%。与电感的变化相反，由于涡流损失的减少，Q 因子增加了 67.9%。对于电压调谐，通过施加 0~10 kV/cm 的平面外电场，电感从 1.2 nH 增加到 3.5 nH。Q 因子也在 0.5~2 GHz 频率内有所增加，在 1.5 GHz 时，电感可调性最高，为 191%。与其他电感设计相比，该设计具有连续且较大的电感可调性。由于其简单的器件结构，因此其长期性能也是稳定的。然而，低 Q 因子的主要缺点限制了该电感器结构的应用。

2. 可调谐滤波器

滤波器已广泛应用于电子系统中以去除不需要的信号。在现代电子系统，如可重构和多波段通信系统中理想的滤波器需要具备超宽带 (UWB) 和具有磁场和电场可调谐性的特点。应用最广泛的可调谐滤波器之一是 YIG 磁谐振器，因为其具有高的 Q 因子及多倍频带宽[160,161]。与可调谐磁性滤波器相比，静电可调谐滤波器更轻、更紧凑、更节能。此外，这种磁电可调谐滤波器为电场和磁场的可调谐性提供了更多的设计灵活性。另一种实现低损耗和低功耗可调谐滤波器的竞争设计技术是基于 MEMS 可变电抗器和开关[162,163]。利用静磁表面波 (MSSW) 在磁薄膜中的非互易性能，Lin 等[164] 展示了第一个具有双 H 场和 E 场可调性的非互易 MEMS 带通滤波器。该滤波器设计为倒 S 形结构，并与旋转的 NiZn 铁氧体薄膜相结合。采用自旋喷雾法沉积了磁相 NiZn 铁素体板。然后，通过深反应离子刻蚀 (DRIE) 技术去除硅衬底的背面，并粘合在 (011) 切割的 PMN-PT 板上，形成磁电异质结构。通过测量 S 参数，证明了带通磁电滤波器的磁场可调性。通过将直流偏置场从 10 mT 增加到 40 mT，谐振频率从 3.78 GHz 调谐到 5.27 GHz，这表明频率的可调性为 0.5 GHz/10 mT。所有的反射系数 S_{11} 都低于 −20 dB，因此，大部分的能量被 NiZn 铁素体薄膜吸收。在 4 kV/cm 的电场下，中心频率从 2.075 GHz 可调至 2.295 GHz，达到 55 MHz/(5 kV/cm) 的频率可调性。

2016 年报道了一种基于具有轮廓传输模式的 MEMS 磁电谐振器的可调谐射频带通滤波器[165]。由磁致伸缩 FeGaB 和压电 AlN 磁电异质结构组成的两个耦合环形谐振器之间的锁相,使 E 场和 H 场可调谐带通滤波器的演示成为可能。结构如图 10.20(a) 所示。由于磁电异质结构内的强磁电耦合,声波可以与电磁波强耦合。滤波器在零偏置场下的 S 参数如图 10.20(b) 所示,在工作频率为 93.165 MHz 时,回流损耗为 −11.15 dB,插入损耗为 3.57 dB,Q 因子为 252。由于 ΔE 效应改变了磁致伸缩材料在磁场作用下的杨氏模量,因此当磁场作用时,磁电滤波器的中心频率会发生变化。在图 10.20(c) 中,测量的中心频率作为外加直流磁场的函数,实现了 50 Hz/μT 的频率可调性。通过施加直流偏置电压,提取了 E 场频率的可调性为 2.3 kHz/V,如图 10.20(d) 所示。这种基于 MEMS 技术的可调谐射频带通滤波器,结构紧凑,与 CMOS 技术兼容。

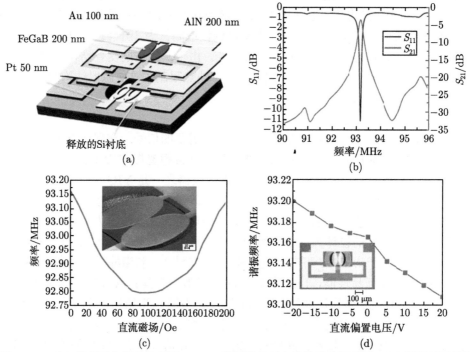

图 10.20 (a) 带有两个耦合的环形 FBAR 谐振器的磁电滤波器的原理图;(b) 测量了零偏置场下磁电滤波器的 S 参数;(c) 测量的谐振频率作为应用直流磁场的函数,插图显示了释放的环形谐振器的扫描电镜图像;(d) 测量的 AlN 薄膜厚度上的谐振频率与直流偏置电压的函数,插图显示了磁电滤波器自上而下的光学图像[165]

3. 移相器

微波移相器是雷达应用、电信通信、振荡器和相控阵天线系统的重要组成部分。各种基于半导体、铁氧体和铁电体的移相器已经被开发出来[166]。基于铁氧体的移相器是基于波导中磁化铁氧体棒中的电磁辐射的法拉第旋转。相位调谐需要大的磁场偏置场,涉及巨大的功耗,因此,它们不能小型化或与集成电路技术兼容。第二类微波移相器是基于铁电材料的。其特点是电的可调性快,功耗低。然而,这种移相器在频率 1~5 GHz 以上时的损耗是非常大的。铁氧体–铁电层状结构,如磁电复合材料,开启了双可调微波器件的可能性,与传统微波相比,它具有更高的效率、更低的噪声、紧凑的尺寸和轻的质量。经过理论研究,Ustinov 等[167] 报道了这类磁电器件的发展。基于 FMR 的磁电双移相器是由厚度为 5.7 μm 的铁氧体 YIG 层和厚度为 500 μm 的铁电 BST 层组成的。相移的电场控制是通过铁氧体和铁电层之间的强 ME 耦合而产生的。对于外加电场 $E = 20$ kV/cm,达到最大差分相移,$\Delta\varphi$=650°。Tatarenko 等[168] 还设计了一种电场可调谐的 YIG/PZT 移相器,并对其进行了表征。对于 E=5~8 kV/cm 和 $\Delta\varphi$=90° ~1800°,插入损耗为 1.5~4 dB。观察到的插入损耗更接近于实际应用所需的 0.5 dB。

10.4.3 基于直接和逆磁电耦合的磁电器件——磁电天线

传统的天线是无线通信系统的一个重要组成部分,用于利用电流和电磁波之间的功率变换来传输和接收电磁波。目前存在着各种各样的天线,如贴片、单极子、偶极子、孔径等。未来天线设计的前景都指向更好的天线辐射效率和更小的整体尺寸。因为大多数传统的电子天线是直接由电流或电压加速金属板内的电子辐射,这使得减少天线尺寸受到挑战,因为电学天线的尺寸需要大于或等于 $1/10\lambda_0$ 来增加有效孔径和提高方向性。目前,一个紧凑的电性小天线所能达到的最大尺寸仍然是共振波长的一小部分。各种天线设计技术已经实现了减少天线尺寸,例如,形状和几何优化[169],使用集中组件减少无功阻抗[170,171],使用高介电常数高磁导率材料加载减缓波速[172,173],并通过使用电磁超材料负磁导率或介电常数创建负和零阶共振[174,175]。即使有了这些想法,减少天线尺寸的另一个限制仍来自于 Chu-Harrington 限制:

$$Q \geqslant 1/(ka^3) + 1/ka \tag{10.14}$$

其中,$k = 2\pi/\lambda$;a 是能够包围天线的最小球体半径。带宽正相关于 $1/Q$,电学天线固有的高质因数,降低了电子小天线的辐射效率和带宽[176,177]。

最近的研究表明[178],磁电天线可以克服传统天线的限制,在磁电复合材料和纳米异质结构中利用机械应变使磁电天线能够在其声共振频率下工作,因此尺寸可以比相同频率下的电小天线小 1~2 个数量级,且具有更高的辐射效率。图 10.21 显示了极低频 (VLF) 到超高频 (UHF) 天线的历史进展,显示了在天线应用中从偶极子天线到磁电复合材料和薄膜异质结构的转变。

磁电天线是由压电材料与磁致伸缩材料通过磁电耦合形成的复合多层结构,工作过程包括辐射过程和接收过程。辐射过程中,当在压电层两端施加交变电压时，由于逆压电效应，压电层中会产生动态变化的应变，该应变进一步传递到磁致伸缩层，由于逆磁致伸缩效应(维拉里效应)，在磁致伸缩层中会发生磁化的变化，从而产生变化的电磁场，进而辐射电磁波。接收过程中，磁致伸缩层感知到电磁波的磁场分量，由于正磁致伸缩效应(焦耳效应)产生应变，该应变传递到压电层，由于压电效应，在其两端产生输出电压，即实现电磁波的接收过程。磁电天线的辐射及接收原理示意图如图 10.22 所示。

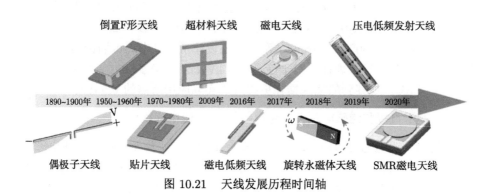

图 10.21　天线发展历程时间轴

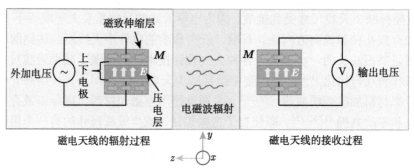

图 10.22　磁电天线的辐射及接收原理示意图[179]

2016 年，Sun 和 Li 提出了基于磁电耦合的 VLF 机械天线的想法[180]，并且在 2020 年，Dong 等报道了一种实用的器件[46]，由 Metglas 带、PZT 纤维和叉指电极复合而成，在平面内电场的作用下，产生声表面波 (SAW)，导致平面内机械共振。根据逆磁电耦合，这种机械共振导致 PZT 纤维的变形，并被转移到铁磁材料中，导致应变诱导的磁化振荡，从而产生辐射的磁电流。在这个机制中，这种磁化振荡的作用类似于磁偶极子。相反，在接收过程中，电磁波的磁场是由铁磁性材料来感知的。类似地，一个应变产生并转移到压电材料，并导致交流电压输出作为直接磁电耦合。实验表明，频谱分析仪在 23.95 kHz 处检测到一个清晰的接收峰，信噪比 (SNR) 为 92.3 dB，如图 10.23(b) 所示，图 10.23(c) 中检测灵

10.4 新型磁声器件

敏度 (LoD) 的检测下限 (180 fT) 显示了对电磁波的弱磁场的极端灵敏度，使其能够实现远程通信。基于 PZT/Metglass 的磁电天线已经演示了 120 m 距离的通信，根据基于磁电天线阵列设计的分析模型，估计能够实现最大距离为 10 km 的传输距离。

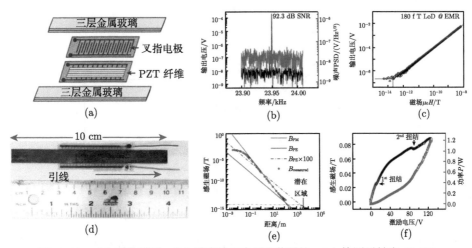

图 10.23 (a) 器件模型；(b) 感应输出电压和信噪比；(c) 检测灵敏度 (LoD)；(d) 光学顶视图和尺寸；(e) 不同距离的辐射磁场；(f) 不同驱动电压下的磁场和输入功率[180]

由于甚高频 (VHF) 和超高频 (UHF) 频带覆盖了从 30 MHz~3 GHz 的整个频段，外部振动电机驱动不再能够实现，因此，甚高频和超高频天线大多基于自共振。Jensen 和 Weldon 等[181,182]分别在 2007 年和 2008 年设计了采用硅悬臂结构作为发射天线和接收天线。在这些研究中，在硅悬臂结构上制备了碳纳米管作为振动电荷。利用直流电压将电荷集中在纳米管的尖端，使这些纳米管可以作为接收器感知电场，并作为发射器辐射电磁波。在 40~400 MHz 范围内，该悬臂天线成功地实现了信号接收。FBAR 结构是除声表面波之外的另一种声共振模式，其中电驱动场沿压电薄膜的厚度方向施加，因此产生的机械应变是沿平面外的。2015 年，Yao 等[183]利用一维多尺度有限差分技术对 FBAR 天线的振动模态进行了理论分析，该 FBAR 天线模型由三层夹层结构组成，中间为磁致伸缩层，底部和顶部为压电层，形成磁电复合材料。谐振结构是由穿过底部压电层的电场激发的。在谐振结构和衬底之间为空气隙，以避免机械夹紧效应，结构如图 10.24 所示。结果表明，第一模态为当 FBAR 谐振部分的厚度等于电磁波长的一半时，谐振频率为 1.03 GHz；第二模态为谐振部分的厚度等于一倍电磁波长时，谐振频率为 2.28 GHz；第三模态为谐振部分的厚度等于 1.5 倍电磁波长时，谐振频率为

3.17 GHz。理论分析天线的辐射强度正比于磁致伸缩层产生的表面等效孔径电场的强度，对于三层结构，第一模态和第三模态对应的孔径电场强度较高，第二模态的强度可以忽略不计。且在改变材料的磁导率及磁机耦合系数时，发现随着材料磁导率及磁机耦合系数的增大，品质因子 Q 降低，辐射效率提高。

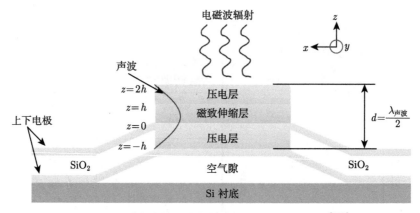

图 10.24　基于体声波的 FBAR 天线结构示意图[183]

采用微纳加工 (MEMS) 技术，Nan 等[178]于 2017 年在实验上利用 AlN 作为压电层，FeGaB 作为磁致伸缩层设计了基于 FBAR 结构的集成磁电天线。通过不同的谐振结构，利用厚度模式与宽度模式，如图 10.25 所示，实现了不同工作频率的磁电天线。基于与 FBAR 天线相同的理论，Liang 等[184]于 2020 年设计了一种在声学谐振器下带有布拉格反射栅的牢固安装谐振器 (SMR) 天线。布拉格反射栅是一种声波反射器，由多个周期的具有低声阻抗或高声阻抗的薄膜组成[185]。由于反射系数高，声能大多被反射回谐振腔中，而不是耗散到衬底中。理论上，当材料和厚度完全优化时，反射系数可以接近于 1。这种较低的声能耗散转化为更强的磁电耦合，导致更好的辐射效率和天线增益。与释放衬底的 FBAR 相比，SMR 天线的天线增益增强了 10 dB。这种增益增强的另一个原因是更有序的磁畴。对于释放的 FBAR 天线，由于薄膜的拉伸应力，谐振薄膜或多或少地会向上弯曲[186]。因此，弯曲薄膜中的磁畴变为多方向的，等效磁化强度降低，导致辐射效率降低。然而，对于 SMR 天线，谐振结构是固定在布拉格反射栅上的，没有弯曲曲率。因此，磁畴可以很容易地排列成一个方向，SMR 天线相比于 FBAR 天线具有更高的辐射效率及鲁棒性。

尽管在磁电天线上已经花费了大量的精力，然而在天线设计、数值模拟、制造和测量方面仍然存在许多挑战。但在紧凑、高效的通信系统中，性能改进和结果应用的机会也很多。目前，还没有数值工具或软件来同时模拟机械振动、天线辐射和效率。利用有限元法 (FEM)，COMSOL 是一种典型的机械共振模拟工具。

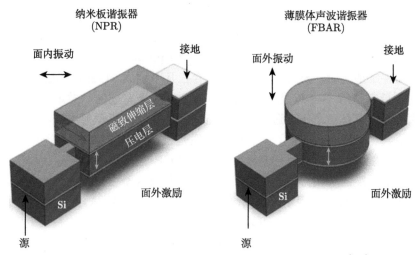

图 10.25　不同结构的 ME 天线示意图 (NPR 和 FBAR)[187]

因此，使用 COMSOL 可以获得天线回波损耗和振动模式。Xu 等[188]利用磁偶极子模型模拟了磁电复合材料的逆磁电转换效率和远场辐射特性。然而，声驱动磁电天线的辐射机制和模型仍然不清楚和不完整。压电材料和磁致伸缩材料的器件结构、尺寸和性能对磁电天线辐射特性的影响，以及最佳的器件结构等现在还不清楚。Cai 等[189]提出了一种简单的声驱动 FBAR 天线磁偶极子模型和一种分析集成的 FBAR 天线的有限元分析方法。系统地研究了其辐射功率和辐射特性。通过改变 FBAR 的结构层和材料特性，研究了器件内部的声波分布对辐射特性的影响。结果表明，偶极子模型和分析方法简单有效。该模型证明，在适当设计的 FBAR 器件上优化的磁电天线能够在大约 30 m 或更长的距离内进行有效的信号传输，显示了巨大的无线应用潜力。然而，由于电磁物理与磁电耦合模型之间缺乏多物理耦合，所以模拟磁域振荡转换为天线辐射的过程变得困难。另一方面，高频结构模拟器 (HFSS) 被广泛用于传统天线的回波损耗、增益和辐射模式分析，但缺乏机械振动和磁电耦合模型。同样，效率、辐射模式和增益的数值计算也可以用时域有限差分 (FDTD) 方法来完成[183]。综上所述，为了建立一种完整的磁电天线仿真方法，需要建立一个可靠的磁电耦合模型、一个压电模型和一个辐射计算模型。不幸的是，没有一种单一的模拟工具可以结合所有这些组件。

在天线制造过程中，磁畴控制是主要的问题。单畴磁膜具有最强的磁致伸缩性和最低的磁损耗，可以提高辐射效率。由于沉积过程和薄膜应力，磁电器件的薄膜仍然是多畴态，薄膜沉积过程中的薄膜应力与等离子体能量有关[186]。大的薄膜应力导致一个巨大的各向异性场，从而打乱磁畴方向。这将对磁畴翻转产生不利影响，导致天线增益和辐射效率降低。因此，对于单畴薄膜和较低的应力，沉积条件仍需进一步优化。任绥民[190]探究了不同溅射功率、溅射时间、溅射气体流量及基片温度对于 FeGaB 薄膜质量的影响，通过优化参数，FeGaB 的薄膜矫顽力降低到了 2.1 Oe，磁致伸缩系数增大至 64 ppm。

在器件制造之后，天线的测量装置也存在几个挑战。以超高频磁电天线为例，所有的测量都是用 G-S-G 射频探头结合探测系统来完成的。微定位器、射频探头和探头站中存在一个不可避免的金属部分，它们都可以反射电磁波，而射频电缆和探头甚至可以自行辐射。一种解决方案是使用铁氧体珠或其他波吸收器来减少电缆的辐射泄漏[191]。将磁电天线连接到 PCB 上是另一种消除使用射频探头系统影响的可能的解决方案，但连接线将向器件引入寄生电感并影响共振。对于 VLF 磁电天线，目前将现场测量限制在 1~1000 m，以避免短距离的"尺寸效应"和长距离的大噪声。在未来，可以使用一种具有超低噪声水平的超灵敏度搜索线圈磁强计来降低磁噪声，用于长距离测量，从而实现更精确的磁场测量。

目前，天线的增益和辐射效率在实际应用中都较低，且具有高 Q 因子，导致操作带宽狭窄。目前磁电式天线的辐射效率还未超过电天线，虽然理论上辐射效率比电小天线高 100 万倍，在低频时损耗较小，但高频涡流损耗较大，且仍存在带宽窄等问题[183]。由于天线的整体 Q 因子包括器件损耗 (Q_{loss}) 和辐射 (Q_{rad})，因此减少谐振器的 Q_{loss} 是获得更宽带宽的可靠选择。近年来，针对以上问题，国内外学者利用 AlN/YIG 体系，通过调控外加偏置磁场使 YIG 的谐振频率与 AlN 相近，实现磁声子耦合，从而将辐射效率提高 100 倍，并扩大了带宽[192]；由于磁电耦合系数与外加偏置磁场有关，所以有些研究通过整合外加永磁体或者外加线圈的方式，增大偏置磁场，从而提高了辐射效率[193,194]。而利用不同的谐振模式，则可以实现不同的工作频率，例如利用谐振板结构，频率由宽度决定，可以实现 60 MHz 左右的低频操作，而利用 FBAR 结构，频率由薄膜厚度决定，则可以实现 2.5 GHz 的高频操作[178]。受多输入多输出 (MIMO) 天线启发，同样可以通过并联多个磁电天线实现天线阵列，加强辐射场强度提高辐射效率[195]。或者通过 MEMS 操作，实现多个不同结构的谐振器并联，实现多带宽[196]。通过比较悬浮电势及接地两者底电极的电场分布，发现悬浮电势能够同时激发压电层的纵向波及横向剪切波，通过耦合纵向波及横向剪切波进而提高了辐射效率[197]。

在过去的几十年里，集成磁电材料被广泛应用，使其成为高效、紧凑、可调谐的片上器件，在功率、射频、微波和传感方面有着广阔的应用前景。正在进行的研究主要集中在控制磁阻尼，以实现基于静磁波的高频器件中的高效率，或控制铁磁行为，从而控制畴壁动力学和 STT。在集成磁电方面，对压电系数和磁致伸缩系数高的材料需要较高的磁电耦合，两相磁电复合材料中的应力消除也有利于优化器件的性能，这需要沉积条件、释放过程控制，甚至是制造后的退火。一些研究人员还致力于更好地了解磁电天线的辐射机制。在实际应用中，结合磁电传感器和天线的生物、医学和传感已成为研究热点。考虑到新型磁电设备在传输和传感设备上所带来的小型化，它们是医疗保健领域的植入性探测器件和可穿戴器件的良好候选产品。

参 考 文 献

[1] Kryshtal R G, Medved A V. Surface acoustic wave in yttrium iron garnet as tunable magnonic crystals for sensors and signal processing applications[J]. Appl. Phys. Lett., 2012, 100(19): 192410.

[2] Kuszewski P, Camara I S, Biarrotte N, et al. Resonant magneto-acoustic switching: influence of Rayleigh wave frequency and wavevector[J]. J. Phys. Condens. Matter., 2018, 30(24): 244003.

[3] Lewis M F, Patterson E. Acoustic-surface-wave isolator[J]. Appl. Phys. Lett., 1972, 20(8): 276-278.

[4] Robbins W P, Lundstrom M S. Magnetoelastic Rayleigh wave convolver[J]. Appl. Phys. Lett., 1975, 26(3): 73-74.

[5] Kittel C. Interaction of spin waves and ultrasonic waves in ferromagnetic crystals[J]. Phys. Rev., 1958, 110(4): 836-841.

[6] Hadj-Larbi F, Serhane R. Sezawa SAW devices: review of numerical-experimental studies and recent applications[J]. Sens. Actuator. A Phys., 2019, 292: 169-197.

[7] Maekawa S, Tachiki M. Surface acoustic attenuation due to surface spin wave in ferro- and antiferromagnets[J]. AIP Conf. Proc., 1976, 29: 542-543.

[8] Xu M, Yamamoto K, Puebla J, et al. Nonreciprocal surface acoustic wave propagation *via* magneto-rotation coupling[J]. Sci. Adv., 2020, 6(32): eabb1724.

[9] Matsuo M, Ieda J, Harii K, et al. Mechanical generation of spin current by spin-rotation coupling[J]. Phys. Rev. B, 2013, 87(18): 180402.

[10] Kobayashi D, Yoshikawa T, Matsuo M, et al. Spin current generation using a surface acoustic wave generated *via* spin-rotation coupling[J]. Phys. Rev. Lett., 2017, 119(7): 077202.

[11] Jansen R, Dhagat P, Spiesser A, et al. Analysis of surface acoustic wave induced spin resonance of a spin accumulation[J]. Phys. Rev. B, 2020, 101(21): 214438.

[12] Dreher L, Weiler M, Pernpeintner M, et al. Surface acoustic wave driven ferromagnetic resonance in nickel thin films: theory and experiment[J]. Phys. Rev. B, 2012, 86(13): 134415.

[13] Haroche S, Kleppner D. Cavity quantum electrodynamics[J]. Phys. Today, 1989, 42(1): 24-30.

[14] Puebla J, Hwang Y, Kondou K, et al. Progress in spinconversion and its connection with band crossing[J]. Ann. Phys., 2022, 534(4): 2100398.

[15] Berk C, Jaris M, Yang W, et al. Strongly coupled magnon-phonon dynamics in a single nanomagnet[J]. Nat. Commun., 2019, 10: 2652.

[16] An K, Litvinenko A N, Kohno R, et al. Coherent long-range transfer of angular momentum between magnon Kittel modes by phonons[J]. Phys. Rev. B, 2020, 101(6): 060407.

[17] Weiler M, Dreher L, Heeg C, et al. Elastically driven ferromagnetic resonance in nickel thin films[J]. Phys. Rev. Lett., 2011, 106(11): 117601.

[18] Küß M, Heigl M, Flacke L, et al. Symmetry of the magnetoelastic interaction of Rayleigh and shear horizontal magnetoacoustic waves in nickel thin films on $LiTaO_3$[J]. Phys. Rev. Appl., 2021, 15(3): 034046.

[19] Huang M, Hu W, Zhang H, et al. Phonon-magnon conversion using longitudinal leaky surface acoustic waves through magnetoelastic coupling[J]. J. Appl. Phys., 2023, 133(22): 223902.

[20] Duquesne J Y, Rovillain P, Hepburn C, et al. Surface-acoustic-wave induced ferromagnetic resonance in Fe thin films and magnetic field sensing[J]. Phys. Rev. Appl., 2019, 12(2): 024042.

[21] Labanowski D, Bhallamudi V P, Guo Q, et al. Voltage-driven, local, and efficient excitation of nitrogen-vacancy centers in diamond[J]. Sci. Adv., 2018, 4(9): eaat6574.

[22] Chen C, Han L, Liu P, et al. Direct-current electrical detection of surface-acoustic-wave-driven ferromagnetic resonance[J]. Adv. Mater., 2023, 35: 2302454.

[23] Weiler M, Dreher L, Heeg C, et al. Elastically driven ferromagnetic resonance in nickel thin films[J]. Phys. Rev. Lett., 2011, 106(11): 117601.

[24] Labanowski D, Jung A, Salahuddin S. Effect of magnetoelastic film thickness on power absorption in acoustically driven ferromagnetic resonance[J]. Appl. Phys. Lett., 2017, 111(10): 102904.

[25] Arias R, Mills D L. Extrinsic contributions to the ferromagnetic resonance response of ultrathin films[J]. Phys. Rev. B, 1999, 60(10): 7395-7409.

[26] Counil G, Kim J V, Devolder T, et al. Spin wave contributions to the high-frequency magnetic response of thin films obtained with inductive methods[J]. J. Appl. Phys., 2004, 95(10): 5646-5652.

[27] Bihler C, Schoch W, Limmer W, et al. Spin-wave resonances and surface spin pinning in $Ga_{1-x}Mn_xAs$ thin films[J]. Phys. Rev. B, 2009, 79(4): 045205.

[28] Jaeger J V, Scherbakov A V, Glavin B A, et al. Resonant driving of magnetization precession in a ferromagnetic layer by coherent monochromatic phonons[J]. Phys. Rev. B, 2015, 92(2): 020404.

[29] Scherbakov A V, Salasyuk A S, Akimov A V, et al. Coherent magnetization precession in ferromagnetic (Ga,Mn) As induced by picosecond acoustic pulses[J]. Phys. Rev. Lett., 2010, 105(11): 117204.

[30] Janusonis J, Chang C L, Jansma T, et al. Ultrafast magnetoelastic probing of surface acoustic transients[J]. Phys. Rev. B, 2016, 94(2): 024415.

[31] Yang W G, Schmidt H. Greatly enhanced magneto-optic detection of single nanomagnets using focused magnetoelastic excitation[J]. Appl. Phys. Lett., 2020, 116(21):

212401.

[32] Mondal S, Abeed M A, Dutta K, et al. Hybrid magnetodynamical modes in a single magnetostrictive nanomagnet on a piezoelectric substrate arising from magnetoelastic modulation of precessional dynamics[J]. ACS Appl. Mater. Interfaces, 2018, 10(50): 43970-43977.

[33] Armstrong M R, Reed E J, Kim K Y, et al. Observation of terahertz radiation coherently generated by acoustic waves[J]. Nat. Phys., 2009, 5(4): 285-288.

[34] Yahagi Y, Berk C, Hebler B, et al. Optical measurement of damping in nanomagnet arrays using magnetoelastically driven resonances[J]. J. Phys. D Appl. Phys., 2017, 50(17): 17LT01.

[35] Yang W G, Jaris M, Hibbard-Lubow D L, et al. Magnetoelastic excitation of single nanomagnets for optical measurement of intrinsic Gilbert damping[J]. Phys. Rev. B, 2018, 97(22): 224410.

[36] Jaris M, Yang W, Berk C, et al. Towards ultraefficient nanoscale straintronic microwave devices[J]. Phys. Rev. B, 2020, 101(21): 214421.

[37] Zhao C, Zhang Z, Li Y, et al. Direct imaging of resonant phonon-magnon coupling[J]. Phys. Rev. Appl., 2021, 15(1): 014052.

[38] Demokritov S O, Hillebrands B, Slavin A N. Brillouin light scattering studies of confined spin waves: linear and nonlinear confinement[J]. Phys. Rep., 2001, 348(6): 441-489.

[39] Casals B, Statuto N, Foerster M, et al. Generation and imaging of magnetoacoustic waves over millimeter distances[J]. Phys. Rev. Lett., 2020, 124(13): 137202.

[40] Kurimune Y, Matsuo M, Nozaki Y. Observation of gyromagnetic spin wave resonance in NiFe films[J]. Phys. Rev. Lett., 2020, 124(21): 217205.

[41] Davis S, Baruth A, Adenwalla S. Magnetization dynamics triggered by surface acoustic waves[J]. Appl. Phys. Lett., 2010, 97(23): 232507.

[42] Li W, Buford B, Jander A, et al. Writing magnetic patterns with surface acoustic waves[J]. J. Appl. Phys., 2014, 115(17): 17E307.

[43] Li W, Buford B, Jander A, et al. Magnetic recording with acoustic waves[J]. Phys. B Condens. Matter., 2014, 448: 151-154.

[44] Thevenard L, Camara I S, Majrab S, et al. Precessional magnetization switching by a surface acoustic wave[J]. Phys. Rev. B, 2016, 93(13): 134430.

[45] Thevenard L, Camara I S, Prieur J Y, et al. Strong reduction of the coercivity by a surface acoustic wave in an out-of-plane magnetized epilayer[J]. Phys. Rev. B, 2016, 93(14): 140405(R).

[46] Gerrits T, Van den Berg H A M, Hohlfeld J, et al. Ultrafast precessional magnetization reversal by picosecond magnetic field pulse shaping[J]. Nature, 2002, 418(6897): 509-512.

[47] Bauer M, Lopusnik R, Fassbender J, et al. Suppression of magnetic-field pulse-induced magnetization precession by pulse tailoring[J]. Appl. Phys. Lett., 2000, 76(19): 2758-2760.

[48] Woltersdorf G, Mosendz O, Heinrich B, et al. Magnetization dynamics due to pure spin currents in magnetic double layers[J]. Phys. Rev. Lett., 2007, 99(24): 246603.

[49] Okamoto S, Igarashi M, Kikuchi N, et al. Microwave assisted switching mechanism and its stable switching limit[J]. J. Appl. Phys., 2010, 107(12): 123914.

[50] Kovalenko O, Pezeril T, Temnov V V. New concept for magnetization switching by ultrafast acoustic pulses[J]. Phys. Rev. Lett., 2013, 110(26): 266602.

[51] Camara L, Duquesne J Y, Lemaitre A, et al. Field-free magnetization switching by an acoustic wave[J]. Phys. Rev. Appl., 2019, 11(1): 014045.

[52] Stupakiewicz A, Davies C S, Szerenos K, et al. Ultrafast phononic switching of magnetization[J]. Nat. Phys., 2021, 17(4): 489-492.

[53] Nowak J J, Robertazzi R P, Sun J Z, et al. Dependence of voltage and size on write error rates in spin-transfer torque magnetic random-access memory[J]. IEEE Magn. Lett., 2016, 7: 1-4.

[54] Roe A, Bhattacharya D, Atulasimha J. Resonant acoustic wave assisted spin-transfer-torque switching of nanomagnets[J]. Appl. Phys. Lett., 2019, 115(11): 112405.

[55] Al Misba W, Rajib M M, Bhattacharya D, et al. Acoustic-wave-induced ferromagnetic-resonance-assisted spin-torque switching of perpendicular magnetic tunnel junctions with anisotropy variation[J]. Phys. Rev. Appl., 2020, 14(1): 014088.

[56] Biswas A K, Bandyopadhyay S, Atulasimha J. Acoustically assisted spin-transfer-torque switching of nanomagnets: an energy-efficient hybrid writing scheme for non-volatile memory[J]. Appl. Phys. Lett., 2013, 103(23): 232401.

[57] Yang H F, Garcia-Sanchez F, Hu X K, et al. Excitation and coherent control of magnetization dynamics in magnetic tunnel junctions using acoustic pulses[J]. Appl. Phys. Lett., 2018, 113(7): 072403.

[58] Zhang D L, Zhu J, Qu T, et al. High-frequency magnetoacoustic resonance through strain-spin coupling in perpendicular magnetic multilayers[J]. Sci. Adv., 2020, 6(38): eabb4607.

[59] Ramaswamy R, Lee J M, Cai K, et al. Recent advances in spin-orbit torques: moving towards device applications[J]. Appl. Phys. Rev., 2018, 5(3): 031107.

[60] Cao Y, Bian X N, Yan Z, et al. Surface acoustic wave-assisted spin-orbit torque switching of the Pt/Co/Ta heterostructure[J]. Appl. Phys. Lett., 2021, 119(1): 012401.

[61] Allwood D A, Xiong G, Faulkner C C, et al. Magnetic domain-wall logic[J]. Science, 2005, 309(5741): 1688-1692.

[62] Parkin S S P, Hayashi M, Thomas L. Magnetic domain-wall racetrack memory[J]. Science, 2008, 320(5873): 190-194.

[63] Hayashi M, Thomas L, Rettner C, et al. Current driven domain wall velocities exceeding the spin angular momentum transfer rate in permalloy nanowires[J]. Phys. Rev. Lett., 2007, 98(3): 037204.

[64] Meier G, Bolte M, Eiselt R, et al. Direct imaging of stochastic domain-wall motion driven by nanosecond current pulses[J]. Phys. Rev. Lett., 2007, 98(18): 187202.

[65] Miron I, Moore T, Szambolics H, et al. Fast current-induced domain-wall motion controlled by the Rashba effect[J]. Nat. Mater., 2011, 10(6): 419-423.

[66] Dean J, Bryan M T, Cooper J D, et al. A sound idea: manipulating domain walls in magnetic nanowires using surface acoustic waves[J]. Appl. Phys. Lett., 2015, 107(14): 142405.

[67] Bryan M T, Dean J, Allwood D A. Dynamics of stress-induced domain wall motion[J]. Phys. Rev. B, 2012, 85(14): 144411.

[68] Edrington W, Singh U, Dominguez M A, et al. SAW assisted domain wall motion in Co/Pt multilayers[J]. Appl. Phys. Lett., 2018, 112(5): 052402.

[69] Wei Y, Li X, Gao R, et al. Surface acoustic wave assisted domain wall motion in [Co/Pd](2)/Pd(t)/Py multilayers[J]. J. Magn. Magn. Mater., 2020, 502: 166546.

[70] Castilla D, Yanes R, Sinusia M, et al. Magnetization process of a ferromagnetic nanostrip under the influence of a surface acoustic wave[J]. Sci. Rep., 2020, 10(1): 9413.

[71] Adhikari A, Gilroy E R, Hayward T J, et al. Surface acoustic wave assisted depinning of magnetic domain walls[J]. J. Phys. Condens. Matter., 2021, 33(31): 31LT01.

[72] Chen C, Fu S, Han L, et al. Energy harvest in ferromagnet-embedded surface acoustic wave devices[J]. Adv. Electron. Mater., 2022, 8(11): 2200593.

[73] Shuai J, Hunt R G, Moore T A, et al. Separation of heating and magnetoelastic coupling effects in surface-acoustic-wave-enhanced creep of magnetic domain walls[J]. Phys. Rev. Appl., 2023, 20(1): 014002.

[74] Fert A, Reyren N, Cros V. Magnetic skyrmions: advances in physics and potential applications[J]. Nat. Rev. Mater., 2017, 2(7): 17031.

[75] Tomasello R, Martinez E, Zivieri R, et al. A strategy for the design of skyrmion racetrack memories[J]. Sci. Rep., 2014, 4: 6784.

[76] Kang W, Huang Y, Zheng C, et al. Voltage controlled magnetic skyrmion motion for racetrack memory[J]. Sci. Rep., 2016, 6: 23164.

[77] Zhang X, Ezawa M, Zhou Y. Magnetic skyrmion logic gates: conversion, duplication and merging of skyrmions[J]. Sci. Rep., 2015, 5: 9400.

[78] Kruchkov A J, White J S, Bartkowiak M, et al. Direct electric field control of the skyrmion phase in a magnetoelectric insulator[J]. Sci. Rep., 2018, 8: 10466.

[79] Wang Y, Wang L, Xia J, et al. Electric-field-driven non-volatile multi-state switching of individual skyrmions in a multiferroic heterostructure[J]. Nat. Commun., 2020, 11(1): 3577.

[80] Wang Z, Guo M, Zhou H A, et al. Thermal generation, manipulation and thermoelectric detection of skyrmions[J]. Nat. Electron., 2020, 3(11): 672-679.

[81] Yokouchi T, Sugimoto S, Rana B, et al. Creation of magnetic skyrmions by surface acoustic waves[J]. Nat. Nanotechnol., 2020, 15(5): 361-366.

[82] Yang W G, Jaris M, Berk C, et al. Preferential excitation of a single nanomagnet using magnetoelastic coupling[J]. Phys. Rev. B, 2019, 99(10): 104434.

[83] Matsuda O, Tsutsui K, Vaudel G, et al. Optical generation and detection of gigahertz

shear acoustic waves in solids assisted by a metallic diffraction grating[J]. Phys. Rev. B, 2020, 101(22): 224307.

[84] Chen R, Chen C, Han L, et al. Ordered creation and motion of skyrmions with surface acoustic wave[J]. Nat. Commun., 2023, 14: 4427.

[85] Chen C, Wei D, Sun L, et al. Suppression of skyrmion Hall effect *via* standing surface acoustic waves in hybrid ferroelectric/ferromagnetic heterostructures[J]. J. Appl. Phys., 2023, 133(20): 203904.

[86] Ando K, Takahashi S, Ieda J, et al. Inverse spin-Hall effect induced by spin pumping in metallic system[J]. J. Appl. Phys., 2011, 109(10): 103913.

[87] Kamra A, Keshtgar H, Yan P, et al. Coherent elastic excitation of spin waves[J]. Phys. Rev. B, 2015, 91(10): 104409.

[88] Weiler M, Huebl H, Goerg F S, et al. Spin pumping with coherent elastic waves[J]. Phys. Rev. Lett., 2012, 108(17): 176601.

[89] Puebla J, Xu M, Rana B, et al. Acoustic ferromagnetic resonance and spin pumping induced by surface acoustic waves[J]. J. Phys. D Appl. Phys., 2020, 53(26): 264002.

[90] Xu M, Puebla J, Auvray F, et al. Inverse Edelstein effect induced by magnon-phonon coupling[J]. Phys. Rev. B, 2018, 97(18): 180301(R).

[91] Valenzuela S O, Tinkham M. Direct electronic measurement of the spin Hall effect[J]. Nature, 2006, 442(7099): 176-179.

[92] Uchida K, Adachi H, An T, et al. Acoustic spin pumping: direct generation of spin currents from sound waves in $Pt/Y_3Fe_5O_{12}$ hybrid structures[J]. J. Appl. Phys., 2012, 111(5): 053903.

[93] Hwang Y, Puebla J, Xu M, et al. Enhancement of acoustic spin pumping by acoustic distributed Bragg reflector cavity[J]. Appl. Phys. Lett., 2020, 116(25): 252404.

[94] Adachi H, Maekawa S. Theory of the acoustic spin pumping[J]. Solid State Commun., 2014, 198: 22-25.

[95] Msall M E, Santos V P. Focusing surface-acoustic-wave microcavities on GaAs[J]. Phys. Rev. Appl., 2020, 13(1): 014037.

[96] Huang M, Hu W, Zhang H, et al. Giant spin-vorticity coupling excited by shear-horizontal surface acoustic waves[J]. Phys. Rev. B, 2023, 107(13): 134401.

[97] Seifert T, Jaiswal S, Martens U, et al. Efficient metallic spintronic emitters of ultra-broadband terahertz radiation[J]. Nat. Photon., 2016, 10(7): 483.

[98] Zhang W, Maldonado P, Jin Z, et al. Ultrafast terahertz magnetometry[J]. Nat. Commun., 2020, 11(1): 4247.

[99] Beaurepaire E, Turner G M, Harrel S M, et al. Coherent terahertz emission from ferromagnetic films excited by femtosecond laser pulses[J]. Appl. Phys. Lett., 2004, 84(18): 3465-3467.

[100] Hilton D J, Averitt R D, Meserole C A, et al. Terahertz emission *via* ultrashort-pulse excitation of magnetic metal films[J]. Opt. Lett., 2004, 29(15): 1805-1807.

[101] Huisman T J, Mikhaylovskiy R V, Costa J D, et al. Femtosecond control of electric

currents in metallic ferromagnetic heterostructures[J]. Nat. Nanotechnol., 2016, 11(5): 455.

[102] Kampfrath T, Battiato M, Maldonado P, et al. Terahertz spin current pulses controlled by magnetic heterostructures[J]. Nat. Nanotechnol., 2013, 8(4): 256-260.

[103] Gallot G, Grischkowsky D. Electro-optic detection of terahertz radiation[J]. J. Opt. Soc. Am. B, 1999, 16(8): 1204-1212.

[104] Kouvel J S, Wilson R H. Magnetization of iron-nickel alloys under hydrostatic pressure[J]. J. Appl. Phys., 1961, 32(3): 435-441.

[105] Elhosni M, Elmazria O, Petit-Watelot S, et al. Magnetic field SAW sensors based on magnetostrictive-piezoelectric layered structures: FEM modeling and experimental validation[J]. Sens. Actuator A Phys., 2016, 240: 41-49.

[106] Mishra H, Hehn M, Hage-Ali S, et al. Multifunctional sensor (magnetic field and temperature) based on micro-structured and multilayered SAW device[C]//IEEE Int. Ultrason Symp. IEEE Computer Society, 2020: 1-4.

[107] Ishii Y, Sasaki R, Nii Y, et al. Magnetically controlled surface acoustic waves on multiferroic $BiFeO_3$[J]. Phys. Rev. Appl., 2018, 9(3): 034034.

[108] Sasaki R, Nii Y, Iguchi Y, et al. Nonreciprocal propagation of surface acoustic wave in $Ni/LiNbO_3$[J]. Phys. Rev. B, 2017, 95(2): 020407.

[109] Tateno S, Nozaki Y, Nozaki Y. Highly nonreciprocal spin waves excited by magnetoelastic coupling in a Ni/Si bilayer[J]. Phys. Rev. Appl., 2020, 13(1): 034074.

[110] Hernández-Mínguez A, Macià F, Hernàndez J M, et al. Large nonreciprocal propagation of surface acoustic waves in epitaxial ferromagnetic/semiconductor hybrid structures[J]. Phys. Rev. Appl., 2020, 13(4): 044018.

[111] Kü M, Heigl M, Flacke L, et al. Nonreciprocal Dzyaloshinskii-Moriya magnetoacoustic waves[J]. Phys. Rev. Lett., 2020, 125(21): 217203.

[112] Verba R, Lisenkov I, Krivorotov I, et al. Nonreciprocal surface acoustic waves in multilayers with magnetoelastic and interfacial Dzyaloshinskii-Moriya interactions[J]. Phys. Rev. Appl., 2018, 9(6): 064014.

[113] Verba R, Tiberkevich V, Slavin A. Wide-band nonreciprocity of surface acoustic waves induced by magnetoelastic coupling with a synthetic antiferromagnet[J]. Phys. Rev. Appl., 2019, 12(5): 054061.

[114] Shah P J, Bas D A, Lisenkov I, et al. Giant nonreciprocity of surface acoustic waves enabled by the magnetoelastic interaction[J]. Sci. Adv., 2020, 6(49): eabc5648.

[115] Küß M, Heigl M, Flacke L, et al. Nonreciprocal magnetoacoustic waves in dipolar-coupled ferromagnetic bilayers[J]. Phys. Rev. Appl., 2021, 15(3): 034060.

[116] Matsumoto H, Kawada T, Ishibashi M, et al. Large surface acoustic wave nonreciprocity in synthetic antiferromagnets[J]. Appl. Phys. Express., 2022, 15(6): 063003.

[117] Küß M, Hassan M, Kunz Y, et al. Nonreciprocal transmission of magnetoacoustic waves in compensated synthetic antiferromagnets[J]. Phys. Rev. B, 2023, 107(21): 214412.

[118] Küß M, Hassan M, Kunz Y, et al. Nonreciprocal magnetoacoustic waves in synthetic

antiferromagnets with Dzyaloshinskii-Moriya interaction[J]. Phys. Rev. B, 2023, 107(2): 024424.

[119] Nembach H T, Shaw J M, Weiler M, et al. Linear relation between Heisenberg exchange and interfacial Dzyaloshinskii-Moriya interaction in metal films[J]. Nat. Phys., 2015, 11(10): 825-829.

[120] Sun N X, Srinivasan G. Voltage control of magnetism in multiferroic heterostructures and devices[J]. Spin, 2012, 2(3): 1240004.

[121] Zhai J, Xing Z, Dong S, et al. Detection of pico-Tesla magnetic fields using magnetoelectric sensors at room temperature[J]. Appl. Phys. Lett., 2006, 88(6): 062510.

[122] Onuta T D, Wang Y, Long C J, et al. Energy harvesting properties of all-thin-film multiferroic cantilevers[J]. Appl. Phys. Lett., 2011, 99(20): 203506.

[123] Lou J, Reed D, Liu M, et al. Electrostatically tunable magnetoelectric inductors with large inductance tunability[J]. Appl. Phys. Lett., 2009, 94(11): 112508.

[124] Pettiford C, Dasgupta S, Lou J, et al. Bias field effects on microwave frequency behavior of PZT/YIG magnetoelectric bilayer[J]. IEEE Trans. Magn., 2007, 43(7): 3343-3345.

[125] Fetisov Y K, Srinivasan G. Electric field tuning characteristics of a ferrite-piezoelectric microwave resonator[J]. Appl. Phys. Lett., 2006, 88(14): 143503.

[126] Paluszek M, Avirovik D, Zhou Y, et al. Magnetoelectric composites for medical application[M]//Compos Magnetoelectrics Mater Struct Appl. Cambridge, Sawston: Woodhead Publishing, 2015: 297-327.

[127] Viehland D, Wuttig M, McCord J, et al. Magnetoelectric magnetic field sensors[J]. MRS Bull., 2018, 43(11): 834-840.

[128] Wyllie R, Kauer M, Smetana G S, et al. Magnetocardiography with a modular spin-exchange relaxation-free atomic magnetometer array[J]. Phys. Med. Biol., 2012, 57(9): 2619-2632.

[129] Portalier E, Dufay B, Saez S, et al. Noise behavior of high sensitive GMI-based magnetometer relative to conditioning parameters[J]. IEEE Trans. Magn., 2015, 51(1): 1-4.

[130] Wang Y, Li J, Viehland D. Magnetoelectrics for magnetic sensor applications: Status, challenges and perspectives[J]. Mater. Today, 2014, 17(6): 269-275.

[131] Dong S, Zhai J, Bai F, et al. Push-pull mode magnetostrictive/piezoelectric laminate composite with an enhanced magnetoelectric voltage coefficient[J]. Appl. Phys. Lett., 2005, 87(6): 062502.

[132] Gao J, Das J, Xing Z, et al. Comparison of noise floor and sensitivity for different magnetoelectric laminates[J]. J. Appl. Phys., 2010, 108(8): 084509.

[133] Li M, Wang Z, Wang Y, et al. Giant magnetoelectric effect in self-biased laminates under zero magnetic field[J]. Appl. Phys. Lett., 2013, 102(8): 082404.

[134] Li M, Berry D, Das J, et al. Enhanced sensitivity and reduced noise floor in magnetoelectric laminate sensors by an improved lamination process[J]. J. Am. Ceram. Soc., 2011, 94(11): 3738-3741.

[135] Wang Y J, Gao J Q, Li M H, et al. A review on equivalent magnetic noise of magne-

toelectric laminate sensors[J]. Philos. Trans. R Soc. A Math. Phys. Eng. Sci., 2014, 372(2009): 20120455.

[136] Gao J, Wang Y, Li M, et al. Quasi-static ($f<10^{-2}$ Hz) frequency response of magnetoelectric composites based magnetic sensor[J]. Mater. Lett., 2012, 85: 84-87.

[137] Shen Y, Gao J, Shen L, et al. Analysis of the environmental magnetic noise rejection by using two simple magnetoelectric sensors[J]. Sens. Actuator. A Phys., 2011, 171(2): 63-68.

[138] Fang C, Jiao J, Ma J, et al. Significant reduction of equivalent magnetic noise by in-plane series connection in magnetoelectric Metglas/Mn-doped Pb(Mg$_{1/3}$Nb$_{2/3}$)O$_3$-PbTiO$_3$ laminate composites[J]. J. Phys. D Appl. Phys., 2015, 48(46): 465002.

[139] Sun C, Yang W, He Y, et al. Low-frequency magnetic field detection using magnetoelectric sensor with optimized metglas layers by frequency modulation[J]. IEEE Sens. J., 2022, 22(5): 4028-4035.

[140] Marauska S, Jahns R, Greve H, et al. MEMS magnetic field sensor based on magnetoelectric composites[J]. J. Micromechanics Microengineering, 2012, 22(6): 065024.

[141] Keli Z, Peng P, Binghe M, et al. Enhanced performance of weak magnetic field sensor based on laminated cantilever: theoretical analysis and experimental verification[J]. IEEE Sens. J., 2023, 23(10): 10350-10358.

[142] Zhao P, Zhao Z, Hunter D, et al. Fabrication and characterization of all-thin-film magnetoelectric sensors[J]. Appl. Phys. Lett., 2009, 94(24): 243507.

[143] Lee D G, Kim S M, Yoo Y K, et al. Ultra-sensitive magnetoelectric microcantilever at a low frequency[J]. Appl. Phys. Lett., 2012, 101(18): 182902.

[144] Bauer M J, Wen X, Tiwari P, et al. Magnetic field sensors using arrays of electrospun magnetoelectric Janus nanowires[J]. Microsystems Nanoeng., 2018, 4(1): 37.

[145] Kittmann A, Durdaut P, Zabel S, et al. Wide band low noise Love wave magnetic field sensor system[J]. Sci. Rep., 2018, 8(1): 1-10.

[146] Schell V, Müller C, Durdaut P, et al. Magnetic anisotropy controlled FeCoSiB thin films for surface acoustic wave magnetic field sensors[J]. Appl. Phys. Lett., 2020, 116(7): 073503.

[147] Roscoe N M, Judd M D. Harvesting energy from magnetic fields to power condition monitoring sensors[J]. IEEE Sens. J., 2013, 13(6): 2263-2270.

[148] Makarova L A, Alekhina Y A, Isaev D A, et al. Tunable layered composites based on magnetoactive elastomers and piezopolymer for sensors and energy harvesting devices[J]. J. Phys. D Appl. Phys., 2021, 54(1): 015003.

[149] Kuzmin E, Leontiev V, Kiliba Y, et al. Magnetoelectric energy harvesting device[C]//2022 22nd Int. Symp. Electr. Appar. Technol. SIELA 2022 - Proc. IEEE, 2022: 1-4.

[150] Ryu J, Kang J E, Zhou Y, et al. Ubiquitous magneto-mechano-electric generator[J]. Energy Environ. Sci., 2015, 8(8): 2402-2408.

[151] Palneedi H, Annapureddy V, Priya S, et al. Status and perspectives of multiferroic magnetoelectric composite materials and applications[J]. Actuators, 2016, 5(1): 9.

[152] Zhang J, Ge B, Zhang Q, et al. A Dual-output magnetoelectric energy harvester in ferrite/piezoelectric toroidal magnetoelectric composites[J]. IEEE Trans. Magn., 2022, 58(2): 2021-2024.

[153] Hu J M, Nan T, Sun N X, et al. Multiferroic magnetoelectric nanostructures for novel device applications[J]. MRS Bull., 2015, 40(9): 728-735.

[154] Srinivasan G. Magnetoelectric composites[J]. Annu. Rev. Mater. Res., 2010, 40: 153-178.

[155] Park P, Kim C S, Park M Y, et al. Variable inductance multilayer inductor with MOSFET switch control[J]. IEEE Electron Device Lett., 2004, 25(3): 144-146.

[156] Vroubel M, Zhuang Y, Rejaei B, et al. Integrated tunable magnetic RF inductor[J]. IEEE Electron Device Lett., 2004, 25(12): 787-789.

[157] Gao Y, Zare S, Onabajo M, et al. Power-efficient voltage tunable RF integrated magnetoelectric inductors with FeGaB/Al_2O_3 multilayer films[C]//IEEE MTT-S Int. Microw. Symp. Dig. 2014: 1-4.

[158] Chen H, Dong C, Wei Y, et al. Integrated tunable magnetoelectric RF inductors[J]. IEEE Trans. Microw. Theory Tech., 2020, 68(3): 951-963.

[159] Dong C, Li M, Liang X, et al. Characterization of magnetomechanical properties in FeGaB thin films[J]. Appl. Phys. Lett., 2018, 113(26): 262401.

[160] Ishak W S, Chang K W. Tunable microwave resonators using magnetostatic wave in YIG films[J]. IEEE Trans. Microw. Theory Tech., 1986, 34(12): 1383-1393.

[161] Uher J, Hoefer W J R. Tunable microwave and millimeter-wave band-pass filters[J]. IEEE Trans. Microw. Theory Tech., 1991, 39(4): 643-653.

[162] Entesari K, Rebeiz G M. A differential 4-bit 6.5—10-GHz RF MEMS tunable filter[J]. IEEE Trans. Microw. Theory Tech., 2005, 53(3 II): 1103-1110.

[163] Sekar V, Armendariz M, Entesari K. A 1.2—1.6-GHz substrate-integrated-waveguide RF MEMS tunable filter[J]. IEEE Trans. Microw. Theory Tech., 2011, 59(4 PART 1): 866-876.

[164] Lin H, Wu J, Yang X, et al. Integrated non-reciprocal dual H- and E-Field tunable bandpass filter with ultra-wideband isolation[C]//2015 IEEE MTT-S Int. Microw. Symp. IMS 2015. 2015: 1-4.

[165] Lin H, Nan T, Qian Z, et al. Tunable RF band-pass filters based on NEMS magnetoelectric resonators[C]//IEEE MTT-S Int. Microw. Symp. Dig.: Vols. 2016-Augus. 2016: 1-4.

[166] Zhao Z, Wang X, Choi K, et al. Ferroelectric phase shifters at 20 and 30 GHz[J]. IEEE Trans. Microw. Theory Tech., 2007, 55(2): 430-436.

[167] Ustinov A B, Srinivasan G, Kalinikos B A. Ferrite-ferroelectric hybrid wave phase shifters[J]. Appl. Phys. Lett., 2007, 90(3): 031913.

[168] Tatarenko A S, Srinivasan G, Bichurin M I. Magnetoelectric microwave phase shifter[J]. Appl. Phys. Lett., 2006, 88(18): 183507.

[169] Turitsyna E G, Webb S. Simple design of FBG-based VSB filters for ultra-dense WDM

transmission[J]. Electron Lett., 2005, 41(2): 40-41.
[170] Iyer V, Makarov S N, Harty D D, et al. A lumped circuit for wideband impedance matching of a non-resonant, short dipole or monopole antenna[J]. IEEE Trans. Antennas Propag., 2010, 58(1): 18-26.
[171] Lee M, Kramer B A, Chen C C, et al. Distributed lumped loads and lossy transmission line model for wideband spiral antenna miniaturization and characterization[J]. IEEE Trans. Antennas Propag., 2007, 55(10): 2671-2678.
[172] Souriou D, Mattei J L, Boucher S, et al. Antenna miniaturization and nanoferrite magneto-dielectric materials[C]//2010 14th Int. Symp. Antenna Technol. Appl. Electromagn. Am. Electromagn. Conf. 2010: 1-4.
[173] Ikonen P M T, Rozanov K N, Osipov A V, et al. Magnetodielectric substrates in antenna miniaturization: potential and limitations[J]. IEEE Trans. Antennas Propag., 2006, 54(11): 3391-3399.
[174] Ziolkowski R W, Jin P, Lin C C. Metamaterial-inspired engineering of antennas[J]. Proc. IEEE, 2011, 99(10): 1720-1731.
[175] Dong Y, Itoh T. Metamaterial-based antennas[J]. Proc. IEEE, 2012, 100(7): 2271-2285.
[176] Chu L J. Physical limitations of omni-directional antennas[J]. J. Appl. Phys, 1948, 19(12): 1163-1175.
[177] Harrington R F. On the gain and beamwidth of directional antennas[J]. IRE Trans. Antennas Propag., 1958, AP-6(3): 219-225.
[178] Nan T, Lin H, Gao Y, et al. Acoustically actuated ultra-compact NEMS magnetoelectric antennas[J]. Nat. Commun., 2017, 8(1): 296.
[179] Chen H, Liang X, Dong C, et al. Ultra-compact mechanical antennas[J]. Appl. Phys. Lett., 2020, 117(17): 170501.
[180] Dong C, He Y, Li M, et al. A portable very low frequency (VLF) communication system based on acoustically actuated magnetoelectric antennas[J]. IEEE Antennas Wireless Propagation Letters, 2020, 19(3): 398-402.
[181] Jensen K, Weldon J, Garcia H, et al. Nanotube radio[J]. Nano Lett., 2007, 7(11): 3508-3511.
[182] Weldon J, Jensen K, Zettl A. Nanomechanical radio transmitter[J]. Phys. Status. Solidi. Basic. Res., 2008, 245(10): 2323-2325.
[183] Yao Z, Wang Y E, Keller S, et al. Bulk acoustic wave-mediated multiferroic antennas: architecture and performance bound[J]. IEEE Trans. Antennas Propag., 2015, 63(8): 3335-3344.
[184] Liang X, Chen H, Sun N, et al. Mechanically driven SMR-based MEMS magnetoelectric antennas[C]//2020 IEEE Int. Symp. Antennas Propag. North Am. Radio Sci. Meet. IEEECONF 2020 - Proc. 2020: 661-662.
[185] Lakin K M, McCarron K T, Rose R E. Solidly mounted resonators and filters[C]//Proc. IEEE Ultrason. Symp.: Vol. 2. 1995: 905-908.
[186] Chason E, Sheldon B W, Freund L B, et al. Origin of compressive residual stress in

polycrystalline thin films[J]. Phys. Rev. Lett., 2002, 88(15): 156103.

[187] Lin H. Acoustically actuated ultra-compact NEMS magnetoelectric antennas[D]. Boston: Northeastern University, 2019.

[188] Xu G, Xiao S, Li Y, et al. Modeling of electromagnetic radiation-induced from a magnetostrictive/piezoelectric laminated composite[J]. Phys. Lett. Sect. A Gen. At. Solid State Phys., 2021, 385(1): 126959.

[189] Cai X, Zhang K, Zhao T, et al. Finite element analysis and optimization of acoustically actuated magnetoelectric microantennas[J]. IEEE Trans. Antennas Propag., 2023, 71(6): 4640-4650.

[190] 任绥民. FeGaB 磁致伸缩薄膜的制备及性能研究 [D]. 成都: 电子科技大学, 2021.

[191] Saario S, Thiel D V, Lu J W, et al. Assessment of cable radiation effects on mobile communications antenna measurements[J]. IEEE Antennas Propag. Soc. AP-S Int. Symp., 1997, 1: 550-553.

[192] Ji Y, Zhang C, Nan T. Magnon-phonon-interaction-induced electromagnetic wave radiation in the strong-coupling region[J]. Phys. Rev. Appl., 2022, 18(6): 064050.

[193] Xiao N, Wang Y, Chen L, et al. Low frequency dual-driven magnetoelectric antennas with enhanced transmission efficiency and broad bandwidth[J]. IEEE Antennas Wirel. Propag. Lett., 2022, 22(1): 34-38.

[194] Niu Y, Ren H. Transceiving signals by mechanical resonance: a miniaturized standalone low frequency (LF) magnetoelectric mechanical antenna pair with integrated DC magnetic bias[J]. IEEE Sens. J., 2022, 22(14): 14008-14017.

[195] Dong C, He Y, Jeong M G, et al. Acoustically actuated magnetoelectric antenna arrays for VLF radiation enhancement[C]//2022 IEEE Int. Symp. Phased Array Syst. Technol., 2022: 1-4.

[196] Yun X, Lin W, Hu R, et al. Bandwidth-enhanced magnetoelectric antenna based on composite bulk acoustic resonators[J]. Appl. Phys. Lett., 2022, 121(3): 033501.

[197] Yun X, Lin W, Hu R, et al. Radiation-enhanced acoustically driven magnetoelectric antenna with floating potential architecture[J]. Appl. Phys. Lett., 2022, 121(20): 203504.